U0210321

计算电磁学中的高阶技术

Higher-order Techniques in Computational Electromagnetics

[意] Roberto D. Graglia [美] Andrew F. Peterson 著

冯德军 安新源 刘 义 苏向辰阳 李运宏 译

刘佳琪 审校

電子工業出版社

Publishing House of Electronics Industry

北京 • BEIJING

内 容 简 介

本书是国际著名电磁场理论和计算电磁学专家 Roberto D. Graglia 和 Andrew F. Peterson 的专著。该书主要介绍了如何利用高阶基函数进行电磁计算，内容包括多种高阶基函数，如插值矢量基、分层级基、奇异场高阶基等；书中系统阐述了各种高阶基函数的作用及其性能，通过本书介绍的高阶基技术，可以使电磁计算在精确性、计算速度和可信度等方面实现较大提升。本书系统性强，对基础理论和方法进行了详尽的介绍和严谨的论述，包含计算电磁学中的最新研究成果和热点，是计算电磁学领域的高水平专著。

促进高阶基计算方法在电磁计算领域得到推广和应用是本书作者的初衷。本书适合从事电磁场理论和数值计算工作的研究生、教师和科技工作者阅读，同时也可作为电磁场应用（如天线、微波、遥感等）相关专业研究生的教材或参考书。

图书在版编目（CIP）数据

计算电磁学中的高阶技术 /（意）罗伯托 • D. 格拉利亚（Roberto D. Graglia），（美）安德鲁 • F. 彼得森（Andrew F. Peterson）著；冯德军等译. —北京：电子工业出版社，2019.6

书名原文: Higher-order Techniques in Computational Electromagnetics

ISBN 978-7-121-36400-6

Ⅰ. ①计…　Ⅱ. ①罗…　②安…　③冯…　Ⅲ. ①电磁计算　Ⅳ. ①TM15

中国版本图书馆 CIP 数据核字(2019)第 080060 号

责任编辑：宋　梅
印　　刷：三河市良远印务有限公司
装　　订：三河市良远印务有限公司
出版发行：电子工业出版社
　　　　　北京市海淀区万寿路 173 信箱　邮编　100036
开　　本：720×1000　1/16　印张：24.25　字数：489 千字
版　　次：2019 年 6 月第 1 版（原著第 1 版）
印　　次：2019 年 6 月第 1 次印刷
定　　价：98.00 元

献词

献给我们的夫人，钦齐亚和德布拉。

献给我们的孩子，马迪奥、茱莉娅、基特、金西和凯蒂尼。

献给我们的编辑杜德利凯，没有她的帮助和鼓励就不会有这本书。

译者序

在现代科学研究中，“科学试验、理论分析、高性能计算”是三种重要的研究手段。在电磁学领域中，经典电磁理论由于受到边界问题的约束，其应用经常受限。随着高性能计算水平的飞跃，计算电磁学在解决电磁学问题时受边界约束减少的优点日渐凸显，它可以解决多种类型的复杂问题，而且在很多工程问题中得到了广泛应用，因此发展十分迅速。目前，计算电磁学已成为现代电磁理论研究的前沿和主流。

本书作者 Roberto D. Graglia 和 Andrew F. Peterson 是国际著名的学者，他们在电磁场理论和计算电磁学方面有丰富的教学经验和科研经历。他们均曾任 IEEE 天线和传播学报、IEEE 天线和无线传播快报的副主编，而且是多个国际权威电磁学学术会议的组织者和会议主席，在电磁学领域享有很高的声誉。本书是两位著名学者的联手著作，系统而深入地介绍了如何利用高阶基函数进行电磁计算，是本领域研究人员和学习人员难得的工具书和参考书。

全书共分 7 章，内容安排如下：

第 1 章重点介绍了一阶多项式插值方法，论述了将在父单元上定义插值函数并映射到子单元上的方法，讨论插值误差与插值阶数的关系，研究了奇异函数的表示方法。

第 2 章在第 1 章的基础上将多项式插值方法扩展到二维和三维变量函数，讨论了插值函数的连续性问题，介绍了标准基单元，包括三角形单元、四边形单元、四面体单元、长方体单元、三棱柱单元等，详细介绍了这些基本单元的单元几何表达、局部矢量基，以及拉格朗日基函数。

第 3 章主要讨论了矢量域或低阶多项式插值函数的构建方法，介绍了矢量基函数的不同类型，详细描述了在保证连续性的条件下这些基函数到曲线单元的映射。

第 4 章主要论述了任意阶多项式的插值矢量基的构建方法，重点是在主要的典型单元形态上的构建方法，即针对二维域的三角形和四边形，以及三维域的四面体、长方体和三角棱柱。

第 5 章介绍能够在同一网格一起使用的标量和向量分层级基，重点是分层级标量基、分层级旋度一致矢量基、分层级散度一致矢量基，详细介绍了不同类型的各种基的细节。

第 6 章主要说明前面章节介绍的矢量基的应用，介绍它们在三维完美导体散射的电场积分方程和三维腔体内场模型的矢量亥姆霍兹方程数值解中的应用。

第 7 章描述了奇异标量和矢量基函数，并将其用于分析二维腔谐振器和波导结构的方法。讨论了这些函数隐含的意义，提出了奇异和非奇异函数的组合方式。

本书由冯德军总体策划，第 1、2、3 章由苏向辰阳、冯德军翻译，第 4、7 章由刘义、冯德军翻译，第 5、6 章由安新源翻译，书中公式、图表由李运宏翻译，全书由刘佳琪研究员审校。需要说明的是，由于译者的时间和学识受限，翻译中难免会出现疏漏和不足，有时甚至是错误，恳请广大读者批评指正！最后，向为本书出版付出辛勤劳动和提供帮助的人们表示衷心的感谢！

译者

序

在工程领域中计算工具的使用是无所不在的，然而在高频电磁学中（包括天线、微波设备和雷达散射等应用），当今被广泛应用的大部分技术更应被称为“低阶”方法。然而更有效的方法倾向于使用分段常数或分段线性函数来表示作为未知量的场或电流。低阶技术的主要限制在于计算结果中的误差只能用额外计算量来渐进地减少。

最近二十年的研究结果表明，通过“高阶”技术可以在精确度、计算成本和可信度方面实现优化。本书的目的是提出高阶基函数，解释它们的作用并阐述它们的性能，这些特殊基函数包括被用于方程的标量和矢量函数均由作者提出，例如，亥姆霍兹矢量方程和电场积分方程。到目前为止，这些基函数的细节只出现在相关期刊文献中，作者希望本书能够使它们被更广泛地接受，并在电磁计算业内得到更广泛的传播。

尽管本书的大部分内容聚焦在用分段多项式函数表示建筑物上或附近的场和流，但对于几何边角还需考虑用奇异基函数来处理。奇异基函数可以提高精确性和效率，远比高阶多项式基函数更有效。总的来说，与多项式扩展函数相比，奇异扩展函数的发展还远未成熟。我们将用一章内容为读者介绍奇异基函数。

前言①

Mario Boella 系列包含无线电科学全领域的丛书和研究著作，并特别强调在信息和通信技术中电磁学的应用。附属于意大利都灵理工大学的 Mario Boella 高级协会对这个系列给予了科学支持和经济赞助，URSI（国际无线电科学联盟）也提供了科学方面的赞助。该系列的命名是为了纪念都灵理工大学的 Mario Boella 教授，他是意大利近半个世纪电子和通信科学发展的开拓者，并且在 1966 年至 1969 年任 URSI 的副主席。

本书致力于研究计算电磁学中的高阶基函数，它由两名该领域的国际专家联合撰写，他们是来自意大利都灵理工大学的教授 Roberto D. Graglia 和来自美国佐治亚理工学院的教授 Andrew F. Peterson。这两名科学家在过去二十年间已出版大量的该领域的著作，这本著作不仅包括他们之前研究的纲要，而且也包括他们在电磁计算应用这一重要领域中的新研究成果，它将成为计算技术未来发展不可缺少的参考书籍。

Piergiorgio L. E. Uslenghi
ISMB 丛书编辑
2015 年 6 月于芝加哥

① 中文译本的一些图表、参考文献、符号及其正斜体形式等沿用了英文原著的表示方式，对于原著中的一些过长的图题，与译者沟通后进行了规范，特此说明。

关于作者

Roberto D. Graglia 1979 年获得都灵理工大学电子工程学士学位（最优等）；1983 年在芝加哥获得伊利诺伊州大学电子工程和计算机科学博士学位；1980—1981 年在意大利 CSELT 做研究工程师；1985—1992 年工作于意大利国家研究委员会（CNR），指导国际研究项目；1991—1993 年，在芝加哥伊利诺伊州大学做访问学者；从 1992 年起，成为都灵理工大学电子和电信系教员，现在是电子工程教授。他的研究领域包括高、低频电磁学数值方法，以及复杂介质、天线、电磁兼容性和低频现象的散射与交互的理论与计算。他组织并讲授了这些领域的短期课程。

自 1997 年起，他成为《电磁学》编委会的委员。他是 IEEE AP-S 的杰出讲师（2009—2012 年），是 IEEE 天线和传播学报、IEEE 电磁兼容性学报和 IEEE 天线和无线传播快报的副主编，IEEE AP-S AdCom 的会员。他是 1997 年 3 月 IEEE 天线和传播学报电磁兼容先进数值技术专栏的客座编辑。他被邀请为 USRI 大会 1996 年场和波、1999 年计量学和 1999 年计算电磁学特约会议的召集人。他是国际无线电科学联合会电磁学理论每三年国际专题会议 1998 年电磁兼容性专题的组织者，是 2004 年数值算法专题的联合组织者。自 1999 年起，他成为电磁学高级应用会议（ICEAA）的总主席。自 2011 年起，他成为 IEEE-APS 无线通信的天线和传播专题会议的总主席（IEEE-APWC）。他是 IEEE 会员，并在 2015 年担任 IEEE 天线和传播学会会长。

Andrew F. Peterson 于 1982 年、1983 年和 1986 年在伊利诺伊州大学的厄巴纳-香槟校区获得电子工程学士、硕士和博士学位。自 1989 年起，他在位于亚特兰大的佐治亚理工学院电气与计算机工程学院任教职，现在他已是该学院的一名教授，并兼任教师发展委员会副主席。（注：根据佐治亚理工学院官网显示，Andrew F. Peterson 已于 2016 年离任教师发展委员会副主席。）他教授电磁场理论和计算电磁学，负责微波频率电磁应用计算技术发展研究。他是《电磁学计算方法》（IEEE 出版社，1998）和 Morgan/Claypool 综合讲义中数卷的主要作者。Peterson 博士曾是 ONR 研究生奖学金和 NSF 青年研究者奖项的获得者。他是 IEEE 天线和传播学报、IEEE 天线和无线传播快报的副主编，是 1998 年 IEEE AP-S 国际专题会议和 URSI/USNC 无线电科学会议的总主席，是 IEEE AP-S AdCom 的成员。他做了 6 年的应用计算电磁学学会（ACES）主任、2 年的 IEEE 天线部主席。他是 IEEE AP-S 2006 年的会长，ACES 2011—2013 年的主席。他是 IEEE 和 ACES 的会员，是 URSI B 委员会、美国工程教育学会、美国大学教授联盟的会员。他还是 IEEE 三等千禧勋章的获得者。

目录

第 1 章
一维内插、近似和误差

在科学研究和工程实践中，通常需要根据由 $s_k \neq s_i$（$k=1,2,\cdots,n$）的 n 个样本 $f_k=f(s_k)$ 得到 s_i 处 $\tilde{f}_i$ 的值。如果 s_i 在由 n 个孤立点 s_k 定义的区域内，这是一个内插（Interpolation）问题；当 s_i 在这个区域外时，这是一个外插（Extrapolation）问题。（本书后文中所涉及的“插值”均指“内插”。）当由已知离散数据点集重建的函数 $\tilde{f}_s$ 正好经过这些点时，内插问题可看作一个特殊的曲线拟合（或近似）问题。

内插函数的任务和用数值方法表示一个未知函数 f_s 的过程是紧密相关的，后者将在接下来的章节中进行介绍。

1.1 线性内插和三角基函数

例如，一个非常简单的定理就是线性内插（Linear Interpolation）定理，当将从连续值 $s=s_1,s_2,\cdots,s_n$ 得到的 $f_1,f_2,\cdots,f_n$ 用直线连接起来之后，用这 $(n-1)$ 条线来得到 $\tilde{f}_s$ 在任何中间点的值

$$\tilde{f}(s)=\frac{s_{m+1}-s}{s_{m+1}-s_m}f_m+\frac{s-s_m}{s_{m+1}-s_m}f_{m+1} \quad \text{其中} s_m \leqslant s \leqslant s_{m+1} \tag{1.1}$$

上式可以简单地依据一系列包含 n 个系数的 f_m（$m=1,\cdots,n$）来书写，每一个 f_m 与一个基函数 B_m 相乘，B_m 是独立的。

$$\tilde{f}(s)=\sum_{m=1}^{n} f_m B_m(s) \quad \text{其中} s_1 \leqslant s \leqslant s_n \tag{1.2}$$

其中，

$$B_m(s)=\begin{cases}\dfrac{s-s_{m-1}}{s_m-s_{m-1}} & 其中s_{m-1}\leqslant s\leqslant s_m\\ \dfrac{s_{m+1}-s}{s_{m+1}-s_m} & 其中s_m\leqslant s\leqslant s_{m+1}\\ 0 & 其他\end{cases}\tag{1.3}$$

并且当 $m=1$（或者 $m=n$）时，舍弃式（1.3）右边的第一个（或者第二个）表达式。因为 $B_m(s)$ 随着 s 变化呈半个三角形或整个三角形的形状，函数式（1.3）构成所谓的“三角基函数（Triangular Basis Function）”族，在 $s=s_m$ 时有最大值（等于单位值）。典型线性内插和如图 1.1 所示。图 1.1 左图为由式（1.3）三角基函数获得的式（1.2）的一个典型线性内插和示意图；$f_m B_m$(s) 由图 1.1 左图中的虚线表示。这个图也表示，在每一个区间 $\{s_m\leqslant s\leqslant s_{m+1}\}$，$f(s)$ 被

$$\tilde{f}(s)=f_m P_0(1,s-s_m)+f_{m+1}P_1(1,s-s_m)\tag{1.4}$$

进行线性内插，其中，

$$P_0(1,z)=1-\frac{z}{s_{m+1}-s_m}$$
$$P_1(1,z)=\frac{z}{s_{m+1}-s_m}\tag{1.5}$$

是图 1.1 右图所[illegible]两个一阶拉格朗日多项式，其中 $P_0(1,z)+P_1(1,z)=1$。注意到 $P_i(p,z)$ 的第一个变量[illegible]格朗日多项式的阶数 p，多项式在 $z/(s_{m+1}-s_m)=i/p$ 时为单位值。

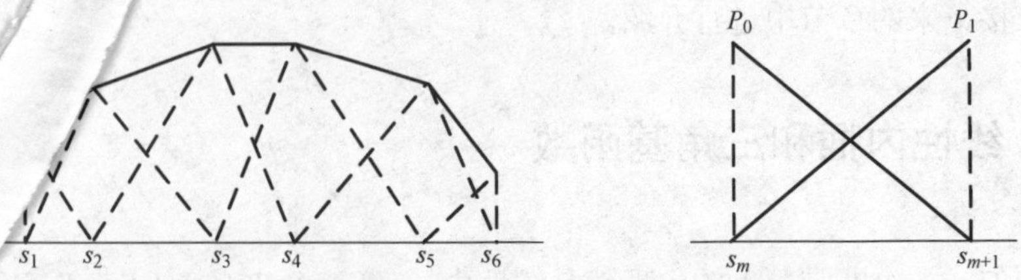

图 1.1　典型线性内插和

图 1.1（左图）中，两个在区间 $\{s_m\leqslant s\leqslant s_{m+1}\}$ 内的线性基函数是拉格朗日多项式 $P_0(1,s-s_m)$、$P_1(1,s-s_m)$，如右图所示。

假设样本是等间隔的，则对于所有 m

$$\ell=s_m-s_{m-1}=s_{m+1}-s_m\tag{1.6}$$

可使式（1.2）简化为

$$\tilde{f}(s)=\sum_{m=1}^{n}f_m B(s-s_m,\ell)\quad 其中 s_1\leqslant s\leqslant s_n\tag{1.7}$$

其中，

$$B(z,\ell)=\begin{cases}1-\dfrac{|z|}{\ell} & 其中|z|\leqslant\ell\\ 0 & 其他\end{cases} \tag{1.8}$$

并且，在使用式（1.7）的时候，对于（$z<0$，$m=1$），或者（$z>0$，$m=n$），必须取 $B(z,\ell)=0$。图 1.2 表示（简化后的）式（1.8）中的基函数 $B(z,\ell)$。

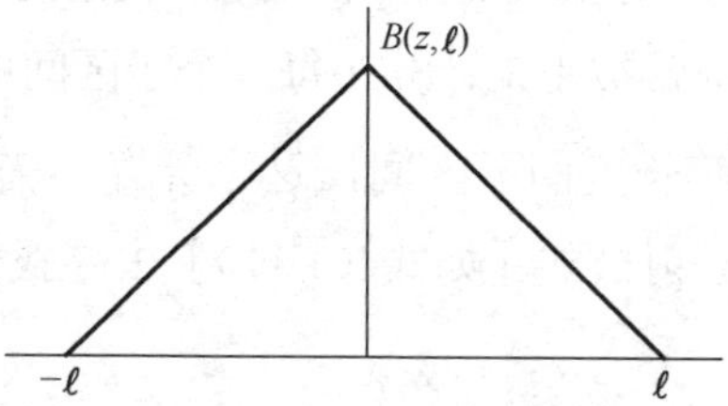

图 1.2　式（1.8）中的基函数 $B(z,\ell)$

虽然人们不总认为等距子间隔的内插方法是最好的，但一般三角基函数表达式（1.3）确实不如式（1.8）有吸引力。式（1.8）在具有等间隔样本时有效，在数字实现中显然比式（1.3）更受欢迎。

为了用相同的简洁表达式表示定义在不同间隔的所有基函数，我们可以首先在单位间隔内定义拉格朗日基函数式（1.5），这种间隔称为父间隔，之后将此间隔和它的两个拉格朗日基函数映射到真正使用的间隔上，这种间隔称为子间隔。假设父间隔沿 ξ 父轴，其端点是 ξ=0 和 ξ=1。在父间隔上，两个线性基函数式（1.5）为

$$\begin{aligned}P_0(1,\xi)&=1-\xi\\ P_1(1,\xi)&=\xi\end{aligned} \tag{1.9}$$

其中，

$$\begin{bmatrix}P_0(1,0)\\ P_0(1,1)\end{bmatrix}=\begin{bmatrix}1\\ 0\end{bmatrix};\quad \begin{bmatrix}P_1(1,0)\\ P_1(1,1)\end{bmatrix}=\begin{bmatrix}0\\ 1\end{bmatrix} \tag{1.10}$$

该式可证明线性变换

$$s(\xi)=P_0(1,\xi)s_m+P_1(1,\xi)s_{m+1} \tag{1.11}$$

可将父间隔端点（1,0）映射到子间隔端点

$$s(0)=s_m;\quad s(1)=s_{m+1} \tag{1.12}$$

式（1.11）的雅可比变换

$$\mathcal{J}=\frac{\mathrm{d}s}{\mathrm{d}\xi}=s_{m+1}-s_m \tag{1.13}$$

与子间隔长度一致，ξ 父点与子点 s 有如下逆变换关系

$$\xi=\frac{s-s_m}{\mathcal{J}} \tag{1.14}$$

经少量修正的相似的“映射”过程可以被用于沿式（1.11）“线性”变换确定的 s 线的内插值，正如我们之前所做的那样，也可以用于沿曲线轴 s 的曲线定义的值，这里雅可比变换不是恒定不变的。例如，这些线通过 $x=X(s)$、$y=Y(s)$ 和 $z=Z(s)$，被定义在笛卡儿坐标系（x，y，z）中。通过这种联系，由于通过一个更复杂的对于任意给定的 s 寻找父变量 ξ 的过程，我们简化了基函数式的表达［如式（1.9）］，因此，内插通常被用来计算在每一个子区间中固定数量的新样本 $\tilde{f}$。如果父区间再被细分为等长度的子区间，这个计算不需要使用逆映射公式［如式（1.4）］，只使用直接映射公式［如式（1.11）］去寻找子 s 点的值即可。

1.2 高阶多项式的内插和基函数

1.2.1 拉格朗日内插

1.1 节结尾讨论的映射过程的重要性，应归因于它可以简单地概括定义（本地）高阶多项式内插过程。例如，假设父间隔 $\{0\leqslant\xi\leqslant1\}$ 被细分到 p 个等长的子区间，这些子区间由如下端点定义

$$\xi_k=\frac{k}{p},\quad 其中k=0,1,\cdots,p \tag{1.15}$$

父间隔到子间隔的映射如图 1.3 所示，根据映射公式［式（1.9）和式（1.11）］将父间隔映射到子间隔

$$s(\xi)=(1-\xi)s_a+\xi s_b \tag{1.16}$$

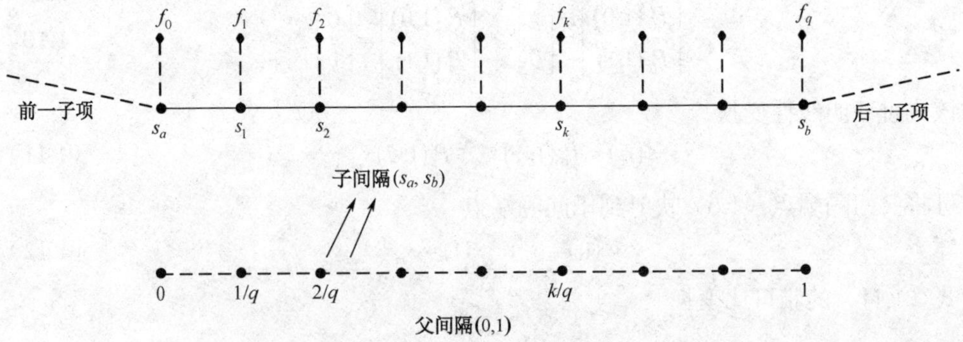

图 1.3　父间隔到子间隔的映射

在图 1.3 中，如果父间隔被细分为 p 个等长的子区间，那么子间隔也被细分为 p 个等长的子区间。

子区间的端点变为

$$s_k = s_a + \frac{k}{p}\left(s_b - s_a\right),\quad 其中 k = 0,1,\cdots,p \tag{1.17}$$

如图 1.3 所示，每一个父域内的子区间的长度为 $1/p$，然而仍然假设它们是等长的（如直线子区间那样），使用符号 ℓ 来表示每一个子间隔内子区间的长度 $(s_b - s_a)/p$。

现在，假设 $(p+1)$ 个端点［式（1.17）］被用作内插点。假若这样，用 $i = 0,1,\cdots,p$ 获取的拉格朗日多项式

$$P_i\left(p,\xi\right) = \prod_{\substack{j=0\\ j\neq i}}^{p} \frac{p\xi - j}{i - j} \tag{1.18}$$

直接定义在父域内在这些点内插函数所需的 $(p+1)$ 个 p 阶基函数。事实上，$P_i(p,\xi)$ 在 $\xi = i/p$ 处为单位元素，而它在所有 $k \neq i$ 的其余终点［式（1.15）］处等于零。

通过使用内插基函数［式（1.18）］，可以利用 $(p+1)$ 个样本 $f_k = f(s_k)$ 在子区间任何一点 $s(\xi)$ 处的值计算出 $f(s)$ 的量化值

$$\tilde{f}\left(s\right) = \sum_{k=0}^{p} f_k P_k\left(p,\xi\right) \tag{1.19}$$

其中，s_k 由式（1.17）给出。

表 1.1 给出了四阶拉格朗日内插多项式族（$0 \leqslant \xi \leqslant 1$）［式（1.18）］。$P_0(p,\xi)$ 表明一个在父区间[0,1]中位于第一个端点 $\xi = 0$ 处取得单位值的多项式，而 $P_P(p,\xi)$ 表示一个在父区间中位于最后一个端点 $\xi = 1$ 处取得单位值的多项式。

表 1.1　四阶拉格朗日内插多项式族（$0 \leqslant \xi \leqslant 1$）

$P_0(1,\xi) = 1-\xi$ $P_1(1,\xi) = \xi$	$P_0(2,\xi) = (1-2\xi)(1-\xi)$ $P_1(2,\xi) = 4\xi(1-\xi)$ $P_2(2,\xi) = -\xi(1-2\xi)$
$P_0(3,\xi) = (1-3\xi)(2-3\xi)(1-\xi)/2$ $P_1(3,\xi) = 9\xi(2-3\xi)(1-\xi)/2$ $P_2(3,\xi) = -9\xi(1-3\xi)(1-\xi)/2$ $P_3(3,\xi) = \xi(1-3\xi)(2-3\xi)/2$	$P_0(4,\xi) = (1-4\xi)(1-2\xi)(3-4\xi)(1-\xi)/3$ $P_1(4,\xi) = 16\xi(1-2\xi)(3-4\xi)(1-\xi)/3$ $P_2(4,\xi) = -4\xi(1-4\xi)(3-4\xi)(1-\xi)$ $P_3(4,\xi) = 16\xi(1-4\xi)(1-2\xi)(1-\xi)/3$ $P_4(4,\xi) = -\xi(1-4\xi)(1-2\xi)(3-4\xi)/3$

同时需注意所有多项式［式（1.18）］跨越整个父区间 $\{0 \leqslant \xi \leqslant 1\}$，并且因此

在全部 p 个子区间上从零开始就是不同的。在式（1.19）中，多项式 $P_0(p,\xi)$ 和 $P_p(p,\xi)$ 分别与第一个 (f_0) 和最后一个 (f_p) 子区间采样有关。这两个样本中的每一个最终都将与另一个插值多项式联合，插值多项式由前一个（关于 f_0）或者下一个（关于 f_p）子区间决定（见图 1.3）。也就是说，与第一个和最后一个样本有关的基函数域可能比由 p 个子区间所定义的域要大。反之，与样本 $f_k\left(k=1,2,\cdots,(p-1)\right)$ 相关的基函数总是与这里定义的 p 个子区间相一致，这意味着那些基函数在全部子区间的外部区域正好等于零。

这里，我们应该做出以下说明：

首先，可以将父区间映射到子区间，使后者符合整个内插域。通过这种方式，刚刚描述的过程与 p 个等间距样本上的 p 阶内插是一致的。然而，高阶多项式通常不适用于在整个内插区间内进行等距点的内插。事实上，如果内插区间的长度超过一定值，在试图通过增加等距插值点数量 $(p+1)$ 及使用的插值的阶数 p 的过程提高近似值时，可能导致给定的函数与近似值之间最大差距的增大（甚至可能成为无穷大 $p\to\infty$），这种现象被称作“龙格”（Runge）现象，可以使用分段多项式避免这种现象。也就是说，在相邻的子区间内使用不同的多项式（也称为样条曲线）。显然，关于“龙格”问题另一个可能的补救措施（无论何时发生）是避免使用等距点，尽管这不是通常的补救措施，因为插值点位置的最佳选择取决于需要插值函数的特性。

为了处理区间不等的样本，可以修改上面描述的技术。在这种情况下不需要将父区间映射到任何子区间，因为它可以由下式取代出现在式（1.19）的拉格朗日多项式 $p_k(p,\xi)$ 中，下式由变量 s 直接定义

$$P_i(p,s)=\prod_{\substack{j=0\\j\neq i}}^{p}\frac{s-s_j}{s_i-s_j} \tag{1.20}$$

当样本 f_k 无法立即获得时（在需要通过测量或计算的应用中），本小节中描述的映射技术尤其方便，这在本书后面部分将有描述。

1.2.2 Hermite 内插

不幸的是，除了在罕见的情况下，由线性或高阶拉格朗日插值法得到插值导数 $\tilde{f}(s)$ 与原始函数 $f(s)$ 的导数不匹配。此外，请注意通过使用这些插值方法获得的 $f(s)$ 的一阶导数通常在每个子区间的末端是不连续的，因为它在某些区域 $f(s)$ 的误差可能会大到令人无法容忍，［在某些插值点附近多项式插值 $\tilde{f}(s)$ 的斜率明

显不同于多项式插值 $f(s)$ 的斜率]。在这种情况下，一种自然的补救措施是使插值与 f 及其在插值点的一阶导数匹配。与给定的函数和它的第一个在插值点的 n 阶导数相匹配的近似值通过 Hermite 插值多项式获得。①

下面将详细讨论一般情况下的插值方法，使给定的函数和它的第一个在所有 $(p+1)$ 插值点的 n 阶导数相匹配，这些插值点通过将父区间分为 p 个等长的子区间映射到子区间得到。这符合我们获得基函数数值解算方法的主要目标，其中函数样本是“未知”的问题；同时，它可以用于处理任意分布的样本（通过设置 $p=1$）。为了进一步阐述“已知”样本任意分布的 Hermite 插值函数，感兴趣的读者可以参考数值分析方面尤其是致力于这个问题的书籍[3-6]。

为了满足 $\tilde{f}(s)$ 的一阶导数与 $f'(s)$ 在子区间的个别点以及其他内部的插值点相等的条件，我们必须用更高阶的拉格朗日基函数替换前面定义的拉格朗日基函数，因为现在每个插值点与两个自由度（DoFs）相一致，一个是用于插值的值 $\tilde{f}$，另一个是在插值点的插值导数 $\tilde{f}'$。

例如，我们可以用分段三次基函数 $\mathcal{H}_m^{(1)}$ 和 $\mathcal{H}_m^{(2)}$ 代替在 1.1 节讨论的三角基函数 B_m，并用

$$\tilde{f}(s)=\sum_{m=1}^{n}\left[f_m\mathcal{H}_m^{(1)}(s)+f_m^{'}\mathcal{H}_m^{(2)}(s)\right]\text{ ，其中}s_1\leqslant s\leqslant s_n \tag{1.21}$$

代替线性插值式（1.2）。其中 $\mathcal{H}_m^{(1)}(s)$、$\mathcal{H}_m^{(2)}(s)$ 及其一阶导数在所有插值点为零，除了在 $s=s_m$ 处令 $\mathcal{H}_m^{(1)}=1$ 和 $\mathrm{d}\mathcal{H}_m^{(2)}/\mathrm{d}s=1$。

$\mathcal{H}_m^{(1)}(s)$ 和 $\mathcal{H}_m^{(2)}(s)$ 的表达式可以更方便地通过由 $\xi=0$ 和 $\xi=1$ 两个端点定义的父区间获得。在每个“父区间”中，用以下四个 Hermite 多项式

$$h_0^{(1)}(1,\xi)=(1+2\xi)(1-\xi)^2 \tag{1.22}$$

$$h_1^{(1)}(1,\xi)=\xi^2(3-2\xi) \tag{1.23}$$

$$h_0^{(2)}(1,\xi)=\xi(1-\xi)^2 \tag{1.24}$$

$$h_1^{(2)}(1,\xi)=-\xi^2(1-\xi) \tag{1.25}$$

代替之前式（1.9）中的两个线性拉格朗日基函数。其中，

---

① 例如，Hermite 插值多项式和三次样条函数已被用于研究照射在旋转阻抗体（BOR）上倾斜入射波引起的表面电流[1]。对于这样一个旋转对称结构，电流用一个方位角的傅里叶级数表示，未知量被限制，要求沿产生的弧线方向提供一维表达式。BOR 方法节约了大量的计算时间和存储量[2]，高阶模型和 Hermite 基函数的使用提高了结果的准确性。

$$\begin{cases} h_i^{(1)}(1,j)=\delta_{ij} \\ \left.\dfrac{\mathrm{d}h_i^{(1)}(1,\xi)}{\mathrm{d}\xi}\right|_{\xi=j}=0, \quad \text{其中} i,j=0,1 \end{cases} \tag{1.26}$$

$$\begin{cases} h_i^{(2)}(1,j)=0 \\ \left.\dfrac{\mathrm{d}h_i^{(2)}(1,\xi)}{\mathrm{d}\xi}\right|_{\xi=j}=\delta_{ij}, \quad \text{其中} i,j=0,1 \end{cases} \tag{1.27}$$

这里，

$$\delta_{ij}=\begin{cases} 1 & \text{当} i=j \text{时} \\ 0 & \text{当} i\neq j \text{时} \end{cases} \tag{1.28}$$

是Kronecker delta。注意这里不使用通常用于Hermite多项式的标准符号，而是把它们视为有两个变量的多项式。其中，正如对拉格朗日多项式族做的那样，第一个变量是等长区间的数量 p，等长区间中的父区间已经被细分（p 是前文所说的多项式单位）。

从式（1.26）看出，很显然基函数 $h_0^{(1)}$ 和 $h_1^{(1)}$ 分别在 $s(\xi=0)$ 和 $s(\xi=1)$ 时插入函数 $f(s)$。而式（1.27）表明，当适当地调节常数时函数 $h_i^{(2)}$ 能够插入 f 关于子变量 s 的一阶导数。

基函数 $h_i^{(2)}$ 必须由雅可比

$$\mathcal{J}=\frac{\mathrm{d}s}{\mathrm{d}\xi} \tag{1.29}$$

重新缩放，这个雅可比是父区间到子区间变换在插值点的评估，因为在子区间，有

$$f'(s)=\frac{\mathrm{d}f}{\mathrm{d}s}=\frac{\mathrm{d}f}{\mathrm{d}\xi}\mathcal{J}^{-1} \tag{1.30}$$

事实上, 重新缩放函数

$$H_i^{(2)}=\mathcal{J}\big|_{\xi=i}\times h_i^{(2)}(1,\xi) \tag{1.31}$$

关于子变量 s 的一阶导数是

$$\left.\frac{\mathrm{d}H_i^{(2)}}{\mathrm{d}s}\right|_{s_j}=\left.\frac{\mathrm{d}h_i^{(2)}}{\mathrm{d}\xi}\right|_{\xi=j}=\delta_{ij}, \quad \text{其中} i,j=0,1 \tag{1.32}$$

回想一下，在线性映射式（1.11）中，子间隔中雅可比是常数［见式（1.13)］。

现在应该清楚，如果要通过将父间隔细分为 p 个等长子区间来增加插值点的数量，需要定义:

$(p+1)$ 多项式基函数 $h_i^{(1)}(p,\xi)\ (i=0,1,\cdots p)$，其中，

$$\begin{cases} h_i^{(1)}(p,j/p)=\delta_{ij} \\ \left.\dfrac{\mathrm{d}h_i^{(1)}(p,\xi)}{\mathrm{d}\xi}\right|_{\xi=\frac{j}{p}}=0, \quad \text{其中} j=0,1,\cdots,p \end{cases} \tag{1.33}$$

$(p+1)$ 多项式基函数 $h_i^{(2)}(p,\xi)$ $(i=0,1,\cdots p)$，其中，

$$\begin{cases} h_i^{(2)}(p,j/p)=0 \\ \left.\dfrac{\mathrm{d}h_i^{(2)}(p,\xi)}{\mathrm{d}\xi}\right|_{\xi=\frac{j}{p}}=\delta_{ij}, \quad 其中 j=0,1,\cdots,p \end{cases} \tag{1.34}$$

这些多项式的阶数不高于 $(2p+1)$，其一般表达式如下：

$$h_i^{(1)}(p,\xi)=\left[1-2(p\xi-i)\sum_{\substack{j=0\\j\neq i}}^{p}(i-j)^{-1}\right]P_i^2(p,\xi) \tag{1.35}$$

$$h_i^{(2)}(p,\xi)=\frac{(p\xi-i)}{p}P_i^2(p,\xi), \quad 其中 i=0,1,\cdots p \tag{1.36}$$

其中，

$$P_i^2(p,\xi)=\prod_{\substack{j=0\\j\neq i}}^{p}\left(\frac{p\xi-j}{i-j}\right)^2 \tag{1.37}$$

是阶数为 $2p$ 的拉格朗日多项式（1.18）的平方。由式（1.33）可得出

$$\sum_{i=0}^{p}h_i^{(1)}(p,\xi)=1 \tag{1.38}$$

注意，在这些情况下：① 函数 $h_i^{(1)}(p,\xi)$ 的子集完全变为零阶；② 在每一个插值点只有一个该子集中的函数不为零，并等于单位值；③ 所有常数的导数［如式（1.38）的右边］为零，与此同时，式（1.33）第二项在子区间中所有 $(p+1)$ 个插值点上均可使式（1.38）的一阶导数为零。

使函数及其一阶导数在 p（直到 $p=3$）个等长间隔端点匹配的 Hermite 内插多项式族（$0\leqslant\xi\leqslant1$）如表 1.2 所示。

表 1.2　使函数及其一阶导数在 p（直到 p=3）个等长间隔端点匹配的 Hermite 内插多项式族（$0\leqslant\xi\leqslant1$）

$h_0^{(1)}(1,\xi)=(1+2\xi)(1-\xi)^2$ $h_1^{(1)}(1,\xi)=\xi^2(3-2\xi)$	$h_0^{(2)}(1,\xi)=\xi(1-\xi)^2$ $h_1^{(2)}(1,\xi)=-\xi^2(1-\xi)$
$h_0^{(1)}(2,\xi)=(6\xi+1)(1-2\xi)^2(1-\xi)^2$ $h_1^{(1)}(2,\xi)=16\xi^2(1-\xi)^2$ $h_2^{(1)}(2,\xi)=\xi^2(1-2\xi)^2(7-6\xi)$	$h_0^{(2)}(2,\xi)=\xi(1-2\xi)^2(1-\xi)^2$ $h_1^{(2)}(2,\xi)=-8\xi^2(1-2\xi)(1-\xi)^2$ $h_2^{(2)}(2,\xi)=-\xi^2(1-2\xi)^2(1-\xi)$
$h_0^{(1)}(3,\xi)=\frac{1}{4}(1+11\xi)(1-3\xi)^2(2-3\xi)^2(1-\xi)^2$	$h_0^{(2)}(3,\xi)=\frac{1}{4}\xi(1-3\xi)^2(2-3\xi)^2(1-\xi)^2$

续表

$h_1^{(1)}(3,\xi)=\dfrac{243}{4}\xi^3(2-3\xi)^2(1-\xi)^2$	$h_1^{(2)}(3,\xi)=-\dfrac{27}{4}\xi^2(1-3\xi)(2-3\xi)^2(1-\xi)^2$
$h_2^{(1)}(3,\xi)=\dfrac{243}{4}\xi^2(1-3\xi)^2(1-\xi)^3$	$h_2^{(2)}(3,\xi)=-\dfrac{27}{4}\xi^2(1-3\xi)^2(2-3\xi)(1-\xi)^2$
$h_3^{(1)}(3,\xi)=\dfrac{1}{4}\xi^2(1-3\xi)^2(2-3\xi)^2(12-11\xi)$	$h_3^{(2)}(3,\xi)=-\dfrac{1}{4}\xi^2(1-3\xi)^2(2-3\xi)^2(1-\xi)$

在这种情况下，插入 f 关于子变量 s 的导数的重调节基函数为

$$H_i^{(2)}(p,\xi)=h_i^{(2)}(p,\xi)\mathcal{J}_i(p) \tag{1.39}$$

其中，

$$\mathcal{J}_i(p)=\left.\frac{\mathrm{d}s}{\mathrm{d}\xi}\right|_{\xi=\frac{i}{p}} \tag{1.40}$$

表示在 $\xi=i/p$ 时雅可比 $\mathcal{J}$ 的值。表 1.2 给出了多项式（1.35）的表达式，最高子区间的数量 p 等于 3。

到目前为止，提供的初步结果表明，在 1.2.1 节中讨论的拉格朗日插值是 Hermite 插值的最简单形式，不对插值的导数施加任何条件就可获得。

Hermite 多项式的表达式需要构建插值，这些插值在所有子间隔中的插值点上可以匹配函数和它的第一个 n 阶导数。概括本节前面的结果可以得到 Hermite 多项式的表达式。这些多项式不高于 $n+p(n+1)$ 阶，为

$$\begin{cases} h_i^{(1)}(p,\xi)=P_i^{n+1}(p,\xi)\left[1+Q_i^{(1)}(p,\xi)\right] \\ h_i^{(2)}(p,\xi)=P_i^{n+1}(p,\xi)Q_i^{(2)}(p,\xi) \\ \quad\cdots\quad\cdots \\ \quad\cdots\quad\cdots \\ h_i^{(n+1)}(p,\xi)=P_i^{n+1}(p,\xi)Q_i^{(n+1)}(p,\xi) \end{cases} \tag{1.41}$$

其中，对于 $i=\{0,1,\cdots,p\}$，$r=\{1,2,\cdots,n+1\}$，$k=\{1,2,\cdots,n\}$

$$\begin{cases} Q_i^{(r)}(p,\xi)=\sum\limits_{k=1}^{n}a_k^{(r)}(p\xi-i)^k \\ \dfrac{\mathrm{d}^k}{\mathrm{d}\xi^k}Q_i^{(r)}(p,\xi)=p^k\sum\limits_{m=0}^{n-k}a_{k+m}^{(r)}\dfrac{(k+m)!}{m!}(p\xi-i)^m \end{cases} \tag{1.42}$$

$$\begin{cases} \left.Q_i^{(r)}\right|_{\xi=i/p}=0 \\ \left.\dfrac{\mathrm{d}^k}{\mathrm{d}\xi^k}Q_i^{(r)}\right|_{\xi=i/p}=p^k a_k^{(r)}k! \end{cases} \tag{1.43}$$

$$P_i^{n+1}(p,\xi)=\prod_{\substack{j=0\\ j\neq i}}^{p}\left(\frac{p\xi-j}{i-j}\right)^{n+1} \tag{1.44}$$

n 阶多项式 $Q_i^{(r)}$ 的 n 个系数 $a_k^{(r)}$ 是由在 $\xi=i/p$ 处给多项式（1.41）赋予适当的值（0 或 1）的连续导数决定的。事实上，特定的表达式（1.41）已经保证这些插入的多项式连同它们的前 n 阶导数在所有 $\xi=k/p$，$k\neq i$ 的插值点处为零；在 $\xi=i/p$ 时，除了 $h_i^{(1)}=1$，其余多项式为零。因此，要确定系数 $a_k^{(r)}$ 需要将式（1.41）对 ξ 求导，然后设置 $\xi=i/p$，并解未知系数为 $a_k^{(r)}$ 的线性方程组。式（1.41）的连续导数的值通过链式法则（Chain-rule）（莱布尼兹公式）得到

$$D^k\left[g_a(\xi)g_b(\xi)\right]=\sum_{m=0}^{k}\binom{k}{m}D^m\left[g_a(\xi)\right]D^{k-m}\left[g_b(\xi)\right] \tag{1.45}$$

其中，算子 $D^k[\ ]$ 由下式定义

$$D^k\left[g(\xi)\right]=\begin{cases}g(\xi) & \text{其中}k=0\\ \dfrac{\mathrm{d}^k}{\mathrm{d}\xi^k}g(\xi) & \text{其中}k\text{为正整数}\end{cases} \tag{1.46}$$

由式（1.45）与式（1.41）和式（1.43）可推出以下线性系统的 n^2 个方程

$$\left.\frac{\mathrm{d}^k}{\mathrm{d}\xi^k}h_i^{(1)}(p,\xi)\right|_{\xi=\frac{i}{p}}=k!\,p^k\sum_{m=0}^{k-1}a_{k-m}^{(1)}\frac{D^m\left[P_i^{n+1}(p,\xi)\right]_{\xi=\frac{i}{p}}}{m!\,p^m}+D^k\left[P_i^{n+1}(p,\xi)\right]=0 \tag{1.47}$$

$$\left.\frac{\mathrm{d}^k}{\mathrm{d}\xi^k}h_i^{(r+1)}(p,\xi)\right|_{\xi=\frac{i}{p}}=k!\,p^k\sum_{m=0}^{k-1}a_{k-m}^{(r+1)}\frac{D^m\left[P_i^{n+1}(p,\xi)\right]_{\xi=\frac{i}{p}}}{m!\,p^m}=\delta_{rk} \tag{1.48}$$

其中，$k,r=1,2,\cdots,n$，δ_{rk} 是 Kronecker delta［式（1.28）］，并且使用

$$\begin{cases}\dfrac{D^1\left[P_i^{n+1}(p,\xi)\right]}{p}=P_i^{n+1}(p,\xi)\eta_i(1,p,\xi)\\[2ex] \dfrac{D^2\left[P_i^{n+1}(p,\xi)\right]}{p^2}=P_i^{n+1}(p,\xi)\left[\eta_i^2(1,p,\xi)-\eta_i(2,p,\xi)\right]\\[2ex] \dfrac{D^3\left[P_i^{n+1}(p,\xi)\right]}{p^3}=P_i^{n+1}(p,\xi)\left[\eta_i^3(1,p,\xi)\right.\\ \qquad\left.-3\eta_i(1,p,\xi)\eta_i(2,p,\xi)+2\eta_i(3,p,\xi)\right]\\ \vdots\\ \dfrac{D^n\left[P_i^{n+1}(p,\xi)\right]}{p^n}=P_i^{n+1}(p,\xi)[\cdots\cdots]\end{cases} \tag{1.49}$$

其中，

$$\eta_i(k,p,\xi)=(n+1)\sum_{\substack{j=0\\j\neq i}}^{p}(p\xi-j)^{-k} \tag{1.50}$$

$$\eta_i(k,p,\xi)\Big|_{\xi=\frac{i}{p}}=(n+1)\sum_{\substack{j=0\\j\neq i}}^{p}(i-j)^{-k} \tag{1.51}$$

注意，这里式（1.49）中引出了同样的公因数 $p_i^{n+1}(p,\xi)$， $p_i^{n+1}(p,\xi)$ 在 $\xi=i/p$ 时为单位元素。

对于式（1.41）表示的更一般情况，容易证明式（1.38）也适用，而插入了 f 关于子变量 s 的连续导数的重衡量基函数为

$$H_i^{(m+1)}(p,\xi)=h_i^{(m+1)}(p,\xi)\mathcal{J}_i^m(p),\quad \text{其中}m=1,2,\cdots n \tag{1.52}$$

其中，

$$\mathcal{J}_i(p)=\frac{\mathrm{d}s}{\mathrm{d}\xi}\bigg|_{\xi=\frac{i}{p}} \tag{1.53}$$

表示在 $\xi=i/p$ 时雅可比 $\mathcal{J}$ 的值。

为了使读者能够理解上述讨论的构建过程，这里给出一个特定的新例，给出了 Hermite 多项式，该 Hermite 多项式使给定的函数和它在子区间上 p 个等长子区间（ $p+1$ ）个端点的一阶和二阶导数匹配。Hermite 多项式的阶数不高于（ $3p+2$ ）并由以下表达式给出。

$$h_i^{(1)}(p,\xi)=\left\{1-3(p\xi-i)\left[\alpha_i-\beta_i\frac{(p\xi-i)}{2}\right]\right\}P_i^3(p,\xi) \tag{1.54}$$

$$h_i^{(2)}(p,\xi)=\frac{(p\xi-i)}{p}\left[1-3\alpha_i(p\xi-i)\right]P_i^3(p,\xi) \tag{1.55}$$

$$h_i^{(3)}(p,\xi)=\frac{1}{2}\left(\frac{p\xi-i}{p}\right)^2P_i^3(p,\xi) \tag{1.56}$$

其中，

$$\alpha_i=\sum_{\substack{j=0\\j\neq i}}^{p}(i-j)^{-1} \tag{1.57}$$

$$\beta_i=3\alpha_i^2+\sum_{\substack{j=0\\j\neq i}}^{p}(i-j)^{-2} \tag{1.58}$$

且

$$P_i^3(p,\xi)=\prod_{\substack{j=0\\ j\neq i}}^{p}\left(\frac{p\xi-j}{i-j}\right)^3 \tag{1.59}$$

是拉格朗日多项式(1.18)的三次幂，阶数是$3p$。表 1.3 给出了使函数及其一阶、二阶导数在 p（直到 p=2）个等长间隔端点匹配的 Hermite 插值多项式族，$0\leqslant\xi\leqslant1$。

表 1.3　使函数及其一阶、二阶导数在 p（直到 p=2）个等长间隔端点匹配的 Hermite 插值多项式族，$0\leqslant\xi\leqslant1$

$h_0^{(1)}(1,\xi)=(1+3\xi+6\xi^2)(1-\xi)^3$	$h_0^{(2)}(1,\xi)=\xi(1+3\xi)(1-\xi)^3$	$h_0^{(3)}(1,\xi)=\frac{1}{2}\xi^2$ $(1-\xi)^3$
$h_1^{(1)}(1,\xi)=\xi^3(10-15\xi+6\xi^2)$	$h_1^{(2)}(1,\xi)=-\xi^3(4-3\xi)(1-\xi)$	$h_1^{(3)}(1,\xi)=\frac{1}{2}\xi^3$ $(1-\xi)^2$
$h_0^{(1)}(2,\xi)=(1+9\xi+48\xi^2)$ $(1-2\xi)^3(1-\xi)^3$	$h_0^{(2)}(2,\xi)=\xi(1+9\xi)$ $(1-2\xi)^3(1-\xi)^3$	$h_0^{(3)}(2,\xi)=\frac{1}{2}\xi^2$ $(1-2\xi)^3(1-\xi)^3$
$h_1^{(1)}(2,\xi)=256\xi^3$ $(1-3\xi+3\xi^2)(1-\xi)^3$	$h_1^{(2)}(2,\xi)=-32\xi^3$ $(1-2\xi)(1-\xi)^3$	$h_1^{(3)}(2,\xi)=8\xi^3$ $(1-2\xi)^2(1-\xi)^3$
$h_2^{(1)}(2,\xi)=-\xi^3(1-2\xi)^3$ $(58-105\xi+48\xi^2)$	$h_2^{(2)}(2,\xi)=\xi^3(1-2\xi)^3$ $(10-9\xi)(1-\xi)$	$h_2^{(3)}(2,\xi)=-\frac{1}{2}\xi^3$ $(1-2\xi)^3(1-\xi)^2$

1.3　函数表示的误差

1.3.1　内插误差

在很多应用中，以很小的长度ℓ作为等距区间的“线性”插值，例如，在规定区间内高精度绘制函数。然而还有一些其他重要的数值应用，小ℓ值是难以实施的。例如，每当样本是由第一次用数值法处理一个阶数随着样本个数增加而增加的系统获取时，会出现这些情况。在这些情况下，为了降低系统阶数，可以通过使用更大的区间而减少样本。要做到这一点，必须预测插值误差以便使用“最大”的可用区间。

因为在确定区间上的有界函数可以用三角级数表示，我们可以通过在第一个全波长区间$\lambda_0=2\pi$考虑正弦函数$f(x)=\sin(x)$和插值函数$\tilde{f}(x)$的特性，得出几个重要的结论。为了简单起见，只考虑分段函数沿x轴变化，而为了比较总是将第

一个样本定位在 $x=0$ 处。对于正弦曲线一个周期的插值和误差如图 1.4 所示，该图显示了 $\sin(x)$ 的线性、二次、三次、四次插值，通过在等距的区间使用拉格朗日基函数获得，区间长度分别为 $\ell=\lambda_0/10$、$\lambda_0/7$、$\lambda_0/6$ 和 $\lambda_0/6$。特别是，在插值多项式的阶数比由第一次根据 1.2.1 节中所述方法得到的阶数高时，分别在二次、三次、四次插值中使用长度等于 $2\ell(=2\lambda_0/7)$、$3\ell(=\lambda_0/2)$ 和 $4\ell(=2\lambda_0/3)$ 的子区间。

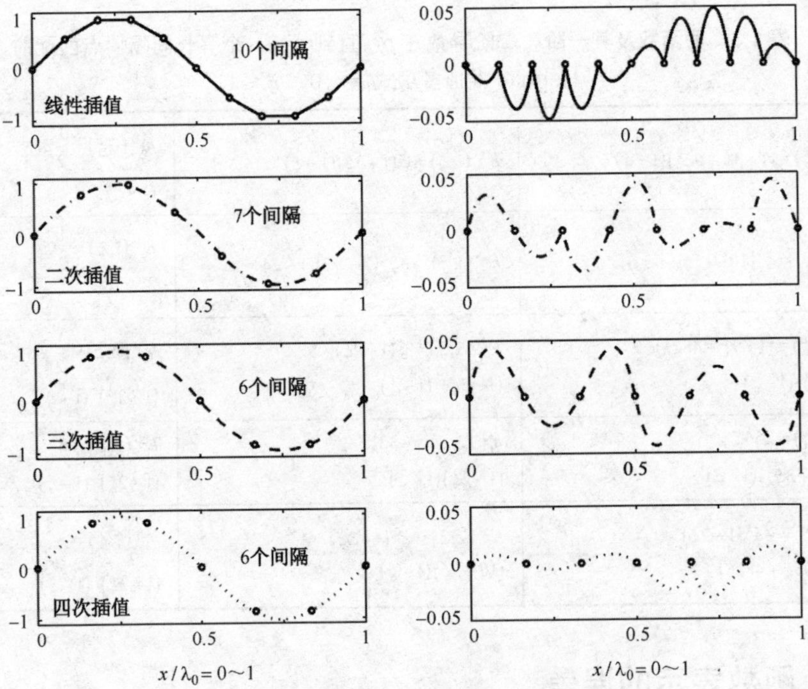

图 1.4　对于正弦曲线一个周期的插值和误差

图 1.4 左边是一阶到四阶对于正弦曲线一个周期的插值，右边是相对于准确正弦曲线的误差。图 1.4 右边的一栏显示了误差 $\upsilon(x)=\tilde{f}(x)-\sin(x)$，包括 $\upsilon_\alpha(x)=\Upsilon_\alpha\sin(\alpha x)$（其中 $\alpha>1$）形式的几个伪高频分量。这些伪高频分量的影响将在 1.3.2 节中讨论。这些伪高频分量很显然也出现在图 1.4 左边所示的插值函数中。然而，由于图 1.4 给出的插值阶数，在 λ_0 的整个周期中总是有 $|\upsilon(x)|<0.05$，意味着如果选择 0.05 作为最大误差等级，样本数量可以简单地通过扩大插值步幅并同时增加插值阶数来减少。

假设一个复函数 $g(x)$，需要选择插值步数以保证函数幅度 $|\tilde{g}(x)|$ 有一个确定的误差等级，幅度由 g 的实部和虚部的插值近似得到。在这种情况下，假设误差等级是相对低的，通常可以选择插值步幅确保得到要求的 g 的实部和虚部误差等

级。图 1.5 为复函数 $g(x)=\exp(jx)$ 的插值，该图显示了在一个全波长区间 $\lambda_0=2\pi$ 上，被增长阶数（从一阶到五阶）的基函数插值的复函数 $g(x)=\exp(jx)$ 的重构幅度。注意在线性插值之后被重建的 $\tilde{g}$ 的幅度，总是看起来像 U 形曲线序列。这表明复函数样本间的线性插值不能在与实函数的线性插值同一程度上控制该函数幅度的误差。

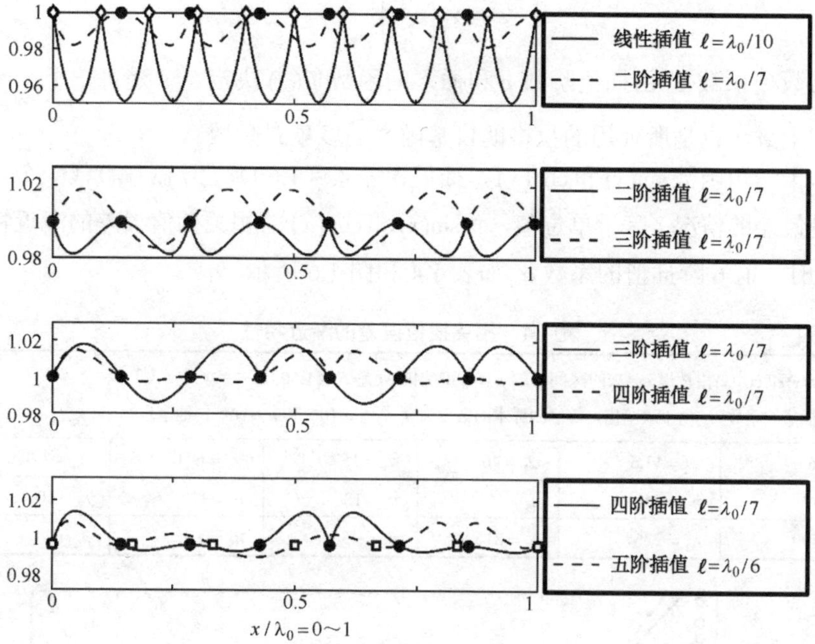

图 1.5　复函数 $g(x)=\exp(jx)$ 的插值

在图 1.5 中，在一个整波长区间$\lambda_0=2\pi$中，复函数 $g(x)=\exp(jx)$ 的实部和虚部被不同的基函数从线性一直到五阶进行插值，同时用图示的插值步幅 $\ell=\lambda_0/n$。插值步幅被用于当阶数提高时减少最大误差。同比例的图表示插值函数 $\tilde{g}(x)$ 的量级，理想状态下应等于单位值。对于前两个插值阶，幅度总是小于或等于 1，在更高阶时它在单位值周围振荡。

然而，这也许会误导在考虑插值误差时以点为基础，因为在一些孤立的区域中，误差有更高的幅度，而在其他插值区间中的幅度相当小。与插值阶数和样本长度相比，一个更好的评估插值函数质量的参数由在整个插值区间中的误差幅度的积分给出。例如，可以将下面的相关误差 ε（原文为 L_2，译者认为有误）

$$\varepsilon = \sqrt{\frac{\int_{\lambda_0}\left[\tilde{f}(x)-f(x)\right]^2 \mathrm{d}x}{\int_{\lambda_0} f^2(x)\mathrm{d}x}} \tag{1.60}$$

作为一个全局参数，这里 λ_0 表示整个插值区间。对于插值步幅（包括有限制条件 $\ell \to 0$ 的情况）的所有小的 ℓ 值，误差有如下渐近特征：

$$\varepsilon \simeq \alpha_p \left(\frac{\ell}{\lambda_0}\right)^{(p+1)} \tag{1.61}$$

其中常数项系数 α_p 由插值阶数 p 和插入的函数 $f(x)$ 决定。p 是每一个子区间的子区间个数，也是所使用的拉格朗日基函数的多项式阶数。

对于三角函数 $\sin(x)$ 和 $\cos(x)$，插值误差式（1.60）在 $\tilde{f}(x)=0$（一个可以被认为是最差的情况）等于单位值，而 $\sin(x)$ 和 $\cos(x)$ 的相关插值误差的渐近特性及式（1.61）前 6 阶插值的系数 α_p 如表 1.4 和图 1.6 所示。

表 1.4　相关插值误差的渐近特性

函数 $\sin(x)$和 $\cos(x)$在长度$\lambda_0=2\pi$的区间中的 p 阶插值相关误差式（1.60），$\varepsilon \simeq \alpha_p(\ell/\lambda_0)^{(p+1)}$
前 6 阶插值的系数 α_p 由下表给出，等区间样本的数量为 n_p，$\varepsilon = 10^{-3}$ 和 $\varepsilon = 10^{-6}$，插值步幅 $\ell = \lambda_0/(n_p - 1)$

$\alpha_1 = 3.6$	$\alpha_2 = 11.3$	$\alpha_3 = 40$	$\alpha_4 = 157$	$\alpha_5 = 641$	$\alpha_6 = 2\ 990$
$n_1 = 60$	$n_2 = 24$	$n_3 = 15$	$n_4 = 12$	$n_5 = 11$	$n_6 = 10$
$n_1 = 1\ 899$	$n_2 = 226$	$n_3 = 81$	$n_4 = 45$	$n_5 = 31$	$n_6 = 24$

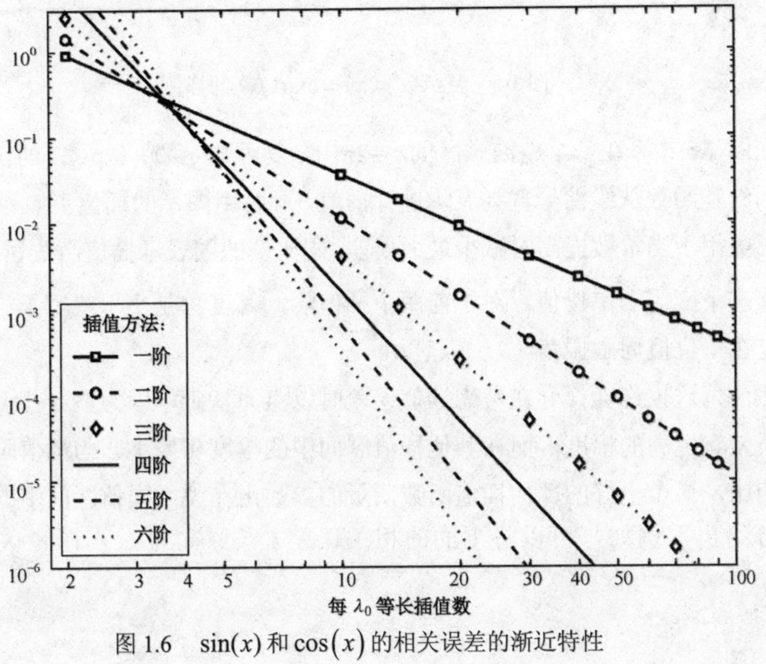

图 1.6　$\sin(x)$ 和 $\cos(x)$ 的相关误差的渐近特性

图 1.6 给出了当$\lambda=2\pi$时，三角函数 sin(x)和 cos(x)的相关误差［式（1.60）］的渐近特性。图中表示了前 6 阶插值的结果。

相关误差式（1.60）可由渐近表达式（1.61）非常准确地预测出来，因为插值步幅小于一定的阈值，阈值取决于插值的阶数 p 以及被插值的函数。事实上，对于三角函数 $\sin(x)$ 和 $\cos(x)$，发现对于插值步幅

$$\ell < \frac{\lambda_0}{2(p+1)} \tag{1.62}$$

相关误差式（1.60）表现如图 1.6 所示，并由渐近表达式（1.61）给出。阈值［式（1.62）］适用于三角函数，其最小阈值 $n_{\min}$（等长子区间数 n 在 λ_0 区间内的分布）由式（1.63）给出

$$n > n_{\min} = 2(p+1) \tag{1.63}$$

当使用子区间的长度

$$\ell_{\text{child}} = p\ell = \frac{p}{p+1}\frac{\lambda_0}{2} \tag{1.64}$$

非常大时，式（1.62）保证相关误差 ε 也遵循渐近特性式（1.61），最大子区间长度总是在所有可能的 p 值的范围。

$$\lambda_0/4 \leqslant \max(\ell_{\text{child}}) < \lambda_0/2 \tag{1.65}$$

例如，对一个二阶插值（即 $p=2$），相关误差ε对所有 $\ell_{\text{child}} < \lambda_0/3$ 满足渐近特性。

$\sin(x)$ 和 $\cos(x)$ 的插值分别如图 1.7 和图 1.8 所示。图 1.7 和图 1.8 分别给出插值步幅比阈值大时函数 $\sin(x)$ 和 $\cos(x)$ 的误差特性。从这些图可以看到，当要

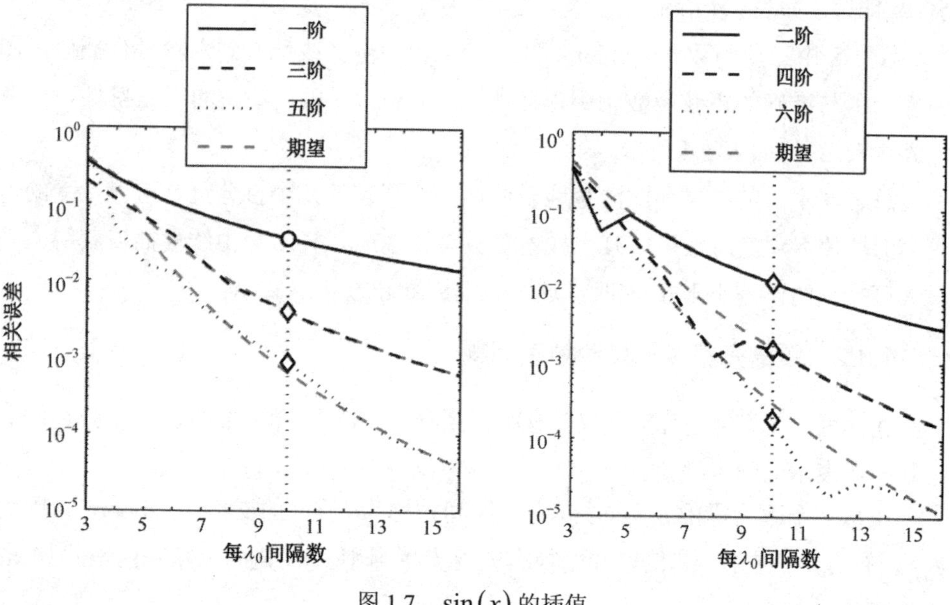

图 1.7　$\sin(x)$ 的插值

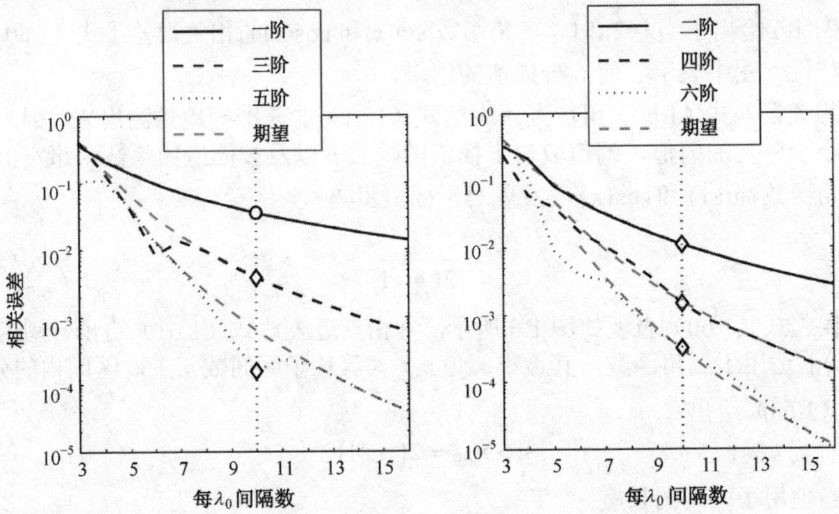

图 1.8　$\cos(x)$的插值

求误差为 4%时，对于$\ell=\lambda_0/10$，一阶（即，线性）插值即可，而当$\ell=\lambda_0/7$时需要二阶和三阶插值，当$\ell=\lambda_0/6$时需要四阶插值，当$\ell=\lambda_0/5$时需要五阶和六阶插值。通常不推荐插值步幅大于（包括）$\ell=\lambda_0/4$，因为当$\ell=\lambda_0/4$时，即便使用六阶插值，插值误差［式（1.60）］仍约为 10%。

图 1.7 中三角函数 sin(x)在区间λ=2π上由一阶（线性）到六阶进行插值，图中表示了与准确的正弦函数相关误差［式（1.60）］，以及期望的误差特性（由灰色虚线给出），如表 1.4 所示。

图 1.8 中三角函数 cos(x)在区间λ_0=2π上由一阶（线性）到六阶进行插值，图中表示了与准确的正弦函数相关误差［式（1.60）］，以及期望的误差特性（由灰色虚线表示），如表 1.4 所示。

总之，本节的结果和图清楚地表明，一个误差的几个百分点是可以接受的，更高的插值多项式阶数可以减少样本总数至少 30%，样本数由线性插值获得。当最大可接受的误差小于 0.1%时，这个减缩因数超过 40%。

1.3.2　频谱完整性和其他频域问题

在傅里叶变换域进行插值误差分析得到一个观点。下面讨论由 1.1 节描述的三角基函数表示的线性插值。

在每一个不为零的$B_m(x)$上第x个区间被称为$B_m(x)$的支撑（Support）。因为$B_m(x)$有有限个支撑，其傅里叶变换有无界支撑。例如，简化的三角基函数式（1.8）的傅里叶变换为

$$B(k_x)=\mathcal{F}\left[B(x,\ell)\right]=\int_{-\infty}^{+\infty}B(x,\ell)\exp(-jk_x x)\mathrm{d}x=\ell\,\mathrm{sinc}^2\left(\frac{k_x\ell}{2}\right) \tag{1.66}$$

其中，

$$\mathrm{sinc}(z)=\sin(z)/z \tag{1.67}$$

并且，从现在开始，符号 $\mathcal{F}[g]$ 表示 g 的傅里叶积分，换句话说，是频率 k_x 的函数 $g(k_x)$。

等式（1.66）表明线性插值［式（1.7）］在等区间上的傅里叶变换是

$$\begin{aligned}\tilde{f}(k_x)=\mathcal{F}\left[\tilde{f}(x)\right]&=\sum_{m=1}^{n}f_m\mathcal{F}\left[B(x-x_m,\ell)\right]\\&=\ell\,\mathrm{sinc}^2(k_x\ell/2)\sum_{m=2}^{n-1}f_m\exp(-jk_x x_m)\end{aligned} \tag{1.68}$$

第一个值 (f_1) 和最后一个值 (f_n) 无论何时都等于零。当 $k_x=2\pi/\ell$ 时傅里叶积分［式（1.66）、式（1.68）］为零，这相应于波长 $\lambda_x=2\pi/k_x$ 的角频率，这个波长正好与采样长度 ℓ 相等。因此，在等间隔上的线性插值明显不能重建形如 $\sin[2\pi(x-x_1)/\ell]$ 的 F 的周期成分。事实上，采样长度 ℓ 必须总是依据插值过程中想要捕获的最高频率成分来选择。必须忽略使用的插值阶数，设定 $\ell<\lambda/2$，λ 是想要捕获的最高频分量的波长。

因为插值是确定域内的典型表达，在不失普遍性的情况下，我们可以通过简单地考虑脉冲调制函数得出最重要的结论，该函数形式如下：

$$g_{nq}(x)=\frac{2}{q\lambda_0}\sin\left(\frac{k_0x}{n}\right)\left[u(x)-u(x-q\lambda_0)\right] \tag{1.69}$$

$$\begin{aligned}\mathcal{F}\left[g_{nq}(x)\right]=g_{nq}(k_x)=-2j\frac{\exp(-j\pi qk^-)}{nk^+}\\\left[\mathrm{sinc}(\pi qk^-)-\mathrm{sinc}(2\pi q/\mathrm{n})\exp(-j\pi qk^+)\right]\end{aligned} \tag{1.70}$$

其中，

$$\lambda_0=2\pi/k_0 \tag{1.71}$$

$$k^{\pm}=\frac{k_x}{k_0}\pm\frac{1}{n} \tag{1.72}$$

式（1.69）中给出的函数 $g_{nq}(x)$ 是通过单位阶跃函数写出的。

$$u(z)=\begin{cases}0 & 当z<0时\\1 & 当z>0时\end{cases} \tag{1.73}$$

如果 n、q 和 q/n 是比单位值大的整数，$g_{nq}(x)$ 仅由正弦函数 $\sin(k_0x/n)$（脉冲调制函数见图 1.9）的第一个 q/n 全周期组成。在这种情况下，$g_{nq}(x)$ 的傅里叶谱简化形式为

$$\left|g_{nq}\left(k_x\right)\right|=2\left|\frac{\operatorname{sinc}\left[q\pi\left(k_x/k_0-1/n\right)\right]}{nk_x/k_0+1}\right| \tag{1.74}$$

并且当 $k_x \lesssim k_0/n$ 时达到最大值，而它依然和区间 $\{0\leqslant k_x/k_0\leqslant 1/n+a(q)\}$ 上的零有显著不同，并且对于增长的 q 值有一个下降上限。

图 1.9 中，q=10，n=10（左侧）；q=10，n=1（右侧）。

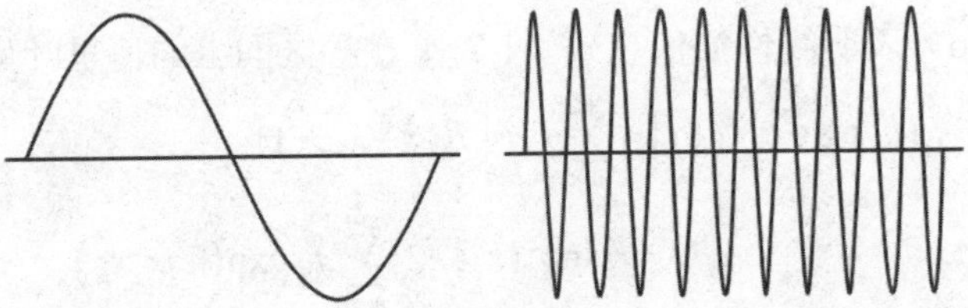

图 1.9　脉冲调制函数

当 q=10 时，形如式（1.69）的脉冲调制函数的谱如图 1.10 所示。该图给出了归一化频率 k_x/k_0 为正值时的频谱［式（1.74）]，此时 $q=10$ 且 $n=10$（低频载波，如左图）和 $n=1$（高频载波，如右图），其中 $|g_{nq}(-k_x)|=|g_{nq}(k_x)|$。实际的谱如图 1.10 中灰色虚线所示，黑色实线表示线性插值函数 $\widetilde{g_{nq}}$ 的谱 $|\widetilde{g_{nq}}|$，其中采样长度分别为 $\ell=\lambda_0/2$、$\ell=\lambda_0/3$ 和 $\ell=\lambda_0/4$。图的右上方黑色线所示的谱与进行线性插值的且由最高频率调制的脉冲函数有关，最高频率由间隔 $\ell=\lambda_0/2$ 确定。这个谱对所有的 k_x 都为零，并且确实展示了等间隔线性插值可以获取被采样函数的周期成分，当采样长度 $\ell<\lambda_0/2$ 时，频率上限为 $k_0=2\pi/\lambda_0$。需要注意的是，最低载频调制的线性插值脉冲函数的谱误差，总是小于最高频载波调制的谱误差。同时，图 1.10 中被插值函数的谱包含不正确的幅度尖峰，其高度与中心频率成反比；第一个尖峰总是以 $k_x=k_0(\lambda_0/\ell-1)x$ 为中心的。

在图 1.10 中，左图显示由 n=10（脉冲中一个正弦曲线周期）获得的较低频率载波结果；右图给出通过 n=1（脉冲中的 10 个正弦函数周期）较高频率载波结果；实际谱由灰色虚线表示，线性插值谱由黑色实线表示。

为了定量地讨论高阶插值谱的性能，可使用针对 $n=1$，$q=10$（高频载波）的脉冲调制函数的等子区间不同阶数的插值，计算谱相关误差如下：

$$e_{L2}(k)=\sqrt{\frac{\int_0^k\left|\widetilde{g_{nq}}\left(k_x\right)-g_{nq}\left(k_x\right)\right|^2\mathrm{d}k_x}{\int_0^k\left|g_{nq}\left(k_x\right)\right|^2\mathrm{d}k_x}} \tag{1.75}$$

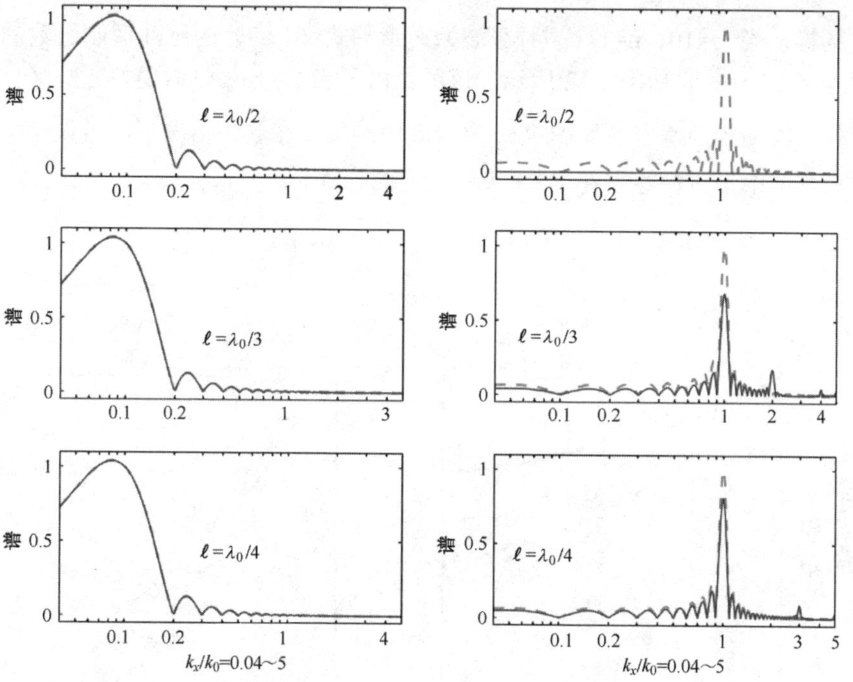

图 1.10　当 q=10 时，形如式（1.69）的脉冲调制函数的谱

当 q=10，n=1（高频载波）时，形如式（1.69）的脉冲调制函数的谱相关误差（$k=2k_0$）如图 1.11 所示。图 1.11 给出了当 $k=2k_0$ 时谱误差［式（1.75）］的特性和已经在图 1.6～图 1.8 中给出的期望（Expected）误差。着重说明，线性插值获得的谱误差基本和相关误差［式（1.60）］相等（虽然还有一点小），而对于高阶插值，谱误差通常比相关误差［式（1.60）］小。

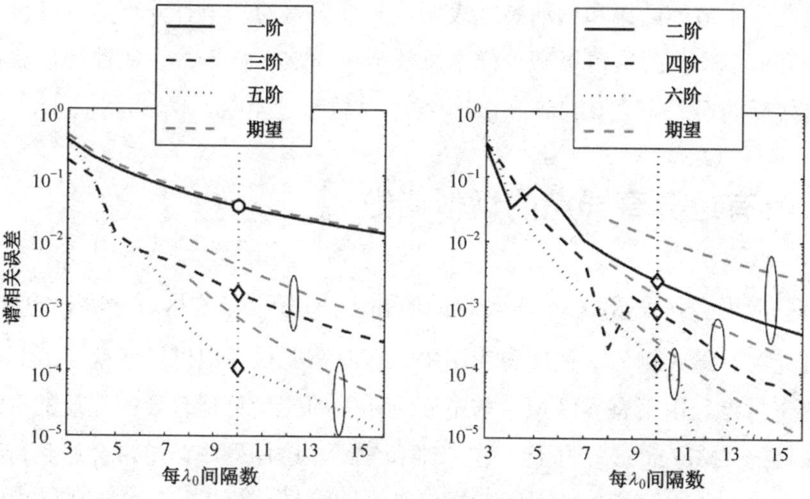

图 1.11　当 q=10，n=1（高频载波）时，形如式（1.69）的脉冲调制函数的谱相关误差（$k=2k_0$）

同样，当 q=10，n=1（高频载波）时形如式（1.69）的脉冲调制函数的谱相关误差（$k=10k_0$）如图 1.12 所示，该图给出了当 $k=10k_0$ 时谱误差［式（1.75）］的特性，其期望误差已在如图 1.6～图 1.8 中给出。在这种情况下，谱误差（及相应的门限）的渐进特性与在 1.3.1 节中讨论的一样。

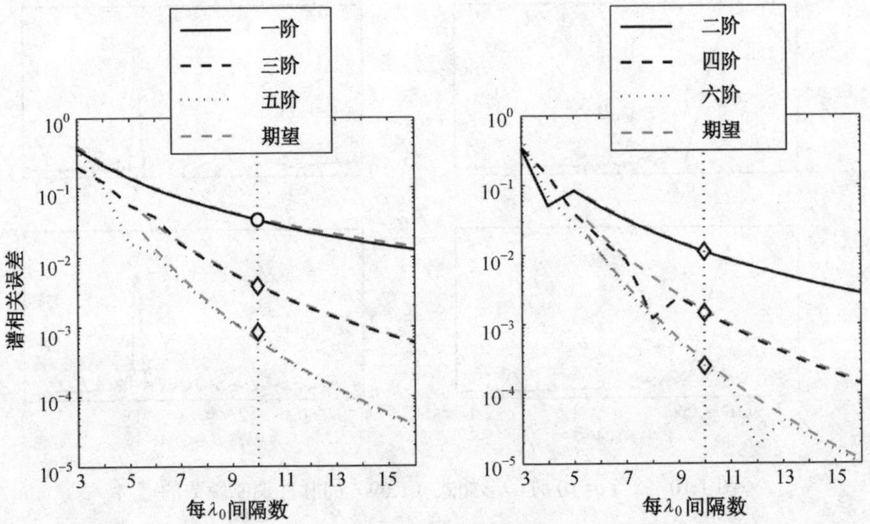

图 1.12 当 q=10，n=1（高频载波）时，形如式（1.69）的脉冲调制函数的谱相关误差（$k=10k_0$）

由调制信号 99.88% 的能量在频率范围 $k_x<2k_0$（大于 99.99% 的能量在频率范围 $k_x<10k_0$ 内）可知，插值误差对傅里叶谱高频率部分的破坏远大于低频部分，且更重要的是，通常来说，插值误差不因傅里叶积分而增强。

总之，本节的结果和图清楚地表明，一个误差的几个百分点是可以接受的，更高的插值多项式阶数可以减少样本总数至少 30%，样本数由线性插值获得。当最大可接受的误差小于 0.1%时，减少样本总数超过 40%。

1.4 具有边界奇异点的近似函数

有些应用必须表示（在一个给定的域并已知基函数）在区域边界 $\boldsymbol{r}_s$ 的奇异（即值接近无穷）量。例如，在电磁应用中，有时需要处理电磁场（或电流和电荷密度）的奇异点。由于有界区域中与电磁场相关的能量总是有限的，量的奇异性是可以减轻的（Mitigated）。因此，在二维和三维电磁问题中，通常会遇到奇异点形式为 $\ln(r-r_s)$ 或 $(r-r_s)^{\nu-1}$，其中 ν 是频率独立的奇异系数，作为先验值（Priori）（通常，$1/2 \leqslant \nu < 1$）。

遗憾的是，多项式基函数不适合奇异特性建模，尽管通常它可以通过减少在 r_s 附近的近似值子区间大小得到更好的模型。

尽管结果与一维标量相关，我们能够对不同（或增长的）奇异点阶数的不同阶数函数的多项式近似值进行评估。例如，图 1.13 为几种函数的线性近似值，图 1.14 为几种函数的四阶近似值。图 1.13 和图 1.14 显示了在半对数坐标下线性（一阶）和四次（四阶）奇异函数在区间$[0.005 \leqslant x \leqslant 1.1]$的结果。

$$
\begin{aligned}
f_1(x) &= -\ln(x) \\
f_2(x) &= \frac{1/\sqrt{x}-1}{a} \\
f_3(x) &= \frac{1/x-1}{b}
\end{aligned}
\tag{1.76}
$$

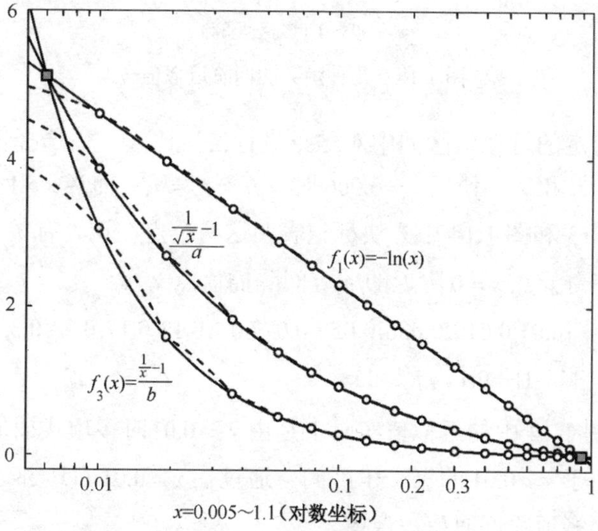

图 1.13　几种函数的线性近似值

图 1.13 给出了函数 $f_1(x)=-\ln(x)$、$f_2(x)=(1/\sqrt{x}-1)/a$ 和 $f_3(x)=(1/x-1)/b$ 在区间$[0.005 \leqslant x \leqslant 1.1]$的线性近似值，并对近似函数（虚线）与实际的函数（实线）进行了比较。

图 1.14 给出了函数 $f_1(x)=-\ln(x)$、$f_2(x)=(1/\sqrt{x}-1)/a$、$f_3(x)=(1/x-1)/b$ 在区间$[0.005 \leqslant x \leqslant 1.1]$上的四阶近似值，并对近似函数（虚线）与实际函数（实线）进行了比较。

接下来，将近似值的阶数作为用来获得近似函数的多项式基函数的阶数。这个定义适用于将奇异扩展函数加入多项式扩展函数集的情况。

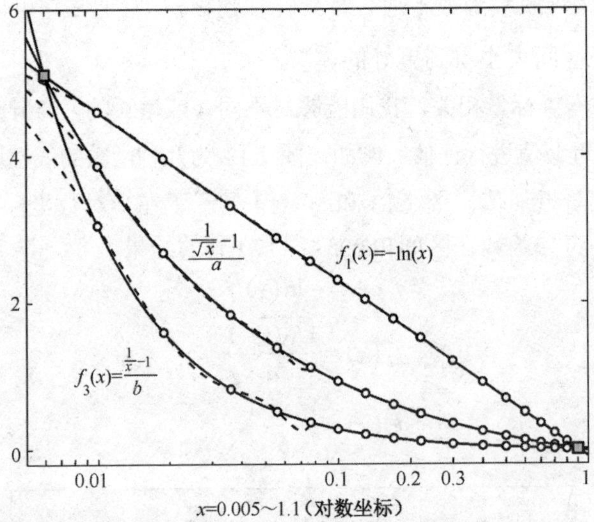

图 1.14　几种函数的四阶近似值

为了在被选定的近似值区间中对结果进行公平比较，需选择正确的常系数 a 和 b 来标定函数 f_2 和 f_3，使当 $x=0.006$ 时，$f_1=f_2=f_3$，而当 $x=1$ 时，$f_1=f_2=f_3$ 仍等于零。图 1.13 和图 1.14 中方块标记表明这两个点在该处有 $f_1=f_2=f_3$。圆形标记表示聚集在奇异点 $x=0$ 附近的非等间隔插值点 $\boldsymbol{x}_{\text{int}}$。

$$\boldsymbol{x}_{\text{int}}=[0.01,0.019,0.036,0.056,0.077,0.1,0.13,0.17,0.22,0.3,\cdots]$$

且 $\Delta x=x_{\text{int}}[k]-x_{\text{int}}[k-1]=0.1$，$k\geqslant 11$。

图 1.13 和图 1.14 中的近似值实际上是由 $x\geqslant 0.01$ 时多项式插值获得的，而多项式外推法被用于 $x<0.01$ 的第一子区间，通过在 $x=0.01$ 右边邻近的子区间进行插值获得的相同多项式近似值被保留。

这些图表明，该近似误差随着奇异点阶数的增加而增加，且越接近奇异点越大。事实上，近似误差在前 6 个子间隔（$x<0.01$）中更大，虽然它们在剩余的（11 个）小区间中仍然很小，$0.1<x\leqslant 1.1$。如果改变近似值的阶数为 $1\sim 4$，为了减少误差，第四个子间隔的误差会增大。这种特性在图 1.15 中进行了阐明，该图通过使用不同阶数逼近函数的绝对误差，其中指出的误差是使用阶数 $n=1,2,3,4$ 的近似值得到的。从图 1.15 中可以得出，假设正确选取了插值点间隔，通常情况下，n 阶近似值的误差在第 n 个子间隔处最大。

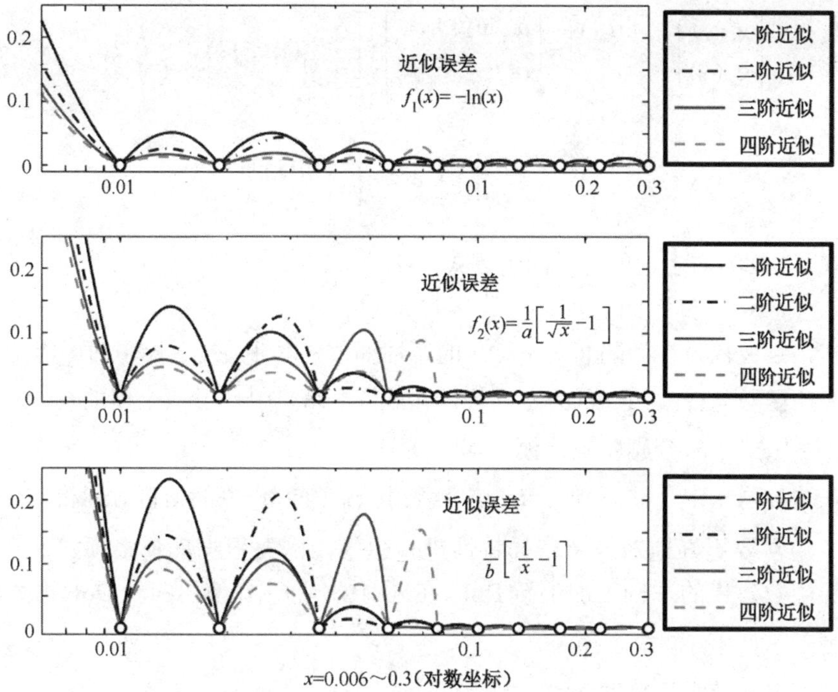

图 1.15　通过使用不同阶数逼近函数的绝对误差

图 1.15 中通过使用最低的近似值阶数 $n = 1,2,3,4$ 来逼近函数 $f_1(x) = -\ln(x)$、$f_2(x) = (1/\sqrt{x} - 1)/a$、$f_3(x) = (1/x - 1)/b$（自顶向下）得到绝对误差。当 $x < 0.01$ 时使用了外推法，从而保留了由在 $x = 0.01$ 右边的子间隔上插值得到的相同的多项式近似值。

换句话说，在奇异点附近增加多项式近似值的阶数并没有什么好处，但它是更方便在一组样本中使用的一阶近似值，该近似值在这个奇异点（显然，不能插入后面）附近越来越密集。此外，多项式近似值在包含一个奇异点的子间隔内无效。在这个子区间可以使用外推法，虽然误差在奇异点处总是趋于无穷。

1.4.1　奇异扩展功能

然而，想要彻底减少以奇异点为边界的间隔上的误差，有一个简单的技巧，即适当地假设奇异系数 v 已知，或者更通俗地说，无论何时准近似值在奇异点的渐近特性是提前已知的。事实上，例如，通过设定

$$\xi = \frac{x}{\ell} \tag{1.77}$$

下列恒等式已经证明过。

$$\begin{bmatrix} g_1(x) \\ g_2(x) \end{bmatrix} = \begin{bmatrix} \ln(x) \\ x^{-\beta} \end{bmatrix} = \begin{bmatrix} \alpha_{s1}\ln(\xi) \\ \alpha_{s2}\left(\xi^{-\beta}-\xi\right) \end{bmatrix} + \begin{bmatrix} \alpha_{01} \\ \alpha_{02} \end{bmatrix}(1-\xi) + \begin{bmatrix} g_1(\ell) \\ g_2(\ell) \end{bmatrix}\xi \tag{1.78}$$

其中，

$$\begin{bmatrix} \alpha_{s1} \\ \alpha_{s2} \end{bmatrix} = \begin{bmatrix} 1 \\ \ell^{-\beta} \end{bmatrix}; \quad \begin{bmatrix} \alpha_{01} \\ \alpha_{02} \end{bmatrix} = \begin{bmatrix} \ln(\ell) \\ 0 \end{bmatrix} \tag{1.79}$$

式（1.78）右手边的最后两组等式按照

$$\alpha_0(1-\xi)+g(\ell)\xi$$

的形式，且被视为在间隔 $\{0 \leqslant x \leqslant \ell\}$ 的线性插值，其中在 $\xi = x = 0$ 时 g 等于 α_0。因此表明函数 $g_1(x)$、$g_2(x)$ 的奇异特性在式（1.78）中通过两个新的奇异扩展函数 $\ln(\xi)$ 和 $(\xi^{-\beta}-\xi)$ 分别精确建模（其中 $\beta>0$）。

在这种联系中，注意到奇异对数函数由 $\alpha_{01} = \ln(\ell) \neq 0$ 的值进行建模。这也就是说，通常要更好地对一个奇异特性进行建模，需要根据插值多项式，在一般对有界函数建模的基础上加上新 DoF。在之前的例子中，使用的新 DoF 由系数 α_s 的值表示，见式（1.78）。

接下来的说明是很重要的，因为

$$\lim_{\beta\to 0}\left(\xi^{-\beta}-\xi\right) = 1-\xi \tag{1.80}$$

也许会导致在处理非对数奇异点时认为用奇异函数 $(\xi^{-\beta}-\xi)$ 替换扩展函数 $(1-\xi)$ 是可能的。但是，这样是不可行的，只要需要去逼近的这个量比式（1.78）中的函数 $g_2(x)$ 有更复杂的特性。在接下来的段落中会继续讨论。

最后，可以发现奇异函数 $(\xi^{-\beta}-\xi)$ 在这里被引用是为了讨论使用奇异函数替换正则函数 $(1-\xi)$ 的可能性。在应用中，这个奇异函数可以被奇异函数 $(\xi^{-\beta}-1)$ 等价替换，其中当 $\beta=0$ 时其值为零。

1.4.2 符合精确的近似奇异加多项式基函数的奇异函数

为了立刻展示由引进和采用奇异扩展函数而获得近似效果的提升，我们可以只考虑函数 $f_3(x) = (1/x-1)/b$ 在描绘图 1.13～图 1.15 之前的相同的时间间隔。（回想一下在获得 f_3 之前的绝对误差相对于近似误差要大于由 f_1 和 f_2 所获得的结果。）

近似奇异函数 $f_3(x) = (1/x-1)/b$ 的绝对误差如图 1.16 所示。图 1.16 展示了通过添加扩展奇异函数 $(x/l_n)^{-1} - x/l_n$ 获得了 n=1,2,3,4 阶的近似误差，它跨越 n 个子区间的第一个 $(0 \leqslant x \leqslant l_n)$ 区间并且在 $x = l_n$ 处消失。在这个例子中，对于所有 $x \leqslant l_n$ 来说近似误差都恰好等于 0，并且其平方可积，尽管 f_3 并不是平方可积的。

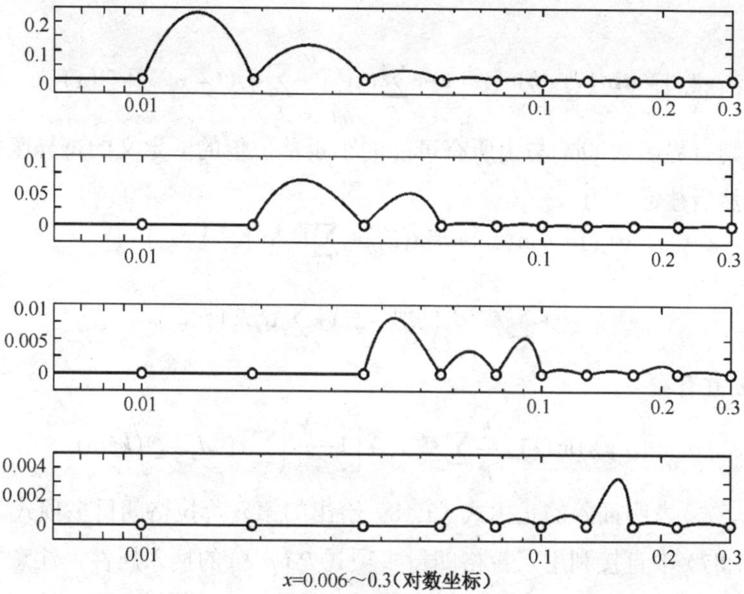

图 1.16　近似奇异函数 $f_3(x)=(1/x-1)/b$ 的绝对误差

图 1.16 给出了对于 n 阶近似奇异函数 $f_3(x)=(1/x-1)/b$，$n=1,2,3,4$ 的绝对误差（从顶部到底部）。使用分段拉格朗日插值基函数的 n 阶奇异基函数 $(x/l_n)^{-1}-x/l_n$ 来得到近似值，它跨越 n 个子区间的第一个$(0\leqslant x\leqslant l_n)$区间并且在 $x=l_n$ 处消失，l_n 是第一个 n 子区间的总长度。注意图中所用的不同垂直尺度。

从大多数情况来看，图 1.16 的结果表明，无论何时将奇异扩展函数添加到扩展集，也确实没有必要减少在奇异点附近的小区间长度。完成这项工作后，更大的子区间（即由更少的边界点所定义）就能够得到利用并且能变得非常有利地利用更高阶多项式来增加函数集的扩张。例如，其中一个可以同等地细分间隔 $\{0\leqslant\xi\leqslant1\}$ 为等长度的小区间，然后把原像映射到子区间 $\{0\leqslant x\leqslant l\}$。

为了处理函数在两个间隔 $\{0\leqslant x\leqslant\ell\}$ 极点 x=0 与 $x=\ell$ 的奇异性，我们可以轻松地通过两个相互依赖的父变量来展开结果［见式（1.77）、式（1.78）、式（1.79）］。

$$\xi_1=\frac{x}{\ell},\quad \xi_2=1-\frac{x}{\ell} \tag{1.81}$$

$$\xi_1+\xi_2=1 \tag{1.82}$$

连同下面的奇异扩展功能

$$S_{i,\ln}(\xi_i)=\ln(\xi_i) \tag{1.83}$$

$$S_{i,\nu-1}(\xi_i)=\xi_i^{\nu-1}-\xi_i \tag{1.84}$$

由父间隔 $\{0\leqslant\xi_i\leqslant1\}$ 所定义，且 $\xi_i=\xi_1$ 或者 $\xi_i=\xi_2$。在间隔 $\{0\leqslant \mathrm{x}\leqslant\ell\}$ 中，任何

奇异函数

$$g(x)=a\ln(x)+b\ln(\ell-x)+\sum_{v}c_{v}x^{v-1}+\sum_{v}d_{v}(\ell-x)^{v-1}+Q(x) \tag{1.85}$$

通过将正则有界函数 $Q(x)$与由所有可能的小于单位值的 v 定义的奇异函数线性组合得到，然后被近似为

$$\begin{aligned}\tilde{g}(x)=&a\ln(\xi_1)+b\ln(\xi_2)+\sum_{v}\ell^{v-1}c_{v}\left(\xi_1^{v-1}-\xi_1\right)\\&+\sum_{v}\ell^{v-1}d_{v}\left(\xi_2^{v-1}-\xi_2\right)+\sum_{k=0}^{p}\alpha_{k}P_{k}(p,\xi_1)\end{aligned} \tag{1.86}$$

此时$1\leqslant p$ 并有

$$\alpha_{k}=(a+b)\ln(\ell)+\frac{k}{p}\sum_{v}\ell^{v-1}c_{v}+\left(1-\frac{k}{p}\right)\sum_{v}\ell^{v-1}d_{v}+Q(k\ell/p) \tag{1.87}$$

其中 $P_{\mathrm{k}}(p,\ \xi_1)$ 表明插入的是由式（1.18）给出的第 p 阶拉格朗日多项式。α_k 的系数在式（1.87）中直接利用了拉格朗日多项式 $P_k(p,\xi)$ 的插入属性。注意式（1.86）所给出的例子对于任何 $p\geqslant\max(1,q)$ 都是准确的，如果边界函数 $Q(x)$是出现在式（1.85）中的任意 q 阶多项式。事实上，式（1.78）和式（1.79）代表了一个对于更多之前介绍的一般结果来说更简单的例子。

正如之前所说，在应用中，取代单一基函数 $S_{i,v-1}(\xi_i)=\left(\xi_i^{v-1}-\xi_i\right)$和$\left(\xi_i^{v-1}-1\right)$几乎不用什么代价就可以获得与式（1.86）所示一样的新的表示。这种表示方法的推导留给读者作为练习完成。

1.4.3 不允许精确近似的奇异函数

目前为止，我们已经讨论了通过奇异和多项式基函数可以被精确建模的奇异函数，现在将注意力转向更复杂的奇异函数还太早，先从如下函数的一阶近似值开始：

$$\begin{aligned}h_1(x)&=(\sin x-\ln x)/2\\h_2(x)&=\cos x+1/\sqrt{x}\\h_3(x)&=\cos x+1/x\end{aligned} \tag{1.88}$$

定义在$\{0\leqslant x\leqslant\ell\}$子间隔上，根据归一化父变量$\xi=x/\ell$和奇异基函数

$$S_{\ln}(x)=\ln\xi \tag{1.89}$$

$$S_{v-1}(\xi)=\xi^{v-1}-\xi \tag{1.90}$$

近似值由下式给出

$$\tilde{h}_1(x)=\alpha_0 P_0(1,\xi)+\alpha_1 P_1(1,\xi)+\alpha_s S_{\ln}(\xi)$$
$$\tilde{h}_2(x)=\beta_0 P_0(1,\xi)+\beta_1 P_1(1,\xi)+\beta_s S_{-\frac{1}{2}}(\xi) \tag{1.91}$$
$$\tilde{h}_3(x)=\gamma_0 P_0(1,\xi)+\gamma_1 P_1(1,\xi)+\gamma_s S_{-1}(\xi)$$

展开系数为

$$\begin{bmatrix}\alpha_0 & \alpha_1 & \alpha_s\\ \beta_0 & \beta_1 & \beta_s\\ \gamma_0 & \gamma_1 & \gamma_s\end{bmatrix}=\begin{bmatrix}-(\ln\ell)/2 & (\sin\ell-\ln\ell)/2 & -1/2\\ 1 & \cos\ell+1/\sqrt{\ell} & 1/\sqrt{\ell}\\ 1 & \cos\ell+1/\ell & 1/\ell\end{bmatrix} \tag{1.92}$$

通过在 $x=0$ 和 $x=\ell$ 处施加一个零近似值误差得到。

再一次注意到 β_0（或 γ_0）与零不同，为了在一个函数只有两个自由度的情况下解决近似值问题，它阻止了用奇异基函数 $S_{-1/2}(\xi)$ ［或者 $S_{-1}(\xi)$］替换常规正则函数 $P_0(1,\xi)=1-\xi$。

再者，因为一个条件在奇异点处加上零近似值误差，通过该条件获得了扩展系数，这可以认为是一个插值过程，虽然数学上的限制必须要求近似函数与被给定函数在奇异点处相等。

这个结果由函数 h_1、h_2、h_3 在间隔 $\{0\leqslant x\leqslant 2\pi\}$ 上的一阶近似值获得，并细分为 10 个等长的子间隔。几个函数在间隔 $[0,2\pi]$ 上的一阶分段近似值及相关误差如图 1.17 所示。对这些近似值，参与到第一个子间隔 $\{0\leqslant x\leqslant \pi/5\}$ 中扩展系数由令式（1.92）中的 $\ell=\pi/5$ 获得。特殊情况下，从这个图中，可以注意到误差是平方可积的，并且在奇异点处为零，甚至当近似函数非平方可积时也是如此（例如函数 h_2 和 h_3）。

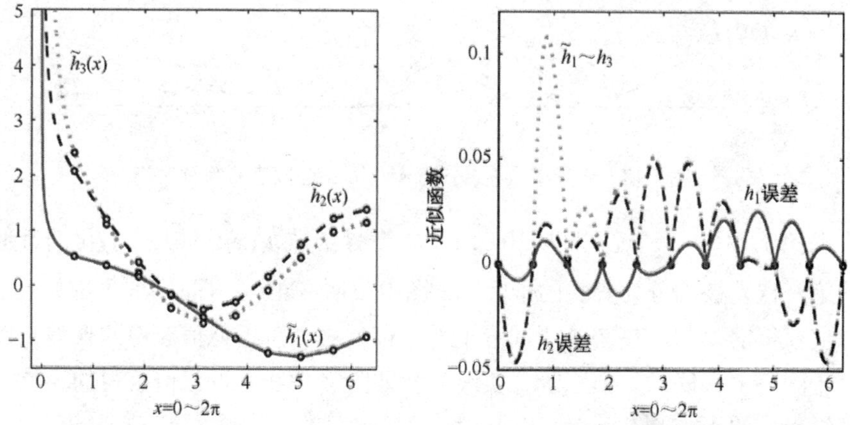

图 1.17　几个函数在间隔 $[0,2\pi]$ 上的一阶分段近似值及相关误差

图 1.17 中函数 $h_1=(\sin x-\ln x)/2$（实线）、$h_2=\cos x+1/\sqrt{x}$（短画线）、$h_3=\cos x+1/x$（点线）在间隔 $[0,2\pi]$ 上的一阶分段近似值被划分为 10 个等长的

子间隔，左图表示了近似函数，右图表示了近似误差。

这些近似误差可通过增加近似值的阶数和同时扩大所用子间隔来减少，就算当插值边界（无奇异点）函数在等长的子间隔上也可以这样做。为了更简洁，此处仅讨论函数 $h_3 = \cos x + 1/x$ 的高阶近似值的误差，因为从图 1.17 中可知最大近似误差将在 h_3 中。

奇异函数 $h_3(x) = \cos x + 1/x$ 近似值的绝对误差如图 1.18 所示。图 1.18 表示了在间隔 $[0, 2\pi]$ 上对 $h_3(x)$ 取近似值获得的绝对误差，并将其细分为等长的子间隔。标号为10 、7 、6 ，6 的子间隔被分别用于一阶、二阶、三阶和四阶近似值。对 n 阶近似值，奇异基函数 $S_{-1}(\xi) = (\xi/\ell)^{-1} - \xi/\ell$ 跨了前 n 个子间隔，每一个的长度都是 ℓ_i ，其中 $i = 1,2,...,n$ ，且 $\ell = \ell_1 + \ell_2 + \cdots + \ell_n$ 。注意在特殊情况中，三阶和四阶近似值是怎样迅速减少近似值误差并同时减少子间隔数量30% 的。

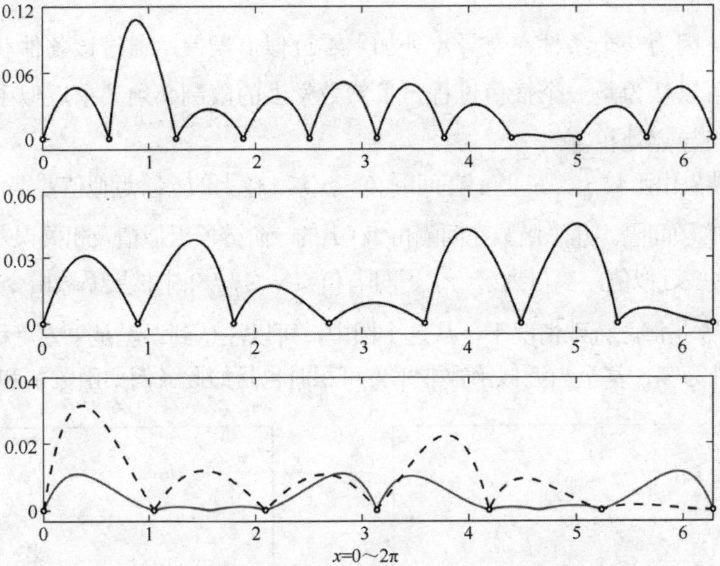

图 1.18　奇异函数 $h_3(x) = \cos x + 1/x$ 近似值的绝对误差

在图 1.18 中，通过在间隔 $[0, 2\pi]$ 上求奇异函数 $h_3(x) = \cos x + 1/x$ 的近似值获得的绝对误差被细分为等长的子间隔。图中表明在 10 个子间隔（上部）上由一阶近似值获得的误差，在 7 个子间隔上（中部）由二阶近似值获得的误差，以及在 6 个子间隔上（底部）由三阶（实线）和四阶（虚线）近似值获得的误差。注意图中纵坐标的不同。

最后需要讨论的问题与用每个奇异基函数评估扩展系数所用的方法相关。扩展函数集中被包含的奇函数的选择通常事先并不知道，至少在电磁应用中，或者是对数形式或者是 $(r - r_s)^{\nu-1}$ 形式。相反，在任一数值求解过程中，奇异基函数的扩展系数不能通过之前章节中所做的那样“采取一个限制”来进行估计，因为奇异特性也许不会一直有效，而是取决于被考虑问题的多个不同参数（例如，极化/入射场或激励源的对称性、材料参数，等等）。在这些应用中，奇异基函数的扩展系数通过求一些积分表达式的最小值或者（和）解决一个线性等式的系统来进行估计。因此，对与奇异基函数有关的系数要进行数值估计，估计值与精确值有误差。奇异基函数误差的初始效应会产生一个不会消失且在奇异点趋向无限的近似值误差。然而，如果被估值的函数是平方可积的，那么误差仍旧是平方可积的，在电磁应用中都是如此。

为解释奇异基函数的扩展系数误差的影响，继续考虑最差情况测试函数 $h_3(x)=\cos x+1/x$（不平方可积），因为它是目前最高阶奇异点之一。在这种情况下，与奇异基函数 $S_{-1}(\xi)=(\xi/\ell)^{-1}-\xi/\ell$ 联系在一起的系数 γ_s 的精确值总是等于 $1/\ell$［式（1.92）］，在任何 n 阶近似值中，$\ell=\ell_1+\ell_2+\cdots+\ell_n$，且 ℓ_i 是第 i 个子间隔的长度。[回忆起对于 n 阶近似值，奇异基函数 $S_{-1}(\xi)$ 跨越了前 n 个子间隔]。

通过在间隔 $[0,2\pi]$ 上对奇异函数 $h_3(x)=\cos x+1/x$ 取近似值得到的误差被细分为等长的子间隔。奇异函数 $h_3(x)=\cos x+1/x$ 取近似值得到的误差如图 1.19 所示。

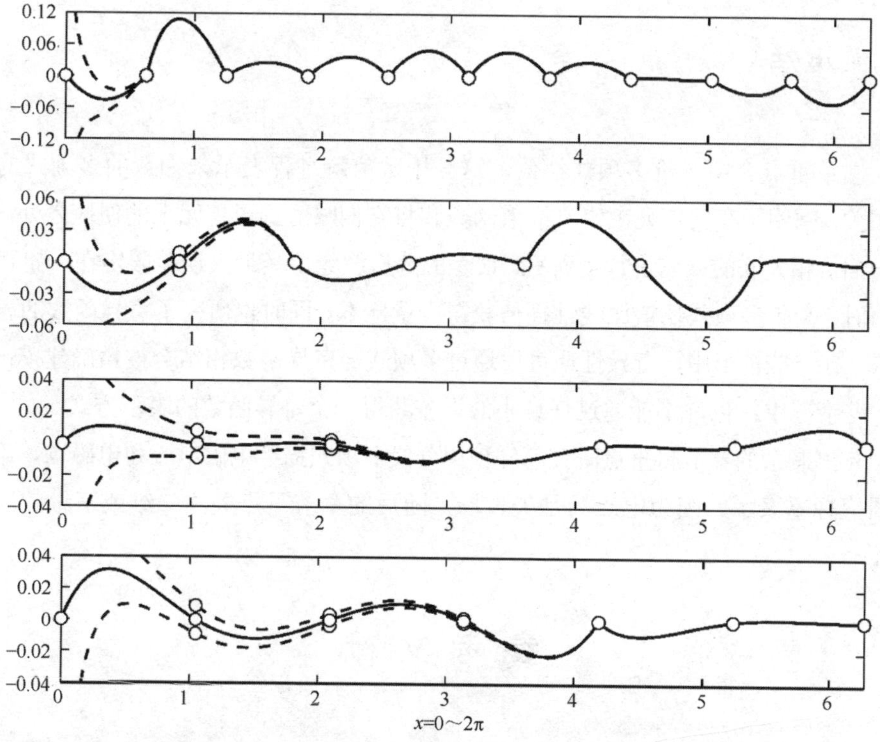

图 1.19　奇异函数 $h_3(x)=\cos x+1/x$ 取近似值得到的误差

图 1.19 中，通过在间隔$[0,2\pi]$上对奇异函数$h_3(x)=\cos x+1/x$取近似值得到的误差被细分为等长的子间隔。图中由上至下表明：由 10 个子间隔的一阶近似值中获得的误差；由 7 个子间隔中的二阶近似值中获得的误差；由 6 个子间隔的三阶和四阶近似值获得的误差。由奇异基函数的扩展系数确定值获得的误差由实线表示，虚线表示在将扩展系数改变±1%获得的误差。注意图中纵坐标的不同。

γ_s的数值误差的影响现在可以通过在±1%范围内修改它的精确值来被模拟；该数据的数值讹误虽然十分保守，在数值应用中，奇异函数中该系数的求值通常需要求奇异积分的值。图 1.19 表示近似值误差$\widetilde{h}_3(x)-h_3(x)$通过$\gamma_s$的值得到。如果$\gamma_s$错了，近似值误差将无界，并且，在$x=0$的限制下，近似值误差将分别在$\gamma_s=1/\ell-1\%$ 或$\gamma_s=1/\ell+1\%$时趋于$-\infty$或者$+\infty$。注意，无论多高阶的近似值，在第一个子间隔右边的γ_s上的误差不会使结果变得更恶化（显然γ_s的误差对不属于奇异基函数域内的子间隔没有影响）。综上所述，注意γ_s上的误差不会阻止在等长子间隔上的高阶近似值的使用，这仍然是最便捷的减少表示给定函数数据的方法，无论这个函数是否奇异。

1.5　小结

本章重点介绍一阶多项式插值，这与用数值解过程表示未知量的多项式的使用相关，阐明了在父单元上定义插值函数和将它们映射到子单元上的便捷之处，也对与插值相关联的误差进行了研究。误差的分析解释了当最大误差限定在一定百分比内时，高阶多项式插值比线性插值获得少量样本。同时也研究了奇异函数的表示方式。在一些情形中，奇异性质可以通过多项式与奇异函数相结合被精确建模；在另一些情况中，也许不能通过任意小的误差获得一个奇异函数的表示方式。

本书剩余的章节将重点研究怎样使用分段多项式描绘电磁电流和电磁场。第 2 章研究标量表示。因为电磁场是矢量场，随后的章节重点关注二维或三维的矢量表示。

参 考 文 献

[1] R. D. Graglia, P. L. E. Uslenghi, R. Vitiello, and U. D'Elia, "Electromagnetic scattering for oblique incidence on impedance bodies of revolution," *IEEE Trans. Antennas Propag.*, vol. 43,

no. 1, pp. 11–26, Jan. 1995.

[2] D. Z. Ding, Z. J. Li, and R. S. Chen, "Fast analysis of electromagnetic scattering from body of revolution using high-order basis functions," *IET Microwaves Antennas Propag.*, vol. 6 , no. 14, pp. 1542–1547, 2012.

[3] R. L. Burden, J. D. Faires, and A. M. Burden, *Numerical Analysis*, 10th ed., Boston, MA: Cengage Learning, 2015.

[4] R. H. Bartels, J. C. Beatty, and B. A. Barsky, *An Introduction to Splines for Use in Computer Graphics and Geometric Modeling*, San Francisco, CA: Morgan Kaufmann, 1995.

[5] F. B. Hildebrand, *Introduction to Numerical Analysis*, New York, NY: McGraw-Hill, 1956.

[6] G. Szegö, *Orthogonal Polynomials*, 4th ed., Providence, RI: American Mathematical Society, 1975.

第 2 章
二维和三维的标量插值

第 1 章检验了利用多项式表示只有一个变量的函数。这一章扩展了获得二维或三维变量标量函数的方法。在一个维度中，一个域可以被简单地划分为间隔；在多个域中，间隔可以被不相邻的、不可折叠的子域替代，子域由简单的形状组成，例如三角形、四边形和四面体。这些子域经常被称为要素或者单元。在三维情况中，一个单元用它的面、边和顶点定义。顶点是边界线的端点。为了定义曲面单元，除了顶点，可能也需要其他在单元边界上和内部的点。（在一些涉及曲面单元的情形中，点的作用可以被控制点替代，控制点也许在单元外。）

所有单元的集合被称为一个网格或者栅格。“网格”这个词可被追溯到自然界中的绝大部分二维问题；一个二维的域划分为元素，元素代表一个金属网，并因此得名。主要典型单元的形状在 2D 上是三角形和四边形，在 3D 上是四面体、长方体或三棱柱。

为了在球面 2D 和 3D 域上表示标量函数，多项式基函数在单元内按第 1 章的习惯被定义。在第 1 章中，所考虑的表达式都用一阶或通过单元边界的 C_0 的连续性。C_0 的连续性是函数的连续性，但它的导数不一定是连续的。作为一个结论，为得到一个连续表达式，在网格中的这个单元必须被均衡，且定义在这些单元上的基函数必须被适当构建，这样才能保证穿过单元内部的近似值函数的连续性。这些问题将在接下来的章节中继续探索。

2.1 二维、三维网格和典型单元

获得一个恰当网格的过程被称为网格生成[1-3]。目前，基于全自动网格生成过程的多种网格生成编码可在公开市场上获得。在这些编码中很多是重要的后处理工具，在通过解算器编码获得的数值结果的图示法中起重要作用。获得用于网格生成的一个好的软件包以及使用该软件的专业知识对于建模成功工作至关重要。

2.1.1　协调网格和几何数据基结构的基础

网格由单元的点、边和面定义，在下列四个几何图形集中达到最小限度①。

① 点集形式由该网格中的全部不同的点构成。这些点由全局码来区分，且每个点的坐标被存储在恰当的坐标数组中，按照点的编号表的顺序排列。

② 边集形式由该网格中全部不同的边的编号表构成。整数数组随后被用于存储每一条边上的点的顺序号码。

③ 面集形式由该网格中全部不同的面的编号表构成。整数数组被用于存储组成每个面的边的顺序号码。

④ 体集形式由该网格中所有体单元的编号表构成。围绕每个单元的每个面的顺序编号存储在适当的整数数组中。

当下列事件发生时，一个网格被称为是非相容的。非相容网格的例子如图 2.1 所示。

- 位于网格某边（或面）内部的一个点，同时也是另一个边（或面）的顶点［见图 2.1（a）和（b）］；
- 有一条边在面的内部，但不是这个面的边［见图 2.1（c）］。

如果网格的情况与前面指出的都不符合，虽然前面的定义似乎很复杂，它们实际上可以被概括为一个很简单的概念。非相容网格的例子如图 2.1 所示，相容网格的例子如图 2.2 所示。

在相邻的子域中以一种相对简单的方式，通过共同的接口使用相容网格和适当的单元基函数提高近似函数的连续性。相反，当使用不相容网格时，通常会失去近似函数的连续性（在一些应用中连续性并没有那么重要），因为共用一个不相容边界的相邻单元上使用的基函数集沿着边界很少会匹配。在这些情况中，如果需要，近似函数的连续性可以在低灵敏度情况下被插入。例如，通过在共用的非

---

① 这是指在网格中的每个不同的点、边、面和体单元用全局数区分，而在给定单元中的每个不同的点、边、面用局部数表示。全局数和局部数之间的关系存储在适当的整数指针数组中，因此，每个单元的几何信息只能从与全局网格相关的唯一数据库中得到。为了简便起见，本书省去了对优化几何数据库结构技术的讨论。

相容边界进行均衡，近似函数的平均整数值用其在边界左、右两侧的表达式进行计算。显然，在这之前，必须保证一定数目的自由度是可用的，并且这可能涉及在沿着非相容边界的每个单元中适当基函数的使用。

因为所表示的 C_0 是连续的，所以基于非相容网格使用的数值模型和近似过程在本书中不予讨论。

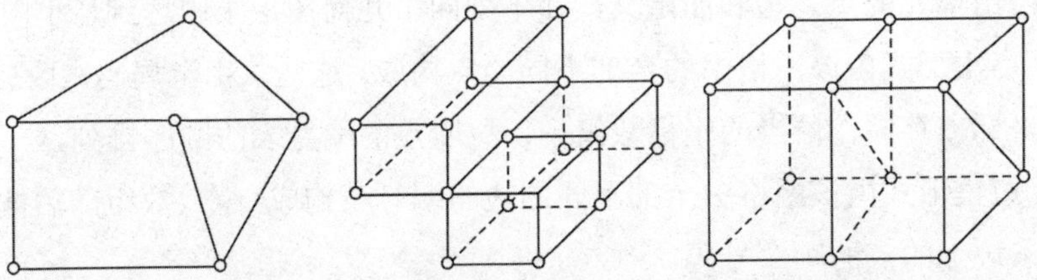

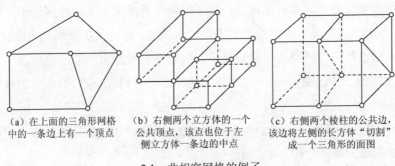

（a）在上面的三角形网格中的一条边上有一个顶点　（b）右侧两个立方体的一个公共顶点，该点也位于左侧立方体一条边的中点　（c）右侧两个棱柱的公共边，该边将左侧的长方体“切割”成一个三角形的面图

2.1　非相容网格的例子

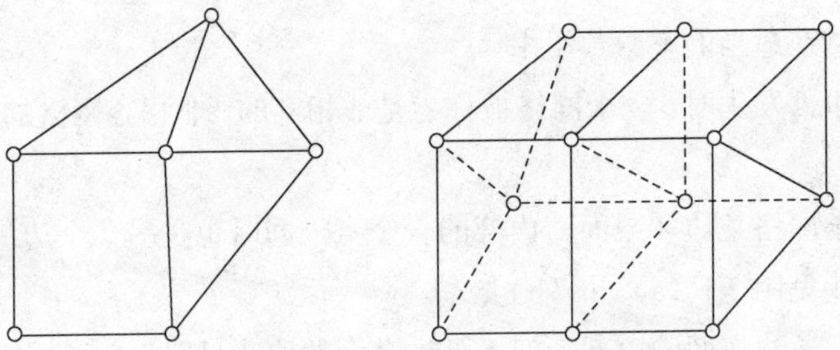

（a）二维　（b）三维

图 2.2　相容网格的例子

除了前面讨论的几何集和数组，网格数据库还包括额外（整数）数组，被用于验证网格的相容性和找到网格域的边界，也可以被用于检验网格域是否不包含任何缝隙。例如，有时需要额外的直接相连面和邻近体单元的“连通性”矩阵，以及相连边与邻近单元、边与邻近的面、点与邻近的单元、面或边等的“连通性”矩阵。

在这一章中，在多种典型的父单元或参考单元形状上定义标量基函数，假设这些基函数都将在实际的 (x,y,z) 坐标系被映射到子单元中。父单元具有典型的单位维度。使用由单元形状确定的归一化父变量集 $\boldsymbol{\xi}=(\xi_1,\xi_2,\cdots,\xi_n)$。每个二维和三维单元的网格化区域由不同的从父空间到子空间的映射

$$\boldsymbol{r}=\boldsymbol{r}(\xi) \tag{2.1}$$

确定。在子域中定义一个单元的几何性质的父变量函数通常被称为赋形函数。这些赋形函数通常是一样的基函数，这些基函数被用于对单元内感兴趣的函数取近似值。基于这个特殊的映射法则，子域内的该单元可能有边界。这些边界可能是线性的、二维的或弯曲的。本章将重点关注父域上的基函数定义，将映射的细节放在后面讨论。

这里的插值、近似过程是对第 1 章标量函数的拉格朗日插值相同技术的扩展，标量函数高于一维的域函数，该域被分为更小的相邻子域。跨过邻近单元近似函数的连续性被一个相容网格加强，然而与一维的情况相同，函数的导数通常在每个单元的边界上是不连续的。

本章（及本书后续章节）所讨论的插值基，其插值点仅定义在常规插值网格上。实际上，只要在需要连续性时不违反先前的连续性定义，则可随意选择插值网格。在插值点，一般数组中的插值基函数可通过西尔韦斯特插值多项式获得，这部分内容将在下一章讨论。

2.2　西尔韦斯特插值多项式

插值基函数通常按照拉格朗日插值多项式来定义。对于本书中的标准单元，使用一个变量的西尔韦斯特插值多项式[4]书写这些多项式更为便捷

$$R_i\left(p,\xi\right)=\begin{cases}\dfrac{1}{i!}\displaystyle\prod_{k=0}^{i-1}\left(p\xi-k\right) & 当1\leqslant i\leqslant p时\\ 1 & 当i=0时\end{cases}\tag{2.2}$$

其中，对每个标准元素，归一化的坐标变量 ξ 范围在区间 $[0,1]$ 中。这 $(p+1)$ 个多项式具有以下特性（$0\leqslant i\leqslant p$）：

① 它们是 ξ 中次数 i 的多项式。

② 整数参数 $p\,(\geqslant 1)$ 表明 ξ 区间 $[0,1]$ 划分的一致的子区间的个数。

③ 当 $\xi=\dfrac{i}{p}$ 时，$R_i(p,\xi)$ 是一个单位值。

④ $R_i(p,\xi)$ 在 ξ 区间 $[0,1-\dfrac{1}{p}]$ 中有 i 个零点，且在此区间之外没有零点。

⑤ 因为 $i\geqslant 1$，$R_i(p,\xi)$ 中的零点在 $\xi=0,\dfrac{1}{p},\dfrac{2}{p},\ldots,\dfrac{i-1}{p}$ 处。

为构建在第 4 章中会讨论的插值矢量函数，这里也使用 $(p+1)$ 个调整过或者

变换过的西尔韦斯特多项式[5]。

$$\hat{R}_i(p,\xi)=R_{i-1}\left(p,\xi-\frac{1}{p}\right)=\begin{cases}\dfrac{1}{(i-1)!}\displaystyle\prod_{k=1}^{i-1}(p\xi-k) & \text{当}2\leqslant i\leqslant p+1\text{时}\\ 1 & \text{当}i=1\text{时}\end{cases}\tag{2.3}$$

该多项式有下列特性（$1\leqslant i\leqslant p+1$）：

① 它们是ξ中次数$(i-1)$的多项式。

② 整数参数$p\,(\geqslant 1)$表明ξ区间$[0,1]$划分的统一的子区间的个数，如同（没有变换的）西尔韦斯特多项式［式（2.2）］那样。

③ 在$\xi=\dfrac{i}{p}$时，$\hat{R}_i(p,\xi)$是单位值。

④ 在ξ区间$[\dfrac{1}{p},1]$内，$\hat{R}_i(p,\xi)$有$(i-1)$个零点，区间之外没有零点。

⑤ 当$i\geqslant 2$时，$\hat{R}_i(p,\xi)$的零点在$\xi=\dfrac{1}{p},\dfrac{2}{p},\dots,\dfrac{i-1}{p}$处。

通过比较式（2.3）和式（2.2）相同数量的零点（在相同阶数下），发现式（2.3）的插值点的数组被变换了，因为变换后的西尔韦斯特多项式$\hat{R}_i(p,\xi)$在$\xi=0$处没有零点（当$p=3$时的西尔韦斯特多项式和变换后的西尔韦斯特多项式见图2.3）。

在数值应用中，这些多项式和它们的对ξ的一阶导数可以通过非常简单的方式（事实上，只是几个子方程式）求得，这种方法重现了下面的关系式：

$$\begin{cases}R_{i+1}(p,\xi)=\dfrac{p\xi-i}{i+1}R_i(p,\xi)\\ \hat{R}_{i+1}(p,\xi)=\dfrac{p\xi-i}{i}\hat{R}_i(p,\xi)\end{cases}\tag{2.4}$$

$$\begin{cases}\dfrac{\mathrm{d}R_{i+1}(p,\xi)}{\mathrm{d}\xi}=\dfrac{p}{i+1}R_i(p,\xi)+\dfrac{p\xi-i}{i+1}\dfrac{\mathrm{d}R_i(p,\xi)}{\mathrm{d}\xi}\\ \dfrac{\mathrm{d}\hat{R}_{i+1}(p,\xi)}{\mathrm{d}\xi}=\dfrac{p}{i}\hat{R}_i(p,\xi)+\dfrac{p\xi-i}{i}\dfrac{\mathrm{d}\hat{R}_i(p,\xi)}{\mathrm{d}\xi}\end{cases}\tag{2.5}$$

初始值为

$$\begin{gathered}R_0(p,\xi)=\hat{R}_1(p,\xi)=1\\ \frac{\mathrm{d}R_0(p,\xi)}{\mathrm{d}\xi}=\frac{\mathrm{d}\hat{R}_1(p,\xi)}{\mathrm{d}\xi}=0\end{gathered}\tag{2.6}$$

当 $p=3$ 时的西尔韦斯特多项式和变换后的西尔韦斯特多项式如图 2.3 所示。

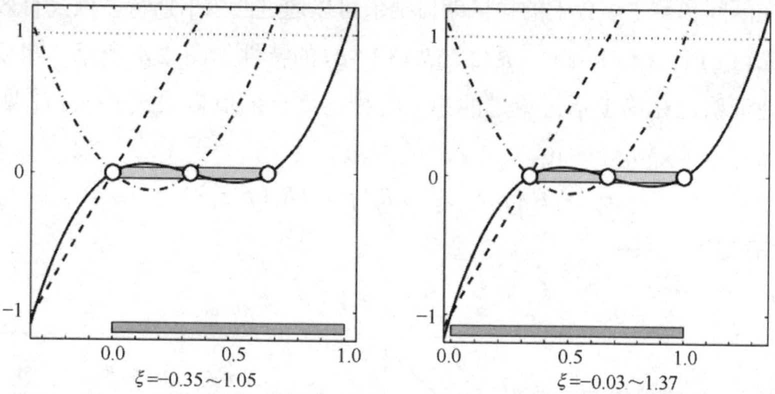

图 2.3　当 $p=3$ 时的西尔韦斯特多项式和变换后的西尔韦斯特多项式

图 2.3 给出了当 $p=3$ 时的西尔韦斯特多项式和变换后的西尔韦斯特多项式。左边的西尔韦斯特多项式是 $R_0(3,\xi)$（点状线）、$R_1(3,\xi)$（虚线）、$R_2(3,\xi)$（点画线）和 $R_3(3,\xi)$（实线），右边的变换后的西尔韦斯特多项式是 $\hat{R}_1(3,\xi)$（点状线）、$\hat{R}_2(3,\xi)$（虚线）、$\hat{R}_3(3,\xi)$（点画线）和 $\hat{R}_4(3,\xi)$（实线），灰色方框显示了变换过的多项式的插值点数组是如何右移的。

表 2.1 中展示了当 $p=1,2,3$ 时，前三个西尔韦斯特多项式族 $R_i(p,\xi)$ 和 $\hat{R}_i(p,\xi)$。

表 2.1　当 $p=1,2,3$ 时，西尔韦斯特多项式族 $R_i(p,\xi)$ 和 $\hat{R}_i(p,\xi)$

$R_0(1,\xi)=1$ $R_1(1,\xi)=\xi$	$\hat{R}_1(1,\xi)=1$ $\hat{R}_2(1,\xi)=\xi-1$
$R_0(2,\xi)=1$ $R_1(2,\xi)=2\xi$ $R_2(2,\xi)=\xi(2\xi-1)$	$\hat{R}_1(2,\xi)=1$ $\hat{R}_2(2,\xi)=2\xi-1$ $\hat{R}_3(2,\xi)=(2\xi-1)(\xi-1)$
$R_0(3,\xi)=1$ $R_1(3,\xi)=3\xi$ $R_2(3,\xi)=3\xi(3\xi-1)/2$ $R_3(3,\xi)=\xi(3\xi-1)(3\xi-2)/2$	$\hat{R}_1(3,\xi)=1$ $\hat{R}_2(3,\xi)=3\xi-1$ $\hat{R}_3(3,\xi)=(3\xi-1)(3\xi-2)/2$ $\hat{R}_4(3,\xi)=(3\xi-1)(3\xi-2)(\xi-1)/2$

引入两个父变量：

$$\begin{aligned}\xi_1&=\xi\\ \xi_2&=1-\xi\end{aligned} \tag{2.7}$$

这两个变量存在如下关系：

$$\xi_1+\xi_2=1 \tag{2.8}$$

在区间$\{0\leqslant\xi\leqslant1\}$上的拉格朗日插值可以通过西尔韦斯特多项式有效地表示。

$R_1(3,\xi)$、$R_2(3,1-\xi)$、$R_1(3,\xi)R_2(3,1-\xi)$的特性如图 2.4 所示。事实上，可以容易地证明已在第 1 章讨论过的第 p 阶拉格朗日插值多项式 $P_i(p,\xi)$［见式(1.18)］可以通过双下标方式写出：

$$P_{ij}\left(p,\xi_1,\xi_2\right)=R_i\left(p,\xi_1\right)R_j\left(p,\xi_2\right) \tag{2.9}$$

i 和 j 有如下关系：

$$i+j=p \tag{2.10}$$

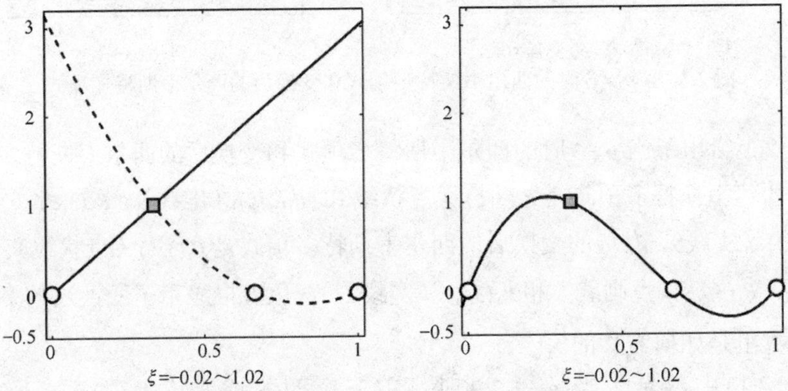

图 2.4　$R_1(3,\xi)$、$R_2(3,1-\xi)$、$R_1(3,\xi)R_2(3,1-\xi)$的特性

图 2.4 中，$R_1(3,\xi)$（实线）和$R_2(3,1-\xi)$（虚线）的特性如左图所示。右图给出三阶多项式$R_1(3,\xi)R_2(3,1-\xi)$的特性，该多项式正好等于拉格朗日多项式$P_1(3,\xi)$。

在用式(2.7)和式(2.8)介绍的双坐标系(ξ_1,ξ_2)中，使拉格朗日多项式$P_i(p,\xi)$为单位值的插值点$\xi=i/p$，即为点$(\frac{i}{p},\frac{j}{p})$，其中$i+j=p$。

2.3　典型单元的归一化坐标

在这一节，我们总结典型坐标的属性和符号，在几何量和基函数上定义典型单元：三角形、四边形、四面体、长方体以及棱柱。之后，为了简化陈述，我们主要处理边界为线和平面的单元。正如之后我们将要看到的，这些单元的几何量和基扩展成了相当自然的曲线和基。正如在这一章开头（见 2.1 节）所说的，可很方便地查看每个单元作为一个映射来反映一些有着相同形状的直线父单元。

就这里所有的典型元素来说，使用以下标准化的归一化坐标会很便利。

① 每个二维单元边界或三维单元面对于归一化坐标 ξ_i 定义了一个零坐标面，其中 i 表示边或者面。图 2.5 为三角形和四边形的零坐标边。图 2.6 为四面体、长方体和棱柱单元的零坐标面。

② 每个坐标 ξ_i 在一个单元内进行线性变换，获得面、边或者顶点的单位值。坐标梯度 $\nabla\xi_i$（所计算的子空间 $\boldsymbol{\gamma}$）垂直于零坐标面并且指向单元内部。

③ 建立坐标系，使之为右手坐标系，即二维元素 $\hat{n}\cdot(\nabla\xi_1\times\nabla\xi_2)$ 和三维元素 $\nabla\xi_3\cdot(\nabla\xi_1\times\nabla\xi_2)$ 为正，其中对于通常的二维元素来说 $\hat{n}$ 是一个单位矢量。[2.8 节中讨论的棱柱单元是个例外，通常依赖三角形面积区域坐标 (ξ_1,ξ_2,ξ_3) ——被用于参数化棱柱的三角形截面和 ξ_4，当 $\nabla\xi_4\cdot(\nabla\xi_1\times\nabla\xi_2)$ 为正时，作为第三个独立的坐标。]

④ 剩余的坐标是相关的坐标，其中的每一个都可能与一个或者多个坐标组成一组相关的坐标。

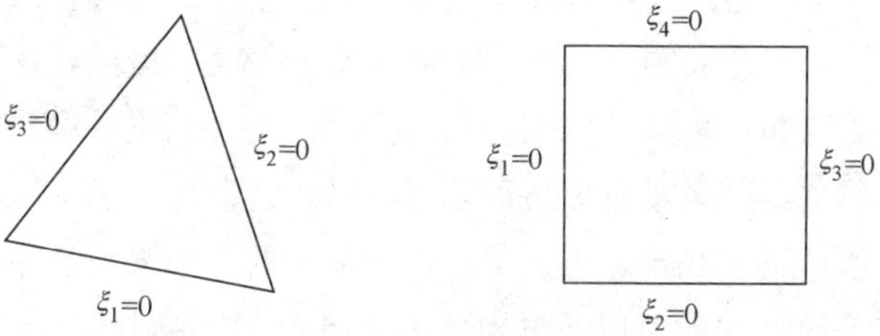

图 2.5　三角形和四边形的零坐标边

图 2.5 中，左边为 3 个归一化坐标 (ξ_1,ξ_2,ξ_3) 描述的三角形；右边为 4 个归一化坐标 $(\xi_1,\xi_2,\xi_3,\xi_4)$ 描述的四边形。

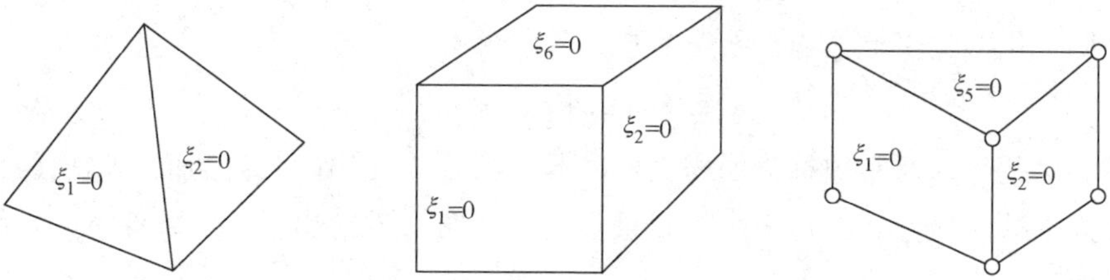

图 2.6　四面体、长方体和棱柱单元的零坐标面

图 2.6 中，左边为 4 个归一化的坐标 $(\xi_1,\xi_2,\xi_3,\xi_4)$ 描述的四面体单元。中间为 6 个归一化坐标 $(\xi_1,\xi_2,\xi_3,\xi_4,\xi_5,\xi_6)$ 描述的长方体单元，其中面 ξ_{i+3}=0 与 ξ_i=0 相对。右边为 5 个归一化坐标 $(\xi_1,\xi_2,\xi_3,\xi_4,\xi_5)$ 描述的棱柱单元；它的两个相对的三角形面是 ξ_4=0 和 ξ_5=0，而棱柱的四边形面是零坐标面 ξ_1=0、ξ_2=0和ξ_3=0。

在一组坐标或者曾用来表示坐标的标记中，可以很方便地通过编写相关坐标组来强调依赖性，用分号来分隔每个组。不论何时都必须处理独立的坐标，除了组中最后一个变量被视为“独立”坐标和“依赖”坐标。因此，在坐标表$(\xi_1,\xi_2,\xi_3,\xi_4)$中，将$\xi_1$、$\xi_2$和$\xi_3$视为独立坐标并且$\xi_4$被视为依赖坐标；在坐标表$(\xi_1,\xi_2,\xi_3,\xi_4,\xi_5)$中，$\xi_1$、$\xi_2$和$\xi_4$为独立坐标，$\xi_3$和$\xi_5$为依赖坐标。下文中采用类似的分组方案表示采样坐标的相应依赖指数。

下面的章节将推导拉格朗日插值方案和标准标量基函数单元。对于三角形单元，此处通过详细的讨论来解释其推导过程，对于其他单元我们只展示主要结果。

2.4 三角形单元

在三维空间r中，一个可以被三角形单元网格化的域通常是表面非平坦的。而我们的目标是插入一个给定的标量函数f，可能的话，计算在此域上f的梯度的近似值，首先要考虑这个域可以近似到什么程度。如果这个域是二维的，且有分段的线性边界，用直线围成的三角形可以被用来得到这个域中一个精确的多边形表达式。如果这个表面不是二维的，或者没有多边形轮廓，那么这个几何形状的近似值可以通过足够小的用直线围成的三角形获得。另外，对弯曲的表面来说，存在映射可以得到曲线组成的网格，这些映射可以通过用更少的单元有效减少几何误差。

2.4.1 单元几何表达和局部矢量基

被网格化的域中的每个三角形单元由一个不同的映射$\boldsymbol{r}=\boldsymbol{r}(\boldsymbol{\xi})$定义，该映射从父空间$\xi$（或参考单元）映射到子空间$\boldsymbol{r}$［或实际的（$x,y,z$）空间］。三角形的这三个归一化的父坐标$\boldsymbol{\xi}=(\xi_1,\xi_2,\xi_3)$与

$$\xi_1+\xi_2+\xi_3=1 \tag{2.11}$$

相关。这些坐标通常被称为面积坐标，源于图 2.7 给出的几何插值。这些坐标也被称为单纯形坐标、三角形坐标和重心坐标。图 2.7 给出了不同条件下的直线三角形面积。

由直线围成的三角形坐标可以表达为以下公式

$$\boldsymbol{r}=\xi_1\boldsymbol{r}_1+\xi_2\boldsymbol{r}_2+\xi_3\boldsymbol{r}_3 \tag{2.12}$$

其中，$\boldsymbol{r}_i$是顶点i的顶点位置矢量，ξ_1、ξ_2和ξ_3是线性形状的函数，用来定义一个子域中的三角形单元。

相似地，在三角单元中，一个标量函数f的一个线性近似值$\tilde{f}$可以表达为以下公式：

$$\tilde{f} = \xi_1 f_1 + \xi_2 f_2 + \xi_3 f_3 \tag{2.13}$$

其中，f_i 是 f 在顶点 i 的值。函数 f 以前的线性近似值是依据三角父坐标的，且不依靠子空间中三角形的形状，因此它对曲面三角形也是有效的。沿着三角形 $\xi_i = 0$ 的这条边，从属关系式（2.11）使式（2.13）简化为线性表达式

$$\tilde{f} = f_{i+1} + \xi_{i-1}\left(f_{i-1} - f_{i+1}\right) = f_{i-1} + \xi_{i+1}\left(f_{i+1} - f_{i-1}\right) \tag{2.14}$$

以立即匹配这个 f 的线性近似值，这个近似值在附属于共用这条边的三角形的任何一个单元中都使用，由全局终点 $\boldsymbol{r}_{i-1}$ 和 $\boldsymbol{r}_{i+1}$ 对其加以区分。在之前的表达式（2.14）中，下标采用模 3 方法计算，即当 $i = 3$ 时，$i+1=1$，且当 $i=1$ 时，$i-1=3$。

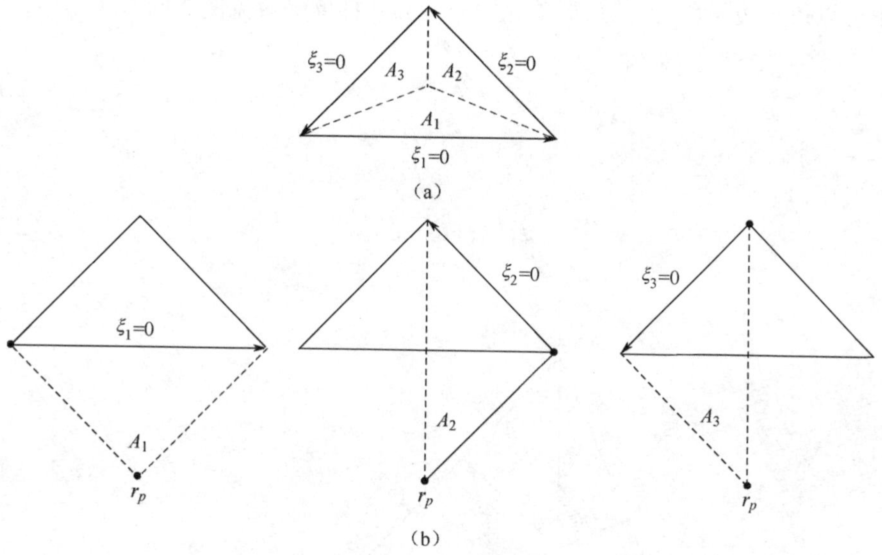

图 2.7　不同条件下的直线三角形面积

图 2.7 中，（a）直线三角形面积为 $A = A_1 + A_2 + A_3$，其中，点 $\boldsymbol{r}_p$ 的归一化坐标为 ξ_1、ξ_2 和 ξ_3：$\xi_1 = A_1/A$，$\xi_2 = A_2/A$，$\xi_3 = A_3/A$；$\xi_1+\xi_2+\xi_3=1$，且 A_i 是第 i 个共用了点 $\boldsymbol{r}_p$ 的直线子三角形的面积，三角形的两个顶点在 $\xi_i = 0$ 这条边上。平行于 $\xi_i = 0$ 这条边的直线上的点拥有一样的 ξ_i 坐标，且每个三角形元素内的点由三个非负的父坐标加以区分。（b）如果点 $\boldsymbol{r}_p$ 在三角形之外，它的父坐标中有一个或两个是负的。与第 i 个 $\boldsymbol{r}_p$ 的父坐标有关的正负号和第 i 个子三角形的面积 A_i 是定好的。例如，逆时针方向朝向三角形单元的边（面积为 A）和顺时针沿着第 i 个子三角形的边。如果三角形 $\xi_i = 0$ 这条边的朝向在路径方向内，子面积 A_i 被视为正，否则子面积则为负。在（b）中，当第二个面积（A_2）和第三个面积（A_3）为正时，第一个子三角形的面积（A_1）是负的，其中 $(A_1 + A_2 + A_3)/A$=1 且 $\xi_1+\xi_2+\xi_3$=1。

为在网格化的表面上求 f 的梯度的近似值，需要介绍与每个单元有关的矢量

基。曲线形状的参数坐标的矢量基和矢量算子将在第 3 章（3.11 节）中详细讨论。通过映射函数

$$r = r(\xi_1, \xi_2, \xi_3) \tag{2.15}$$

可以从独立坐标 ξ_1 和 ξ_2（存在 $\xi_3=1-\xi_1-\xi_2$）得到下面的三角形单元的单位基矢量：

$$\boldsymbol{\ell}^1 = \frac{\partial \boldsymbol{r}(\xi_1,\xi_2)}{\partial \xi_1} = \frac{\partial \boldsymbol{r}(\xi_1,\xi_2,\xi_3)}{\partial \xi_1} + \frac{\partial \boldsymbol{r}(\xi_1,\xi_2,\xi_3)}{\partial \xi_3}\frac{\partial \xi_3}{\partial \xi_1} = \left[\frac{\partial \boldsymbol{r}}{\partial \xi_1} - \frac{\partial \boldsymbol{r}}{\partial \xi_3}\right]_{\xi_2=\text{常数}} \tag{2.16}$$

$$\boldsymbol{\ell}^2 = \frac{\partial \boldsymbol{r}(\xi_1,\xi_2)}{\partial \xi_2} = \frac{\partial \boldsymbol{r}(\xi_1,\xi_2,\xi_3)}{\partial \xi_2} + \frac{\partial \boldsymbol{r}(\xi_1,\xi_2,\xi_3)}{\partial \xi_3}\frac{\partial \xi_3}{\partial \xi_2} = \left[\frac{\partial \boldsymbol{r}}{\partial \xi_2} - \frac{\partial \boldsymbol{r}}{\partial \xi_3}\right]_{\xi_1=\text{常数}} \tag{2.17}$$

从中可以得到边矢量[①]。三角形单元的边、高和梯度矢量见图 2.8。

$$\begin{aligned} \boldsymbol{\ell}_1 &= -\boldsymbol{\ell}^2 \\ \boldsymbol{\ell}_2 &= \boldsymbol{\ell}^1 \\ \boldsymbol{\ell}_3 &= \boldsymbol{\ell}^2 - \boldsymbol{\ell}^1 \end{aligned} \tag{2.18}$$

其中，

$$\boldsymbol{\ell}_1 + \boldsymbol{\ell}_2 + \boldsymbol{\ell}_3 = 0 \tag{2.19}$$

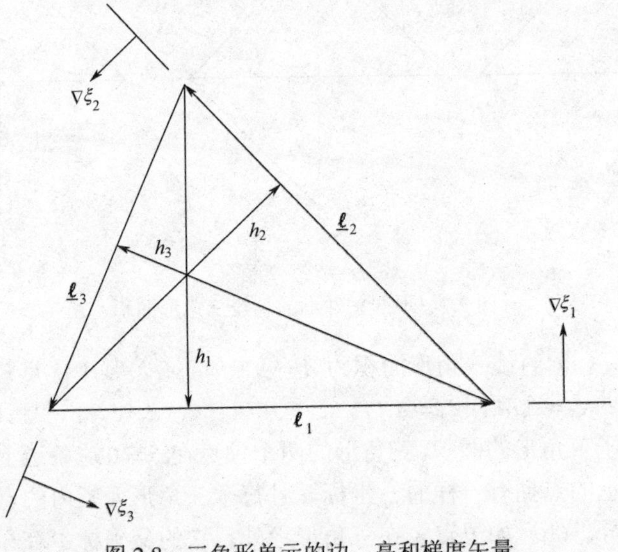

图 2.8　三角形单元的边、高和梯度矢量

① 对于用直线围成的单元，每一个单位基矢量总是与单元的至少一个边矢量一致。

坐标变量的梯度（在子空间中）构成倒数基矢量并且由边矢量（见图 2.8 和 3.11 节）决定，当

$$\nabla\xi_i = \frac{\hat{\boldsymbol{n}} \times \boldsymbol{\ell}_i}{\mathcal{J}} \tag{2.20}$$

时，其中

$$\nabla\xi_1 + \nabla\xi_2 + \nabla\xi_3 = 0 \tag{2.21}$$

且

$$\hat{\boldsymbol{n}} = \frac{\boldsymbol{\ell}^1 \times \boldsymbol{\ell}^2}{\mathcal{J}} = \frac{\boldsymbol{\ell}_i \times \boldsymbol{\ell}_{i+1}}{\mathcal{J}} \tag{2.22}$$

是单位矢量并与三角形正交，而

$$\mathcal{J} = |\boldsymbol{\ell}^1 \times \boldsymbol{\ell}^2| = |\boldsymbol{\ell}_i \times \boldsymbol{\ell}_{i+1}| \tag{2.23}$$

是从父坐标到子坐标变换的雅可比行列式。接下来的双正交关系存在于单位基矢量（$\boldsymbol{\ell}^1$，$\boldsymbol{\ell}^2$）和梯度矢量（$\nabla\xi_1$，$\nabla\xi_2$）之间：

$$\boldsymbol{\ell}^j \cdot \nabla\xi_i = \delta_{ij} = \begin{cases} 1 & \text{当} i = j \text{时} \\ 0 & \text{当} i \neq j \text{时} \end{cases} \tag{2.24}$$

其中 δ_{ij} 是 Kronecker delta。由式（2.18）和式（2.24）得

$$\begin{aligned} \boldsymbol{\ell}_i \cdot \nabla\xi_i &= 0 \\ \boldsymbol{\ell}_{i\pm1} \cdot \nabla\xi_i &= \pm 1 \end{aligned} \tag{2.25}$$

边和梯度矢量作为矢量基可方便地表达一个矢量：

$$\boldsymbol{v} = E_{i-1}\boldsymbol{\ell}_{i-1} + E_{i+1}\boldsymbol{\ell}_{i+1} = G_{i-1}\nabla\xi_{i-1} + G_{i+1}\nabla\xi_{i+1} \tag{2.26}$$

且要计算它的分量

$$\begin{aligned} E_{i\mp1} &= \pm\boldsymbol{v}\cdot\nabla\xi_{i\pm1} \\ G_{i\pm1} &= \pm\boldsymbol{v}\cdot\boldsymbol{\ell}_{i\mp1} \end{aligned} \tag{2.27}$$

前文提到，坐标梯度 $\nabla\xi_i$ 与第 i 条边垂直，且在这条边上它指向三角形单元的内部，有时简写为

$$\nabla\xi_i = \frac{\hat{\boldsymbol{h}}_i}{h_i} \tag{2.28}$$

其中，$1/h_i$ 是梯度的等级，$\hat{\boldsymbol{h}}_i$ 是与梯度方向相反的单位矢量。在第 i 条边上，$\hat{\boldsymbol{h}}_i$ 是单位外法矢量。高度矢量

$$\hat{\boldsymbol{h}}_i = h_i\hat{\boldsymbol{h}}_i = -h_i^2\nabla\xi_i \tag{2.29}$$

也很容易得到，对于归一化坐标和直线围成的单元，它的大小为垂直于第 i 条边的单元的高度。

图 2.8 表明各种各样的边、梯度和高度矢量，定义了由直线围成的三角形元素。对于由曲线围成的元素，所有这些几何量，包括雅可比行列式，都随着位置

变化而改变。

曲线围成的参数坐标的矢量算子将在第 3 章中的 3.11 节详细讨论。给定三角形单元中的标量函数的梯度 f 如下：

$$\nabla f = \sum_{i=1}^{3} \frac{\partial f}{\partial \xi_i} \nabla \xi_i \tag{2.30}$$

之前的表达式使通过在这些函数的 3 个或更多点的值来评估 f 的梯度的近似值变得容易。例如，对于线性插值式（2.13），梯度 ∇f 是由如下矢量得到近似值的：

$$\nabla \tilde{f} = f_1 \nabla \xi_1 + f_2 \nabla \xi_2 + f_3 \nabla \xi_3 \approx \nabla f \tag{2.31}$$

如果三角形单元是由直线围成的，则该梯度为一常数。这个结果表明，在由直线围成的三角形组成的一致三角形网格上，函数 f 的线性近似值产生了此函数梯度的分段常数近似值。

2.4.2 拉格朗日基函数、插值和梯度近似值

现在可以继续拓展之前的讨论，并考虑在直线或曲线围成的三角形中的标量函数的高阶近似值。使用了拉格朗日插值方案，这件事会尤其简单。拉格朗日插值方案也是本章讨论的唯一问题。在本章其余部分定义的拉格朗日函数也被称为“形状函数”，因为它们容易被用来将父单元映射到子域单元。

2.4.2.1 形状多项式 $\boldsymbol{\alpha}(p,\xi)$ 在所有边上的插值

通过使用西尔韦斯特形式的插值多项式和插值点的三倍指数方案，三角形中函数 f 的一个 p 阶拉格朗日插值如下[①]：

$$\tilde{f} = \sum_{i,j,k=0}^{p} f_{ijk} \alpha_{ijk}\left(p, \xi_1, \xi_2, \xi_3\right) \tag{2.32}$$

其中，

$$i + j + k = p \tag{2.33}$$

且

$$\alpha_{ijk}\left(p, \xi_1, \xi_2, \xi_3\right) = R_i\left(p, \xi_1\right) R_j\left(p, \xi_2\right) R_k\left(p, \xi_3\right) \tag{2.34}$$

是一个 p 阶拉格朗日多项式插值点，其中三角形归一化的坐标为

① f、$\tilde{f}$ 和样本 f_{ijk} 在这里视为 ξ -parent 变量。子空间中采样点 $\boldsymbol{r}_{ijk} = \boldsymbol{r}\left(\boldsymbol{\xi}_{ijk}\right)$ 的位置通过映射式（2.1）获得，其中 $\boldsymbol{\xi}_{ijk}=(\frac{i}{p},\frac{j}{p},\frac{k}{p})$。

$$(\xi_1,\xi_2,\xi_3)=\left(\frac{i}{p},\frac{j}{p},\frac{k}{p}\right)=\boldsymbol{\xi}_{ijk} \tag{2.35}$$

其中 $f_{ijk}=f(\boldsymbol{\xi}_{ijk})$。对于三角形单元，一个拉格朗日标量基函数的 p 阶完全集由 $(p+1)(p+2)/2$ 个多项式［式（2.34）］[①]得到，式中 $i,j,k=0,1,\cdots,p$ 且 $i+j+k=p$。这三个下标对 α_{ijk} 进行标记，使其成为三角形单元中独一无二的独立的插值点。事实上，三角形的第 a 条边是坐标线 $\xi_a=0$（$a=1,2,3$），而在父域中，所有坐标线 $\xi_a=k/p$ 平行于边 $\xi_a=0$。在对于边 $\xi_a=0$ 的顶点，$\xi_a=p/p=1$（三角形单元的三阶拉格朗日插值点见图 2.9）。注意，令 $p=1$ 使式（2.32）简化为式（2.13）。

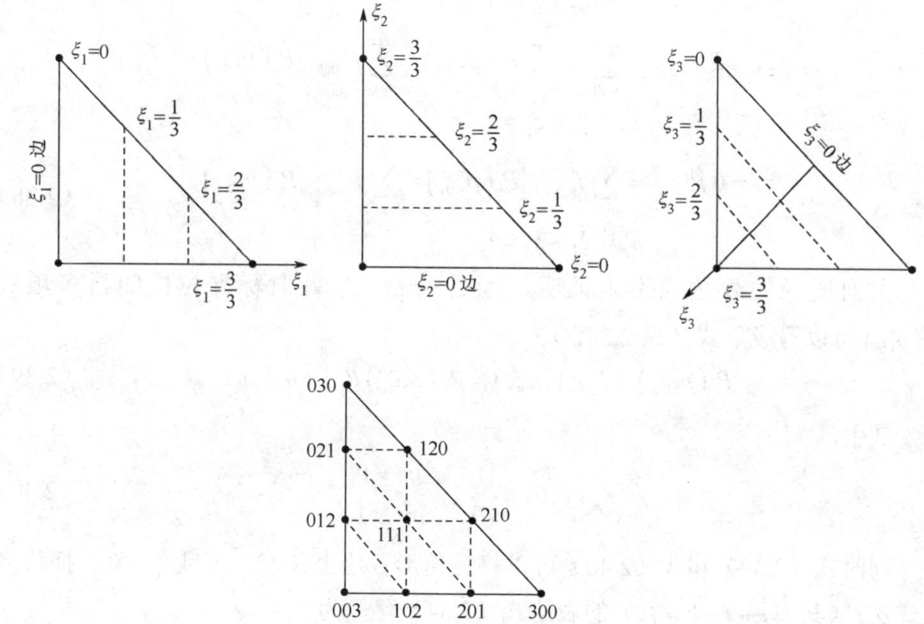

图 2.9 三角形单元的三阶拉格朗日插值点

由图 2.9 可知，在父域中，坐标线 $\xi_a=k/p$（其中 $a=1,2,3$）平行于边 $\xi_a=0$，在对于边 $\xi_a=0$ 的顶点，$\xi_a=p/p=1$。插值点阵列在图的底部，用来标记拉格朗日插值多项式 $\alpha_{ijk}(p,\xi_1,\xi_2,\xi_3)$ 的这三个下标（ijk），使插值点 $(\xi_1,\xi_2,\xi_3)=(i/p,j/p,k/p)$ 是唯一的且独立的。

显然，在使用此插值方案时，插值点由三个级别的下标进行标记，在三角形单元的角点这三个下标中的两个为零。如果没有一个下标为零，则插值点在三角形元素的内部；如果只有一个下标为零，则插值点在单元的边界但不在

① 显然，式（2.23）和式（2.24）表明 $p\geqslant 1$。

角点。

当使用插值多项式时，为保证 $\tilde{f}$ 在穿过邻近单元时的连续性，同时使用样本唯一集与定义在每一个网格边上的等空间插值点集，最终，与两个或多个邻近单元的共用边相一致。在这种方式下，沿网格的每一条边，$\tilde{f}$ 也可以写成标准拉格朗日多项式 $P_n(p,\xi)$ 的形式，在本书第 1 章讨论了这种多项式。更特别的是，此三角形的这 3 条边的任何一条都适用于下列结果：

$$\xi_1 = 0\text{ 边}: \tilde{f} = \sum_{n=0}^{p} f_{0,n,p-n} P_n(p,\xi_2) = \sum_{n=0}^{p} f_{0,p-n,n} P_n(p,\xi_3) \quad \text{其中}\ \xi_2+\xi_3=1 \tag{2.36}$$

$$\xi_2 = 0\text{ 边}: \tilde{f} = \sum_{n=0}^{p} f_{p-n,0,n} P_n(p,\xi_3) = \sum_{n=0}^{p} f_{n,0,p-n} P_n(p,\xi_1) \quad \text{其中}\ \xi_3+\xi_1=1 \tag{2.37}$$

$$\xi_3 = 0\text{ 边}: \tilde{f} = \sum_{n=0}^{p} f_{n,p-n,0} P_n(p,\xi_1) = \sum_{n=0}^{p} f_{p-n,n,0} P_n(p,\xi_2) \quad \text{其中}\ \xi_1+\xi_2=1 \tag{2.38}$$

上面所说的表达式不难证明，因为当 $\xi_a+\xi_b=1$ 时标准拉格朗日多项式 $P_n(p,\xi)$ 可以写成下式（见 2.2 节）

$$P_n(p,\xi_a) = P_{p-n}(p,\xi_b) = R_n(p,\xi_a) R_{p-n}(p,\xi_b) \tag{2.39}$$

其中，

$$R_m(p,0) = \begin{cases} 1 & \text{当} m=0 \\ 0 & \text{当} m \geqslant 1 \end{cases} \tag{2.40}$$

同时式（2.39）和式（2.40）可以将三角形各边上（ξ_1、ξ_2 或 $\xi_3=0$）插值多项式 α_{ijk}（其中 $i+j+k=p$）的表达式（2.34）化简为

$$\begin{cases} \alpha_{ijk}(p,0,\xi_2,\xi_3) = 0 & \text{当} i \geqslant 1 \text{时} \\ \alpha_{ijk}(p,\xi_1,0,\xi_3) = 0 & \text{当} j \geqslant 1 \text{时} \\ \alpha_{ijk}(p,\xi_1,\xi_2,0) = 0 & \text{当} k \geqslant 1 \text{时} \end{cases} \tag{2.41}$$

$$\begin{cases} \alpha_{0jk}(p,0,\xi_2,\xi_3) = P_j(p,\xi_2) = P_{p-j}(p,\xi_3) \\ \alpha_{i0k}(p,\xi_1,0,\xi_3) = P_i(p,\xi_1) = P_{p-i}(p,\xi_3) \\ \alpha_{ij0}(p,\xi_1,\xi_2,0) = P_i(p,\xi_1) = P_{p-i}(p,\xi_2) \end{cases} \tag{2.42}$$

在这个关系中，应该清楚的是，沿三角形（当 $i=1,2$ 或 3 时，ξ_i 是连续的）的任何坐标线，$\tilde{f}$ 要可以容易地用标准拉格朗日多项式 $P_n(p,\xi)$ 来表示；证明作为读者的练习。三角形单元每条边上前三阶形状多项式插值如表 2.2 所示。表 2.2 表明三角形单元的插值函数 $\alpha_{ijk}(p,\boldsymbol{\xi})$，其中 p 的取值一直到 3。

表 2.2　三角形单元每条边上前三阶形状多项式插值

在三角形单元中用 $(p+1)(p+2)/2$ 个多项式 $\alpha_{ijk}(p,\xi)=R_i(p,\xi_1)R_j(p,\xi_2)R_k(p,\xi_3)$ 插值，其中 $i,j,k=0,1,\ldots,p$，同时 $i+j+k=p$ 且 $p\geqslant 1$。每个多项式都是 p 阶。因为三角形单元的对称性，可以很充分地说明，对于每个族，只有一个较小的多项式集能够被其他多项式“补充完整”，通过这些由父变量 $\{\xi_1,\xi_2,\xi_3\}$ 的排列形成的较小集获得。这个较小的多项式集更容易以虚三角形父变量 $\{\xi_a,\xi_b,\xi_c\}$ 的形式书写。每一个第 p 阶完全插值集通过函数 $R_i(p,\xi_1)R_j(p,\xi_2)R_k(p,\xi_3)$ 得到：

$\{\xi_a,\xi_b,\xi_c\}=\{\xi_1,\xi_2,\xi_3\}$ 变量交换后的第一个集；

$\{\xi_a,\xi_b,\xi_c\}=\{\xi_2,\xi_3,\xi_1\}$ 变量交换后的第二个集；

$\{\xi_a,\xi_b,\xi_c\}=\{\xi_3,\xi_1,\xi_2\}$ 变量交换后的第三个集。

因此，所有三角函数使用 3 个不一样的交换变量集进行定义；需要注意交换变量集的编号如何与单元角点相等

$p=1$（总计 3 个函数）

虚表达式（使用集 1～3）：

ξ_a（3 个函数）

通过排列，函数如下：

$\alpha_{100}=\xi_1$

$\alpha_{010}=\xi_2$

$\alpha_{001}=\xi_3$

$p=2$（总计 6 个函数）

虚表达式（使用集 1～3）：

$\xi_a(2\xi_a-1)$（3 个函数）

$2^2\xi_a\xi_b$（3 个函数）

通过排列，函数如下：

$\alpha_{200}=\xi_1(2\xi_1-1)$

$\alpha_{020}=\xi_2(2\xi_2-1)$

$\alpha_{002}=\xi_3(2\xi_3-1)$

$\alpha_{110}=2^2\xi_1\xi_2$

$\alpha_{011}=2^2\xi_2\xi_3$

$\alpha_{101}=2^2\xi_3\xi_1$

$p=3$（总计 10 个函数）

虚表达式：

$\xi_a(3\xi_a-1)(3\xi_a-2)/2$（3 个函数，使用集 1～3）

$3^2\xi_a\xi_b(3\xi_b-1)/2$（3 个函数，使用集 1～3）

$3^2\xi_b\xi_a(3\xi_a-1)/2$（3 个函数，使用集 1～3）

$3^4\xi_a\xi_b\xi_c$（3 个函数，使用集 1）

通过排列，函数如下：

$\alpha_{300}=\xi_1(3\xi_1-1)(3\xi_1-2)/2$

$\alpha_{030}=\xi_2(3\xi_2-1)(3\xi_2-2)/2$

$\alpha_{003}=\xi_3(3\xi_3-1)(3\xi_3-2)/2$

$\alpha_{120}=3^2\xi_1\xi_2(3\xi_2-1)/2$

$\alpha_{012}=3^2\xi_2\xi_3(3\xi_3-1)/2$

$\alpha_{201}=3^2\xi_3\xi_1(3\xi_1-1)/2$

$\alpha_{210}=3^2\xi_2\xi_1(3\xi_1-1)/2$

$\alpha_{021}=3^2\xi_3\xi_2(3\xi_2-1)/2$

$\alpha_{102}=3^2\xi_1\xi_3(3\xi_3-1)/2$

$\alpha_{111}=3^4\xi_1\xi_2\xi_3$

2.4.2.2　梯度近似值

对于高阶近似值，在三角形中，式（2.32）的梯度的一个简洁的等式为

$$\nabla\tilde{f}=\sum_{i,j,k=0}^{p}f_{ijk}\nabla\alpha_{ijk}(p,\xi_1,\xi_2,\xi_3) \tag{2.43}$$

其中，

$$\begin{aligned}\nabla\alpha_{ijk}(p,\xi_1,\xi_2,\xi_3)=&R_i'(p,\xi_1)R_j(p,\xi_2)R_k(p,\xi_3)\nabla\xi_1\\&+R_i(p,\xi_1)R_j'(p,\xi_2)R_k(p,\xi_3)\nabla\xi_2\\&+R_i(p,\xi_1)R_j(p,\xi_2)R_k'(p,\xi_3)\nabla\xi_3\end{aligned} \tag{2.44}$$

且$i+j+k=p$，同时，其中

$$R'_\ell(p,\xi)=\frac{\mathrm{d}R_\ell(p,\xi)}{\mathrm{d}\xi} \tag{2.45}$$

表示西尔韦斯特多项式$R_\ell(p,\xi)$对ξ求导的一阶导数。

通过使用在式（2.34）中给定的函数$\alpha(p,\boldsymbol{\xi})$，式（2.32）中内插式$\tilde{f}$的多项式阶数变为$p$，而式（2.43）中$\tilde{f}$的梯度多项式阶数变为$p-1$。因此，不考虑$\alpha(p,\boldsymbol{\xi})$的多项式阶数为$p$，近似值式（2.32）和式（2.34）的阶数有时用半整数阶数$(p-0.5)$表示。例如，接下来，可以说使用“1.5阶”来表示阶数$p=2$的标量函数$\alpha(p,\boldsymbol{\xi})$。

2.4.3 插值误差

如第1章所述，确定间隔上的有界函数可以写成三角级数的形式，并且可以通过考虑形如$f(x,y)=\sin(a_x x)\sin(b_y y)$的正弦函数和相关联的插值函数$\tilde{f}$得出重要的结论，三角函数定义在笛卡儿坐标系中。

为简洁起见，在这一节和下一节中，只研究如何在正方形区域中得到函数$f(x,y)=\sin(x)\sin(y)$的近似值，正方形区域的边长λ_0为2π。因此，在(x,y)坐标系中，角点位于$(0,0)$、$(2\pi,0)$、$(2\pi,2\pi)$、$(0,2\pi)$处。这个正方形域一致地被细分为$n\times n$的正方形小块，边长为λ_0/n；相应地，每个小正方形再被细分为四个相等的直角三角形。以这种方式获得的网格包含$4n^2$个三角形，其质量更差，因为所有三角形都是直角的。每个三角形单元的边长为

$$\lambda_0/n=2\pi/n,\quad \lambda_0/n=2\pi/n,\quad \sqrt{2}\lambda_0/n=2\sqrt{2}\pi/n \tag{2.46}$$

在每个三角形上，由插值点$(p+1)(p+2)/2$组成的网格定义2.4.2.1节中的p阶插值多项式。这个插值网格包含三个角点加上三角形中每条边上的$(p-1)$个点，边上的点可能是与相邻三角形的共用点。因此，当阶数为p时，前文定义的网格需要$2(np)^2+2np+1$个插值（或采样）点。

为评估插值函数的质量与特定网格的插值顺序，通过使用L_2相关误差，考虑在插值正方形上误差大小的积分。

$$\varepsilon=\sqrt{\frac{\iint_{Q\lambda_0}\left[\tilde{f}(x,y)-f(x,y)\right]^2\mathrm{d}x\mathrm{d}y}{\iint_{Q\lambda_0}f^2(x,y)\mathrm{d}x\mathrm{d}y}} \tag{2.47}$$

全局相关误差ε有渐近特性

$$\varepsilon \simeq \alpha_p\left(\frac{\ell}{\lambda_0}\right)^{(p+1)} = \frac{\alpha_p}{n^{(p+1)}} \tag{2.48}$$

其中乘数常数 α_p 取决于分段插值函数 $\tilde{f}$ 的阶数 p、网格的质量以及被插值函数 f，其中 $\ell = 2\pi/n$ 为式（2.46）中三角形最短的边长。

$\sin(x)\sin(y)$ 的相关近似值误差如图 2.10 所示，该图表明前六阶插值的插值误差［见式（2.47）］。可以看出通过增加插值阶数，甚至在网格质量差的情况下，也可以得到非常好的结果。

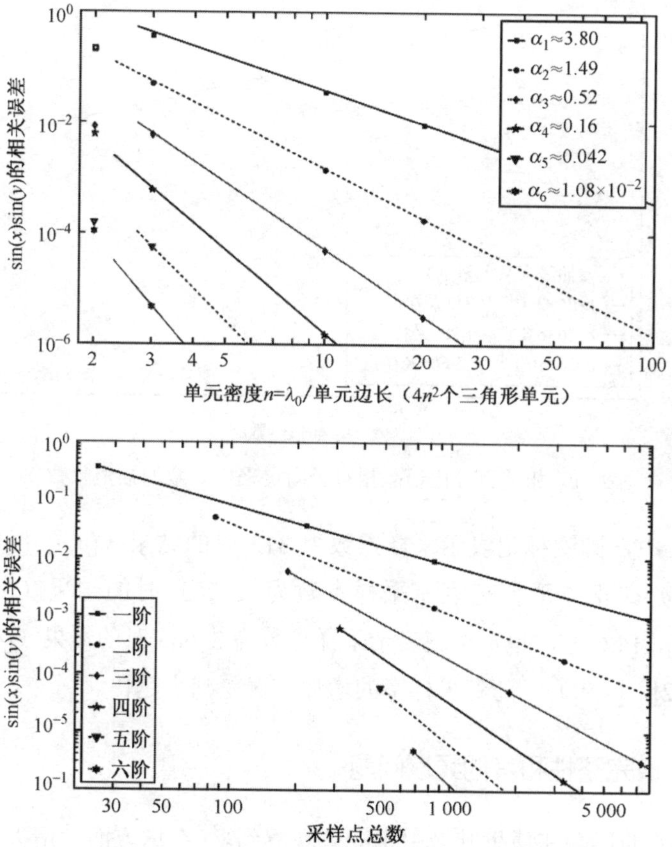

图 2.10　$\sin(x)\sin(y)$ 的相关近似值误差

图 2.10 中，三角函数 $\sin(x)\sin(y)$ 的相关近似值误差［见式（2.47）］在面积为 $\lambda_0 \times \lambda_0 (= 2\pi \times 2\pi)$ 的正方形 Q_{λ_0} 上进行数值计算。直线表示前六阶误差的渐近特性 $\varepsilon \simeq \frac{\alpha_p}{n^{(p+1)}}$，$\alpha_p$ 取值如图例（标记在 $n=3$、$n=5$ 和 $n=20$ 处）。上面的图表示误差相对于单元密度值 n 的关系；误差相对于采样点总数的关系如下面的图所示。当

$n \geqslant 3$ 时，误差几乎完美匹配渐近特性 $\varepsilon \simeq \frac{\alpha_p}{n^{(p+1)}}$。

图 2.10 的结果表明，对于固定数量的采样点，可通过提高插值阶数降低全局误差。相关百分比误差相对于固定采样点数的插值阶数 p 如图 2.11 所示，该图给出了使用 313 个采样点（$[p,n]=[1,12]$，$[2,6]$，$[3,4]$，$[4,3]$）、1 201 个采样点（$[p,n]=[1,24]$，$[2,12]$，$[3,8]$，$[4,6]$）和 2 665 个采样点（$[p,n]=[1,36]$，$[2,18]$，$[3,12]$，$[4,9]$）得到的结果，证明了上述结论。

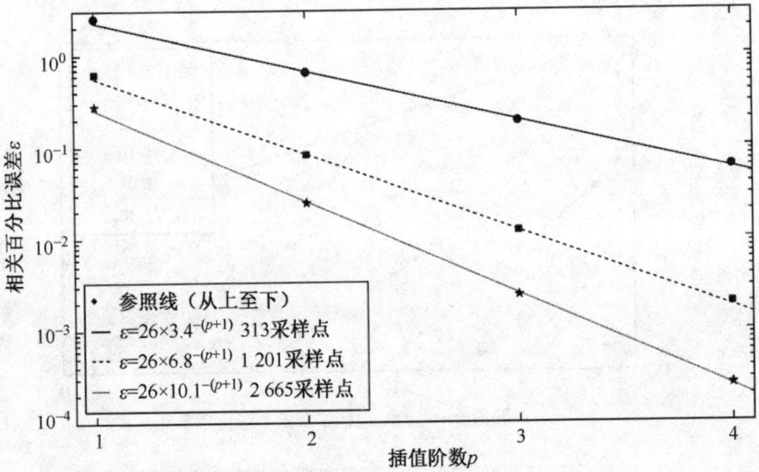

图 2.11　相关百分比误差相对于固定采样点数的插值阶数 p

图 2.11 中，圆圈标记表示采样点数为 313 时的结果（$[p,n]$=[1,12]，[2,6]，[3,4]，[4,3]）。正方形标记表示采样点数为 1 201 时的结果（$[p,n]$=[1,24]，[2,12]，[3,8]，[4,6]），星形标记表示采样点数为 2 665 时的结果（$[p,n]$=[1,36]，[2,18]，[3,12]，[4,9]）。随着采样率的增加，误差减小越快。

2.4.4　谱完整性和其他频域问题

插值误差的影响在傅里叶域中也能被观察到。(在这方面，请大家回想一下，在天线的应用中，远场辐射积分同傅里叶积分非常相似。)

$f(x,y)=\sin(x)\sin(y)$ 的傅里叶变换谱：

$$\begin{aligned}\left|f\left(k_x,k_y\right)\right| &= \left|-\frac{4\exp\left[-\mathrm{j}\pi\left(k_x+k_y\right)\right]\sin\left(k_x\pi\right)\sin\left(k_y\pi\right)}{\left(k_x^2-1\right)\left(k_y^2-1\right)}\right| \\ &= 4\pi^2\left|\frac{\operatorname{sinc}\left[\left(k_x-1\right)\pi\right]}{k_x+1}\frac{\operatorname{sinc}\left[\left(k_y-1\right)\pi\right]}{k_y+1}\right|\end{aligned} \tag{2.49}$$

其中，

$$\operatorname{sinc}\left(z\right)=\sin\left(z\right)/\mathrm{z} \tag{2.50}$$

关于直线 $k_x=k_y$ 是对称的，最大值在 $k_x=k_y\approx 0.837\,472$ 处，其中 $\left|f(k_x,k_y)\right|_{\max}\approx 10.7113$。因此，为定量讨论函数 $\sin(x)\sin(y)$ 高阶插值的谱的影响，这里认为谱相关误差为

$$e_{L2}\left(k\right)=\sqrt{\frac{\int_0^k\left|\tilde{f}\left(k_x,k_y\right)-f\left(k_x,k_y\right)\right|_{k_y=k_x}^2\mathrm{d}k_x}{\int_0^k\left|f\left(k_x,k_y\right)\right|_{k_y=k_x}^2\mathrm{d}k_x}} \tag{2.51}$$

函数 $\sin(x)\sin(y)$ 谱相关误差如图 2.12 所示，该图给出了谱误差［式（2.51）］在 $k=10$ 时的特性。将图 2.10 中的预期误差的渐近线画在这里便于比较。通常来说，不同网格和阶数的相关全局误差 ε 和谱误差 e_{L2} 如表 2.3 所示，$k=10$ 处的谱误差比图 2.10 中预期的相关误差要小。

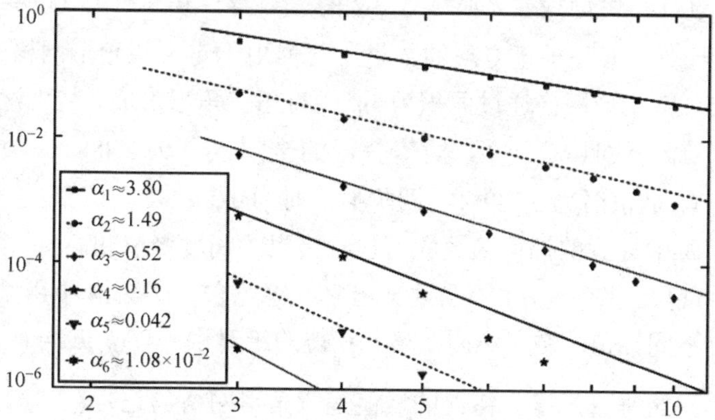

图 2.12　函数 $\sin(x)\sin(y)$ 的谱相关误差

图 2.12 中，函数 $\sin(x)\sin(y)$ 的谱相关误差在面积为 $\lambda_0\times\lambda_0(=2\pi\times2\pi)$ 的正方形 Q_{λ_0} 上进行插值。误差由式（2.51）计算得出，其中 $k=10$。将图 2.10 中的渐近线画在这里便于比较。

表 2.3　不同网格和阶数的相关全局误差 ε 和谱误差 e_{L2}

相关百分比误差		插值阶数 p	使用正方形的数量 n	采样点数	相对于 p=1 情形，减少的采样点数（百分比）
ε	e_{L2}				
2.488	2.261	1	12	313	—
2.122	1.930	1	13	365	—
2.153	1.978	2	4	145	60.3
0.576	0.525	1	25	1 301	—
0.650	0.584	2	6	313	75.9
0.586	0.523	3	3	181	86.1
0.400	0.365	1	30	1 861	—
0.411	0.368	2	7	421	77.4
0.189	0.172	3	4	313	83.2
0.100	0.091	1	60	7 321	—
0.142	0.095	2	10	841	88.5
0.078	0.071	3	5	481	93.4
0.061	0.055	1	77	12 013	—
0.061	0.057	4	3	313	97.4

表 2.3 给出了定义在面积为 $\lambda_0 \times \lambda_0$（$=2\pi \times 2\pi$）的正方形 Q_{λ_0} 上的函数 $f(x,y)=\sin(x)\sin(y)$ 的插值。这张表表明了通过高阶插值而获得的插值点的个数的线性插值 $(p=1)$ 减少的百分比，以及获得相等的或者相似的相关误差百分比 ε 和谱误差 $e_{L2}(k)$。全局误差 ε 通过式（2.47）计算；谱误差 $e_{L2}(k)$ 取 $k=10$，通过式（2.51）计算。n 是子正方形的数量，习惯用于定义三角形网格来获取每一行显示的结果。三角形网格通过面积为 $4n^2$ 的直角三角形形成。特别注意，使用 313 个采样点，通过线性（一阶）插值获得的全局误差为 2.488 %，二阶插值时为 0.650%，三阶插值时为 0.189%，四阶插值时为 0.061%。

在第 1 章中提到的插值函数的谱包含错误的幅度峰值和高度，与中心频率成反比。这种现象在图 2.13 中不易观察出来，因此它在图 2.14 中用结果标记出来，表示了通过不同插值阶数（不同网格）获得的绝对误差 $\left|\hat{f}(k_x,k_y)\text{-}\hat{f}(k_x,k_y)\right|$。图 2.14 中使用了不同的垂直尺度。错误的峰值是三角形网格的记号，其产生的原因是插值函数沿着网格的边有不连续的法向导数。函数 $f(x,y)=\sin(x)\sin(y)$ 的精确谱如图 2.13 所示，沿直线 $k_x=k_y$ 的绝对谱误差如图 2.14 所示。

总的来说，对于二维插值，结果和图以及之前章节清晰地说明了无论可接受多小的误差，更高的多项式插值阶数可以轻易地减少最少 60% 线性插值所需要的差值总数。如果最大可接受误差小于 0.1%，这个减少的值将超过 70%。再者，这里讨论的例子清晰地表明，假设插值阶数足够高，质量不好的网格也可以使用。

换句话说，可通过提高插值阶数来削弱质量不好的网格的不良影响。

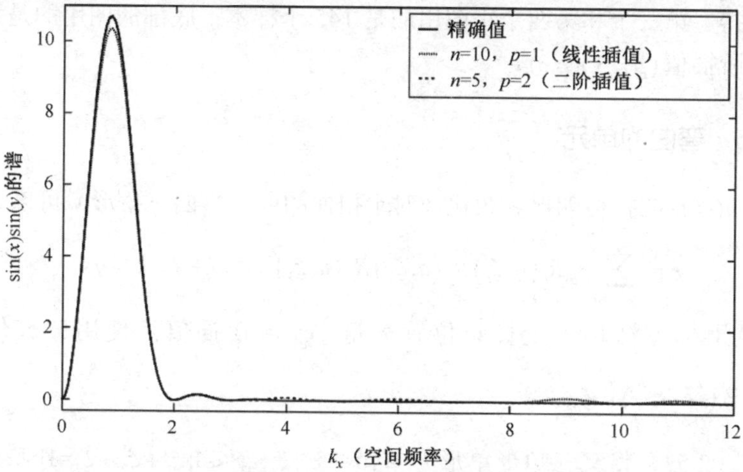

图 2.13　函数 $f(x,y)=\sin(x)\sin(y)$ 的精确谱

图 2.13 中，函数 $f(x,y)=\sin(x)\sin(y)$ 的精确谱 $|f(k_x,k_y)|$ 定义在面积为 $\lambda_0\times\lambda_0(=2\pi\times2\pi)$ 的正方形 Q_{λ_0} 上，并沿着直线 $k_x=k_y$ 进行比较，谱由在 2.4.3 节中讨论的一阶（$n=10$）和二阶（$n=5$）插值获得。

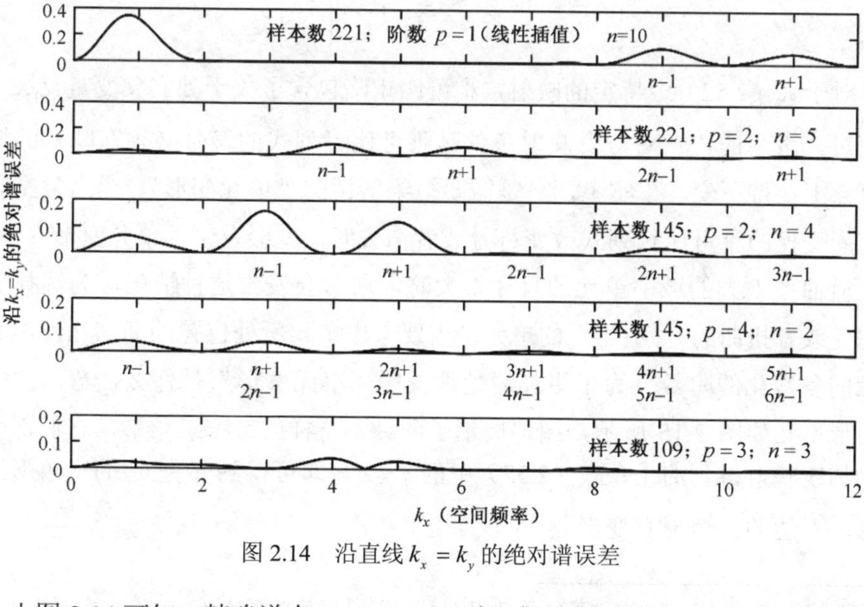

图 2.14　沿直线 $k_x=k_y$ 的绝对谱误差

由图 2.14 可知，精确谱在 $k_x=k_y\approx0.8$ 时取得最大（其中 $1=2\pi/\lambda_0$）。插值函数（精确的）谱包含不正确的以 $k_x=k_y=mm\pm1$ 为中心的峰值（$m\geqslant1$ 且为整数），其中 n^2 是边长为 λ_0/n 的正方形小块的数量，用来定义 2.3.4 节中介绍的三角形网

格。图中使用了不同的垂直尺度。上部的两个小图通过用 211 个样本对 $\sin(x)\sin(y)$ 做插值获得。第三个和第四个小图用的是 145 个样本；底部的图用的是 109 个样本上的三阶插值 $(p=3;n=3)$。

2.4.5 弯曲的单元

阶数 $q(\geqslant 1)$ 的拉格朗日参数化（对于扭曲的或者弯曲三角形）可以表达为

$$\boldsymbol{r}=\sum_{i,j,k=0}^{q}\boldsymbol{r}_{ijk}R_i\left(q,\xi_1\right)R_j\left(q,\xi_2\right)R_k\left(q,\xi_3\right),\qquad i+j+k=q \tag{2.52}$$

其中三重下标方法仍用于标记位置矢量[①] $\boldsymbol{r}_{ijk}$，在插值点使用归一化的坐标 $(\xi_1,\xi_2,\xi_3)=(\frac{i}{q},\frac{j}{q},\frac{k}{q})=\boldsymbol{\xi}_{ijk}$。

等式（2.52）将父三角形单形 $T^2\equiv\{0\leqslant\xi_1,\xi_2,\xi_3\leqslant 1;\xi_1+\xi_2+\xi_3=1\}$ 映射到子空间 $\boldsymbol{r}$ 的一个扭曲的三角形上，用下式给出雅可比矩阵：

$$\begin{bmatrix}\dfrac{\partial}{\partial\xi_1}\\ \dfrac{\partial}{\partial\xi_2}\end{bmatrix}=\begin{bmatrix}\dfrac{\partial x}{\partial\xi_1} & \dfrac{\partial y}{\partial\xi_1} & \dfrac{\partial z}{\partial\xi_1}\\ \dfrac{\partial x}{\partial\xi_2} & \dfrac{\partial y}{\partial\xi_2} & \dfrac{\partial z}{\partial\xi_2}\end{bmatrix}\begin{bmatrix}\dfrac{\partial}{\partial x}\\ \dfrac{\partial}{\partial y}\\ \dfrac{\partial}{\partial z}\end{bmatrix} \tag{2.53}$$

对于式（2.52）中特定的映射，雅可比矩阵包含了关于独立父变量 (ξ_1,ξ_2) 的子变量。著名的“一对一”映射条件是雅可比行列式的符号必须在映射的域中所有点上保持不变。事实上，总是需要拒绝所谓的“单元变形”，当从父空间到子空间变换的雅可比行列式改变符号或者消失时，就会发生“单元变形”；当一个几何曲率太大的域中单元的尺寸太大时，通常会发生这种情况。为选择一个弯曲（或者扭曲的）“适当”的单元，需要考虑单元所处位置的局部几何曲率和单元的参数化的阶数。为了更加清楚地说明“单元变形”是什么，弯曲的平面三角形单元如图 2.15 所示，图中展示了两种不一样的二维三角形，它们都是通过抛物线映射得到的［令式（2.52）中的 $q=2$，即可得到］；左边的三角形没有变形，右边的三角形有变形。

① 式（2.52）中出现的位置矢量 $\boldsymbol{r}_{ijk}$ 的坐标通常是网格数据库的一部分，由网格生成器准备，虽然通常来说，几何整体不是必须要像式（2.52）那样参数化“分段”定义。网格生成器使用不同方法来描述复杂的几何存在。为了简洁，本书没有涉及这些用来描述几何结构的方法。

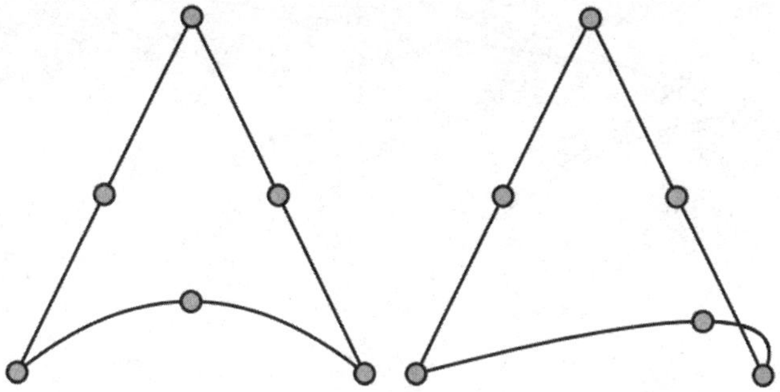

图 2.15　弯曲的平面三角形单元

图 2.15 中，左边的三角形是非扭曲的，右边的是扭曲的。每个三角形由式（2.52）中 $q=2$ 的抛物线（二阶）失真获得；圆形标记了式（2.52）使用的六个点 $\boldsymbol{r}_{ijk}$ 的位置。

对于一阶和二阶失真，避免单元变形的简单方法是存在的。对线性变换［例如，由令式（2.52）中 $q=1$ 得到的三角形］，避免单元变形的必要条件是映射域没有内角大于 180° 的三角形。对于二次变换（抛物线），除了前面的条件，还需要保证节点在相邻角间距离的“三等分的中间部分”。［对于由令式（2.52）中 $q=1$ 得到的三角形，节点是 $\boldsymbol{r}_{011}$、$\boldsymbol{r}_{101}$ 和 $\boldsymbol{r}_{110}$，角点是 $\boldsymbol{r}_{200}$、$\boldsymbol{r}_{020}$ 和 $\boldsymbol{r}_{002}$］。而对于三阶或者更高阶数的失真，为确保单元变形不会发生，必须检验雅可比行列式的符号。只要弯曲单元的尺寸不是太大，单元的抛物线失真通常足够用来描述弯曲、复杂的几何结构，应当注意到高阶基函数的主要优点只有当它们用弯曲的几何结构的高阶表达时才会显现，这样就可以使用大尺寸的单元了。当使用大尺寸单元时，由于对弯曲边界的低阶描述导致的误差应该永远不能被低估，它可以轻易地变得很大。

对于由曲线（非变形）构成的元素，如果将边、梯度和高度矢量应用于可由元素内局部边和每个坐标点的高度矢量构成的切线元素，则仍沿用之前的定义。在图 2.16 中，三角形与曲线三角形在一点相切。

图 2.16 中，曲线和直线三角形在相切的那一点有同样的元素坐标、雅可比、边矢量、高度矢量和单位法线 $\hat{\boldsymbol{n}}$。

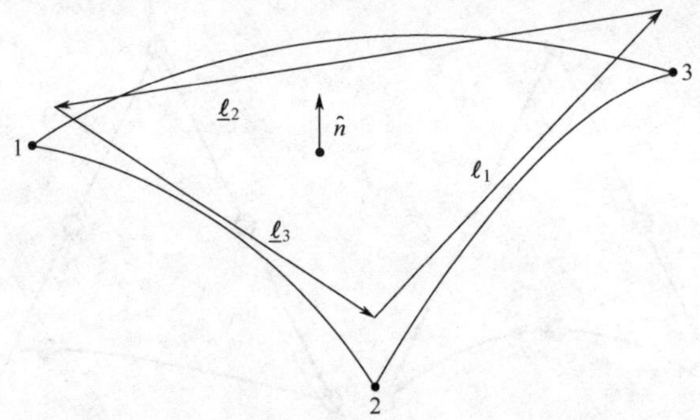

图 2.16　三角形与曲线三角形在一点相切

2.5　四边形单元

2.5.1　单元几何表达和局部矢量基

四边形元素如图 2.17 所示，图中阐明了曲线四边形元素的各种边、高和梯度矢量。

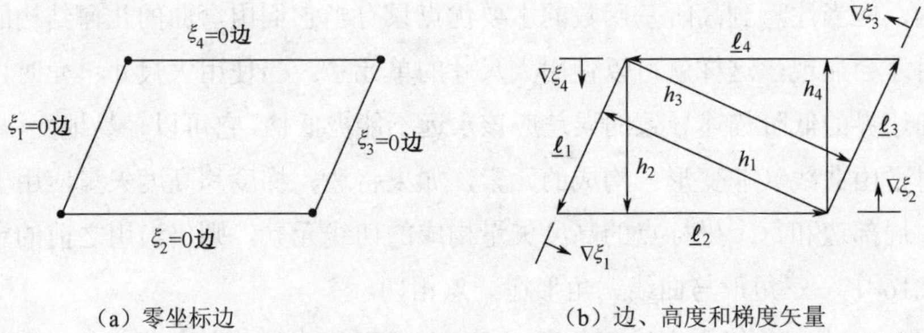

（a）零坐标边　　（b）边、高度和梯度矢量

图 2.17　四边形元素

四边形归一化的坐标有如下关系：

$$\begin{aligned}\xi_1 + \xi_3 &= 1 \\ \xi_2 + \xi_4 &= 1\end{aligned} \tag{2.54}$$

其中ξ_1和ξ_2是独立坐标。曲线四边形的阶数q的拉格朗日参数化可以按照西尔韦斯特多项式被表达为

$$\boldsymbol{r} = \sum_{i,j,k,\ell=0}^{q} \boldsymbol{r}_{ik;j\ell} R_i(q,\xi_1) R_j(q,\xi_2) R_k(q,\xi_3) R_\ell(q,\xi_4) \tag{2.55}$$

其中$i+k=j+\ell=q$　并且四重下标用来标记位置矢量$\boldsymbol{r}_{ik;j\ell}$，用归一化的坐标对点进行插值。

$$(\xi_1,\xi_3;\xi_2,\xi_4) = \left(\frac{i}{q},\frac{k}{q};\frac{j}{q},\frac{\ell}{q}\right) = \boldsymbol{\xi}_{ik;j\ell} \tag{2.56}$$

沿着单元的边界，式（2.55）可简化为下面的第q阶多项式矢量（按照标准拉格朗日多项式书写）：

$$\begin{cases} \boldsymbol{r}(\xi_1=0) = \sum_{n=0}^{q} \boldsymbol{r}_{0q;n(q-n)} P_n(q,\xi_2) = \sum_{n=0}^{q} \boldsymbol{r}_{0q;(q-n)n} P_n(q,\xi_4) \\ \boldsymbol{r}(\xi_3=0) = \sum_{n=0}^{q} \boldsymbol{r}_{q0;n(q-n)} P_n(q,\xi_2) = \sum_{n=0}^{q} \boldsymbol{r}_{q0;(q-n)n} P_n(q,\xi_4) \end{cases} \tag{2.57}$$

$$\begin{cases} \boldsymbol{r}(\xi_2=0) = \sum_{n}^{q} \boldsymbol{r}_{n(q-n);0q} P_n(q,\xi_1) = \sum_{n}^{q} \boldsymbol{r}_{(q-n)n;0q} P_n(q,\xi_3) \\ \boldsymbol{r}(\xi_4=0) = \sum_{n}^{q} \boldsymbol{r}_{n(q-n);q0} P_n(q,\xi_1) = \sum_{n}^{q} \boldsymbol{r}_{(q-n)n;q0} P_n(q,\xi_3) \end{cases} \tag{2.58}$$

与最终表示共用一条边的邻近单元的q阶多项式矢量表达相匹配。式（2.55）中出现的多项式的总次数是$2q$，这些多项式都是通过使用笛卡儿积过程获得的，用了两个q次多项式的乘法；也就是$R_i(q,\xi_1)R_{q-i}(q,\xi_3)\times R_j(q,\xi_2)R_{q-j}(q,\xi_4)=R_i(q,\xi_1)\times R_j(q,\xi_2)$。显然对于三维单元使用笛卡儿积是非常有效的，但是产生了一些只对于单形（即对于三角形和四面体单元）才达到最小的插值点。曲线四边形阶数的参数化使用的插值点数量小于$(q+1)^2$，这是式（2.55）中用到的点的数量。如果不是插值并且 / 或者没有简明的表达，使用其他参数化几乎没有优势。事实上，对于四边形单元，可以通过一些努力获得使用最少点数的插值参数化，但是，可以肯定，在这种情况下，这些参数化没有简单明了的表达。

对于四边形来说，通过独立坐标ξ_1和ξ_2获得边矢量为（见 3.14 节）

$$\begin{aligned} \boldsymbol{\ell}^1 &= \frac{\partial \boldsymbol{r}(\xi_1,\xi_2)}{\partial \xi_1} = \left[\frac{\partial \boldsymbol{r}(\xi_1,\xi_3;\xi_2,\xi_4)}{\partial \xi_1} - \frac{\partial \boldsymbol{r}(\xi_1,\xi_3;\xi_2,\xi_4)}{\partial \xi_3}\right]_{\xi_2,\xi_4\text{常数}} \\ \boldsymbol{\ell}^2 &= \frac{\partial \boldsymbol{r}(\xi_1,\xi_2)}{\partial \xi_2} = \left[\frac{\partial \boldsymbol{r}(\xi_1,\xi_3;\xi_2,\xi_4)}{\partial \xi_2} - \frac{\partial \boldsymbol{r}(\xi_1,\xi_3;\xi_2,\xi_4)}{\partial \xi_4}\right]_{\xi_1,\xi_3\text{常数}} \end{aligned} \tag{2.59}$$

其中的边矢量在图 2.17 中画出，为

$$\boldsymbol{\ell}_3 = -\boldsymbol{\ell}_1 = \boldsymbol{\ell}^2$$
$$\boldsymbol{\ell}_2 = -\boldsymbol{\ell}_4 = \boldsymbol{\ell}^1 \tag{2.60}$$

其中，

$$\boldsymbol{\ell}_1 + \boldsymbol{\ell}_3 = 0$$
$$\boldsymbol{\ell}_2 + \boldsymbol{\ell}_4 = 0 \tag{2.61}$$

在 $\boldsymbol{\ell}^1$ 和 $\boldsymbol{\ell}^2$ 为连续矢量的特定情况下，四边形是平面的平行四边形。梯度矢量由边矢量决定：

$$\nabla\xi_i = \frac{\hat{\boldsymbol{n}} \times \boldsymbol{\ell}_i}{\mathcal{J}} \tag{2.62}$$

其中，

$$\nabla\xi_1 + \nabla\xi_3 = 0$$
$$\nabla\xi_2 + \nabla\xi_4 = 0 \tag{2.63}$$

且

$$\hat{\boldsymbol{n}} = \frac{\boldsymbol{\ell}^1 \times \boldsymbol{\ell}^2}{\mathcal{J}} = \frac{\boldsymbol{\ell}_1 \times \boldsymbol{\ell}_2}{\mathcal{J}} \tag{2.64}$$

是与四边形正交的单位矢量，而

$$\mathcal{J} = |\boldsymbol{\ell}^1 \times \boldsymbol{\ell}^2| = |\boldsymbol{\ell}_1 \times \boldsymbol{\ell}_2| \tag{2.65}$$

是从父坐标到子坐标的变换的雅可比行列式。

2.5.2 拉格朗日基函数、插值和梯度近似值

2.5.2.1 形状多项式 $\alpha(p,\xi)$ 对每条边插值

对于四边形单元，一个拉格朗日标量积函数的 p 阶完全集由 $(p+1)^2$ 个项式构成：

$$\alpha_{ik;j\ell}(p,\xi_1,\xi_3;\xi_2,\xi_4) = R_i(p,\xi_1)R_k(p,\xi_3)R_j(p,\xi_2)R_\ell(p,\xi_4) \tag{2.66}$$

用归一化的坐标对点进行插值：

$$(\xi_1,\xi_3;\xi_2,\xi_4) = \left(\frac{i}{p},\frac{k}{p};\frac{j}{p},\frac{\ell}{p}\right) = \boldsymbol{\xi}_{ik;j\ell} \tag{2.67}$$

其中 $i,j = 0,1,\cdots,p$ ，且 $i+k = j+\ell = p$ 。在四边形单元的插值点获得阶数为 p=2 的拉格朗日插值，如图 2.18 所示。四边形单元所有边的形状多项式的前三阶插值如表 2.4 所示，表中给出了四边形单元的插值函数 $\alpha_{ik;j\ell}(p,\xi)$，阶数到 $p=3$ 。

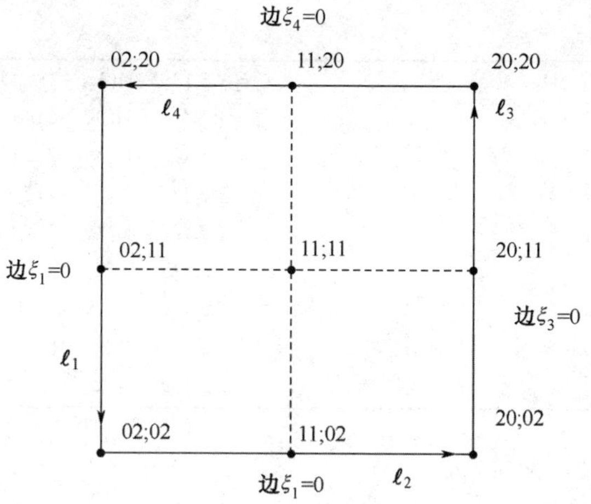

图 2.18　在四边形单元的插值点获得阶数 $p=2$ 的拉格朗日插值

表 2.4　四边形单元所有边的形状多项式的前三阶插值

在四边形单元中用 $(p+1)^2$ 个多项式构建插值集 $\alpha_{ik;j\ell}(p,\boldsymbol{\xi})=R_i(p,\xi_1)R_k(p,\xi_3)R_j(p,\xi_2)R_\ell(p,\xi_4)$，其中 $i,j=0,1,\cdots,p$，同时 $i+k=j+\ell=p$ 且 $p\geqslant 1$。每个多项式都是 $2p$ 阶。因为四边形单元的对称性，可以很充分地说明，对于每个族，只有一个较小的多项式集能被其他多项式“补充完整”，通过这些由父变量 $\{\xi_1,\xi_3\}$ 和 $\{\xi_2,\xi_4\}$ 的排列形成的较小集获得。这个较小的多项式集更容易以虚四边形父变量 $\{\xi_a,\xi_c;\xi_b,\xi_d\}$ 的形式书写。每一个第 p 阶完全插值集通过函数 $R_i(p,\xi_a)R_k(p,\xi_c)R_j(p,\xi_b)R_\ell(p,\xi_d)$ 得到：

$\{\xi_a,\xi_c;\xi_b,\xi_d\}=\{\xi_1,\xi_3;\xi_2,\xi_4\}$ 变量交换后的第 1 个集；

$\{\xi_a,\xi_c;\xi_b,\xi_d\}=\{\xi_1,\xi_3;\xi_4,\xi_2\}$ 变量交换后的第 2 个集；

$\{\xi_a,\xi_c;\xi_b,\xi_d\}=\{\xi_3,\xi_1;\xi_2,\xi_4\}$ 变量交换后的第 3 个集；

$\{\xi_a,\xi_c;\xi_b,\xi_d\}=\{\xi_3,\xi_1;\xi_4,\xi_2\}$ 变量交换后的第 4 个集。

因此，所有四边形多项式使用 4 个不一样的交换变量集进行定义；需要注意交换变量集的编号如何与单元顶点相等

$p=1$（总计 4 个函数） 虚表达式（使用集 1～4）： $\xi_a\xi_b$（4 个函数） 通过排列，函数如下： $\alpha_{10;10}=\xi_1\xi_2$，$\alpha_{10;01}=\xi_1\xi_4$， $\alpha_{01;10}=\xi_3\xi_2$，$\alpha_{01;01}=\xi_3\xi_4$ $p=2$（总计9个函数） 虚表达式： $\xi_a(2\xi_a-1)\xi_b(2\xi_b-1)$（4个函数，使用集1～4） $2^2\xi_a(2\xi_a-1)\xi_b\xi_d$（2个函数，使用集1和4） $2^2\xi_a\xi_c\xi_b(2\xi_b-1)$（2个函数，使用集2和3） $2^4\xi_a\xi_c\xi_b\xi_d$（1个函数，使用集1） 通过排列，函数如下：	$p=3$（总计 16 个函数） 虚表达式（使用集 1～4）： $\xi_a(3\xi_a-1)(3\xi_a-2)\xi_b(3\xi_b-1)(3\xi_b-2)/4$（4 个函数） $3^2\xi_a(3\xi_a-1)(3\xi_a-2)\xi_b(3\xi_b-1)\xi_d/4$（4 个函数） $3^2\xi_a(3\xi_a-1)\xi_c\xi_b(3\xi_b-1)(3\xi_b-2)/4$（4 个函数） $3^4\xi_a(3\xi_a-1)\xi_c\xi_b(3\xi_b-1)\xi_d/4$（4 个函数） 通过排列，函数如下： $\alpha_{30;30}=\xi_1(3\xi_1-1)(3\xi_1-2)\xi_2(3\xi_2-1)(3\xi_2-2)/4$ $\alpha_{30;03}=\xi_1(3\xi_1-1)(3\xi_1-2)\xi_4(3\xi_4-1)(3\xi_4-2)/4$ $\alpha_{03;30}=\xi_3(3\xi_3-1)(3\xi_3-2)\xi_2(3\xi_2-1)(3\xi_2-2)/4$ $\alpha_{03;03}=\xi_3(3\xi_3-1)(3\xi_3-2)\xi_4(3\xi_4-1)(3\xi_4-2)/4$ $\alpha_{30;21}=3^2\xi_1(3\xi_1-1)(3\xi_1-2)\xi_2(3\xi_2-1)\xi_4/4$ $\alpha_{30;12}=3^2\xi_1(3\xi_1-1)(3\xi_1-2)\xi_4(3\xi_4-1)\xi_2/4$ $\alpha_{03;21}=3^2\xi_3(3\xi_3-1)(3\xi_3-2)\xi_2(3\xi_2-1)\xi_4/4$

续表

$\alpha_{20;20}=\xi_1(2\xi_1-1)\xi_2(2\xi_2-1)$	$\alpha_{03;12}=3^2\xi_3(3\xi_3-1)(3\xi_3-2)\xi_4(3\xi_4-1)\xi_2/4$
$\alpha_{20;02}=\xi_1(2\xi_1-1)\xi_4(2\xi_4-1)$	$\alpha_{21;30}=3^2\xi_2(3\xi_2-1)(3\xi_2-2)\xi_1(3\xi_1-1)\xi_3/4$
$\alpha_{02;20}=\xi_3(2\xi_3-1)\xi_2(2\xi_2-1)$	$\alpha_{21;03}=3^2\xi_4(3\xi_4-1)(3\xi_4-2)\xi_1(3\xi_1-1)\xi_3/4$
$\alpha_{02;02}=\xi_3(2\xi_3-1)\xi_4(2\xi_4-1)$	$\alpha_{12;30}=3^2\xi_2(3\xi_2-1)(3\xi_2-2)\xi_3(3\xi_3-1)\xi_1/4$
$\alpha_{20;11}=2^2\xi_1(2\xi_1-1)\xi_2\xi_4$	$\alpha_{12;03}=3^2\xi_4(3\xi_4-1)(3\xi_4-2)\xi_3(3\xi_3-1)\xi_1/4$
$\alpha_{02;11}=2^2\xi_3(2\xi_3-1)\xi_2\xi_4$	$\alpha_{21;21}=3^4\xi_1(3\xi_1-1)\xi_3\xi_2(3\xi_2-1)\xi_4/4$
$\alpha_{11;20}=2^2\xi_2(2\xi_2-1)\xi_1\xi_3$	$\alpha_{21;12}=3^4\xi_1(3\xi_1-1)\xi_3\xi_4(3\xi_4-1)\xi_2/4$
$\alpha_{11;02}=2^2\xi_4(2\xi_4-1)\xi_1\xi_3$	$\alpha_{12;21}=3^4\xi_3(3\xi_3-1)\xi_1\xi_2(3\xi_2-1)\xi_4/4$
$\alpha_{11;11}=2^4\xi_1\xi_3\xi_2\xi_4$	$\alpha_{12;12}=3^4\xi_3(3\xi_3-1)\xi_1\xi_4(3\xi_4-1)\xi_2/4$

2.5.2.2 梯度近似值

四边形函数 f 的 p 阶拉格朗日插值有下列特性：

$$\tilde{f}=\sum_{i,j,k,\ell=0}^{p} f_{ik;j\ell}\alpha_{ik;j\ell}(p,\xi_1,\xi_3;\xi_2,\xi_4) \tag{2.68}$$

$$\nabla\tilde{f}=\sum_{i,j,k,\ell=0}^{p} f_{ik;j\ell}\nabla\alpha_{ik;j\ell}(p,\xi_1,\xi_3;\xi_2,\xi_4) \tag{2.69}$$

其中 $i+k=j+\ell=p$，

$$\begin{aligned}\nabla\alpha_{ik;j\ell}(p,\xi)=&R_i'(p,\xi_1)R_j(p,\xi_2)R_k(p,\xi_3)R_\ell(p,\xi_4)\nabla\xi_1\\&+R_i(p,\xi_1)R_j(p,\xi_2)R_k'(p,\xi_3)R_\ell(p,\xi_4)\nabla\xi_3\\&+R_i(p,\xi_1)R_j'(p,\xi_2)R_k(p,\xi_3)R_\ell(p,\xi_4)\nabla\xi_2\\&+R_i(p,\xi_1)R_j(p,\xi_2)R_k(p,\xi_3)R_\ell'(p,\xi_4)\nabla\xi_4\end{aligned} \tag{2.70}$$

式中的四重下标通过归一化的坐标 $(\xi_1,\xi_3;\xi_2,\xi_4)=\left(\frac{i}{p},\frac{k}{p};\frac{j}{p},\frac{\ell}{p}\right)=\boldsymbol{\xi}_{ik;j\ell}$ 来标记插值点。

2.6 四面体单元

2.6.1 单元几何表示和局部矢量基

四面体单元的零坐标表面如图 2.19 所示。四面体的局部归一化坐标 $\boldsymbol{\xi}=(\xi_1,\xi_2,\xi_3,\xi_4)$，也称为体坐标①、单体坐标等，有如下关系：

$$\xi_1+\xi_2+\xi_3+\xi_4=1 \tag{2.71}$$

其中 ξ_1、ξ_2 和 ξ_3 是独立坐标。

① 直线四面体的父坐标可推理为体坐标，该推理与证明直线三角形的父坐标是面积坐标的推理类似，这些细节在这里省略了。

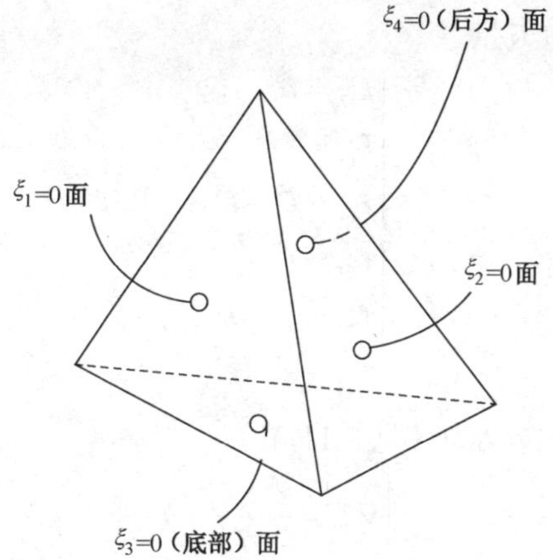

图 2.19　四面体单元的零坐标表面

四面体单元的一个拉格朗日标量基函数的 p 阶完全集由 $(p+1)(p+2)(p+3)/6$ 个多项式构成：

$$\alpha_{ijk\ell}(p,\boldsymbol{\xi}) = R_i(p,\xi_1)R_j(p,\xi_2)R_k(p,\xi_3)R_\ell(p,\xi_4) \tag{2.72}$$

其中 $i,j,k,\ell = 0,1,\cdots,p$，且 $i+j+k+\ell = p$，同时 $p \geqslant 1$，并且其中使用了四重下标方案，因为这些多项式使用归一化的坐标对点进行插值：

$$\boldsymbol{\xi}_{ijk\ell} = \left(\frac{i}{p},\frac{j}{p},\frac{k}{p},\frac{\ell}{p}\right) \tag{2.73}$$

拉格朗日基函数 $\alpha_{ijk\ell}$ 可以被用来将父四面体映射到子空间中。例如，曲线四面体的阶数 $q(\geqslant 1)$ 的一个拉格朗日参数化可以被表达为

$$\boldsymbol{r} = \sum_{i,j,k,\ell=0}^{q} \boldsymbol{r}_{ijk\ell}\alpha_{ijk\ell}(q,\xi_1,\xi_2,\xi_3,\xi_4), \qquad i+j+k+\ell = q \tag{2.74}$$

其中四重下标用于标记用归一化坐标 $\boldsymbol{r}_{ijk\ell}$ 对点进行插值的位置矢量 $\boldsymbol{\xi}_{ijk\ell} = (i/q, j/q, k/q, \ell/q)$。令之前的表达式中 $q=1$，可获得直线四面体坐标，表达式为

$$\begin{aligned}\boldsymbol{r} &= \xi_1\boldsymbol{r}_{1000} + \xi_2\boldsymbol{r}_{0100} + \xi_3\boldsymbol{r}_{0010} + \xi_4\boldsymbol{r}_{0001} \\ &= \xi_1\boldsymbol{r}_1 + \xi_2\boldsymbol{r}_2 + \xi_3\boldsymbol{r}_3 + \xi_4\boldsymbol{r}_4\end{aligned} \tag{2.75}$$

其中 $\boldsymbol{r}_i$ 是顶点 i 的顶点位置矢量。

对于四面体的给定的几何结构参数化，通过独立坐标 ξ_1 和 ξ_2 获得的单位基矢量为（见 3.11 节）

$$\begin{cases}\boldsymbol{\ell}^1 = \dfrac{\partial\boldsymbol{r}(\xi_1,\xi_2,\xi_3)}{\partial\xi_1} = \left[\dfrac{\partial\boldsymbol{r}(\xi_1,\xi_2,\xi_3,\xi_4)}{\partial\xi_1} - \dfrac{\partial\boldsymbol{r}(\xi_1,\xi_2,\xi_3,\xi_4)}{\partial\xi_4}\right]_{\xi_2,\xi_3\text{常数}} \\ \boldsymbol{\ell}^2 = \dfrac{\partial\boldsymbol{r}(\xi_1,\xi_2,\xi_3)}{\partial\xi_2} = \left[\dfrac{\partial\boldsymbol{r}(\xi_1,\xi_2,\xi_3,\xi_4)}{\partial\xi_2} - \dfrac{\partial\boldsymbol{r}(\xi_1,\xi_2,\xi_3,\xi_4)}{\partial\xi_4}\right]_{\xi_1,\xi_3\text{常数}} \\ \boldsymbol{\ell}^3 = \dfrac{\partial\boldsymbol{r}(\xi_1,\xi_2,\xi_3)}{\partial\xi_3} = \left[\dfrac{\partial\boldsymbol{r}(\xi_1,\xi_2,\xi_3,\xi_4)}{\partial\xi_3} - \dfrac{\partial\boldsymbol{r}(\xi_1,\xi_2,\xi_3,\xi_4)}{\partial\xi_4}\right]_{\xi_1,\xi_2\text{常数}}\end{cases} \tag{2.76}$$

此式构成了图 2.20 的边矢量

$$\begin{cases} \ell_{12} = \ell^3 \\ \ell_{13} = -\ell^2 \\ \ell_{14} = \ell^2 - \ell^3 \\ \ell_{23} = \ell^1 \\ \ell_{24} = \ell^3 - \ell^1 \\ \ell_{34} = \ell^1 - \ell^2 \end{cases} \tag{2.77}$$

梯度矢量按照单位矢量定义为（见 3.11 节）

$$\begin{cases} \nabla \xi_1 = \dfrac{\ell^2 \times \ell^3}{\mathcal{J}} \\ \nabla \xi_2 = \dfrac{\ell^3 \times \ell^1}{\mathcal{J}} \\ \nabla \xi_3 = \dfrac{\ell^1 \times \ell^2}{\mathcal{J}} \end{cases} \tag{2.78}$$

其中，

$$\mathcal{J} = \ell^1 \cdot \ell^2 \times \ell^3 \tag{2.79}$$

是从父坐标到子坐标变换的雅可比行列式。剩下的坐标梯度为

$$\nabla \xi_4 = -\left(\nabla \xi_1 + \nabla \xi_2 + \nabla \xi_3\right) \tag{2.80}$$

四面体元素的边界、高度和梯度矢量如图 2.20 所示，该图阐述了各种各样的边和高度矢量，以及被定义为直线四面体元素的归一化的坐标。

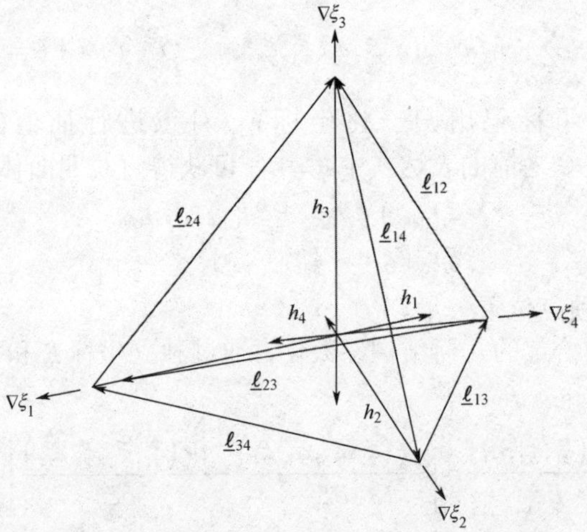

图 2.20　四面体元素的边界、高度和梯度矢量

2.6.2　拉格朗日基函数

2.6.2.1　插值在每条边和每个面的形状多项式 $\boldsymbol{\alpha}(p,\xi)$

显然，式（2.72）和式（2.74）中下标 (i,j,k,ℓ) 的阶数遵循父变量 $(\xi_1,\xi_2,\xi_3,\xi_4)$ 的阶数，且与其密切相关。

为更好地利用四面体单元的对称性，介绍 4 个虚拟父变量

$$\boldsymbol{\xi}=(\xi_a,\xi_b,\xi_c,\xi_d) \tag{2.81}$$

更为方便地来写出标量基函数。

$$\alpha_{ijk\ell}(p,\xi)=R_i(p,\xi_a)R_j(p,\xi_b)R_k(p,\xi_c)R_\ell(p,\xi_d) \tag{2.82}$$

依据虚拟下标 (i,j,k,ℓ)，不加入任何父变量 $(\xi_1,\xi_2,\xi_3,\xi_4)$，而是使用虚拟变量 $(\xi_a,\xi_b,\xi_c,\xi_d)$。这个虚拟变量代表父变量的排列并允许用最小集表示基函数的全部集。显然，式（2.82）和式（2.72）符合 $(\xi_a,\xi_b,\xi_c,\xi_d)$ 等于 $(\xi_1,\xi_2,\xi_3,\xi_4)$。当 $p=2$ 时，与 $\alpha_{ijk\ell}(p,\xi)$ 相关的插值点在图 2.21 中给出。

在四面体上阶数 $p=2$ 的拉格朗日插值如图 2.21 所示。

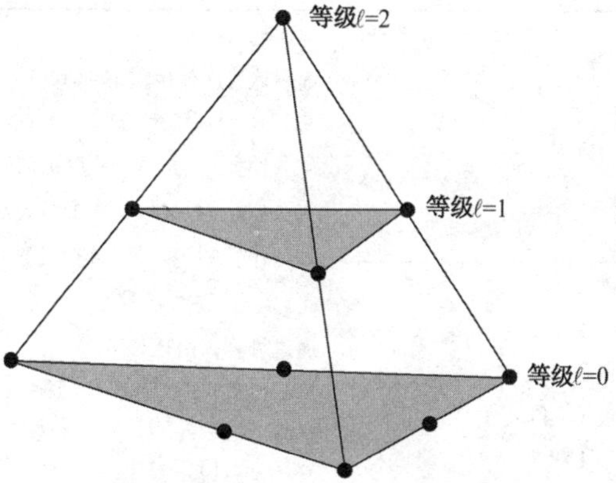

图 2.21　在四面体上阶数 $p=2$ 的拉格朗日插值

图 2.21 表明与插值多项式 $\alpha_{ijk\ell}(2,\xi)$ 有关的插值点。四面体左前侧的是 $\xi_a=0$ 时的面，$\xi_d=0$ 的面是底面，被标记为“等级 $\ell=0$”的三角形。这张图表明与坐标面 $\xi_d=\ell/p$ 对应的 $\ell=$ 恒定的三角形切片，其中 $l=0,1,2$（阶数 $p=2$）。

通过使用虚拟父变量可以一劳永逸地表示四面体基函数和为三角形单元定义的拉格朗日基函数的一致性。事实上，在 $\xi_d=0$ 的面上，式（2.82）可简化为

$$\alpha_{ijk\ell}\big|_{\xi_d=0}=0,\qquad 当\ell\neq 0时 \tag{2.83}$$

$$\alpha_{ijk0}\big|_{\xi_d=0}=R_i(p,\xi_a)R_j(p,\xi_b)R_k(p,\xi_c),\qquad 当\ell=0时 \tag{2.84}$$

由 $\ell=0$ 得到的后面的表达式适用于 $i+j+k=p$，并且与一个用 3 个虚拟父变量 α_{ijk}（见 2.4.2.1 节）描述的三角形单元基函数 (ξ_a,ξ_b,ξ_c) 的表达式相一致。形状多项式在四面体的所有边和面的插值的前三阶如表 2.5 所示，该表给出了四面体单元的插值函数 $\alpha_{ijk\ell}(p,\xi)$，阶数到 $p=3$。

表 2.5　形状多项式在四面体的所有边和面的插值的前三阶

在四面体单元中用 $(p+1)(p+2)(p+3)/6$ 个多项式构建插值集 $\alpha_{ijk\ell}(p,\xi)=R_i(p,\xi_1)R_j(p,\xi_2)R_k(p,\xi_3)R_\ell(p,\xi_4)$，其中 $i,j,k,\ell=0,1,\cdots,p$，同时 $i+j+k+\ell=p$ 且 $p\geqslant 1$。每个多项式都是 p 阶。因为四面体单元的对称性，可以很充分地说明，对于每个族，只有一个较小的多项式集能被其他多项式“补充完整”，通过这些由父变量 $\{\xi_1,\xi_2,\xi_3,\xi_4\}$ 的循环排列形成的较小集获得。这个较小的多项式集更容易以虚四面体父变量 $\{\xi_a,\xi_b,\xi_c,\xi_d\}$ 的形式书写。每一个第 p 阶完全插值集通过函数 $R_i(p,\xi_a)R_j(p,\xi_b)R_k(p,\xi_c)R_\ell(p,\xi_d)$ 得到： $\{\xi_a,\xi_c;\xi_b,\xi_d\}=\{\xi_1,\xi_2,\xi_3,\xi_4\}$ 变量交换后的第 1 个集； $\{\xi_a,\xi_c;\xi_b,\xi_d\}=\{\xi_2,\xi_3,\xi_4,\xi_1\}$ 变量交换后的第 2 个集； $\{\xi_a,\xi_c;\xi_b,\xi_d\}=\{\xi_3,\xi_4,\xi_1,\xi_2\}$ 变量交换后的第 3 个集； $\{\xi_a,\xi_c;\xi_b,\xi_d\}=\{\xi_4,\xi_1,\xi_2,\xi_3\}$ 变量交换后的第 4 个集。 因此，所有四面体多项式使用 4 个不一样的交换变量集进行定义；需要注意交换变量集的编号如何与单元顶点相等	
$p=1$（总计 4 个函数） 虚表达式（使用集 1～4）： ξ_a（4 个函数） 通过排列，函数如下： $\alpha_{1000}=\xi_1$，$\alpha_{0100}=\xi_2$， $\alpha_{0010}=\xi_3$，$\alpha_{0001}=\xi_4$	$p=3$（总计 20 个函数） 虚表达式（使用集 1～4）： $\xi_a(3\xi_a-1)(3\xi_a-2)/2$（4 个函数） $3^2\xi_a(3\xi_a-1)\xi_b/2$（4 个函数） $3^2\xi_a(3\xi_a-1)\xi_c/2$（4 个函数） $3^2\xi_a(3\xi_a-1)\xi_d/2$（4 个函数） $3^3\xi_a\xi_b\xi_c$（4 个函数） 通过排列，函数如下： $\alpha_{3000}=\xi_1(3\xi_1-1)(3\xi_1-2)/2$ $\alpha_{0300}=\xi_2(3\xi_2-1)(3\xi_2-2)/2$ $\alpha_{0030}=\xi_3(3\xi_3-1)(3\xi_3-2)/2$ $\alpha_{0003}=\xi_4(3\xi_4-1)(3\xi_4-2)/2$ $\alpha_{2100}=3^2\xi_1(3\xi_1-1)\xi_2/2, \alpha_{0210}=3^2\xi_2(3\xi_2-1)\xi_3/2$ $\alpha_{0021}=3^2\xi_3(3\xi_3-1)\xi_4/2, \alpha_{1002}=3^2\xi_4(3\xi_4-1)\xi_1/2$ $\alpha_{2010}=3^2\xi_1(3\xi_1-1)\xi_3/2, \alpha_{0201}=3^2\xi_2(3\xi_2-1)\xi_4/2$ $\alpha_{1020}=3^2\xi_3(3\xi_3-1)\xi_1/2, \alpha_{0102}=3^2\xi_4(3\xi_4-1)\xi_2/2$ $\alpha_{2001}=3^2\xi_1(3\xi_1-1)\xi_4/2, \alpha_{1200}=3^2\xi_2(3\xi_2-1)\xi_1/2$ $\alpha_{0120}=3^2\xi_3(3\xi_3-1)\xi_2/2, \alpha_{0012}=3^2\xi_4(3\xi_4-1)\xi_3/2$ $\alpha_{1110}=3^3\xi_1\xi_2\xi_3$，$\alpha_{0111}=3^3\xi_2\xi_3\xi_4$ $\alpha_{1011}=3^3\xi_3\xi_4\xi_1$，$\alpha_{1101}=3^3\xi_4\xi_1\xi_2$
$p=2$（总计 10 个函数） 虚表达式： $\xi_a(2\xi_a-1)$（4 个函数，使用集 1～4） $2^2\xi_a\xi_b$（4 个函数，使用集 1～4） $2^2\xi_a\xi_c$（2 个函数，使用集 1 和 2） 通过排列，函数如下： $\alpha_{2000}=x_{i1}(2\xi_1-1)$ $\alpha_{0200}=\xi_2(2\xi_2-1)$ $\alpha_{0020}=\xi_3(2\xi_3-1)$ $\alpha_{0002}=\xi_4(2\xi_4-1)$ $\alpha_{1100}=2^2\xi_1\xi_2$，$\alpha_{0110}=2^2\xi_2\xi_3$， $\alpha_{0011}=2^2\xi_3\xi_4$，$\alpha_{1001}=2^2\xi_4\xi_1$， $\alpha_{1010}=2^2\xi_1\xi_3$，$\alpha_{0101}=2^2\xi_2\xi_4$	

2.6.2.2　拉格朗日插值和梯度近似值

对于四面体上函数 f 的 p 阶拉格朗日插值，有

$$\tilde{f}=\sum_{i,j,k,\ell=0}^{p} f_{ijk\ell}\alpha_{ijk\ell}\left(p,\xi_1,\xi_2,\xi_3,\xi_4\right) \tag{2.85}$$

$$\nabla\tilde{f}=\sum_{i,j,k,\ell=0}^{p} f_{ijk\ell}\nabla\alpha_{ijk\ell}\left(p,\xi_1,\xi_2,\xi_3,\xi_4\right) \tag{2.86}$$

$$\begin{aligned}\nabla\alpha_{ijk\ell}\left(p,\boldsymbol{\xi}\right)=&R_i'\left(p,\xi_1\right)R_j\left(p,\xi_2\right)R_k\left(p,\xi_3\right)R_\ell\left(p,\xi_4\right)\nabla\xi_1\\&+R_i\left(p,\xi_1\right)R_j'\left(p,\xi_2\right)R_k\left(p,\xi_3\right)R_\ell\left(p,\xi_4\right)\nabla\xi_2\\&+R_i\left(p,\xi_1\right)R_j\left(p,\xi_2\right)R_k'\left(p,\xi_3\right)R_\ell\left(p,\xi_4\right)\nabla\xi_3\\&+R_i\left(p,\xi_1\right)R_j\left(p,\xi_2\right)R_k\left(p,\xi_3\right)R_\ell'\left(p,\xi_4\right)\nabla\xi_4\end{aligned} \tag{2.87}$$

其中，$i+j+k+\ell=p$ 并且四重下标用归一化坐标来标记插值点

$$\left(\xi_1,\xi_2,\xi_3,\xi_4\right)=\left(\frac{i}{p},\frac{j}{p},\frac{k}{p},\frac{\ell}{p}\right)=\boldsymbol{\xi}_{ijk\ell} \tag{2.88}$$

梯度矢量 $\nabla\xi_s$（其中 $s=1,2,3,4$）在式（2.78）和式（2.80）中给出。

2.7　长方体单元

2.7.1　单元几何表示和局部矢量基

一个长方体是一个有六个面的体单元，使用六个父变量对它进行描述。长方体的局部、归一化的坐标 $\boldsymbol{\xi}=\left(\xi_1,\xi_4;\xi_2,\xi_5;\xi_3,\xi_6\right)$（长方体单元的零坐标表面见图 2.22）有如下关系

$$\begin{aligned}\xi_1+\xi_4&=1\\\xi_2+\xi_5&=1\\\xi_3+\xi_6&=1\end{aligned} \tag{2.89}$$

其中，ξ_1、ξ_2 和 ξ_3 被认为是独立变量。

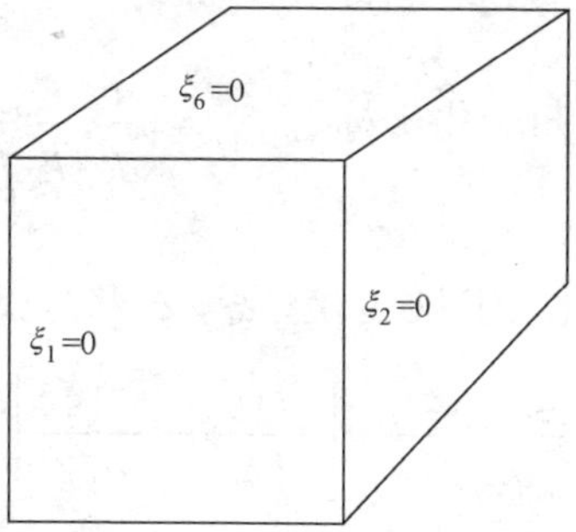

图 2.22　长方体单元的零坐标表面

图 2.22 中，$\xi_i=0$ 的面和 $\xi_{i+3}=0$（$i=1,2,3$）的面是相对的，使用笛卡儿积可简单地获得在对称网格上插值长方体单元的 p 阶（$p\geqslant1$）完全多项式族，例如，通过将独立变量 ξ_1、ξ_2 和 ξ_3 的三个拉格朗日多项式 P_i、P_j 和 P_k 相乘，如下所示：

$$
\begin{aligned}
P_i(p;\xi_1)P_j(p;\xi_2)P_k(p;\xi_3)=R_i(p,\xi_1)R_{p-i}(p,\xi_4)\\
R_j(p,\xi_2)R_{p-j}(p,\xi_5)\\
R_k(p,\xi_3)R_{p-k}(p,\xi_6)\quad \text{其中} i,j,k=0,1,\cdots,p
\end{aligned}
\tag{2.90}
$$

多项式（2.90）的线性组合可以表示$(p+1)(p+2)(p+3)/6$个任何形如$\xi_1^r\xi_2^s\xi_3^t$的表达式，$r,s,t=0,1,\cdots,p$，$0\leqslant r+s+t\leqslant p$。集式（2.90）包含$(p+1)^3$个独立多项式，并且因此它比为形成 p 阶完全三维标量多项式族的最小值多$p(p+1)(5p+7)/6$项，因为

$$
\frac{p(p+1)(5p+7)}{6}=(p+1)^3-\frac{(p+1)(p+2)(p+3)}{6}
\tag{2.91}
$$

在四面体单元中已经指出，多项式（2.90）简单的表达式和插值点数组的对称性，从计算的角度来看是有利的。

表达式（2.90）倾向于独立父变量ξ_1、ξ_2和ξ_3，用$(p+1)^3$个西尔韦斯特形式的多项式表示拉格朗日基函数集会更好

$$
\begin{aligned}
\alpha_{i\ell;jm;kn}(p,\boldsymbol{\xi})=R_i(p,\xi_1)R_j(p,\xi_2)R_k(p,\xi_3)\\
R_\ell(p,\xi_4)R_m(p,\xi_5)R_n(p,\xi_6)
\end{aligned}
\tag{2.92}
$$

$i,j,k,\ell,m,n=0,1,\cdots,p$，$i+\ell=j+m=k+n=p$。在式（2.92）中，使用了一个六重下标方案，对这些点插值的多项式使用了归一化坐标

$$
(\xi_1,\xi_4;\xi_2,\xi_5;\xi_3,\xi_6)=\left(\frac{i}{p},\frac{\ell}{p};\frac{j}{p},\frac{m}{p};\frac{k}{p},\frac{n}{p}\right)=\boldsymbol{\xi}_{i\ell;jm;kn}
\tag{2.93}
$$

拉格朗日基函数$\alpha_{i\ell;jm;kn}$可以用于将父长方体映射到子空间。例如，一个曲线长方体的 q 阶拉格朗日参数化可以被表达为

$$
\boldsymbol{r}=\sum_{i,j,k,\ell,m,n=0}^{q}\boldsymbol{r}_{i\ell;jm;kn}\alpha_{i\ell;jm;kn}(q,\xi_1,\xi_2,\xi_3,\xi_4,\xi_5,\xi_6),\quad i+\ell=j+m=k+n=q
\tag{2.94}
$$

其中六重下标用于标记用归一化坐标$\boldsymbol{\xi}_{i\ell;jm;kn}=\left(\frac{i}{p},\frac{\ell}{p};\frac{j}{p},\frac{m}{p};\frac{k}{p},\frac{n}{p}\right)$表示插值点的位置矢量$\boldsymbol{r}_{i\ell;jm;kn}$。

忽略长方体的几何参数化，通过独立坐标ξ_1、ξ_2和ξ_3获得的单位矢量为（见3.14节）

$$
\begin{cases}
\boldsymbol{\ell}^1=\dfrac{\partial\boldsymbol{r}(\xi_1,\xi_2,\xi_3)}{\partial\xi_1}=\left[\dfrac{\partial\boldsymbol{r}(\boldsymbol{\xi})}{\partial\xi_1}-\dfrac{\partial\boldsymbol{r}(\boldsymbol{\xi})}{\partial\xi_4}\right]_{\xi_2,\xi_3\text{常数}}\\
\boldsymbol{\ell}^2=\dfrac{\partial\boldsymbol{r}(\xi_1,\xi_2,\xi_3)}{\partial\xi_2}=\left[\dfrac{\partial\boldsymbol{r}(\boldsymbol{\xi})}{\partial\xi_2}-\dfrac{\partial\boldsymbol{r}(\boldsymbol{\xi})}{\partial\xi_5}\right]_{\xi_1,\xi_3\text{常数}}\\
\boldsymbol{\ell}^3=\dfrac{\partial\boldsymbol{r}(\xi_1,\xi_2,\xi_3)}{\partial\xi_3}=\left[\dfrac{\partial\boldsymbol{r}(\boldsymbol{\xi})}{\partial\xi_3}-\dfrac{\partial\boldsymbol{r}(\boldsymbol{\xi})}{\partial\xi_6}\right]_{\xi_1,\xi_2\text{常数}}
\end{cases}
\tag{2.95}
$$

其中图 2.23 的边矢量为

$$\begin{cases} \boldsymbol{\ell}_{12} = \boldsymbol{\ell}_{24} = \boldsymbol{\ell}_{45} = -\boldsymbol{\ell}_{15} = \boldsymbol{\ell}^3 \\ \boldsymbol{\ell}_{16} = -\boldsymbol{\ell}_{13} = -\boldsymbol{\ell}_{34} = -\boldsymbol{\ell}_{46} = \boldsymbol{\ell}^2 \\ \boldsymbol{\ell}_{23} = \boldsymbol{\ell}_{35} = \boldsymbol{\ell}_{56} = -\boldsymbol{\ell}_{26} = \boldsymbol{\ell}^1 \end{cases} \tag{2.96}$$

梯度矢量由单位矢量表示（见 3.14 节）

$$\begin{cases} \nabla\xi_1 = -\nabla\xi_4 = \dfrac{\boldsymbol{\ell}^2 \times \boldsymbol{\ell}^3}{\mathcal{J}} \\ \nabla\xi_2 = -\nabla\xi_5 = \dfrac{\boldsymbol{\ell}^3 \times \boldsymbol{\ell}^1}{\mathcal{J}} \\ \nabla\xi_3 = -\nabla\xi_6 = \dfrac{\boldsymbol{\ell}^1 \times \boldsymbol{\ell}^2}{\mathcal{J}} \end{cases} \tag{2.97}$$

其中，

$$\mathcal{J} = \boldsymbol{\ell}^1 \cdot \boldsymbol{\ell}^2 \times \boldsymbol{\ell}^3 \tag{2.98}$$

是从父坐标到子坐标变换的雅可比行列式。所有这些几何的量，包括雅可比行列式，都会随位置变化，除非长方体被映射到一个平行长方体中。

长方体元素的边、高度和梯度矢量如图 2.23 所示，该图给出了各种边和高度矢量，以及为长方体元素定义的归一化坐标。

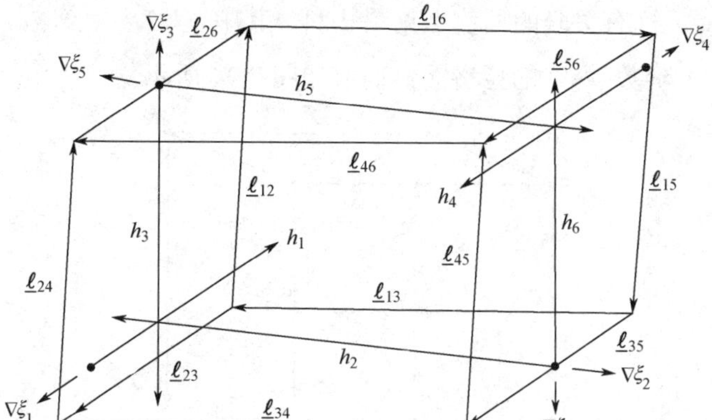

图 2.23　长方体元素的边、高度和梯度矢量

© 1997 IEEE. Reprinted with permission from R. D. Graglia, D. R. Wilton, and A. F. Peterson, "Higher order interpolatory vector bases for computational electromagnetics," special issue on "Advanced Numerical Techniques in Electromagnetics," *IEEE Trans. Antennas Propag.*, vol. 45, no. 3, pp. 329-342, Mar. 1997.

2.7.2 拉格朗日基函数

2.7.2.1 形状多项式 $\alpha(p,\xi)$ 在每条边和每个面上的插值

为了充分利用长方体单元的对称性，介绍 6 个虚拟父变量：

$$\xi=\left(\xi_a,\xi_d;\xi_b,\xi_e;\xi_c,\xi_f\right) \tag{2.99}$$

其中，

$$\xi_d=1-\xi_a,\quad \xi_e=1-\xi_b,\quad \xi_f=1-\xi_c \tag{2.100}$$

表示（式中 $i,j,k,\ell,m,n=0,1,\cdots,p$ ，且 $i+\ell=j+m=k+n=p$ ）标量基函数

$$\begin{aligned}\alpha_{i\ell;jm;kn}(p,\xi)=&R_i(p,\xi_a)R_\ell(p,\xi_d)\\&R_j(p,\xi_b)R_m(p,\xi_e)\\&R_k(p,\xi_c)R_n(p,\xi_f)\end{aligned} \tag{2.101}$$

插值点的归一化坐标

$$\left(\xi_a,\xi_d;\xi_b,\xi_e;\xi_c,\xi_f\right)=\left(\frac{i}{p},\frac{\ell}{p};\frac{j}{p},\frac{m}{p};\frac{k}{p},\frac{n}{p}\right)=\xi_{i\ell;jm;kn} \tag{2.102}$$

与虚拟变量 $\left(\xi_a,\xi_d;\xi_b,\xi_e;\xi_c,\xi_f\right)$ 的虚拟下标（ i,j,k,ℓ,m,n ）相关联，这些虚拟变量代表父变量 $\left(\xi_1,\xi_2,\xi_3,\xi_4,\xi_5,\xi_6\right)$ 的排列，并且允许用最小集表示基函数的全部集合。显然，式（2.101）和式（2.92）中 $\left(\xi_a,\xi_d;\xi_b,\xi_e;\xi_c,\xi_f\right)$ 和 $\left(\xi_1,\xi_2,\xi_3,\xi_4,\xi_5,\xi_6\right)$ 是相等的。与 $\alpha_{i\ell;jm;kn}(p,\xi)$ 有关联的插值点见图 2.24，其中 $p=2$。

在长方体上阶数 $p=2$ 的拉格朗日插值如图 2.24 所示。

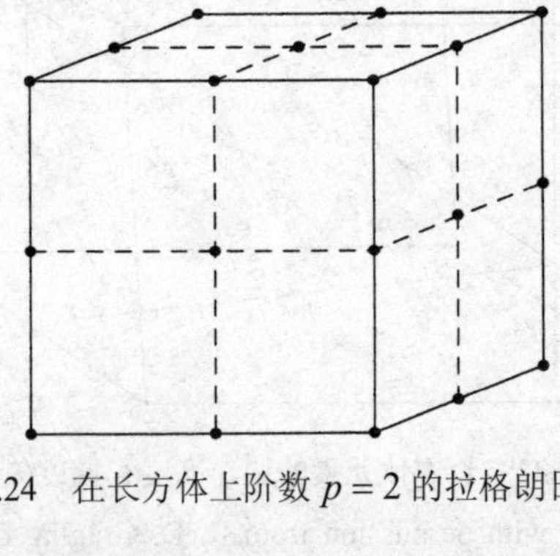

图 2.24 在长方体上阶数 $p=2$ 的拉格朗日插值

图 2.24 给出了与插值多项式 $\alpha_{i\ell;jm;kn}(2,\xi)$ 有关的插值点。

长方体的四边形的面上的长方体 α 基函数和为四面体单元定义的同阶 α 基函数一致。前三阶形状多项式在长方体单元所有边和面上的插值如表 2.6 所示，该表给出了插值函数 $\alpha_{ijk\ell}(p,\xi)$ ，阶数到 $p=3$ 。

表 2.6　前三阶形状多项式在长方体单元所有边和面上的插值

在长方体单元中用 $(p+1)^3$ 个多项式构建插值集 $\alpha_{i\ell;jm;kn}(p,\xi)=R_i(p,\xi_1)R_\ell(p,\xi_4)R_j(p,\xi_2)R_m(p,\xi_5)R_k(p,\xi_3)R_n(p,\xi_6)$，其中 $i,j,k,\ell,m,n=0,1,\cdots,p$，同时 $i+\ell=j+m=k+n=p$ 且 $p\geqslant 1$。每个多项式都是 $3p$ 阶。因为长方体单元的对称性，可以很充分地说明，对于每个族，只有一个较小的多项式集能被其他多项式“补充完整”，通过这些由父变量的排列形成的较小集获得。这个较小的多项式集更容易以虚长方体父变量 $\{\xi_a,\xi_d;\xi_b,\xi_e;\xi_c,\xi_f\}$ 的形式书写。每一个完全插值集通过下面的多项式得到：

$\{\xi_a,\xi_d;\xi_b,\xi_e;\xi_c,\xi_f\}=\{\xi_1,\xi_4;\xi_2,\xi_5;\xi_3,\xi_6\}$ 变量交换后的第 1 个集；

$\{\xi_a,\xi_d;\xi_b,\xi_e;\xi_c,\xi_f\}=\{\xi_1,\xi_4;\xi_2,\xi_5;\xi_6,\xi_3\}$ 变量交换后的第 2 个集；

$\{\xi_a,\xi_d;\xi_b,\xi_e;\xi_c,\xi_f\}=\{\xi_1,\xi_4;\xi_5,\xi_2;\xi_3,\xi_6\}$ 变量交换后的第 3 个集；

$\{\xi_a,\xi_d;\xi_b,\xi_e;\xi_c,\xi_f\}=\{\xi_1,\xi_4;\xi_5,\xi_2;\xi_6,\xi_3\}$ 变量交换后的第 4 个集；

$\{\xi_a,\xi_d;\xi_b,\xi_e;\xi_c,\xi_f\}=\{\xi_4,\xi_1;\xi_2,\xi_5;\xi_3,\xi_6\}$ 变量交换后的第 5 个集；

$\{\xi_a,\xi_d;\xi_b,\xi_e;\xi_c,\xi_f\}=\{\xi_4,\xi_1;\xi_2,\xi_5;\xi_6,\xi_3\}$ 变量交换后的第 6 个集；

$\{\xi_a,\xi_d;\xi_b,\xi_e;\xi_c,\xi_f\}=\{\xi_4,\xi_1;\xi_5,\xi_2;\xi_3,\xi_6\}$ 变量交换后的第 7 个集；

$\{\xi_a,\xi_d;\xi_b,\xi_e;\xi_c,\xi_f\}=\{\xi_4,\xi_1;\xi_5,\xi_2;\xi_6,\xi_3\}$ 变量交换后的第 8 个集。

因此，所有长方体多项式使用 8 个不一样的交换变量集进行定义；需要注意交换变量集的编号如何与单元顶点相等

$p=1$（总计 8 个函数，使用集 1～8）	
$\xi_a\xi_b\xi_c$	
$p=2$（总计 27 个函数）	
$\xi_a(2\xi_a-1)\xi_b(2\xi_b-1)\xi_c(2\xi_c-1)$	（8 个函数，使用集 1～8）
$2^2\xi_a(2\xi_a-1)\xi_b(2\xi_b-1)\xi_3\xi_6$	（4 个函数，使用集 1, 3, 5, 7）
$2^2\xi_b(2\xi_b-1)\xi_c(2\xi_c-1)\xi_1\xi_4$	（4 个函数，使用集 1～4）
$2^2\xi_c(2\xi_c-1)\xi_a(2\xi_a-1)\xi_2\xi_5$	（4 个函数，使用集 1, 2, 5, 6）
$2^4\xi_a(2\xi_a-1)\xi_2\xi_5\xi_3\xi_6$	（2 个函数，使用集 4 和 5）
$2^4\xi_b(2\xi_b-1)\xi_3\xi_6\xi_1\xi_4$	（2 个函数，使用集 2 和 3）
$2^4\xi_c(2\xi_c-1)\xi_1\xi_4\xi_2\xi_5$	（2 个函数，使用集 1 和 2）
$2^6\xi_1\xi_4\xi_2\xi_5\xi_3\xi_6$	（1 个函数，集 1）
$p=3$（总计 64 个函数，使用集 1～8）	
$\xi_a(3\xi_a-1)(3\xi_a-2)\xi_b(3\xi_b-1)(3\xi_b-2)\xi_c(3\xi_c-1)(3\xi_c-2)/2^3$	（8 个函数）
$3^2\xi_a(3\xi_a-1)(3\xi_a-2)\xi_b(3\xi_b-1)(3\xi_b-2)\xi_c(3\xi_c-1)\xi_f/2^3$	（8 个函数）
$3^2\xi_b(3\xi_b-1)(3\xi_b-2)\xi_c(3\xi_c-1)(3\xi_c-2)\xi_a(3\xi_a-1)\xi_d/2^3$	（8 个函数）
$3^2\xi_c(3\xi_c-1)(3\xi_c-2)\xi_a(3\xi_a-1)(3\xi_a-2)\xi_b(3\xi_b-1)\xi_e/2^3$	（8 个函数）
$3^4\xi_a(3\xi_a-1)(3\xi_a-2)\xi_b(3\xi_b-1)\xi_e\xi_c(3\xi_c-1)\xi_f/2^3$	（8 个函数）
$3^4\xi_b(3\xi_b-1)(3\xi_b-2)\xi_c(3\xi_c-1)\xi_f\xi_a(3\xi_a-1)\xi_d/2^3$	（8 个函数）
$3^4\xi_c(3\xi_c-1)(3\xi_c-2)\xi_a(3\xi_a-1)\xi_d\xi_b(3\xi_b-1)\xi_e/2^3$	（8 个函数）
$3^6\xi_a(3\xi_a-1)\xi_d\xi_b(3\xi_b-1)\xi_e\xi_c(3\xi_c-1)\xi_f/2^3$	（8 个函数）

2.7.2.2　拉格朗日插值和梯度近似值

对于在长方体函数 f 的 p 阶拉格朗日插值，有

$$\tilde{f} = \sum_{i,j,k,\ell,m,n=0}^{p} f_{i\ell;jm;kn} \alpha_{i\ell;jm;kn}(p,\xi) \tag{2.103}$$

$$\nabla\tilde{f} = \sum_{i,j,k,\ell,m,n=0}^{p} f_{i\ell;jm;kn} \nabla\alpha_{i\ell;jm;kn}(p,\xi) \tag{2.104}$$

其中，

$$\begin{aligned}\nabla\alpha_{i\ell;jm;kn}(p,\xi) = {} & R_j(p,\xi_2)R_m(p,\xi_5)R_k(p,\xi_3)R_n(p,\xi_6)\left[R_i'(p,\xi_1)\nabla\xi_1 + R_\ell'(p,\xi_4)\nabla\xi_4\right] \\ & + R_i(p,\xi_1)R_\ell(p,\xi_4)R_k(p,\xi_3)R_n(p,\xi_6)\left[R_j'(p,\xi_2)\nabla\xi_2 + R_m'(p,\xi_5)\nabla\xi_5\right] \\ & + R_i(p,\xi_1)R_\ell(p,\xi_4)R_j(p,\xi_2)R_m(p,\xi_5)\left[R_k'(p,\xi_3)\nabla\xi_3 + R_n'(p,\xi_6)\nabla\xi_6\right]\end{aligned} \tag{2.105}$$

并且 $i+\ell=j+m=k+n=p$ 且 $p\geqslant 1$，这里的六重下标用归一化的坐标来标记插值点

$$(\xi_1,\xi_4;\xi_2,\xi_5;\xi_3,\xi_6) = \left(\frac{i}{p},\frac{\ell}{p};\frac{j}{p},\frac{m}{p};\frac{k}{p},\frac{n}{p}\right) = \xi_{i\ell;jm;kn} \tag{2.106}$$

梯度矢量 $\nabla\xi_s$ ($s=1,2,\cdots,6$)在式（2.97）中给出。

2.8 三棱柱单元

2.8.1 单元的几何表达和局部矢量基

棱柱的局部的、归一化的坐标 $\boldsymbol{\xi}=(\xi_1,\xi_2,\xi_3;\xi_4,\xi_5)$（见图 2.25）有如下关系

$$\begin{aligned}\xi_1+\xi_2+\xi_3&=1\\ \xi_4+\xi_5&=1\end{aligned} \tag{2.107}$$

其中，ξ_1、ξ_2 和 ξ_4 是独立坐标。棱柱的三角形横截面使用“通常”非独立三角形面积坐标 ξ_1、ξ_2 和 ξ_3，同时 ξ_4 被认为是第三个独立坐标，其中 $\nabla\xi_4\cdot(\nabla\xi_1\times\nabla\xi_2)$ 为正。

棱柱单元的零坐标表面如图 2.25 所示。

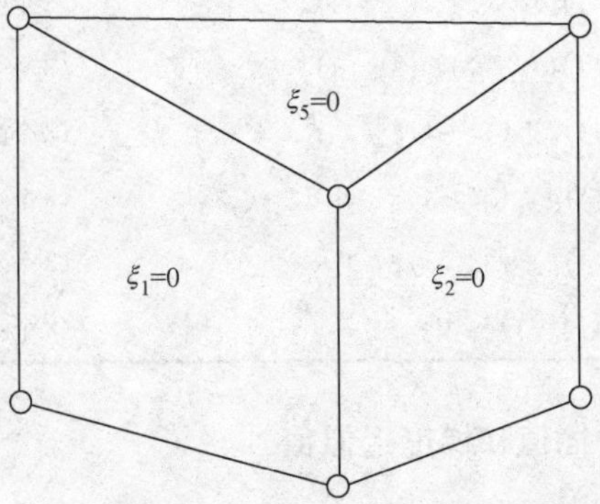

图 2.25　棱柱单元的零坐标表面

图 2.25 中，$\xi_1=0$、$\xi_2=0$ 和 $\xi_3=0$ 是棱柱的四边形表面；$\xi_4=0$ 和 $\xi_5=0$ 是相对的三角形表面。

棱柱单元的拉格朗日标量基函数的 p 阶完备集由 $(p+1)^2(p+2)/2$ 个多项式构成。

$$\alpha_{ijk;\ell m}(p,\boldsymbol{\xi})=R_i(p,\xi_1)R_j(p,\xi_2)R_k(p,\xi_3)R_\ell(p,\xi_4)R_m(p,\xi_5) \tag{2.108}$$

其中 $i,j,k,\ell,m=0,1,\cdots,p,\ i+j+k=\ell+m=p$ 且 $p\geqslant 1$。五重下标表示用归一化坐标表示的插值点：

$$\boldsymbol{\xi}_{ijk;\ell m}=(\xi_1,\xi_2,\xi_3;\xi_4,\xi_5)=\left(\frac{i}{p},\frac{j}{p},\frac{k}{p};\frac{\ell}{p},\frac{m}{p}\right) \tag{2.109}$$

集式（2.108）比形成完备三维标量多项式族所需的最小集多 $p(p+1)(p+2)/3$ 项，因为

$$\frac{p(p+1)(p+2)}{3}=\frac{(p+1)^2(p+2)}{2}-\frac{(p+1)(p+2)(p+3)}{6} \tag{2.110}$$

如前面提到的，只有对单体，也就是说，对于三角形和四面体单元，拉格朗日多项式函数的个数才等于最小值。对于其他的非单体单元（包括四边形、长方体和棱柱），一个对称的插值点网格和插值多项式的最简表达式只能通过包括“额外”多项式项来获得［对于棱柱单元，有 $p(p+1)(p+2)/3$ 个额外项］。

拉格朗日基函数 $\alpha_{ijk;\ell m}$ 可以被用于将父棱柱映射到子空间。对于曲线棱柱的一个阶数为 q 的拉格朗日参数化可以被表示为

$$\boldsymbol{r}=\sum_{i,j,k,\ell,m=0}^{q}\boldsymbol{r}_{ijk;\ell m}\alpha_{ijk;\ell m}(q,\xi_1,\xi_2,\xi_3,\xi_4,\xi_5),\qquad i+j+k=\ell+m=q \tag{2.111}$$

用五重下标标记位置矢量 $\boldsymbol{r}_{ijk;\ell m}=\left(\frac{i}{g},\frac{j}{g},\frac{k}{g},\frac{e}{g},\frac{m}{g}\right)$，用归一化坐标表示插值点。

对于棱柱的任何的几何参数化，从独立坐标 ξ_1、ξ_2 和 ξ_4（见 3.14 节）获得的单位矢量为

$$\begin{cases}\boldsymbol{\ell}^1=\dfrac{\partial\boldsymbol{r}(\xi_1,\xi_2,\xi_4)}{\partial\xi_1}=\left[\dfrac{\partial\boldsymbol{r}(\boldsymbol{\xi})}{\partial\xi_1}-\dfrac{\partial\boldsymbol{r}(\boldsymbol{\xi})}{\partial\xi_3}\right]_{\xi_2,\xi_4\text{常数}}\\ \boldsymbol{\ell}^2=\dfrac{\partial\boldsymbol{r}(\xi_1,\xi_2,\xi_4)}{\partial\xi_2}=\left[\dfrac{\partial\boldsymbol{r}(\boldsymbol{\xi})}{\partial\xi_2}-\dfrac{\partial\boldsymbol{r}(\boldsymbol{\xi})}{\partial\xi_3}\right]_{\xi_1,\xi_4\text{常数}}\\ \boldsymbol{\ell}^4=\dfrac{\partial\boldsymbol{r}(\xi_1,\xi_2,\xi_4)}{\partial\xi_4}=\left[\dfrac{\partial\boldsymbol{r}(\boldsymbol{\xi})}{\partial\xi_4}-\dfrac{\partial\boldsymbol{r}(\boldsymbol{\xi})}{\partial\xi_5}\right]_{\xi_1,\xi_2\text{常数}}\end{cases} \tag{2.112}$$

图 2.26 的边矢量有如下关系

$$\begin{cases} \boldsymbol{\ell}_{12} = -\boldsymbol{\ell}_{13} = \boldsymbol{\ell}_{23} = \boldsymbol{\ell}^4 \\ -\boldsymbol{\ell}_{14} = \boldsymbol{\ell}_{15} = \boldsymbol{\ell}^2 \\ \boldsymbol{\ell}_{24} = -\boldsymbol{\ell}_{25} = \boldsymbol{\ell}^1 \\ \boldsymbol{\ell}_{34} = -\boldsymbol{\ell}_{35} = \boldsymbol{\ell}^2 - \boldsymbol{\ell}^1 \end{cases} \tag{2.113}$$

倒数基或者梯度矢量用单位矢量表示为（见 3.11 节）

$$\begin{cases} \nabla\xi_1 = \dfrac{\boldsymbol{\ell}^2 \times \boldsymbol{\ell}^4}{\mathcal{J}} \\ \nabla\xi_2 = \dfrac{\boldsymbol{\ell}^4 \times \boldsymbol{\ell}^1}{\mathcal{J}}, \ \nabla\xi_3 = -\nabla\xi_1 - \nabla\xi_2 \\ \nabla\xi_4 = \dfrac{\boldsymbol{\ell}^1 \times \boldsymbol{\ell}^2}{\mathcal{J}}, \ \nabla\xi_5 = -\nabla\xi_4 \end{cases} \tag{2.114}$$

其中，

$$\mathcal{J} = \boldsymbol{\ell}^1 \cdot \boldsymbol{\ell}^2 \times \boldsymbol{\ell}^4 \tag{2.115}$$

是从父坐标到子坐标变换的雅可比行列式。所有这些几何量依位置改变（包括雅可比），除非子空间棱柱是八棱柱。

棱柱元素的边界、高度和梯度矢量如图 2.26 所示，图中表示了用来定义棱柱元素的多种边、高度矢量和归一化的坐标。

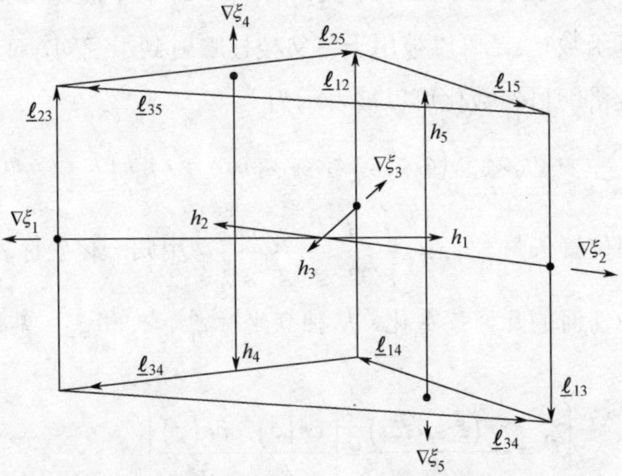

图 2.26 棱柱元素的边界、高度和梯度矢量

2.8.2　拉格朗日基函数

2.8.2.1　形状多项式 $\alpha(p,\xi)$ 在所有边和面上的插值

为充分利用棱柱单元的对称性，引入 5 个虚拟父变量

$$\xi=\left(\xi_a,\xi_b,\xi_c;\xi_d,\xi_e\right) \tag{2.116}$$

其中，

$$\xi_c=1-\xi_a-\xi_b,\quad \xi_e=1-\xi_d \tag{2.117}$$

用于描述（其中 $i,j,k,\ell,m=0,1,\cdots,p$ 且 $i+j+k=\ell+m=p$）标量基函数

$$\alpha_{ijk;\ell m}\left(p,\xi\right)=R_i\left(p,\xi_a\right)R_j\left(p,\xi_b\right)R_k\left(p,\xi_c\right)R_\ell\left(p,\xi_d\right)R_m\left(p,\xi_e\right) \tag{2.118}$$

用归一化坐标

$$\xi_{ijk;\ell m}=\left(\xi_a,\xi_b,\xi_c;\xi_d,\xi_e\right)=\left(\frac{i}{p},\frac{j}{p},\frac{k}{p};\frac{\ell}{p},\frac{m}{p}\right) \tag{2.119}$$

表示的插值点，采用与虚拟变量有关的虚拟下标 $(i,j,k;\ell,m)$。这些虚拟变量表示父变量 $(\xi_a,\xi_b,\xi_c;\xi_d,\xi_e)$ 的排列并且允许按照最小集的形式表达基函数的全集。“虚”棱柱的四边形面为 $\xi_a=0$、$\xi_b=0$ 和 $\xi_c=0$，而 $\xi_d=0$ 和 $\xi_e=0$ 是两个相对的三角形面。图 2.27 表示了当阶数 $p=2$ 时棱柱上的拉格朗日插值，该图表示了与 $\alpha_{ijk;\ell m}(2,\xi)$ 相关的插值点。前三阶形状多项式对棱柱单元所有边和面的插值如表 2.7 所示，该表给出了直到阶数 $p=3$ 的棱柱的插值函数 $\alpha_{ijk\ell}(p,\xi)$。

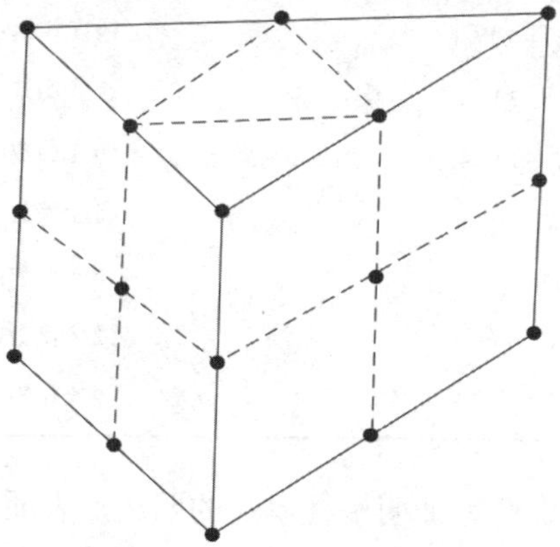

图 2.27　当阶数 $p=2$ 时棱柱上的拉格朗日插值

表 2.7　前三阶形状多项式对棱柱单元所有边和面的插值

在棱柱单元中用 $(p+1)^2(p+2)/2$ 个多项式构建插值集 $\alpha_{ijk;\ell m}(p,\xi)=R_i(p,\xi_1)R_j(p,\xi_2)R_k(p,\xi_3)R_\ell(p,\xi_4)R_m(p,\xi_5)$，其中 $i,j,k,\ell,m=0,1,\cdots,p$，同时 $i+j+k=\ell+m=p$ 且 $p\geqslant 1$。每个多项式都是 $2p$ 阶。以 $\{\xi_a,\xi_d;\xi_b,\xi_e;\xi_c,\xi_f\}$ 作为虚拟父变量，每个多项式都可以由三角函数 $R_i(p,\xi_a)R_j(p,\xi_b)R_k(p,\xi_c)$ 和拉格朗日函数 $R_\ell(p,\xi_d)R_m(p,\xi_e)$ 得到。因此，每一个第 p 阶完全集可通过三角父变量 $\{\xi_a,\xi_b,\xi_c\}$ 和 $\{\xi_d,\xi_e\}$ 的循环排列获得，多项式如下所示：

$\{\xi_a,\xi_b,\xi_c;\xi_d,\xi_e\}=\{\xi_1,\xi_2,\xi_3;\xi_4,\xi_5\}$ 变量交换后的第 1 个集；
$\{\xi_a,\xi_b,\xi_c;\xi_d,\xi_e\}=\{\xi_2,\xi_3,\xi_1;\xi_4,\xi_5\}$ 变量交换后的第 2 个集；
$\{\xi_a,\xi_b,\xi_c;\xi_d,\xi_e\}=\{\xi_3,\xi_1,\xi_2;\xi_4,\xi_5\}$ 变量交换后的第 3 个集；
$\{\xi_a,\xi_b,\xi_c;\xi_d,\xi_e\}=\{\xi_1,\xi_2,\xi_3;\xi_5,\xi_4\}$ 变量交换后的第 4 个集；
$\{\xi_a,\xi_b,\xi_c;\xi_d,\xi_e\}=\{\xi_2,\xi_3,\xi_1;\xi_5,\xi_4\}$ 变量交换后的第 5 个集；
$\{\xi_a,\xi_b,\xi_c;\xi_d,\xi_e\}=\{\xi_3,\xi_1,\xi_2;\xi_5,\xi_4\}$ 变量交换后的第 6 个集。

因此，所有棱柱多项式使用 6 个不一样的交换变量集进行定义；需要注意交换变量集的编号如何与单元顶点相等

$p=1$（总计 6 个函数，使用集 1～6）	
$\xi_a\xi_d$（6 个函数）	
$p=2$（总计 18 个函数）	
$\xi_a(2\xi_a-1)\xi_d(2\xi_d-1)$	（6 个函数，使用集 1～6）
$2^2\xi_a\xi_b\xi_d(2\xi_d-1)$	（6 个函数，使用集 1～6）
$2^2\xi_a(2\xi_a-1)\xi_4\xi_5$	（3 个函数，使用集 1～3）
$2^4\xi_a\xi_b\xi_4\xi_5$	（3 个函数，使用集 1～3）
$p=3$（总计 40 个函数）	
$\xi_a(3\xi_a-1)(3\xi_a-2)\xi_d(3\xi_d-1)(3\xi_d-2)/4$	（6 个函数，使用集 1～6）
$3^2\xi_a\xi_b(3\xi_b-1)\xi_d(3\xi_d-1)(3\xi_d-2)/4$	（6 个函数，使用集 1～6）
$3^2\xi_b\xi_a(3\xi_a-1)\xi_d(3\xi_d-1)(3\xi_d-2)/4$	（6 个函数，使用集 1～6）
$3^2\xi_a(3\xi_a-1)(3\xi_a-2)\xi_d\xi_e(3\xi_e-1)/4$	（6 个函数，使用集 1～6）
$3^4\xi_a\xi_b(3\xi_b-1)\xi_d\xi_e(3\xi_e-1)/4$	（6 个函数，使用集 1～6）
$3^4\xi_b\xi_a(3\xi_a-1)\xi_d\xi_e(3\xi_e-1)/4$	（6 个函数，使用集 1～6）
$3^3\xi_1\xi_2\xi_3\xi_d(3\xi_d-1)(3\xi_d-2)/2$	（2 个函数，使用集 1 和 4）
$3^5\xi_1\xi_2\xi_3\xi_d\xi_e(3\xi_e-1)/2$	（2 个函数，使用集 1 和 4）

用虚拟父变量可以方便地证明棱柱本身的四边形表面上（或者三角形上）的棱柱的 α 基函数和定义四边形（或三角形单元）同阶基函数的一致性。

2.8.2.2　拉格朗日插值和梯度近似

对于在棱柱上函数 f 的 p 阶拉格朗日插值（其中 $p\geqslant 1$），有

$$\tilde{f}=\sum_{i,j,k,\ell,m=0}^{p} f_{ijk;\ell m}\alpha_{ijk;\ell m}(p,\xi) \tag{2.120}$$

$$\nabla\tilde{f} = \sum_{i,j,k,\ell,m=0}^{p} f_{ijk;\ell m} \nabla \alpha_{ijk;\ell m}(p,\xi) \tag{2.121}$$

$$\begin{aligned}\nabla \alpha_{ijk;\ell m}(p,\xi) = {} & \left[R_i'(p,\xi_1)\nabla\xi_1 + R_j'(p,\xi_2)\nabla\xi_2 + R_k'(p,\xi_3)\nabla\xi_3\right] R_\ell(p,\xi_4) R_m(p,\xi_5) \\ & + R_i(p,\xi_1) R_j(p,\xi_2) R_k(p,\xi_3)\left[R_\ell'(p,\xi_4)\nabla\xi_4 + R_m'(p,\xi_5)\nabla\xi_5\right]\end{aligned} \tag{2.122}$$

其中，$i+j+k=\ell+m=p$ 并且五重下标 $(i,j,k;\ell,m)$ 用于标记归一化坐标

$$(\xi_1,\xi_2,\xi_3;\xi_4,\xi_5) = \left(\frac{i}{p},\frac{j}{p},\frac{k}{p};\frac{\ell}{p},\frac{m}{p}\right) = \xi_{ijk;\ell m}. \tag{2.123}$$

表示的插值点。梯度矢量 $\nabla\xi_s$ $(s=1,2,\cdots s)$ 在式（2.114）中给出。

2.9　形状函数的生成

在这一章中，线性、二次的、三次的基本单元的形状多项式可以用虚拟父变量的形式表达出来。利用计算机，这些形状多项式可快速计算出来，因此没有必要采用表 2.2 和表 2.4～表 2.7 中的多项式。事实上，使用非常简单的方法——2.2 节中式（2.4）～式（2.6）的递归关系，就可以计算得到定义形状函数（和它们关于 ξ 的一阶导数）的（一维）西尔韦斯特多项式。下标可以区分每一个插值点和形状多项式，随后，通过已知的有序下标就可以计算出形状多项式。

参 考 文 献

[1] P. L. George, *Automatic Mesh Generation*, New York, NY: Wiley, 1991.

[2] G. F. Carey, *Computational Grids*, Washington, DC: Taylor and Francis, 1997.

[3] J. F. Thompson, B. K. Soni, and N. P. Weatherill, eds., *Handbook of Grid Generation*, Boca Raton, FL: CRC Press, 1999.

[4] P. P. Silvester and R. L. Ferrari, *Finite Elements for Electrical Engineers*, Cambridge: Cambridge Press, 1990.

[5] R. D. Graglia, D. R.Wilton, and A. F. Peterson, “Higher order interpolatory vector bases for computational electromagnetics,” special issue on “Advanced Numerical Techniques in Electromagnetics,” *IEEE Trans. Antennas Propag.*, vol. 45, no. 3, pp. 329-342, Mar. 1997.

[6] R. D. Graglia, D. R. Wilton, A. F. Peterson, and I.-L. Gheorma, “Higher order interpolatory vector bases on prism elements,” *IEEE Trans. Antennas Propag.*, vol. 46, no. 3, pp. 442-450, Mar. 1998.

第 3 章

二维和三维空间中矢量场的低阶多项式表示

本章讲述简单单元中矢量函数（也称矢量场）的低阶多项式基函数表示方法，例如，三维空间中的三角形、四边形或四面体等。显然，定义矢量基函数的方法有许多种。

需要根据函数的用途选择恰当的表示方式，例如，如果为了计算函数的旋度，那么这个函数的表达式就可能与计算函数散度所用的表达式不同。旋度一致用于表示矢量函数空间，它的一阶切向矢量在整个域内连续，它可通过螺旋操作进行微分，而不会产生无限大或广义函数（单位脉冲函数）。散度一致用于表示矢量函数的补空间，它的一阶法矢量在整个域内连续，它可通过发散运算进行微分。（具有一阶或 C_0 连续性的函数，其一阶导数不一定连续。）广泛应用的低阶多项式基函数是旋度一致或散度一致的；尽管能够定义同时属于旋度一致和散度一致这两个空间，具有完整连续性的函数，但是很少使用这样的函数。

3.1 三角形的二维矢量函数

假定要在二维空间 (x, y) 中表示一个矢量函数。如果每个分量都用一个常数表示，这个函数的一般表达式为

$$\boldsymbol{f}(x, y) = a_0\hat{\boldsymbol{x}} + b_0\hat{\boldsymbol{y}} \tag{3.1}$$

含两个自由变量（自由度）。如果表示为线性方式（一阶），其一般表达式为

$$\boldsymbol{f}(x, y) = (a_0 + a_1 x + a_2 y)\hat{\boldsymbol{x}} + (b_0 + b_1 x + b_2 y)\hat{\boldsymbol{y}} \tag{3.2}$$

包含 6 个自由变量。继续使用这种方法，一个二次方程需要 12 个自由变量，以此类推。

假设将这些自由变量分配给一个分段表示的三角形单元，每个单元有一个相似表示。可以将每个自由变量与函数成分的样本建立对应关系，这些样本可以是三角形单元内部的点，也可以是三角形边上的点或是三角形的顶点。当分量为常数时，有两个自由变量，它们中的任意一个均可对应这个单元中的独立矢量成分（因为常量只有一个值，所以具体的位置并不重要，但是对矢量来说方向很重要，需要指定其方向）。这样的方式是任意的，可能通过 $\hat{\boldsymbol{x}}$ 和 $\hat{\boldsymbol{y}}$ 分量完成，也可能不能。然而，如果要使场中的样本与三角形的边或点的值建立联系，我们无法得到三角形的对称表达式，因为有三条边和三个点，但样本只有两个。因此，更实际的方法是将这两个自由变量与单元中心的两个独立分量建立联系。

3.1.1　线性旋度一致矢量基函数

对于线性展开多项式，如式（3.2），自由度是其节点和边（每个有三条）的倍数，有多种可能的组合。可以将式（3.2）所有的 6 个自由度分配给它自己的单元，也可以将其两个自由度分配给它的每条边或每个节点。最显而易见的方法是将自由度分配给节点，但也不能局限于这一种方法。事实上，将自由度分配给边更加有益，因为它可以提供控制单元之间的连续性约束。当将一个自由度分配给一个单元的边时，假定该自由度将被边界为该边的相邻单元共享。当将一个自由度分配给一个单元的节点时，该自由度将被所有共用该节点的相邻单元共享。这些分配方式受特定连续性的制约。

回顾与电磁场相关的连续性条件，在一般各向同性情况下，当接近物体表面时，连续性条件可以表示为

$$\hat{\boldsymbol{n}}\times\left(\boldsymbol{E}_1-\boldsymbol{E}_2\right)\Big|_{\text{interface}}=0 \tag{3.3}$$

$$\hat{\boldsymbol{n}}\times\left(\boldsymbol{H}_1-\boldsymbol{H}_2\right)\Big|_{\text{interface}}=0 \tag{3.4}$$

$$\hat{\boldsymbol{n}}\cdot\left(\varepsilon_1\boldsymbol{E}_1-\varepsilon_2\boldsymbol{E}_2\right)\Big|_{\text{interface}}=0 \tag{3.5}$$

$$\hat{\boldsymbol{n}}\cdot\left(\mu_1\boldsymbol{H}_1-\mu_2\boldsymbol{H}_2\right)\Big|_{\text{interface}}=0 \tag{3.6}$$

其中，$\boldsymbol{E}$ 表示电场，$\boldsymbol{H}$ 表示磁场，$\hat{\boldsymbol{n}}$ 表示两个单元接触面的单位法矢量，μ 表示介电常数，ε 表示渗透性。一般电场和磁场仅仅在它们分界面的切向分量上保持连续性，而电场和磁感应强度（$\boldsymbol{D}=\varepsilon\boldsymbol{E}$，$\boldsymbol{B}=\mu\boldsymbol{H}$）在某些分界面的法向矢量上保持连续性。由于可能代表任何一种类型的领域，需要在选择特定方案时有一

定的灵活性。假设对电场或磁场建模，这需要物体表面切向矢量的连续性（在我们的讨论中总是与单元表面一致）。这该如何实现呢？

例如式（3.2）的线性展开式，可以分配 6 个自由度来表示在单元的 3 条边的每条上两个位置处的切线场分量。例如，在边 1 的点 1 定义一个单位切向分量，在边 1 的点 2 定义零切向分量，对边 2 和 3 的两个点采用同样的方法定义。该组 6 个约束足以定义内插到边 1 的一端的切向分量的单个线性基函数，其他 5 个函数可以用类似方法定义，每一个在各边的不同点有单位内插值，以得到 6 个函数。6 个函数在三角单元每条边的每个点有单位插值，在其他 5 个位置有零切向分量。

对某一特定三角形，这 6 个函数的集可以用式（3.2）的笛卡儿分量构成。另一种表示方式可以由单一或局部坐标获得，在这种情况下 6 个函数可表示为[1,2]。

$$\boldsymbol{B}_{ij} = w_{ij}\xi_i \nabla \xi_j, \qquad i,j = 1,2,3; \qquad i \neq j \tag{3.7}$$

其中 i 、 j 表示点， w_{ij} 表示点 i 和点 j 之间边的长度， (ξ_1,ξ_2,ξ_3) 表示单一坐标。图 3.1 为式（3.7）的 6 个线性矢量基函数。每个函数对应一条边的一个端点的切向分量，因此在对一个单元的边的切向场施加边界或连续性条件时，它们特别方便。例如，通过使同一条边共用同一个内插点的函数的系数相等，可获得两个相邻单元的切线矢量连续性。通过使每个基函数的系数等于一个特定的值，可获得狄利克雷的边界条件（某一边有特定的优先级）。常规的狄利克雷条件是：简单地将适当系数独立地设置为零，使分界线的切向场为零。

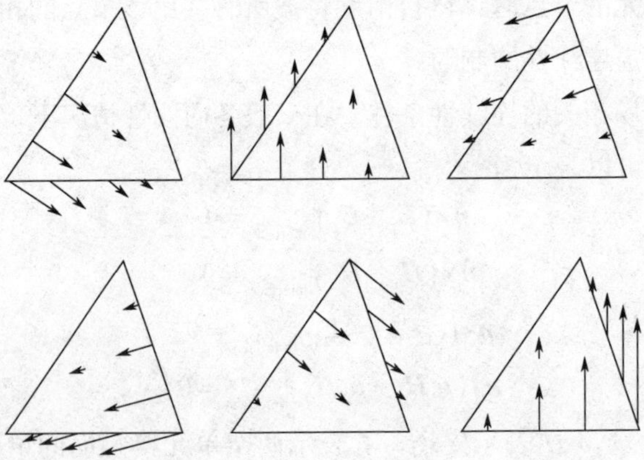

图 3.1　式（3.7）的 6 个线性矢量基函数

Adapted from A. F. Peterson, S. L. Ray, and R. Mittra, *Computational Methods for Electromagnetics*, New York, NY: IEEE Press, 1998.

假如使式（3.7）中的基函数和相邻单元中的相似函数切向分量的系数相等，将两者组合，用于整体表示，所得到的表示属于旋度一致函数空间。这些基函数将在后面讨论。这些函数的扩展保持了单元边界的切线矢量的连续性。这些表达式不能保持法线矢量的连续性，也不属于散度一致空间。

式（3.7）的函数的旋度为

$$\nabla \times \boldsymbol{B}_{ij} = w_{ij} \nabla \xi_i \times \nabla \xi_j \tag{3.8}$$

因为，单体坐标的斜率是常数，式（3.8）的结果在一个单元内为常数。

对比之前用笛卡儿定义的线性表达式，也就是，分离 $\hat{\boldsymbol{x}}$ 和 $\hat{\boldsymbol{y}}$。在那种情况下，为 $\hat{\boldsymbol{x}}$ 和 $\hat{\boldsymbol{y}}$ 各分配 3 个自由度是最直观的方法。三角形单元和图 3.1 表示的函数集之间应有一个等价表示，这个表示和单元边界的重叠交叉不同。以节点为基的展开式通常被所有与该节点连接的单元所共享，这种方法自动利用了场分量和单元界限的连续性。这种方式是可取的，然而在一般情况下，从式（3.5）和式（3.6）可以看出正常单元的 $\boldsymbol{E}$ 或 $\boldsymbol{H}$ 是不连续的。

实际上，以笛卡儿节点为基的展开式，将普通边界作为场分量之间的边界是很困难的。作为展开式，一个给定三角形的切向分量需要 4 个基函数系数的线性组合。为了利用狄利克雷边界条件，4 个基函数系数的线性组合必须为一些已知数，而不是一个系数。在大数数值解法中，约束方程式集必须同时给定系数，而不是独立分配系数。这种方法很笨拙，两个独立不相关的系数限定了切线值。这里没有论述其他一些和笛卡儿表示相关的问题，但给了我们充足的理由可以推断以边为基的方法的优点。然而，以节点为基的方法需要很少的全局自由度（因为可在较广的范围内共享基函数）。

随着多项式阶数的增加，并非所有的自由度都与单元边界的切向值唯一相关。例如，一个二次方程，有 12 个自由度要表示，但每个三角形仅有 3 个自由度可被唯一地分配给切向场的样本。12 个自由度中的 3 个必须分配给其他的场。每个边的样本可以分配给法向矢量分量，或者在单元内的一个点（远离边界）的某个分量值处，这些边必须有非零的法向矢量分量。这种情况将在第 4 章中的高阶函数中详述。

3.1.2　三角形的一种简单的旋度一致表示

在前面的章节，用每个单元的 6 个基函数线性表示三角形，每个基函数与一条边上一个唯一的点的切向场关联。这种表示对于三角形是对称的，并且是线性的，沿着三角形边穿过单元内部。连续表示只需要两个自由度，因此对于三角形不是对称的。是否有比 6 个基函数更简单，并且对于单元的三角形是对称的表示方法？事实上，最简单的对称的方法是每个基函数，在单元的每条边上有常切向矢量，这种方法需要三个基函数。这种表示方法可以很容易地由 6 个基函数的线性组合得到，通过调整每条边的两个系数获得一个连续的切向投影和一个单一坐标，如式（3.9）所示：

$$\boldsymbol{B}_i = w_i\left(\xi_{i+1}\nabla\xi_{i-1} - \xi_{i-1}\nabla\xi_{i+1}\right) \tag{3.9}$$

$(i, i+1, i-1)$ 是三角形节点的循环下标，w_i 是边到其对应节点 i 的距离。式（3.9）中的 3 个函数如图 3.2 所示，3 个基函数提供一个连续的表示，如式（3.1）所示，为实现三者之间对称每个单元有一个附加的自由度，在笛卡儿坐标系中，每个基函数的构成如式（3.10）所示：

$$\boldsymbol{B}(x,y) = \left(a_0 + \frac{a_2 - b_1}{2}y\right)\hat{\boldsymbol{x}} + \left(b_0 + \frac{b_1 - a_2}{2}\right)\hat{\boldsymbol{y}} \tag{3.10}$$

这些基函数表示在图 3.2 中。每条三角形边的切向矢量分量是连续的，法向矢量分量是线性的。如果 3 个矢量基函数与邻接单元相似的函数相结合，并使用相同的系数以维持单元边界上的切向矢量连续性，可获得旋度一致表示。这种表示方法将在后面讨论。

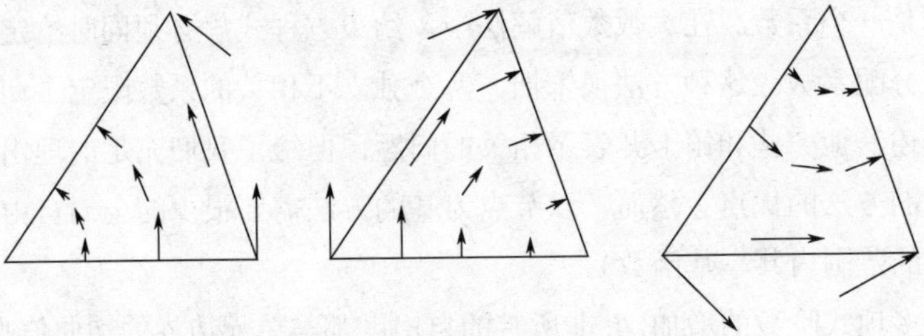

图 3.2　式（3.9）中的 3 个函数

Adapted from A. F. Peterson, S. L. Ray, and R. Mittra, *Computational Methods for Electromagnetics*, New York, NY: IEEE Press, 1998.

式（3.9）的基函数的旋度可以由式（3.11）得到

$$\nabla\times\boldsymbol{B}_i = 2w_i\nabla\xi_{i+1}\times\nabla\xi_{i-1} \tag{3.11}$$

事实上，式（3.9）的基函数比它最初出现时更重要。

3.1.3　替换方法：三角形的散度一致表示

之前的方法是为基函数指定与切向场相关联的自由度，简化切向连续性描述。互补的方法是指定自由度给单元边界的法向矢量，方使用法向分量的边界条件，或者使用法向矢量连续性表示某些量变得更容易。可能是电磁辐射密度 $\boldsymbol{D}$ 或 $\boldsymbol{B}$，或者电流密度 $\boldsymbol{J}_S$。

连续或线性矢量函数保持法向矢量连续与之前论述的切向连续函数是精确互补的：对于常量情况，没有足够的自由度（2 个）使其连续穿过三个单元边界。为了保持线性，可以给每条边指定 2 个未知的自由度以产生 6 个法向矢量基函数，如式（3.12）所示。

$$\boldsymbol{N}_{ij} = w_{ij}\xi_i\left(\hat{z}\times\nabla\xi_j\right),\qquad i,j=1,2,3;\qquad i\neq j \tag{3.12}$$

其中用到了单体坐标，i 和 j 表示节点，W_{ij} 表示节点 i 和节点 j 之间的边的长度，$\hat{z}$ 是垂直于单体坐标平面的单位矢量。这些函数是图 3.1 表述的函数的 90 度旋转。6 个函数需要 6 个系数，例如，每个系数可以与一个单元边界的一个端点的法向矢量场分量相关联。

简单的具有适应性的函数利用法向矢量连续性可用 3 个自由度表示，如式（3.13）所示。

$$\boldsymbol{N}_i\left(\xi_1,\xi_2,\xi_3\right) = w_i\hat{\boldsymbol{z}}\times\left(\xi_{i+1}\nabla\xi_{i-1}-\xi_{i-1}\nabla\xi_{i+1}\right) \tag{3.13}$$

这里使用循环下标。这些函数的笛卡儿坐标形式如式（3.14）所示，与式（3.9）和式（3.10）是互补的，式（3.13）中定义的 3 个函数如图 3.3 所示。

$$\boldsymbol{N}(x,y) = \left(a_0+\frac{b_2-a_1}{2}x\right)\hat{\boldsymbol{x}}+\left(b_0+\frac{b_2-a_1}{2}y\right)\hat{\boldsymbol{y}} \tag{3.14}$$

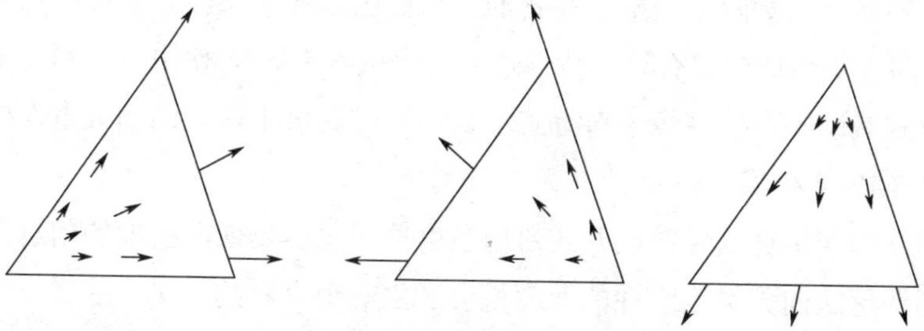

图 3.3 式（3.13）中定义的 3 个函数

Adapted from A. F. Peterson, S. L. Ray, and R. Mittra, *Computational Methods for Electromagnetics*, New York, NY: IEEE Press, 1998.

3.2 切线矢量对法向矢量连续性：旋度一致基和散度一致基

前面的章节介绍了施加穿过单元边界的切向矢量连续性或法向矢量连续性的矢量表示法。一两个方法通常足够表示电磁场或电流。

切线矢量连续性对于用旋度算子表示场的问题是非常有用的，使用保持切线矢量连续的旋度数目将产生一个有界的结果，因此这个扩展是旋度一致表示。三角形的最简单旋度一致表示以图 3.2 描述的基函数为条件，可以连接一条公共边来保持切线连续性，跨过两个三角形单元的旋度一致基函数如图 3.4 所示。

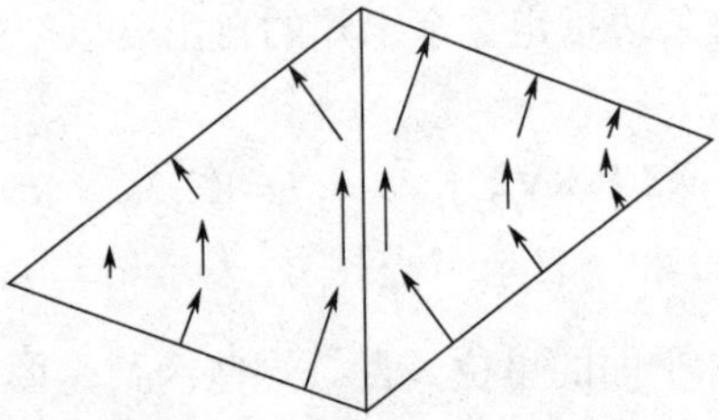

图 3.4　跨过两个三角形单元的旋度一致基函数

Adapted from A. F. Peterson, S. L. Ray, and R. Mittra, *Computational Methods for Electromagnetics*, New York, NY: IEEE Press, 1998.

注意基函数在穿过中心的边上不保持法向矢量连续性，而且，因为该基函数在单元 4 条边的外部有非零的法向分量，导致扩展式在所有的单元边界法向分量上不连续。旋度算子也应用到图 3.4 所示的函数上，在每个三角形单元里产生一个常值函数，其矢量方向为单元的法向方向（朝向纸面的内或外）。

此外，式（3.9）～式（3.11）产生的另一个有趣的性质：矢量函数和它的旋度仅对于零次（常数阶）是数学完备的。这些函数的完整性和同样次数的旋度不是巧合，高次基函数中也有这个特性（第 4 章和第 5 章）。使用与它的旋度相同次数的展开式有助于用旋度算子对等式求数值解时提供平衡，例如矢量亥姆霍兹方程（参见 3.12 节和第 6 章）。

利用法向矢量连续性的展开式对用散度算子表示场或流密度的问题是非常有用的。用保持法向矢量连续性的散度量会产生一个有界的结果，这样一个展开式叫作散度一致表示。三角形的最简单的散度一致基如图 3.3 描述的函数，它在保持图 3.5 所示的法向连续性时可能会跨过一条公共边。这样推导出的基函数穿过中心边时不保持切向矢量连续性，并且这个函数沿一对单元的 4 条外边有巨大的非零切线分量。因此，扩展式将在所有单元边界显示出不连续的切线分量。跨过两个三角形单元的散度一致基函数如图 3.5 所示。

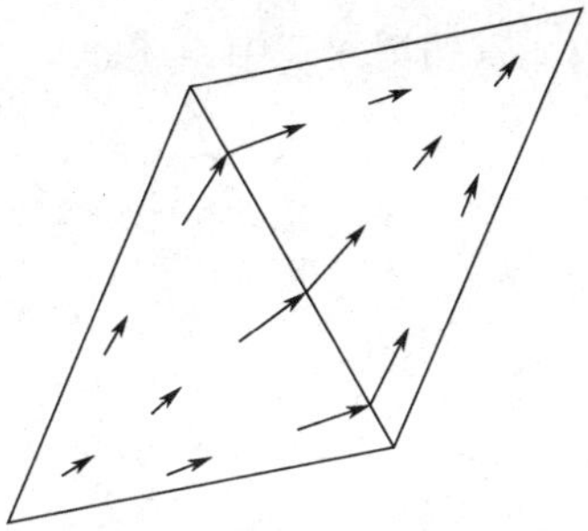

图 3.5　跨过两个三角形单元的散度一致基函数

Adapted from A. F. Peterson, S. L. Ray, and R. Mittra, *Computational Methods for Electromagnetics*, New York, NY: IEEE Press, 1998.

图 3.5 中每一个三角形单元函数的散度是常数。在这种情况下，矢量函数和它的散度对于零次（固定阶数）是完备的。这个性质有助于为数值求解具有散度算子的方程提供各项之间的平衡，例如电场积分方程（第 6 章）。

图 3.5 中描述的基函数散度一致可替换表示为[3]

$$\boldsymbol{B}_n(\boldsymbol{r})=\begin{cases}\dfrac{w_n}{2A_n^+}\boldsymbol{\rho}_n^+(\boldsymbol{r}) & \boldsymbol{r}\in T_n^+\\ \dfrac{w_n}{2A_n^-}\boldsymbol{\rho}_n^-(\boldsymbol{r}) & \boldsymbol{r}\in T_n^-\\ \boldsymbol{0} & \text{其他}\end{cases}\tag{3.15}$$

T_n^+ 和 T_n^- 表示边 n 邻接的两个三角形单元，w_n 是边 n 的长度，A_n^+ 和 A_n^- 是两个三角形的面积。矢量 $\boldsymbol{\rho}_n^+$ 从三角形 T_n^+ 的一个顶点指向其对面的边(边 n)，矢量 $\boldsymbol{\rho}_n^-$ 从边 n 指向其对面的三角形 T_n^- 的顶点[3]。因此，每一个基函数在每个三角形有一个常数（单位）法向分量，在其他的边上没有法向分量。基函数在每个单元有常数散度，如式（3.16）所示。

$$\nabla\cdot\boldsymbol{B}_n=\begin{cases}\dfrac{w_n}{A_n^+} & \boldsymbol{r}\in T_n^+\\ -\dfrac{w_n}{A_n^-} & \boldsymbol{r}\in T_n^-\\ 0 & \text{其他}\end{cases}\tag{3.16}$$

高次多项式的散度一致函数可由一个相似的方式构建。例如，式（3.7）所示的 6 个函数的集，是可以构造变量并保持穿过单元边法向矢量连续性的函数。两个线性跨邻近两个三角单元的散度一致基函数如图 3.6 所示，该图给出了一条边的 2 个函数。图中可明显看出函数仅确保法向矢量连续，而不保证切向矢量的连续性。高阶基函数族将在第 4 章和第 5 章中讲述。

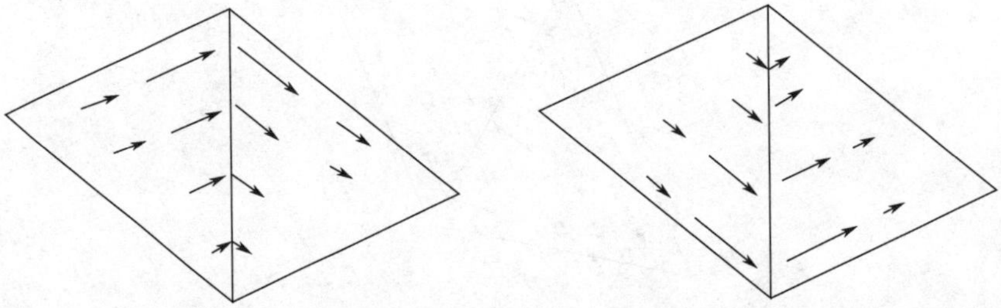

图 3.6 两个线性跨邻近两个三角单元的散度一致基函数

Adapted from A. F. Peterson, S. L. Ray, and R. Mittra, *Computational Methods for Electromagnetics*, New York, NY: IEEE Press, 1998.

3.2.1 其他专业术语

因为这里有许多类型的矢量基函数，需引入一些另外的专业术语来更精确地描述每种类型的函数。最简单的旋度一致基函数（见图 3.4）给出了一个常数的切线矢量分量和一个沿着单元边的线性法向矢量分量，将它们记为“常数的切向分量 / 线性的法向分量”或 CT/LN 函数。（在参考文献中，对于三角形，它们也被称为“边元素”[4-6]或“零阶边元素”或“惠特尼边元素”[7]）。最简单的散度一致基函数（见图 3.5）给出了一个常数法向矢量分量和一个在单元边上线性的切向矢量分量，因此把它们记为“常数的法向矢量 / 线性切向矢量”或 CN/LT 函数。（这些也称为“Rao Wilton Glisson”或 RWG 基函数[3]，有时也称为“Raviart Thomas”函数[8]）。由于它们的混合阶性质，这两个类型的函数有时被作为“阶 p=0”的函数，有时被作为“阶 p=0.5”的函数。

如果用图 3.1 描述的 6 个矢量函数的集构建一个旋度一致基，那些函数在单元边显示出线性的切向和线性的法向特性，它们可以被称作“旋度一致 LT/LN”函数。作为对比，图 3.6 描述的函数，沿单元边有线性分量，可以被列为“散度一致 LN/LT”函数。

3.3 矩形单元的二维表示

读者也许疑惑，矩形单元的二维空间可能更容易掌握，前面为什么要从三角形的矢量表示开始讲述呢。这么做的目的是要激发读者超越笛卡儿展开式来思考，希望之前对于三角形的讨论给予读者更多的动力。现在考虑以边为基表达式描述矩形单元，随后利用映射将其推广到四边形。将(ξ_1,ξ_2)坐标系作为父域中的自变量。

为了得到最低阶的表达式，考虑一个有 4 个基函数集，每个基函数在矩形的每条边上有一个常数切向分量。每一个函数不为其他任意三条边贡献切向场；因此（假设有适当的单元到单元的连续性条件）该集可用于提供旋度一致表示。这组 4 个基函数超过了在整个单元中表示常数矢量所需的自由度，但这至少是一种每个矢量分量为常数的对称表示方法。由于这些函数表示它们边的切向分量，边界和连续性条件容易利用邻接单元类似表示。[事实上，沿每条边的表示与式(3.9)所示的三角形函数是相同的，可以在表达式上混合表示这两种单元形状]。

这 4 个基函数可以简单地用局部坐标$0 \leqslant \xi_1 \leqslant 1$，$0 \leqslant \xi_2 \leqslant 1$表示：

$$\xi_1\nabla\xi_2,\quad (1-\xi_1)\nabla\xi_2,\quad \xi_2\nabla\xi_1,\quad (1-\xi_2)\nabla\xi_1 \tag{3.17}$$

图 3.7 描述了一个在矩形单元中的旋度一致 CT/LN 矢量基函数(在$\xi_1=0$处插入)。显然，它们是“常数切向矢量 / 线性法矢量”基函数。如果为了保持邻接单元的类似函数的连续性，需调整它们的切向分量，这个展开式提供一个旋度一致CT/LN 表示，非常像图 3.4 描述的三角形单元的函数。这些 CT/LN 函数的旋度在整个单元是常数并且对 CT/LN 函数相同的次数完备。

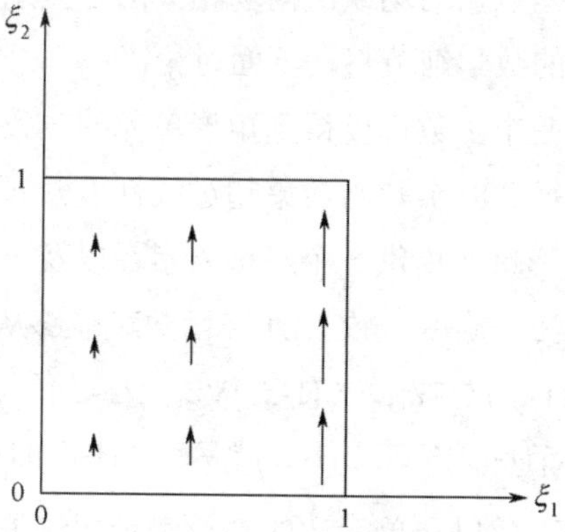

图 3.7 在矩形单元中的旋度一致 CT/LN 矢量基函数（在$\xi_1=0$处插入）

一个互补的散度一致表示可由每个函数的常数法向矢量成分沿矩形的每条边构造。这些函数必须对其他边没有法向分量。$0 \leqslant \xi_1 \leqslant 1$、$0 \leqslant \xi_2 \leqslant 1$定义的一个适当的函数集如式（3.18）所示。

$$\xi_1\nabla\xi_1,\quad (1-\xi_1)\nabla\xi_1,\quad \xi_2\nabla\xi_2,\quad (1-\xi_2)\nabla\xi_2 \tag{3.18}$$

在矩形单元中的散度一致 CN/LT 矢量基函数(在$\xi_1=0$处插入)如图 3.8 所示。

如果用邻接单元的类似函数调整每个函数的幅度以保持法向矢量连续，这个扩展式提供一个散度一致CN/LT表示。这些CN/LT基函数的散度在单元中是一个常量并且对CN/LT函数相同的次数完备。

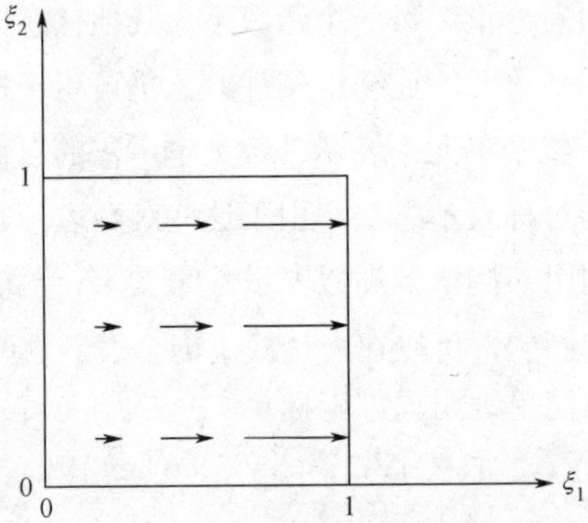

图 3.8　在矩形单元中的散度一致 CN/LT 矢量基函数（在 $\xi_1=0$ 处插入）

前面的例子用正方形单元代替更普通的四边形单元。然而，保持它们的旋度一致和散度一致特性，这些基函数可以由局部坐标映射到更普通的四边形单元。实际上，它们也可以映射到二维曲线单元或三维曲面块。对于旋度一致和散度一致展开式，一条边上某些点切向场或法向场相关的这些系数在一般情况下将分别保持。与这些转变有关的数学细节将在下面讨论。

利用每个单元边的两个函数可以得到矩形单元的一致线性，并沿每条边提供线性切向和线性法向特征。8 个基函数集超过线性展开式所需的自由度的最小数量（6），但它们对四边形单元提供一个对称表示，以及一个合适的利用其他单元的边和连续性条件的方法。旋度一致 LT/LN 函数集能够从自由度

$$\begin{Bmatrix} \xi_1\xi_2\nabla\xi_1, & (1-\xi_1)\xi_2\nabla\xi_1, & \xi_1(1-\xi_2)\nabla\xi_1, & (1-\xi_1)(1-\xi_2)\nabla\xi_1, \\ \xi_1\xi_2\nabla\xi_2, & \xi_1(1-\xi_2)\nabla\xi_2, & (1-\xi_1)\xi_2\nabla\xi_2, & (1-\xi_1)(1-\xi_2)\nabla\xi_2 \end{Bmatrix} \tag{3.19}$$

中得到，配置了合适的系数以在单元边的端点表示切线矢量。假如用不同的方法配置系数以表示每条边的端点的法向矢量成分，式（3.19）同类的 8 个函数可以用于定义散度一致LN/LT基函数集。对于这两类函数，假设跨单元边保持适当的连续性。

如上所述，利用前面的特性可以得到多个特定基函数集。例如，沿边配置两个其他的点，或者选择离开边的点作为替代，而不是将每一个系数与每个单元边的端点关联。对于本章描述的简单函数，这不会有什么很大的差异。然而，对于

高阶基函数，这些插值点的位置和间隔会影响方程的线性独立性，体现在使用中的矩阵条件数上[9]。高阶函数将在第 4 章、第 5 章中讲述。

3.4　二维空间准亥姆霍兹分解：环函数和星函数

亥姆霍兹分解定理描述任意矢量函数 $\boldsymbol{V}$ 可以被分解为具有零散度（螺旋函数）的部分和具有零旋度（无旋函数）的部分。矢量 $\boldsymbol{V}$ 可表示为如下所示的方程式：

$$\boldsymbol{V} = \nabla \times \boldsymbol{A} + \nabla \Psi \tag{3.20}$$

利用两个数学特性

$$\nabla \cdot (\nabla \times \boldsymbol{A}) \equiv 0 \tag{3.21}$$

$$\nabla \times \nabla \Psi \equiv 0 \tag{3.22}$$

式（3.20）中的第一项明显是螺旋的，第二项是无旋的。这个结构表明 $\boldsymbol{V}$ 的旋度如下所示：

$$\nabla \times \boldsymbol{V} = \nabla \times \nabla \times \boldsymbol{A} \tag{3.23}$$

与散度是相互独立的，如下所示：

$$\nabla \cdot \boldsymbol{V} = \nabla \cdot \nabla \Psi \tag{3.24}$$

有时需要分割数值域为螺旋和无旋部分。在场被假定为旋度或无旋度情况下，这种分割方法便于给出更多的物理解释；在各种情况下或当其他比例因子不稳定时，以较低频率稳定矩阵算子时分割结果矩阵算子也是必要的。遗憾的是，无法从单独的旋度一致或散度一致表达式获得精确的亥姆霍兹分解：无旋场需要旋度一致扩展，而螺旋场需要散度一致扩展。然而，利用旋度一致基或散度一致基可以获得准亥姆霍兹分解。在这两种情况下，实现这种分解的方法是使用环和星矢量基函数[10]，可以直接与上面定义的旋度一致 CT/LN 函数和散度一致 CN/LT 函数关联起来。

假设有一个采用三角形的旋度一致 CT/LN 基函数的矢量函数表示，CT/LN 基函数与图 3.9 所示的旋度一致星基函数和环基函数交换，每个星函数与网的一个节点关联，通过在远离该节点的每条边上叠加 CT/LN 函数集得到星函数，并调整每个成员的系数使得到的星函数是全局无旋的。在这种构造下，两个 CT/LN 函数在中心节点周围的每个单元上重叠，并选择系数以使在每个单元中一个 CT/LN 函数的旋度被另一个函数的旋度约去。每个星基函数也可以被认为是在周围单元中合适节点中心的一个线性（标量）拉格朗日基函数的负梯度。（因为结果是梯度，这个星函数是无旋的。）星函数全局散度值较大。位于每个节点的星函数与环函数重叠，与单元相关，通过单元周围的 3 个 CT/LN 基函数的线性组合获得。这些环函数有大的全局旋度，但不是螺旋的（因为它们是真正的亥姆霍兹分解）。

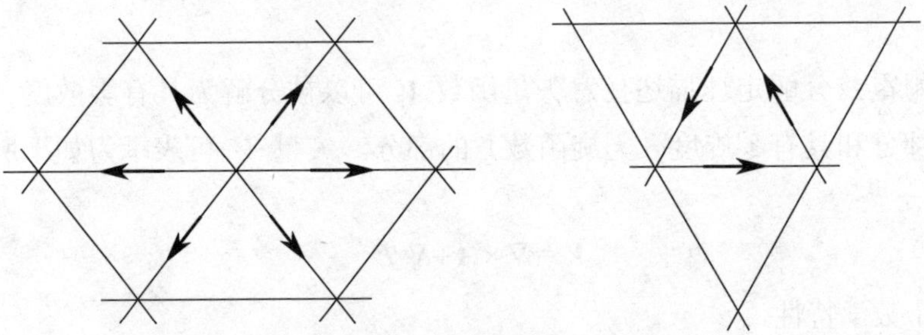

图 3.9　旋度一致星基函数和环基函数

将旋度一致 CT/LN 展开式分割成旋度一致环函数和星函数是将每条边（CT/LN）的基系数换成每个节点（星）一个和每个单元（环）一个。节点、边、单元的数目在指定拓扑结构中是相互关联的。例如，简单二维网的三角形单元构成的曲面模型，节点、单元和边的数目关系如下[11]：

$$N_{\text{cells}} - N_{\text{edges}} + N_{\text{nodes}} = 1 \tag{3.25}$$

$$2N_{\text{edges}} - N_{\text{boundary edges}} = 3N_{\text{cells}} \tag{3.26}$$

因为有 N_{nodes} 个星函数和 N_{cells} 个环函数，式（3.25）表明不是所有的星函数和环函数都是线性无关的。在单连通的模型（没有洞）中，有一个旋度一致星函数与其他函数是线性相关的并且是必须被丢弃的。这个准亥姆霍兹分解为环函数提供相当大的全局旋度，为星函数提供相当大的全局散度，因此，它近似于一个真正的亥姆霍兹分解。

在散度一致情况下，CT/LN 基函数可以被散度一致环函数和星函数[10]代替，散度一致星基函数和环基函数如图 3.10 所示。每个环函数与网中的一个节点相关，可以通过叠加该节点周围的 CN/LT 基获得，其系数被调节成在每个邻近单元产生零散度。环函数也可以通过位于合适节点中心的线性的（标量的）拉格朗日基函数的旋度（横跨周边单元），乘以一个垂直于网格平面的单位矢量获得。按照这种方式构建的环函数是螺旋的。散度一致星基函数可以通过在每个单元叠加 3 个 CN/LT 函数获得，如图 3.10 所示。环函数的旋度很大，而星函数的散度很大。因为这种分割法涉及原始 CN/LT 基函数（每条边一个）与环函数（每个节点一个）和星函数（每个单元一个）的交换，式（3.25）表明不是所有位于全局网络中的环基函数和星基函数都是线性无关的。在一个单连通的网格中，其中一个环函数必须被丢弃。

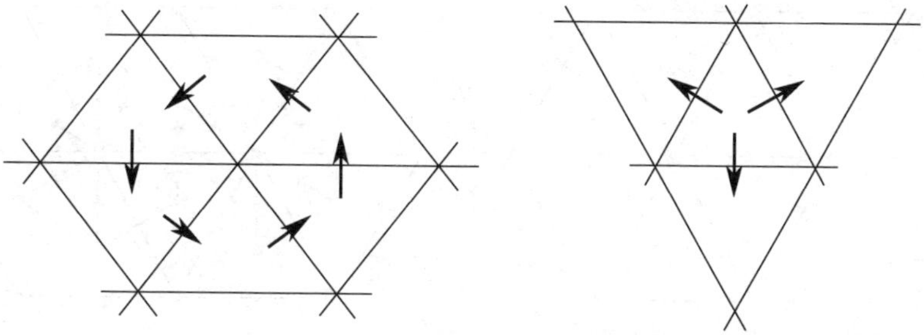

图 3.10　散度一致星基函数和环基函数

用花函数代替环函数可以起同样的作用[12]。在散度一致情况下，花函数实际上是以节点为基的，可以比环-星结构提供条件更好的 Gram 矩阵。

环基函数和星基函数提供一种获得近似亥姆霍兹分解的概念方法。在实践中，实际的分割方法通常通过对 CT/LN 或 CN/LT 基构造的矩阵进行矩阵运算完成，而不是环函数和星函数的展开式[13]。这种分割方法也受网格[14-17]的生成树和联合树的分析驱使。

在必须使用纯螺旋展开式的情况下，散度一致环函数可以直接作为该域的基。类似地，旋度一致基函数可用于获得无旋展开式。

环函数和星函数也可用于四边形单元[18]。

3.5　旋度一致基和散度一致基之间的投影

计算电磁学里有一种偶发的情形，需要将旋度和散度算子应用于源或者场的相同的表示。这种情形随着辐射边界条件[19]、阻抗边界条件[20-22]、组合域积分方程[23]和某些预处理技术[24,25]发生。在那些情形中，计算旋度一致展开式的散度或散度一致展开式的旋度通常是必要的。一种无须进行粗略近似的方法是将一种类型的展开式投影到另一种类型的展开式；例如，旋度一致基函数可以投影到散度一致基函数，以便以系统方式运行散度操作。如果试图用 3.1.2 节和 3.1.3 节介绍的简单的矢量基函数，由于这些基函数彼此之间几乎是正交的，定义在单一网格的映射通常会失败。这种情形最成功的补救方法是对一类函数（散度一致或旋度一致）

使用一种替代表示，与另一个近似并且避免正交问题。其中，一个函数就是 Buffa-Christiansen 基函数，如图 3.11 所示，在参考文献[26]中是为三角形单元开发的。同样，针对四边形的函数已经在参考文献[27]中提及。

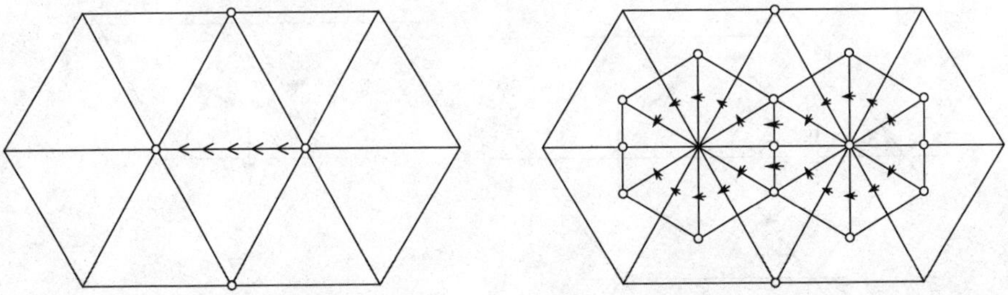

（a）原始网格上标记的边显示的位置的旋度一致基函数

（b）在精细的网格上从原始网格重心的边得到散度一致的Buffa-Christiansen基函数的近似

图 3.11　Buffa-Christiansen 基函数

3.6　四面体单元的三维空间表示：旋度一致基

三维空间矢量基函数的推导与上面论述的二维空间矢量基函数的推导在大部分方面是相似的。一个四面体单元，包含 6 条边、4 个面和 4 个节点。基于之前的论述，首先考虑一个线性表达式

$$\begin{aligned}\boldsymbol{f}(x,y,z)=&\left(a_0+a_1x+a_2y+a_3z\right)\hat{\boldsymbol{x}}+\left(b_0+b_1x+b_2y+b_3z\right)\hat{\boldsymbol{y}}\\&+\left(c_0+c_1x+c_2y+c_3z\right)\hat{\boldsymbol{z}}\end{aligned}\tag{3.27}$$

该线性表示包含 12 个自由度，定义基函数的过程可以与点（每个节点 3 个）、边（每条边 2 个）、面（每个面 3 个）或单元自身（12 个）关联起来。在一个大的四面体单元网格中，单元的数量大约是点数量的 5 倍，因此一个以单元为基的表达式最终需要 4 种可能性中的最多变量（～60*N*，*N* 为节点数）。在一个大的网格中面的个数大致是节点数的 10 倍，产生以面为基表达式的变量数为～30*N*。作为对比，以边为基的扩展需要～12*N* 个变量，而一个以节点为基的方法仅需要 3*N* 个变量。变量的数目随着全局下标增加而减少；以节点为基产生最大的下标而以单元为基产生最小的下标。

因为以节点为基的展开式限制了场连续性的适应性，这里从以边为基的展开式开始。为获得一个旋度一致展开式，式（3.27）的自由度可以被指派为每条边 2 个，每个与在边上唯一点的切向场相关。在二维情况下，定义一个函数使其在边 1 的节点 1 有单位切向分量，在边 1 的节点 2 有零切向分量，在边 2～6 的两个

节点有零切向分量。12 个约束的集足够定义一个单一的线性基函数。11 个其他函数可以用类似的方法定义，每一个函数在不同的节点和边插值一个单位值。这样定义的 12 个基函数在四面体的每一个边的端点插值一个单位值，并不向其他 11 个函数贡献切向分量。这个表达式对于这个四面体是对称的并且沿单元表面及单元内部是线性的。

用四面体单体坐标$(\xi_1,\xi_2,\xi_3,\xi_4)$可以获得单元的这些基函数的表达式，生成的 12 个函数为

$$\boldsymbol{B}_{ij} = w_{ij}\xi_i\nabla\xi_j, \qquad i,j=1,2,3,4; \qquad i \neq j \tag{3.28}$$

i 和 j 表示节点，W_{ij} 表示节点 i 和节点 j 之间的边的长度。在单体坐标系中，这些基函数与 2D（三角形）中的形式相同。与 2D 中的函数一样，每一个 3D 函数与每条边的端点的一个切向分量是相关的，只有与围绕一个面的三条边相关的这 6 个函数对这个面的切向场有贡献。通过使与邻近单元中具有近似函数面关联的 6 个函数的系数相等，得到两个单元之间切线矢量分量连续性。结果是线性切向或线性法向（LT/LN）表示。

在 2D 情况下，调节式（3.28）中每条边的两个系数使之具有常切向矢量，可获得一个对四面体对称的简单旋度一致表达式。由此这 6 个基函数为

$$\boldsymbol{B}_{ij} = w_{ij}\left(\xi_i\nabla\xi_j - \xi_j\nabla\xi_i\right) \tag{3.29}$$

当只对常数阶完备时，这 6 个基函数集在四面体单元中提供一个对称的表达式，沿每条边有常切向矢量分量，在单元面上有混合阶（连续的和线性的）切向分量。这些函数也在每一个单元表面提供了一个线性法向矢量分量。如果一条边的矢量基函数与共有这条边的邻接单元的相似函数组合，并调节它们的系数保持穿过单元边界的切向矢量连续，这样可以获得一个旋度一致表达式。基于单元表面的这些特征，这些函数是“常数切向或线性法向的”或 CT/LN 基函数。它们有时被称为“边元素”“零阶边元素”或者“惠特尼元素”。

式（3.28）的基函数的旋度可表示为

$$\nabla\times\boldsymbol{B}_{ij} = w_{ij}\nabla\xi_i\times\nabla\xi_j \tag{3.30}$$

式（3.29）的基函数的旋度可表示为

$$\nabla\times\boldsymbol{B}_{ij} = 2w_{ij}\nabla\xi_i\times\nabla\xi_j \tag{3.31}$$

这个旋度在每个单元中是常数矢量。式（3.29）中的函数的旋度对于式（3.31）旋度的相同阶是完备的。

3.7 四面体单元的三维空间表示：散度一致基

旋度一致表示使描述切向连续量或利用切线矢量边界条件变得简单。为了在四面体中描述法向连续场，简化法向矢量边界条件的利用，需研究散度一致基函数。

在二维空间，旋度一致基函数和散度一致基函数是紧密联系的，一个是另一个的 90° 旋转。这样一个简单的关系没有推广到三维空间。事实上，一种类型的自由度的数量通常不同于其他类型的自由度的数量。

四面体单元的最简单类型的散度一致基函数是一个在单元表面有常数法矢量而在另外三个面没有法向分量的函数。在围成面 i 的三个节点中的每一点垂直于面 i 的矢量分量，在其他三个面的节点的相似法向矢量是零（9 个方程式）。利用这个条件，上述函数可以通过式（3.27）的线性表示来获得。这 12 个方程式集可生成一个函数，通过旋转这些面可以获得 4 个散度一致 CN/LT 基函数。用单体坐标可表示为

$$\alpha_{ijk}\left(\xi_i \nabla \xi_j \times \nabla \xi_k + \xi_j \nabla \xi_k \times \nabla \xi_i + \xi_k \nabla \xi_i \times \nabla \xi_j\right), \quad i \neq j \neq k \tag{3.32}$$

α_{ijk} 是一个归一化常数。遗憾的是，该单体坐标表示看起来并不是特别有用。如果与邻近单元的镜像函数结合，调节系数以产生从一个单元到另一个单元的连续法向分量，最终表示网格面 n 的法向矢量分量的基函数，有时可以表示为[28]

$$\boldsymbol{N}_n(\boldsymbol{r}) = \begin{cases} \dfrac{a_n}{3V_n^+}\boldsymbol{\rho}_n^+(\boldsymbol{r}) & \boldsymbol{r} \in T_n^+ \\ \dfrac{a_n}{3V_n^-}\boldsymbol{\rho}_n^-(\boldsymbol{r}) & \boldsymbol{r} \in T_n^- \\ \boldsymbol{0} & \text{其他} \end{cases} \tag{3.33}$$

T_n^+ 和 T_n^- 表示两个单元，a_n 表示面 n 的面积，V_n^+ 和 V_n^- 表示这两个四面体的体积，方位矢量 $\boldsymbol{\rho}_n^+$ 指向为从四面体 T_n^+ 的一个顶点到它相对的面（面 n），方位矢量 $\boldsymbol{\rho}_n^-$ 指向为从表面 n 到它相对的邻接四面体 T_n^- 的顶点[28]。

在每个单元中每个基函数有连续的散度，为

$$\nabla \cdot \boldsymbol{N}_n = \begin{cases} \dfrac{a_n}{V_n^+} & \overline{r} \in T_n^+ \\ -\dfrac{a_n}{V_n^-} & \overline{r} \in T_n^- \\ 0 & \text{其他} \end{cases} \tag{3.34}$$

因此，这个函数和它的散度对相同的（常数）阶完备。这些基函数属于散度一致

CN/LT 族。根据参考文献[28]，它们被称为“Schaubert–Wilton–Glisson”基函数。

3.8　长方体单元的三维空间表示：旋度一致情况

现在考虑长方体单元中的简单矢量基函数，随后用映射推广到斜或弯曲长方体单元。对一个由 $0\leqslant\xi_1\leqslant 1$、$0\leqslant\xi_2\leqslant 1$、$0\leqslant\xi_3\leqslant 1$ 定义的父长方体，使用 (ξ_1,ξ_2,ξ_3) 坐标系。

一个长方体单元有 8 个节点、6 个面和 12 条边。根据表 3.1 中给出的 12 个基函数可以组成沿 12 条边有连续切向矢量并且每边只有一个非零基函数的最简单的旋度一致 CN/LT 表达式。

尽管这些函数插值 12 个不同的分量，并且是线性独立的，但它们没有实现式（3.27）的所有自由度。尽管包含一些线性自由度，它们建立的展开式仅对常数（0 次）阶是完备的。多余的自由度对于提供对称的（每条边一个函数）表达式是必需的。为建立旋度一致基函数，它们的系数必须随着有相同边的所有邻接单元而调整，以提供单元之间的切向矢量连续性。表 3.1 给出了在一个长方体单元中定义的 12 个非归一化 CT/LN 基函数和它们的旋度，也给出了将旋度算子用于基的结果。这些基函数和它们的旋度都仅对常数阶是完备的。

表 3.1　在一个长方体单元中定义的 12 个非归一化 CT/LN 基函数和它们的旋度

B	$\nabla\times B$
$\xi_2(1-\xi_3)\nabla\xi_1$	$-\xi_2\nabla\xi_2-(1-\xi_3)\nabla\xi_3$
$(1-\xi_2)(1-\xi_3)\nabla\xi_1$	$-(1-\xi_2)\nabla\xi_2+(1-\xi_3)\nabla\xi_3$
$\xi_2\xi_3\nabla\xi_1$	$\xi_2\nabla\xi_2-\xi_3\nabla\xi_3$
$(1-\xi_2)\xi_3\nabla\xi_1$	$(1-\xi_2)\nabla\xi_2+\xi_3\nabla\xi_3$
$\xi_1(1-\xi_3)\nabla\xi_2$	$\xi_1\nabla\xi_1+(1-\xi_3)\nabla\xi_3$
$(1-\xi_1)(1-\xi_3)\nabla\xi_2$	$(1-\xi_1)\nabla\xi_1-(1-\xi_3)\nabla\xi_3$
$\xi_1\xi_3\nabla\xi_2$	$-\xi_1\nabla\xi_1+\xi_3\nabla\xi_3$
$(1-\xi_1)\xi_3\nabla\xi_2$	$-(1-\xi_1)\nabla\xi_1-\xi_3\nabla\xi_3$
$\xi_1(1-\xi_2)\nabla\xi_3$	$-\xi_1\nabla\xi_1-(1-\xi_2)\nabla\xi_2$
$(1-\xi_1)(1-\xi_2)\nabla\xi_3$	$-(1-\xi_1)\nabla\xi_1+(1-\xi_2)\nabla\xi_2$
$\xi_1\xi_2\nabla\xi_3$	$\xi_1\nabla\xi_1-\xi_2\nabla\xi_2$
$(1-\xi_1)\xi_2\nabla\xi_3$	$(1-\xi_1)\nabla\xi_1+\xi_2\nabla\xi_2$

定义一个矢量基函数集是一件简单易懂的事情，这些函数成员每一个沿一条边都是线性的，或者是一些高阶多项式。高阶函数将在第 4 章和第 5 章中讨论。

3.9 长方体单元的散度一致基

长方体中的散度一致基，可以从表 3.2 给出的由 $0\leqslant\xi_1\leqslant1$、$0\leqslant\xi_2\leqslant1$、$0\leqslant\xi_3\leqslant1$ 定义的标准单位单元中得到。每个函数在长方体每个面上提供一个连续的法向矢量分量。为保证法向矢量的连续性，这些函数的系数必须随着共享同一个面的邻接单元调整。在全局 6 面体网格中，每一个面有一个基函数。表 3.2 给出了在一个长方体单元中定义的 6 个非归一化 CT/LN 基函数和它们的散度，也给出了函数的局部散度。

长方体的高阶单元将在第 4 章和第 5 章中介绍。

表 3.2　在一个长方体单元中定义的 6 个非归一化 CT/LN 基函数和它们的散度

B	$\nabla\cdot B$
$\xi_1\nabla\xi_1$	1
$(\xi_1-1)\nabla\xi_1$	1
$\xi_2\nabla\xi_2$	1
$(\xi_2-1)\nabla\xi_2$	1
$\xi_3\nabla\xi_3$	1
$(\xi_3-1)\nabla\xi_3$	1

3.10 四面体网格的准亥姆霍兹分解

考虑由式（3.29）中旋度一致基函数表示的 3D 四面体网格和矢量函数 $\boldsymbol{V}$，假如必须将数值场表示分割成螺旋（零散度）和无旋（零旋度）成分。当不能精确在旋度一致函数的背景下完成这一分割时，$\boldsymbol{V}$ 可以被分解成两部分，一部分具有相当大的旋度，另一部分具有零旋度。式（3.29）中基函数的全局展开式可以被投影到两个可选择的函数类型，类似于 2D 的环函数和星函数。

对于旋度一致扩展式，网格每个面的 3D 环函数可以通过叠加该面上所有边的 3 个 CN/LT 基函数获得，而与每个节点相关的 3D 星函数最容易通过以该节点为中心的线性拉格朗日基函数的梯度构建。因为星函数通过梯度获得，它自然是无旋的。在全局分解中，每个面有一个环函数，每条边有一个星函数。并不是所有的函数都是线性无关的，这取决于网格的拓扑结构。对于一个单连通的四面体单元网格，式（3.29）中以边为基的函数的初始的展开式需要 N_{edges} 个变量，其中[11]

$$N_{\text{edges}} = N_{\text{faces}} + N_{\text{nodes}} - N_{\text{cells}} - 1 \tag{3.35}$$

在这种情况下，环函数和星函数集包含 $(N_{\text{cells}} + 1)$ 个相关函数，为保持线性独立必须丢弃这些函数。

对于散度一致，准亥姆霍兹分解可以通过螺旋的（零散度）3D 环基函数和有相当大散度的 3D 星函数实现。每一个螺旋星函数与一个四面体网格的一条边是相关的，很容易通过式（3.29）CN/LT 基函数的旋度获得，得到一个有围绕主要边旋转的矢量分量的分段常值函数。因为这个函数是建立在旋度基础上的，它是螺旋的。3D 星函数是通过在一个单一单元上叠加式（3.32）的 4 个 CN/LT 函数建立的（邻接单元的互补函数）。

因此，式（3.32）中的以面为基函数表示的散度一致展开式可以被改造为环函数和星函数。对于旋度一致情况，不是所有这些都是线性无关的。全局网格中每个单元有一个星函数，每条边有一个环函数。对于保持一个单连通的网格，在这种情况下，在环 / 星函数集中有

$$N_{\text{cells}} + N_{\text{edges}} - N_{\text{faces}} = N_{\text{nodes}} - 1 \tag{3.36}$$

个线性相关函数。标识线性无关子空间的算法已经被提出[29,30]，可选的算法可以建立在网格生成树的基础上[16]。

在 2D 情况下，3D 环基函数和 3D 星基函数为获得近似亥姆霍兹分解提供了一种概念方法。对于需要纯螺旋展开式的情况，可以直接将散度一致的螺线 3D 环函数的线性无关子空间用作该场的基。类似地，旋度一致星基函数可以被用于获得一个无旋的扩展式。这两个子空间都有多余的自由度，必须丢弃一些以得到线性无关的基。

3.11　斜网格或有曲面网格的矢量基函数

之前的章节介绍了局部或父辈坐标的简单矢量基函数。和第 2 章简单讨论的标量函数一样，这些函数可以通过参数映射到一般单元形状。这些函数的矢量特征为映射引入了其他的自由度，需设计一个专门的映射以维持切向矢量连续性（像

旋度一致基所需的一样）或者维持法向矢量连续性（像散度一致基所需的一样），但是两者不能同时实现[2]。因此，当矢量基函数从父空间映射到子空间时，必须建立一个适当的映射以保持所需的函数连续性。

这里有三种有意思的情况：二维空间基到二维空间一般单元的映射，二维空间基到三维空间的（曲）面的映射，三维空间基到三维空间单元的映射。以下将主要考虑一般三维空间到三维的情况，然后简单介绍二维空间面的情况。

3.11.1 基和倒数基矢量

假设一般三维空间情况，涉及一个从独立父坐标(ξ_1,ξ_2,ξ_3)描述的三维参考空间到坐标(x,y,z)描述的子空间的映射。假设给定映射函数$x(\xi_1,\xi_2,\xi_3)$、$y(\xi_1,\xi_2,\xi_3)$和$z(\xi_1,\xi_2,\xi_3)$。在曲面单元中一个从起点$(0,0,0)$到点(x,y,z)的方向矢量可以表示为

$$\boldsymbol{r}\left(\xi_1,\xi_2,\xi_3\right)=x\left(\xi_1,\xi_2,\xi_3\right)\hat{\boldsymbol{x}}+y\left(\xi_1,\xi_2,\xi_3\right)\hat{\boldsymbol{y}}+z\left(\xi_1,\xi_2,\xi_3\right)\hat{\boldsymbol{z}} \tag{3.37}$$

三个微分位移矢量定义如下：

$$\boldsymbol{\ell}^i=\frac{\partial \boldsymbol{r}}{\partial \xi_i}=\frac{\partial x}{\partial \xi_i}\hat{\boldsymbol{x}}+\frac{\partial y}{\partial \xi_i}\hat{\boldsymbol{y}}+\frac{\partial z}{\partial \xi_i}\hat{\boldsymbol{z}},\qquad i=1,2,3 \tag{3.38}$$

如果参数ξ_2和ξ_3保持恒定，而ξ_1是可变的，该映射产生一个曲面。矢量$\boldsymbol{\ell}^1$相切于曲面。类似地，$\boldsymbol{\ell}^2$相切于参数ξ_1和ξ_3的常数值定义的曲面，$\boldsymbol{\ell}^3$相切于参数ξ_1和ξ_2的常数值定义的曲面。这3个矢量称为单位基矢量。如果这3个参数在常数限制内是可变的，则产生一个空间(x,y,z)中的一个曲线单元，3个基矢量中的2个相切于曲面单元的每个面。这些基矢量不是必须在一个点上相互垂直的，一般它们也不是单位矢量。对于直线元素，每个单位基矢量与元素的边的（至少）一个矢量一致。

可依据梯度定义3个独立矢量

$$\nabla\xi_i=\frac{\partial \xi_i}{\partial x}\hat{\boldsymbol{x}}+\frac{\partial \xi_i}{\partial y}\hat{\boldsymbol{y}}+\frac{\partial \xi_i}{\partial z}\hat{\boldsymbol{z}},\qquad i=1,2,3 \tag{3.39}$$

显然从梯度算子可以看出，矢量$\nabla\xi_i$垂直于一个面，对于该面ξ_i是常数。这些矢量可被称作倒数基矢量，这些基矢量也不是必须相互垂直的或单位长度。如果参数(ξ_1,ξ_2,ξ_3)在常数限制内变化以产生一个空间(x,y,z)中的曲线单元，倒数基矢量垂直于最终曲面单元的一个面的每个点。

倒数基矢量也可以被表示为

$$\nabla\xi_i=-\frac{\hat{\boldsymbol{h}}_i}{h_i} \tag{3.40}$$

$1/h_i$ 是梯度的幅度，$\hat{\boldsymbol{h}}_i$ 是一个与梯度方向相反的单位矢量。在第 i 个边界（边或面），$\hat{\boldsymbol{h}}_i$ 是指向元素外侧的单位法线。高度矢量

$$\boldsymbol{h}_i = h_i\hat{\boldsymbol{h}}_i = -h_i^2\nabla\xi_i \tag{3.41}$$

的幅度表示第 i 个元素边界垂直的直线元素的高度。对于曲线单元，如果把它们运用到单元内的每个坐标点的局部边和高度矢量构造的正切直线单元（点到曲线三角形的切线如图 3.12 所示），边和高度矢量仍是原来的含义。

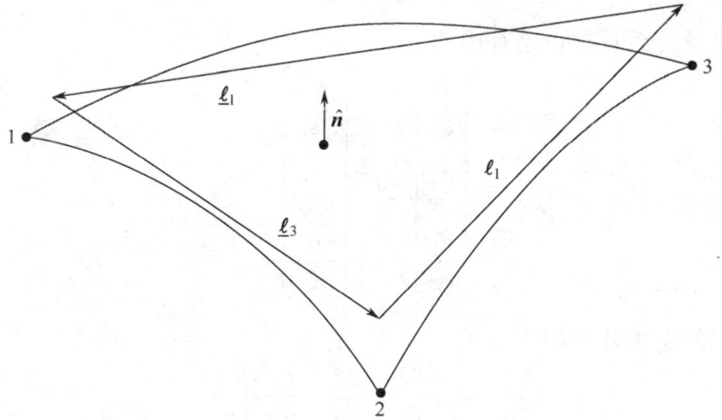

图 3.12　点到曲线三角形的切线

图 3.12 中，曲线和直线相切的三角形在切点处具有相同的元素坐标、雅可比、边矢量、高度矢量以及单位法线 $\hat{\boldsymbol{n}}$ 。

在参考单元和曲线单元之间的映射中，导数由以下关系

$$\begin{bmatrix}\dfrac{\partial}{\partial\xi_1}\\[2mm]\dfrac{\partial}{\partial\xi_2}\\[2mm]\dfrac{\partial}{\partial\xi_3}\end{bmatrix} = \boldsymbol{J}\begin{bmatrix}\dfrac{\partial}{\partial x}\\[2mm]\dfrac{\partial}{\partial y}\\[2mm]\dfrac{\partial}{\partial z}\end{bmatrix} \tag{3.42}$$

得出。式（3.42）中的 3 乘 3 矩阵也称为雅可比矩阵。

$$\boldsymbol{J}=\begin{bmatrix}\dfrac{\partial x}{\partial \xi_1} & \dfrac{\partial y}{\partial \xi_1} & \dfrac{\partial z}{\partial \xi_1}\\ \dfrac{\partial x}{\partial \xi_2} & \dfrac{\partial y}{\partial \xi_2} & \dfrac{\partial z}{\partial \xi_2}\\ \dfrac{\partial x}{\partial \xi_3} & \dfrac{\partial y}{\partial \xi_3} & \dfrac{\partial z}{\partial \xi_3}\end{bmatrix} \tag{3.43}$$

两个空间的微分项间的关系为雅可比矩阵的行列式

$$\mathrm{d}x\mathrm{d}y\mathrm{d}z=\det[\boldsymbol{J}]\mathrm{d}\xi_1\mathrm{d}\xi_2\mathrm{d}\xi_3=\mathcal{J}\,\mathrm{d}\xi_1\mathrm{d}\xi_2\mathrm{d}\xi_3 \tag{3.44}$$

在考虑逆关系时它也是有用的。

$$\begin{bmatrix}\dfrac{\partial}{\partial x}\\ \dfrac{\partial}{\partial y}\\ \dfrac{\partial}{\partial z}\end{bmatrix}=\boldsymbol{J}^{-1}\begin{bmatrix}\dfrac{\partial}{\partial \xi_1}\\ \dfrac{\partial}{\partial \xi_2}\\ \dfrac{\partial}{\partial \xi_3}\end{bmatrix} \tag{3.45}$$

雅可比矩阵的逆矩阵可如下表示：

$$\boldsymbol{J}^{-1}=\begin{bmatrix}\dfrac{\partial \xi_1}{\partial x} & \dfrac{\partial \xi_2}{\partial x} & \dfrac{\partial \xi_3}{\partial x}\\ \dfrac{\partial \xi_1}{\partial y} & \dfrac{\partial \xi_2}{\partial y} & \dfrac{\partial \xi_3}{\partial y}\\ \dfrac{\partial \xi_1}{\partial z} & \dfrac{\partial \xi_2}{\partial z} & \dfrac{\partial \xi_3}{\partial z}\end{bmatrix} \tag{3.46}$$

$\boldsymbol{J}$ 的行是基矢量组的成分，而 $\boldsymbol{J}^{-1}$ 是其倒数基矢量组的分量。当然矩阵和它的逆矩阵有以下关系：

$$\boldsymbol{J}\boldsymbol{J}^{-1}=\boldsymbol{I} \tag{3.47}$$

等式（3.47）等价于 $\boldsymbol{\ell}^j$ 和倒数基矢量 $\nabla\xi_i$ 间的双正交关系：

$$\boldsymbol{\ell}^j\cdot\nabla\xi_i=\delta_{ij}=\begin{cases}1, & i=j\\ 0, & i\neq j\end{cases} \tag{3.48}$$

δ_{ij} 是 Kronecker delta。由这个双正交关系，很容易建立 3D 模型：

$$\nabla\xi_i=\frac{\boldsymbol{\ell}^j\times\boldsymbol{\ell}^k}{\mathcal{J}} \tag{3.49}$$

而雅可比行列式 $\mathcal{J}$ 也可以表示为

$$\mathcal{J}=\boldsymbol{\ell}^i\cdot\boldsymbol{\ell}^j\times\boldsymbol{\ell}^k \tag{3.50}$$

i，j，k 是循环序号。如以下的论证，如果 $\boldsymbol{\ell}^3$ 和 $\nabla\xi_3$ 均被 $\hat{\boldsymbol{n}}$ 代替，这个关系也可应用于二维情况。

倒数基矢量不能直接计算，但是可由式（3.38）和式（3.49）得到。随后，利用依赖关系很容易可以得到非独立坐标的梯度。例如，因为对于四面体有 $\xi_1+\xi_2+\xi_3+\xi_4=1$，则 $\nabla\xi_4=-\nabla\xi_1-\nabla\xi_2-\nabla\xi_3$。式（3.40）和式（3.41）定义的高度矢量也适用于非独立坐标。对于独立坐标，很容易建立

$$\nabla\xi_j\times\nabla\xi_k=\frac{\boldsymbol{\ell}^i}{\mathcal{J}} \tag{3.51}$$

i，j，k 是循环序号。通过引入双下标变量 $\boldsymbol{\ell}_{jk}$,这个关系也推广应用于非独立坐标，用式（3.51）中的梯度叉积定义边矢量。

$$\frac{\boldsymbol{\ell}_{jk}}{\mathcal{J}}=\nabla\xi_j\times\nabla\xi_k \tag{3.52}$$

显然，$\boldsymbol{\ell}_{jk}=-\boldsymbol{\ell}_{kj}$，如果 $j=k$ 或 $\nabla\xi_j$ 与 $\nabla\xi_k$ 平行，则 $\boldsymbol{\ell}_{jk}$ 为 0。这些扩展式将非零边矢量 $\boldsymbol{\ell}_{jk}$ 和切向分量的常数面 ξ_j 和 ξ_k 形成的每条边关联。因为涉及非独立坐标，这些边矢量彼此之间有线性相关关系，是独立单位基矢量 $\boldsymbol{\ell}^i$ 的线性组合。对于三角形、四边形、四面体、长方体和棱柱，这些关系如第 4 章的表 4.1 所示。最后，给定任意三个非共面坐标变量 ξ_i、ξ_j 和 ξ_k，有

$$\nabla\xi_i\cdot\left(\nabla\xi_j\times\nabla\xi_k\right)=\frac{1}{\mathcal{J}} \tag{3.53}$$

下标的顺序需确保雅可比为正。因此，从式（3.52）可以得到与式（3.53）同样的下标要求，得到式（3.48）的一般形式

$$\nabla\xi_i\cdot\boldsymbol{\ell}_{jk}=1 \tag{3.54}$$

在二维中，只有当式（3.52）中 $\nabla\xi_k=\hat{\boldsymbol{n}}$ 时才有意义。$\hat{\boldsymbol{n}}$ 是包含元素的平面（或任意一点的切平面）的单位法线。在这种情况下，$\boldsymbol{\ell}_{jk}$ 的第二个下标就多余了，可舍弃。因此，在二维情况下，式（3.52）和式（3.54）分别变为

$$\frac{\boldsymbol{\ell}_j}{\mathcal{J}}=\nabla\xi_j\times\hat{\boldsymbol{n}} \tag{3.55}$$

和

$$\nabla\xi_i\cdot\boldsymbol{\ell}_{i\pm1}=\pm1 \tag{3.56}$$

3.11.2　协变和逆变映射

在曲线空间中表示矢量的方法主要有两种[32,33]。如果表示投影到基矢量上，称为协变分量，表达式为

$$\boldsymbol{E}=(\boldsymbol{E}\cdot\boldsymbol{\ell}^1)\nabla\xi_1+(\boldsymbol{E}\cdot\boldsymbol{\ell}^2)\nabla\xi_2+(\boldsymbol{E}\cdot\boldsymbol{\ell}^3)\nabla\xi_3 \tag{3.57}$$

协变分量 $\boldsymbol{E}\cdot\boldsymbol{\ell}^i$ 是沿通过保持 3 个独立参数 (ξ_1,ξ_2,ξ_3) 中的 2 个为常数定义的不同

曲线的切向分量。当使用旋度一致基函数时，目标通常是保持单元之间的切向矢量连续，并保持单元边界的这些基函数的切向分量的插值特性（如果存在）。因此，适合的方法是利用函数的协变分量和式（3.57）中的这些矢量。

作为选择，矢量也可以表示为它到倒数基矢量或它的逆变分量上的投影，有

$$\boldsymbol{E}=\left(\boldsymbol{E}\cdot\nabla\xi_1\right)\ell^1+\left(\boldsymbol{E}\cdot\nabla\xi_2\right)\ell^2+\left(\boldsymbol{E}\cdot\nabla\xi_3\right)\ell^3 \tag{3.58}$$

逆变分量 $E\cdot\nabla\xi_1$ 是垂直于常参数面的分量。对于散度一致函数，目标是保持穿越单元边界的法线矢量连续，并保持单元内各位置的法向分量的插值特性（如果存在）。因为这些量是法向矢量分量，适合与式（3.58）所示的逆变分量一起使用。

现在考虑矢量基函数从 (ξ_1,ξ_2,ξ_3) 空间的父参考单元到 (x,y,z) 空间的曲线子单元的映射①。旋度一致基函数的映射相对简单，因此先考虑。旋度一致函数保持穿越单元边界的切向矢量连续，映射过程必须确保这一特性。因为主要的量是单元边界的切向矢量分量，适合与式（3.57）所示的基函数的协变分量一起使用。

假如基函数由函数 $\boldsymbol{R}^{\text{curl}}(\xi_1,\xi_2,\xi_3)$ 在父单元定义，在子空间 (x,y,z) 中，定义基函数为

$$\boldsymbol{B}=R_{\xi_1}^{\text{curl}}\nabla\xi_1+R_{\xi_2}^{\text{curl}}\nabla\xi_2+R_{\xi_3}^{\text{curl}}\nabla\xi_3 \tag{3.59}$$

其中

$$\boldsymbol{B}\cdot\ell^i=R_{\xi_i}^{\text{curl}} \tag{3.60}$$

在分量层面，式（3.59）等价于矩阵关系

$$\begin{bmatrix}B_x\\B_y\\B_z\end{bmatrix}=\begin{bmatrix}\dfrac{\partial\xi_1}{\partial x}&\dfrac{\partial\xi_2}{\partial x}&\dfrac{\partial\xi_3}{\partial x}\\\dfrac{\partial\xi_1}{\partial y}&\dfrac{\partial\xi_2}{\partial y}&\dfrac{\partial\xi_3}{\partial y}\\\dfrac{\partial\xi_1}{\partial z}&\dfrac{\partial\xi_2}{\partial z}&\dfrac{\partial\xi_3}{\partial z}\end{bmatrix}\begin{bmatrix}R_{\xi_1}^{\text{curl}}\\R_{\xi_2}^{\text{curl}}\\R_{\xi_3}^{\text{curl}}\end{bmatrix}=\boldsymbol{J}^{-1}\begin{bmatrix}R_{\xi_1}^{\text{curl}}\\R_{\xi_2}^{\text{curl}}\\R_{\xi_3}^{\text{curl}}\end{bmatrix} \tag{3.61}$$

这个基本定义有两个方面需要考虑：① 穿越单元边界的切向场的连续性；② 曲线域基函数的归一化。

定义单元坐标映射后，基矢量相切于参数 ξ_1、ξ_2 和 ξ_3 为极值的曲线块边界。存在与常量 ξ_1 和常量 ξ_2 表面一致的边界，在共用这条边界和 ξ_2 的公共单元端点的两个相邻单元内，相切于该边界的基矢量由 x、y 和 z 关于 ξ_2 的导数定义，因此在每个单元它们是一样的。对于被调整以保持在父空间中切向连续性的基函数，在邻接单元利用式（3.60）（i=1 和 i=3）可保证在子空间 (x,y,z) 中得到的矢量基函数也保持切向连续。

① 本节用到的资料来自参考文献[33]。

归一化旋度一致基函数以便它们的切向分量在沿单元边界的适当位置有单位值。(这一点对于插值基是期望的，而对于分层基可能必要，也可能不必要)。例如，考虑一个这样的位置 (ξ_1,ξ_2,ξ_3)，沿 $\boldsymbol{\ell}^2$ 为切向分量、R^{curl} 有单位切向分量的边界。在曲线 (x,y,z) 空间，有

$$\boldsymbol{B}\cdot\boldsymbol{\ell}^2\big|_{\xi_1,\xi_2,\xi_3}=1 \tag{3.62}$$

然而，因为矢量 $\boldsymbol{\ell}^2$ 不是一个单位矢量，如果要曲线空间的旋度一致基函数在那个位置有单位切向值，需要额外的缩放或归一化因子。这个比例因子是那个位置上 $\boldsymbol{\ell}^2$ 的辐值，可由雅可比矩阵决定。

下面分析散度一致基函数。散度一致函数保持穿过单元边界的法向矢量连续，映射过程必须在 (x,y,z) 空间确保这一特征。还需要这些函数在单元中的特定位置插入法向矢量分量。因为主要的量是单元边界的法向矢量分量，需要与式（3.58）所示的基函数的逆变分量一起使用。

式（3.37）的映射函数 $x(\xi_1,\xi_2,\xi_3)$、$y(\xi_1,\xi_2,\xi_3)$ 和 $z(\xi_1,\xi_2,\xi_3)$ 用于产生倾斜或曲线单元，不能保证穿过单元边界的倒数基矢量的连续性。由式（3.49），利用基矢量的连续性，以 $\mathcal{J}$ 行列式为因子缩放足以获得在它们法向的单元边界两边同样长度的倒数基矢量。因此，在子空间 (x,y,z) 定义法向矢量连续的基函数，可使用逆变分量，按 $\mathcal{J}(\xi_1,\xi_2,\xi_3)$ 缩放，可得

$$\boldsymbol{B}=\frac{1}{\mathcal{J}}\boldsymbol{R}_{\xi_1}^{\text{div}}\ell^1+\frac{1}{\mathcal{J}}\boldsymbol{R}_{\xi_2}^{\text{div}}\ell^2+\frac{1}{\mathcal{J}}\boldsymbol{R}_{\xi_3}^{\text{div}}\ell^3 \tag{3.63}$$

$\boldsymbol{R}^{\text{div}}(\xi_1,\xi_2,\xi_3)$ 是父坐标下的基函数，逆变分量是

$$\boldsymbol{B}\cdot\nabla\xi_i=\frac{1}{\mathcal{J}}\boldsymbol{R}_{\xi_i}^{\text{div}} \tag{3.64}$$

相应地，空间 (x,y,z) 的基函数可表示为

$$\begin{bmatrix}B_x\\B_y\\B_z\end{bmatrix}=\frac{1}{\mathcal{J}}\begin{bmatrix}\frac{\partial x}{\partial\xi_1}&\frac{\partial x}{\partial\xi_2}&\frac{\partial x}{\partial\xi_3}\\\frac{\partial y}{\partial\xi_1}&\frac{\partial y}{\partial\xi_2}&\frac{\partial y}{\partial\xi_3}\\\frac{\partial z}{\partial\xi_1}&\frac{\partial z}{\partial\xi_2}&\frac{\partial z}{\partial\xi_3}\end{bmatrix}\begin{bmatrix}\boldsymbol{R}_{\xi_1}^{\text{div}}\\\boldsymbol{R}_{\xi_2}^{\text{div}}\\\boldsymbol{R}_{\xi_3}^{\text{div}}\end{bmatrix}=\frac{1}{\mathcal{J}}\boldsymbol{J}^T\begin{bmatrix}\boldsymbol{R}_{\xi_1}^{\text{div}}\\\boldsymbol{R}_{\xi_2}^{\text{div}}\\\boldsymbol{R}_{\xi_3}^{\text{div}}\end{bmatrix} \tag{3.65}$$

$\boldsymbol{J}^{\text{T}}$ 是雅可比矩阵的转置。

缩放散度一致基函数以便它们的法向成分在沿单元边界的适当位置有单位值。恰当的归一化因子是基矢量在插值点的幅值。

总之，旋度一致函数到基矢量的协变映射最好地表示了旋度一致函数，得到 (x,y,z) 空间中函数的定义式（3.61）。散度一致函数到倒数基矢量的逆变映射最好

地表示了散度一致函数，得到式（3.65）的子空间定义。在这两种情况下，都需要额外的归一化因子以适当缩放子空间的切向或法向分量。

3.11.3 父空间中的导数

曲线单元（子空间）的基函数的所有操作都可以转换到参考单元（父空间）。首先，梯度因子可表示为

$$\nabla f=\frac{\partial f}{\partial \xi_1}\nabla \xi_1+\frac{\partial f}{\partial \xi_2}\nabla \xi_2+\frac{\partial f}{\partial \xi_3}\nabla \xi_3 \tag{3.66}$$

也等价于

$$\nabla f=-\sum_{i=1}^{N}\frac{\partial f}{\partial \xi_i}\frac{\hat{\boldsymbol{h}}_i}{h_i} \tag{3.67}$$

旋度一致基函数可定义为

$$\boldsymbol{B}=R_{\xi_1}^{\text{curl}}\nabla \xi_1+R_{\xi_2}^{\text{curl}}\nabla \xi_2+R_{\xi_3}^{\text{curl}}\nabla \xi_3 \tag{3.68}$$

使用标准矢量特性

$$\nabla\times\left(f\nabla \xi_i\right)=\nabla f\times\nabla \xi_i \tag{3.69}$$

B 的旋度展开式为

$$\begin{aligned}\nabla\times\boldsymbol{B}&=\nabla\times\left(R_{\xi_1}^{\text{curl}}\nabla \xi_1\right)+\nabla\times\left(R_{\xi_2}^{\text{curl}}\nabla \xi_2\right)+\nabla\times\left(R_{\xi_3}^{\text{curl}}\nabla \xi_3\right)\\&=\nabla\left(R_{\xi_1}^{\text{curl}}\right)\times\nabla \xi_1+\nabla\left(R_{\xi_2}^{\text{curl}}\right)\times\nabla \xi_2+\nabla\left(R_{\xi_3}^{\text{curl}}\right)\times\nabla \xi_3\end{aligned} \tag{3.70}$$

结合式（3.66），式（3.70）中的梯度可表示为

$$\nabla\left(R_{\xi_i}^{\text{curl}}\right)=\frac{\partial R_{\xi_i}^{\text{curl}}}{\partial \xi_1}\nabla \xi_1+\frac{\partial R_{\xi_i}^{\text{curl}}}{\partial \xi_2}\nabla \xi_2+\frac{\partial R_{\xi_i}^{\text{curl}}}{\partial \xi_3}\nabla \xi_3 \tag{3.71}$$

因此，式（3.70）可表示为

$$\begin{aligned}\nabla\times\boldsymbol{B}=&\frac{\partial R_{\xi_1}^{\text{curl}}}{\partial \xi_1}\nabla \xi_1\times\nabla \xi_1+\frac{\partial R_{\xi_1}^{\text{curl}}}{\partial \xi_2}\nabla \xi_2\times\nabla \xi_1+\frac{\partial R_{\xi_1}^{\text{curl}}}{\partial \xi_3}\nabla \xi_3\times\nabla \xi_1\\&+\frac{\partial R_{\xi_2}^{\text{curl}}}{\partial \xi_1}\nabla \xi_1\times\nabla \xi_2+\frac{\partial R_{\xi_2}^{\text{curl}}}{\partial \xi_2}\nabla \xi_2\times\nabla \xi_2+\frac{\partial R_{\xi_2}^{\text{curl}}}{\partial \xi_3}\nabla \xi_3\times\nabla \xi_2\\&+\frac{\partial R_{\xi_3}^{\text{curl}}}{\partial \xi_1}\nabla \xi_1\times\nabla \xi_3+\frac{\partial R_{\xi_3}^{\text{curl}}}{\partial \xi_2}\nabla \xi_2\times\nabla \xi_3+\frac{\partial R_{\xi_3}^{\text{curl}}}{\partial \xi_3}\nabla \xi_3\times\nabla \xi_3\end{aligned} \tag{3.72}$$

式（3.70）有 3 项消失，另外一项可用式（3.52）简化表示为

$$\nabla\times\boldsymbol{B}=\frac{1}{\mathcal{J}}\left\{\left(\frac{\partial R_{\xi_3}^{\text{curl}}}{\partial \xi_2}-\frac{\partial R_{\xi_2}^{\text{curl}}}{\partial \xi_3}\right)\ell^1+\left(\frac{\partial R_{\xi_1}^{\text{curl}}}{\partial \xi_3}-\frac{\partial R_{\xi_3}^{\text{curl}}}{\partial \xi_1}\right)\ell^2+\left(\frac{\partial R_{\xi_2}^{\text{curl}}}{\partial \xi_1}-\frac{\partial R_{\xi_1}^{\text{curl}}}{\partial \xi_2}\right)\ell^3\right\} \tag{3.73}$$

因此，子空间的旋度恰是父空间的旋度，用雅可比进行缩放可表示为

$$\nabla\times\boldsymbol{B}\big|_{x,y,z}=\frac{1}{\mathcal{J}}\nabla\times\boldsymbol{R}^{\text{curl}}\big|_{\xi_1,\xi_2,\xi_3} \tag{3.74}$$

散度一致基函数定义如下

$$\begin{aligned}\boldsymbol{B}&=\frac{1}{\mathcal{J}}R_{\xi_1}^{\text{div}}\boldsymbol{\ell}^1+\frac{1}{\mathcal{J}}R_{\xi_2}^{\text{div}}\boldsymbol{\ell}^2+\frac{1}{\mathcal{J}}R_{\xi_3}^{\text{div}}\boldsymbol{\ell}^3\\&=R_{\xi_1}^{\text{div}}\left(\nabla\xi_2\times\nabla\xi_3\right)+R_{\xi_2}^{\text{div}}\left(\nabla\xi_3\times\nabla\xi_1\right)+R_{\xi_3}^{\text{div}}\left(\nabla\xi_1\times\nabla\xi_2\right)\end{aligned} \tag{3.75}$$

这里用到式（3.51）。使用矢量特性

$$\nabla\cdot(\boldsymbol{A}\times\boldsymbol{B})=\boldsymbol{B}\cdot\nabla\times\boldsymbol{A}-\boldsymbol{A}\cdot\nabla\times\boldsymbol{B} \tag{3.76}$$

和

$$\nabla\times\nabla f=0 \tag{3.77}$$

得

$$\nabla\cdot\left(\nabla\xi_i\times\nabla\xi_j\right)=0 \tag{3.78}$$

从附加矢量特性得出

$$\nabla\cdot\left(f\boldsymbol{V}\right)=f\nabla\cdot\boldsymbol{V}+\nabla f\cdot\boldsymbol{V} \tag{3.79}$$

B 的散度为

$$\begin{aligned}\nabla\cdot\boldsymbol{B}&=\nabla\left(R_{\xi_1}^{\text{div}}\right)\cdot\left(\nabla\xi_2\times\nabla\xi_3\right)+\nabla\left(R_{\xi_2}^{\text{div}}\right)\cdot\left(\nabla\xi_3\times\nabla\xi_1\right)+\nabla\left(R_{\xi_3}^{\text{div}}\right)\cdot\left(\nabla\xi_1\times\nabla\xi_2\right)\\&=\nabla\left(R_{\xi_1}^{\text{div}}\right)\cdot\frac{1}{\mathcal{J}}\boldsymbol{\ell}^1+\nabla\left(R_{\xi_2}^{\text{div}}\right)\cdot\frac{1}{\mathcal{J}}\boldsymbol{\ell}^2+\nabla\left(R_{\xi_3}^{\text{div}}\right)\cdot\frac{1}{\mathcal{J}}\boldsymbol{\ell}^3\\&=\frac{1}{\mathcal{J}}\left\{\left[\frac{\partial R_{\xi_1}^{\text{div}}}{\partial\xi_1}\nabla\xi_1+\frac{\partial R_{\xi_1}^{\text{div}}}{\partial\xi_2}\nabla\xi_2+\frac{\partial R_{\xi_1}^{\text{div}}}{\partial\xi_3}\nabla\xi_3\right]\cdot\boldsymbol{\ell}^1\right.\\&\quad+\left[\frac{\partial R_{\xi_2}^{\text{div}}}{\partial\xi_1}\nabla\xi_1+\frac{\partial R_{\xi_2}^{\text{div}}}{\partial\xi_2}\nabla\xi_2+\frac{\partial R_{\xi_2}^{\text{div}}}{\partial\xi_3}\nabla\xi_3\right]\cdot\boldsymbol{\ell}^2\\&\quad\left.+\left[\frac{\partial R_{\xi_3}^{\text{div}}}{\partial\xi_1}\nabla\xi_1+\frac{\partial R_{\xi_3}^{\text{div}}}{\partial\xi_2}\nabla\xi_2+\frac{\partial R_{\xi_3}^{\text{div}}}{\partial\xi_3}\nabla\xi_3\right]\cdot\boldsymbol{\ell}^3\right\}\\&=\frac{1}{\mathcal{J}}\left[\frac{\partial R_{\xi_1}^{\text{div}}}{\partial\xi_1}+\frac{\partial R_{\xi_2}^{\text{div}}}{\partial\xi_2}+\frac{\partial R_{\xi_3}^{\text{div}}}{\partial\xi_3}\right]\end{aligned} \tag{3.80}$$

因此，空间 (x,y,z) 中式（3.75）的散度可通过在父坐标中使用散度算子而直接计算出，以行列式为因子缩放，有

$$\nabla\cdot\boldsymbol{B}\big|_{x,y,z}=\frac{1}{\mathcal{J}}\nabla\cdot\boldsymbol{R}^{\text{div}}\big|_{\xi_1,\xi_2,\xi_3} \tag{3.81}$$

3.11.4　表面约束

从正方形或三角形平面参考空间（2D）到 3D 空间曲面的映射，不涉及第三

变量 ξ_3。该映射函数 x、y 和 z 只是 ξ_1 和 ξ_2 的函数。与之前用到的方法相同，从起点到点 (x,y,z) 的方位矢量可表示为

$$\boldsymbol{r}(\xi_1,\xi_2)=x(\xi_1,\xi_2)\hat{\boldsymbol{x}}+y(\xi_1,\xi_2)\hat{\boldsymbol{y}}+z(\xi_1,\xi_2)\hat{\boldsymbol{z}} \tag{3.82}$$

这个单元的基矢量为

$$\boldsymbol{\ell}^i=\frac{\partial \boldsymbol{r}}{\partial \xi_i}=\frac{\partial x}{\partial \xi_i}\hat{\boldsymbol{x}}+\frac{\partial y}{\partial \xi_i}\hat{\boldsymbol{y}}+\frac{\partial z}{\partial \xi_i}\hat{\boldsymbol{z}},\qquad i=1,2 \tag{3.83}$$

倒数基矢量为

$$\nabla \xi_i=\frac{\partial \xi_i}{\partial x}\hat{\boldsymbol{x}}+\frac{\partial \xi_i}{\partial y}\hat{\boldsymbol{y}}+\frac{\partial \xi_i}{\partial z}\hat{\boldsymbol{z}},\qquad i=1,2 \tag{3.84}$$

基矢量与式（3.82）定义的表面相切，而倒数基矢量分别与常量 ξ_1 或常量 ξ_2 的表面成法向。

根据

$$\begin{bmatrix}\dfrac{\partial}{\partial \xi_1}\\ \dfrac{\partial}{\partial \xi_2}\end{bmatrix}=\begin{bmatrix}\dfrac{\partial x}{\partial \xi_1} & \dfrac{\partial y}{\partial \xi_1} & \dfrac{\partial z}{\partial \xi_1}\\ \dfrac{\partial x}{\partial \xi_2} & \dfrac{\partial y}{\partial \xi_2} & \dfrac{\partial z}{\partial \xi_2}\end{bmatrix}\begin{bmatrix}\dfrac{\partial}{\partial x}\\ \dfrac{\partial}{\partial y}\\ \dfrac{\partial}{\partial z}\end{bmatrix} \tag{3.85}$$

和

$$\begin{bmatrix}\dfrac{\partial}{\partial x}\\ \dfrac{\partial}{\partial y}\\ \dfrac{\partial}{\partial z}\end{bmatrix}=\begin{bmatrix}\dfrac{\partial \xi_1}{\partial x} & \dfrac{\partial \xi_2}{\partial x}\\ \dfrac{\partial \xi_1}{\partial y} & \dfrac{\partial \xi_2}{\partial y}\\ \dfrac{\partial \xi_1}{\partial z} & \dfrac{\partial \xi_2}{\partial z}\end{bmatrix}\begin{bmatrix}\dfrac{\partial}{\partial \xi_1}\\ \dfrac{\partial}{\partial \xi_2}\end{bmatrix} \tag{3.86}$$

进行微分变换。式(3.85)的雅可比矩阵为 2×3 阶，与映射矩阵一致，而式(3.86)中雅可比矩阵的逆矩阵为 3×2 阶。

因为函数 x，y 和 z 是明确定义的，很容易得到式（3.85）中雅可比矩阵的项。然而，式（3.86）中雅可比矩阵的项则不然。当需要雅可比逆矩阵的项时（后面将会遇到），在数字上倒置雅可比矩阵是必要的；而当它不是一个正方矩阵时，这么做是不可能的。因此，引入虚拟参数 ξ_3，用以将式（3.85）和式（3.86）的方程式填满为 3×3 阶。因为第三个变量是任意的，虚拟参数可强制设置，使得[33]

$$\nabla \xi_3=\frac{\boldsymbol{\ell}^1\times\boldsymbol{\ell}^2}{\left|\boldsymbol{\ell}^1\times\boldsymbol{\ell}^2\right|} \tag{3.87}$$

为一个单位矢量 $\hat{\boldsymbol{n}}$。（这里仅用了一个假设，就是可以选择使 $\nabla\xi_3$ 为单位矢量。）

根据式（3.83），

$$|\boldsymbol{\ell}^1\times\boldsymbol{\ell}^2|=\sqrt{\begin{aligned}&\left(\frac{\partial y}{\partial\xi_1}\frac{\partial z}{\partial\xi_2}-\frac{\partial z}{\partial\xi_1}\frac{\partial y}{\partial\xi_2}\right)^2+\left(\frac{\partial z}{\partial\xi_1}\frac{\partial x}{\partial\xi_2}-\frac{\partial x}{\partial\xi_1}\frac{\partial z}{\partial\xi_2}\right)^2\\&+\left(\frac{\partial x}{\partial\xi_1}\frac{\partial y}{\partial\xi_2}-\frac{\partial y}{\partial\xi_1}\frac{\partial x}{\partial\xi_2}\right)^2\end{aligned}} \tag{3.88}$$

然而，在这种情况下，式（3.49）仍然保持不变，表明式（3.88）等价于行列式

$$\det[\boldsymbol{J}]=\mathcal{J}(\xi_1,\xi_2)=|\boldsymbol{\ell}^1\times\boldsymbol{\ell}^2| \tag{3.89}$$

式（3.89）成立的一种方法是，如果

$$\begin{aligned}\boldsymbol{\ell}^3=\frac{\partial\boldsymbol{r}}{\partial\xi_3}=&\frac{1}{\mathcal{J}}\left(\frac{\partial y}{\partial\xi_1}\frac{\partial z}{\partial\xi_2}-\frac{\partial z}{\partial\xi_1}\frac{\partial y}{\partial\xi_2}\right)\hat{\boldsymbol{x}}+\frac{1}{\mathcal{J}}\left(\frac{\partial z}{\partial\xi_1}\frac{\partial x}{\partial\xi_2}-\frac{\partial x}{\partial\xi_1}\frac{\partial z}{\partial\xi_2}\right)\hat{\boldsymbol{y}}\\&+\frac{1}{\mathcal{J}}\left(\frac{\partial x}{\partial\xi_1}\frac{\partial y}{\partial\xi_2}-\frac{\partial y}{\partial\xi_1}\frac{\partial x}{\partial\xi_2}\right)\hat{\boldsymbol{z}}\end{aligned} \tag{3.90}$$

成立。等价于

$$\boldsymbol{\ell}^3=\frac{1}{\mathcal{J}}\boldsymbol{\ell}^1\times\boldsymbol{\ell}^2=\nabla\xi_3 \tag{3.91}$$

ξ_3 的这种选择的含义可以总结如下：

① $\boldsymbol{\ell}^3=\nabla\xi_3=\hat{\boldsymbol{n}}$，它们都是常量 ξ_3 表面的单位法向矢量。

② 矢量 $\boldsymbol{\ell}^1$ 和 $\boldsymbol{\ell}^2$ 定义为常量 ξ_3 表面的切向矢量。因为 $\boldsymbol{\ell}^3$ 垂直于表面（通过选择 ξ_3），倒数基矢量 $\nabla\xi_1$ 和 $\nabla\xi_2$ 也相切于常量 ξ_3 的表面，有

$$\nabla\xi_1=\frac{1}{\mathcal{J}}\boldsymbol{\ell}^2\times\boldsymbol{\ell}^3 \tag{3.92}$$

$$\nabla\xi_2=\frac{1}{\mathcal{J}}\boldsymbol{\ell}^3\times\boldsymbol{\ell}^1 \tag{3.93}$$

③ 因为（a）$\boldsymbol{\ell}^3$ 是一个单位矢量，（b）$\boldsymbol{\ell}^3$ 垂直于 $\boldsymbol{\ell}^2$，（c）$\boldsymbol{\ell}^3$ 垂直于 $\boldsymbol{\ell}^1$，倒数基矢量的幅值与这些基矢量的关系为

$$|\nabla\xi_1|=\left|\frac{1}{\mathcal{J}}\boldsymbol{\ell}^2\times\boldsymbol{\ell}^3\right|=\frac{|\boldsymbol{\ell}^2|}{\mathcal{J}} \tag{3.94}$$

$$|\nabla\xi_2|=\left|\frac{1}{\mathcal{J}}\boldsymbol{\ell}^3\times\boldsymbol{\ell}^1\right|=\frac{|\boldsymbol{\ell}^1|}{\mathcal{J}} \tag{3.95}$$

④ 3×3 的雅可比矩阵为

$$\boldsymbol{J}=\begin{bmatrix} \dfrac{\partial x}{\partial \xi_1} & \dfrac{\partial y}{\partial \xi_1} & \dfrac{\partial z}{\partial \xi_1} \\ \dfrac{\partial x}{\partial \xi_2} & \dfrac{\partial y}{\partial \xi_2} & \dfrac{\partial z}{\partial \xi_2} \\ \dfrac{1}{\mathcal{J}}\left(\dfrac{\partial y}{\partial \xi_1}\dfrac{\partial z}{\partial \xi_2}-\dfrac{\partial z}{\partial \xi_1}\dfrac{\partial y}{\partial \xi_2}\right) & \dfrac{1}{\mathcal{J}}\left(\dfrac{\partial z}{\partial \xi_1}\dfrac{\partial x}{\partial \xi_2}-\dfrac{\partial x}{\partial \xi_1}\dfrac{\partial z}{\partial \xi_2}\right) & \dfrac{1}{\mathcal{J}}\left(\dfrac{\partial x}{\partial \xi_1}\dfrac{\partial y}{\partial \xi_2}-\dfrac{\partial y}{\partial \xi_1}\dfrac{\partial x}{\partial \xi_2}\right) \end{bmatrix} \tag{3.96}$$

总之，当在三维空间的二维表面使用基和倒数基矢量时，引用式（3.87）的假设会很方便。这将确保基矢量 $\boldsymbol{\ell}^1$、$\boldsymbol{\ell}^2$ 和倒数基矢量 $\nabla\xi_1$、$\nabla\xi_2$ 与该表面相切，并实现对所有参数的估算。

3.11.5 实例：四边形单元

为说明前面的发现，考虑从第 3.3 节为正方形单元定义的 2D CT/LN 旋度一致基到 4 个角节点 (x_1, y_1) 至 (x_4, y_4) 定义的四边形单元的映射，利用 2.5 节 $P=1$（线性的）形状函数插入至 3 个节点之间可以创建一个映射，生成函数

$$x(\xi_1,\xi_2)=x_1(1-\xi_1)(1-\xi_2)+x_2\xi_1(1-\xi_2)+x_3(1-\xi_1)\xi_2+x_4\xi_1\xi_2 \tag{3.97}$$

$$y(\xi_1,\xi_2)=y_1(1-\xi_1)(1-\xi_2)+y_2\xi_1(1-\xi_2)+y_3(1-\xi_1)\xi_2+y_4\xi_1\xi_2 \tag{3.98}$$

通过这些方程，可以获得雅可比矩阵的项

$$\frac{\partial x}{\partial \xi_1}=-x_1(1-\xi_2)+x_2(1-\xi_2)-x_3\xi_2+x_4\xi_2 \tag{3.99}$$

$$\frac{\partial x}{\partial \xi_2}=-x_1(1-\xi_1)-x_2\xi_1+x_3(1-\xi_1)+x_4\xi_1 \tag{3.100}$$

有两个相似的方程表示关于 y 的导数。

依据式（3.61）的二维描述，基函数可在斜四边形单元上被定义如下：

$$\begin{bmatrix} B_x \\ B_y \end{bmatrix}=\boldsymbol{J}^{-1}\begin{bmatrix} R_{\xi_1}^{\text{curl}} \\ R_{\xi_2}^{\text{curl}} \end{bmatrix} \tag{3.101}$$

$R_{\xi_1}^{\text{curl}}$ 和 $R_{\xi_2}^{\text{curl}}$ 是 3.3 节中（正方形）父空间中定义的基函数。这个定义需要雅可比矩阵的逆矩阵，它是位置函数，(ξ_1,ξ_2) 的每一个待定值必须倒置。因此，式（3.101）给出了在微分方程或积分方程表达式中不同元素矩阵积分中使用的基函数的定义。因为这些积分是通过正交估计的，所以雅可比矩阵、逆雅可比矩阵和其他的值可在估算过程中在那些正交点上计算。此外，为确保切向矢量在适当的单元边界连续，必须像 3.11.2 节那样归一化每一个基函数。

为将此过程扩展到曲线单元，式（3.97）和式（3.98）的线性映射可被高阶形状函数定义的二次、立方或其他映射代替（见第 2 章表 2.4）。为定义单元形状，

这些映射需要额外的节点。

3.12　混合阶 Nédélec 空间

在 1980 年的一篇论文中，Jean-claude Nédélec 提出矢量函数的混合阶空间，用于表示电磁量[34]。丢弃一些包含在一个"完备"多项式空间的自由度的方法好像并不直观。然而，这种方法已经被广泛应用，可通过一个例子说明它的机理。

考虑式（3. 2）的线性扩展

$$\boldsymbol{f}(x,y)=(a_0+a_1x+a_2y)\hat{\boldsymbol{x}}+(b_0+b_1x+b_2y)\hat{\boldsymbol{y}} \tag{3.102}$$

假如旋度一致扩展函数集［如式（3.7 所示）］被用于矢量亥姆霍兹方程的数值解中

$$\nabla\times\left(\frac{1}{\mu_r}\nabla\times\boldsymbol{E}\right)-k^2\varepsilon_r\boldsymbol{E}=0 \tag{3.103}$$

以求解相对电容率 ε_r 和相对渗透性 μ_r 的自由源的电场 $\boldsymbol{E}$。参数 k 是波数

$$k=\frac{\omega}{c_0}\sqrt{\mu_r\varepsilon_r} \tag{3.104}$$

c_0 是真空中的光速。这个矢量亥姆霍兹运算有一个有趣的特性，它有两组解。一组由期望的电磁场组成，满足麦克斯韦方程，因此具有特性

$$\nabla\times\boldsymbol{E}\rightarrow 非零 \tag{3.105}$$

$$\nabla\cdot(\varepsilon_r\boldsymbol{E})=0 \tag{3.106}$$

另一组如下

$$\boldsymbol{E}=\nabla\Psi \tag{3.107}$$

因此，有特性

$$\nabla\times\boldsymbol{E}=0 \tag{3.108}$$

$$\nabla\cdot(\varepsilon_r\boldsymbol{E})\rightarrow 非零 \tag{3.109}$$

这样，第二组不满足麦克斯韦方程，只有在 $k=0$ 时它满足亥姆霍兹方程。这组解构建矢量亥姆霍兹算子的零空间。

通过传统技术获得的式（3.103）的数值解一般包含这两组解。举一个特殊的例子，考虑一个有理想电墙的充满空气的 2D 矩形洞。这个洞的共振模式可通过将式（3.103）作为一个特征值方程，并求解共振模式和它们的关联波数获得。（数解步骤的详情将推迟到第 6 章介绍。）表 3.3 给出了矩形洞的最低共振波数的数值，由理想电墙围成，并与精确解析解比较。使用式（3.7）的旋度一致矢量基函数集，

网格的每条边需要两个未知系数。用包含 144 个单元的三角单元网格建模矩形域。对于横向磁场（TM）模式，通过在 $\boldsymbol{H}$ 场应用矢量亥姆霍兹算子并利用空腔墙边界条件的诺伊曼型

$$\hat{\boldsymbol{n}}\times\nabla\times\boldsymbol{H}=0 \tag{3.110}$$

获得，方程组阶数为 468。（没有方程可被边界条件消除，因为它是个“自然”条件。）对于横向电场（TE）模型，通过将场 $\boldsymbol{E}$ 作为横向矢量，并利用空腔墙边界条件的诺伊曼型

$$\hat{\boldsymbol{n}}\times\boldsymbol{E}=0 \tag{3.111}$$

获得，方程组阶数为 369。（对于 TE 边界条件，每个边界消除两个方程。）一旦构建了方程组，可以使用一个矩阵特征值运算法则来解决广义矩阵特征值问题。

从表 3.3 可以看出，非零数值结果和矩阵空腔谐振器的准确的波数显示出很好的互相关性。然而，许多数字波数为 0（TM 情况下为 324，TE 情况下为 253）。这些解来自零空间。因为零空间解是非物理的，且超过一半的结果是假定的，产生数值解的大部分计算被浪费在零空间中。因此，应该寻求是否有一些方法可以从计算空间中消除零空间。

表 3.3 中给出了采用 LT / LN 旋度一致矢量基和式（3.7）测试函数的矢量亥姆霍兹方程得到的、尺度为 1.0×0.5 的矩形腔的谐振波数的数值结果，也给出了零和最小非零结果，并与从 $k=\sqrt{\left(\frac{m\pi}{a}\right)^2+\left(\frac{n\pi}{b}\right)^2}$ 得到准确结果对比。

表 3.3　依据式（3.7）得到的尺度为 1.0×0.5 的矩形腔的谐振波数的数值结果

Mode	TM	TE	Exact
	0.000 (324)	0.000 (253)	
10		3.148	3.141 6
01		6.331	6.283 2
20		6.331	6.283 2
11	7.091	7.092	7.024 8
21	9.019	9.016	8.885 8
30		9.588	9.424 8
31	11.601	11.595	11.327 2
02		12.944	12.566 4
40		12.950	12.566 4
12	13.367	13.363	12.953 1

Nédélec 旋度一致空间用于解决这个问题。因为零空间解有式（3.107）所示

的形式，一种途径是设法抑制扩展集中这种形式的解。实际上，线性表示

$$\boldsymbol{f}(x,y)=(a_0+a_1x+a_2y)\hat{\boldsymbol{x}}+(b_0+b_1x+b_2y)\hat{\boldsymbol{y}} \tag{3.112}$$

可被分解为两部分

$$\boldsymbol{f}_{\text{curl}}(x,y)=\left(a_0+\frac{a_2-b_1}{2}y\right)\hat{\boldsymbol{x}}+\left(b_0+\frac{b_1-a_2}{2}x\right)\hat{\boldsymbol{y}} \tag{3.113}$$

和

$$\boldsymbol{f}_{\text{grad}}(x,y)=\left(a_1x+\frac{a_2+b_1}{2}y\right)\hat{\boldsymbol{x}}+\left(\frac{b_1+a_2}{2}x+b_2y\right)\hat{\boldsymbol{y}} \tag{3.114}$$

其中，$\boldsymbol{f}_{\text{curl}}+\boldsymbol{f}_{\text{grad}}=\boldsymbol{f}$[35]。注意到

$$\boldsymbol{f}_{\text{grad}}=\nabla\left\{\frac{a_1}{2}x^2+\frac{a_2+b_1}{2}xy+\frac{b_2}{2}y^2\right\} \tag{3.115}$$

在这种情况下，与 $\boldsymbol{f}_{\text{grad}}$ 关联的 3 个自由度仅能表示零空间解，因为这些函数有相等的零旋度。通过利用式（3.113）形式的表示，可以舍去这些自由度。图 3.4 描述的式（3.9）的混合阶基函数在式（3.113）中有笛卡儿形式。这些基函数仅涉及网格的每条边的一个未知量，如果用它们来代替式（3.7）中完全线性集，可以将方程组（在 TM 情况下）的阶数从 468 减小至 234，在 TE 情况下从 396 减小至 198。使用缩减集，可以得到表 3.4 描述的结果。

表 3.4 中给出了从采用 LT / LN 旋度一致矢量基和式（3.9）的测试函数的矢量亥姆霍兹方程得到的、尺度为 1.0×0.5 的矩形腔的谐振波数的数值结果，也给出了零和最小非零结果，并与从 $k=\sqrt{\left(\frac{m\pi}{a}\right)^2+\left(\frac{n\pi}{b}\right)^2}$ 得到准确结果对比。

表 3.4　依据式（3.9）得到尺度为 1.0×0.5 的矩形腔的谐振波数的数值结果

Mode	TM	TE	Exact
	0.000 (90)	0.000 (55)	
10		3.139	3.141 6
01		6.259	6.283 2
20		6.259	6.283 2
11	7.023	7.024	7.024 8
21	8.919	8.915	8.885 8
30		9.347	9.424 8
31	11.362	11.356	11.327 2
02		12.374	12.566 4
40		12.380	12.566 4
12	12.813	12.811	12.953 1

由表 3.4 可以发现零空间解的数量在 TM 情况下减小了 234，在 TE 情况下减小了 198。非零结果的数量依然和表 3.3 相同。换句话说，通过从 LT/LN 基到 CT/LN 的移动消减自由度用于生成额外的零空间解。此外，CT/LN 特征值似乎比 LT/LN 产生的那些稍精确。

式（3.113）中基函数的混合阶空间组成旋度一致 Nédélec 空间的最低阶（$p=0.5$）成员，并去除与二次多项式的梯度关联的式（3.114）的自由度，结果空间不能去除所有可能的解空间的梯度；事实上，表 3.4 中仍然有一些零空间解。然而，Nédélec 空间消除了在父空间基函数的定义范围内可以在本地消除的所有梯度自由度。在一定程度上，它们是“容易”被丢弃的。通过限制已在子空间定义的线性方程组，剩下的梯度自由度只能被全局消除。

Nédélec 空间可以推广到任意阶。$p=1.5$ 阶 Nédélec 空间是线性二次矢量空间，可以去除与长方体多项式关联的一些自由度。与一个矢量二次空间关联的自由度可表示为

$$\begin{aligned}\boldsymbol{f}=&\left(a_0+a_1x+a_2y+a_3x^2+a_4xy+a_5y^2\right)\hat{\boldsymbol{x}}\\&+\left(b_0+b_1x+b_2y+b_3x^2+b_4xy+b_5y^2\right)\hat{\boldsymbol{y}}\end{aligned}\tag{3.116}$$

分为两个子集[35]

$$\begin{aligned}\boldsymbol{f}_{\text{curl}}=&\left(a_0+a_1x+a_2y+\frac{a_4-2b_3}{3}xy+\frac{2a_5-b_4}{3}y^2\right)\hat{\boldsymbol{x}}\\&+\left(b_0+b_1x+b_2y+\frac{2b_3-a_4}{3}x^2+\frac{b_4-2a_5}{3}xy\right)\hat{\boldsymbol{y}}\end{aligned}\tag{3.117}$$

$$\begin{aligned}\boldsymbol{f}_{\text{grad}}=&\left(a_3x^2+\frac{2(a_4+b_3)}{3}xy+\frac{(a_5+b_4)}{3}y^2\right)\hat{\boldsymbol{x}}\\&+\left(\frac{(b_3+a_4)}{3}x^2+\frac{2(b_4+a_5)}{3}xy+b_5y^2\right)\hat{\boldsymbol{y}}\end{aligned}\tag{3.118}$$

在这种情况下，式（3.118）的 4 个自由度仅能用于表示一个长方体多项式的梯度。通过去除这些自由度，可以改善求解过程。表示线性切线或二次法线（LT/QN）的一个新的旋度一致基函数集可用于表示式（3.117）中的自由度。这些函数涉及 8 个自由度，起初看起来，将它们用于三角形单元并不直观。为每条边的切向场分配两个自由度，这些自由度被邻接单元共享，以利用切向矢量连续性。式（3.117）剩下的两个自由度将分配给单元自身，以这样一种方式使它们对单元边的切向场无贡献。这些函数的具体构成在第 4 章和 5 章中介绍。LT/QN 函数可被认为以 6 个 LT/LN 函数集开始，每个单元增加两个基函数沿单元边界提供二次法向分量。

为总结之前的例子，表 3.5 给出了矩形空腔谐振器的振荡波数的模拟结果即矩形腔体的 LT/QN 结果，通过解 LT/QN 基和测试函数的矢量亥姆霍兹方程得到。每条边有两个未知量，每个单元有两个未知量，在 TM 情况下方程组的阶数为 756。对于 TE 情况，使用边界条件使方程组阶数缩减至 684。表 3.5 的结果比 LT/LN 和 CT/LN 结果的精确性有所提高，并与 LT/LN 结果的零空间特征值的数量完全相同。本质上，分配给 LT/QN 基空间的两个“额外”自由度充分提高了精度而没有增加任何额外的零空间解。事实上，它们是完成 $p=1.5$ 阶表示所必需的最小额外自由度。

表 3.5　矩形腔体的 LT/QN 结果

Mode	TM	TE	Exact
	0.000 (324)	0.000 (253)	
10		3.141 6	3.141 6
01		6.283 2	6.283 2
20		6.283 2	6.283 2
11	7.025 0	7.025 0	7.024 8
21	8.886 6	8.886 6	8.885 8
30		9.424 9	9.424 8
31	11.329 5		11.327 2
02		12.566 8	12.566 4
40		12.566 8	12.566 4
12	12.954 7	12.954 6	12.953 1

四面体单元也可采用 3D Nédélec 混合阶旋度一致空间[34]。在单体坐标下，四面体单元的 3D 基函数类似于三角形单元的 2D 基函数。这些空间的特定基函数将在第 4 章和 5 章中介绍。另外，四面体和长方体单元的混合阶空间在参考文献[34]中定义。这些空间需要额外项，需要创造一个对称的基函数集。因此，4 个 $p=0.5$ 函数（代替 3 个）被用于四边形单元，12 个 $p=0.5$ 函数被用于长方体单元。四边形单元的每条边 2 个（被邻接单元共用）函数，每个单元 4 个（完全局部）函数，总共 12 个 $p=1.5$ 函数，而在长方体单元定义一个 LT/QN 函数需要 54 个 $p=1.5$ 阶的函数。

Nédélec 旋度一致空间去除一些与矢量亥姆霍兹运算的零空间相关联的自由度。它们也改善该算子数字离散化项的平衡，这是因为基函数的旋度对于与基函数本身的相同多项式阶是完备的。因此，即使该算子没有零空间，混合阶基函数会很好适应包含首要阶的旋度算子。

混合阶散度一致空间对于处理电场积分方程或包含一个散度运算的其他方程也是有意义的。Nédélec 在他 1980 年的论文中也描述了散度一致空间。在二维空间，散度一致空间和旋度一致空间紧密联系（一个的基函数是另一个的 90 度旋转）。这个简单的关系不适用于三维空间，三维散度一致空间消除了一些与高阶（矢量）多项式的旋度相关联的自由度。在旋度一致情况下，这些空间可以产生出许多不同的基集。这两个专门的族将在第 4 章和 5 章中介绍。

3.13 德拉姆综合体

德拉姆综合体是用来表征通过微分算子关联的不同空间的函数的一个数学结构。在电磁学中，这个“综合体”由 3 个微分算子和 4 个从 $\boldsymbol{L}^2$ 的 2 个副本（平方可积的标量函数空间）及 $\boldsymbol{L}^2$ 的另 2 个副本（平方可积的矢量函数空间）获得的矢量空间组成。不同空间的各种电磁量由算子类型决定并受算子类型影响。例如，电压电势场属于标量函数空间。标量函数（0-form）可用属于函数空间 H^1（满足一阶索博列夫范数的函数，这个函数和它的梯度是平方可积的）的泛函数 ϕ 表示[36]。相比之下，电场和磁场属于必须是旋度一致的空间，这些 1-forms，属于函数空间 $\boldsymbol{H}$（curl），用矢量函数 $\boldsymbol{v}$ 表示。电和磁感应强度是 2-forms，属于一个散度一致空间 $\boldsymbol{H}$（div），可以被广义矢量函数 $\boldsymbol{f}$ 所表示。电荷密度是 3-forms，可被广义平方可积函数 ρ 表示。

典型的德拉姆综合体是由在一个边界条件固定的单连通域 $\mathcal{B}$ 限制的一个单连通域 D（无洞）中的梯度（$\mathrm{grad}_{\mathcal{B}}$）、旋度（$\mathrm{curl}_{\mathcal{B}}$）和散度（$\mathrm{div}_{\mathcal{B}}$）算子定义的。为了说明，限制该综合体函数使其满足齐次边界条件：

$$\begin{aligned} &\phi = 0 \quad \text{on } \mathcal{B} \\ &\hat{n} \times \boldsymbol{v} = 0 \quad \text{on } \mathcal{B} \\ &\hat{n} \cdot \boldsymbol{f} = 0 \quad \text{on } \mathcal{B} \end{aligned} \tag{3.119}$$

连续和离散情况下的德拉姆综合体如图 3.13 所示，图中的德拉姆图解表示该综合体在“连续”情况下并描述了矢量空间 $\boldsymbol{H}_0^1$、$\boldsymbol{H}_0(\mathrm{curl})$、$\boldsymbol{H}_0(\mathrm{div})$、$\boldsymbol{L}_0^2$ 间的关系；0 下标用在 $\boldsymbol{H}_0^1$、$\boldsymbol{H}_0(\mathrm{curl})$、$\boldsymbol{H}_0(\mathrm{div})$ 中表示这些空间满足齐次边界条件，而 $\boldsymbol{L}_0^2$ 表示 L^2 函数有 0 均值。

$$
\begin{array}{ccccccc}
H_0^1 & \xrightarrow{\nabla} & \boldsymbol{H}_0(\text{curl}) & \xrightarrow{\nabla\times} & \boldsymbol{H}_0(\text{div}) & \xrightarrow{\nabla\cdot} & L_0^2 \\
\downarrow\Pi & & \downarrow\Pi^{\text{curl}} & & \downarrow\Pi^{\text{div}} & & \downarrow P_L \\
W^0 & \xrightarrow{\nabla} & \boldsymbol{W}^1(\text{curl}) & \xrightarrow{\nabla\times} & \boldsymbol{W}^2(\text{div}) & \xrightarrow{\nabla\cdot} & W^3
\end{array}
$$

图 3.13　连续和离散情况下的德拉姆综合体

图 3.13 中说明了在有限维度空间上连续情况下的离散化过程的“投影”的空间；包括投影（或插值）过程以及可能会或可能不会明确定义的过程。

从图中的关系可以看出，ϕ 必须连续穿过介质表面以使 $\phi \in H_0^1$；类似地，$\boldsymbol{v}$ 的切向分量和 $\boldsymbol{f}$ 的法向分量必须连续穿过介质表面以使 $v \in \boldsymbol{H}_0(\text{curl})$ 和 $f \in \boldsymbol{H}_0(\text{div})$。

此外，理解图 3.13 所示的每个算子的范围与该序列中下一个算子的零空间一致是非常重要的。例如，亥姆霍兹分解定理表明任意一个矢量函数 $\boldsymbol{v}$ 可以被分解成一个螺旋部分（0 散度）和另一个有 0 旋度（无旋）的部分，矢量 $\boldsymbol{v} \in \boldsymbol{H}_0(\text{curl})$ 的空间由标量 $\phi \in H_0^1$（在 $\mathcal{B}$ 为 0）的梯度的所有无旋矢量形成的子空间，加上与梯度垂直的矢量子空间（也就是散度一致场的切向分量在 $\mathcal{B}$ 为零时）构成。因此，$\phi \in H_0^1$ 的所有梯度形成的子空间被算子 $\nabla \times \text{into} \quad f = 0$ ［$\boldsymbol{H}_0(\text{div})$ 的零空间］映射。

在进行微分或积分方程［使用有限元素法（FEM）或力矩法（MoM）］数值计算求解时，首先要为未知量选择恰当的有限维子空间（在选择基函数时）。离散化方案也按照图 3.13 所示的德拉姆综合体的分离形式是有益的，因此需要基函数的一致性为

$$
\begin{aligned}
W^0 &\subset \text{dom}\left(\text{grad}_{\mathcal{B}}\right) \\
\boldsymbol{W}^1(\text{curl}) &\subset \text{dom}\left(\text{curl}_{\mathcal{B}}\right) \\
\boldsymbol{W}^2(\text{div}) &\subset \text{dom}\left(\text{div}_{\mathcal{B}}\right)
\end{aligned}
\tag{3.120}
$$

其中 W^0、$\boldsymbol{W}^1(\text{curl})$ 和 $\boldsymbol{W}^2(\text{div})$ 表示基函数所有可能的线性组合产生的线性空间。

在离散情况下，基函数的“一致性”需要穿过用于离散 ϕ 的基函数的网格的边和面的一致性，以及分别用于离散函数 $\boldsymbol{v}$ 和 $\boldsymbol{f}$ 的矢量基函数的切向和法向分量的一致性。如果

$$
\begin{aligned}
&\nabla W^0 \text{是} \text{curl}_{\mathcal{B}} \text{在} \boldsymbol{W}^1 \text{中的核} \\
&\nabla \times \boldsymbol{W}^1 \text{是} \text{div}_{\mathcal{B}} \text{在} \boldsymbol{W}^2 \text{中的核}
\end{aligned}
$$

图 3.13 的离散化序列是“准确的”。此外，如果① 图 3.13 的图解的顶部和底部行是准确的，② 图 3.13 的整个图解是可交换的，则满足交换图解特性。后半部分的需求表示，例如，如果 $\phi \in H_0^1$，$\boldsymbol{v} \in \boldsymbol{H}_0(\text{curl})$ 且 $\boldsymbol{v} = \nabla\phi$，其中 $\boldsymbol{v}_d$、ϕ_d 是对应的“投影”（离散的）量，那么 $\boldsymbol{v}_d = \nabla\phi_d$。不是有限元空间的所有已知族都满足交换图解

特性。可以证明（在某些限制条件下）满足交换图解特性的有限元族也满足分离紧致特性[37, 38]。除其他的特性外，满足这一特性的基族在单元大小由 h 收缩到 0 时得出解析解 h-收敛。

本书讨论的旋度和散度一致基函数张成 Nédélec 混合阶空间并与一个德拉姆准确离散序列关联。

3.14 小结

本章讨论了矢量域或流用低阶多项式函数的表示方法。介绍了矢量基函数的不同类型，重点是张成 Nédélec 混合阶空间的旋度一致基和散度一致基，详细描述了这些基函数到曲线单元的映射。随后的章节将介绍最常见形状单元的插值和分层矢量基族。

参 考 文 献

[1] D. R. Tanner and A. F. Peterson, "Vector expansion functions for the numerical solution of Maxwell's equations," *Microwave Opt. Technol*. Lett., vol. 2, pp. 331–334, Sept. 1989.

[2] A. F. Peterson, S. L. Ray, and R. Mittra, *Computational Methods for Electromagnetics*, New York, NY: IEEE Press, 1998.

[3] S. M. Rao, D. R. Wilton, and A. W. Glisson, "Electromagnetic scattering by surfaces of arbitrary shape," *IEEE Trans. Antennas Propag*., vol. AP-30, pp. 409–418, May 1982.

[4] A. Bossavit, "A rationale for edge-elements in 3-D fields computations," *IEEE Trans. Magn*., vol. 24, no. 1, pp. 74–79, Jan. 1988.

[5] J. P. Webb, "Edge elements and what they can do for you," *IEEE Trans. Magn*., vol. 29, pp. 1460–1465, Mar. 1993.

[6] G. Mur, "Edge elements, their advantages and their disadvantages," *IEEE Trans. Magn*., vol. 30, pp. 3552–3557, Sept. 1994.

[7] A. Bossavit, "Whitney forms: a class of finite elements for three-dimensional computations in electromagnetics," *IEE Proc*., vol. 135, pt. A, no. 8, pp. 493–500, 1988.

[8] P. A. Raviart and J. M. Thomas, "A mixed finite element method for 2nd order elliptic problems," in *Mathematical Aspects of Finite Element Methods*, A. Dold and B. Eckmann, eds., New York, NY: Springer-Verlag, pp. 292–315, 1977.

[9] R. N. Rieben, D. A. White, and G. H. Rodrigue, "Improved conditioning of finite element matrices using new high-order interpolatory bases," *IEEE Trans. Antennas Propag.*, vol. 52, pp. 2675–2683, Oct. 2004.

[10] D. R. Wilton, "Topological considerations in surface patch and volume cell modeling of electromagnetic scatterers," *Proceedings of the URSI Symposium on Electromagnetic Theory*, Santiago de Compostela (Spain), pp. 65–68, Aug. 23–26, 1983.

[11] G. F. Carey, *Computational Grids*, Bristol: Taylor and Francis, 1997.

[12] G. Xiao, "Applying loop-flower basis functions to analyze electromagnetic scattering problems of PEC scatterers," *Int. J. Antennas Propag.*, vol. 2014, Article 905935, 2014.

[13] F. P. Andriulli, "Loop–star and loop-tree decompositions: analysis and efficient algorithms," *IEEE Trans. Antennas Propag.*, vol. 60, pp. 2347–2356, May 2012.

[14] R. Albanese and G. Rubinacci, "Integral formulation for 3D eddy-current computation using edge elements," *IEE Proc.* A, vol. 135, pp. 457–462, Sept. 1988.

[15] R. Albanese and G. Rubinacci, "Analysis of three-dimensional electromagnetic fields using edge elements," *J. Comp. Phys.*, vol. 108, pp. 236–245, Oct. 1993.

[16] J. B. Manges and Z. J. Cendes, "A generalized tree–cotree gauge for magnetic field computations," *IEEE Trans.* Magn., vol. 31, pp. 1342–1347, May 1995.

[17] L. Bai, An Efficient Algorithm for *Finding the Minimal Loop Basis of a Graph and its Application in Computational Electromagnetics*, M. S. Thesis, University of Illinois, 2000.

[18] G. Vecchi, "Loop star decomposition of basis functions in the discretization of the EFIE," *IEEE Trans. Antennas Propag.*, vol. 47, pp. 339–346, Feb. 1999.

[19] A. F. Peterson, "Absorbing boundary conditions for the vector wave equation," *Microwave Opt. Technol. Lett.*, vol. 1, pp. 62–64, April 1988.

[20] F. Collino, F. Millot, and S. Pernet, "Boundary-integral methods for iterative solution of scattering problems with variable impedance surface conditions," *Progr. Electromagn. Res.*, vol. PIER 80, pp. 1–28, 2008.

[21] P. Yla-Oijala, S. P. Kiminki, and S. Javenpaa, "Solving IBC-CFIE with dual basis functions," *IEEE Trans. Antennas Propag.*, vol. 58, pp. 3997–4004, Dec. 2010.

[22] W.-D. Li, W. Hong, H.-X. Zhou, and Z. Song, "Novel Buffa–Christiansen functions for improving CFIE with impedance boundary condition," *IEEE Trans. Antennas Propag.*, vol. 60, pp. 3763–3771, Aug. 2012.

[23] M. H. Smith and A. F. Peterson, "Numerical solution of the CFIE using vector bases and dual interlocking meshes," *IEEE Trans. Antennas Propag.*, vol. 53, pp. 3334–3339, Oct. 2005.

[24] F. P. Andriulli, K. Cools, H. Bagci, F. Olyslager, A. Buffa, S. H. Christiansen, and E. Michielssen, " A multiplicative Calderon preconditioner for the electric field integral

equation," *IEEE Trans. Antennas Propag.*, vol. 56, pp. 2398–2412, Aug. 2008.

[25] M. B. Stephanson and J.-F. Lee, "Preconditioned electric field integral equation using Calderon identities and dual loop/star basis functions," *IEEE Trans. Antennas Propag.*, vol. 57, pp. 1274–1279, Apr. 2009.

[26] A. Buffa and S. H. Christiansen, "A dual finite element complex on the barycentric refinement," *Math. Comput.*, vol. 76, pp. 1743–1769, 2007.

[27] R. Chang and V. Lomakin, "Quadrilateral barycentric basis functions for surface integral equations," *IEEE Trans. Antennas Propag.*, vol. 61, pp. 6039–6050, Dec. 2013.

[28] D. H. Schaubert, D. R. Wilton, and A. W. Glisson, "A tetrahedral modeling method for electromagnetic scattering by arbitrarily shaped inhomogeneous dielectric bodies," *IEEE Trans. Antennas Propag.*, vol. AP-32, pp. 77–85, Jan. 1984.

[29] R. A. Lemdiasov and R. Ludwig, "The determination of linearly independent rotational basis functions in volumetric electric field integral equations," *IEEE Trans. Antennas Propag.*, vol. 54, pp. 2166–2169, July 2006.

[30] A. Obi, R. Lemdiasov, and R. Ludwig, "Minimizing the 3D solenoidal basis set in method of moments based volume integral equation," *ACES J.*, vol. 28, pp. 903–908, Oct. 2013.

[31] R. D. Graglia, D. R.Wilton, and A. F. Peterson, "Higher order interpolatory vector bases for computational electromagnetics," special issue on "Advanced Numerical Techniques in Electromagnetics," *IEEE Trans. Antennas Propag.*, vol. 45, no. 3, pp. 329–342, Mar. 1997.

[32] C.W. Crowley, *Mixed-order Covariant Projection Finite Elements for Vector Fields*, Ph.D. Dissertation, McGill University, Montreal, Quebec, Feb. 1988.

[33] A. F. Peterson, *Mapped Vector Basis Functions for Electromagnetic Integral Equations*, San Rafael, CA: Morgan & Claypool Synthesis Lectures, 2006.

[34] J. C. Nédélec, "Mixed finite elements in R3," *Numer. Math.*, vol. 35, pp. 315–341, 1980.

[35] A. F. Peterson and D. R.Wilton, "Curl-conforming mixed-order edge elements for discretizing the 2D and 3D vector Helmholtz equation," in *Finite Element Software for Microwave Engineering*, T. Itoh, G. Pelosi, and P. P. Silvester, eds., New York, NY: Wiley, pp. 101–125, 1996.

[36] L. Demkowicz, *Computing with hp-Adaptive Finite Elements, Volume 1*. Boca Raton, FL: Chapman and Hall, 2007.

[37] P. Monk and L. Demkowicz, "Discrete compactness and the approximation of Maxwell's equations in R3," *Math. Comput.*, vol. 70, no. 234, pp. 507–523, 2000.

[38] D. Boffi, "A note on the De Rham complex and a discrete compactness property," *Appl. Math. Lett.*, vol. 14, pp. 33–38, 2001.

第 4 章
任意阶插值矢量基

第 3 章介绍了几种类型的低阶矢量基函数，用于表示在一致网格中的矢量场。这里提出了任意阶多项式的插值矢量基。正如在前面的章节中所述，本章我们将重点放在主要的典型单元形态上，即针对二维域的三角形和四边形，针对三维域的四面体、长方体和三角棱柱。在第 2 章和第 3 章的讨论中，网状 x-y-z——子空间的单元由不同的映射［$\boldsymbol{r}=\boldsymbol{r}(\boldsymbol{\xi})$］来定义，$\boldsymbol{r}=\boldsymbol{r}(\boldsymbol{\xi})$ 表示父空间 $\boldsymbol{\xi}$ 向每个子空间 $\boldsymbol{r}$ 的映射关系，例如，第 2 章所述的插值形状函数。本章的内容是本书作者以及合作作者撰写的参考文献[1]和[2]的扩展和系统论述。

4.1　矢量基的发展

关于矢量基函数有很多文献，始于由 Raviart 和 Thomas[3]撰写的关于散度一致基的论文和 Nédélec[4]撰写的关于旋度一致基的论文。在整个 20 世纪 80 年代和 20 世纪 90 年代，有许多论文提出了矢量基函数在电磁散射、涡流分析和波导分析中的应用，包括参考文献[5-28]。这些论文提出在 2D 中的三角形和四边形单元形态的矢量基，以及 3D 中的长方体的矢量基。在这些论文中有一些阐述了矢量基函数到弯曲单元的映射[14,16,26,27]。早期试图解决关于波导的矢量亥姆霍兹方程的尝试被杂散模式的外观弄得复杂化，旋度一致矢量基的使用可以消除伪解[21,24]。在参考文献[2, 29, 30]中，矢量基也被扩展到三角棱柱。

多数早期文章提出的是低阶函数，而高阶函数随时间慢慢发展起来。

4.2 矢量基的构造

更高的 p 阶矢量基[①]由零阶基矢量 $\boldsymbol{B}$ 与到 p 阶的标量多项式的乘积构成。这种构建技术使用的标量多项式，以及零阶的基矢量，可以方便地通过父变量 $\boldsymbol{\xi}$ 定义。

通过乘性结构过程获得的高阶基易于继承零阶基矢量 $\boldsymbol{B}$ 的重要属性。例如：

① 具有穿过相邻元素的连续切向或法向分量的高阶基可以通过将零阶基矢量 $\boldsymbol{B}$（已经在相邻元素上满足了这些属性）与连续穿过邻近元素的高阶标量函数相乘得到。

② 属于 p 阶标量基的高阶标量多项式与 Nédélec 类的零阶矢量 $\boldsymbol{B}$，总能得到满足 p 阶 Nédélec 约束方程的矢量函数。（这些约束用于在表象中消除一些 DoF，在 3.12 节讨论。）这是由于 Nédélec 约束方程使矢量分量的 p 阶偏导数的线性组合为零。[②]

在可以构建的完全多项式基中，Nédélec 基是非常重要的，由于它的旋度或散度一致的属性（见上面的观点①）并且具有下面的等效自由度最小的属性（见 3.12 节）：

① 对于固定完全多项式的一致基，Nédélec 函数利用旋度或散度运算符最小化零度空间自由度的数目，就此而言就是依据父空间中的基函数定义，消除所有能在本地消除的零度空间自由度。

② 对于固定完全多项式的一致基，Nédélec 函数通过最小数量的额外自由度达到近似值的更高阶。

因此，本章只考虑由零阶 Nédélec 矢量基函数 $\boldsymbol{B}$ 与插值获得的多项式族相乘构建的高阶基。在第 5 章中用一个近似的方案构建分级基。这里，简单地通过定义恰当的内插结构多项式 $I_{\text{interp}}(\boldsymbol{\xi})$，使其连续通过邻近不同形态的元素，推导一个任意高阶形式的内插多项式矢量基

$$I_{\text{interp}}(\boldsymbol{\xi})\boldsymbol{B} \tag{4.1}$$

在数值应用中，高阶基函数[式（4.1）]的旋度和散度可以便捷地通过 $I_{\text{interp}}(\boldsymbol{\xi})$ 梯度

① 回顾第 3 章，最有用的矢量基是旋度和散度一致的，它们有分别穿过相邻元素的连续切向和法向分量。

② 关于 Nédélec 约束方程的更多知识，感兴趣的读者可以阅读参考文献[4, 11]。

来计算，由于

$$\nabla\times\left[I_{\text{interp}}(\xi)\boldsymbol{B}\right]=\nabla I_{\text{interp}}(\xi)\times\boldsymbol{B}+I_{\text{interp}}(\xi)\nabla\times\boldsymbol{B} \tag{4.2}$$

$$\nabla\cdot\left[I_{\text{interp}}(\xi)\boldsymbol{B}\right]=\nabla I_{\text{interp}}(\xi)\cdot\boldsymbol{B}+I_{\text{interp}}(\xi)\nabla\cdot\boldsymbol{B} \tag{4.3}$$

此外，本章考虑的所有内插矢量基在规则的内插网格上具备内插点。①对于每一个典型单元，内插点的规律分布由拉格朗日插值多项式（由父变量ξ定义）的扩展得到。这些多项式（针对每一种“典型”单元）的细节将在本章的其余部分中详细讨论。本章会提供关于每种“典型”空间单元的零阶基矢量（在第 3 章中讨论过的）的简短回顾。

不论多项式阶数是多少，矢量基函数都可以通过边和梯度基函数来表示，这些在第 2 章中介绍过，在第 3 章中详细讨论过。边矢量的数目等于空间单元边的数目，而梯度矢量$\nabla\xi_i$的数目等于空间单元父变量的数目（后者等于 2D 空间单元边的数目，等于 3D 空间单元面的数目）。表 4.1 提供了关于所有边和梯度矢量综合框架，还有每种典型单元中的父变量从属关系。为了参考方便，本章涉及的所有表格会在 4.8 节给出。

正如在第 2 章中讨论过的，2D 空间单元用两个独立的父变量加（n_e-2）个从属父变量来描述，这里n_e是空间单元边的数目。同样，3D 空间单元用 3 个独立的父变量加（n_f-3）个从属父变量来描述，这里n_f是空间单元面的数目。对于 2D 空间单元和 3D 空间单元，在表 4.1 的第 3 列给出的从属关系的数目分别等于（n_e-2）和（n_f-3）。

在表 4.1 中还应注意，在这种关系中，仅用 1 个下标来标记 2 维空间单元的边矢量（$\boldsymbol{\ell}_i$），用 2 个下标来表示 3 维空间单元的边矢量（$\boldsymbol{\ell}_{ij}=-\boldsymbol{\ell}_{ji}$）。这么做不会带来歧义，因为每一条边矢量与空间单元的一条边是正切的，用 1 个或 2 个下标分别对应 2D 和 3D 情况。②换句话说，标记每条边矢量的下标是用来标记被空间矢量正切的空间单元的边的。

---

① 读者应该注意，实际上，只要不违背矢量基的切向或法向连贯地穿过邻近元素的准则，可以随意选择插值网格，见参考文献[31, 32]。

② 回顾第 2 章，2D 空间单元的第 i 条边沿着坐标线 $\xi_i=0$，而 3D 空间单元的边 ij 是沿着坐标面 $\xi_i=0$，$\xi_j=0$ 的公共线。

4.3 针对典型 2D 空间单元的零阶矢量基

在第 3 章中将三角形单元和四边形单元的零阶 Nédélec 旋度（和散度）一致基定义为它们插入一个与其中点元素的第 i 条边切向（或法向）的矢量分量。这些基及其主要属性在表 4.2、表 4.3 中给出。注意，表 4.2、表 4.3 给出的基是未归一化的；它们的归一化形式①通过 4.6 节中对更高阶表示形式的表述设置 p 到 0 阶得到（见表 4.9 和表 4.10）。

表 4.2 中的旋度一致函数［$\boldsymbol{\Omega}_i(\boldsymbol{r})$］向空间单元第 i 条边插入一个切向分量，而沿空间单元其余的边，它的切向分量为零；在直线元素上，沿元素的边，这些基有恒定的切向分量和线性的法向（CT/LN）分量。同样，表 4.3 中的散度一致函数［$\Lambda_i(\boldsymbol{r})$］向空间单元第 i 条边插入一个法向分量，而沿空间单元其余的边，它的法向分量为零；在直线元素上，沿元素的边，这些基有恒定的法向分量和线性的切向分量（CN/LT）。这些基通常被称为“边缘基”[22]，因为在数值解中基系数能够被解释成沿着它表示的矢量的边的（未归一化的）切向或法向分量。

如第 3 章所述，二维空间元素（表 4.3 给出的）散度一致基可以通过相关的旋度一致基与归一化到元素的单位矢量 $\hat{\boldsymbol{n}}$ 的矢量积获得。在表 4.2 和 4.3 中，$\mathcal{J}$ 表示从父空间向子空间坐标转换的雅可比。

不管表 4.2、表 4.3 中基的线性项的变现形式是什么样的，这些基的集对于第一阶仍然不完全清晰，因为在平面上两个独立的矢量分量构建线性变量需要 6 个自由度。例如，旋度一致切向基没有无旋度组合 $\xi_1\nabla\xi_1$、$\xi_2\nabla\xi_2$ 和 $\xi_1\nabla\xi_2+\xi_2\nabla\xi_1$，这些是第一阶需要完成的基。相似地，散度一致切向基没有无散度组合 $\xi_1\boldsymbol{\ell}_1/\mathcal{J}$、$\xi_2\boldsymbol{\ell}_2/\mathcal{J}$ 和 $(\xi_1\boldsymbol{\ell}_2+\xi_2\boldsymbol{\ell}_1)/\mathcal{J}$。然而，零阶的完成度是可以保证的，因为两个线性组合（超出了表 4.2、表 4.3 中第二行的范围）能够表示在 2D 空间单元上两个独立的基矢量。

作为 Nédélec 条件的结果，旋度一致基 $\boldsymbol{\Omega}_i$［和散度一致基 $\Lambda_i(\boldsymbol{r})$］在旋度（或散度）上对于同样阶的基是完备的。这些可以从表 4.2（或表 4.3）的第三行结果中得到。

---

① 因为实际的空间边是不等长的，为了在数值应用中避免出现较大误差，零阶基一直需要被归一化。

4.4　典型 3D 空间单元的零阶矢量基

对于典型的立体空间单元（四面体、长方体和棱柱）零阶旋度和散度一致基及其主要属性分别在表 4.4 和 4.5 中给出。尽管对于四面体和长方体的零阶基已经在第 3 章中讨论过了，读者还是可以在 4.7 节找到更多的细节。表 4.4 和表 4.5 中的基是非归一化的；它们的归一化形式[①]通过将阶数设置为（本章其余部分表示的更高阶形式）p 到 0 获得。

表 4.4 中旋度一致函数 $\boldsymbol{\Omega}_{ij}(\boldsymbol{r})$ 在第 i 和第 j 面的公共边上插入一个切向分量，它的切向分量沿单元其余的边为零；在直线元素上，这些基沿元素的边具有 CT 分量。直四面体旋度一致基有沿元素边的线性法向分量，也就是它们有 CT/LN 形式。

反之，表 4.5 中的散度一致函数 $\Lambda_i(\boldsymbol{r})$ 在空间单元的第 i 个面上插入一个法向分量，它的法向分量沿单元其余的面为零；在直线元素上，这些基沿着元素的面具有 CN 分量。[②]对于四面体的散度一致基也有沿元素面的线性切向分量，它们具有 CN/LT 形式。

不管表 4.4、表 4.5 中基的线性项的形式是什么样的，这些基的集对于第一阶仍然不完全清晰，因为在旋度和散度一致的情况下它们分别是 CT 形式或 CN 形式。例如，旋度一致基不能表示旋度自由基 $\xi_i \nabla \xi_i$，其中对于四面体 $i=1,2,3,4$，对于长方体 $i=1,2,3,4,5,6$，对于棱柱 $i=1,2,4$。实际上，构建旋度一致基（除了长方体的）和散度一致基需要的函数少于 9 个，在长方体的 3 个独立分量上构建线性变量模型需要 9 个自由度。然而，零阶的完备性是可以保证的，因为三个线性组合（在表 4.4 的第三行和表 4.5 的第二行给出）能够表示一个立体元素上的 3 个独立基矢量。

旋度一致基 $\boldsymbol{\Omega}_{ij}$（和散度一致基 Λ_i）在旋度（或散度）作为基时具有相同的完备性。这些在表 4.4（或表 4.5）第三行给出。

① 再次回顾一下，在数值应用中，零阶基在使用之前一定要归一化，因为实际中网格的边和面总是不同大小的。

② 感兴趣的读者也可以证明 $\boldsymbol{\Omega}_{ij}(\boldsymbol{r})$ 与矢量积 $\Lambda_i(\boldsymbol{r})\times\Lambda_j(\boldsymbol{r})$ 成比例。

4.5 高阶矢量基构建方法

依据对零阶一致基和其 p 阶多项式基完备集的观察是构建高阶旋度和散度一致基的一个简单方法。

不同形式的标量多项式的完备集仅仅是为了便利而选择的不同形式的线性组合。

例如，一个三角形的空间单元可以通过 3 个父变量 (ξ_1,ξ_2,ξ_3) 来描述，多项式可以写成如下形式。

齐次形式：

$$\xi_1^{\alpha}\xi_2^{\beta}\xi_3^{\gamma},\quad \alpha+\beta+\gamma=p$$

非齐次形式：

$$\xi_i^{\alpha}\xi_j^{\beta},\quad 0\leqslant\alpha+\beta\leqslant p,\quad i\neq j$$

依据西尔韦斯特多项式 $R_i(p,\xi)$ 的插值形式：

$$R_{\alpha}(p,\xi_1)R_{\beta}(p,\xi_2)R_{\gamma}(p,\xi_3),\quad \alpha+\beta+\gamma=p$$

或者是在第 2 章中讨论过的变化后的插值多项式 $\widehat{R}_i(p,\xi)$，或者是其他形式的多项式（例如，属于一个分层级族的那些多项式）①。

相似地，四面体空间单元可以通过 4 个父变量 $(\xi_1,\xi_2,\xi_3,\xi_4)$ 来描述，乘性多项式可能为如下形式。

齐次形式：

$$\xi_1^{\alpha}\xi_2^{\beta}\xi_3^{\gamma}\xi_4^{\delta},\quad \alpha+\beta+\gamma+\delta=p$$

非齐次形式：

$$\xi_i^{\alpha}\xi_j^{\beta}\xi_k^{\gamma},\quad 0\leqslant\alpha+\beta+\gamma\leqslant p,\quad i\neq j\neq k$$

插值形式：

$$R_{\alpha}(p,\xi_1)R_{\beta}(p,\xi_2)R_{\gamma}(p,\xi_3)R_{\delta}(p,\xi_4),\quad \alpha+\beta+\gamma+\delta=p$$

或者是在第 2 章中讨论过的变化后的插值多项式 $\widehat{R}_i(p,\xi)$，或者是分层级多项式（例如，在第 5 章中使用的）。

4.5.1 2D 空间单元高阶矢量基的完备性

如果齐次形式被用作乘性多项式，按照表 4.2 的第二行，三角基的线性组合在两个独立的方向得到完备矢量多项式。

① 实际上，在第5章中我们利用分层级多项式构建分层级高阶矢量基。

$$\xi_1^{\alpha}\xi_2^{\beta}\xi_3^{\gamma}\left[\boldsymbol{\Omega}_2(\boldsymbol{r})-\boldsymbol{\Omega}_3(\boldsymbol{r})\right]=\xi_1^{\alpha}\xi_2^{\beta}\xi_3^{\gamma}\nabla\xi_1 \tag{4.4}$$

$$\xi_1^{\alpha}\xi_2^{\beta}\xi_3^{\gamma}\left[\boldsymbol{\Omega}_3(\boldsymbol{r})-\boldsymbol{\Omega}_1(\boldsymbol{r})\right]=\xi_1^{\alpha}\xi_2^{\beta}\xi_3^{\gamma}\nabla\xi_2 \tag{4.5}$$

得到的基的旋度是只有一个三角形分量的多项式，但是这些多项式相同阶是完备的。通过选择非齐次形式的乘法多项式是最容易表示的。旋度的完备性乘积的旋度产生自相似阶

$$\nabla\times\left[\xi_i^{\alpha}\xi_i^{\beta}\boldsymbol{\Omega}_k(\boldsymbol{r})\right]=\frac{\alpha+\beta+2}{\mathcal{J}}\xi_i^{\alpha}\xi_i^{\beta}\ \ \hat{\boldsymbol{n}},i\neq j\neq k \tag{4.6}$$

这里，$\mathcal{J}$ 是雅可比（对线性三角形为常数）。这个过程用来表示旋度一致四边形基的完备性，与上面三角形空间类似；表 4.6 总结了用来证明这种通过乘性过程获得的标准 2D 空间单元高阶旋度一致基完备性的公式。

我们省略一个与表 4.6 所示的散度一致基的表，因为 2D 空间的散度一致基可以通过元素单位矢量 $\hat{\boldsymbol{n}}$ 相关联的旋度一致基的矢量积获得。换句话说，对于 2D 空间单元，高阶散度一致基的完备性从旋度基的完备性得出。

4.5.2　3D 空间单元高阶矢量基的完备性

如果齐次形式被用作乘性多项式，按照表 4.4 的第三行，旋度一致基的线性组合在 3 个独立的方向得到完备矢量多项式。

对于四面体基：

$$\begin{aligned}
&\xi_1^{\alpha}\xi_2^{\beta}\xi_3^{\gamma}\xi_4^{\delta}\left[\boldsymbol{\Omega}_{23}(\boldsymbol{r})-\boldsymbol{\Omega}_{24}(\boldsymbol{r})+\boldsymbol{\Omega}_{34}(\boldsymbol{r})\right]=\xi_1^{\alpha}\xi_2^{\beta}\xi_3^{\gamma}\xi_4^{\delta}\nabla\xi_1,\\
&\xi_1^{\alpha}\xi_2^{\beta}\xi_3^{\gamma}\xi_4^{\delta}\left[\boldsymbol{\Omega}_{14}(\boldsymbol{r})-\boldsymbol{\Omega}_{34}(\boldsymbol{r})-\boldsymbol{\Omega}_{13}(\boldsymbol{r})\right]=\xi_1^{\alpha}\xi_2^{\beta}\xi_3^{\gamma}\xi_4^{\delta}\nabla\xi_2,\\
&\xi_1^{\alpha}\xi_2^{\beta}\xi_3^{\gamma}\xi_4^{\delta}\left[\boldsymbol{\Omega}_{12}(\boldsymbol{r})-\boldsymbol{\Omega}_{14}(\boldsymbol{r})+\boldsymbol{\Omega}_{24}(\boldsymbol{r})\right]=\xi_1^{\alpha}\xi_2^{\beta}\xi_3^{\gamma}\xi_4^{\delta}\nabla\xi_3,\\
&\text{其中 }\alpha+\beta+\gamma+\delta=p
\end{aligned} \tag{4.7}$$

对于长方体基：

$$\begin{aligned}
&\xi_1^{\alpha}\xi_2^{\beta}\xi_3^{\gamma}\xi_4^{\delta}\xi_5^{\epsilon}\xi_6^{\zeta}\left[\boldsymbol{\Omega}_{23}(\boldsymbol{r})-\boldsymbol{\Omega}_{26}(\boldsymbol{r})+\boldsymbol{\Omega}_{35}(\boldsymbol{r})+\boldsymbol{\Omega}_{56}(\boldsymbol{r})\right]=\xi_1^{\alpha}\xi_2^{\beta}\xi_3^{\gamma}\xi_4^{\delta}\xi_5^{\epsilon}\xi_6^{\zeta}\nabla\xi_1,\\
&\xi_1^{\alpha}\xi_2^{\beta}\xi_3^{\gamma}\xi_4^{\delta}\xi_5^{\epsilon}\xi_6^{\zeta}\left[\boldsymbol{\Omega}_{16}(\boldsymbol{r})-\boldsymbol{\Omega}_{13}(\boldsymbol{r})-\boldsymbol{\Omega}_{34}(\boldsymbol{r})-\boldsymbol{\Omega}_{46}(\boldsymbol{r})\right]=\xi_1^{\alpha}\xi_2^{\beta}\xi_3^{\gamma}\xi_4^{\delta}\xi_5^{\epsilon}\xi_6^{\zeta}\nabla\xi_2,\\
&\xi_1^{\alpha}\xi_2^{\beta}\xi_3^{\gamma}\xi_4^{\delta}\xi_5^{\epsilon}\xi_6^{\zeta}\left[\boldsymbol{\Omega}_{12}(\boldsymbol{r})-\boldsymbol{\Omega}_{15}(\boldsymbol{r})+\boldsymbol{\Omega}_{24}(\boldsymbol{r})+\boldsymbol{\Omega}_{45}(\boldsymbol{r})\right]=\xi_1^{\alpha}\xi_2^{\beta}\xi_3^{\gamma}\xi_4^{\delta}\xi_5^{\epsilon}\xi_6^{\zeta}\nabla\xi_3,\\
&\text{其中 }\alpha+\beta+\gamma+\delta+\epsilon+\zeta=p
\end{aligned} \tag{4.8}$$

对于棱柱：

$$
\begin{aligned}
\xi_1^\alpha \xi_2^\beta \xi_3^\gamma \xi_4^\delta \xi_5^\epsilon\left[\boldsymbol{\Omega}_{24}(\boldsymbol{r})-\boldsymbol{\Omega}_{34}(\boldsymbol{r})-\boldsymbol{\Omega}_{25}(\boldsymbol{r})+\boldsymbol{\Omega}_{35}(\boldsymbol{r})\right]&=\xi_1^\alpha \xi_2^\beta \xi_3^\gamma \xi_4^\delta \xi_5^\epsilon \nabla \xi_1,\\
\xi_1^\alpha \xi_2^\beta \xi_3^\gamma \xi_4^\delta \xi_5^\epsilon\left[\boldsymbol{\Omega}_{34}(\boldsymbol{r})-\boldsymbol{\Omega}_{14}(\boldsymbol{r})-\boldsymbol{\Omega}_{35}(\boldsymbol{r})+\boldsymbol{\Omega}_{15}(\boldsymbol{r})\right]&=\xi_1^\alpha \xi_2^\beta \xi_3^\gamma \xi_4^\delta \xi_5^\epsilon \nabla \xi_2,\\
\xi_1^\alpha \xi_2^\beta \xi_3^\gamma \xi_4^\delta \xi_5^\epsilon\left[\boldsymbol{\Omega}_{12}(\boldsymbol{r})+\boldsymbol{\Omega}_{23}(\boldsymbol{r})-\boldsymbol{\Omega}_{13}(\boldsymbol{r})\right]&=\xi_1^\alpha \xi_2^\beta \xi_3^\gamma \xi_4^\delta \xi_5^\epsilon \nabla \xi_4,\\
\text{其中 } \alpha+\beta+\gamma+\delta+\epsilon&=p
\end{aligned} \tag{4.9}
$$

这里$\nabla\xi_1$、$\nabla\xi_2$和$\nabla\xi_3$是在四面体和长方体上的独立父变量的梯度矢量，而$\nabla\xi_1$、$\nabla\xi_2$和$\nabla\xi_4$是在棱柱上的独立父变量的梯度矢量。相反，旋度的完备性通过非齐次形式的多项式来证明。因此，任意$(p+1=\alpha+\beta+\gamma)$阶多项式变量能够用一个$(p+1)$阶旋度自由基加上一个通过$p$阶旋度一致函数表示的基之和的形式来表示：

$$
\begin{aligned}
(p+2)\xi_1^\alpha \xi_2^\beta \xi_3^\gamma \nabla \xi_1&=\nabla\left(\xi_1^{\alpha+1} \xi_2^\beta \xi_3^\gamma\right)+\beta \xi_1^\alpha \xi_2^{\beta-1} \xi_3^\gamma \boldsymbol{\Upsilon}_2-\gamma \xi_1^\alpha \xi_2^\beta \xi_3^{\gamma-1} \boldsymbol{\Upsilon}_1\\
(p+2)\xi_1^\alpha \xi_2^\beta \xi_3^\gamma \nabla \xi_2&=\nabla\left(\xi_1^\alpha \xi_2^{\beta+1} \xi_3^\gamma\right)+\gamma \xi_1^\alpha \xi_2^\beta \xi_3^{\gamma-1} \boldsymbol{\Upsilon}_3-\alpha \xi_1^{\alpha-1} \xi_2^\beta \xi_3^\gamma \boldsymbol{\Upsilon}_2\\
(p+2)\xi_1^\alpha \xi_2^\beta \xi_3^\gamma \nabla \xi_3&=\nabla\left(\xi_1^\alpha \xi_2^\beta \xi_3^{\gamma+1}\right)+\alpha \xi_1^{\alpha-1} \xi_2^\beta \xi_3^\gamma \boldsymbol{\Upsilon}_1-\beta \xi_1^\alpha \xi_2^{\beta-1} \xi_3^\gamma \boldsymbol{\Upsilon}_3
\end{aligned} \tag{4.10}
$$

和

$$
\begin{aligned}
&p=\alpha+\beta+\gamma-1 \geqslant 0\\
&\alpha,\beta,\gamma \geqslant 0
\end{aligned} \tag{4.11}
$$

这里的矢量：

$$
\begin{aligned}
\boldsymbol{\Upsilon}_1(\boldsymbol{r})&=\xi_1 \nabla \xi_3-\xi_3 \nabla \xi_1\\
\boldsymbol{\Upsilon}_2(\boldsymbol{r})&=\xi_2 \nabla \xi_1-\xi_1 \nabla \xi_2\\
\boldsymbol{\Upsilon}_3(\boldsymbol{r})&=\xi_3 \nabla \xi_2-\xi_2 \nabla \xi_3
\end{aligned} \tag{4.12}
$$

是旋度一致基的线性组合①，如表 4.4 所示。这里$(p+1)$阶矢量$\nabla\left(\xi_1^{\alpha+1}\xi_2^\beta\xi_3^\gamma\right)$、$\nabla\left(\xi_1^\alpha\xi_2^{\beta+1}\xi_3^\gamma\right)$和$\nabla\left(\xi_1^\alpha\xi_2^\beta\xi_3^{\gamma+1}\right)$是$(p+2)$非均匀多项式，并且无旋度（因为它们是梯度）。取式（4.10）两边的旋度，任意$(p+1)$阶矢量的旋度（为p阶矢量）总能够用p阶旋度一致基的旋度的线性组合表示。所以p阶旋度一致基的旋度在$p+1$阶矢量旋度衍生的矢量空间中是完备的。这些基在式（4.10）中以非齐次的形式出现，但是它们当然还是 4.7 节中定义的插值多项式基的线性组合。

为了得到完备在 3 个独立方向$\boldsymbol{\ell}_1$、$\boldsymbol{\ell}_2$、$\boldsymbol{\ell}_3$（对于棱柱单元有$\boldsymbol{\ell}_4$）的矢量多项式，很容易由表 4.5 中第二行给出的线性组合与齐次形式的多项式的乘积得到高阶散度一致基的完备性。相似地，在表 4.5 的第三行中，散度完备性可以容易

① 当处理棱柱元素函数时，必须在式（4.10）和式（4.12）中用ξ_4替换ξ_3，用$\boldsymbol{\Upsilon}_4=\xi_4\nabla\xi_2-\xi_2\nabla\xi_4$替换$\boldsymbol{\Upsilon}_3$。

地通过非齐次多项式形式证明。需注意，对于散度一致基，完备性相对于$1/\mathcal{J}$是加权因子。

4.5.3　移动西尔韦斯特多项式在移动元素内插值点上的应用

为了获得高阶一致基插值特性，现在利用拉格朗日插值多项式作为乘性多项式。然而，在矢量方面，不能通过西尔韦斯特多项式的乘积使用第 2 章中的形状多项式，因为它们在空间单元的边上有插值点。当构建一个带有沿空间单元边的零切向分量或法向分量的高阶插值矢量时，这样是不恰当的。对于这些函数，需要移动形状多项式的插值点，使其远离零阶基的切矢量的边和面（在旋度一致的情况下），或者是零阶基的法矢量的边和面（在散度一致的情况下）。因为不同的空间单元有不同的边界数目（也就是边或者面的数目），对于每一个空间单元移动插值点使之远离边界的过程也是不同的，这些细节会在本章的余下部分进行讨论。最简单的移动插值点使之远离边或面的方法是用移动西尔韦斯特多项式代替（未移动）第 2 章 2.2 节给出的形状函数的乘性表示中的西尔韦斯特多项式。

显然，替代前后的多项式的阶必须相等。很快就能看到，这一点表示必须增加每一个父变量ξ区间[0,1]被分割成的标准子区间的数目。为了构建第 2 章中的拉格朗日形状函数，对每一个构建形状函数的（未移动）西尔韦斯特多项式使用p 子区间。构建新的插值多项式的每一个移动或未移动的子区间的数目会高于p，并且依据父空间单元的对称性，就是说，形状多项式的总阶数和新插值多项式的阶数保持相同。

4.6　典型 2D 空间单元的矢量基

本节中，首先在 4.6.1 节和 4.6.2 节中定义用于构建矢量基的拉格朗日插值多项式，在 4.6.3 和 4.6.4 节中分别定义三角形和四边形单元的高阶基。

4.6.1　只在三角形单元的一条边上的带有边插值点的$\hat{\alpha}(p,\xi)$多项式

函数

$$\begin{aligned}&\hat{\alpha}_{IJK}^{a}\left(p,\xi_a,\xi_b,\xi_c\right)=R_I\left(p+2,\xi_a\right)\hat{R}_J\left(p+2,\xi_b\right)\hat{R}_K\left(p+2,\xi_c\right)\\&\quad\text{其中}I=0,1,\ldots,p;\quad J,K=1,2,\ldots,p+1;\\&\quad\text{且}I+J+K=p+2\end{aligned}\tag{4.13}$$

是一个 p 阶拉格朗日多项式插值点

$$(\xi_a,\xi_b,\xi_c)_{IJK}=\left(\frac{I}{p+2},\frac{J}{p+2},\frac{K}{p+2}\right)=\xi_{IJK} \tag{4.14}$$

在三角形单元内部和在边 $\xi_a=0$ 上，没有插值点在另外两个边 $\xi_b=0$ 、$\xi_c=0$ 上。$R(p+2,\xi)$ 表示一个西尔韦斯特多项式，$\hat{R}(p+2,\xi)$ 表示移动的西尔韦斯特多项式，这在 2.2 节中给出过定义。

当 $p=3$ 时，这些插值点与 $\hat{\alpha}_{IJK}^{a}(p,\xi_a,\xi_b,\xi_c)$ 有关。三角形单元上的拉格朗日插值点如图 4.1 所示。插值点有相同的 Pascal 三角形（帕斯卡三角形）对相同阶的形状多项式 $\alpha_{IJK}^{a}(p,\xi_a,\xi_b,\xi_c)$ [见式（2.34）和图 2.9]有效。除非节点沿着两条边 $\xi_b=0$、$\xi_c=0$ 已经变为三角形内部。表达式 $\hat{\alpha}_{IJK}^{a}$ 中的上角标 a 也表示在式（4.13）中出现的虚拟变量 ξ_a 的西尔韦斯特多项式未移动，然而，构建乘积式（4.13）的其他西尔韦斯特多项式被加了“^”(即移动了)。

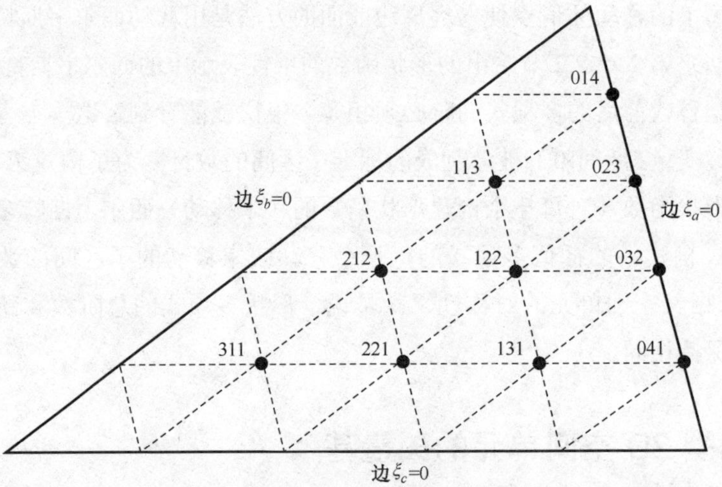

图 4.1　三角形单元上的拉格朗日插值点

图 4.1 给出了三角形单元上通过西尔韦斯特多项式和移动西尔韦斯特多项式得到的阶数 p=3 的拉格朗日插值点。

为了表示 $\hat{\alpha}_{IJK}^{a}$，已经使用了“虚”归一化坐标 (ξ_a,ξ_b,ξ_c)，因为令 ξ_a 与三维归一化坐标 (ξ_1,ξ_2,ξ_3) 中的任意一个相等没有改变虚空间中的插值序列。对于每一种情况，可通过排列边数目，然后设置，

$$\begin{gathered}(\xi_a,\xi_b,\xi_c)=(\xi_1,\xi_2,\xi_3)\\(\xi_a,\xi_b,\xi_c)=(\xi_2,\xi_3,\xi_1)\\ \text{或}(\xi_a,\xi_b,\xi_c)=(\xi_3,\xi_1,\xi_2)\end{gathered} \tag{4.15}$$

或旋转虚图案获得插值网格，例如，在图 4.1 中所示的 $p=3$ 的图案。

注意，排列后内部节图案保持不变，更重要的是，没有一个插值点是三角形的角节点。回顾图 4.1，如果三个排序后的标识插值点的三个阶下标没有一个等于零，插值点在三角形内部。位于三角形的边 $\xi_a=0$ 上的插值点的下标只有一个等于零。

在这个关系中，需要重点强调下面这个事实，在式（4.13）中使用的下标 (I,J,K)）是与虚拟变量 (ξ_a,ξ_b,ξ_c) 相关联的虚下标。所以，插值点的坐标［见式（4.14）］没有在真父空间 (ξ_1,ξ_2,ξ_3) 中给出。在真父空间中，插值点的坐标用真下标 (i,j,k) 表示：

$$(\xi_1,\xi_2,\xi_3)=\left(\frac{i}{p+2},\frac{j}{p+2},\frac{k}{p+2}\right)=\boldsymbol{\xi}_{ijk} \tag{4.16}$$

且

$$(i,j,k)=\begin{cases}(I,J,K) & 当(\xi_a,\xi_b,\xi_c)=(\xi_1,\xi_2,\xi_3)\\(K,I,J) & 当(\xi_a,\xi_b,\xi_c)=(\xi_2,\xi_3,\xi_1)\\(J,K,I) & 当(\xi_a,\xi_b,\xi_c)=(\xi_3,\xi_1,\xi_2)\end{cases} \tag{4.17}$$

依赖使用的排列式（4.15）。只有真下标 (i,j,k) 标识三个多项式基 $\hat{\alpha}_{ijk}^1$、$\hat{\alpha}_{ijk}^2$、$\hat{\alpha}_{ijk}^3$，并且它们的插值点是唯一并且连续的。

在本章的剩余部分，使用虚下标和虚拟变量按紧凑的形式表示典型单元的基。在接下来的部分，虚下标用小写字母标记 $(i,j,k,\ell,m,\text{etc.})$，就像“真”下标。这样标记就会容易一些（因为在描述虚表达式时，避免用大写字母作为下标），而“虚”下标与“真”下标的关系是明确的，很容易掌握。

三角形单元的多项式 $\hat{\alpha}_{ijk}^a(p,\xi)$ 在表 4.7 中用虚拟变量和虚下标（虚下标用小写字母标记）表示。

例如，考虑在图 4.1 中点 032 处插值的多项式 $\hat{\alpha}_{032}^a$，其函数可表示为

$$\hat{\alpha}_{032}^a=R_0(5,\xi_a)\hat{R}_3(5,\xi_b)\hat{R}_2(5,\xi_c)=\frac{1}{2}(5\xi_b-1)(5\xi_b-2)(5\xi_c-1) \tag{4.18}$$

可观察到因子 $(5\xi_b-1)$ 在 $\xi_b=1/5$ 处，或者更特殊地，在图 4.1 中节点 311、212，113、和 014 处使多项式为零。同样，因子 $(5\xi_b-2)$ 在节点 221、122 和 023 处使多项式为零。因子 $(5\xi_c-1)$ 在节点 311、221、131 和 041 处使多项式为零。那么，除了节点 032 处 $\hat{\alpha}_{032}^a=1$，插值多项式在图 4.1 中所有节点处都为零。显然，除了插值处，多项式在其他节点上均为零，这决定了插值多项式的结构。

4.6.2 只在四边形单元的一条边上的带有边插值点的$\hat{\alpha}(p,\xi)$多项式

为了构建沿四边形单元三条边有零切矢量或法矢量的高阶插值矢量函数，通过下面的$2p$阶多项式（虚下标表示），将在单元边界的形状多项式的插值点移到单元内部。

$$\hat{\alpha}^a_{ik;j\ell}(p,\xi_a,\xi_c;\xi_b,\xi_d)=R_i(p+1,\xi_a)\hat{R}_k(p+1,\xi_c)\hat{R}_j(p+2,\xi_b)\hat{R}_\ell(p+2,\xi_d),\quad i=0,1,\ldots,p;\ \ j,k,\ell=1,2,\ldots,p+1,\ \ i+k=p+1;\ \ j+\ell=p+2 \tag{4.19}$$

公式通过移动西尔韦斯特多项式和（虚）归一化坐标

$$(\xi_a,\xi_c;\xi_b,\xi_d)_{ik;j\ell}=\left(\frac{i}{p+1},\frac{k}{p+1};\frac{j}{p+2},\frac{\ell}{p+2}\right)=\xi_{ik;j\ell} \tag{4.20}$$

$$\begin{aligned}\xi_a+\xi_c&=1\\ \xi_b+\xi_d&=1\end{aligned} \tag{4.21}$$

的插值点构建。

和三角形单元一样，因为ξ_a等于 4 个归一化坐标ξ_1、ξ_2、ξ_3或ξ_4中的一个，虚插值点队列保持不变，多项式（4.19）可以便捷地用虚拟父变量和下标来表示。这些多项式在四边形单元内部和边$\xi_a=0$上插入插值点，在其他三个边$\xi_b=0$、$\xi_c=0$和$\xi_d=0$上没有插值点。与$\hat{\alpha}^a_{ik;j\ell}(p,\xi_a,\xi_c;\xi_b,\xi_d)$，$p=2$，相关的插值点，如图 4.2 所示。插值点与同阶的形状多项式$\alpha_{ik;j\ell}(p,\xi_a,\xi_c;\xi_b,\xi_d)$[见式（2.66）和图 2.18]有相同的有效排列，除非沿三个边$\xi_b=0$、$\xi_c=0$和$\xi_d=0$的插值点被转换到单元内部。在表达式$\hat{\alpha}^a_{ik;j\ell}$中上标$a$也表示出现在乘法表达式中的虚拟变量$\xi_a$的西尔韦斯特多项式未移动，而在乘积表达式中的其他西尔韦斯特多项被加了“^”(即移动了）。

注意，$\hat{\alpha}^a_{ik;j\ell}$的插值点都不在四边形的角上，并且内部插值点图案与父变量的“双”序列保持相同，也就是，举个例子，$(\xi_a,\xi_c;\xi_b,\xi_d)=(\xi_1,\xi_3;\xi_2,\xi_4)$和$(\xi_a,\xi_c;\xi_b,\xi_d)=(\xi_3,\xi_1;\xi_4,\xi_2)$。然而，通过设置$(\xi_a,\xi_c;\xi_b,\xi_d)=(\xi_2,\xi_4;\xi_1,\xi_3)$获得的节点图案不同于通过旋转 90°，设置$(\xi_a,\xi_c;\xi_b,\xi_d)=(\xi_1,\xi_3;\xi_2,\xi_4)$获得的节点图案。

用虚拟变量和下标表示的四边形单元多项式$\hat{\alpha}^a_{ik;j\ell}$在表 4.8 中给出。

举个例子：四边形单元上的拉格朗日插值点如图 4.2 所示，考虑图中的节点 12;22 处插值的多项式$\hat{\alpha}^a_{12;22}$，其函数为

$$\hat{\alpha}^a_{12;22}=R_1(3,\xi_a)\hat{R}_2(3,\xi_c)\hat{R}_2(3,\xi_b)\hat{R}_2(3,\xi_d)=(3\xi_a)(3\xi_c-1)(3\xi_b-1)(3\xi_d-1) \tag{4.22}$$

因子$3\xi_a$使多项式在$\xi_a=0$为零点，或者在图 4.2 中的节点 03;31、03;22 和 03;13 处。相似地，因子$(3\xi_c-1)$在节点 21;31、21;22 和 21;13 处使多项式为 0。因子

$(3\xi_b-1)$ 在 03;13、12;13 和 21;13 处使多项式为零。最后，$(3\xi_d-1)$ 在节点 03;31、12;31 和 21;31 处使多项式为零。那么除了节点 12;22 处 $\hat{\alpha}^a_{12;22}=1$，插值多项式在图 4.2 中定义的所有节点上均为零。

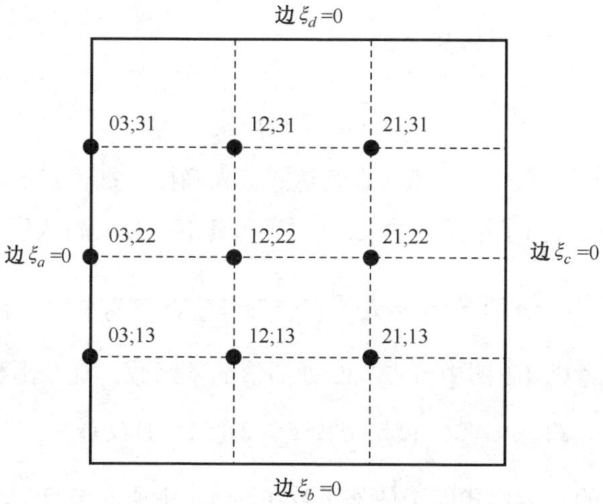

图 4.2　四边形单元上的拉格朗日插值点

图 4.2 中，在四边形单元上，通过西尔韦斯特多项式和移动西尔韦斯特多项式可得到阶数 p=2 的拉格朗日插值点。

4.6.3　三角形单元的 p 阶矢量基

表 4.9 给出了由父变量 $\{\xi_1,\xi_2,\xi_3\}$ 和（真）下标 (i,j,k) 表示的三角形单元 p 阶任意多项式的旋度和散度一致基。这些基通过将表 4.2 和表 4.3 中非归一化的零阶基与 4.6.1 节表述的 $\hat{\alpha}$ 多项式相乘得到。

4.6.3.1　三角形上的旋度一致基

表 4.9 中的高阶旋度一致基通过紧凑虚表达式（见 4.6.1 节）中的序号和下标的排序获得。

$$\boldsymbol{\Omega}^a_{ijk}(\boldsymbol{r})=N^a_{ijk}\hat{\alpha}^a_{ijk}(p,\xi_a,\xi_b,\xi_c)\boldsymbol{\Omega}_a(\boldsymbol{r})=N^a_{ijk}R_i(p+2,\xi_a)\hat{R}_j(p+2,\xi_b)\hat{R}_k(p+2,\xi_c)\boldsymbol{\Omega}_a(\boldsymbol{r}),$$
$$i=0,1,\ldots,p;\quad j,k=1,2,\ldots,p+1,\quad i+j+k=p+2 \tag{4.23}$$

p 阶基与它们旋度具备完整性，其插值多项式是在 4.5 节完整性讨论中使用的多项式形式的简单的线性组合。显然，式（4.23）的旋度为

$$\nabla\times\boldsymbol{\Omega}^a_{ijk}(\boldsymbol{r})=N^a_{ijk}\left[\nabla\hat{\alpha}^a_{ijk}\times\boldsymbol{\Omega}_a(\boldsymbol{r})+\hat{\alpha}^a_{ijk}\nabla\times\boldsymbol{\Omega}_a(\boldsymbol{r})\right] \tag{4.24}$$

式（4.23）的旋度用计算 $\hat{\alpha}_{ijk}^{a}$ 的梯度和表 4.2 中 $\boldsymbol{\Omega}_a(r)$ 和 $\nabla\times\boldsymbol{\Omega}_a(r)$ 的未归一化表达式来求解。

（1）归一化系数

归一化系数（虚表达式）：

$$N_{ijk}^{a}=\frac{(p+2)}{(p+2-i)}\ell_a\bigg|_{\xi_{ijk}} \tag{4.25}$$

选择上面基中的归一化系数（虚表达式）来确保在插值点沿 $\hat{\ell}_a$ 的元素 $\boldsymbol{\Omega}_{ijk}^{a}(r)$ 为单位值。表 4.9 给出了用父变量 $\{\xi_1,\xi_2,\xi_3\}$ 和真下标 (i,j,k) 表示的归一化系数。

$$\xi_{ijk}=(\xi_a,\xi_b,\xi_c)_{ijk}=\left(\frac{i}{p+2},\frac{j}{p+2},\frac{k}{p+2}\right) \tag{4.26}$$

用之前的例子，考虑 4.1 图中节点 032 处插值的基函数。这个函数为

$$\boldsymbol{\Omega}_{032}^{a}=N_{032}^{a}\frac{1}{2}(5\xi_b-1)(5\xi_b-2)(5\xi_c-1)\boldsymbol{\Omega}_a(\boldsymbol{r}) \tag{4.27}$$

就像前面讨论过的，多项式因子使基函数在图 4.1 中所有节点（除了节点 032）上为零。矢量的依赖关系通过基函数 $\boldsymbol{\Omega}_a(\boldsymbol{r})=\xi_b\nabla\xi_c-\xi_c\nabla\xi_b$ 得出。

（2）内部插值点的依赖关系

尽管矢量基和它们的旋度对于 p 阶是完整的，当 $p\geqslant1$，基集中的依赖关系是存在的，并且在使用它们之前必须要进行消除。注意，式（4.23）表示的基插入 (p=3)图 4.1 中的点，其余基的插值点可以通过排列在图 4.1 中的边数目得到，3 个不同的分量被插入到每一个三角形内部节点上。因为在二维元素中只能有两个矢量分量是独立的，插在内部节点的基之间必然存在依赖关系。这种依赖关系能够通过插在一个内部点（包含因子）的 3 个基的线性组合来表示。

$$\xi_1\boldsymbol{\Omega}_1(\boldsymbol{r})+\xi_2\boldsymbol{\Omega}_2(\boldsymbol{r})+\xi_3\boldsymbol{\Omega}_3(\boldsymbol{r})=\boldsymbol{0} \tag{4.28}$$

（这种依赖关系的恒等式在表 4.6 中的第三行中给出。）实际上，对于 $i,j,k\neq0$（即，为内部节点），由式（4.28）得出

$$\frac{i\boldsymbol{\Omega}_{ijk}^{1}(\boldsymbol{r})}{N_{ijk}^{1}}+\frac{j\boldsymbol{\Omega}_{ijk}^{2}(\boldsymbol{r})}{N_{ijk}^{2}}+\frac{k\boldsymbol{\Omega}_{ijk}^{3}(\boldsymbol{r})}{N_{ijk}^{3}}=\boldsymbol{0}$$

因此，使用表 4.9 中的基，必须在给定的内部点插值上的一组基函数（3 个）中去掉一个。同样，如果在边-插值点共有多于一个元素，为了保持三角形的连续性基函数符号必须取反。一种设计是为边-插值基选择参考方向，以使其插值分量在边上从低顶点号指向高顶点号（整体上）。注意，插在内部节点的基函数不会

跨多个单元并且不需要符号取反。

（3）自由度数量

对于三角形上 p 阶旋度一致基函数的自由度总数由下述规则确定（图 4.1 会有帮助）：

- $1\text{component}\times(p+1)\text{DoFs}\times 3\text{edges}=3(p+1)$ 边自由度。
- $2\text{components}\times\dfrac{p(p+1)}{2}\text{DoFs}\times 1\text{face}=p(p+1)$ 三角形内部点自由度。

每个三角形共有 $(p+1)(p+3)$ 个自由度。和前文 Nédélec[4]的非插值旋度一致形式确定的自由度的数目一致（其只在 $p=0,1$ 阶时明确给出）。这些基以及参考文献[28]中给出的 $p=0,1,2$ 的基是这里给出基的线性组合。

还有一种计算自由度的方法，p 阶完备基实际是混合基，包含 $p+1$ 阶项。如果使 $p+1$ 阶完备，将有 $(p+2)(p+3)$ 项，但是带有使旋度为零的最高阶的项具备零旋度，形式为 $\xi_1^{p+1}\nabla\xi_1$、$\xi_2^{p+1}\nabla\xi_2$ 和 $\xi_1^{\alpha}\xi_2^{\beta}\left[(\alpha+1)\xi_2\nabla\xi_1+(\beta+1)\xi_1\nabla\xi_2\right]$，$0\leqslant\alpha+\beta\leqslant p$。共有 $p+3$ 这样的项，剩下的 $(p+1)(p+3)$ 项按之前方法确定。

相对于其他形式旋度一致 Nédélec 基的插值形式有几个优点。例如，当用拉格朗日插值多项式的西尔韦斯特形式时，对于任意阶可以写成闭合形式。因为它们是插入的，基是唯一的（它们的线性独立性是可以保证的），并且当表示一个场时，基的系数有物理意义，被当作（协变的）矢量场在插值点的分量。插入基也比所谓的无节点基（例如，在第 5 章给出的分层基）有更大自由度，因此减少了高阶体系中的一个病态源。由于基是归一化并且插入切向分量，单元边界场的切向具有连续性。西尔韦斯特乘性指数体系提供一个标准的方法去标记基和其插值点。闭合表达式和标准化的指数属性显著简化了任意矢量基生成代码的执行。

4.6.3.2 三角形上的散度一致基

三角形上的散度一致基通过相关联的旋度一致基与元素的单位法矢量 $\hat{\boldsymbol{n}}$ 叉乘获得。p 阶插入散度一致基在表 4.9 中给出。归一化系数确保在插值点沿 $\hat{\boldsymbol{h}}_a$ 的 $\Lambda_{ijk}^{a}(\boldsymbol{r})$ 分量为单位值。当 $p=0$ 时基与 Rao et al. [7]描述的相同，并且在元素边上具有 CN/LT 分量。散度一致基的所有其他属性与散度一致基的近似属性相同。对于在边上的插值函数，散度一致基函数的符号必须要经过选择，以使其与邻近单元中完备函数保持法向连续性。一种可能的确定体系是为这些基选择参考方向，使其在边上的插值分量从具有最低（全局）元素号的元素指向具有更高元素号的元素。

显然，基的散度（虚表达式）可以通过计算$\Lambda_a(\boldsymbol{r})$的未归一化表达式计算（虚）多项式$\hat{\alpha}_{ijk}^a$的梯度，并使用表 4.3 中给出的$\nabla\cdot\Lambda_a(\boldsymbol{r})$得出。

$$\nabla\cdot\Lambda_{ijk}^a(\boldsymbol{r})=N_{ijk}^a\left[\nabla\hat{\alpha}_{ijk}^a\cdot\Lambda_a(\boldsymbol{r})+\hat{\alpha}_{ijk}^a\nabla\cdot\Lambda_a(\boldsymbol{r})\right] \tag{4.29}$$

4.6.4 四边形单元的 p 阶矢量基

表 4.10 给出了四边形单元的任意 p 阶多项式的旋度和散度一致基。这些基由表 4.2 和表 4.3 中的非归一化零阶基与 4.6.2 节描述的多项式$\hat{\alpha}^a$相乘得到。

4.6.4.1 四边形的旋度一致基

表 4.10 中给出了对 p 阶完备并在四边形上插入矢量函数的旋度一致基。这些基是表 4.2 中右侧列给出的零阶基与 4.6.2 节所述的插值多项式$\hat{\alpha}^a$之积。用虚拟父变量$(\xi_a,\xi_c;\xi_b,\xi_d)$和下标表示，它们写作：

$$\begin{aligned}&\boldsymbol{\Omega}_{ik;j\ell}^a(\boldsymbol{r})=N_{ik;j\ell}^a\hat{\alpha}_{i,j;k,\ell}^a(p,\xi_a,\xi_c;\xi_b,\xi_d)\boldsymbol{\Omega}_a(\boldsymbol{r}),\\&i=0,1,\ldots,p;\quad j,k,\ell=1,2,\ldots,p+1,\\&i+k=p+1;\quad j+\ell=p+2\end{aligned} \tag{4.30}$$

表 4.10 中的整个集可以简单地从虚表达式（4.30）通过“双”排序边序号与下标得到，所以设定

$$\begin{aligned}\{\xi_a,\xi_c;\xi_b,\xi_d\}&=\{\xi_1,\xi_3;\xi_2,\xi_4\}\\\{\xi_a,\xi_c;\xi_b,\xi_d\}&=\{\xi_3,\xi_1;\xi_4,\xi_2\}\\\{\xi_a,\xi_c;\xi_b,\xi_d\}&=\{\xi_2,\xi_4;\xi_1,\xi_3\}\\\{\xi_a,\xi_c;\xi_b,\xi_d\}&=\{\xi_4,\xi_2;\xi_3,\xi_1\}\end{aligned} \tag{4.31}$$

图 4.2 给出$\boldsymbol{\Omega}_{ik;j\ell}^a$的基的插值点（在 p=2 处）。在四边形上插值点的排列和同阶形状多项式的一致，除了按规定远离特定边（该边与零阶基相关联的切向分量为零）的图案。只有边 a 被图中给出的基的子集插值；剩下的三个基的子集为剩下的边提供插值。后面基的插值点的排列通过如图 4.2 所示边号的排列决定。

插值多项式$\hat{\alpha}^a(p,\xi)$是 4.5 节完整性讨论中使用过的多项式的简单线性组合，所以 p 阶基和其旋度具备完整性。

（1）归一化系数

为了确保$\boldsymbol{\Omega}_{ik;j\ell}^a$沿$\hat{\boldsymbol{\ell}}_a$的分量为单位值需选择归一化系数（虚记号）。在表 4.10 中，归一化系数通过父变量$\{\xi_1,\xi_3;\xi_2,\xi_4\}$和真下标$\{i,k;j,\ell\}$给出。

$$N^a_{ik;j\ell} = \frac{p+1}{p+1-i}\frac{\mathcal{J}}{h_a}\bigg|_{\xi^a_{ik;j\ell}} \tag{4.32}$$

举一个例子，考虑在图 4.2 中节点 12;22 处插值的基函数，该函数表示为

$$\boldsymbol{\Omega}^a_{12;22} = N^a_{12;22}(3\xi_a)(3\xi_c-1)(3\xi_b-1)(3\xi_d-1)\boldsymbol{\Omega}_a(\boldsymbol{r}) \tag{4.33}$$

如前面所讨论的，多项式因子使插值函数在图 4.2 中除节点 12;22 以外的所有节点上为零。同样，因子$(3\xi_c-1)$使多项式在节点 21;31、21;22 和 21;13 处为零。矢量的方向由基矢量$\boldsymbol{\Omega}_a = \xi_c\nabla\xi_d$给出。

（2）内部节点的相关性

每一个内部节点，$\boldsymbol{\Omega}^1_{ik;j\ell}$和$\boldsymbol{\Omega}^3_{ik;j\ell}$都插入$\hat{\boldsymbol{\ell}}_1\left(=-\hat{\boldsymbol{\ell}}_3\right)$分量或$\boldsymbol{\Omega}^2_{ik;j\ell}$和$\boldsymbol{\Omega}^4_{ik;j\ell}$都插入$\hat{\boldsymbol{\ell}}_2\left(=-\hat{\boldsymbol{\ell}}_4\right)$分量；无论何种情况，为了产生一个线性独立集这对基中的一个应该被舍弃。基之间的依赖关系有如下情况，$\boldsymbol{\Omega}^1_{ik;j\ell}$和$\boldsymbol{\Omega}^3_{ik;j\ell}$的线性组合（插在内部节点）总是包含因子：

$$\xi_1\boldsymbol{\Omega}_1(\boldsymbol{r})+\xi_3\boldsymbol{\Omega}_3(\boldsymbol{r})=\boldsymbol{0}$$

$\boldsymbol{\Omega}^2_{ik;j\ell}$和$\boldsymbol{\Omega}^4_{ik;j\ell}$的线性组合包含因子：

$$\xi_2\boldsymbol{\Omega}_2(\boldsymbol{r})+\xi_4\boldsymbol{\Omega}_4(\boldsymbol{r})=\boldsymbol{0}$$

（表 4.6 中右侧列的第三行给出了这种依赖关系的恒等式。）对于内部节点，由前面的恒等式得到：

$$\frac{i\,\boldsymbol{\Omega}^1_{ik;j\ell}(\boldsymbol{r})}{N^1_{ik;j\ell}}+\frac{k\,\boldsymbol{\Omega}^3_{ik;j\ell}(\boldsymbol{r})}{N^3_{ik;j\ell}}=\boldsymbol{0}\quad 其中 i,k\neq 0$$

$$\frac{j\,\boldsymbol{\Omega}^2_{ik;j\ell}(\boldsymbol{r})}{N^2_{ik;j\ell}}+\frac{\ell\,\boldsymbol{\Omega}^4_{ik;j\ell}(\boldsymbol{r})}{N^4_{ik;j\ell}}=\boldsymbol{0}\quad 其中 j,\ell\neq 0$$

如同三角形的旋度一致一样，需要符号取反来保持基函数的切矢量在边-插值点的元素间的连续性。内部节点的插值函数封闭在一个单元内，不需要符号的调整。

（3）自由度的数量

四边形 p 阶旋度一致基函数的自由度数由下面规则决定（参考图 4.2 会有帮助）：

- 1 component×(p+1) DoFs×4 edges=4(p+1) edge DoFs。
- 2 components×p(p+1) DoFs=2p(p+1) quadrilateral interior DoFs。

每个四边形一共有$2(p+1)(p+2)$个自由度。当$p=1$时基在数目上相同，并且被称为 Crowley et al. 协变投影元素，即参考文献[14]中的 LT 和二次法向

（LT/QN）变量的线性组合。

在笛卡儿积表达式中为构建四边形基出现的最高次为 $2p$，而对于三角形是 p。作为标量基，弃用笛卡儿积结构，可以用更少的自由度构建 p 阶旋度一致四边形基。使用其他参数几乎没有优势，因为在这些情况下获得的基不如上面给出的基简单、直接。

4.6.4.2 四边形的散度一致矢量基

四边形上的散度一致基通过相关联的旋度一致基与元素的单位矢量 $\hat{\boldsymbol{n}}$ 叉乘获得，在表 4.10 中给出。四边形上的散度一致基的归一化常数确保沿 $\hat{h}_a$ 的 $\Lambda^a_{ik;j\ell}(\boldsymbol{r})$ 的分量在插值点是单位值。散度一致基的所有其他属性与旋度一致基的近似。

4.7 3D 单元的矢量基

本节中，对于每种典型 3D 单元，在提供矢量基的高阶表达式之前，用拉格朗日插值多项式构建矢量基。多项式和基矢量总结结果将会在本章最后部分的表中给出。

4.7.1 四面体单元

4.7.1.1 只在一个边上的边-插值点的函数 $\hat{\boldsymbol{\alpha}}(\boldsymbol{p},\boldsymbol{\xi})$

当第 2 章中的形状多项式的插值点被移动到单元内部时，需要构建高阶插值矢量函数，使用虚拟父变量的便捷性就更明显了。实际上，如果用虚拟变量和下标的话，$(p+1)(p+2)(p+3)/6$ 个多项式的第 p 阶完备集

$$\hat{\alpha}^{ad}_{ijk\ell}(p,\xi)=R_i(p+2,\xi_a)\hat{R}_j(p+2,\xi_b)\hat{R}_k(p+2,\xi_c)R_\ell(p+2,\xi_d)$$
$$i,\ell=0,1,\ldots,p;\quad j,k=1,2,\ldots,p+1;\quad \text{且}\, i+j+k+\ell=p+2 \tag{4.34}$$

的插值点 $(p\geqslant 0)$

$$(\xi_a,\xi_b,\xi_c,\xi_d)=\left(\frac{i}{p+2},\frac{j}{p+2},\frac{k}{p+2},\frac{\ell}{p+2}\right)=\boldsymbol{\xi}_{ijk\ell} \tag{4.35}$$

在四面体单元的内部和面 $\xi_a=0$、$\xi_d=0$ 上，而没有插值点在顶点和四面体的边上；除了在面 $\xi_a=0$ 和 $\xi_d=0$ 的公共边上，没有插值点在四面体的 $\xi_b=0$ 或 $\xi_c=0$ 面上［式（4.34）中 j 和 k 不会等于 0］。表达式 $\hat{\alpha}^{ad}_{ijk\ell}$ 中的上角标 ad 也被用来表示

式（4.34）中出现的 ξ_a 和 ξ_d 的西尔韦斯特多项式被未移动，然而其他构建乘积式（4.34）的西尔韦斯特多项式被加了“^”（即移动了）。

四面体单元上的拉格朗日插值点如图 4.3 所示。图 4.4（b）中给出了与 $p=2$ 的 $\hat{\alpha}_{ijk\ell}^{ad}(p,\xi)$ 相关的插值点。在面 $\xi_d=0$ 上，多项式（4.34）简化为

$$\hat{\alpha}_{ijk\ell}^{ad}\Big|_{\xi_d=0}=0,\quad 当\ell\neq 0 \tag{4.36}$$

$$\hat{\alpha}_{ijk0}^{ad}\Big|_{\xi_d=0}=R_i(p+2,\xi_a)\hat{R}_j(p+2,\xi_b)\hat{R}_k(p+2,\xi_c),\quad 当\ell=0 \tag{4.37}$$

当 $\ell=0$ 时后面的表达式保持 $i+j+k=p+2$ 并且与用 3 个虚拟父变量 (ξ_a,ξ_b,ξ_c) 描述的三角形单元的基函数 $\hat{\alpha}_{ijk}^{a}$ 的表达式一致。多项式 $\hat{\alpha}_{ijk\ell}^{ad}$ 被用来构建旋度一致矢量函数，该矢量函数在面 $\xi_b=0$ 和 $\xi_c=0$ 上和除了 $\xi_a=\xi_d=0$ 的所有边上具有零切向分量。

当 $\xi_a\neq\xi_d$ 时，在使 ξ_a、ξ_d 分别等于 4 个归一化坐标 ξ_1、ξ_2、ξ_3 或 ξ_4 中的一个时，使用未改变的 $\hat{\alpha}_{ijk\ell}^{ad}(p,\xi_a,\xi_b,\xi_c,\xi_d)$ 插值点的序列。

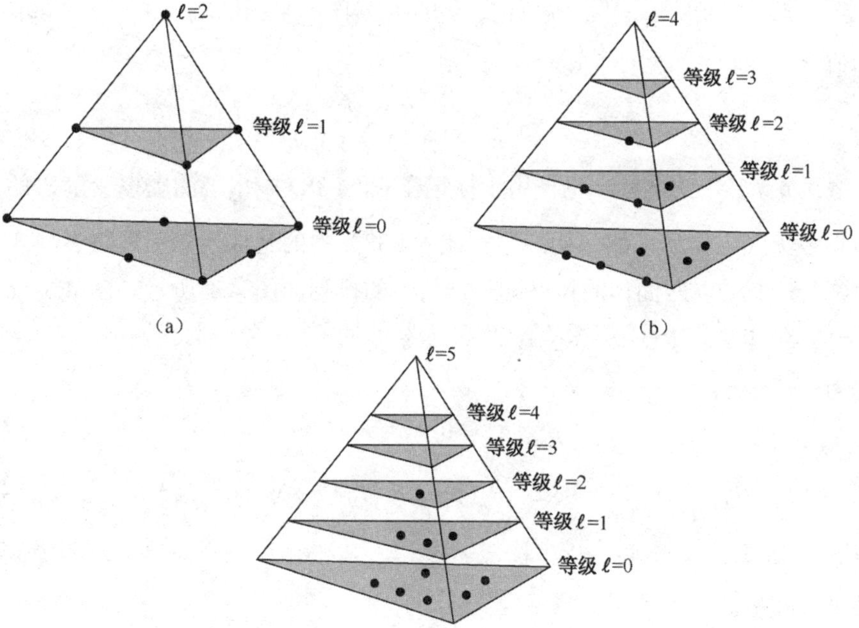

（a）　（b）　（c）

图 4.3　四面体单元上的拉格朗日插值点

图 4.3 给出了在四面体上阶数 p=2 的拉格朗日插值点。与插值多项式 $\alpha_{ijk\ell}(2,\xi)$、$\hat{\alpha}_{ijk\ell}^{ad}(2,\xi)$ 和 $\hat{\beta}_{ijk\ell}^{d}(2,\xi)$ 相关的插值点分别在图 4.3（a）、（b）、（c）中给出。对于图中的每一个四面体，前左面为 $\xi_a=0$，$\xi_d=0$ 是底面，表示为“等级 $\ell=0$”三角形。

从图中可知，与坐标面 $\xi_d=\ell/s$ 对应的 $\ell=$ 常数三角形切片，s 在图 4.3（a）、（b）、（c）中（图中 p=2）分别等于 p、p+2 和 p+3。除了沿 $\xi_b=0$ 和 $\xi_c=0$ 两个面的节点被移动到四面体内部，图 4.3（b）的插值点与图 4.3（a）中所示的同阶形状多项式 $\alpha_{ijk\ell}(p,\xi)$ 具有相同的帕斯卡四面体排列。除了沿 3 个面 $\xi_a=0$、$\xi_b=0$ 和 $\xi_c=0$ 的节点被移动到四面体内部（初步移到相近位置），图 4.3（c）和（a）的插值点有相同的帕斯卡四面体排列。

4.7.1.2 只在一个面上的面-插值点的函数 $\hat{\beta}(p,\xi)$

为了构建沿单元三个面法向矢量为零的散度一致矢量函数，需要下面的 $(p+1)(p+2)(p+3)/6$ 个多项式在四面体内部和面 $\xi_d=0$ 上的点插值，并且没有插值点在矢量的四面体的顶点、边或面上，除了面 $\xi_d=0$ [因为式（4.38）中 i、j 和 k 不会等于零]。

$$\begin{gathered}\hat{\beta}_{ijk\ell}^{d}(p,\xi)=\hat{R}_i(p+3,\xi_a)\hat{R}_j(p+3,\xi_b)\hat{R}_k(p+3,\xi_c)R_\ell(p+3,\xi_d)\\ \ell=0,1,\ldots,p;\quad i,j,k=1,2,\ldots,p+1;\quad 且 i+j+k+\ell=p+3\end{gathered}\tag{4.38}$$

的插值点（$p\geqslant 0$）

$$(\xi_a,\xi_b,\xi_c,\xi_d)_{ijk\ell}=\left(\frac{i}{p+3},\frac{j}{p+3},\frac{k}{p+3},\frac{\ell}{p+3}\right)=\boldsymbol{\xi}_{ijk\ell}\tag{4.39}$$

表达式 $\hat{\beta}_{ijk\ell}^{d}$ 中的上标 d 也被用于标记在式（4.38）中出现的虚拟变量 ξ_d 的西尔韦斯特多项式未移动，然而构成乘积式（4.38）中的其他西尔韦斯特多项式加了“^”(即移动了)。四面体的拉格朗日插值点的排列如图 4.4 所示。图 4.3（c）和图 4.4(c)给出了当 $p=2$ 时与 $\hat{\beta}_{ijk\ell}^{d}(p,\xi)$ 关联的插值点。在面 $\xi_d=0$ 上多项式(4.38)简化为

$$\hat{\beta}_{ijk\ell}^{d}\Big|_{\xi_d=0}=0,\quad 当\ell\neq 0\tag{4.40}$$

$$\hat{\beta}_{ijk0}^{d}\Big|_{\xi_d=0}=\hat{R}_i(p+3,\xi_a)\hat{R}_j(p+3,\xi_b)\hat{R}_k(p+3,\xi_c),\quad 当\ell=0\tag{4.41}$$

当令 ξ_d 分别等于 4 个归一化坐标 ξ_1、ξ_2、ξ_3 或 ξ_4 中的一个时，使用的插值点的虚序列未改变。

图 4.4 给出了四面体 p=2 的拉格朗日插值点的排列。与多项式 $\alpha_{ijk\ell}(2,\xi)$、$\hat{\alpha}_{ijk\ell}^{ad}(2,\xi)$ 和 $\hat{\beta}_{ijk\ell}^{d}(2,\xi)$ 关联的插值点分别在图 4.4（a）、（b）和（c）中给出。节点通过三角形层错开，这些三角形通过沿坐标面 $\xi_d=\ell/s$ 切割四面体得到，其中在图 4.4（a）、（b）和（c）中，$\ell=0,1,2$，$s=p,p+2,p+3$（图中 p=2）。图中每个三角形的底边位于四面体面 $\xi_d=0$ 上。在每个 ℓ 为常数的层中，图 4.4(b)和(c)中除了移到单元内部的所有插值点，其他插值点与图 4.4（a）所示的同阶形状多

项式 $\alpha_{ijk\ell}(p,\xi)$ 有相同的帕斯卡四面体排列。

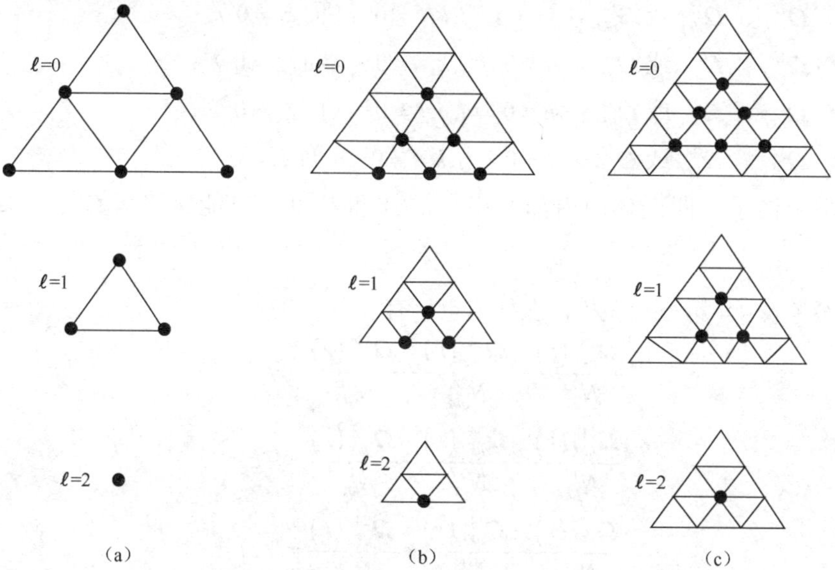

图 4.4　四面体的拉格朗日插值点的排列

4.7.1.3　四面体单元的 *p* 阶旋度一致矢量基

利用虚指数和 4.7.1.1 节中的插值多项式 $\hat{\alpha}_{ijk\ell}^{ad}(p,\xi)$，四面体的插值矢量的 p 阶完备旋度一致基可表示为（见表 4.11）

$$\boldsymbol{\Omega}_{ijk\ell}^{ad}(\boldsymbol{r}) = N_{ijk\ell}^{ad}\hat{\alpha}_{ijk\ell}^{ad}(p,\xi)\boldsymbol{\Omega}_{ad}(\boldsymbol{r}), \quad i,\ell = 0,1,\ldots,p; \quad j,k = 1,2,\ldots,p+1 \tag{4.42}$$

其中

$$i+j+k+\ell = p+2 \tag{4.43}$$

$$N_{ijk\ell}^{ad} = \frac{p+2}{p+2-i-\ell}\ell_{ad}\bigg|_{\xi_{ijk\ell}^{ad}}, \qquad \xi_{ijk\ell}^{ad} = \left(\frac{i}{p+2},\frac{j}{p+2},\frac{k}{p+2},\frac{\ell}{p+2}\right) \tag{4.44}$$

这里 $\boldsymbol{\Omega}_{ad}$ 表示表 4.4（左边的列）中的一般未归一化的零阶基矢量。在表 4.12 中给出的父空间 $(\xi_1,\xi_2,\xi_3,\xi_4)$ 中的旋度一致基的表达式可通过上面给出的虚表达式中的下标和上标的排列获得。

插值点的排列与四面体的同阶标量拉格朗日基的排列近似，除了图案为远离两个零阶基的切向分量为零的两个面；因此，没有顶点插值点，只有单个基函数沿给定边的插入分量。然而，四面体的每个内部插值节点被 6 个基插入；因为只有 3 个是独立的，它们中的一半必须被舍弃。为了独立性，保留下的基不能全部具有与相同面的边关联的零阶基函数。同样，某个面的每个内部节点具有三个基函数插入的切向分量；因为它们中只有两个是独立的，必须舍弃掉一个。更精确地说，对于某个面上的内部节点必须舍弃掉一个基：

- $\boldsymbol{\Omega}_{ijk\ell}^{12}$、$\boldsymbol{\Omega}_{ijk\ell}^{13}$ 或 $\boldsymbol{\Omega}_{ijk\ell}^{14}$，$i=0$，$j,k,\ell \neq 0$ （面 $\xi_1=0$）；
- $\boldsymbol{\Omega}_{ijk\ell}^{12}$、$\boldsymbol{\Omega}_{ijk\ell}^{23}$ 或 $\boldsymbol{\Omega}_{ijk\ell}^{24}$，$j=0$，$i,k,\ell \neq 0$ （面 $\xi_2=0$）；
- $\boldsymbol{\Omega}_{ijk\ell}^{13}$、$\boldsymbol{\Omega}_{ijk\ell}^{23}$ 或 $\boldsymbol{\Omega}_{ijk\ell}^{34}$，$k=0$，$i,j,\ell \neq 0$ （面 $\xi_3=0$）；
- $\boldsymbol{\Omega}_{ijk\ell}^{14}$、$\boldsymbol{\Omega}_{ijk\ell}^{24}$ 或 $\boldsymbol{\Omega}_{ijk\ell}^{34}$，$\ell=0$，$j,k,\ell \neq 0$ （面 $\xi_4=0$）。

举个例子，四面体的内部节点（i,j,k 和 $\ell \neq 0$）只能保留基 $\boldsymbol{\Omega}_{ijk\ell}^{12}$、$\boldsymbol{\Omega}_{ijk\ell}^{23}$ 和 $\boldsymbol{\Omega}_{ijk\ell}^{24}$。

参考表 4.4 第三行左栏，在插值点，有

$$\begin{aligned}
&\frac{\boldsymbol{\Omega}_{ijk\ell}^{23}(\boldsymbol{r})}{N_{ijk\ell}^{23}}-\frac{\boldsymbol{\Omega}_{ijk\ell}^{24}(\boldsymbol{r})}{N_{ijk\ell}^{24}}+\frac{\boldsymbol{\Omega}_{ijk\ell}^{34}(\boldsymbol{r})}{N_{ijk\ell}^{34}}=\nabla \xi_1 \\
&\frac{\boldsymbol{\Omega}_{ijk\ell}^{14}(\boldsymbol{r})}{N_{ijk\ell}^{14}}-\frac{\boldsymbol{\Omega}_{ijk\ell}^{34}(\boldsymbol{r})}{N_{ijk\ell}^{34}}-\frac{\boldsymbol{\Omega}_{ijk\ell}^{13}(\boldsymbol{r})}{N_{ijk\ell}^{13}}=\nabla \xi_2 \\
&\frac{\boldsymbol{\Omega}_{ijk\ell}^{12}(\boldsymbol{r})}{N_{ijk\ell}^{12}}-\frac{\boldsymbol{\Omega}_{ijk\ell}^{14}(\boldsymbol{r})}{N_{ijk\ell}^{14}}+\frac{\boldsymbol{\Omega}_{ijk\ell}^{24}(\boldsymbol{r})}{N_{ijk\ell}^{24}}=\nabla \xi_3 \\
&\frac{\boldsymbol{\Omega}_{ijk\ell}^{13}(\boldsymbol{r})}{N_{ijk\ell}^{13}}-\frac{\boldsymbol{\Omega}_{ijk\ell}^{12}(\boldsymbol{r})}{N_{ijk\ell}^{12}}-\frac{\boldsymbol{\Omega}_{ijk\ell}^{23}(\boldsymbol{r})}{N_{ijk\ell}^{23}}=\nabla \xi_4
\end{aligned} \tag{4.45}$$

因此，上面四个线性组合中的任意三个（经适当重新整理）为插值点（当 i,j,k 和 $\ell \neq 0$）提供了替代基。因此，在面 i 上，$\nabla \xi_i$ 的切向分量和上面对应的线性组合的切向分量在插值点处为零；然而，3 个保留组合中的 2 个能够作为在面 i 上插值节点的基。

利用式（4.45）的内部插值和面节点，以及式（4.42）的边插值节点，自由度成为每个插值节点上协变分矢量。下面详细讨论面内部节点的相关性。

（1）归一化常数

选择归一化常数 $N_{ijk\ell}^{ad}$ 以确保沿插值点 $\boldsymbol{\Omega}_{ijk\ell}^{ad}(\boldsymbol{r})$ 的分量为单位值。表 4.12 给出用父变量 $(\xi_1,\xi_2,\xi_3,\xi_4)$ 和真下标 (i,j,k,ℓ) 表示的归一化系数。

（2）面和内部节点的相关性

就像式（4.44）之后讨论的那样，在一个面插值点上 3 个非零 p 阶基中只有两个是独立的。同样，插在四面体一个内部节点上的 6 个基中只有 3 个是独立的。依赖关系源自一些基的线性组合，这些基包含以下恒等式。

$$
\begin{aligned}
&\xi_2\boldsymbol{\Omega}_{12}(\boldsymbol{r})+\xi_3\boldsymbol{\Omega}_{13}(\boldsymbol{r})+\xi_4\boldsymbol{\Omega}_{14}(\boldsymbol{r})=\mathbf{0}\\
&\xi_3\boldsymbol{\Omega}_{23}(\boldsymbol{r})+\xi_4\boldsymbol{\Omega}_{24}(\boldsymbol{r})-\xi_1\boldsymbol{\Omega}_{12}(\boldsymbol{r})=\mathbf{0}\\
&\xi_4\boldsymbol{\Omega}_{34}(\boldsymbol{r})-\xi_1\boldsymbol{\Omega}_{13}(\boldsymbol{r})-\xi_2\boldsymbol{\Omega}_{23}(\boldsymbol{r})=\mathbf{0}\\
&\xi_1\boldsymbol{\Omega}_{14}(\boldsymbol{r})+\xi_2\boldsymbol{\Omega}_{24}(\boldsymbol{r})+\xi_3\boldsymbol{\Omega}_{34}(\boldsymbol{r})=\mathbf{0}
\end{aligned}
\tag{4.46}
$$

能更加简洁地写成：

$$
\xi_{i+1}\boldsymbol{\Omega}_{i,i+1}(\boldsymbol{r})+\xi_{i+2}\boldsymbol{\Omega}_{i,i+2}(\boldsymbol{r})+\xi_{i+3}\boldsymbol{\Omega}_{i,i+3}(\boldsymbol{r})=\mathbf{0}
\tag{4.47}
$$

这里，$\boldsymbol{\Omega}_{i,\mathrm{j}}(\boldsymbol{r})=-\boldsymbol{\Omega}_{j,i}(\boldsymbol{r})$，$i=1,2,3,4$ 下标取模 4。对于没有在边上的节点，由前面的特性得出：

$$
\begin{aligned}
&\frac{j\,\boldsymbol{\Omega}_{ijk\ell}^{12}(\boldsymbol{r})}{N_{ijk\ell}^{12}}+\frac{k\,\boldsymbol{\Omega}_{ijk\ell}^{13}(\boldsymbol{r})}{N_{ijk\ell}^{13}}+\frac{\ell\,\boldsymbol{\Omega}_{ijk\ell}^{14}(\boldsymbol{r})}{N_{ijk\ell}^{14}}=\mathbf{0},\qquad j,k,\ell\neq 0\\
&\frac{k\,\boldsymbol{\Omega}_{ijk\ell}^{23}(\boldsymbol{r})}{N_{ijk\ell}^{23}}+\frac{\ell\,\boldsymbol{\Omega}_{ijk\ell}^{24}(\boldsymbol{r})}{N_{ijk\ell}^{24}}-\frac{i\,\boldsymbol{\Omega}_{ijk\ell}^{12}(\boldsymbol{r})}{N_{ijk\ell}^{12}}=\mathbf{0},\qquad i,k,\ell\neq 0\\
&\frac{\ell\,\boldsymbol{\Omega}_{ijk\ell}^{34}(\boldsymbol{r})}{N_{ijk\ell}^{34}}-\frac{i\,\boldsymbol{\Omega}_{ijk\ell}^{13}(\boldsymbol{r})}{N_{ijk\ell}^{13}}-\frac{j\,\boldsymbol{\Omega}_{ijk\ell}^{23}(\boldsymbol{r})}{N_{ijk\ell}^{23}}=\mathbf{0},\qquad i,j,\ell\neq 0\\
&\frac{i\,\boldsymbol{\Omega}_{ijk\ell}^{14}(\boldsymbol{r})}{N_{ijk\ell}^{14}}+\frac{j\,\boldsymbol{\Omega}_{ijk\ell}^{24}(\boldsymbol{r})}{N_{ijk\ell}^{24}}+\frac{k\,\boldsymbol{\Omega}_{ijk\ell}^{34}(\boldsymbol{r})}{N_{ijk\ell}^{34}}=\mathbf{0},\qquad i,j,k\neq 0
\end{aligned}
\tag{4.48}
$$

（3）自由度数目

对于四面体上 p 阶旋度一致基的自由度数由下式决定[参考图 4.3（b）会有帮助]:

- 1 component×$(p+1)$ DoFs×6 edges=$6(p+1)$ edge DoFs;
- 2 components×$p(p+1)/2$ DoFs×4 faces=$4p(p+1)$ face DoFs;
- 3 components×$p(p^2-1)/6$ DoFs×1 cell= $p(p^2-1)/2$ DoFs interior to a tetrahedron。

每个四面体一共有 $(p+1)(p+3)(p+4)/2$ 个自由度。

这与 Nédélec[4]给出的结果一致，但 Nédélec 只明确给出了插值基在 $p=0$、$p=1$ 时的情况，它们和参考文献[28]给出的基 $(p=0,1,2)$ 都是这里给出基的线性组合。

4.7.1.4　四面体的散度一致矢量基

采用虚下标和 4.7.1.2 节给出的插值多项式 $\hat{\beta}_{ijk\ell}^{d}(p,\xi)$，$p$ 阶完备并在四面体插入矢量函数的散度一致基能够表示为

$$
\boldsymbol{\Lambda}_{ijk\ell}^{d}(\boldsymbol{r})=N_{ijk\ell}^{d}\hat{\beta}_{ijk\ell}^{d}(p,\xi_a,\xi_b,\xi_c,\xi_d)\boldsymbol{\Lambda}_d(\boldsymbol{r}),\quad \ell=0,1,\ldots,p;\quad i,j,k=1,2,\ldots,p+1
\tag{4.49}
$$

其中

$$
i+j+k+\ell=p+3
\tag{4.50}
$$

$$N_{ijk\ell}^{d}=\frac{p+3}{p+3-\ell}\frac{\mathcal{J}}{h_d}\bigg|_{\xi_{ijk\ell}^{d}},\qquad \boldsymbol{\xi}_{ijk\ell}^{d}=\left(\frac{i}{p+3},\frac{j}{p+3},\frac{k}{p+3},\frac{\ell}{p+3}\right) \tag{4.51}$$

其中$\boldsymbol{\Lambda}_d(\boldsymbol{r})$表示通用未归一化零阶基矢量（表 4.5 左手列）。

表 4.13 给出用真下标表示的以上表达式在父空间$(\xi_1,\xi_2,\xi_3,\xi_4)$上的形式。

除了远离三个零阶法向分量为零的面的图案，插值点的排列与四面体同阶标量拉格朗日基近似。没有插值点位于顶点或沿着四面的边上，并且在给定面的节点上一个基函数插入法向分量。然而，这种情况不会在内部节点出现，在每个插值点有 4 个基贡献分量。显然，只有三个基是独立的，所以对于每个插值点，有一个插入基一定会被消除。内部节点间的相关性将在下文中给出。

对于$p=0$，归一化形式与参考文献[8]给出的基函数完全相同。

（1）归一化常数

选择表 4.13 中的归一化常数，使得沿$\hat{\boldsymbol{h}}_1$、$\hat{\boldsymbol{h}}_2$、$\hat{\boldsymbol{h}}_3$和$\hat{\boldsymbol{h}}_4$的基$\boldsymbol{\Lambda}_{ijk\ell}^{1}$、$\boldsymbol{\Lambda}_{ijk\ell}^{2}$、$\boldsymbol{\Lambda}_{ijk\ell}^{3}$和$\boldsymbol{\Lambda}_{ijk\ell}^{4}$的分量在插入点$\boldsymbol{\xi}_{ijk\ell}^{\alpha}=\left(\frac{i}{p+3},\frac{j}{p+3},\frac{k}{p+3},\frac{\ell}{p+3}\right)$（其中$a=1,2,3$或 4 ）是单位值。

（2）内部节点的相关性

就像式（4.51）后所讨论的，四面体的内部节点上 4 个p阶散度一致基中只有三个是独立的。相关性源自一些基的线性组合，这些基包含以下恒等式作为因子。

$$\xi_1\boldsymbol{\Lambda}_1+\xi_2\boldsymbol{\Lambda}_2+\xi_3\boldsymbol{\Lambda}_4+\xi_4\boldsymbol{\Lambda}_4=\boldsymbol{0}$$

实际上，对于$i,j,k,\ell\neq 0$，包含

$$\frac{i\boldsymbol{\Lambda}_{ijk\ell}^{1}(\boldsymbol{r})}{N_{ijk\ell}^{1}}+\frac{j\boldsymbol{\Lambda}_{ijk\ell}^{2}(\boldsymbol{r})}{N_{ijk\ell}^{2}}+\frac{k\boldsymbol{\Lambda}_{ijk\ell}^{3}(\boldsymbol{r})}{N_{ijk\ell}^{3}}+\frac{\ell\boldsymbol{\Lambda}_{ijk\ell}^{4}(\boldsymbol{r})}{N_{ijk\ell}^{4}}=\boldsymbol{0}$$

（3）自由度的数量

四面体中p阶散度一致基的自由度数量由以下规则决定［参见图 4.3（c）］：

- 1 component×(*p*+1)(*p*+2)/2 DoFs×4 faces=2(*p*+1)(*p*+2) face DoFs；
- 3 components×*p*(*p*+1)(*p*+2)/6 DoFs×1 cell=*p*(*p*+1)(*p*+2)/2 cell interior DoFs。

每个四面体一共有$(p+1)(p+2)(p+4)/2$个自由度，这与 Nédélec[4]给出的一致。

4.7.2　长方体单元

4.7.2.1　只在一个边上的边-插值点函数$\hat{\alpha}(p,\xi)$

由虚拟变量和下标表示的p阶$(p+1)^3$个多项式完备集

$$\hat{\alpha}_{i\ell;jm;kn}^{ab}(p,\boldsymbol{\xi}) = R_i(p+1,\xi_a)\hat{R}_\ell(p+1,\xi_d)$$
$$R_j(p+1,\xi_b)\hat{R}_m(p+1,\xi_e)$$
$$\hat{R}_k(p+2,\xi_c)\hat{R}_n(p+2,\xi_f) \tag{4.52}$$
$$\text{其中} i,j=0,1,\cdots,p;\ k,\ell,m,n=1,2,\cdots,p+1;$$
$$\text{且} i+\ell=j+m=p+1;\ k+n=p+2$$

插值点$(p\geqslant 0)$

$$(\xi_a,\xi_d;\xi_b,\xi_e;\xi_c,\xi_f)_{i\ell;jm;kn} = \boldsymbol{\xi}_{i\ell;jm;kn}^{ab} = \left(\frac{i}{p+1},\frac{\ell}{p+1};\frac{j}{p+1},\frac{m}{p+1};\frac{k}{p+2},\frac{n}{p+2}\right) \tag{4.53}$$

位于长方体的内部或在面$\xi_b=0$上，没有插值点在长方体的其他面上（因为k、ℓ、m和n不会等于 0），并且没有插值点在顶点或长方体的边上，除了在面$\xi_a=0$和$\xi_b=0$的公共边上。长方体上的拉格朗日插值点如图 4.5 所示。$p=2$的与$\hat{a}_{i\ell;jm;kn}^{ab}(p,\boldsymbol{\xi})$关联的插值点如图 4.5（b）所示。除了远离四个面$\xi_c,\xi_d,\xi_e,\xi_f=0$的图案，插值点的排列与长方体单元中同阶标量拉格朗日基$a_{i\ell;jm;kn}(p,\boldsymbol{\xi})$近似。

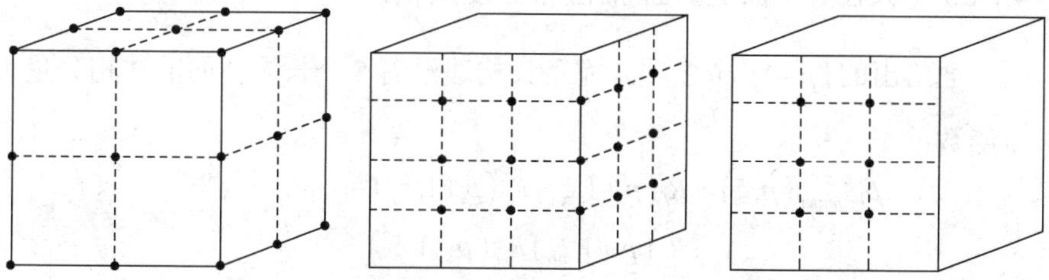

图 4.5　长方体上的拉格朗日插值点

图 4.5 给出了长方体上 p=2 的拉格朗日插值点。面$\xi_d=0$、$\xi_e=0$和$\xi_f=0$分别对着面$\xi_a=0$、$\xi_b=0$和$\xi_c=0$。对于图中所示的每一个长方体，面$\xi_a=0$和$\xi_c=0$分别是正面和底面；$\xi_b=0$是右边的面。与多项式$\alpha_{i\ell;jm;kn}(2,\boldsymbol{\xi})$、$\hat{\alpha}_{i\ell;jm;kn}^{ab}(2,\boldsymbol{\xi})$、$\hat{\beta}_{i\ell;jm;kn}^{a}(2,\boldsymbol{\xi})$关联的插值节点分别在图 4.5（a）、（b）和（c）中给出（为了清晰表示，内部节点被省略）。图 4.5（b）中的插值点与图 4.5（a）中给出的同阶形状多项式$\alpha_{ijk\ell}(p,\boldsymbol{\xi})$有相同的排列，除了远离 4 个面（$\xi_c$，$\xi_d$，$\xi_e$，$\xi_f$=0）已经约定的图案。同样，只有一条边（边$\xi_a=\xi_b=0$）用多项式$\hat{\alpha}_{i\ell;jm;kn}^{ab}$插值，除了已经被移到长方体内部的沿着 5 个面（$\xi_b$、$\xi_c$、$\xi_d$、$\xi_e$、$\xi_f$=0）的节点。同样，只有一个面（面$\xi_a=0$）被多项式（$\hat{\beta}_{i\ell;jm;kn}^{a}$）插值。

插入非$\xi_a=\xi_b=0$边剩下的基的插值点的排列可以通过旋转图案使边-插值节点沿新的边得到的图案决定。$\hat{a}_{i\ell;jm;kn}^{ab}$的表达式中的上标 ab 也被用来表示式（4.52）中出现的虚拟变量ξ_a和ξ_b的西尔韦斯特多项式未移动，然而构成乘积式（4.52）

的其他西尔韦斯特多项式被加了“^”的（即移动了）。

在给定的长方体的一个四边形面上，通过为四边形定义的基函数一致性证明过程（4.6.2 节中），为长方体而定义的 p 阶基函数 $\hat{a}$ 的一致性很容易证明，具体细节留给读者。例如，使用“虚拟”父变量和下标，可以比较式（4.19）和面 $\xi_a=0$ 上的式（4.52）

$$\begin{aligned}&\hat{a}^{ab}_{i=0,\ell=p+1;jm;kn}(p,\boldsymbol{\xi})=R_j(p+1,\xi_b)\hat{R}_m(p+1,\xi_e)\hat{R}_k(p+2,\xi_c)\hat{R}_n(p+2,\xi_f),\\&j=0,1,\ldots,p;\quad k,m,n=1,2,\ldots p+1,\quad j+m=p+1;\quad k+n=p+2\end{aligned}\tag{4.54}$$

上面是简化形式，$i=0$，$\ell=p+1$（或在面 $\xi_b=0$ 上 $j=0$，$m=p+1$）。比较定义在两个四边形面的插值网格[例如，对于 $p=2$，比较图 4.5（b）和图 4.2]。关于一致性的后面的结果是重要的，因为它证明了长方体的插值多项式 $\hat{\alpha}$ 与那些定义在与长方体有公共四边形面的邻接单元上的插值多项式一致，这里的邻近单元有可能是长方体或棱柱（在 4.7.3 中讨论）。

4.7.2.2 只在一个面上的面-插值点函数 $\hat{\boldsymbol{\beta}}(p,\boldsymbol{\xi})$

用下面给出的 $(p+1)^3$ 个多项式完备集构建沿着 5 个长方体面的法相分量为零的矢量函数：

$$\begin{aligned}\hat{\beta}^{ab}_{i\ell;jm;kn}(p,\boldsymbol{\xi})=&R_i(p+1,\xi_a)\hat{R}_\ell(p+1,\xi_d)\\&R_j(p+1,\xi_b)\hat{R}_m(p+1,\xi_e)\\&\hat{R}_k(p+2,\xi_c)\hat{R}_n(p+2,\xi_f)\end{aligned}\tag{4.55}$$

$$\text{其中} i=0,1,\cdots,p;\ j,k,\ell,m,n=1,2,\cdots,p+1;$$
$$\text{且} i+\ell=p+1,\ j+m=k+n=p+2$$

插值 $(p\geqslant 0)$ 节点

$$\boldsymbol{\xi}^a_{i\ell;jm;kn}=\left(\frac{i}{p+1},\frac{\ell}{p+1};\frac{j}{p+2},\frac{m}{p+2};\frac{k}{p+2},\frac{n}{p+2}\right)\tag{4.56}$$

这些点位于长方体的内部或在面 $(\xi_a=0)$ 上，没有点在长方体顶点、边或面上，除了面 $\xi_a=0$。事实上，表达式 $\hat{\beta}^a_{i\ell;jm;kn}$ 中的上标 a 也被用来表示式（4.55）中的虚拟变量的西尔韦斯特多项式未移动，然而其他构建乘积式（4.55）的西尔韦斯特多项式加了“^”（即移动了）。

在面 $\xi_a=0$ 上，多项式（4.55）可简化为

$$\hat{\beta}^a_{i\ell;jm;kn}\Big|_{\xi_a=0}=0,\qquad \text{当} i\neq 0\tag{4.57}$$

$$\hat{\beta}^{a}_{i\ell;jm;kn}\Big|_{\xi_a=0}=\hat{R}_j\left(p+2,\xi_b\right)\hat{R}_m\left(p+2,\xi_e\right)\hat{R}_k\left(p+2,\xi_c\right)\hat{R}_n\left(p+2,\xi_f\right) \tag{4.58}$$

当 $i=0$，$p=2$ 时，与多项式 $\hat{\beta}^{ab}_{i\ell;jm;kn}(p,\xi)$ 关联的插值点如图 4.5（c）所示。令 ξ_a 等于 6 个归一化坐标 ξ_1、ξ_2、ξ_3、ξ_4、ξ_5 或 ξ_6 中的一个（见表 4.14）时，$\hat{\beta}^{a}_{i\ell;jm;kn}$ 的插值点的虚序列可不改变。

4.7.2.3　长方体单元的 p 阶旋度一致矢量基

通过使用虚下标和 4.7.2.1 节中的插值多项式 $\hat{\alpha}^{ab}_{i\ell;jm;kn}(p,\xi)$，长方体插值矢量的 p 阶旋度一致基可以表示为

$$\boldsymbol{\Omega}^{ab}_{i\ell;jm;kn}(\boldsymbol{r})=N^{ab}_{i\ell;jm;kn}\hat{\alpha}^{ab}_{i\ell;jm;kn}(p,\xi)\boldsymbol{\Omega}_{ab}(\boldsymbol{r})$$
$$\text{其中 } i,j=0,1,\ldots,p;\quad k,\ell,m,n=1,2,\ldots,p+1。 \tag{4.59}$$

其中，

$$i+\ell=j+m=p+1;\quad k+n=p+2 \tag{4.60}$$

$$N^{ab}_{i\ell;jm;kn}=\frac{(p+1)^2}{(p+1-i)(p+1-j)}\ell_{ab}\Bigg|_{\xi^{ab}_{i\ell;jm;kn}} \tag{4.61}$$

$$\xi^{ab}_{i\ell;jm;kn}=\left(\frac{i}{p+1},\frac{\ell}{p+1};\frac{j}{p+1},\frac{m}{p+1};\frac{k}{p+2},\frac{n}{p+2}\right) \tag{4.62}$$

这里 $\boldsymbol{\Omega}_{ab}(\boldsymbol{r})$ 表示表 4.4（右列）中的通用未归一化零阶基矢量。

用真下标，表 4.15 给出了上述在父空间 $\{\xi_1,\xi_4;\xi_2,\xi_5;\xi_3,\xi_6\}$ 中的表达式，其中归一化常量在表 4.16 中给出。

除了远离零阶基切向分量为零的四个面，插值点的排列近似于长方体上同阶标量拉格朗日基。长方体元素的顶点没有被插入，而且仅有一个单一基函数插入一个切向分量到给定的边。面上每一个插值点的切向分量含有因子的基插值，这种因子是与围成面的四条边有关的零阶基。

但是在一个面上，只有两个切向分量是独立的。因此只有两个基函数能够保留。类似地，在内部，每个一个插值点上的 12 个基中只有 3 个应该保留，提供三个独立分量插值。这三个基应该包含与具有独立边矢量的边相关的零阶基函数作为因子。面和内部节点的相关性在下文给出。

（1）归一化常数

选择表 4.16 中的归一化常数用来确保在给定插值点沿 ℓ_{ab} 的 $\boldsymbol{\Omega}^{ab}_{i\ell;jm;kn}(\boldsymbol{r})$ 的分量

是单位值。

（2）面和内部节点的相关性

根据式（4.62）后的讨论，面上插值点的 4 个非零 p 阶基中只有 2 个是独立的。同样，长方体内部插值的 12 个基中只有 3 个是独立的。相关性源自包含下面恒等式的基为因子的线性组。

$$\xi_j \boldsymbol{\Omega}_{ij}(\boldsymbol{r}) + \xi_{j+3} \boldsymbol{\Omega}_{i,j+3}(\boldsymbol{r}) = \boldsymbol{0}, \quad i = 1,2,\ldots,6; \quad j = i+1, i+2 \tag{4.63}$$

这里 $\boldsymbol{\Omega}_{ij}(\boldsymbol{r}) = -\boldsymbol{\Omega}_{ji}(\boldsymbol{r})$。确实，在面和内部节点上，由零阶基定义可得出：

$$\frac{j\,\boldsymbol{\Omega}^{12}_{i\ell;jm;kn}(\boldsymbol{r})}{N^{12}_{i\ell;jm;kn}} + \frac{m\,\boldsymbol{\Omega}^{15}_{i\ell;jm;kn}(\boldsymbol{r})}{N^{15}_{i\ell;jm;kn}} = \boldsymbol{0}, \qquad \frac{m\,\boldsymbol{\Omega}^{45}_{i\ell;jm;kn}(\boldsymbol{r})}{N^{45}_{i\ell;jm;kn}} - \frac{j\,\boldsymbol{\Omega}^{24}_{i\ell;jm;kn}(\boldsymbol{r})}{N^{24}_{i\ell;jm;kn}} = \boldsymbol{0}$$

$$\frac{k\,\boldsymbol{\Omega}^{13}_{i\ell;jm;kn}(\boldsymbol{r})}{N^{13}_{i\ell;jm;kn}} + \frac{n\,\boldsymbol{\Omega}^{16}_{i\ell;jm;kn}(\boldsymbol{r})}{N^{16}_{i\ell;jm;kn}} = \boldsymbol{0}, \qquad \frac{n\,\boldsymbol{\Omega}^{46}_{i\ell;jm;kn}(\boldsymbol{r})}{N^{46}_{i\ell;jm;kn}} - \frac{k\,\boldsymbol{\Omega}^{34}_{i\ell;jm;kn}(\boldsymbol{r})}{N^{34}_{i\ell;jm;kn}} = \boldsymbol{0}$$

$$\frac{k\,\boldsymbol{\Omega}^{23}_{i\ell;jm;kn}(\boldsymbol{r})}{N^{23}_{i\ell;jm;kn}} + \frac{n\,\boldsymbol{\Omega}^{26}_{i\ell;jm;kn}(\boldsymbol{r})}{N^{26}_{i\ell;jm;kn}} = \boldsymbol{0}, \qquad \frac{n\,\boldsymbol{\Omega}^{56}_{i\ell;jm;kn}(\boldsymbol{r})}{N^{56}_{i\ell;jm;kn}} - \frac{k\,\boldsymbol{\Omega}^{35}_{i\ell;jm;kn}(\boldsymbol{r})}{N^{35}_{i\ell;jm;kn}} = \boldsymbol{0}$$

$$\frac{\ell\,\boldsymbol{\Omega}^{24}_{i\ell;jm;kn}(\boldsymbol{r})}{N^{24}_{i\ell;jm;kn}} - \frac{i\,\boldsymbol{\Omega}^{12}_{i\ell;jm;kn}(\boldsymbol{r})}{N^{12}_{i\ell;jm;kn}} = \boldsymbol{0}, \qquad \frac{i\,\boldsymbol{\Omega}^{15}_{i\ell;jm;kn}(\boldsymbol{r})}{N^{15}_{i\ell;jm;kn}} + \frac{\ell\,\boldsymbol{\Omega}^{45}_{i\ell;jm;kn}(\boldsymbol{r})}{N^{45}_{i\ell;jm;kn}} = \boldsymbol{0}$$

$$\frac{\ell\,\boldsymbol{\Omega}^{34}_{i\ell;jm;kn}(\boldsymbol{r})}{N^{34}_{i\ell;jm;kn}} - \frac{i\,\boldsymbol{\Omega}^{13}_{i\ell;jm;kn}(\boldsymbol{r})}{N^{13}_{i\ell;jm;kn}} = \boldsymbol{0}, \qquad \frac{i\,\boldsymbol{\Omega}^{16}_{i\ell;jm;kn}(\boldsymbol{r})}{N^{16}_{i\ell;jm;kn}} + \frac{\ell\,\boldsymbol{\Omega}^{46}_{i\ell;jm;kn}(\boldsymbol{r})}{N^{46}_{i\ell;jm;kn}} = \boldsymbol{0}$$

$$\frac{m\,\boldsymbol{\Omega}^{35}_{i\ell;jm;kn}(\boldsymbol{r})}{N^{35}_{i\ell;jm;kn}} - \frac{j\,\boldsymbol{\Omega}^{23}_{i\ell;jm;kn}(\boldsymbol{r})}{N^{23}_{i\ell;jm;kn}} = \boldsymbol{0}, \qquad \frac{j\,\boldsymbol{\Omega}^{26}_{i\ell;jm;kn}(\boldsymbol{r})}{N^{26}_{i\ell;jm;kn}} + \frac{m\,\boldsymbol{\Omega}^{56}_{i\ell;jm;kn}(\boldsymbol{r})}{N^{56}_{i\ell;jm;kn}} = \boldsymbol{0}$$

（3）自由度的数量

长方体上 p 阶旋度一致基的自由度数量由下面规则决定[参见图 4.5（b）]:

- 1 component×(p+1) DoFs×12 edges=12(p+1) edge DoFs;
- 2 components×p(p+1) DoFs×6 faces =12p(p+1) face DoFs;
- 3 components×p^2(p+1) DoFs=3p^2(p+1) brick-interior DoFs。

每个长方体元素有 $3(p+1)(p+2)^2$ 个自由度，这与 Nédélec[4]给出的结果一致。

4.7.2.4 长方体的散度一致基

通过虚下标和 4.7.2.2 节中的插值多项式 $\hat{\beta}^a_{i\ell;jm;kn}$，在长方体上的阶完备散度一致基可以写作：

$$\boldsymbol{\Lambda}^a_{i\ell;jm;kn}(\boldsymbol{r}) = N^a_{i\ell;jm;kn}\hat{\beta}^a_{i\ell;jm;kn}(p,\xi)\,\boldsymbol{\Lambda}_a(\boldsymbol{r}), \quad i = 0,1,\ldots,p;\ j,k,\ell,m,n = 1,2,\ldots,p+1 \tag{4.64}$$

$$i+\ell = p+1; \quad j+m = k+n = p+2 \tag{4.65}$$

$$N_{i\ell;jm;kn}^{a}=\frac{p+1}{p+1-i}\frac{\mathcal{J}}{h_a}\bigg|_{\xi_{i\ell;jm;kn}^{a}} \tag{4.66}$$

$$\boldsymbol{\xi}_{i\ell;jm;kn}^{a}=\left(\frac{i}{p+1},\frac{\ell}{p+1};\frac{j}{p+2},\frac{m}{p+2};\frac{k}{p+2},\frac{n}{p+2}\right) \tag{4.67}$$

这里 $\boldsymbol{\Lambda}_a(\boldsymbol{r})$ 表示表 4.5（右列）中通用非归一化零阶基矢量。

利用真下标，上述表达式在父空间 $\{\xi_1,\xi_4;\xi_2,\xi_5;\xi_3,\xi_6\}$ 中的表示在表 4.17 中给出。

插值点的排列与长方体上同阶标量拉格朗日基近似，除了远离的使零阶基法向分量为零的 5 个面。没有插值点在顶点或是长方体的边上，并且只有一个基函数将法相分量插值到给定的面。在内部，插在每个内部节点的 6 个基中只有 3 个将会保留，用来保持基的独立性。这 3 个基应该包含与不是正对的其他面相关的零阶基因子。下文给出内部节点的依赖关系。

（1）归一化常数

选取的归一化常数 $N_{i\ell;jm;kn}^{a}$ 用来确保在给定插值点 $\boldsymbol{\xi}_{i\ell;jm;kn}^{a}$ 沿 $\hat{\boldsymbol{h}}_a$ 的 $\boldsymbol{\Lambda}_{i\ell;jm;kn}^{a}(\boldsymbol{r})$ 的分量为单位值。归一化常数和插值点在表 4.17 中给出。

（2）内部节点的相关性

根据式（4.67）后的讨论，在长方体元素内部节点上的 6 个 p 阶散度一致基中的 3 个是独立的。依赖关系源自包含以下恒等式的基的线性组合：

$$\xi_1\boldsymbol{\Lambda}_1(\boldsymbol{r})+\xi_4\boldsymbol{\Lambda}_4(\boldsymbol{r})=\boldsymbol{0}$$

$$\xi_2\boldsymbol{\Lambda}_2(\boldsymbol{r})+\xi_5\boldsymbol{\Lambda}_5(\boldsymbol{r})=\boldsymbol{0}$$

$$\xi_3\boldsymbol{\Lambda}_3(\boldsymbol{r})+\xi_6\boldsymbol{\Lambda}_6(\boldsymbol{r})=\boldsymbol{0}$$

在内部节点上，由上面的恒等式可得出：

$$\frac{i\,\boldsymbol{\Lambda}_{i\ell;jm;kn}^{1}(\boldsymbol{r})}{N_{i\ell;jm;kn}^{1}}+\frac{\ell\,\boldsymbol{\Lambda}_{i\ell;jm;kn}^{4}(\boldsymbol{r})}{N_{i\ell;jm;kn}^{4}}=\boldsymbol{0}$$

$$\frac{j\,\boldsymbol{\Lambda}_{i\ell;jm;kn}^{2}(\boldsymbol{r})}{N_{i\ell;jm;kn}^{2}}+\frac{m\,\boldsymbol{\Lambda}_{i\ell;jm;kn}^{5}(\boldsymbol{r})}{N_{i\ell;jm;kn}^{5}}=\boldsymbol{0}$$

$$\frac{k\,\boldsymbol{\Lambda}_{i\ell;jm;kn}^{3}(\boldsymbol{r})}{N_{i\ell;jm;kn}^{3}}+\frac{n\,\boldsymbol{\Lambda}_{i\ell;jm;kn}^{6}(\boldsymbol{r})}{N_{i\ell;jm;kn}^{6}}=\boldsymbol{0}$$

（3）自由度的数量

长方体元素上 p 阶散度一致基的自由度的数量可以由下面规则决定[参见

图 4.5（c）]：

- 1 component×$(p+1)^2$ DoFs×6 faces =$6(p+1)^2$ face DoFs；
- 3 components×$p(p+1)^2$ DoFs=$3p(p+1)^2$ brick-interior DoFs；

每个长方体单元有$3(p+2)(p+1)^2$个自由度，这个结果与 Nédélec[4]给出的一致。

4.7.3 三棱柱单元

在父空间$\{\xi_1,\xi_2,\xi_3;\xi_4,\xi_5\}$中，棱柱的四边形面是$\xi_1=0$、$\xi_2=0$和$\xi_3=0$，而$\xi_4=0$和$\xi_5=0$是三角形面。在本节中，也经常使用虚记号，沿公共边$\xi_a=\xi_b=0$标记棱柱的 2 个四边形面为$\xi_a=0$和$\xi_b=0$。也就是说，接下来，虚符号对$(\xi_a,\xi_b)$留给父变量对$(\xi_1,\xi_2)$、$(\xi_2,\xi_3)$或$(\xi_1,\xi_3)$。同样，虚三角形面$\xi_d=0$表示三角形面$\xi_4=0$或$\xi_5=0$。虚面$\xi_a=0$和$\xi_d=0$有共同的边$\xi_a=\xi_d=0$，并且虚符号对$(\xi_a,\xi_d)$表示父标量对$(\xi_1,\xi_4)$、$(\xi_2,\xi_4)$、$(\xi_3,\xi_4)$、$(\xi_2,\xi_5)$或$(\xi_3,\xi_5)$。

4.7.3.1 只在一条边上的边-插值点函数$\hat{\alpha}(p,\xi)$

一个高阶插值函数（该函数只沿棱柱一条边的切向矢量不为零，沿其他棱柱边均为零），要将形状函数的插值点移到棱柱内部。再次，这些插值函数可以通过虚拟父变量方便地写出来。实际上，通过虚拟变量和下标，$(p+1)^2(p+2)/2$个多项式的p阶完备集

$$\begin{aligned}\hat{\alpha}^{ab}_{ijk;\ell m}(p,\xi)=&R_i(p+2,\xi_a)\hat{R}_j(p+2,\xi_b)\hat{R}_k(p+2,\xi_c)\\&R_\ell(p+1,\xi_d)\hat{R}_m(p+1,\xi_e)\\&\text{其中}i,\ell=0,1,\cdots,p;\ j,k,m=1,2,\cdots,p+1;\\&\text{且}i+j+k=p+2;\ \ell+m=p+1\end{aligned}\tag{4.68}$$

插值点$(p\geqslant 0)$

$$(\xi_a,\xi_b,\xi_c;\xi_d,\xi_e)_{ijk;\ell m}=\boldsymbol{\xi}^{ab}_{ijk;\ell m}=\left(\frac{i}{p+2},\frac{j}{p+2},\frac{k}{p+2};\frac{\ell}{p+1},\frac{m}{p+1}\right)\tag{4.69}$$

位于棱柱的内部或在面ξ_a和$\xi_d=0$上，没有插值点在棱柱的其他面上（因为 j，k 和 m 不等于零），并且除了与四面体$\xi_a=0$和三角形$\xi_d=0$相交的那条边，没有插值点在棱柱的顶点和边上。表达式$\hat{\alpha}^{ad}_{ijk;\ell m}$中的上标 ad 也被用来表示 式(4.68)中出现的虚拟变量ξ_a和ξ_d的西尔韦斯特多项式未移动，然而其他构成乘积式（4.68）的西尔韦斯特多项式加了“^”（即移动了）。

通过使用虚拟父变量，读者很容易证明，在棱柱自己［具有对于三角形（或四边形）定义的同阶拉格朗日基函数$\hat{\alpha}$］的三角形（或四边形）上的棱柱的基函

数 $\hat{\alpha}^{ad}$ 的一致性［见式（4.13）和式（4.19）］。

$p=2$ 时棱柱上的旋度一致插值点如图 4.6 所示。

例如，$p=2$ 时与 $\hat{\alpha}^{ad}_{ijk;\ell m}(p,\xi)$ 相关联的插值点如图 4.6（a）所示。除了远离 3 个面 $\xi_b,\xi_c,\xi_e=0$ 的图案，插值点的排列与棱柱上同阶的标量拉格朗日基相似（见图 2.27）。对于其他 5 个四边形面和三角形面相交边上剩余基的插值点，可以通过旋转 4.6（a）中的图案到到新的边的方法获得。在旋转时，在三角形面和棱柱内部的插值点的图案保持相同。

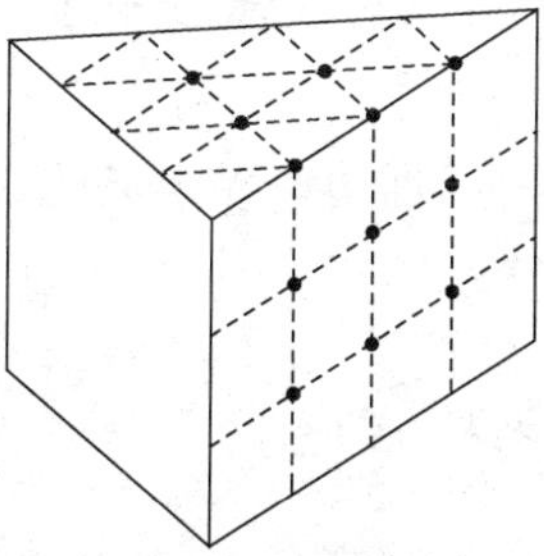

（a）在基子集 $\hat{\alpha}^{ad}_{ijk;\ell m}(p,\xi)$ 内的插值点

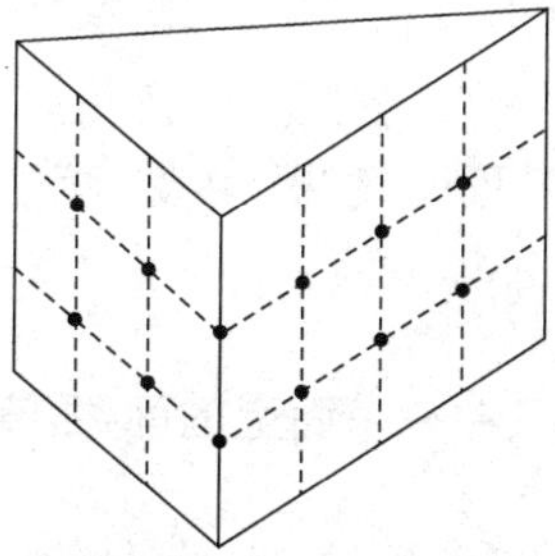

（b）在基子集 $\hat{\alpha}^{ab}_{ijk;\ell m}(p,\xi)$ 内的插值点

图 4.6　$p=2$ 时棱柱上的旋度一致插值点

图 4.6 给出了 $p=2$ 时棱柱上的旋度一致插值点（为了清晰，内部插值点被省略）。除了那些沿着 3 个面（一共 5 个面）移动到棱柱内部的插值点，插值点的排列与图 2.27 给出的由同阶多项式 $\hat{\alpha}^{ad}_{ijk;\ell m}(p,\xi)$ 定义的形状相同。面 $\xi_a=0$ 、$\xi_b=0$ 分别为图中的前右面和前左面，面 $\xi_d=0$ 为顶面。

同样，通过虚拟变量和下标，$(p+1)^2(p+2)/2$ 个多项式的 p 阶完备集

$$\begin{gathered}\hat{\alpha}^{ab}_{ijk;\ell m}(p,\xi)=R_i(p+1,\xi_a)\hat{R}_j(p+1,\xi_b)\hat{R}_k(p+1,\xi_c)\\ R_\ell(p+2,\xi_d)\hat{R}_m(p+2,\xi_e)\\ \text{其中}i,j=0,1,\cdots,p;\ k,\ell,m=1,2,\cdots,p+1;\\ \text{且}i+j+k=p+1;\ \ell+m=p+2\end{gathered}\tag{4.70}$$

插值点 $(p\geqslant 0)$

$$(\xi_a,\xi_b,\xi_c;\xi_d,\xi_e)_{ijk;\ell m}=\boldsymbol{\xi}^{ab}_{ijk;\ell m}=\left(\frac{i}{p+1},\frac{j}{p+1},\frac{k}{p+1};\frac{\ell}{p+2},\frac{m}{p+2}\right)\tag{4.71}$$

位于棱柱的内部或在面 ξ_a 和 $\xi_b=0$ 上，在棱柱的其他面上（因为 k,ℓ,m 不等于零）没有插值点，而且除了四边形面 $\xi_a=0$ 和 $\xi_b=0$ 相交的边，没有插值点在顶点和棱

柱的边上。事实上，表达式$\hat{\alpha}^{ab}_{ijk;\ell m}$中的上标$ad$也被用来表示式（4.70）中出现的虚拟变量$\xi_a$和$\xi_b$的西尔韦斯特多项式未移动，然而式（4.70）中的其他西尔韦斯特多项式是加了“^”的（即移动了）。

$p=2$与$\hat{\alpha}^{ab}_{ijk;\ell m}(p,\xi)$相关的插值点如图 4.6（b）所示。除了远离 4 个面$\xi_c,\xi_d,\xi_e,\xi_f=0$的图案，插值点排列与棱柱同阶的标量拉格朗日基$\hat{\alpha}^{ab}_{ijk;\ell m}(p,\xi)$相似（$p=2$，见图 2.27)。对于其他 2 条$\xi_b=\xi_c=0$和$\xi_c=\xi_a=0$与其他 2 个四边形面相交边上插入剩下基的插值点的排列，可以通过旋转图 4.6（b）中的图案到到新的边的方法获得，旋转插值点的图案使其沿着新的边。尽管旋转了，在四边形内部和棱柱内部的插值点的图案保持相同。

读者很容易证明棱柱基函数$\hat{\alpha}^{ab}_{ijk;\ell m}(p,\xi)$与为四边单元定义的拉格朗日基函数$\hat{\alpha}(p,\xi)$的一致性[见式（4.19）]。

4.7.3.2 只在一个面上的面-插值点函数 $\hat{\beta}(p,\xi)$

为了构建在 5 个棱柱面上法向分量为零的矢量函数，需要下面$(p+1)^2(p+2)/2$个多项式（表 4.18）的完备集

$$\begin{gathered}\hat{\beta}^{a}_{ijk;\ell m}(p,\xi)=R_i(p+2,\xi_a)\hat{R}_j(p+2,\xi_b)\hat{R}_k(p+2,\xi_c)\\ R_\ell(p+2,\xi_d)\hat{R}_m(p+2,\xi_e)\\ \text{其中}\, i=0,1,\cdots,p;\ j,k,\ell,m=1,2,\cdots,p+1\\ \text{且}\, i+j+k=\ell+m=p+2\end{gathered}\tag{4.72}$$

插值点$(p\geqslant 0)$

$$\xi^{a}_{ijk;\ell m}=(\xi_a,\xi_b,\xi_c;\xi_d,\xi_e)_{ijk;\ell m}=\left(\frac{i}{p+2},\frac{j}{p+2},\frac{k}{p+2};\frac{\ell}{p+2},\frac{m}{p+2}\right)\tag{4.73}$$

位于棱柱的内部或四边形面$\xi_a=0$上，除了面$\xi_a=0$，在棱柱顶点、边或者面上没有插值点。

相似地，$(p+1)^2(p+2)/2$个多项式

$$\begin{gathered}\hat{\beta}^{d}_{ijk;\ell m}(p,\xi)=\hat{R}_i(p+3,\xi_a)\hat{R}_j(p+3,\xi_b)\hat{R}_k(p+3,\xi_c)\\ \hat{R}_\ell(p+1,\xi_d)\hat{R}_m(p+1,\xi_e)\\ \text{其中}\ \ell=0,1,\ldots,p;\quad i,j,k,m=1,2,\ldots,p+1\\ \text{且}\ i+j+k=p+3;\quad \ell+m=p+1\end{gathered}\tag{4.74}$$

插值点$(p\geqslant 0)$

$$\xi^{b}_{ijk;\ell m}=(\xi_a,\xi_b,\xi_c;\xi_d,\xi_e)_{ijk;\ell m}=\left(\frac{i}{p+3},\frac{j}{p+3},\frac{k}{p+3};\frac{\ell}{p+1},\frac{m}{p+1}\right)\tag{4.75}$$

位于棱柱的内部或三角形面 $\xi_d = 0$ 上，除了面 $\xi_d = 0$，在顶点、边或面上没有插值点。

事实上，表达式 $\hat{\beta}^{a}_{ijk;\ell m}$（或 $\hat{\beta}^{d}_{ijk;\ell m}$）中上标 a（或 d）也用来表示式（4.72）[或式（4.74）] 中出现的虚拟变量 ξ_a（或 ξ_d）的西尔韦斯特多项式未被移动，然而构成式（4.72）[或式（4.74）] 的其他西尔韦斯特加了“^”(即移动了)。

令 ξ_a 等于 3 个归一化坐标 ξ_1、ξ_2 或 ξ_3 中的一个（在棱柱内部有相同的节点），$\hat{\beta}^{a}_{ijk;\ell m}$ 的插值点的虚队列未被改变就能使用。同样，因为当 ξ_d 等于 2 个归一化坐标 ξ_4 或 ξ_5 中的一个（在棱柱内部有相同的插值点）时，$\hat{\beta}^{d}_{ijk;\ell m}$ 的插值点的虚队列未改变就能使用。

读者能够容易地证明棱柱函数 $\hat{\beta}^{a}_{ijk;\ell m}(p,\xi)$ 和长方体函数 $\hat{\beta}^{a}_{i\ell;jm;kn}(p,\xi)$ 在公共四边形面 $\xi_a = 0$ 上（棱柱与长方体相邻）的一致性[见式（4.58）]。同样棱柱函数 $\hat{\beta}^{d}_{ijk;\ell m}(p,\xi)$ 和四面体函数 $\hat{\beta}^{d}_{ijk\ell}(p,\xi)$ 在公共三角形面 $\xi_d = 0$ 上是一致的[见式（4.38）、式（4.40）和式（4.41）]。

棱柱上的散度一致插值点如图 4.7 所示，当 $p = 2$ 时，与 $\hat{\beta}^{a}_{ijk;\ell m}(p,\xi)$ 和 $\hat{\beta}^{d}_{ijk;\ell m}(p,\xi)$ 相关联的插值点分别如图 4.7（a）和（b）所示。

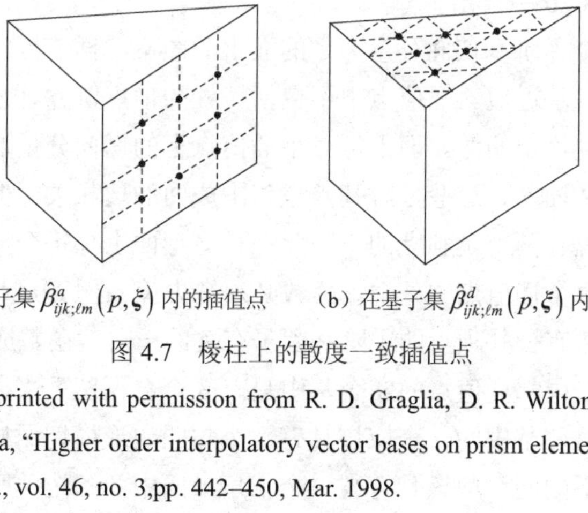

（a）在基子集 $\hat{\beta}^{a}_{ijk;\ell m}(p,\xi)$ 内的插值点　　（b）在基子集 $\hat{\beta}^{d}_{ijk;\ell m}(p,\xi)$ 内的插值点

图 4.7　棱柱上的散度一致插值点

© 998 IEEE. Reprinted with permission from R. D. Graglia, D. R. Wilton, A. F. Peterson, and I.-L. Gheorma, “Higher order interpolatory vector bases on prism elements,” *IEEE Trans. Antennas Propag*., vol. 46, no. 3,pp. 442–450, Mar. 1998.

图 4.7 给出了棱柱上 $p = 2$ 的散度一致插值点(为了清晰，省略内部插值点)。前左面是 $\xi_a = 0$；顶面是 $\xi_d = 0$。除了那些沿着 4 个面（一共 5 个面）移动到棱柱内部的插值点，插值点的排列与图 2.27 给出的由同阶多项式 $\alpha_{ijk\ell}(p,\xi)$ 定义的形状相同。

4.7.3.3　棱柱单元的 p 阶旋度一致基

通过使用虚指数和 4.7.3.1 节中的插值多项式 $\hat{\alpha}^{ad}_{ijk;\ell m}(p,\xi)$ 和 $\hat{\alpha}^{ab}_{ijk;\ell m}(p,\xi)$，棱柱

上 p 阶完备旋度一致基可表示为

$$\begin{aligned}\boldsymbol{\Omega}_{ijk;\ell m}^{ad}(\boldsymbol{r}) &= N_{ijk;\ell m}^{ad} R_i(p+2,\xi_a)\hat{R}_j(p+2,\xi_b)\hat{R}_k(p+2,\xi_c)\\ &\quad R_\ell(p+1,\xi_d)\hat{R}_m(p+1,\xi_e)\boldsymbol{\Omega}_{ad}(\boldsymbol{r})\end{aligned} \tag{4.76}$$

其中 $i,\ell = 0,1,\ldots,p;\quad j,k,m = 1,2,\ldots,p+1;$

且 $i+j+k = p+2;\quad \ell+m = p+1$

$$\begin{aligned}\boldsymbol{\Omega}_{ijk;\ell m}^{ab}(\boldsymbol{r}) &= N_{ijk;\ell m}^{ab} R_i(p+1,\xi_a)R_j(p+1,\xi_b)\hat{R}_k(p+1,\xi_c)\\ &\quad \hat{R}_\ell(p+2,\xi_d)\hat{R}_m(p+2,\xi_e)\boldsymbol{\Omega}_{ab}(\boldsymbol{r})\end{aligned} \tag{4.77}$$

其中 $i,j = 0,1,\ldots,p;\quad k,\ell,m = 1,2,\ldots,p+1;$

且 $i+j+k = p+1;\quad \ell+m = p+2$

$$\begin{aligned} N_{ijk;\ell m}^{ad} &= \frac{(p+2)(p+1)}{(p+2-i)(p+1-\ell)}\ell_{ad}\Bigg|_{\boldsymbol{\xi}_{ijk;\ell m}^{ad}}, \quad \boldsymbol{\xi}_{ijk;\ell m}^{ad} = \left(\frac{i}{p+2},\frac{j}{p+2},\frac{k}{p+2};\frac{\ell}{p+1},\frac{m}{p+1}\right)\\ N_{ijk;\ell m}^{ab} &= \frac{p+1}{p+1-i-j}\ell_{ab}\Bigg|_{\boldsymbol{\xi}_{ijk;\ell m}^{ab}}, \quad \boldsymbol{\xi}_{ijk;\ell m}^{ab} = \left(\frac{i}{p+1},\frac{j}{p+1},\frac{k}{p+1};\frac{\ell}{p+2},\frac{m}{p+2}\right)\end{aligned} \tag{4.78}$$

其中 $\boldsymbol{\Omega}_{ad}(\boldsymbol{r})$ 和 $\boldsymbol{\Omega}_{ab}(\boldsymbol{r})$ 表示表 4.4 中（中间列）未归一化零阶基矢量中的一个。通过真下标，上述表达式在父空间 $\{\xi_1,\xi_2,\xi_3;\xi_4,\xi_5\}$ 中的表示在表 4.19 中给出，其中归一化常数在表 4.20 中给出。

除了远离 3 个零阶基切向分量为零的面上的图案，插值点的排列与棱柱中同阶的标量拉格朗日基近似。插值点中不包括棱柱的顶点，并且只有一个单独基函数插入切向分量到给定的边。面上每一个插值点上的切向分量通过包含作为因子的零阶基函数的基插入，这些零阶基函数与围成面的边相关。但是在一个面上，这些切向分量中只有两个是独立的。因此在长方形面上，每个插值点的两个基函数和三角形面上每个插值点的一个基函数必须被去掉。在长方形面上的插值点基，只有与围成面的边有公共顶点的零阶基因子有关的一对基函数应该被舍弃。同样，在内部，插在每个内部插值点的 9 个基中只有 3 个会保留下来，用来提供插值的 3 个独立分量。这些基中的一个应该具有一个与四边形横切面构成的边相关联的零阶基因子，剩下的两个应该具有与一个三角形面中两条边关联的零阶基因子。下文给出面和内部节点的相关性。

（1）归一化常数

选择归一化常数确保在给定插值点 $\boldsymbol{\xi}_{ijk;\ell m}^{ad}$（或 $\boldsymbol{\xi}_{ijk;\ell m}^{ab}$）上，$\boldsymbol{\Omega}_{ijk;\ell m}^{ad}(\boldsymbol{r})$ 沿着 ℓ_{ad} 的分量［$\boldsymbol{\Omega}_{ijk;\ell m}^{ab}(\boldsymbol{r})$ 沿着 ℓ_{ab} 的分量］为单位值，归一化常数和插值点在表 4.20 中给出。

（2）面和内部节点上的依赖关系

根据式（4.78）后的讨论，三角形或长方形面中的 3 个或 4 个 p 阶基中只有 2

个在面的插值点上非零，是独立的。同样，棱柱内部插值点的 9 个基中只有 3 个是独立的。相关性源自包含以下 8 个恒等式为因子的基的线性组合：

$$\xi_1\boldsymbol{\Omega}_{1j}(\boldsymbol{r})+\xi_2\boldsymbol{\Omega}_{2j}(\boldsymbol{r})+\xi_3\boldsymbol{\Omega}_{3j}(\boldsymbol{r})=\boldsymbol{0},\quad \text{当 } j=4,5\text{时}$$

$$\xi_4\boldsymbol{\Omega}_{i4}(\boldsymbol{r})+\xi_5\boldsymbol{\Omega}_{i5}(\boldsymbol{r})=\boldsymbol{0},\quad \text{当 } i=1,2,3\text{时}$$

$$\xi_1\boldsymbol{\Omega}_{12}(\boldsymbol{r})-\xi_3\boldsymbol{\Omega}_{23}(\boldsymbol{r})=\boldsymbol{0}$$

$$\xi_1\boldsymbol{\Omega}_{13}(\boldsymbol{r})+\xi_2\boldsymbol{\Omega}_{23}(\boldsymbol{r})=\boldsymbol{0}$$

$$\xi_2\boldsymbol{\Omega}_{12}(\boldsymbol{r})+\xi_3\boldsymbol{\Omega}_{13}(\boldsymbol{r})=\boldsymbol{0}$$

实际上，在面和内部节点上，由上文中的恒等式可得：

$$\left.\begin{aligned}\frac{i\,\boldsymbol{\Omega}^{14}_{ijk;\ell m}(\boldsymbol{r})}{N^{14}_{ijk;\ell m}}+\frac{j\,\boldsymbol{\Omega}^{24}_{ijk;\ell m}(\boldsymbol{r})}{N^{24}_{ijk;\ell m}}+\frac{k\,\boldsymbol{\Omega}^{34}_{ijk;\ell m}(\boldsymbol{r})}{N^{34}_{ijk;\ell m}}=\boldsymbol{0},\\ \frac{i\,\boldsymbol{\Omega}^{15}_{ijk;\ell m}(\boldsymbol{r})}{N^{15}_{ijk;\ell m}}+\frac{j\,\boldsymbol{\Omega}^{25}_{ijk;\ell m}(\boldsymbol{r})}{N^{25}_{ijk;\ell m}}+\frac{k\,\boldsymbol{\Omega}^{35}_{ijk;\ell m}(\boldsymbol{r})}{N^{35}_{ijk;\ell m}}=\boldsymbol{0},\end{aligned}\right\}\text{其中，}i,j,k\neq 0$$

$$\left.\begin{aligned}\frac{\ell\,\boldsymbol{\Omega}^{14}_{ijk;\ell m}(\boldsymbol{r})}{N^{14}_{ijk;\ell m}}+\frac{m\,\boldsymbol{\Omega}^{15}_{ijk;\ell m}(\boldsymbol{r})}{N^{15}_{ijk;\ell m}}=\boldsymbol{0},\\ \frac{\ell\,\boldsymbol{\Omega}^{24}_{ijk;\ell m}(\boldsymbol{r})}{N^{24}_{ijk;\ell m}}+\frac{m\,\boldsymbol{\Omega}^{25}_{ijk;\ell m}(\boldsymbol{r})}{N^{25}_{ijk;\ell m}}=\boldsymbol{0},\\ \frac{\ell\,\boldsymbol{\Omega}^{34}_{ijk;\ell m}(\boldsymbol{r})}{N^{34}_{ijk;\ell m}}+\frac{m\,\boldsymbol{\Omega}^{35}_{ijk;\ell m}(\boldsymbol{r})}{N^{35}_{ijk;\ell m}}=\boldsymbol{0}\end{aligned}\right\}\text{其中，}\ell,m\neq 0$$

$$\frac{i\,\boldsymbol{\Omega}^{12}_{ijk;\ell m}(\boldsymbol{r})}{N^{12}_{ijk;\ell m}}-\frac{k\,\boldsymbol{\Omega}^{23}_{ijk;\ell m}(\boldsymbol{r})}{N^{23}_{ijk;\ell m}}=\boldsymbol{0}\qquad\text{其中，}i,k\neq 0$$

$$\frac{i\,\boldsymbol{\Omega}^{13}_{ijk;\ell m}(\boldsymbol{r})}{N^{13}_{ijk;\ell m}}+\frac{j\,\boldsymbol{\Omega}^{23}_{ijk;\ell m}(\boldsymbol{r})}{N^{23}_{ijk;\ell m}}=\boldsymbol{0}\qquad\text{其中，}i,j\neq 0$$

$$\frac{j\,\boldsymbol{\Omega}^{12}_{ijk;\ell m}(\boldsymbol{r})}{N^{12}_{ijk;\ell m}}+\frac{k\,\boldsymbol{\Omega}^{13}_{ijk;\ell m}(\boldsymbol{r})}{N^{13}_{ijk;\ell m}}=\boldsymbol{0}\qquad\text{其中，}j,k\neq 0$$

（3）自由度数目

在棱柱上 p 阶旋度一致基的自由度数目由下面规则决定（参见图 4.6）：

- 1 component×(p+1) DoFs×9 edges=9(p+1) edge DoFs；
- 2 components×p(p+1)/2 DoFs×2 triangular faces=2p(p+1) face DoFs；
- 2 components×p(p+1) DoFs×3 rectangular faces=6p(p+1) face DoFs；
- 2 components×p^2(p+1)/2 interior DoFs=p^2(p+1) prism-interior DoFs；
- 1 component×p(p−1)(p+1)/2 interior DoFs=p(p−1)(p+1)/2 prism-interior DoFs。

每个棱柱元素共有 $3(p+1)(p+2)(p+3)/2$ 个自由度。

4.7.3.4 棱柱上的散度一致基

通过使用虚指数和 4.7.3.2 节中的插值多项式 $\hat{\beta}^a_{ijk;\ell m}(p,\xi)$ 和 $\hat{\beta}^d_{ijk;\ell m}(p,\xi)$，棱柱上插入矢量的散度一致基能够表示为

$$\begin{aligned}\Lambda^a_{ijk;\ell m}(\boldsymbol{r}) &= N^a_{ijk;\ell m}\hat{\beta}^a_{ijk;\ell m}(p,\boldsymbol{\xi})\Lambda_a(\boldsymbol{r}),\\ &i=0,1,\ldots,p;\quad j,k,\ell,m=1,2,\ldots,p+1,\\ &i+j+k=p+2;\quad \ell+m=p+2\end{aligned} \tag{4.79}$$

$$\begin{aligned}\Lambda^d_{ijk;\ell m}(\boldsymbol{r}) &= N^d_{ijk;\ell m}\hat{\beta}^d_{ijk;\ell m}(p,\boldsymbol{\xi})\Lambda_d(\boldsymbol{r}),\\ &\ell=0,1,\ldots,p;\quad i,j,k,m=1,2,\ldots,p+1,\\ &i+j+k=p+3;\quad \ell+m=p+1\end{aligned} \tag{4.80}$$

这里 $\Lambda_a(\boldsymbol{r})$（其中 $a=1,2,3$）和 $\Lambda_d(\boldsymbol{r})$（其中 $d=4,5$）表示表 4.5 中（中间列）未归一化的零阶基。在虚拟父变量空间中，式（4.79）和式（4.80）的插值点

$$\boldsymbol{\xi}^a_{ijk;\ell m}=\left(\frac{i}{p+2},\frac{j}{p+2},\frac{k}{p+2};\frac{\ell}{p+2},\frac{m}{p+2}\right) \tag{4.81}$$

$$\boldsymbol{\xi}^d_{ijk;\ell m}=\left(\frac{i}{p+3},\frac{j}{p+3},\frac{k}{p+3};\frac{\ell}{p+1},\frac{m}{p+1}\right) \tag{4.82}$$

定义两个不同的网格。实际上，式（4.79）和式（4.80）可分别插入式（4.81）和式（4.82）。面 $\xi_a=0$ 和 $\xi_d=0$ 分别只能通过式（4.79）和式（4.80）插入。这些函数的所有其他插值点在元素的内部，也就是，这些函数没有插在棱柱的顶点、边和剩下的（4 个）面上。式（4.79）和式（4.80）中归一化常数的虚表达式为

$$\begin{aligned}N^a_{ijk;\ell m}&=\frac{p+2}{p+2-i}\frac{\mathcal{J}}{h_a}\bigg|_{\boldsymbol{\xi}^a_{ijk;\ell m}}\\ N^d_{ijk;\ell m}&=\frac{p+1}{p+1-\ell}\frac{\mathcal{J}}{h_d}\bigg|_{\boldsymbol{\xi}^d_{ijk;\ell m}}\end{aligned} \tag{4.83}$$

表 4.21 给出用真下标表示的父空间 $\{\xi_1,\xi_2,\xi_3;\xi_4,\xi_5\}$ 中的基式（4.79）和式（4.80）。插值点的排序与棱柱上同阶的标量拉格朗日基的排序近似，除了远离 4 个零阶基法向分量为零的面上的图案。同样，没有插值点在棱柱的顶点或边上，并且只有单独一个基函数插入一个法向分量到给定的面上。在每一插值点上，3 个基插值矢量分量在三角形切面上，2 个基插值分量正交。为了保证独立性，一个基应该被舍弃。下文给出内部节点依赖关系。

（1）归一化常数

表 4.21 给出通过真下标表示的归一化常数式（4.83）和父空间 $\{\xi_1,\xi_2,\xi_3;\xi_4,\xi_5\}$ 上插值点的表达式。选择的归一化常数保证在给定插值点上沿 $\hat{\boldsymbol{h}}_a$ 的 $\Lambda^a_{ijk;\ell m}(\boldsymbol{r})$ 和沿

$\hat{\boldsymbol{h}}_d$ 的 $\Lambda^d_{ijk;\ell m}(\boldsymbol{r})$ 的分量为单位值。

（2）内部插值点的相关性

依据式（4.83）后的讨论，在内部插值点上的 5 个 p 阶基中只有 3 个是非零独立的。依赖关系源自包含以下恒等式作为因子的基的线性组合：

$$\xi_1\boldsymbol{\Lambda}_1(\boldsymbol{r})+\xi_2\boldsymbol{\Lambda}_2(\boldsymbol{r})+\xi_3\boldsymbol{\Lambda}_3(\boldsymbol{r})=\boldsymbol{0}$$

$$\xi_4\boldsymbol{\Lambda}_4(\boldsymbol{r})+\xi_5\boldsymbol{\Lambda}_5(\boldsymbol{r})=\boldsymbol{0}$$

实际上，在内部节点，由上面的式子可以得出：

$$\frac{i\,\boldsymbol{\Lambda}^1_{ijk;\ell m}(\boldsymbol{r})}{N^1_{ijk;\ell m}}+\frac{j\,\boldsymbol{\Lambda}^2_{ijk;\ell m}(\boldsymbol{r})}{N^2_{ijk;\ell m}}+\frac{k\,\boldsymbol{\Lambda}^3_{ijk;\ell m}(\boldsymbol{r})}{N^3_{ijk;\ell m}}=\boldsymbol{0}\quad \text{其中，} i,j,k\neq 0$$

$$\frac{\ell\,\boldsymbol{\Lambda}^4_{ijk;\ell m}(\boldsymbol{r})}{N^4_{ijk;\ell m}}+\frac{m\,\boldsymbol{\Lambda}^5_{ijk;\ell m}(\boldsymbol{r})}{N^5_{ijk;\ell m}}=\boldsymbol{0}\quad \text{其中，} \ell,m\neq 0$$

（3）自由度的数量

棱柱单元上 p 阶散度一致基的自由度数量由以下规则决定（参照图 4.7）：

- 1 component×$(p+1)(p+2)/2$ DoFs×2 faces+1 component×$(p+1)/2$ DoFs×3 faces=$(p+1)(4p+5)$ face DoFs；
- 2 components×$p(p+1)^2/2$+1 component×$p(p+1)(p+2)/2$ interior DoFs=$p(p+1)(3p+4)/2$ prism-interior DoFs；

共有 $(p+1)(3p^2+12p+10)/2$ 个自由度。

4.8 表格

表 4.1　单元中的坐标、边向量和梯度向量

元素类型	独立坐标	坐标依赖关系	用单位基矢量表示边矢量，$\boldsymbol{\ell}^i=\dfrac{\partial \boldsymbol{r}}{\partial \xi_i}$，$\xi_i$ 独立	用单位基矢量表示梯度矢量 $\nabla\xi_i=-\dfrac{\hat{\boldsymbol{h}}_i}{h_i}$
三角形	ξ_1,ξ_2	$\xi_1+\xi_2+\xi_3=1$	$\boldsymbol{\ell}_1=-\boldsymbol{\ell}^2,\boldsymbol{\ell}_2=\boldsymbol{\ell}^1,$ $\boldsymbol{\ell}_3=\boldsymbol{\ell}^2-\boldsymbol{\ell}^1$	$\nabla\xi_1=-\dfrac{\hat{\boldsymbol{n}}\times\boldsymbol{\ell}^2}{\mathcal{J}},\nabla\xi_2=\dfrac{\hat{\boldsymbol{n}}\times\boldsymbol{\ell}^1}{\mathcal{J}},$ $\nabla\xi_3=-\nabla\xi_1-\nabla\xi_2$
四边形	ξ_1,ξ_2	$\xi_1+\xi_3=1,$ $\xi_2+\xi_4=1$	$\boldsymbol{\ell}_3=-\boldsymbol{\ell}_1=\boldsymbol{\ell}^2,$ $\boldsymbol{\ell}_2=-\boldsymbol{\ell}_4=\boldsymbol{\ell}^1$	$\nabla\xi_1=-\dfrac{\hat{\boldsymbol{n}}\times\boldsymbol{\ell}^2}{\mathcal{J}},\nabla\xi_2=\dfrac{\hat{\boldsymbol{n}}\times\boldsymbol{\ell}^1}{\mathcal{J}},$ $\nabla\xi_3=-\nabla\xi_1,\nabla\xi_4=-\nabla\xi_2$
四面体	ξ_1,ξ_2,ξ_3	$\xi_1+\xi_2$ $+\xi_3+\xi_4=1$	$\boldsymbol{\ell}_{12}=\boldsymbol{\ell}^3,\boldsymbol{\ell}_{13}=-\boldsymbol{\ell}^2,$ $\boldsymbol{\ell}_{14}=\boldsymbol{\ell}^2-\boldsymbol{\ell}^3,\boldsymbol{\ell}_{23}=\boldsymbol{\ell}^1,$ $\boldsymbol{\ell}_{24}=\boldsymbol{\ell}^3-\boldsymbol{\ell}^1,\boldsymbol{\ell}_{34}=\boldsymbol{\ell}^1-\boldsymbol{\ell}^2$	$\nabla\xi_1=\dfrac{\boldsymbol{\ell}^2\times\boldsymbol{\ell}^3}{\mathcal{J}},\nabla\xi_2=\dfrac{\boldsymbol{\ell}^3\times\boldsymbol{\ell}^1}{\mathcal{J}},$ $\nabla\xi_3=\dfrac{\boldsymbol{\ell}^1\times\boldsymbol{\ell}^2}{\mathcal{J}},$ $\nabla\xi_4=-\nabla\xi_1-\nabla\xi_2-\nabla\xi_3$

续表

元素类型	独立坐标	坐标依赖关系	用单位基矢量表示边矢量，$\ell^i=\dfrac{\partial r}{\partial \xi_i}$，$\xi_i$ 独立	用单位基矢量表示梯度矢量 $\nabla\xi_i=-\dfrac{\hat{h}_i}{h_i}$
长方体	ξ_1,ξ_2,ξ_3	$\xi_1+\xi_4=1$, $\xi_2+\xi_5=1$, $\xi_3+\xi_6=1$	$\ell_{12}=\ell_{24}=\ell_{45}=-\ell_{15}=\ell^3$, $\ell_{16}=-\ell_{13}=-\ell_{34}=-\ell_{46}=\ell^2$, $\ell_{23}=\ell_{35}=\ell_{56}=-\ell_{26}=\ell^1$	$\nabla\xi_1=-\nabla\xi_4=\dfrac{\ell^2\times\ell^3}{\mathcal{J}}$, $\nabla\xi_2=-\nabla\xi_5=\dfrac{\ell^3\times\ell^1}{\mathcal{J}}$, $\nabla\xi_3=-\nabla\xi_6=\dfrac{\ell^1\times\ell^2}{\mathcal{J}}$
棱柱	ξ_1,ξ_2,ξ_4	$\xi_1+\xi_2+\xi_3=1$, $\xi_4+\xi_5=1$	$\ell_{12}=-\ell_{13}=\ell_{23}=\ell^4$, $-\ell_{14}=\ell_{15}=\ell^2$, $\ell_{24}=-\ell_{25}=\ell^1$, $\ell_{34}=-\ell_{35}=\ell^2-\ell^1$	$\nabla\xi_1=\dfrac{\ell^2\times\ell^4}{\mathcal{J}},\nabla\xi_2=\dfrac{\ell^4\times\ell^1}{\mathcal{J}}$, $\nabla\xi_3=-\nabla\xi_1-\nabla\xi_2$, $\nabla\xi_4=\dfrac{\ell^1\times\ell^2}{\mathcal{J}},\nabla\xi_5=-\nabla\xi_4$

在表中，表示父坐标系 ξ_i 的下标 i 是“局部的”数字，用来区分每个父元素的多种坐标；同样，对于每个元素、边和梯度矢量是“局部的”数字编号。

表 4.2　2D 单元上的零阶旋度一致 Nédélec 基（非归一化形式）

	三角形	四边形
零阶基	$\boldsymbol{\Omega}_1(\boldsymbol{r})=\xi_2\nabla\xi_3-\xi_3\nabla\xi_2$ $\boldsymbol{\Omega}_2(\boldsymbol{r})=\xi_3\nabla\xi_1-\xi_1\nabla\xi_3$ $\boldsymbol{\Omega}_3(\boldsymbol{r})=\xi_1\nabla\xi_2-\xi_2\nabla\xi_1$	$\boldsymbol{\Omega}_1(\boldsymbol{r})=\xi_3\nabla\xi_4$ $\boldsymbol{\Omega}_2(\boldsymbol{r})=\xi_4\nabla\xi_1$ $\boldsymbol{\Omega}_3(\boldsymbol{r})=\xi_1\nabla\xi_2$ $\boldsymbol{\Omega}_4(\boldsymbol{r})=\xi_2\nabla\xi_3$
零阶基完备性	$\boldsymbol{\Omega}_2(\boldsymbol{r})-\boldsymbol{\Omega}_3(\boldsymbol{r})=\nabla\xi_1$ $\boldsymbol{\Omega}_3(\boldsymbol{r})-\boldsymbol{\Omega}_1(\boldsymbol{r})=\nabla\xi_2$ $\boldsymbol{\Omega}_1(\boldsymbol{r})-\boldsymbol{\Omega}_2(\boldsymbol{r})=\nabla\xi_3$	$\boldsymbol{\Omega}_2(\boldsymbol{r})-\boldsymbol{\Omega}_4(\boldsymbol{r})=\nabla\xi_1=-\nabla\xi_3$ $\boldsymbol{\Omega}_3(\boldsymbol{r})-\boldsymbol{\Omega}_1(\boldsymbol{r})=\nabla\xi_2=-\nabla\xi_4$
零阶基旋度完备性	$\nabla\times\boldsymbol{\Omega}_i(\boldsymbol{r})=\dfrac{2}{\mathcal{J}}\hat{\boldsymbol{n}},\ i=1,2,3$	$\nabla\times\boldsymbol{\Omega}_i(\boldsymbol{r})=\dfrac{\hat{\boldsymbol{n}}}{\mathcal{J}},\ i=1,2,3,4$

梯度矢量 $\nabla\xi_i$ 的表示和边矢量 $\boldsymbol{\ell}_i$ 可以通过表 4.1 种的 3 个单位基矢量表示；$\hat{\boldsymbol{n}}$ 是单元单位法矢量。第一行给出（非归一化）零阶矢量基函数；它们的归一化形式通过表 4.9 和表 4.10 中基获取，设置 $p=0$。在直线元素上，这些基沿着单元的边缘有 CT/LN 分量。当基函数 $\Omega_i(r)$ 插入一个单元第 i 边上的切向量分量时，它沿着其他边的切向分量为零，其中

$$\Omega_i(r)\cdot\boldsymbol{\ell}_i\Big|_{\xi_i=0}=1,\quad \Omega_i(r)\cdot\boldsymbol{\ell}_k\Big|_{\xi_k=0}=1,\quad k\neq i$$

尽管零阶基包含线性项，它们第一阶不是完备的。零阶的完备性来自第二行给出的头两个线性组合产生的两个独立矢量，它们包含在线单元中。以 $1/\mathcal{J}$ 为权重因子，表 4.2 第三行给出的关系可证明旋度中零阶的完整性。

表 4.3　2D 单元零阶散度一致 Nédélec 基（非归一化）

	三角形	四边形
零阶基	$\Lambda_1(\boldsymbol{r})=\frac{1}{\mathcal{J}}(\xi_2\ell_3-\xi_3\ell_2)$ $\Lambda_2(\boldsymbol{r})=\frac{1}{\mathcal{J}}(\xi_3\ell_1-\xi_1\ell_3)$ $\Lambda_3(\boldsymbol{r})=\frac{1}{\mathcal{J}}(\xi_1\ell_2-\xi_2\ell_1)$	$\Lambda_1(\boldsymbol{r})=\frac{\xi_3\ell_4}{\mathcal{J}}$，$\Lambda_2(\boldsymbol{r})=\frac{\xi_4\ell_1}{\mathcal{J}}$， $\Lambda_3(\boldsymbol{r})=\frac{\xi_1\ell_2}{\mathcal{J}}$，$\Lambda_4(\boldsymbol{r})=\frac{\xi_2\ell_3}{\mathcal{J}}$
零阶基完备性	$\Lambda_2(\boldsymbol{r})-\Lambda_3(\boldsymbol{r})=\frac{\ell_1}{\mathcal{J}}$ $\Lambda_3(\boldsymbol{r})-\Lambda_1(\boldsymbol{r})=\frac{\ell_2}{\mathcal{J}}$ $\Lambda_1(\boldsymbol{r})-\Lambda_2(\boldsymbol{r})=\frac{\ell_3}{\mathcal{J}}$	$\Lambda_2(\boldsymbol{r})-\Lambda_4(\boldsymbol{r})=\frac{\ell_1}{\mathcal{J}}=-\frac{\ell_3}{\mathcal{J}}$ $\Lambda_3(\boldsymbol{r})-\Lambda_1(\boldsymbol{r})=\frac{\ell_2}{\mathcal{J}}=-\frac{\ell_3}{\mathcal{J}}$
零阶基散度一致性	$\nabla\cdot\Lambda_i(\boldsymbol{r})=\frac{2}{\mathcal{J}}$，$i=1,2,3$	$\nabla\cdot\Lambda_i(\boldsymbol{r})=\frac{1}{\mathcal{J}}$，$i=1,2,3,4$

边矢量 ℓ_i 通过表4.1中给出的3个单位基向量表述；$\hat{\boldsymbol{n}}$ 是单元单位法向量。第一行给出了零阶基函数（非归一化）；它们的归一化形式通过表 4.9 和表 4.10 中的基获取，设置 $p=0$。在直线元素上，这些基沿着单元的边缘有 CT/LN 分量。当基函数 $\Lambda_i(\boldsymbol{r})=\Omega_i(\boldsymbol{r})\times\hat{\boldsymbol{n}}$ 插入一个法向量分量在单元的第 i 边上时，它沿其他边的法相分量为零。尽管零阶向量包含线性项，对于一阶不是完备的。零阶的完备性来自第二行给出的头两个线性组合产生的两个独立矢量，它们包含在线单元中。表 4.3 第三行给出的关系可证明以 $1/\mathcal{J}$ 为权重因子的散度零阶的完整性。

表 4.4　立体单元的旋度一致基（非归一化模式，来自参考文献[1, 2]）

	四面体	棱柱	长方体
零阶基	$\boldsymbol{\Omega}_{12}(\boldsymbol{r})=\xi_4\nabla\xi_3,-\xi_3\nabla\xi_4$, $\boldsymbol{\Omega}_{13}(\boldsymbol{r})=\xi_2\nabla\xi_4,-\xi_4\nabla\xi_2$, $\boldsymbol{\Omega}_{14}(\boldsymbol{r})=\xi_3\nabla\xi_2,-\xi_2\nabla\xi_3$, $\boldsymbol{\Omega}_{23}(\boldsymbol{r})=\xi_4\nabla\xi_1,-\xi_1\nabla\xi_4$, $\boldsymbol{\Omega}_{24}(\boldsymbol{r})=\xi_1\nabla\xi_3,-\xi_3\nabla\xi_1$, $\boldsymbol{\Omega}_{34}(\boldsymbol{r})=\xi_2\nabla\xi_1,-\xi_1\nabla\xi_2$	$\boldsymbol{\Omega}_{14}(\boldsymbol{r})=\xi_5(\xi_2\nabla\xi_3-\xi_3\nabla\xi_2)$, $\boldsymbol{\Omega}_{15}(\boldsymbol{r})=\xi_4(\xi_3\nabla\xi_2-\xi_2\nabla\xi_3)$, $\boldsymbol{\Omega}_{24}(\boldsymbol{r})=\xi_5(\xi_3\nabla\xi_1-\xi_1\nabla\xi_3)$, $\boldsymbol{\Omega}_{25}(\boldsymbol{r})=\xi_4(\xi_1\nabla\xi_3-\xi_3\nabla\xi_1)$, $\boldsymbol{\Omega}_{34}(\boldsymbol{r})=\xi_5(\xi_1\nabla\xi_2-\xi_2\nabla\xi_1)$, $\boldsymbol{\Omega}_{35}(\boldsymbol{r})=\xi_4(\xi_2\nabla\xi_1-\xi_1\nabla\xi_2)$, $\boldsymbol{\Omega}_{13}(\boldsymbol{r})=\xi_2\nabla\xi_5$，$\boldsymbol{\Omega}_{12}(\boldsymbol{r})=\xi_3\nabla\xi_4$, $\boldsymbol{\Omega}_{23}(\boldsymbol{r})=\xi_1\nabla\xi_4$.	$\boldsymbol{\Omega}_{12}(\boldsymbol{r})=\xi_4\xi_5\nabla\xi_3$，$\boldsymbol{\Omega}_{13}(\boldsymbol{r})=\xi_4\xi_6\nabla\xi_5$, $\boldsymbol{\Omega}_{15}(\boldsymbol{r})=\xi_2\xi_4\nabla\xi_6$，$\boldsymbol{\Omega}_{16}(\boldsymbol{r})=\xi_3\xi_4\nabla\xi_2$, $\boldsymbol{\Omega}_{23}(\boldsymbol{r})=\xi_5\xi_6\nabla\xi_1$，$\boldsymbol{\Omega}_{24}(\boldsymbol{r})=\xi_1\xi_5\nabla\xi_3$, $\boldsymbol{\Omega}_{26}(\boldsymbol{r})=\xi_3\xi_5\nabla\xi_4$，$\boldsymbol{\Omega}_{34}(\boldsymbol{r})=\xi_1\xi_6\nabla\xi_5$, $\boldsymbol{\Omega}_{35}(\boldsymbol{r})=\xi_2\xi_6\nabla\xi_1$，$\boldsymbol{\Omega}_{45}(\boldsymbol{r})=\xi_1\xi_2\nabla\xi_3$, $\boldsymbol{\Omega}_{46}(\boldsymbol{r})=\xi_1\xi_3\nabla\xi_5$，$\boldsymbol{\Omega}_{56}(\boldsymbol{r})=\xi_2\xi_3\nabla\xi_1$.
边界向量零阶基的旋度	$\nabla\times\boldsymbol{\Omega}_{12}(\boldsymbol{r})=-2\ell_{34}/\mathcal{J}$, $\nabla\times\boldsymbol{\Omega}_{13}(\boldsymbol{r})=+2\ell_{24}/\mathcal{J}$, $\nabla\times\boldsymbol{\Omega}_{14}(\boldsymbol{r})=-2\ell_{23}/\mathcal{J}$, $\nabla\times\boldsymbol{\Omega}_{23}(\boldsymbol{r})=-2\ell_{14}/\mathcal{J}$, $\nabla\times\boldsymbol{\Omega}_{24}(\boldsymbol{r})=+2\ell_{13}/\mathcal{J}$, $\nabla\times\boldsymbol{\Omega}_{34}(\boldsymbol{r})=-2\ell_{12}/\mathcal{J}$.	$\nabla\times\boldsymbol{\Omega}_{14}(\boldsymbol{r})=[+2\xi_5\ell_{23}-\xi_2\ell_{35}+\xi_3\ell_{25}]/\mathcal{J}$, $\nabla\times\boldsymbol{\Omega}_{15}(\boldsymbol{r})=[-2\xi_4\ell_{23}+\xi_2\ell_{34}-\xi_3\ell_{24}]/\mathcal{J}$, $\nabla\times\boldsymbol{\Omega}_{24}(\boldsymbol{r})=[-2\xi_5\ell_{13}+\xi_1\ell_{35}-\xi_3\ell_{15}]/\mathcal{J}$, $\nabla\times\boldsymbol{\Omega}_{25}(\boldsymbol{r})=[+2\xi_4\ell_{13}-\xi_1\ell_{34}+\xi_3\ell_{14}]/\mathcal{J}$, $\nabla\times\boldsymbol{\Omega}_{34}(\boldsymbol{r})=[+2\xi_5\ell_{12}-\xi_1\ell_{25}+\xi_2\ell_{15}]/\mathcal{J}$, $\nabla\times\boldsymbol{\Omega}_{35}(\boldsymbol{r})=[-2\xi_4\ell_{12}+\xi_1\ell_{24}-\xi_2\ell_{14}]/\mathcal{J}$, $\nabla\times\boldsymbol{\Omega}_{13}(\boldsymbol{r})=\ell_{25}/\mathcal{J}$, $\nabla\times\boldsymbol{\Omega}_{12}(\boldsymbol{r})=\ell_{34}/\mathcal{J}$, $\nabla\times\boldsymbol{\Omega}_{23}(\boldsymbol{r})=\ell_{14}/\mathcal{J}$.	$\nabla\times\boldsymbol{\Omega}_{12}(\boldsymbol{r})=[+\xi_4\ell_{35}-\xi_5\ell_{34}]/\mathcal{J}$, $\nabla\times\boldsymbol{\Omega}_{13}(\boldsymbol{r})=[-\xi_4\ell_{56}+\xi_6\ell_{45}]/\mathcal{J}$, $\nabla\times\boldsymbol{\Omega}_{15}(\boldsymbol{r})=[+\xi_2\ell_{46}+\xi_4\ell_{26}]/\mathcal{J}$, $\nabla\times\boldsymbol{\Omega}_{16}(\boldsymbol{r})=[-\xi_3\ell_{24}-\xi_4\ell_{23}]/\mathcal{J}$, $\nabla\times\boldsymbol{\Omega}_{23}(\boldsymbol{r})=[-\xi_5\ell_{16}-\xi_6\ell_{15}]/\mathcal{J}$, $\nabla\times\boldsymbol{\Omega}_{24}(\boldsymbol{r})=[-\xi_1\ell_{35}+\xi_5\ell_{13}]/\mathcal{J}$, $\nabla\times\boldsymbol{\Omega}_{26}(\boldsymbol{r})=[-\xi_3\ell_{45}+\xi_5\ell_{34}]/\mathcal{J}$, $\nabla\times\boldsymbol{\Omega}_{34}(\boldsymbol{r})=[-\xi_1\ell_{56}+\xi_6\ell_{15}]/\mathcal{J}$, $\nabla\times\boldsymbol{\Omega}_{35}(\boldsymbol{r})=[-\xi_2\ell_{16}-\xi_6\ell_{12}]/\mathcal{J}$, $\nabla\times\boldsymbol{\Omega}_{45}(\boldsymbol{r})=[+\xi_1\ell_{23}+\xi_2\ell_{13}]/\mathcal{J}$, $\nabla\times\boldsymbol{\Omega}_{46}(\boldsymbol{r})=[+\xi_1\ell_{35}+\xi_3\ell_{15}]/\mathcal{J}$, $\nabla\times\boldsymbol{\Omega}_{56}(\boldsymbol{r})=[-\xi_2\ell_{13}-\xi_3\ell_{12}]/\mathcal{J}$.

续表

	四面体	棱柱	长方体
零阶基的完整性	$\boldsymbol{\Omega}_{23}(\boldsymbol{r})-\boldsymbol{\Omega}_{24}(\boldsymbol{r})+\boldsymbol{\Omega}_{34}(\boldsymbol{r})=\nabla\xi_1$, $\boldsymbol{\Omega}_{14}(\boldsymbol{r})-\boldsymbol{\Omega}_{34}(\boldsymbol{r})-\boldsymbol{\Omega}_{13}(\boldsymbol{r})=\nabla\xi_2$, $\boldsymbol{\Omega}_{12}(\boldsymbol{r})-\boldsymbol{\Omega}_{14}(\boldsymbol{r})+\boldsymbol{\Omega}_{24}(\boldsymbol{r})=\nabla\xi_3$.	$\boldsymbol{\Omega}_{24}(\boldsymbol{r})-\boldsymbol{\Omega}_{34}(\boldsymbol{r})-\boldsymbol{\Omega}_{25}(\boldsymbol{r})+\boldsymbol{\Omega}_{35}(\boldsymbol{r})=\nabla\xi_1$, $\boldsymbol{\Omega}_{34}(\boldsymbol{r})-\boldsymbol{\Omega}_{14}(\boldsymbol{r})-\boldsymbol{\Omega}_{35}(\boldsymbol{r})+\boldsymbol{\Omega}_{15}(\boldsymbol{r})=\nabla\xi_2$, $\boldsymbol{\Omega}_{12}(\boldsymbol{r})+\boldsymbol{\Omega}_{23}(\boldsymbol{r})-\boldsymbol{\Omega}_{13}(\boldsymbol{r})=\nabla\xi_4$.	$\boldsymbol{\Omega}_{23}(\boldsymbol{r})-\boldsymbol{\Omega}_{26}(\boldsymbol{r})+\boldsymbol{\Omega}_{35}(\boldsymbol{r})+\boldsymbol{\Omega}_{56}(\boldsymbol{r})=\nabla\xi_1$, $\boldsymbol{\Omega}_{16}(\boldsymbol{r})-\boldsymbol{\Omega}_{13}(\boldsymbol{r})-\boldsymbol{\Omega}_{34}(\boldsymbol{r})-\boldsymbol{\Omega}_{46}(\boldsymbol{r})=\nabla\xi_2$, $\boldsymbol{\Omega}_{12}(\boldsymbol{r})-\boldsymbol{\Omega}_{15}(\boldsymbol{r})+\boldsymbol{\Omega}_{24}(\boldsymbol{r})+\boldsymbol{\Omega}_{45}(\boldsymbol{r})=\nabla\xi_3$.
	$\nabla\times\boldsymbol{\Omega}_{14}(\boldsymbol{r})=-2\ell^1/\mathcal{J}$, $\nabla\times\boldsymbol{\Omega}_{24}(\boldsymbol{r})=-2\ell^2/\mathcal{J}$, $\nabla\times\boldsymbol{\Omega}_{34}(\boldsymbol{r})=-2\ell^3/\mathcal{J}$.	$\nabla\times\boldsymbol{\Omega}_{13}(\boldsymbol{r})=-\ell^1/\mathcal{J}$, $\nabla\times\boldsymbol{\Omega}_{23}(\boldsymbol{r})=-\ell^2/\mathcal{J}$, $\nabla\times\left[\boldsymbol{\Omega}_{34}(\boldsymbol{r})-\boldsymbol{\Omega}_{35}(\boldsymbol{r})\right]=+2\ell^4/\mathcal{J}$.	$\nabla\times\left[\boldsymbol{\Omega}_{45}(\boldsymbol{r})-\boldsymbol{\Omega}_{15}(\boldsymbol{r})\right]=\ell^1/\mathcal{J}$, $\nabla\times\left[\boldsymbol{\Omega}_{26}(\boldsymbol{r})-\boldsymbol{\Omega}_{56}(\boldsymbol{r})\right]=-\ell^2/\mathcal{J}$, $\nabla\times\left[\boldsymbol{\Omega}_{13}(\boldsymbol{r})-\boldsymbol{\Omega}_{16}(\boldsymbol{r})\right]=\ell^3/\mathcal{J}$.
旋度中 p 阶完整性	$\boldsymbol{\Upsilon}_1(\boldsymbol{r})=\xi_1\nabla\xi_3-\xi_3\nabla\xi_1=\boldsymbol{\Omega}_{24}(\boldsymbol{r})$ $\boldsymbol{\Upsilon}_2(\boldsymbol{r})=\xi_2\nabla\xi_1-\xi_1\nabla\xi_2=\boldsymbol{\Omega}_{34}(\boldsymbol{r})$ $\boldsymbol{\Upsilon}_3(\boldsymbol{r})=\xi_3\nabla\xi_2-\xi_2\nabla\xi_3=\boldsymbol{\Omega}_{14}(\boldsymbol{r})$	$\boldsymbol{\Upsilon}_1(\boldsymbol{r})=\xi_1\nabla\xi_4-\xi_4\nabla\xi_1$ $=\boldsymbol{\Omega}_{23}(\boldsymbol{r})+\boldsymbol{\Omega}_{25}(\boldsymbol{r})-\boldsymbol{\Omega}_{35}(\boldsymbol{r})$ $\boldsymbol{\Upsilon}_2(\boldsymbol{r})=\xi_2\nabla\xi_1-\xi_1\nabla\xi_2$ $=\boldsymbol{\Omega}_{35}(\boldsymbol{r})-\boldsymbol{\Omega}_{34}(\boldsymbol{r})$ $\boldsymbol{\Upsilon}_4(\boldsymbol{r})=\xi_4\nabla\xi_2-\xi_2\nabla\xi_4$ $=\boldsymbol{\Omega}_{13}(\boldsymbol{r})+\boldsymbol{\Omega}_{15}(\boldsymbol{r})-\boldsymbol{\Omega}_{35}(\boldsymbol{r})$	$\boldsymbol{\Upsilon}_1(\boldsymbol{r})=\xi_1\nabla\xi_3-\xi_3\nabla\xi_1$ $=\boldsymbol{\Omega}_{24}(\boldsymbol{r})+\boldsymbol{\Omega}_{26}(\boldsymbol{r})+\boldsymbol{\Omega}_{45}(\boldsymbol{r})-\boldsymbol{\Omega}_{56}(\boldsymbol{r})$ $\boldsymbol{\Upsilon}_2(\boldsymbol{r})=\xi_2\nabla\xi_1-\xi_1\nabla\xi_2$ $=\boldsymbol{\Omega}_{34}(\boldsymbol{r})+\boldsymbol{\Omega}_{35}(\boldsymbol{r})+\boldsymbol{\Omega}_{46}(\boldsymbol{r})+\boldsymbol{\Omega}_{56}(\boldsymbol{r})$ $\boldsymbol{\Upsilon}_3(\boldsymbol{r})=\xi_3\nabla\xi_2-\xi_2\nabla\xi_3$ $=\boldsymbol{\Omega}_{15}(\boldsymbol{r})+\boldsymbol{\Omega}_{16}(\boldsymbol{r})-\boldsymbol{\Omega}_{45}(\boldsymbol{r})-\boldsymbol{\Omega}_{46}(\boldsymbol{r})$

表 4.4 中，父坐标 ξ_i 和梯度矢量 $\nabla\xi_i$ 的角标 i 是“本地”数字，用来区分每个父单元的多个坐标。梯度矢量 $\nabla\xi_i$ 的表示和边矢量 $\boldsymbol{\ell}_{ij}$ 可以通过表 4.1 中的 3 个单位基向量表示。

第一行给出了零阶旋度一致矢量基函数（非归一化形式）；它们的归一化形式通过表 4.12、表 4.15 和表 4.19 中的基得到，设置 $p=0$。基函数 $\Omega_{ij}(r)$ 插入的矢量分量与面 i 和面 j 相交构成的边的中间点相切。四边形单元的基包含线性项并且是 CT/LN 形式。棱柱和长方体的基也包含二次项并且是 CT 形式。尽管存在第一和第二阶项，由于没有提出形如 $\xi_i\nabla\xi_i$（四面体、长方体，i=1，2，3；棱柱，i=1，2，4)的矢量，基不是完备的。基的零阶完备性和旋度的完备性源自表中第三行给出的线性组合产生的三个独立矢量。更高阶的完备性可以容易地通过表中第三行给出的线性组合的乘积来证明。相反，为了证明对于所有高阶多项式矢量基旋度的完备性，这些基由具有 p 阶完整多项式集的零阶矢量基相乘得到，必须使用表中第四行给出的关系。旋度完整性可通过下面的事实来证明，零阶旋度一致基函数包含线性项能够建立表第四行中给出的线性矢量 $\Upsilon_1(r)$、$\Upsilon_2(r)$ 和 $\Upsilon_3(r)$[或 $\Upsilon_4(r)$]。

表 4.5　立体单元的散度一致基（非归一化模式，来自参考文献[1, 2]）

	四面体	棱柱	长方体
零阶基	$\Lambda_1(\boldsymbol{r})=-(\xi_2\ell_{34}-\xi_3\ell_{24}+\xi_4\ell_{23})/\mathcal{J}$ $\Lambda_2(\boldsymbol{r})=\ (\xi_3\ell_{41}-\xi_4\ell_{31}+\xi_1\ell_{34})/\mathcal{J}$ $\Lambda_3(\boldsymbol{r})=-(\xi_4\ell_{12}-\xi_1\ell_{42}+\xi_2\ell_{41})/\mathcal{J}$ $\Lambda_4(\boldsymbol{r})=\ (\xi_1\ell_{23}-\xi_2\ell_{13}+\xi_3\ell_{12})/\mathcal{J}$	$\Lambda_1(\boldsymbol{r})=(\xi_2\ell_{34}-\xi_3\ell_{24})/\mathcal{J}$ $\Lambda_2(\boldsymbol{r})=(\xi_3\ell_{14}-\xi_1\ell_{34})/\mathcal{J}$ $\Lambda_3(\boldsymbol{r})=(\xi_1\ell_{24}-\xi_2\ell_{14})/\mathcal{J}$ $\Lambda_4(\boldsymbol{r})=\xi_5\ell_{13}/\mathcal{J}$ $\Lambda_5(\boldsymbol{r})=\xi_4\ell_{12}/\mathcal{J}$	$\Lambda_1(\boldsymbol{r})=\xi_4\ell_{26}/\mathcal{J}$ $\Lambda_2(\boldsymbol{r})=\xi_5\ell_{13}/\mathcal{J}$ $\Lambda_3(\boldsymbol{r})=\xi_6\ell_{15}/\mathcal{J}$ $\Lambda_4(\boldsymbol{r})=\xi_1\ell_{23}/\mathcal{J}$ $\Lambda_5(\boldsymbol{r})=\xi_2\ell_{16}/\mathcal{J}$ $\Lambda_6(\boldsymbol{r})=\xi_3\ell_{12}/\mathcal{J}$
零阶基的完整性	$\Lambda_4(\boldsymbol{r})-\Lambda_1(\boldsymbol{r})=\ell_{23}/\mathcal{J}=\ell^1/\mathcal{J}$ $\Lambda_4(\boldsymbol{r})-\Lambda_2(\boldsymbol{r})=\ell_{31}/\mathcal{J}=\ell^2/\mathcal{J}$ $\Lambda_4(\boldsymbol{r})-\Lambda_3(\boldsymbol{r})=\ell_{12}/\mathcal{J}=\ell^3/\mathcal{J}$	$\Lambda_3(\boldsymbol{r})-\Lambda_1(\boldsymbol{r})=\ell_{24}/\mathcal{J}=\ell^1/\mathcal{J}$ $\Lambda_3(\boldsymbol{r})-\Lambda_2(\boldsymbol{r})=\ell_{41}/\mathcal{J}=\ell^2/\mathcal{J}$ $\Lambda_5(\boldsymbol{r})-\Lambda_4(\boldsymbol{r})=\ell_{12}/\mathcal{J}=\ell^4/\mathcal{J}$	$\Lambda_4(\boldsymbol{r})-\Lambda_1(\boldsymbol{r})=\ell_{23}/\mathcal{J}=\ell^1/\mathcal{J}$ $\Lambda_5(\boldsymbol{r})-\Lambda_2(\boldsymbol{r})=\ell_{16}/\mathcal{J}=\ell^2/\mathcal{J}$ $\Lambda_6(\boldsymbol{r})-\Lambda_3(\boldsymbol{r})=\ell_{12}/\mathcal{J}=\ell^3/\mathcal{J}$
p 阶完整性散度（α, β, γ, δ ≥0）	$\nabla\cdot\left[\xi_i^{\alpha}\xi_j^{\beta}\xi_k^{\gamma}\Lambda_\ell(\boldsymbol{r})\right]=$ $\left(\xi_i^{\alpha}\xi_j^{\beta}\xi_k^{\gamma}\right)\dfrac{(3+\alpha+\beta+\gamma)}{\mathcal{J}}$ 其中 i, j, k 和 ℓ =1, 2, 3 或 4 且 $0\leqslant\alpha+\beta+\gamma\leqslant p$	$\nabla\cdot\left[\xi_1^{\alpha}\xi_2^{\beta}\xi_3^{\gamma}\xi_\ell^{\delta}\Lambda_m(\boldsymbol{r})\right]=$ $\left(\xi_1^{\alpha}\xi_2^{\beta}\xi_3^{\gamma}\xi_\ell^{\delta}\right)(1+\delta)/\mathcal{J}$ $\nabla\cdot\left[\xi_i^{\alpha}\xi_j^{\beta}\xi_\ell^{\delta}\Lambda_k(\boldsymbol{r})\right]=$ $\left(\xi_i^{\alpha}\xi_j^{\beta}\xi_\ell^{\delta}\right)(2+\alpha+\beta)/\mathcal{J}$ 其中 i, j, k=1, 2 或 3；ℓ, m=4 或 5 且 $0\leqslant\alpha+\beta+\gamma+\delta\leqslant p$	$\nabla\cdot\left[\xi_{i+3}^{\alpha}\xi_{i+2}^{\beta}\xi_{i+1}^{\gamma}\Lambda_i(\boldsymbol{r})\right]=$ $\left(\xi_{i+3}^{\alpha}\xi_{i+2}^{\beta}\xi_{i+1}^{\gamma}\right)\dfrac{(1+\alpha)}{\mathcal{J}}$ 其中 i=1, 2, ..., 6（按模 6 计算）且 $0\leqslant\alpha+\beta+\gamma\leqslant p$

边矢量 $\boldsymbol{\ell}_{ij}$ 用表 4.1 给出的三个单位基向量表示。第一行给出（非归一化）零阶矢量基函数；它们的归一化形式通过表 4.13、表 4.17、表 4.21 中的基得到，设置 p=0。基函数 $\Lambda_i(r)$ 插入矢向量法向于面 i 的中心，并且每一个具有 CN（通常为常数）变量。尽管零阶基包含线性项，对于第一阶它们是不完备的。$1/\mathcal{J}$ 作为权重因子的零阶的完备性来自表中第二行给出的三个线性组合产生的三个独立矢量。表 4.5 中第三行给出的关系可以容易地证明通过具有 p 阶完整多项式集的零阶矢量基相乘得到的高阶多项式矢量集的散度 p 阶完整性。为了便利，集选择几种形式（齐次、非齐次、插值或分层）中的一种；由于都是完备的，它们张成相同的空间并且是其他的线性组合。散度完整性容易通过一个 p 阶非齐次多项式表示（如表 4.5 中第三行所示）。表 4.5 中第三行的右边是 p 阶完整多项式解，高阶矢量集的散度对于相同阶是完整的。高阶多项式矢量集的完整性来自表中第二行所示的零阶基的完整性。

零阶基的散度通过设定 α，β，γ 和 δ 为零简化第三行给出的表示式获得。

表 4.6　证明 2D 单元的高阶旋度一致基的完整性的公式

	三角形	四边形
基的完整性	$\xi_1^\alpha\xi_2^\beta\xi_3^\gamma\left[\boldsymbol{\Omega}_2(\boldsymbol{r})-\boldsymbol{\Omega}_3(\boldsymbol{r})\right]=\xi_1^\alpha\xi_2^\beta\xi_3^\gamma\nabla\xi_1$ $\xi_1^\alpha\xi_2^\beta\xi_3^\gamma\left[\boldsymbol{\Omega}_3(\boldsymbol{r})-\boldsymbol{\Omega}_1(\boldsymbol{r})\right]=\xi_1^\alpha\xi_2^\beta\xi_3^\gamma\nabla\xi_2$ 其中α,β和$\gamma\geqslant 0$ 且$\alpha+\beta+\gamma=p$	$\xi_1^\alpha\xi_2^\beta\xi_3^\gamma\xi_4^\delta\left[\boldsymbol{\Omega}_2(\boldsymbol{r})-\boldsymbol{\Omega}_4(\boldsymbol{r})\right]=\xi_1^\alpha\xi_2^\beta\xi_3^\gamma\xi_4^\delta\nabla\xi_1$ $\xi_1^\alpha\xi_2^\beta\xi_3^\gamma\xi_4^\delta\left[\boldsymbol{\Omega}_3(\boldsymbol{r})-\boldsymbol{\Omega}_1(\boldsymbol{r})\right]=\xi_1^\alpha\xi_2^\beta\xi_3^\gamma\xi_4^\delta\nabla\xi_2$ 其中α,β,γ和$\delta\geqslant 0$ 且$\alpha+\beta+\gamma+\delta=p$
旋度的完整性	$\nabla\times\left[\xi_i^\alpha\xi_j^\beta\boldsymbol{\Omega}_k(\boldsymbol{r})\right]=\dfrac{\alpha+\beta+2}{\mathcal{J}}\xi_i^\alpha\xi_j^\beta\hat{\boldsymbol{n}}$ 其中$i\neq j\neq k$且$0\leqslant\alpha,\beta\leqslant p$	$\nabla\times\left[\xi_3^\alpha\xi_4^\beta\boldsymbol{\Omega}_1(\boldsymbol{r})\right]=\dfrac{(\alpha+1)\xi_3^\alpha\xi_4^\beta}{\mathcal{J}}\hat{\boldsymbol{n}}$ $\nabla\times\left[\xi_4^\alpha\xi_1^\beta\boldsymbol{\Omega}_2(\boldsymbol{r})\right]=\dfrac{(\alpha+1)\xi_4^\alpha\xi_1^\beta}{\mathcal{J}}\hat{\boldsymbol{n}}$ $\nabla\times\left[\xi_1^\alpha\xi_2^\beta\boldsymbol{\Omega}_3(\boldsymbol{r})\right]=\dfrac{(\alpha+1)\xi_1^\alpha\xi_2^\beta}{\mathcal{J}}\hat{\boldsymbol{n}}$ $\nabla\times\left[\xi_2^\alpha\xi_3^\beta\boldsymbol{\Omega}_4(\boldsymbol{r})\right]=\dfrac{(\alpha+1)\xi_2^\alpha\xi_3^\beta}{\mathcal{J}}\hat{\boldsymbol{n}}$ 其中$0\leqslant\alpha,\beta\leqslant p$
高阶依赖关系	$\xi_1\boldsymbol{\Omega}_1(\boldsymbol{r})+\xi_2\boldsymbol{\Omega}_2(\boldsymbol{r})+\xi_3\boldsymbol{\Omega}_3(\boldsymbol{r})=\boldsymbol{0}$	$\xi_1\boldsymbol{\Omega}_1(\boldsymbol{r})+\xi_3\boldsymbol{\Omega}_3(\boldsymbol{r})=\boldsymbol{0}$ $\xi_2\boldsymbol{\Omega}_2(\boldsymbol{r})+\xi_4\boldsymbol{\Omega}_4(\boldsymbol{r})=\boldsymbol{0}$

① 高阶基完整性很容易通过齐次形式的多项式积证明。表 4.6 的第一行给出了在两个独立方向上产生完整的矢量多项式的两个基的线性组合。

② 所得的高阶基的旋度是仅有一个成分与元素正交的多项式。通过选择齐次形式的乘法多项式，可以很容易地显示旋度的完备性。然后，旋度的完整性来自乘积的旋度产生的相似的阶数，如表 4.6 第二行所示。

③ 表 4.6 的第三行给出的依赖关系来自表 4.2 第一行给出的基的表达式。这些表达式对于消除高阶基集上的依赖性是有用的，因为总是存在插入内部点的高阶基的线性组合，这些内部点包含该表的第三行中给出的因子。

表 4.7　三角形单元的插值多项式（虚表达式）

多项式	下标规则	插值点 $\xi_{ijk}=(\xi_a,\xi_b,\xi_c)$
$\alpha_{ijk}(p,\boldsymbol{\xi})=R_i(p,\xi_a)R_j(p,\xi_b)R_k(p,\xi_c)$	$i,j,k=0,1,\ldots,p$; 且$i+j+k=p$	$\xi_{ijk}=\left(\dfrac{i}{p},\dfrac{j}{p},\dfrac{k}{p}\right)$
$\hat{\alpha}_{ijk}^a(p,\boldsymbol{\xi})=R_i(p+2,\xi_a)\hat{R}_j(p+2,\xi_b)\hat{R}_k(p+2,\xi_c)$	$i=0,1,\ldots,p$; $j,k=1,2,\ldots,p+1$; 且$i+j+k=p+2$	$\xi_{ijk}^a=\left(\dfrac{i}{p+2},\dfrac{j}{p+2},\dfrac{k}{p+2}\right)$

表 4.7 的左栏给出的 p 阶完整多项式集的虚表达式通过$(p+1)(p+2)/2$项构建，这些项对应独立的$(p+1)(p+2)/2$个插值点的规则网格。这些多项式在给定的插值点（在第三列中报告）上为单位值，而在其他插值点上等于零。多项式表达式用“虚拟”变量和下标给出。通过数字区分父三角坐标，ξ_a 可以等于 ξ_1、ξ_2

或ξ_3。

① 形状多项式$\alpha_{ijk}(p,\xi)$用来标量插值或几何描述；这些多项式插在三角形的边上。

② 多项式$\hat{\alpha}_{ijk}^{a}(p,\xi)$用来构建旋度一致矢量基和散度一致矢量基；这项多项式在边$\xi_a=0$上有$(p+1)$个边插值点，还有$p(p+1)/2$个内部插值点。

表 4.8 四边形单元的插值多项式（虚表达式）

多项式	下标规则	插值点 $\xi_{ik;j\ell}=(\xi_a,\xi_c;\xi_b,\xi_d)$
$\alpha_{ik;j\ell}(p,\xi)=$ $R_i(p,\xi_a)R_k(p,\xi_c)$ $R_j(p,\xi_b)R_\ell(p,\xi_d)$	$i,j=0,1,\ldots,p;$ 且$i+k=j+\ell=p$	$\xi_{ik;j\ell}=\left(\frac{i}{p},\frac{k}{p};\frac{j}{p},\frac{\ell}{p}\right)$
$\hat{\alpha}_{ik;j\ell}^{a}(p,\xi)=$ $R_i(p+1,\xi_a)\hat{R}_k(p+1,\xi_c)$ $\hat{R}_j(p+2,\xi_b)\hat{R}_\ell(p+2,\xi_d)$	$i=0,1,\ldots,p;$ $j,k,\ell=1,2,\ldots,p+1;$ 且$i+k=p+1;\ j+\ell=p+2$	$\xi_{ik;j\ell}^{a}=\left(\frac{i}{p+1},\frac{k}{p+1};\frac{j}{p+2},\frac{\ell}{p+2}\right)$

表 4.8 的左栏给出了通过$(p+1)^2$项构建的p阶完整多项式集的虚表达式，这些项对应独立的$(p+1)^2$个插值点的规则网格。这些多项式在给定的插值点（在第三列中报告）上为单位值，而在其他插值点等于零。多项式表达式用“虚拟”变量和下标给出。边$\xi_a=0$和$\xi_b=0$分别与边$\xi_c=0$和$\xi_d=0$相对。通过数字区分父四边形坐标，ξ_a可以等于ξ_1、ξ_2、ξ_3或ξ_4。

① 形状多项式$\alpha_{ik;j\ell}(p,\xi)$用于标量插值或几何描述；这些多项式用于在三角形的边上插值。

② 多项式$\hat{\alpha}_{ik;j\ell}^{a}(p,\xi)$用于构建旋度一致矢量基和散度一致矢量基；该多项式在边$\xi_a=0$上有$(p+1)$个边插值点，还有$p(p+1)$个内部插值点。

表 4.9 三角形单元 p 阶插值矢量基

$\boldsymbol{\Omega}_{ijk}^{1}(\boldsymbol{r})=N_{ijk}^{1}R_i(p+2,\xi_1)\hat{R}_j(p+2,\xi_2)\hat{R}_k(p+2,\xi_3)\boldsymbol{\Omega}_1(\boldsymbol{r})$ $i=0,1,\ldots,p;\ j,k=1,2,\ldots,p+1$ $\boldsymbol{\Omega}_{ijk}^{2}(\boldsymbol{r})=N_{ijk}^{2}\hat{R}_i(p+2,\xi_1)R_j(p+2,\xi_2)\hat{R}_k(p+2,\xi_3)\boldsymbol{\Omega}_2(\boldsymbol{r})$ $j=0,1,\ldots,p;\ i,k=1,2,\ldots,p+1$ $\boldsymbol{\Omega}_{ijk}^{3}(\boldsymbol{r})=N_{ijk}^{3}\hat{R}_i(p+2,\xi_1)\hat{R}_j(p+2,\xi_2)R_k(p+2,\xi_3)\boldsymbol{\Omega}_3(\boldsymbol{r})$ $k=0,1,\ldots,p;\ i,j=1,2,\ldots,p+1$ 其中$i+j+k=p+2$	$N_{ijk}^{1}=\left.\frac{(p+2)}{(p+2-i)}\ell_1\right\|_{\xi_{ijk}}$ $N_{ijk}^{2}=\left.\frac{(p+2)}{(p+2-j)}\ell_2\right\|_{\xi_{ijk}}$ $N_{ijk}^{3}=\left.\frac{(p+2)}{(p+2-k)}\ell_3\right\|_{\xi_{ijk}}$ $\xi_{ijk}=(\xi_1,\xi_2,\xi_3)_{ijk}$ $=\left(\frac{i}{p+2},\frac{j}{p+2},\frac{k}{p+2}\right)$

续表

$\boldsymbol{\Lambda}^1_{ijk}(\boldsymbol{r}) = N^1_{ijk} R_i(p+2,\xi_1)\hat{R}_j(p+2,\xi_2)\hat{R}_k(p+2,\xi_3)\boldsymbol{\Lambda}_1(\boldsymbol{r})$ $i=0,1,\ldots,p;\ j,k=1,2,\ldots,p+1$ $\boldsymbol{\Lambda}^2_{ijk}(\boldsymbol{r}) = N^2_{ijk} \hat{R}_i(p+2,\xi_1)R_j(p+2,\xi_2)\hat{R}_k(p+2,\xi_3)\boldsymbol{\Lambda}_2(\boldsymbol{r})$ $j=0,1,\ldots,p;\ i,k=1,2,\ldots,p+1$ $\boldsymbol{\Lambda}^3_{ijk}(\boldsymbol{r}) = N^3_{ijk} \hat{R}_i(p+2,\xi_1)\hat{R}_j(p+2,\xi_2)R_k(p+2,\xi_3)\boldsymbol{\Lambda}_3(\boldsymbol{r})$ $k=0,1,\ldots,p;\ i,j=1,2,\ldots,p+1$ 其中$i+j+k=p+2$	$N^1_{011} = \ell_1\big\vert_{\xi_{011}}$ $N^2_{101} = \ell_2\big\vert_{\xi_{101}}$ $N^3_{110} = \ell_3\big\vert_{\xi_{110}}$ $\boldsymbol{\xi}_{011} = \left(0,\frac{1}{2},\frac{1}{2}\right)$ $\boldsymbol{\xi}_{101} = \left(\frac{1}{2},0,\frac{1}{2}\right)$ $\boldsymbol{\xi}_{110} = \left(\frac{1}{2},\frac{1}{2},0\right)$

表 4.9 给出三角形单元上 p 阶旋度一致$\left(\boldsymbol{\Omega}^a_{ijk}\right)$和散度一致$\left(\boldsymbol{\Lambda}^a_{ijk}\right)$基函数。这些基函数通过将表 4.2 和表 4.3 给出的非归一化零阶函数 $\boldsymbol{\Omega}_a$ 和 $\boldsymbol{\Lambda}_a$ 与 4.6.1 节描述的表 4.7 中给出的插值多项式 $\hat{\alpha}^a$ 相乘得到。归一化的常数 N^a_{ijk} 通过在给定插值点$\left(\boldsymbol{\xi}_{ijk}\right)$边向量 $\boldsymbol{\ell}_a$ 的级数定义，并用来确保在插值点上沿着边（或高）向量的矢量函数 $\boldsymbol{\Omega}^a_{ijk}$（或 $\boldsymbol{\Lambda}^a_{ijk}$）为单位值。当 $p=0$ 时归一化参数和插值点在表的右下角给出。

尽管矢量基和它们的旋度在 p 阶是完整的，当 $p\geqslant 1$ 时，在基集中独立性是存在的。通过在插值内部节点的 3 个基函数集中丢弃一个元素，可以消除冗余。例如，第三个，通过函数 $\boldsymbol{\Omega}^3_{ijk}$ 和 $\boldsymbol{\Lambda}^3_{ijk}$ 构建，$k\neq 0$。三角形上 p 阶旋度一致基函数的自由度数目为 $(p+1)(p+3)$，具有 $3(p+1)$ 个边自由度和 $p(p+1)$ 个三角形内部自由度。

表 4.10　四边形单元 p 阶插值矢量基

$\boldsymbol{\Omega}^1_{ik;j\ell}(\boldsymbol{r}) = N^1_{ik;j\ell} R_i(p+1,\xi_1)\hat{R}_j(p+2,\xi_2)\hat{R}_k(p+1,\xi_3)\hat{R}_\ell(p+2,\xi_4)\boldsymbol{\Omega}_1(\boldsymbol{r})$ $i=0,1,\ldots,p;\ j,k,\ell=1,2,\ldots,p+1$ $i+k=p+1;\ j+\ell=p+2$ $\boldsymbol{\Omega}^3_{ik;j\ell}(\boldsymbol{r}) = N^3_{ik;j\ell} \hat{R}_i(p+1,\xi_1)\hat{R}_j(p+2,\xi_2)R_k(p+1,\xi_3)\hat{R}_\ell(p+2,\xi_4)\boldsymbol{\Omega}_3(\boldsymbol{r})$ $k=0,1,\ldots,p;\ i,j,\ell=1,2,\ldots,p+1$ $i+k=p+1;\ j+\ell=p+2$ $\boldsymbol{\Omega}^2_{ik;j\ell}(\boldsymbol{r}) = N^2_{ik;j\ell} \hat{R}_i(p+2,\xi_1)R_j(p+1,\xi_2)\hat{R}_k(p+2,\xi_3)\hat{R}_\ell(p+1,\xi_4)\boldsymbol{\Omega}_2(\boldsymbol{r})$ $j=0,1,\ldots,p;\ i,k,\ell=1,2,\ldots,p+1$ $i+k=p+2;\ j+\ell=p+1$ $\boldsymbol{\Omega}^4_{ik;j\ell}(\boldsymbol{r}) = N^4_{ik;j\ell} \hat{R}_i(p+2,\xi_1)\hat{R}_j(p+1,\xi_2)\hat{R}_k(p+2,\xi_3)R_\ell(p+1,\xi_4)\boldsymbol{\Omega}_4(\boldsymbol{r})$ $\ell=0,1,\ldots,p;\ i,j,k=1,2,\ldots,p+1$ $i+k=p+2;\ j+\ell=p+1$	$N^1_{ik;j\ell} = \frac{p+1}{p+1-i}\frac{\mathcal{J}}{h_1}\Big\vert_{\xi^1_{ik;j\ell}}$ $N^3_{ik;j\ell} = \frac{p+1}{p+1-k}\frac{\mathcal{J}}{h_3}\Big\vert_{\xi^3_{ik;j\ell}}$ $N^2_{ik;j\ell} = \frac{p+1}{p+1-j}\frac{\mathcal{J}}{h_2}\Big\vert_{\xi^2_{ik;j\ell}}$ $N^4_{ik;j\ell} = \frac{p+1}{p+1-\ell}\frac{\mathcal{J}}{h_4}\Big\vert_{\xi^4_{ik;j\ell}}$ $\xi^1_{ik;j\ell} = \left(\frac{i}{p+1},\frac{k}{p+1};\frac{j}{p+2},\frac{\ell}{p+2}\right)$ $\xi^3_{ik;j\ell} = \left(\frac{i}{p+1},\frac{k}{p+1};\frac{j}{p+2},\frac{\ell}{p+2}\right)$ $\xi^2_{ik;j\ell} = \left(\frac{i}{p+2},\frac{k}{p+2};\frac{j}{p+1},\frac{\ell}{p+1}\right)$ $\xi^4_{ik;j\ell} = \left(\frac{i}{p+2},\frac{k}{p+2};\frac{j}{p+1},\frac{\ell}{p+1}\right)$ 其中$\xi=(\xi_1,\xi_3;\xi_2,\xi_4)$

续表

$\Lambda^{1}_{ik;j\ell}(\boldsymbol{r})=N^{1}_{ik;j\ell}R_i(p+1,\xi_1)\hat{R}_j(p+2,\xi_2)\hat{R}_k(p+1,\xi_3)\hat{R}_\ell(p+2,\xi_4)\Lambda_1(\boldsymbol{r})$ $i=0,1,\dots,p;\ j,k,\ell=1,2,\dots,p+1$ $i+k=p+1;\ j+\ell=p+2$ $\Lambda^{3}_{ik;j\ell}(\boldsymbol{r})=N^{3}_{ik;j\ell}\hat{R}_i(p+1,\xi_1)\hat{R}_j(p+2,\xi_2)R_k(p+1,\xi_3)\hat{R}_\ell(p+2,\xi_4)\Lambda_3(\boldsymbol{r})$ $k=0,1,\dots,p;\ i,j,\ell=1,2,\dots,p+1$ $i+k=p+1;\ j+\ell=p+2$ $\Lambda^{2}_{ik;j\ell}(\boldsymbol{r})=N^{2}_{ik;j\ell}\hat{R}_i(p+2,\xi_1)R_j(p+1,\xi_2)\hat{R}_k(p+2,\xi_3)\hat{R}_\ell(p+1,\xi_4)\Lambda_2(\boldsymbol{r})$ $j=0,1,\dots,p;\ i,k,\ell=1,2,\dots,p+1$ $i+k=p+2;\ j+\ell=p+1$ $\Lambda^{4}_{ik;j\ell}(\boldsymbol{r})=N^{4}_{ik;j\ell}\hat{R}_i(p+2,\xi_1)\hat{R}_j(p+1,\xi_2)\hat{R}_k(p+2,\xi_3)R_\ell(p+1,\xi_4)\Lambda_4(\boldsymbol{r})$ $\ell=0,1,\dots,p;\ i,j,k=1,2,\dots,p+1$ $i+k=p+2;\ j+\ell=p+1$	$N^{1}_{01;11}=\left.\dfrac{\mathcal{J}}{h_1}\right\rvert_{\xi^{1}_{01;11}}$ $N^{3}_{10;11}=\left.\dfrac{\mathcal{J}}{h_3}\right\rvert_{\xi^{3}_{10;11}}$ $N^{2}_{11;01}=\left.\dfrac{\mathcal{J}}{h_2}\right\rvert_{\xi^{2}_{11;01}}$ $N^{4}_{11;10}=\left.\dfrac{\mathcal{J}}{h_4}\right\rvert_{\xi^{4}_{11;10}}$ $\xi^{1}_{01;11}=\left(0,1;\dfrac{1}{2},\dfrac{1}{2}\right)$ $\xi^{3}_{10;11}=\left(1,0;\dfrac{1}{2},\dfrac{1}{2}\right)$ $\xi^{2}_{11;01}=\left(\dfrac{1}{2},\dfrac{1}{2};0,1\right)$ $\xi^{4}_{11;10}=\left(\dfrac{1}{2},\dfrac{1}{2};1,0\right)$

表4.10给出了四边形单元上p阶旋度一致$\left(\boldsymbol{\Omega}^{a}_{ik;j\ell}\right)$和散度一致$\left(\Lambda^{a}_{ik;j\ell}\right)$基函数。这些基函数通过将表 4.2 和表 4.3 给出的非归一化零阶函数$\boldsymbol{\Omega}_a$和Λ_a与 4.6.2 节描述的、表 4.8 给出的插值多项式$\hat{\alpha}^{a}$相乘得到。合理选取归一化常数$N^{a}_{ik;j\ell}$以确保在插值点$\boldsymbol{\xi}_{ik;j\ell}$上沿着边（或高）向量的矢量函数$\boldsymbol{\Omega}^{a}_{ik;j\ell}$（或$\Lambda^{a}_{ik;j\ell}$）为单位值。当$p=0$时，归一化参数和插值点在表的右下角给出。尽管矢量基和它们的旋度在p阶是完整的，当$p\geqslant 1$时，非独立性是存在的。在插值内部节点（i、j、k和$\ell\neq 0$）处，非独立的基$\boldsymbol{\Omega}^{1}_{ik;j\ell}$、$\boldsymbol{\Omega}^{3}_{ik;j\ell}$（或$\Lambda^{1}_{ik;j\ell}$、$\Lambda^{3}_{ik;j\ell}$）中的一个和非独立的基$\boldsymbol{\Omega}^{2}_{ik;j\ell}$、$\boldsymbol{\Omega}^{4}_{ik;j\ell}$（或$\Lambda^{2}_{ik;j\ell}$、$\Lambda^{4}_{ik;j\ell}$）中的一个将被丢弃，从而产生一个线性独立集。对于四边形上p阶旋度一致基函数，自由度数目为$2(p+1)(p+2)$，其中包括有$4(p+1)$个边自由度和$2p(p+1)$个四边内部自由度。

表 4.11　四面体单元的插值多项式（虚表达式）

多项式	下标规则	插值点 $\xi_{ijk\ell}=(\xi_a,\xi_c;\xi_b,\xi_d)_{ijk\ell}$
$\alpha_{ijk\ell}(p,\xi)=R_i(p,\xi_a)R_j(p,\xi_b)R_k(p,\xi_c)R_\ell(p,\xi_d)$	$i,j,k,\ell=0,1,\dots,p$; 且$i+j+k+\ell=p$	$\xi_{ijk\ell}=\left(\dfrac{i}{p},\dfrac{j}{p},\dfrac{k}{p},\dfrac{\ell}{p}\right)$
$\hat{\alpha}^{ad}_{ijk\ell}(p,\xi)=R_i(p+2,\xi_a)\hat{R}_j(p+2,\xi_b)\hat{R}_k(p+2,\xi_c)R_\ell(p+2,\xi_d)$	$i,\ell=0,1,\dots,p$; $j,k=1,2,\dots,p+1$; 且$i+j+k+\ell=p+2$	$\xi^{ad}_{ijk\ell}=\left(\dfrac{i}{p+2},\dfrac{j}{p+2},\dfrac{k}{p+2},\dfrac{\ell}{p+2}\right)$
$\hat{\beta}^{d}_{ijk\ell}(p,\xi)=\hat{R}_i(p+3,\xi_a)\hat{R}_j(p+3,\xi_b)\hat{R}_k(p+3,\xi_c)R_\ell(p+3,\xi_d)$	$\ell=0,1,\dots,p$; $i,j,k=1,2,\dots,p+1$; 且$i+j+k+\ell=p+3$	$\xi^{d}_{ijk\ell}=\left(\dfrac{i}{p+3},\dfrac{j}{p+3},\dfrac{k}{p+3},\dfrac{\ell}{p+3}\right)$

表4.11的左栏给出的p阶完整多项式集的虚表达式通过$(p+1)(p+2)(p+3)/6$项构建，这些项对应独立的$(p+1)(p+2)(p+3)/6$个插值点的规则网格。这些多项式在给定的插值点（在第三列中报告）上为单位值，而在其他插值点等于零。多项式表达式用“虚拟”变量和下标给出。通过数字区分父四面体坐标，ξ_a（并且$\xi_d \neq \xi_a$）可以等于ξ_1、ξ_2、ξ_3或ξ_4。

① 形状多项式$\alpha_{ijk\ell}(p,\xi)$用于标量插值或几何描述；这些多项式插在四面体的边和面上。

② 多项式$\hat{\alpha}_{ijk\ell}^{ad}(p,\xi)$用于构建旋度一致矢量基；该多项式在边$\xi_a=\xi_d=0$上有$(p+1)$个边插值点，有$p(p+1)/2$个面插值点在面$\xi_a=0$和面$\xi_d=0$上，还有$p(p^2-1)/6$个内部插值点。

③ 多项式$\hat{\beta}_{ijk\ell}^{d}(p,\xi)$用于构建散度一致矢量基；该多项式有$(p+1)(p+2)/2$个插值面点在面$\xi_d=0$上，有$p(p+1)(p+2)/6$个内部插值点。

表4.12　四面体单元p阶插值旋度一致基

$$\boldsymbol{\Omega}_{ijk\ell}^{12}(\boldsymbol{r}) = N_{ijk\ell}^{12} R_i(p+2,\xi_1) R_j(p+2,\xi_2) \hat{R}_k(p+2,\xi_3) \hat{R}_\ell(p+2,\xi_4) \boldsymbol{\Omega}_{12}(\boldsymbol{r})$$
$$i,j=0,1,\ldots,p;\ k,\ell=1,2,\ldots,p+1$$
$$\boldsymbol{\Omega}_{ijk\ell}^{13}(\boldsymbol{r}) = N_{ijk\ell}^{13} R_i(p+2,\xi_1) \hat{R}_j(p+2,\xi_2) R_k(p+2,\xi_3) \hat{R}_\ell(p+2,\xi_4) \boldsymbol{\Omega}_{13}(\boldsymbol{r})$$
$$i,k=0,1,\ldots,p;\ j,\ell=1,2,\ldots,p+1$$
$$\boldsymbol{\Omega}_{ijk\ell}^{14}(\boldsymbol{r}) = N_{ijk\ell}^{14} R_i(p+2,\xi_1) \hat{R}_j(p+2,\xi_2) \hat{R}_k(p+2,\xi_3) R_\ell(p+2,\xi_4) \boldsymbol{\Omega}_{14}(\boldsymbol{r})$$
$$i,\ell=0,1,\ldots,p;\ j,k=1,2,\ldots,p+1$$
$$\boldsymbol{\Omega}_{ijk\ell}^{23}(\boldsymbol{r}) = N_{ijk\ell}^{23} \hat{R}_i(p+2,\xi_1) R_j(p+2,\xi_2) R_k(p+2,\xi_3) \hat{R}_\ell(p+2,\xi_4) \boldsymbol{\Omega}_{23}(\boldsymbol{r})$$
$$j,k=0,1,\ldots,p;\ i,\ell=1,2,\ldots,p+1$$
$$\boldsymbol{\Omega}_{ijk\ell}^{24}(\boldsymbol{r}) = N_{ijk\ell}^{24} \hat{R}_i(p+2,\xi_1) R_j(p+2,\xi_2) \hat{R}_k(p+2,\xi_3) R_\ell(p+2,\xi_4) \boldsymbol{\Omega}_{24}(\boldsymbol{r})$$
$$j,\ell=0,1,\ldots,p;\ i,k=1,2,\ldots,p+1$$
$$\boldsymbol{\Omega}_{ijk\ell}^{34}(\boldsymbol{r}) = N_{ijk\ell}^{34} \hat{R}_i(p+2,\xi_1) \hat{R}_j(p+2,\xi_2) R_k(p+2,\xi_3) R_\ell(p+2,\xi_4) \boldsymbol{\Omega}_{34}(\boldsymbol{r})$$
$$k,\ell=0,1,\ldots,p;\ i,j=1,2,\ldots,p+1$$
$$\text{其中}\ i+j+k+\ell=p+2$$

$N_{ijk\ell}^{12}=\dfrac{p+2}{p+2-i-j}\ell_{12}\big\|_{\xi_{ijk\ell}}$，$N_{ijk\ell}^{23}=\dfrac{p+2}{p+2-j-k}\ell_{23}\big\|_{\xi_{ijk\ell}}$ $N_{ijk\ell}^{13}=\dfrac{p+2}{p+2-i-k}\ell_{13}\big\|_{\xi_{ijk\ell}}$，$N_{ijk\ell}^{24}=\dfrac{p+2}{p+2-j-\ell}\ell_{24}\big\|_{\xi_{ijk\ell}}$ $N_{ijk\ell}^{14}=\dfrac{p+2}{p+2-i-\ell}\ell_{14}\big\|_{\xi_{ijk\ell}}$，$N_{ijk\ell}^{34}=\dfrac{p+2}{p+2-k-\ell}\ell_{34}\big\|_{\xi_{ijk\ell}}$ $\boldsymbol{\xi}=(\xi_1,\xi_2,\xi_3,\xi_4)_{ijk\ell}=\left(\dfrac{i}{p+2},\dfrac{j}{p+2},\dfrac{k}{p+2},\dfrac{\ell}{p+2}\right)$	$N_{0011}^{12}=\ell_{12}\big\|_{\xi_{0011}}$ $N_{0101}^{13}=\ell_{13}\big\|_{\xi_{0101}}$ $N_{0110}^{14}=\ell_{14}\big\|_{\xi_{0110}}$ $N_{1010}^{24}=\ell_{24}\big\|_{\xi_{1010}}$ $N_{1100}^{34}=\ell_{34}\big\|_{\xi_{1100}}$

表4.12给出了四面体单元的p阶旋度一致$\boldsymbol{\Omega}_{ijk\ell}^{ad}$基函数。将表4.4（左侧栏）

给出的非归一化零阶函数$\boldsymbol{\Omega}_{ad}$与 4.7.1.1 节描述，表 4.11 中给出的插值多项式$\hat{\alpha}^{ad}$相乘得到这些基函数。用插值点$\xi_{ijk\ell}$边矢量（$\boldsymbol{\ell}_{ad}$）幅值定义归一化常数$N_{ijk\ell}^{ad}$，确保在插值点$\boldsymbol{\xi}_{ijk\ell}$上沿着边（或高）矢量的矢量函数$\boldsymbol{\Omega}_{ijk\ell}^{ad}$为单位值。当$p=0$时，归一化参数和插值点在表的右下角给出。尽管矢量基和它们的旋度在p阶是完整的，当$p\geqslant 1$时，在基集中非独立性是存在的。通过舍弃插值内部节点的 6 个基函数集中的三个成员，舍弃插值面节点的 3 个基函数集中的一个成员，可以消除冗余，如 4.7.1.3 所述。四面体上p阶旋度一致基函数的自由度数目为$(p+1)(p+3)(p+4)/2$。

表 4.13　四面体单元 p 阶插值散度一致基

$$\boldsymbol{\Lambda}_{ijk\ell}^{1}(\boldsymbol{r})=N_{ijk\ell}^{1}R_i(p+3,\xi_1)\hat{R}_j(p+3,\xi_2)\hat{R}_k(p+3,\xi_3)\hat{R}_\ell(p+3,\xi_4)\boldsymbol{\Lambda}_1(\boldsymbol{r}),$$
$$i=0,1,\ldots,p;\ j,k,\ell=1,2,\ldots,p+1$$
$$\boldsymbol{\Lambda}_{ijk\ell}^{2}(\boldsymbol{r})=N_{ijk\ell}^{2}\hat{R}_i(p+3,\xi_1)R_j(p+3,\xi_2)\hat{R}_k(p+3,\xi_3)\hat{R}_\ell(p+3,\xi_4)\boldsymbol{\Lambda}_2(\boldsymbol{r}),$$
$$j=0,1,\ldots,p;\ i,k,\ell=1,2,\ldots,p+1$$
$$\boldsymbol{\Lambda}_{ijk\ell}^{3}(\boldsymbol{r})=N_{ijk\ell}^{3}\hat{R}_i(p+3,\xi_1)\hat{R}_j(p+3,\xi_2)R_k(p+3,\xi_3)\hat{R}_\ell(p+3,\xi_4)\boldsymbol{\Lambda}_3(\boldsymbol{r}),$$
$$k=0,1,\ldots,p;\ i,j,\ell=1,2,\ldots,p+1$$
$$\boldsymbol{\Lambda}_{ijk\ell}^{4}(\boldsymbol{r})=N_{ijk\ell}^{4}\hat{R}_i(p+3,\xi_1)\hat{R}_j(p+3,\xi_2)\hat{R}_k(p+3,\xi_3)R_\ell(p+3,\xi_4)\boldsymbol{\Lambda}_4(\boldsymbol{r}),$$
$$\ell=0,1,\ldots,p;\ i,j,k=1,2,\ldots,p+1$$
$$\text{其中}\, i+j+k+\ell=p+3.$$

$N_{ijk\ell}^{1}=\frac{p+3}{p+3-i}\frac{\mathcal{J}}{h_1}\Big\vert_{\xi_{ijk\ell}}$, $N_{ijk\ell}^{2}=\frac{p+3}{p+3-j}\frac{\mathcal{J}}{h_2}\Big\vert_{\xi_{ijk\ell}}$, $N_{ijk\ell}^{3}=\frac{p+3}{p+3-k}\frac{\mathcal{J}}{h_3}\Big\vert_{\xi_{ijk\ell}}$, $N_{ijk\ell}^{4}=\frac{p+3}{p+3-\ell}\frac{\mathcal{J}}{h_4}\Big\vert_{\xi_{ijk\ell}}$, $\boldsymbol{\xi}=(\xi_1,\xi_2,\xi_3,\xi_4)_{ijk\ell}=\left(\frac{i}{p+3},\frac{j}{p+3},\frac{k}{p+3},\frac{\ell}{p+3}\right).$	$N_{0111}^{1}=\frac{\mathcal{J}}{h_1}\Big\vert_{\xi_{0111}}$ $N_{1011}^{2}=\frac{\mathcal{J}}{h_2}\Big\vert_{\xi_{1011}}$ $N_{1101}^{3}=\frac{\mathcal{J}}{h_3}\Big\vert_{\xi_{1101}}$ $N_{1110}^{4}=\frac{\mathcal{J}}{h_4}\Big\vert_{\xi_{1110}}$

表 4.13 给出了四面体单元上p阶旋度一致$\boldsymbol{\Lambda}_{ijk\ell}^{d}$基函数。这些基函数通过将表 4.5（左侧栏）给出的非归一化零阶函数$\boldsymbol{\Lambda}_d$与 4.7.1.2 节描述的，表 4.11 给出的插值多项式$\hat{\beta}^d$相乘得到。选取归一化常数$N_{ijk\ell}^{d}$以确保在插值点$\boldsymbol{\xi}_{ijk\ell}$上沿着$\hat{\boldsymbol{h}}_d$为单位值。当$p=0$时，归一化参数（零阶基）在表的右下角给出。尽管矢量基和它们的散度在p阶是完整的，当$p\geqslant 1$时，在基集中非独立性是存在的。通过在插值内部节点的 4 个基函数集中丢弃一个成员，很容易消除冗余，

四面体上p阶散度一致基函数的自由度数目为$(p+1)(p+3)(p+4)/2$。

表 4.14　长方体单元的插值多项式

多项式	下标规则	插值点 $\xi_{i\ell;jm;kn}=(\xi_a,\xi_d;\xi_b,\xi_e;\xi_c,\xi_f)$
$\alpha_{i\ell;jm;kn}(p,\xi)=$ $R_i(p,\xi_a)R_\ell(p,\xi_d)$ $R_j(p,\xi_b)R_m(p,\xi_e)$ $R_k(p,\xi_c)R_n(p,\xi_f)$	$i,j,k,\ell,m,n=0,1,\ldots,p$; 且$i+\ell=j+m=k+n=p$	$\xi_{i\ell;jm;kn}=\left(\frac{i}{p},\frac{\ell}{p};\frac{j}{p},\frac{m}{p};\frac{k}{p},\frac{n}{p}\right)$
$\hat{\alpha}^{ab}_{i\ell;jm;kn}(p,\xi)=$ $R_i(p+1,\xi_a)\hat{R}_\ell(p+1,\xi_d)$ $R_j(p+1,\xi_b)\hat{R}_m(p+1,\xi_e)$ $\hat{R}_k(p+2,\xi_c)\hat{R}_n(p+2,\xi_f)$	$i,j=0,1,\ldots,p$; $k,\ell,m,n=1,2,\ldots,p+1$; 且$i+\ell=j+m=p+1$; $k+n=p+2$	$\xi^{ab}_{i\ell;jm;kn}=\left(\frac{i}{p+1},\frac{\ell}{p+1};\frac{j}{p+1},\frac{m}{p+1};\frac{k}{p+2},\frac{n}{p+2}\right)$
$\hat{\beta}^{a}_{i\ell;jm;kn}(p,\xi)=$ $R_i(p+1,\xi_a)\hat{R}_\ell(p+1,\xi_d)$ $\hat{R}_j(p+2,\xi_b)\hat{R}_m(p+2,\xi_e)$ $\hat{R}_k(p+2,\xi_c)\hat{R}_n(p+2,\xi_f)$	$i=0,1,\ldots,p$; $j,k,\ell,m,n=1,2,\ldots,p+1$ 且$i+\ell=p+1$, $j+m=k+n=p+2$	$\xi^{a}_{i\ell;jm;kn}=\left(\frac{i}{p+1},\frac{\ell}{p+1};\frac{j}{p+2},\frac{m}{p+2};\frac{k}{p+2},\frac{n}{p+2}\right)$

表4.14的左栏给出的p阶完整多项式集的虚表达式通过$(p+1)^3$项构建，这些项对应独立的$(p+1)^3$个插值点的规则网格。这些多项式在给定的插值点（第三列）上为单位值，而在其他插值点等于零。多项式表达式用“虚拟”变量和下标来给出。虚面$\xi_a=0$、$\xi_b=0$、$\xi_c=0$分别和面$\xi_d=0$、$\xi_e=0$、$\xi_f=0$相对，虚面$\xi_a=0$和$\xi_b=0$有一个公共的边（$\xi_a=\xi_b=0$边）。通过数字区分父长方体坐标，ξ_a（或ξ_b）可以等于ξ_1、ξ_2、ξ_3、ξ_4、ξ_5或ξ_6。

① 形状多项式$\alpha_{i\ell;jm;kn}(p,\xi)$用于标量插值或图形描述；这些多项式插在长方体的边和面上。

② 多项式$\hat{\alpha}^{ab}_{i\ell;jm;kn}(p,\xi)$用于构建旋度一致矢量基；该多项式在边$\xi_a=\xi_d=0$上有$(p+1)$个边插值点，有$p(p+1)$个面插值点在面$\xi_a=0$和面$\xi_b=0$上，还有$p^2(p+1)$个内部插值点。

③ 多项式$\hat{\beta}^{a}_{i\ell;jm;kn}(p,\xi)$用于构建散度一致矢量基；该多项式有$(p+1)^2$个面插值点在面$\xi_a=0$上，有$p(p+1)^2$个内部插值点。

表 4.15　长方体单元 p 阶插值旋度一致基

$\boldsymbol{\Omega}_{i\ell;jm;kn}^{12}(\boldsymbol{r})=$ $N_{i\ell;jm;kn}^{12}R_i(p+1,\xi_1)R_j(p+1,\xi_2)\hat{R}_k(p+2,\xi_3)$ $\cdot\hat{R}_\ell(p+1,\xi_4)\hat{R}_m(p+1,\xi_5)\hat{R}_n(p+2,\xi_6)\boldsymbol{\Omega}_{12}(\boldsymbol{r})$ $i,j=0,1,\ldots,p;\ k,\ell,m,n=1,2,\ldots,p+1;$ $i+\ell=j+m=p+1;\ k+n=p+2$	$\boldsymbol{\Omega}_{i\ell;jm;kn}^{26}(\boldsymbol{r})=$ $N_{i\ell;jm;kn}^{26}\hat{R}_i(p+2,\xi_1)R_j(p+1,\xi_2)\hat{R}_k(p+2,\xi_3)$ $\cdot\hat{R}_\ell(p+2,\xi_4)\hat{R}_m(p+1,\xi_5)R_n(p+2,\xi_6)\boldsymbol{\Omega}_{26}(\boldsymbol{r})$ $j,n=0,1,\ldots,p;\ i,k,\ell,m=1,2,\ldots,p+1;$ $j+m=k+n=p+1;\ i+\ell=p+2$
$\boldsymbol{\Omega}_{i\ell;jm;kn}^{13}(\boldsymbol{r})=$ $N_{i\ell;jm;kn}^{13}R_i(p+1,\xi_1)\hat{R}_j(p+2,\xi_2)R_k(p+1,\xi_3)$ $\cdot\hat{R}_\ell(p+1,\xi_4)\hat{R}_m(p+2,\xi_5)\hat{R}_n(p+1,\xi_6)\boldsymbol{\Omega}_{13}(\boldsymbol{r})$ $i,k=0,1,\ldots,p;\ j,\ell,m,n=1,2,\ldots,p+1;$ $i+\ell=k+n=p+1;\ j+m=p+2$	$\boldsymbol{\Omega}_{i\ell;jm;kn}^{34}(\boldsymbol{r})=$ $N_{i\ell;jm;kn}^{34}\hat{R}_i(p+1,\xi_1)\hat{R}_j(p+2,\xi_2)R_k(p+1,\xi_3)$ $\cdot R_\ell(p+1,\xi_4)\hat{R}_m(p+2,\xi_5)\hat{R}_n(p+1,\xi_6)\boldsymbol{\Omega}_{34}(\boldsymbol{r})$ $k,\ell=0,1,\ldots,p;\ i,j,m,n=1,2,\ldots,p+1;$ $i+\ell=k+n=p+1;\ j+m=p+2$
$\boldsymbol{\Omega}_{i\ell;jm;kn}^{15}(\boldsymbol{r})=$ $N_{i\ell;jm;kn}^{15}R_i(p+1,\xi_1)\hat{R}_j(p+1,\xi_2)\hat{R}_k(p+2,\xi_3)$ $\cdot\hat{R}_\ell(p+1,\xi_4)R_m(p+1,\xi_5)\hat{R}_n(p+2,\xi_6)\boldsymbol{\Omega}_{15}(\boldsymbol{r})$ $i,m=0,1,\ldots,p;\ j,k,\ell,n=1,2,\ldots,p+1;$ $i+\ell=j+m=p+1;\ k+n=p+2$	$\boldsymbol{\Omega}_{i\ell;jm;kn}^{35}(\boldsymbol{r})=$ $N_{i\ell;jm;kn}^{35}\hat{R}_i(p+2,\xi_1)\hat{R}_j(p+1,\xi_2)R_k(p+1,\xi_3)$ $\cdot\hat{R}_\ell(p+2,\xi_4)R_m(p+1,\xi_5)\hat{R}_n(p+1,\xi_6)\boldsymbol{\Omega}_{35}(\boldsymbol{r})$ $k,m=0,1,\ldots,p;\ i,j,\ell,n=1,2,\ldots,p+1;$ $j+m=k+n=p+1;\ i+\ell=p+2$
$\boldsymbol{\Omega}_{i\ell;jm;kn}^{16}(\boldsymbol{r})=$ $N_{i\ell;jm;kn}^{16}R_i(p+1,\xi_1)\hat{R}_j(p+2,\xi_2)\hat{R}_k(p+1,\xi_3)$ $\cdot\hat{R}_\ell(p+1,\xi_4)\hat{R}_m(p+2,\xi_5)R_n(p+1,\xi_6)\boldsymbol{\Omega}_{16}(\boldsymbol{r})$ $i,n=0,1,\ldots,p;\ j,k,\ell,m=1,2,\ldots,p+1;$ $i+\ell=k+n=p+1;\ j+m=p+2$	$\boldsymbol{\Omega}_{i\ell;jm;kn}^{45}(\boldsymbol{r})=$ $N_{i\ell;jm;kn}^{45}\hat{R}_i(p+1,\xi_1)\hat{R}_j(p+1,\xi_2)\hat{R}_k(p+2,\xi_3)$ $\cdot R_\ell(p+1,\xi_4)R_m(p+1,\xi_5)\hat{R}_n(p+2,\xi_6)\boldsymbol{\Omega}_{45}(\boldsymbol{r})$ $\ell,m=0,1,\ldots,p;\ i,j,k,n=1,2,\ldots,p+1;$ $i+\ell=j+m=p+1;\ k+n=p+2$
$\boldsymbol{\Omega}_{i\ell;jm;kn}^{23}(\boldsymbol{r})=$ $N_{i\ell;jm;kn}^{23}\hat{R}_i(p+2,\xi_1)R_j(p+1,\xi_2)R_k(p+1,\xi_3)$ $\cdot\hat{R}_\ell(p+2,\xi_4)\hat{R}_m(p+1,\xi_5)\hat{R}_n(p+1,\xi_6)\boldsymbol{\Omega}_{23}(\boldsymbol{r})$ $j,k=0,1,\ldots,p;\ i,\ell,m,n=1,2,\ldots,p+1;$ $j+m=k+n=p+1;\ i+\ell=p+2$	$\boldsymbol{\Omega}_{i\ell;jm;kn}^{46}(\boldsymbol{r})=$ $N_{i\ell;jm;kn}^{46}\hat{R}_i(p+1,\xi_1)\hat{R}_j(p+2,\xi_2)\hat{R}_k(p+1,\xi_3)$ $\cdot R_\ell(p+1,\xi_4)\hat{R}_m(p+2,\xi_5)R_n(p+1,\xi_6)\boldsymbol{\Omega}_{46}(\boldsymbol{r})$ $\ell,n=0,1,\ldots,p;\ i,j,k,m=1,2,\ldots,p+1;$ $i+\ell=k+n=p+1;\ j+m=p+2$
$\boldsymbol{\Omega}_{i\ell;jm;kn}^{24}(\boldsymbol{r})=$ $N_{i\ell;jm;kn}^{24}\hat{R}_i(p+1,\xi_1)R_j(p+1,\xi_2)\hat{R}_k(p+2,\xi_3)$ $\cdot R_\ell(p+1,\xi_4)\hat{R}_m(p+1,\xi_5)\hat{R}_n(p+2,\xi_6)\boldsymbol{\Omega}_{24}(\boldsymbol{r}),$ $j,\ell=0,1,\ldots,p;\ i,k,m,n=1,2,\ldots,p+1;$ $i+\ell=j+m=p+1;\ k+n=p+2$	$\boldsymbol{\Omega}_{i\ell;jm;kn}^{56}(\boldsymbol{r})=$ $N_{i\ell;jm;kn}^{56}\hat{R}_i(p+2,\xi_1)\hat{R}_j(p+1,\xi_2)\hat{R}_k(p+1,\xi_3)$ $\cdot\hat{R}_\ell(p+2,\xi_4)R_m(p+1,\xi_5)R_n(p+1,\xi_6)\boldsymbol{\Omega}_{56}(\boldsymbol{r})$ $m,n=0,1,\ldots,p;\ i,j,k,\ell=1,2,\ldots,p+1;$ $j+m=k+n=p+1;\ i+\ell=p+2$

表 4.15 给出了长方体单元上 p 阶旋度一致基函数 $\boldsymbol{\Omega}_{i\ell;jm;kn}^{ab}$。这些基函数通过将表 4.4（右侧栏）给出的非归一化零阶函数 $\boldsymbol{\Omega}_{ab}$ 与 4.7.2.1 节描述的、表 4.14 给出的插值多项式 $\hat{\alpha}^{ab}$ 相乘得到。合理选取归一化的常数 $N_{i\ell;jm;kn}^{ab}$ 以确保在插值点 $\xi_{i\ell;jm;kn}^{ab}$ 上沿着边向量（$\boldsymbol{\ell}_{ab}$）的分量为单位值。归一化参数和插值点在表 4.16 中给出。尽管矢量基和它们的旋度在 p 阶是完整的，当 $p\geqslant 1$ 时基集中存在非独立性。如 4.7.2.3 所述，容易消除冗余。长方体上 p 阶旋度一致基函数的自由度数目为 $3(p+1)(p+2)^2$。

表 4.16　长方体旋度一致基的归一化常数和插值点

$N^{12}_{i\ell;jm;kn}=\dfrac{(p+1)^2}{(p+1-i)(p+1-j)}\ell_{12}\Big\vert_{\xi^{12}_{i\ell;jm;kn}}$	$\xi^{12}_{i\ell;jm;kn}=\left(\dfrac{i}{p+1},\dfrac{\ell}{p+1};\dfrac{j}{p+1},\dfrac{m}{p+1};\dfrac{k}{p+2},\dfrac{n}{p+2}\right)$
$N^{13}_{i\ell;jm;kn}=\dfrac{(p+1)^2}{(p+1-i)(p+1-k)}\ell_{13}\Big\vert_{\xi^{13}_{i\ell;jm;kn}}$	$\xi^{13}_{i\ell;jm;kn}=\left(\dfrac{i}{p+1},\dfrac{\ell}{p+1};\dfrac{j}{p+2},\dfrac{m}{p+2};\dfrac{k}{p+1},\dfrac{n}{p+1}\right)$
$N^{15}_{i\ell;jm;kn}=\dfrac{(p+1)^2}{(p+1-i)(p+1-m)}\ell_{15}\Big\vert_{\xi^{15}_{i\ell;jm;kn}}$	$\xi^{15}_{i\ell;jm;kn}=\left(\dfrac{i}{p+1},\dfrac{\ell}{p+1};\dfrac{j}{p+1},\dfrac{m}{p+1};\dfrac{k}{p+2},\dfrac{n}{p+2}\right)$
$N^{16}_{i\ell;jm;kn}=\dfrac{(p+1)^2}{(p+1-i)(p+1-n)}\ell_{16}\Big\vert_{\xi^{16}_{i\ell;jm;kn}}$	$\xi^{16}_{i\ell;jm;kn}=\left(\dfrac{i}{p+1},\dfrac{\ell}{p+1};\dfrac{j}{p+2},\dfrac{m}{p+2};\dfrac{k}{p+1},\dfrac{n}{p+1}\right)$
$N^{23}_{i\ell;jm;kn}=\dfrac{(p+1)^2}{(p+1-j)(p+1-k)}\ell_{23}\Big\vert_{\xi^{23}_{i\ell;jm;kn}}$	$\xi^{23}_{i\ell;jm;kn}=\left(\dfrac{i}{p+2},\dfrac{\ell}{p+2};\dfrac{j}{p+1},\dfrac{m}{p+1};\dfrac{k}{p+1},\dfrac{n}{p+1}\right)$
$N^{24}_{i\ell;jm;kn}=\dfrac{(p+1)^2}{(p+1-j)(p+1-\ell)}\ell_{24}\Big\vert_{\xi^{24}_{i\ell;jm;kn}}$	$\xi^{24}_{i\ell;jm;kn}=\left(\dfrac{i}{p+1},\dfrac{\ell}{p+1};\dfrac{j}{p+1},\dfrac{m}{p+1};\dfrac{k}{p+2},\dfrac{n}{p+2}\right)$
$N^{26}_{i\ell;jm;kn}=\dfrac{(p+1)^2}{(p+1-j)(p+1-n)}\ell_{26}\Big\vert_{\xi^{26}_{i\ell;jm;kn}}$	$\xi^{26}_{i\ell;jm;kn}=\left(\dfrac{i}{p+2},\dfrac{\ell}{p+2};\dfrac{j}{p+1},\dfrac{m}{p+1};\dfrac{k}{p+1},\dfrac{n}{p+1}\right)$
$N^{34}_{i\ell;jm;kn}=\dfrac{(p+1)^2}{(p+1-k)(p+1-\ell)}\ell_{34}\Big\vert_{\xi^{34}_{i\ell;jm;kn}}$	$\xi^{34}_{i\ell;jm;kn}=\left(\dfrac{i}{p+1},\dfrac{\ell}{p+1};\dfrac{j}{p+2},\dfrac{m}{p+2};\dfrac{k}{p+1},\dfrac{n}{p+1}\right)$
$N^{35}_{i\ell;jm;kn}=\dfrac{(p+1)^2}{(p+1-k)(p+1-m)}\ell_{35}\Big\vert_{\xi^{35}_{i\ell;jm;kn}}$	$\xi^{35}_{i\ell;jm;kn}=\left(\dfrac{i}{p+2},\dfrac{\ell}{p+2};\dfrac{j}{p+1},\dfrac{m}{p+1};\dfrac{k}{p+1},\dfrac{n}{p+1}\right)$
$N^{45}_{i\ell;jm;kn}=\dfrac{(p+1)^2}{(p+1-\ell)(p+1-m)}\ell_{45}\Big\vert_{\xi^{45}_{i\ell;jm;kn}}$	$\xi^{45}_{i\ell;jm;kn}=\left(\dfrac{i}{p+1},\dfrac{\ell}{p+1};\dfrac{j}{p+1},\dfrac{m}{p+1};\dfrac{k}{p+2},\dfrac{n}{p+2}\right)$
$N^{46}_{i\ell;jm;kn}=\dfrac{(p+1)^2}{(p+1-\ell)(p+1-n)}\ell_{46}\Big\vert_{\xi^{46}_{i\ell;jm;kn}}$	$\xi^{46}_{i\ell;jm;kn}=\left(\dfrac{i}{p+1},\dfrac{\ell}{p+1};\dfrac{j}{p+2},\dfrac{m}{p+2};\dfrac{k}{p+1},\dfrac{n}{p+1}\right)$
$N^{56}_{i\ell;jm;kn}=\dfrac{(p+1)^2}{(p+1-m)(p+1-n)}\ell_{56}\Big\vert_{\xi^{56}_{i\ell;jm;kn}}$	$\xi^{56}_{i\ell;jm;kn}=\left(\dfrac{i}{p+2},\dfrac{\ell}{p+2};\dfrac{j}{p+1},\dfrac{m}{p+1};\dfrac{k}{p+1},\dfrac{n}{p+1}\right)$
$N^{12}_{01;01;11}=\ell_{12}\big\vert_{\xi^{12}_{01;01;11}},N^{26}_{11;01;10}=\ell_{26}\big\vert_{\xi^{26}_{11;01;10}}$	$\xi^{12}_{01;01;11}=\left(0,1;0,1;\dfrac{1}{2},\dfrac{1}{2}\right),\xi^{26}_{11;01;10}=\left(\dfrac{1}{2},\dfrac{1}{2};0,1;1,0\right)$
$N^{13}_{01;11;01}=\ell_{13}\big\vert_{\xi^{13}_{01;11;01}},N^{34}_{10;11;01}=\ell_{34}\big\vert_{\xi^{34}_{10;11;01}}$	$\xi^{13}_{01;11;01}=\left(0,1;\dfrac{1}{2},\dfrac{1}{2};0,1\right),\xi^{34}_{10;11;01}=\left(1,0;\dfrac{1}{2},\dfrac{1}{2};0,1\right)$
$N^{15}_{01;10;11}=\ell_{15}\big\vert_{\xi^{15}_{01;10;11}},N^{35}_{11;10;01}=\ell_{35}\big\vert_{\xi^{35}_{11;10;01}}$	$\xi^{15}_{01;10;11}=\left(0,1;1,0;\dfrac{1}{2},\dfrac{1}{2}\right),\xi^{35}_{11;10;01}=\left(\dfrac{1}{2},\dfrac{1}{2};1,0;0,1\right)$
$N^{16}_{01;11;10}=\ell_{16}\big\vert_{\xi^{16}_{01;11;10}},N^{45}_{10;10;11}=\ell_{45}\big\vert_{\xi^{45}_{10;10;11}}$	$\xi^{16}_{01;11;10}=\left(0,1;\dfrac{1}{2},\dfrac{1}{2};1,0\right),\xi^{45}_{10;10;11}=\left(1,0;1,0;\dfrac{1}{2},\dfrac{1}{2}\right)$
$N^{23}_{11;01;01}=\ell_{23}\big\vert_{\xi^{23}_{11;01;01}},N^{46}_{10;11;10}=\ell_{46}\big\vert_{\xi^{46}_{10;11;10}}$	$\xi^{23}_{11;01;01}=\left(\dfrac{1}{2},\dfrac{1}{2};0,1;0,1\right),\xi^{46}_{10;11;10}=\left(1,0;\dfrac{1}{2},\dfrac{1}{2};1,0\right)$
$N^{24}_{10;01;11}=\ell_{24}\big\vert_{\xi^{24}_{10;01;11}},N^{56}_{11;10;10}=\ell_{56}\big\vert_{\xi^{56}_{11;10;10}}$	$\xi^{24}_{10;01;11}=\left(1,0;0,1;\dfrac{1}{2},\dfrac{1}{2}\right),\xi^{56}_{11;10;10}=\left(\dfrac{1}{2},\dfrac{1}{2};1,0;1,0\right)$

表 4.16 给出了表 4.15 中长方体旋度一致基的归一化常数 $N^{ab}_{i\ell;jm;kn}$ 和插值点 $\boldsymbol{\xi}^{ab}_{i\ell;jm;kn}$。$p=0$ 的情况在表的最后一行给出。

表 4.17　长方体单元p阶插入散度一致基

$\begin{aligned} &\Lambda^1_{i\ell;jm;kn}(\boldsymbol{r}) = \\ &\quad N^1_{i\ell;jm;kn} R_i(p+1,\xi_1)\hat{R}_j(p+2,\xi_2)\hat{R}_k(p+2,\xi_3) \\ &\quad \cdot \hat{R}_\ell(p+1,\xi_4)\hat{R}_m(p+2,\xi_5)\hat{R}_n(p+2,\xi_6)\Lambda_1(\boldsymbol{r}) \\ &\quad i=0,1,\ldots,p;\ j,k,\ell,m,n=1,2,\ldots,p+1, \\ &\quad i+\ell=p+1;\ j+m=k+n=p+2 \\ &\Lambda^2_{i\ell;jm;kn}(\boldsymbol{r}) = \\ &\quad N^2_{i\ell;jm;kn} \hat{R}_i(p+2,\xi_1)R_j(p+1,\xi_2)\hat{R}_k(p+2,\xi_3) \\ &\quad \cdot \hat{R}_\ell(p+2,\xi_4)\hat{R}_m(p+1,\xi_5)\hat{R}_n(p+2,\xi_6)\Lambda_2(\boldsymbol{r}) \\ &\quad j=0,1,\ldots,p;\ i,k,\ell,m,n=1,2,\ldots,p+1, \\ &\quad j+m=p+1;\ i+\ell=k+n=p+2 \\ &\Lambda^3_{i\ell;jm;kn}(\boldsymbol{r}) = \\ &\quad N^3_{i\ell;jm;kn} \hat{R}_i(p+2,\xi_1)\hat{R}_j(p+2,\xi_2)R_k(p+1,\xi_3) \\ &\quad \cdot \hat{R}_\ell(p+2,\xi_4)\hat{R}_m(p+2,\xi_5)\hat{R}_n(p+1,\xi_6)\Lambda_3(\boldsymbol{r}) \\ &\quad k=0,1,\ldots,p;\ i,j,\ell,m,n=1,2,\ldots,p+1, \\ &\quad k+n=p+1;\ i+\ell=j+m=p+2 \\ &\Lambda^4_{i\ell;jm;kn}(\boldsymbol{r}) = \\ &\quad N^4_{i\ell;jm;kn} \hat{R}_i(p+1,\xi_1)\hat{R}_j(p+2,\xi_2)\hat{R}_k(p+2,\xi_3) \\ &\quad \cdot R_\ell(p+1,\xi_4)\hat{R}_m(p+2,\xi_5)\hat{R}_n(p+2,\xi_6)\Lambda_4(\boldsymbol{r}) \\ &\quad \ell=0,1,\ldots,p;\ i,j,k,m,n=1,2,\ldots,p+1, \\ &\quad i+\ell=p+1;\ j+m=k+n=p+2 \\ &\Lambda^5_{i\ell;jm;kn}(\boldsymbol{r}) = \\ &\quad N^5_{i\ell;jm;kn} \hat{R}_i(p+2,\xi_1)\hat{R}_j(p+1,\xi_2)\hat{R}_k(p+2,\xi_3) \\ &\quad \cdot \hat{R}_\ell(p+2,\xi_4)R_m(p+1,\xi_5)\hat{R}_n(p+2,\xi_6)\Lambda_5(\boldsymbol{r}) \\ &\quad m=0,1,\ldots,p;\ i,j,k,\ell,n=1,2,\ldots,p+1, \\ &\quad j+m=p+1;\ i+\ell=k+n=p+2 \\ &\Lambda^6_{i\ell;jm;kn}(\boldsymbol{r}) = \\ &\quad N^6_{i\ell;jm;kn} \hat{R}_i(p+2,\xi_1)\hat{R}_j(p+2,\xi_2)\hat{R}_k(p+1,\xi_3) \\ &\quad \cdot \hat{R}_\ell(p+2,\xi_4)\hat{R}_m(p+2,\xi_5)R_n(p+1,\xi_6)\Lambda_6(\boldsymbol{r}) \\ &\quad n=0,1,\ldots,p;\ i,j,k,\ell,m=1,2,\ldots,p+1, \\ &\quad k+n=p+1;\ i+\ell=j+m=p+2 \end{aligned}$	$\begin{aligned} &N^1_{i\ell;jm;kn} = \frac{p+1}{p+1-i}\frac{\mathcal{J}}{h_1}\bigg\vert_{\xi^1_{i\ell;jm;kn}} \\ &N^2_{i\ell;jm;kn} = \frac{p+1}{p+1-j}\frac{\mathcal{J}}{h_2}\bigg\vert_{\xi^2_{i\ell;jm;kn}} \\ &N^3_{i\ell;jm;kn} = \frac{p+1}{p+1-k}\frac{\mathcal{J}}{h_3}\bigg\vert_{\xi^3_{i\ell;jm;kn}} \\ &N^4_{i\ell;jm;kn} = \frac{p+1}{p+1-\ell}\frac{\mathcal{J}}{h_4}\bigg\vert_{\xi^4_{i\ell;jm;kn}} \\ &N^5_{i\ell;jm;kn} = \frac{p+1}{p+1-m}\frac{\mathcal{J}}{h_5}\bigg\vert_{\xi^5_{i\ell;jm;kn}} \\ &N^6_{i\ell;jm;kn} = \frac{p+1}{p+1-n}\frac{\mathcal{J}}{h_6}\bigg\vert_{\xi^6_{i\ell;jm;kn}} \\ &\xi^1_{i\ell;jm;kn} = \left(\frac{i}{p+1},\frac{\ell}{p+1};\frac{j}{p+2},\frac{m}{p+2};\frac{k}{p+2},\frac{n}{p+2}\right) \\ &\xi^2_{i\ell;jm;kn} = \left(\frac{i}{p+2},\frac{\ell}{p+2};\frac{j}{p+1},\frac{m}{p+1};\frac{k}{p+2},\frac{n}{p+2}\right) \\ &\xi^3_{i\ell;jm;kn} = \left(\frac{i}{p+2},\frac{\ell}{p+2};\frac{j}{p+2},\frac{m}{p+2};\frac{k}{p+1},\frac{n}{p+1}\right) \\ &\xi^4_{i\ell;jm;kn} = \left(\frac{i}{p+1},\frac{\ell}{p+1};\frac{j}{p+2},\frac{m}{p+2};\frac{k}{p+2},\frac{n}{p+2}\right) \\ &\xi^5_{i\ell;jm;kn} = \left(\frac{i}{p+2},\frac{\ell}{p+2};\frac{j}{p+1},\frac{m}{p+1};\frac{k}{p+2},\frac{n}{p+2}\right) \\ &\xi^6_{i\ell;jm;kn} = \left(\frac{i}{p+2},\frac{\ell}{p+2};\frac{j}{p+2},\frac{m}{p+2};\frac{k}{p+1},\frac{n}{p+1}\right) \end{aligned}$
	$\begin{aligned} &N^1_{01;11;11} = \frac{\mathcal{J}}{h_1}\bigg\vert_{\xi^1_{01;11;11}},\ N^4_{10;11;11} = \frac{\mathcal{J}}{h_4}\bigg\vert_{\xi^4_{10;11;11}} \\ &N^2_{11;01;11} = \frac{\mathcal{J}}{h_2}\bigg\vert_{\xi^2_{11;01;11}},\ N^5_{11;10;11} = \frac{\mathcal{J}}{h_5}\bigg\vert_{\xi^5_{11;10;11}} \\ &N^3_{11;11;01} = \frac{\mathcal{J}}{h_3}\bigg\vert_{\xi^3_{11;11;01}},\ N^6_{11;11;10} = \frac{\mathcal{J}}{h_6}\bigg\vert_{\xi^6_{11;11;10}} \\ &\xi^1_{01;11;11} = \left(0,1;\frac{1}{2},\frac{1}{2};\frac{1}{2},\frac{1}{2}\right) \\ &\xi^2_{11;01;11} = \left(\frac{1}{2},\frac{1}{2};0,1;\frac{1}{2},\frac{1}{2}\right) \\ &\xi^3_{11;11;01} = \left(\frac{1}{2},\frac{1}{2};\frac{1}{2},\frac{1}{2};0,1\right) \\ &\xi^4_{10;11;11} = \left(1,0;\frac{1}{2},\frac{1}{2};\frac{1}{2},\frac{1}{2}\right) \\ &\xi^5_{11;10;11} = \left(\frac{1}{2},\frac{1}{2};1,0;\frac{1}{2},\frac{1}{2}\right) \\ &\xi^6_{11;11;10} = \left(\frac{1}{2},\frac{1}{2};\frac{1}{2},\frac{1}{2};1,0\right) \end{aligned}$

表4.17给出了长方体单元上p阶散度一致基函数$\mathbf{\Lambda}^{a}_{i\ell;jm;kn}$。这些基函数通过将表4.5（右侧栏）给出的非归一化零阶函数$\mathbf{\Lambda}_a$与4.7.2.2节描述的、表4.14中给出的插值多项式$\hat{\beta}^a$相乘得到。合理选取归一化常数$N^{ab}_{i\ell;jm;kn}$以确保在插值点$\boldsymbol{\xi}^{a}_{i\ell;jm;kn}$上沿着$\hat{h}_a$的$\mathbf{\Lambda}^{a}_{i\ell;jm;kn}(r)$的分量为单位值。尽管矢量基和它们的散度在$p$阶是完整的，当$p \geqslant 1$时基集中存在非独立性。如4.7.2.4所述，容易消除冗余。长方体上p阶散度一致基函数的自由度数目为$3(p+2)(p+1)^2$。

表4.18　三棱柱单元的插值多项式

多项式	下标规则	插值点 $\xi_{ijk;\ell m}=(\xi_a,\xi_b,\xi_c;\xi_d,\xi_e)$
$\alpha_{ijk;\ell m}(p,\xi)=$ $R_i(p,\xi_a)R_j(p,\xi_b)R_k(p,\xi_c)$ $R_\ell(p,\xi_d)R_m(p,\xi_e)$	$i,j,k,\ell,m=0,1,\dots,p$; 且$i+j+k=\ell+m=p$	$\xi_{ijk;\ell m}=\left(\frac{i}{p},\frac{j}{p},\frac{k}{p};\frac{\ell}{p},\frac{m}{p}\right)$
$\hat{\alpha}^{ad}_{ijk;\ell m}(p,\xi)=$ $R_i(p+2,\xi_a)\hat{R}_j(p+2,\xi_b)\hat{R}_k(p+2,\xi_c)$ $R_\ell(p+1,\xi_d)\hat{R}_m(p+1,\xi_e)$	$i,\ell=0,1,\dots,p$; $j,k,m=1,2,\dots,p+1$; 且$i+j+k=p+2$; $\ell+m=p+1$	$\xi^{ad}_{ijk;\ell m}=\left(\frac{i}{p+2},\frac{j}{p+2},\frac{k}{p+2};\frac{\ell}{p+1},\frac{m}{p+1}\right)$
$\hat{\alpha}^{ab}_{ijk;\ell m}(p,\xi)=$ $R_i(p+1,\xi_a)R_j(p+1,\xi_b)\hat{R}_k(p+1,\xi_c)$ $\hat{R}_\ell(p+2,\xi_d)\hat{R}_m(p+2,\xi_e)$	$i,j=0,1,\dots,p$; $k,\ell,m=1,2,\dots,p+1$; 且$i+j+k=p+1$; $\ell+m=p+2$	$\xi^{ab}_{ijk;\ell m}=\left(\frac{i}{p+1},\frac{j}{p+1},\frac{k}{p+1};\frac{\ell}{p+2},\frac{m}{p+2}\right)$
$\hat{\beta}^{a}_{ijk;\ell m}(p,\xi)=$ $R_i(p+2,\xi_a)\hat{R}_j(p+2,\xi_b)\hat{R}_k(p+2,\xi_c)$ $\hat{R}_\ell(p+2,\xi_d)\hat{R}_m(p+2,\xi_e)$	$i=0,1,\dots,p$; $j,k,\ell,m=1,2,\dots,p+1$; 且$i+j+k=\ell+m=p+2$	$\xi^{a}_{ijk;\ell m}=\left(\frac{i}{p+2},\frac{j}{p+2},\frac{k}{p+2};\frac{\ell}{p+2},\frac{m}{p+2}\right)$
$\hat{\beta}^{d}_{ijk;\ell m}(p,\xi)=$ $\hat{R}_i(p+3,\xi_a)\hat{R}_j(p+3,\xi_b)\hat{R}_k(p+3,\xi_c)$ $R_\ell(p+1,\xi_d)\hat{R}_m(p+1,\xi_e)$	$\ell=0,1,\dots,p$; $i,j,k,m=1,2,\dots,p+1$; 且$i+j+k=p+3$; $\ell+m=p+1$	$\xi^{d}_{ijk;\ell m}=\left(\frac{i}{p+3},\frac{j}{p+3},\frac{k}{p+3};\frac{\ell}{p+1},\frac{m}{p+1}\right)$

表4.18的左栏给出的p阶完整多项式集的虚表达式通过$(p+1)^2(p+2)/2$项构建，这些项对应独立的$(p+1)^2(p+2)/2$个插值点的规则网格。这些多项式在给定的插值点（在第三列中报告）上为单位值，而在其他插值点等于零。多项式表达式用“虚拟”变量和下标给出。虚四边形面$\xi_a=0$、$\xi_b=0$、$\xi_c=0$。通过数字区分父棱柱坐标，ξ_a和ξ_b（$\xi_a \neq \xi_b$）可以等于ξ_1，ξ_2或ξ_3。虚三角面$\xi_d=0$，$\xi_e=0$；ξ_d和ξ_e（$\xi_d \neq \xi_e$）等于ξ_4或ξ_5。

① 形状多项式$\alpha_{ijk;\ell m}(p,\xi)$用于标量插值或几何描述；这些多项式插在棱柱的边和面上。

② 多项式$\hat{\alpha}^{ad}_{ijk;\ell m}(p,\xi)$用来构建旋度一致矢量基；这些多项式在边$\xi_a=\xi_d=0$上有$(p+1)$个边插值点，有$p(p+1)$个面插值点在面$\xi_a=0$上，有$p(p+1)/2$面插值点在面$\xi_d=0$上，还有$p^2(p+1)/2$个内部插值点。

③ 多项式$\hat{\alpha}^{ab}_{ijk;\ell m}(p,\xi)$用来构建旋度一致矢量基；这些多项式在边$\xi_a=\xi_b=0$上有$(p+1)$个边插值点，有$p(p+1)$个面插值点在面$\xi_a=0$和面$\xi_b=0$上，还有$p(p-1)(p+1)/2$个内部插值点。

④ 多项式$\hat{\beta}^{a}_{ijk;\ell m}(p,\xi)$用来构建散度一致矢量基；这些多项式有$(p+1)^2$个面插值点在面$\xi_a=0$上，还有$p(p+1)^2/2$个内部插值点。

⑤ 多项式$\hat{\beta}^{d}_{ijk;\ell m}(p,\xi)$用来构建散度一致矢量基；这些多项式有$(p+1)(p+2)/2$个面插值点在面$\xi_d=0$上，还有$p(p+1)(p+2)/2$个内部插值点。

表 4.19　棱柱单元 p 阶插值旋度一致基

$$\boldsymbol{\Omega}^{14}_{ijk;\ell m}(\boldsymbol{r})=N^{14}_{ijk;\ell m}R_i(p+2,\xi_1)\hat{R}_j(p+2,\xi_2)\hat{R}_k(p+2,\xi_3)R_\ell(p+1,\xi_4)\hat{R}_m(p+1,\xi_5)\boldsymbol{\Omega}_{14}(\boldsymbol{r})$$
$$i,\ell=0,1,\ldots,p;\ j,k,m=1,2,\ldots,p+1;\ 且i+j+k=p+2;\ \ell+m=p+1$$
$$\boldsymbol{\Omega}^{15}_{ijk;\ell m}(\boldsymbol{r})=N^{15}_{ijk;\ell m}R_i(p+2,\xi_1)\hat{R}_j(p+2,\xi_2)\hat{R}_k(p+2,\xi_3)\hat{R}_\ell(p+1,\xi_4)R_m(p+1,\xi_5)\boldsymbol{\Omega}_{15}(\boldsymbol{r})$$
$$i,m=0,1,\ldots,p;\ j,k,\ell=1,2,\ldots,p+1;\ 且i+j+k=p+2;\ \ell+m=p+1$$
$$\boldsymbol{\Omega}^{24}_{ijk;\ell m}(\boldsymbol{r})=N^{24}_{ijk;\ell m}\hat{R}_i(p+2,\xi_1)R_j(p+2,\xi_2)\hat{R}_k(p+2,\xi_3)R_\ell(p+1,\xi_4)\hat{R}_m(p+1,\xi_5)\boldsymbol{\Omega}_{24}(\boldsymbol{r})$$
$$j,\ell=0,1,\ldots,p;\ i,k,m=1,2,\ldots,p+1;\ 且i+j+k=p+2;\ \ell+m=p+1$$
$$\boldsymbol{\Omega}^{25}_{ijk;\ell m}(\boldsymbol{r})=N^{25}_{ijk;\ell m}\hat{R}_i(p+2,\xi_1)R_j(p+2,\xi_2)\hat{R}_k(p+2,\xi_3)\hat{R}_\ell(p+1,\xi_4)R_m(p+1,\xi_5)\boldsymbol{\Omega}_{25}(\boldsymbol{r})$$
$$j,m=0,1,\ldots,p;\ i,k,\ell=1,2,\ldots,p+1;\ 且i+j+k=p+2;\ \ell+m=p+1$$
$$\boldsymbol{\Omega}^{34}_{ijk;\ell m}(\boldsymbol{r})=N^{34}_{ijk;\ell m}\hat{R}_i(p+2,\xi_1)\hat{R}_j(p+2,\xi_2)R_k(p+2,\xi_3)R_\ell(p+1,\xi_4)\hat{R}_m(p+1,\xi_5)\boldsymbol{\Omega}_{34}(\boldsymbol{r})$$
$$k,\ell=0,1,\ldots,p;\ i,j,m=1,2,\ldots,p+1;\ 且i+j+k=p+2;\ \ell+m=p+1$$
$$\boldsymbol{\Omega}^{35}_{ijk;\ell m}(\boldsymbol{r})=N^{35}_{ijk;\ell m}\hat{R}_i(p+2,\xi_1)\hat{R}_j(p+2,\xi_2)R_k(p+2,\xi_3)\hat{R}_\ell(p+1,\xi_4)R_m(p+1,\xi_5)\boldsymbol{\Omega}_{35}(\boldsymbol{r})$$
$$k,m=0,1,\ldots,p;\ i,j,\ell=1,2,\ldots,p+1;\ 且i+j+k=p+2;\ \ell+m=p+1$$
$$\boldsymbol{\Omega}^{13}_{ijk;\ell m}(\boldsymbol{r})=N^{13}_{ijk;\ell m}R_i(p+1,\xi_1)\hat{R}_j(p+1,\xi_2)R_k(p+1,\xi_3)\hat{R}_\ell(p+2,\xi_4)\hat{R}_m(p+2,\xi_5)\boldsymbol{\Omega}_{13}(\boldsymbol{r})$$
$$i,k=0,1,\ldots,p;\ j,\ell,m=1,2,\ldots,p+1;\ 且i+j+k=p+1;\ \ell+m=p+2$$
$$\boldsymbol{\Omega}^{12}_{ijk;\ell m}(\boldsymbol{r})=N^{12}_{ijk;\ell m}R_i(p+1,\xi_1)R_j(p+1,\xi_2)\hat{R}_k(p+1,\xi_3)\hat{R}_\ell(p+2,\xi_4)\hat{R}_m(p+2,\xi_5)\boldsymbol{\Omega}_{12}(\boldsymbol{r})$$
$$i,j=0,1,\ldots,p;\ k,\ell,m=1,2,\ldots,p+1;\ 且i+j+k=p+1;\ \ell+m=p+2$$
$$\boldsymbol{\Omega}^{23}_{ijk;\ell m}(\boldsymbol{r})=N^{23}_{ijk;\ell m}\hat{R}_i(p+1,\xi_1)R_j(p+1,\xi_2)R_k(p+1,\xi_3)\hat{R}_\ell(p+2,\xi_4)\hat{R}_m(p+2,\xi_5)\boldsymbol{\Omega}_{23}(\boldsymbol{r})$$
$$j,k=0,1,\ldots,p;\ i,\ell,m=1,2,\ldots,p+1;\ 且i+j+k=p+1;\ \ell+m=p+2$$

表 4.19 给出了棱柱单元上 p 阶旋度一致基函数。棱柱的四边形面为$\xi_1=0$、$\xi_2=0$、$\xi_3=0$，三角形是$\xi_4=0$、$\xi_5=0$。通过 4.7.3.1 中的虚拟描述，棱柱旋度一致基为$\boldsymbol{\Omega}^{ad}_{ijk;\ell m}$和$\boldsymbol{\Omega}^{ab}_{ijk;\ell m}$，这里$\xi_a=0$和$\xi_b=0$表示两个四边形面，具有公共边$\xi_a=\xi_b=0$，$\xi_d=0$是一个三角形面与四边形面$\xi_a=0$的公共边。

这些基函数 $\boldsymbol{\Omega}_{ijk;\ell m}^{ad}$ （和 $\boldsymbol{\Omega}_{ijk;\ell m}^{ab}$ ）通过将表 4.4（中间栏）给出的非归一化零阶函数 $\boldsymbol{\Omega}_{ad}$ （$\boldsymbol{\Omega}_{ab}$）与 4.7.3.1 节中描述、表 4.18 给出的插值多项式 $\hat{\alpha}^{ad}$ （$\hat{\alpha}^{ab}$）相乘得到。合理选取归一化常数 $N_{i\ell;jm;kn}^{ab}$ （和 $N_{i\ell;jm;kn}^{ad}$ ）以确保在插值点 $\boldsymbol{\xi}_{i\ell;jm;kn}^{ab}$ （$\boldsymbol{\xi}_{i\ell;jm;kn}^{ad}$）上沿着边 $\boldsymbol{\ell}_{ab}$ （$\boldsymbol{\ell}_{ad}$）向量的分量为单位值。归一化参数和插值点在表 4.20 给出。尽管矢量基和它们的旋度在 p 阶是完整的，当 $p \geqslant 1$ 时基集中存在非独立性。如 4.7.3.3 所述，容易消除冗余。棱柱上 p 阶旋度一致基函数的自由度数目为 $3(p+1)(p+2)(p+3)/2$ 。

表 4.20　棱柱旋度一致基的归一化常数和插值点

$N_{ijk;\ell m}^{14}=\dfrac{(p+2)(p+1)}{(p+2-i)(p+1-\ell)}\ell_{14}\Big\|_{\xi_{ijk;\ell m}^{14}}$	$\xi_{ijk;\ell m}^{14}=\left(\dfrac{i}{p+2},\dfrac{j}{p+2},\dfrac{k}{p+2};\dfrac{\ell}{p+1},\dfrac{m}{p+1}\right)$
$N_{ijk;\ell m}^{15}=\dfrac{(p+2)(p+1)}{(p+2-i)(p+1-m)}\ell_{15}\Big\|_{\xi_{ijk;\ell m}^{15}}$	$\xi_{ijk;\ell m}^{15}=\left(\dfrac{i}{p+2},\dfrac{j}{p+2},\dfrac{k}{p+2};\dfrac{\ell}{p+1},\dfrac{m}{p+1}\right)$
$N_{ijk;\ell m}^{24}=\dfrac{(p+2)(p+1)}{(p+2-j)(p+1-\ell)}\ell_{24}\Big\|_{\xi_{ijk;\ell m}^{24}}$	$\xi_{ijk;\ell m}^{24}=\left(\dfrac{i}{p+2},\dfrac{j}{p+2},\dfrac{k}{p+2};\dfrac{\ell}{p+1},\dfrac{m}{p+1}\right)$
$N_{ijk;\ell m}^{25}=\dfrac{(p+2)(p+1)}{(p+2-j)(p+1-m)}\ell_{25}\Big\|_{\xi_{ijk;\ell m}^{25}}$	$\xi_{ijk;\ell m}^{25}=\left(\dfrac{i}{p+2},\dfrac{j}{p+2},\dfrac{k}{p+2};\dfrac{\ell}{p+1},\dfrac{m}{p+1}\right)$
$N_{ijk;\ell m}^{34}=\dfrac{(p+2)(p+1)}{(p+2-k)(p+1-\ell)}\ell_{34}\Big\|_{\xi_{ijk;\ell m}^{34}}$	$\xi_{ijk;\ell m}^{34}=\left(\dfrac{i}{p+2},\dfrac{j}{p+2},\dfrac{k}{p+2};\dfrac{\ell}{p+1},\dfrac{m}{p+1}\right)$
$N_{ijk;\ell m}^{35}=\dfrac{(p+2)(p+1)}{(p+2-k)(p+1-m)}\ell_{35}\Big\|_{\xi_{ijk;\ell m}^{35}}$	$\xi_{ijk;\ell m}^{35}=\left(\dfrac{i}{p+2},\dfrac{j}{p+2},\dfrac{k}{p+2};\dfrac{\ell}{p+1},\dfrac{m}{p+1}\right)$
$N_{ijk;\ell m}^{13}=\dfrac{p+1}{p+1-i-k}\ell_{13}\Big\|_{\xi_{ijk;\ell m}^{13}}$	$\xi_{ijk;\ell m}^{13}=\left(\dfrac{i}{p+1},\dfrac{j}{p+1},\dfrac{k}{p+1};\dfrac{\ell}{p+2},\dfrac{m}{p+2}\right)$
$N_{ijk;\ell m}^{12}=\dfrac{p+1}{p+1-i-j}\ell_{12}\Big\|_{\xi_{ijk;\ell m}^{12}}$	$\xi_{ijk;\ell m}^{12}=\left(\dfrac{i}{p+1},\dfrac{j}{p+1},\dfrac{k}{p+1};\dfrac{\ell}{p+2},\dfrac{m}{p+2}\right)$
$N_{ijk;\ell m}^{23}=\dfrac{p+1}{p+1-j-k}\ell_{23}\Big\|_{\xi_{ijk;\ell m}^{23}}$	$\xi_{ijk;\ell m}^{23}=\left(\dfrac{i}{p+1},\dfrac{j}{p+1},\dfrac{k}{p+1};\dfrac{\ell}{p+2},\dfrac{m}{p+2}\right)$
$N_{011;01}^{14}=\ell_{14}\big\|_{\xi_{011;01}^{14}}$ $N_{011;10}^{15}=\ell_{15}\big\|_{\xi_{011;10}^{15}}$ $N_{101;01}^{24}=\ell_{24}\big\|_{\xi_{101;01}^{24}}$ $N_{101;10}^{25}=\ell_{25}\big\|_{\xi_{101;10}^{25}}$ $N_{110;01}^{34}=\ell_{34}\big\|_{\xi_{110;01}^{34}}$ $N_{110;10}^{35}=\ell_{35}\big\|_{\xi_{110;10}^{35}}$ $N_{010;11}^{13}=\ell_{13}\big\|_{\xi_{010;11}^{13}}$ $N_{001;11}^{12}=\ell_{12}\big\|_{\xi_{001;11}^{12}}$ $N_{100;11}^{23}=\ell_{23}\big\|_{\xi_{100;11}^{23}}$	$\xi_{011;01}^{14}=\left(0,\dfrac{1}{2},\dfrac{1}{2};0,1\right)$ $\xi_{011;10}^{15}=\left(0,\dfrac{1}{2},\dfrac{1}{2};1,0\right)$ $\xi_{101;01}^{24}=\left(\dfrac{1}{2},0,\dfrac{1}{2};0,1\right)$ $\xi_{101;10}^{25}=\left(\dfrac{1}{2},0,\dfrac{1}{2};1,0\right)$ $\xi_{110;01}^{34}=\left(\dfrac{1}{2},\dfrac{1}{2},0;0,1\right)$ $\xi_{110;10}^{35}=\left(\dfrac{1}{2},\dfrac{1}{2},0;1,0\right)$ $\xi_{010;11}^{13}=\left(0,1,0;\dfrac{1}{2},\dfrac{1}{2}\right)$ $\xi_{001;11}^{12}=\left(0,0,1;\dfrac{1}{2},\dfrac{1}{2}\right)$ $\xi_{100;11}^{23}=\left(1,0,0;\dfrac{1}{2},\dfrac{1}{2}\right)$

表 4.20 给出了表 4.19 中棱柱旋度一致基的归一化常数 $N_{i\ell;jm;kn}^{ab}$、$N_{i\ell;jm;kn}^{ad}$ 和插值点 $\boldsymbol{\xi}_{i\ell;jm;kn}^{ab}$、$\boldsymbol{\xi}_{i\ell;jm;kn}^{ad}$。$p=0$ 的情况在表的最后一行给出。

表 4.21　棱柱单元 p 阶插值散度一致基

$$\boldsymbol{\Lambda}_{ijk;\ell m}^{1}(\boldsymbol{r})=N_{ijk;\ell m}^{1}R_i(p+2,\xi_1)\hat{R}_j(p+2,\xi_2)\hat{R}_k(p+2,\xi_3)\hat{R}_\ell(p+2,\xi_4)\hat{R}_m(p+2,\xi_5)\boldsymbol{\Lambda}_1(\boldsymbol{r})$$
$$i=0,1,\ldots,p;\ j,k,\ell,m=1,2,\ldots,p+1,\ \text{且}\, i+j+k=p+2;\ \ell+m=p+2$$

$$\boldsymbol{\Lambda}_{ijk;\ell m}^{2}(\boldsymbol{r})=N_{ijk;\ell m}^{2}\hat{R}_i(p+2,\xi_1)R_j(p+2,\xi_2)\hat{R}_k(p+2,\xi_3)\hat{R}_\ell(p+2,\xi_4)\hat{R}_m(p+2,\xi_5)\boldsymbol{\Lambda}_2(\boldsymbol{r})$$
$$j=0,1,\ldots,p;\ i,k,\ell,m=1,2,\ldots,p+1,\ \text{且}\, i+j+k=p+2;\ \ell+m=p+2$$

$$\boldsymbol{\Lambda}_{ijk;\ell m}^{3}(\boldsymbol{r})=N_{ijk;\ell m}^{3}\hat{R}_i(p+2,\xi_1)\hat{R}_j(p+2,\xi_2)R_k(p+2,\xi_3)\hat{R}_\ell(p+2,\xi_4)\hat{R}_m(p+2,\xi_5)\boldsymbol{\Lambda}_3(\boldsymbol{r})$$
$$k=0,1,\ldots,p;\ i,j,\ell,m=1,2,\ldots,p+1,\ \text{且}\, i+j+k=p+2;\ \ell+m=p+2$$

$$\boldsymbol{\Lambda}_{ijk;\ell m}^{4}(\boldsymbol{r})=N_{ijk;\ell m}^{4}\hat{R}_i(p+3,\xi_1)\hat{R}_j(p+3,\xi_2)\hat{R}_k(p+3,\xi_3)R_\ell(p+1,\xi_4)\hat{R}_m(p+1,\xi_5)\boldsymbol{\Lambda}_4(\boldsymbol{r})$$
$$\ell=0,1,\ldots,p;\ i,j,k,m=1,2,\ldots,p+1,\ \text{且}\, i+j+k=p+3;\ \ell+m=p+1$$

$$\boldsymbol{\Lambda}_{ijk;\ell m}^{5}(\boldsymbol{r})=N_{ijk;\ell m}^{5}\hat{R}_i(p+3,\xi_1)\hat{R}_j(p+3,\xi_2)\hat{R}_k(p+3,\xi_3)\hat{R}_\ell(p+1,\xi_4)R_m(p+1,\xi_5)\boldsymbol{\Lambda}_5(\boldsymbol{r})$$
$$m=0,1,\ldots,p;\ i,j,k,\ell=1,2,\ldots,p+1,\ \text{且}\, i+j+k=p+3;\ \ell+m=p+1$$

$$N_{ijk;\ell m}^{1}=\left.\frac{p+2}{p+2-i}\frac{\mathcal{J}}{h_1}\right|_{\xi_{ijk;\ell m}^{1}},\qquad \xi_{ijk;\ell m}^{1}=\left(\frac{i}{p+2},\frac{j}{p+2},\frac{k}{p+2};\frac{\ell}{p+2},\frac{m}{p+2}\right)$$

$$N_{ijk;\ell m}^{2}=\left.\frac{p+2}{p+2-j}\frac{\mathcal{J}}{h_2}\right|_{\xi_{ijk;\ell m}^{2}},\qquad \xi_{ijk;\ell m}^{2}=\left(\frac{i}{p+2},\frac{j}{p+2},\frac{k}{p+2};\frac{\ell}{p+2},\frac{m}{p+2}\right)$$

$$N_{ijk;\ell m}^{3}=\left.\frac{p+2}{p+2-k}\frac{\mathcal{J}}{h_3}\right|_{\xi_{ijk;\ell m}^{3}},\qquad \xi_{ijk;\ell m}^{3}=\left(\frac{i}{p+2},\frac{j}{p+2},\frac{k}{p+2};\frac{\ell}{p+2},\frac{m}{p+2}\right)$$

$$N_{ijk;\ell m}^{4}=\left.\frac{p+1}{p+1-\ell}\frac{\mathcal{J}}{h_4}\right|_{\xi_{ijk;\ell m}^{4}},\qquad \xi_{ijk;\ell m}^{4}=\left(\frac{i}{p+3},\frac{j}{p+3},\frac{k}{p+3};\frac{\ell}{p+1},\frac{m}{p+1}\right)$$

$$N_{ijk;\ell m}^{5}=\left.\frac{p+1}{p+1-m}\frac{\mathcal{J}}{h_5}\right|_{\xi_{ijk;\ell m}^{5}},\qquad \xi_{ijk;\ell m}^{5}=\left(\frac{i}{p+3},\frac{j}{p+3},\frac{k}{p+3};\frac{\ell}{p+1},\frac{m}{p+1}\right)$$

$$N_{011;11}^{1}=\left.\frac{\mathcal{J}}{h_1}\right|_{\xi_{011;11}^{1}},\qquad \xi_{011;11}^{1}=\left(0,\frac{1}{2},\frac{1}{2};\frac{1}{2},\frac{1}{2}\right)$$

$$N_{101;11}^{2}=\left.\frac{\mathcal{J}}{h_2}\right|_{\xi_{101;11}^{2}},\qquad \xi_{101;11}^{2}=\left(\frac{1}{2},0,\frac{1}{2};\frac{1}{2},\frac{1}{2}\right)$$

$$N_{110;11}^{3}=\left.\frac{\mathcal{J}}{h_3}\right|_{\xi_{110;11}^{3}},\qquad \xi_{110;11}^{3}=\left(\frac{1}{2},\frac{1}{2},0;\frac{1}{2},\frac{1}{2}\right)$$

$$N_{111;01}^{4}=\left.\frac{\mathcal{J}}{h_4}\right|_{\xi_{111;01}^{4}},\qquad \xi_{111;01}^{4}=\left(\frac{1}{3},\frac{1}{3},\frac{1}{3};0,1\right)$$

$$N_{111;10}^{5}=\left.\frac{\mathcal{J}}{h_5}\right|_{\xi_{111;10}^{5}},\qquad \xi_{111;10}^{5}=\left(\frac{1}{3},\frac{1}{3},\frac{1}{3};1,0\right)$$

表 4.21 给出了棱柱单元上 p 阶散度一致基函数 $\Lambda^{a}_{ijk;\ell m}(r)$ 和 $\Lambda^{d}_{ijk;\ell m}(r)$。这些基函数通过将表 4.5（中间栏）给出的非归一化零阶函数 Λ_a 、Λ_d 与 4.7.3.2 节描述的、表 4.18 给出的插值多项式 $\hat{\beta}^a$ 、$\hat{\beta}^b$ 相乘得到。合理选取归一化常数 $N^{a}_{ijk;\ell m}$（或 $N^{d}_{ijk;\ell m}$）以确保在插值点 $\boldsymbol{\xi}^{a}_{ijk;\ell m}$（$\boldsymbol{\xi}^{d}_{ijk;\ell m}$）上沿着 $\hat{\boldsymbol{h}}_a$（$\hat{\boldsymbol{h}}_d$）的 $\Lambda^{a}_{ijk;\ell m}(r)$［或 $\Lambda^{d}_{ijk;\ell m}(r)$］的分量为单位值。尽管矢量基和它们的旋度在 p 阶是完整的，当 $p \geqslant 1$ 时基集中存在非独立性。如 4.7.3.4 所述，容易消除冗余。棱柱上 p 阶旋度一致基函数的自由度数目为 $(p+1)(3p^2+12p+10)/2$ 。

参 考 文 献

[1] R.D. Graglia, D.R. Wilton, and A.F. Peterson, “Higher order interpolatory vector bases for computational electromagnetics,” special issue on “Advanced Numerical Techniques in Electromagnetics,” *IEEE Trans. Antennas Propag.*, vol. 45, no. 3, pp. 329–342, Mar. 1997.

[2] R. D. Graglia, D. R. Wilton, A. F. Peterson, and I.-L. Gheorma, “Higher order interpolatory vector bases on prism elements,” *IEEE Trans. Antennas Propag.*, vol. 46, no. 3, pp. 442–450, Mar. 1998.

[3] P. A. Raviart and J. M. Thomas, “A mixed finite element method for 2nd order elliptic problems,”in Mathematical Aspects of Finite Element Methods, A. Dold and B. Eckmann, eds., New York,NY: Springer-Verlag, pp. 292–315, 1977.

[4] J. C. Nédélec, “Mixed finite elements in R 3 ,” *Numer. Math.*, vol. 35, pp. 315–341, 1980.

[5] A. W. Glisson and D. R. Wilton, “Simple and efficient numerical methods for problems of electromagnetic radiation and scattering from surfaces,” *IEEE Trans. Antennas Propag.*, AP-28, no. 5,pp. 593–603, Sept. 1980.

[6] A. Bossavit and J.-C. Vérité, “A mixed FEM-BIEM method to solve 3-D eddy current problems,” *IEEE Trans. Magn.*, MAG-18, no. 2, pp. 431–435, Mar. 1982.

[7] S. M. Rao, D. R. Wilton, and A. W. Glisson, “Electromagnetic scattering by surfaces of arbitrary shape,” *IEEE Trans. Antennas Propag.*, AP-30, no. 3, pp. 409–418, May 1982.

[8] D. H. Schaubert, D. R. Wilton, and A. W. Glisson, “A tetrahedral modeling method for electromagnetic scattering by arbitrarily shaped inhomogeneous dielectric bodies,” *IEEE Trans. Antennas Propag.*, AP-32, no. 1, pp. 77–85, Jan. 1984.

[9] M. Hano, “Finite-element analysis of dielectric-loaded waveguides,” *IEEE Trans. Microwave Theory Tech.*, MTT-32, no. 10, pp. 1275–1279, Oct. 1984.

[10] J. S. van Welij, “Calculation of eddy currents in terms of H on hexahedra,” *IEEE Trans. Magn.*, MAG-21, no. 6, pp. 2239–2241, Nov. 1985.

[11] J. C. Nédélec, "A new family of mixed finite elements in R3," *Numer. Math.*, vol. 50, pp. 57–81,1986.

[12] M. L. Barton and Z. J. Cendes, "New vector elements for three-dimensional magnetic field computation," *J. Appl. Phys.*, vol. 61, no. 8, pp. 3919–3921, Apr. 1987.

[13] Z. J. Cendes, "Overview of CAE/CAD/AI electromagnetic field computation," in *Proceedings of the Second IEEE Conference on Electromagnetic Field Computation*, A. Konrad, ed., Schenectady,NY, 1987.

[14] C. W. Crowley, P. P. Silvester, and H. Hurwitz, "Covariant projection elements for 3D vector field problems," *IEEE Trans. Magn.*, MAG-24, no. 1, pp. 397–400, Jan. 1988.

[15] A. Bossavit, "Mixed finite elements and the complex of Whitney forms," in *The Mathematics of Finite Elements and Applications VI*, J. R. Whiteman, ed., pp. 137–144, London: Academic Press,1988.

[16] D.Graglia,"The use of parametric elements in the moment method solution of static and dynamic volume integral equations", *IEEE Trans. Antennas Propag.*, vol. AP-36, pp. 636–646, May 1988.

[17] A. Bossavit, "Whitney forms: a class of finite elements for three-dimensional computations in electromagnetics," *IEE Proc.*, vol. 135, pt. A, no. 8, pp. 493–500, 1988.

[18] Bossavit and I. Mayergoyz, "Edge-elementsforscatteringproblems," *IEEE Trans.Magn.*, MAG-25, no. 4, pp. 2816–2821, July 1989.

[19] R. D. Graglia, P. L. E. Uslenghi, and R. S. Zich, "Moment method with isoparametric elements for three-dimensional anisotropic scatterers", (invited paper), "*Proceedings of the IEEE*" – Special Issue on "*Radar Cross Sections of Complex Objects*", vol. 77, no. 5, pp. 750–760, May 1989. Also available in the *IEEE* book, "*Radar Cross Sections of Complex Objects*", pp. 206–216, 1990.

[20] Z.J. Cendes, "Vector finite elements for electromagnetic field computation," *IEEE Trans. Magn.*, MAG-27, no. 5, pp. 3958–3966, Sept. 1991.

[21] J.-F. Lee, D.-K. Sun, and Z.J. Cendes, "Full-wave analysis of dielectric wave guides using tangential vector finite elements," *IEEE Trans.Microwave Theory Tech.*, MTT-39, no.8, pp.1262–1271, Aug. 1991.

[22] J. P. Webb, "Edge elements and what they can do for you," *IEEE Trans. Magn.*, MAG-29, no. 2, pp. 1460–1465, Mar. 1993.

[23] W.Schroeder and I.Wolff, "The origin of spurious modes in numerical solutions of electromagnetic field eigenvalue problems," *IEEE Trans. Microwave Theory Tech.*, MTT-42, no. 4, pp. 644–653, Apr. 1994.

[24] D. Sun, J. Manges, X. Yuan, and Z. Cendes, "Spurious modes in finite element methods," *IEEE*

Antennas Propag. Mag., vol. 37, no. 5, pp. 12–24, Oct. 1995.

[25] P. P. Silvester and R. L. Ferrari, *Finite Elements for Electrical Engineers*, 3rd ed., Cambridge: Cambridge Press, 1996.

[26] D. R. Wilton and W. J. Brown, “Higher order modeling using curvilinear elements and singular bases,” 1996 Radio Science Meeting, Boulder, CO, Jan, 1996.

[27] J. S. Savage and A. F. Peterson, “Extension of higher-order 3-D vector finite elements to curved cells and open-region problems,” *Proceedings of the 12th Annual Review of Progress in Applied Computational Electromagnetics*, Monterey, CA, pp. 988–994, Mar. 1996.

[28] A. F. Peterson and D. R. Wilton, “Curl-conforming mixed-order edge elements for discretizing the 2D and 3D vector Helmholtz equation,” in *Finite Element Software for Microwave Engineering,* T. Itoh, P. Silvester, and G. Pelosi, eds., New York, NY: Wiley, pp. 101–126, 1996.

[29] T. Özdemir and J. L. Volakis, “Triangular prisms for edge-based vector finite element analysis of conformal antennas,” *IEEE Trans. Antennas Propag.*, AP-45, no. 5, pp. 788–797, May 1997.

[30] I.-L. Gheorma and R. D. Graglia, “Higher order vectorial modeling using curvilinear prism elements,” Proceedings of the fifth *International Conference on Electromagnetics in Aerospace Applications* (*ICEAA*), pp. 179–182, Torino, Italy, Sept. 15–18, 1997.

[31] L. E. Garcia-Castillo and M. Salazar-Palma, “Second order Nédélec tetrahedral element for computational electromagnetics,” *Int. J. Numer. Modell.*, vol. 13, pp. 261–287, 2000.

[32] L.E.Garcia-Castillo, A.J.Ruiz-Gonoves, M.Salazar-Palma, and T.K.Sarkar, “Third order Nédélec curl-conforming finite element,” *IEEE Trans. Magn.*, vol. 38, no. 5, pp. 2370–2372, Sept. 2002.

第5章 分层级基

高阶基可以被分成插值基和分层级基两类。插值基在一些插值点插入场量的值，使得在给定的插值点只有一个基函数是非零的。如第 4 章所述，这一特点使扩充系数的直接物理插入成为可能，但不利于在整个计算域混合不同的阶。相反，如果一个 n 阶基包含组成第$(n-1)$阶基的所有基函数作为它的子集，它被称为分层级基。这一特性阻止层级基函数系数与给定点解的结合；换句话说，分层级基定义为无节点。然而，分层级基允许在计算域的不同区域使用不同的阶进行选择性扩展。例如，最低阶的分层级基可以被用于子域中，该子域中近似量变化很慢，而较高阶基可以被用于另一个子域，该子域中量会发生快速变化。在场问题的数值解中，在每个子域选择不同阶能够在提升精度的同时减少存储量和 CPU 时间。这就是说分层基的提出是为了解决插值问题，分层基能够解决在某些数量孤立点处重建特定点场量值的问题。因为在整个数值域中场量是完全未知的，分层级基在数值问题中是很有意义的。

在这一点上，应注意到数值分析的全部潜力是希望实现通过使用自适应求精（可能是 h 求精和 p 求精的综合使用），以最小的计算代价得到期望的精度[1-3]。自适应 h 求精包括调整单元的大小，而自适应 p 求精改变多项式的阶数以获得在整个计算域的最优非归一化表示。需注意，在执行任何 h 求精过程中都必须能够完全控制网格产生过程，①而 p 求精过程对此没有要求。自适应过程是指在没有用户干预的情况下，由误差估计器驱动整个过程。针对分层级基，自适应 p 求精算构建法最好，因为与插值基不同，能够在整个域中统筹不同阶数。

① 商业上可用的网格产生器一般不允许普通用户完全控制网格的产生。

本章介绍能够在同一网格一起使用的标量和向量分层级基。两种类型的基函数可用于多种情况，例如处理不均匀波导结构，需要对横向矢量场和纵向场分量(后者为一个标量)进行建模，或者对于磁发电准静态问题，在传导区域需要向量，在其余区域需要标量。这里讨论的分层级矢量基可能是正切的也可能是法向（也就是散度或旋度一致）连续的，以便在硬材料断层接口处强制设置边界条件。

5.1 病态条件问题

一般来说使用分层级，无节点基的主要缺点是在相同阶的条件下，它们一般产生的系统矩阵具有比使用插值多项式基更恶劣的条件数。事实上，正如前面章节所述，对于多项式阶数小于 6 的插值基函数，具有更高的线性独立性（或正交性）。

① 每个插值基函数在插值网格的一个节点上被适当地归一化为一个给定值，而在网格的其他点上为零。

② 在插值网格的每个节点上只有一个非零基函数。

③ 每个子域的插值网格是有规律的，良好独立的节点只存在于子域的边界内或边界上。

一个标量基函数集的正交（或线性独立）度由本地 Gram 矩阵 $\boldsymbol{G}$ 的元素的条件数（CN）度量

$$g_{mn} = \int_{\mathcal{D}} B_m B_n \mathrm{d}\mathcal{D} \tag{5.1}$$

其中，B_n 是标量集的基函数，积分在定义基函数的域 $\mathcal{D}$ 上计算。①②在矢量情况下，用于度量一个矢量基函数集的正交度的本地 Gram 矩阵 $\boldsymbol{G}$ 元素为

$$g_{mn} = \int_{\mathcal{D}} \boldsymbol{B}_m \cdot \boldsymbol{B}_n \mathrm{d}\mathcal{D} \tag{5.2}$$

其中，$\boldsymbol{B}_n$ 是矢量集的基函数，积分也在定义基函数的域 $\mathcal{D}$ 上计算。

为了构建能够带来较低系统矩阵条件数的分层级基，最优的方法将是使用

① 只有在集中所有基函数是平方可积时，基函数的线性独立度可由矩阵 $\boldsymbol{G}$ 的条件数度量。

② 原则上，Gram矩阵和式（5.1）、式（5.2）的积分应在子空间中计算。然而，接下来，通过在父空间中计算式（5.1）的积分，定义分层级基的标量多项式正交性将被限制在父空间内。这么做的好处将在后面向读者说明。这样，接下来，每次将根据带来的好处决定计算式（5.1）、式（5.2）积分的空间，不管综合空间是父空间还是子空间，该空间都无歧义地用统一符号 $\mathcal{D}$ 表示。

采用适当方法归一化的互相正交的函数。为了减少计算负担，还应该着手采用归一化正交函数定义这些函数。通过将第 2 章中用于解决一维标量问题的拉格朗日插值多项式基与按上文所述构造技术获得的归一化分层级基进行对比，可以很明显看出这么做的优势。

回顾第 2 章，直接定义在父域$\{0\leqslant\xi\leqslant1\}$上一维标量基函数带来的便利，最终映射到每个不同的子域。因此，基函数是父变量ξ的函数（尽管在第 2 章中，通过引入父变量$\xi_1=\xi$和$\xi_2=1-\xi$及关系式$\xi_1+\xi_2=1$可以方便地定义它们）。例如，可以使用第p阶插值基，该插值基由以下（$p+1$）个p阶拉格朗日插值多项式组成：

$$\alpha_{ij}\left(p,\xi_1,\xi_2\right)=R_i\left(p,\xi_1\right)R_j\left(p,\xi_2\right),\quad i,j=0,1,\ldots,p,\ \text{且}\, i+j=p \tag{5.3}$$

式（5.3）的基集由（$p-1$）个泡沫函数[①]（因为共同$\xi_1\xi_2$因子的存在，在$\xi=0$和$\xi=1$处为零），再加上两个在两个端点（也就是$\xi=0$和$\xi=1$的点）插入标量的顶点基函数形成。集式（5.3）的顶点函数在（$i=0,j=p$）和（$i=p,j=0$）时获得。例如，当$p=1$时插值顶点函数为ξ_1和ξ_2，当$p=2$时它们为$\xi_1\left(2\xi_1-1\right)$和$\xi_2(2\xi_1-1)$。插值顶点函数随基的阶$p$变化，因为它们必须插入（$p+1$）个节点。当$p=1$时基集式（5.3）只包含两个顶点函数，而泡沫函数只在比第一种阶数高的基的情况下出现；例如，当$p=2$时，只有 1 个泡沫函数$(4\xi_1\xi_2)$，而泡沫函数的数量随阶数线性增长。然而，对于插值的情况，每个泡沫函数的表达式又取决于阶数，因为差值网格随基的阶数p变化。因此，插值函数的整个集随阶数p变化。

相反，对于分层级基的情况，当$p=1$时定义的三角顶点函数ξ_1和ξ_2对于任何阶保持不变，并且不能变化以提高更高阶基集的线性独立度。两个分层级顶点函数（与基阶数无关）由虚表达式

$$V_1=\xi_a \tag{5.4}$$

给出，ξ_a等价于ξ_1或ξ_2，V的下标“1”表示顶点函数是线性的（对于第一阶）。

为了提高分层级集的线性独立性，可以使用归一化的正交多项式定义泡沫函数。因为泡沫函数有ξ_1和ξ_2两个公共因子，它们可以被写作

① 任何在无节点单元边界AND为零的函数被称为泡沫函数。式（5.3）中，在$\xi\neq0$和$\xi\neq1$处获得的（$p-1$）个插值函数，在两个端点上为零，但它们是以节点为基的。因此，尽管我们称之为泡沫函数，严格来说，它们并不是泡沫函数。根据这种扩展的定义，我们这里讨论的分层级基和插值基由2个（以节点为基）顶点函数加（$p-1$）个泡沫函数形成。

$$B_{m2}(\xi)=\xi_1\xi_2\mathcal{U}_m(\xi_1-\xi_2)$$
$$=\frac{(1-\xi_{12}^2)}{4}\mathcal{U}_m(\xi_{12})=\frac{(1-\xi_{21}^2)}{4}\mathcal{U}_m(-\xi_{21}) \tag{5.5}$$

其中，$\mathcal{U}_m(\xi_{12})=\mathcal{U}_m(-\xi_{21})$ 是用新的辅助变量给出的一个适当的 m 阶多项式

$$\xi_{12}=(\xi_1-\xi_2)=(2\xi-1) \tag{5.6}$$

或

$$\xi_{21}=-\xi_{12}=(\xi_2-\xi_1) \tag{5.7}$$

表示。函数 B_{m2} 的阶为由它的下标之$(m+2)$和得到。为形成 $p=2$ 基引入的第一个泡沫函数 B_{02} 与 $\xi_1\xi_2$ 成比例，并且在别的更高阶基集中保持不变，引入的第二个泡沫函数 B_{12} 用于完成 $p=2$ 基到第 $p=3$ 基，为此它的形式为 $\xi_1\xi_2\mathcal{U}_1(\xi_{12})$，$\mathcal{U}_1(\xi_{12})$ 是辅助 ξ_{12} 变量的一阶多项式。对于分层级的情况，第二泡沫函数在其他更高阶时必须保持不变。很明显，对于 $p\geqslant 2$，p 阶的更高阶分层级基通过向 $(p-1)$ 阶基集添加一个形式为 $\xi_1\xi_2\mathcal{U}_{p-2}(\xi_{12})$ 的泡沫函数获得。为了减少本地 Gram 矩阵的条件数，通过使用归一化的正交多项式 $\mathcal{U}_q(\xi_{12})$（以 ξ_{12} 为辅助变量）构造泡沫函数是非常方便的。对于通过一般泡沫函数 B_{m2} 和 B_{n2} 获得的本地 Gram 矩阵 G 的元素式(5.1)，通过设置

$$g_{m+2,n+2}=\int_0^1 B_{m2}(\xi)B_{n2}(\xi)\mathrm{d}\xi=\int_{-1}^{+1}\xi_1^2\xi_2^2\mathcal{U}_m(\xi_{12})\mathcal{U}_n(\xi_{12})\mathrm{d}\xi_{12}$$
$$=\frac{1}{4}\int_{-1}^{+1}(1+\xi_{12})^2(1-\xi_{12})^2\mathcal{U}_m(\xi_{12})\mathcal{U}_n(\xi_{12})\mathrm{d}\xi_{12}=\delta_{mn} \tag{5.8}$$

做到。其中

$$\delta_{mn}=\begin{cases}0 & 当 m\neq n\\ 1 & 当 m=n\end{cases} \tag{5.9}$$

为 Kronecker delta. 满足式（5.8）的正交多项式 $\mathcal{U}_q(\xi_{12})$ 定义为雅可比正交多项式 $P_q^{(2,2)}(\xi_{12})$ 的以下变形形式

$$\mathcal{U}_q(\xi_{12})=\sqrt{\frac{(3+q)(4+q)(5+2q)}{(1+q)(2+q)}}P_q^{(2,2)}(\xi_{12}) \tag{5.10}$$

通过以下循环关系获得

$$a_{q1}\mathcal{U}_{q+1}(\xi_{12})=a_{q2}\xi_{12}\mathcal{U}_q(\xi_{12})-a_{q3}\mathcal{U}_{q-1}(\xi_{12}) \tag{5.11}$$

其中

$$\begin{cases}a_{q1}=\sqrt{(1+q)(5+q)(3+2q)}\\ a_{q2}=\sqrt{(3+2q)(5+2q)(7+2q)}\\ a_{q3}=\sqrt{q(4+q)(7+2q)}\end{cases} \tag{5.12}$$

序列从

$$\mathcal{U}_0(\xi_{12})=\sqrt{30},\quad \mathcal{U}_1(\xi_{12})=\sqrt{210}\xi_{12} \tag{5.13}$$

开始。注意，对于 ξ_1 和 ξ_2，$\mathcal{U}_q(\xi_{12})$ 可以是对称的（当 q 的值为偶数或 0 时）也可以是不对称的（当 q 的值为奇数时），其中 $\mathcal{U}_q(\xi_{21})=\mathcal{U}_q(-\xi_{12})=(-1)^q\mathcal{U}_q(\xi_{12})$。在构建典型二维和三维空间单元分层级基函数时，基函数是否对称是一个非常重要的问题。因此，我们观察到如果叠加两个一维元素，用于第一个的本地变量 ξ_1 可以等价于第二个元素的本地变量 ξ_1 或 ξ_2（$=1-\xi_1$）。这里，为了保证在两个叠加的元素中使用的是同一个泡沫函数只需要通过选择一个参考方向调整两个元素泡沫函数的符号（只有对于 ξ_1 和 ξ_2，$\mathcal{U}_q$ 非对称才需要），例如，可以选择两个叠加元素全局顶点数从低到高的方向。

图 5.1 比较了分别通过式（5.3）的插值基和由式（5.4）顶点函数和上面讨论的归一化正交泡沫函数形成的分层级基获得的本地 Gram 矩阵条件数。尽管本地 Gram 矩阵条件数的增长率与插值基是指数关系，与分层级基是多项式关系，但多项式基的基函数线性独立度高于阶数低于 7.5 的分层级基函数线性独立度。前文已经讨论过，这种情况会发生是因为分层级基三角顶点函数不随阶数变化，而多项式基三角顶点函数随阶数变化。注意顶点函数是构建标量基的必要条件，而并不用于在二维和三维元素中构建矢量基；从而简化了矢量基的条件问题。

图 5.1 中所示就像在 FEM 文献中介绍的那样，基的阶数用半整数表示。例如，用“阶 0.5”表示 $p=1$ 的基，使第 p 阶集的基函数的一阶导数形成的集对于 $p-1$ 阶是完整的。例如，一维标量近似量可以是不均匀圆柱波导场的纵向分量；在这种情况下，横向矢量场通过使用相同（半整数）阶的矢量基进行扩展。在讨论用于表示表面元素横向场的一致矢量基时，使用“阶 0.5”表示 $p=0$ 的矢量基，它必须与“0.5 阶”的 $p=1$ 标量函数一起使用，以获得在横向和纵向方向的相同完整度。然而，当 $p=1$ 时，式（5.4）[和式（5.3）]是可以表示 1 阶多项式的第一阶完整多项式。

标量、一阶分层级（CNH）和插值（CNI）多项式基的本地 Gram 矩阵条件数如图 5.1 所示。图 5.1 说明了使用分层级基的病态条件问题。该图显示第二阶分层级基的 CN 与第五阶多项式基的 CN 相当。注意阶数高于 6 的基很少用于数值应用（高阶应用使用从第二到第四阶的基）。

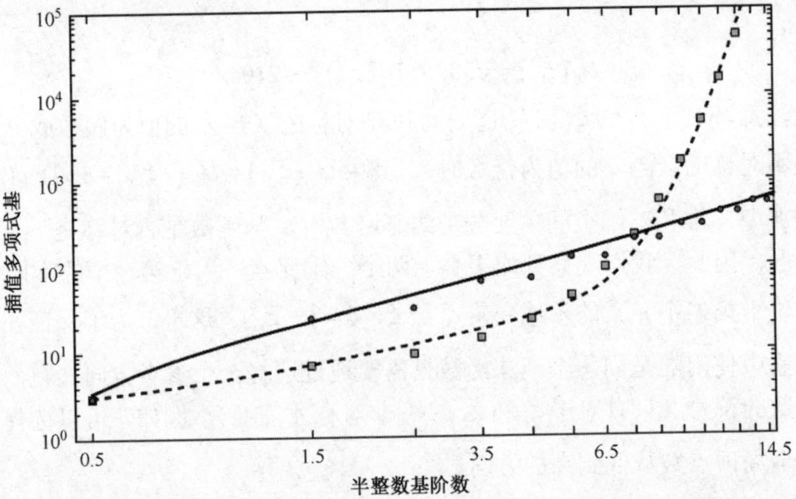

图 5.1　标量、一阶分层级（CNH）和插值（CNI）多项式基的本地 Gram 矩阵条件数

图 5.1 给出了阶数到 14.5 的标量、一阶分层级（CNH）和插值（CNI）多项式基的本地 Gram 矩阵条件数。归一化的插值基见式（5.3）。图中将（对数缩放的）条件数与参考增长率曲线进行了比较。分层级条件数 CNH 用圈表示；插值条件数 CNI 用方块表示。实线绘出多项式增长率 $g_1 = 1.8\times 阶数^2 + 16\times 阶数 - 5$；虚线表示多项式增长率 $g_2 = 3.65^{(阶数-4)} + 3.1\times 阶数^{1.3} + 1.8$。对于插值基，条件数增长率为指数关系；对于分层级基，条件数增长率为多项式关系。

5.2　分层级标量基

5.2.1　四面体和三角形基

如第 2 章所述，下文中的多项式（5.14）和式（5.15）分别为四面体和三角形单元定义 p(≥1)阶的插值标量基：

$$\alpha_{ijk\ell}(p,\xi_1,\xi_2,\xi_3,\xi_4) = R_i(p,\xi_1)R_j(p,\xi_2)R_k(p,\xi_3)R_\ell(p,\xi_4)$$
$$i,j,k,\ell = 0,1,\cdots,p, \qquad (5.14)$$
$$i+j+k+\ell = p$$

$$\alpha_{ijk}(p,\xi_1,\xi_2,\xi_3) = R_i(p,\xi_1)R_j(p,\xi_2)R_k(p,\xi_3)$$
$$i,j,k = 0,1,\cdots,p, \qquad (5.15)$$
$$i+j+k = p$$

其中，$R(p,\xi)$表示 n 阶西尔韦斯特多项式，ξ在区间[0,1]内，参数 p 是该区间被均匀划分所得子区间的数目。式（5.14）的四面体基包含 $(p+1)(p+2)(p+3)/6$ 项，而式（5.15）的三角形基由多项式$(p+1)(p+2)/2$构成。

式（5.14）和式（5.15）的全局多项式阶为 p，而$(p-1)$是式（5.14）和式（5.15）对任何父变量导数的阶数。这些基的半整数阶等价于$(p-0.5)$，因为基函数可以表示一个标量及其在三角或四面体一阶导数直至完整的$(p-1)$阶导数。

式（5.14）的四面体基包含[①]：

- **$\forall p \geqslant 1$** 4 个顶点多项式通过将索引列表（i, j, k, ℓ）的三项设置为零，剩余的第四项（i, j, k或ℓ）设置为 p 获得；
- **$\forall p \geqslant 2$** 每个边的$(p-1)$个以边为基的多项式通过将索引列表（i, j, k, ℓ）的两项设置为零，剩余的两项设置为不为零的值获得［实际上，对应$(i=j=0)$、$(i=k=0)$、$(i=\ell=0)$、$(j=k=0)$、$(j=\ell=0)$和$(k=\ell=0)$，四面体有 6 条边］；
- **$\forall p \geqslant 3$** 每个面的$(p-1)(p-2)/2$个以面为基的多项式通过将索引列表（i, j, k, ℓ）的三项设置为不为零的值，剩余的第四项设置为零获得（对应$i=0$、$j=0$、$k=0$和$\ell=0$，四面体有 4 个面）；
- **$\forall p \geqslant 4$** $(p-1)(p-2)(p-3)/6$个以体为基的多项式通过设置$i, j, k, \ell \neq 0$获得。

相似地，式（5.15）的三角基函数集由下面几种情况组成：

- **$\forall p \geqslant 1$** 3 个顶点多项式通过将索引列表（i, j, k）的两项设置为零，剩余的第 3 项（i, j或k）设置为 p 获得；
- **$\forall p \geqslant 2$** 每个边的$(p-1)$个以边为基的多项式通过将索引列表（i, j, k）的一项设置为零，剩余的两项设置为不为零的值获得（实际上，对应$i, j, k=0$，三角形有 3 条边）；
- **$\forall p \geqslant 3$** 每个面的$(p-1)(p-2)/2$个以面为基的多项式通过设置$i, j, k \neq 0$获得。

尽管暂时还没有定义以顶点、边、面、体为基的多项式，但我们仍可以注意到分层级标量基是式（5.14）和式（5.15）多项式的线性组合，因此，可通过给定数量的以顶点、边、面、体为基的多项式组成。然而，利用式（5.14）和式（5.15）

① 这里，为了避免产生歧义，直接指出一个标量多项式基的最低整数阶为p=1，半整数阶等于0.5是非常重要的。相反，0.5阶的矢量基通过将第4章的零阶矢量基与p=0的整数阶多项式相乘获得。在需要标量基也需要矢量基的问题中，例如，用标量基建模一个给定的（纵向）场分量，用矢量基建模一个（横向）矢量场，标量和矢量基的半整数阶应该相等。也就是说，如果使用一个整数阶p的矢量基（半整数阶为p+0.5），则标量基的整数阶为p+1（半整数阶为p+0.5）。

多项式的线性组合形成分层级基的方式有无数种，一种明智的选择是避免用冗长复杂的表达式定义分层级基函数。本章描述的分层级多项式集通过使用 Gram–Schmidt 正交化获得，原则上，可以通过将 p 阶基的插值多项式与从较低阶基推导出的分层级多项式进行线性组合获得；但这一过程的一种复杂表达的多项式不适合应用于数值编码。因此形成分层级基的最好方法是从一开始就是用正交多项式，并尽可能多地扩展单元对称性。①

与直觉相反，在定义三角单元的分层级基之前定义四面体单元的分层级基更方便。进一步，在定义的过程中能了解到，定义四面体单元的体基函数更方便。

为了避免分层级多项式的表达式过长，下文中利用单元的对称性，用虚拟父变量 ξ_a、ξ_b、ξ_c 和 ξ_d（$\xi_a+\xi_b+\xi_c+\xi_d=1$）表示归一化坐标。四面体单元用所有 4 个变量表示，而三角形单元只用 3 个变量（ξ_a、ξ_b 和 ξ_c）表示；在这种情况下，默认 $\xi_d=0$。为了方便，ξ_a 等价于 ξ_1、ξ_2、ξ_3 或 ξ_4。

因此，为了简化下文介绍的分层级多项式的表达式，可以引入新的变量来利用单元的对称性：

$$\begin{aligned}\xi_{ab}&=\xi_a-\xi_b\\ \xi_{cd}&=\xi_c-\xi_d\\ \chi_{ab}&=\xi_a+\xi_b\\ \chi_{cd}&=\xi_c+\xi_d\end{aligned} \tag{5.16}$$

它们之间的依赖关系：

$$\chi_{ab}+\chi_{cd}=1 \tag{5.17}$$

4 个父变量的表达式：

$$\begin{aligned}\xi_a&=(\chi_{ab}+\xi_{ab})/2\\ \xi_b&=(\chi_{ab}-\xi_{ab})/2\\ \xi_c&=(\chi_{cd}+\xi_{cd})/2\\ \xi_d&=(\chi_{cd}-\xi_{cd})/2\end{aligned} \tag{5.18}$$

由式（5.16）直接获得的新的依赖变量。

5.2.1.1 以体为基的多项式

当 $p\geqslant 4$ 时，定义 $(p-1)(p-2)(p-3)/6$ 个以体为基（或泡沫）分层级多项式

① 这里讨论的Gram–Schmidt正交化过程只有通过在现代计算机上运行强有力的代数运算才能得到有效应用。而18、19世纪的伟大数学家们不具备这些条件，否则，这些“巨人”早就推导出本书考虑的二维、三维单元分层级正交多项式了。

$$V_{\ell mn4}(\xi)=\xi_a\xi_b\xi_c\xi_d\mathcal{U}_{\ell mn}(\xi) \tag{5.19}$$

阶数为

$$g=\ell+m+n+4,\quad 其中4\leqslant g\leqslant p \tag{5.20}$$

其中，$\xi=\{\xi_a,\xi_b,\xi_c,\xi_d\}$可以是父变量$\{\xi_1,\xi_2,\xi_3,\xi_4\}$的任意排列。这些多项式沿四面体单元的四个面为零。它们通过使用三重嵌套循环的四面单体T^3多项式$\xi_a\xi_b\xi_c\xi_d\chi_{ab}^{\ell}P_m(\xi_{ab})P_n(\xi_{cd})$进行 Gram–Schmidt 正交化获得，其中

- $g=4,5,\cdots p$（关于全局阶的外层循环）；
- $n=0,1,\cdots g-4$（中间循环）；
- $m=0,1\cdots,g-4-n$（内层循环）。

内层循环固定$\ell=(g-4-n-m)$，$P_q(z)$表示 Legendre 多项式的第q阶。$V_{\ell mn4}$多项式在四面单体内相互正交并归一化，使得

$$\iint_{T^3}V_g^2(\xi)\mathrm{d}T^3=\frac{1}{(2g+2)(2g+3)} \tag{5.21}$$

其中，g表示$V_{\ell mn4}$的全局多项式阶，与它们的下标之和相等。标量基——四面体单元的分层体基函数如表 5.1 所示，表 5.1 给出的（按上述方法获得的）多项式$U_{\ell mn}(\xi)$，可用于为四面体构造高达 7 阶的体基函数。

观察表 5.1 中多项式表达式的对称性，如果使不同的多项式集正交化，对称性将不显示。例如，通过对多项式$\xi_a\xi_b\xi_c\xi_d P_\ell(\xi_{ab})P_m(2\xi_c-1)P_n(2\xi_d-1)$进行 Gram–Schmidt 过程可以获得非对称表达式：

$$\mathcal{U}_{000}=18\sqrt{70} \tag{5.22}$$

$$\begin{cases}\mathcal{U}_{100}=30\sqrt{462}\xi_{ab}\\ \mathcal{U}_{010}=30\sqrt{77}\left(\chi_{ab}-\chi_{cd}-2\xi_{cd}\right)\\ \mathcal{U}_{001}=30\sqrt{154}\left(\chi_{ab}-\chi_{cd}+2\xi_{cd}\right)\end{cases} \tag{5.23}$$

$$\begin{cases}\mathcal{U}_{200}=60\sqrt{3}\left(91\xi_{ab}^2-13\chi_{ab}+3\right)/\sqrt{19}\\ \mathcal{U}_{110}=60\sqrt{39}\xi_{ab}\left(14\xi_c-3\right)\\ \mathcal{U}_{020}=30\sqrt{78}\left(14\xi_{ab}^2-1\,463\xi_c^2-2\chi_{ab}+836\xi_c-96\right)/\sqrt{4\,579}\\ \mathcal{U}_{101}=30\sqrt{273}\xi_{ab}\left(8\xi_d-3\chi_{ab}\right)\\ \mathcal{U}_{011}=10\sqrt{\dfrac{858}{241}}\left(5\xi_{ab}^2+321\xi_c^2-390\xi_c+2\chi_{ab}\left(241\xi_c-52\right)+69\right)\\ \mathcal{U}_{002}=5\sqrt{429}\left(24\xi_d^2-32\chi_{ab}\xi_d+7\chi_{ab}^2-\xi_{ab}^2\right)\end{cases} \tag{5.24}$$

表 5.1 中的表达式比这些表达式紧凑得多。

表 5.1　标量基——四面体单元的分层体基函数

对于 $p \geqslant 4$，有 $(p-1)(p-2)(p-3)/6$ 个形式为 $V_{\ell mn4}(\xi)=\xi_a\xi_b\xi_c\xi_d\mathcal{U}_{\ell mn}(\xi)$ 的泡沫函数，沿 4 个面为零。$V_{\ell mn4}$ 多项式在四面体单体上互相正交且归一化，使得：

$$\iint_{T^3} V_g^2(\xi)\,\mathrm{d}T^3=\frac{1}{(2g+2)(2g+3)}$$

其中 g 表示表示 $V_{\ell mn4}$ 的全局多项式阶，等于它们的下标之和。表中给出了多项式 $\mathcal{U}_{\ell mn}(\xi)$ 用于构造最高 7 阶的以体为基函数

$\mathcal{U}_{000}=18\sqrt{70}$	$\mathcal{U}_{300}=45\sqrt{2\ 002}(\chi_{ab}-\chi_{cd})(1-5\chi_{ab}\chi_{cd})$
$\mathcal{U}_{100}=30\sqrt{231}(\chi_{ab}-\chi_{cd})$	$\mathcal{U}_{030}=105\sqrt{429}\xi_{ab}(\chi_{ab}^2-3\xi_{ab}^2)$
$\mathcal{U}_{010}=30\sqrt{462}\xi_{ab}$	$\mathcal{U}_{003}=105\sqrt{429}\xi_{cd}(\chi_{cd}^2-3\xi_{cd}^2)$
$\mathcal{U}_{001}=30\sqrt{462}\xi_{cd}$	$\mathcal{U}_{210}=15\sqrt{3\ 003}\xi_{ab}(40\chi_{cd}^2-35\chi_{cd}+7)/\sqrt{2}$
$\mathcal{U}_{200}=60\sqrt{33}(3-13\chi_{ab}\chi_{cd})$	$\mathcal{U}_{201}=15\sqrt{3\ 003}\xi_{cd}(40\chi_{ab}^2-35\chi_{ab}+7)/\sqrt{2}$
$\mathcal{U}_{020}=15\sqrt{429}(\chi_{ab}^2-7\xi_{ab}^2)$	$\mathcal{U}_{120}=15\sqrt{3\ 003}(8\chi_{cd}-3)(\chi_{ab}^2-7\xi_{ab}^2)/\sqrt{8}$
$\mathcal{U}_{002}=15\sqrt{429}(\chi_{cd}^2-7\xi_{cd}^2)$	$\mathcal{U}_{102}=15\sqrt{3\ 003}(8\chi_{ab}-3)(\chi_{cd}^2-7\xi_{cd}^2)/\sqrt{8}$
$\mathcal{U}_{110}=30\sqrt{429}\xi_{ab}(7\chi_{ab}-4)$	$\mathcal{U}_{111}=315\sqrt{1\ 430}\xi_{ab}\xi_{cd}(\chi_{ab}-\chi_{cd})$
$\mathcal{U}_{101}=30\sqrt{429}\xi_{cd}(7\chi_{cd}-4)$	$\mathcal{U}_{021}=15\sqrt{15\ 015}\xi_{cd}(\chi_{ab}^2-7\xi_{ab}^2)$
$\mathcal{U}_{011}=60\sqrt{3\ 003}\xi_{ab}\xi_{cd}$	$\mathcal{U}_{012}=15\sqrt{15\ 015}\xi_{ab}(\chi_{cd}^2-7\xi_{cd}^2)$

其中，$\xi_{ab}=\xi_a-\xi_b$，$\chi_{ab}=\xi_a+\xi_b$，$\xi_{cd}=\xi_c-\xi_d$，$\chi_{cd}=\xi_c+\xi_d$，$\boldsymbol{\xi}=(\xi_a,\xi_b,\xi_c,\xi_d)$ 且 $\xi_a+\xi_b+\xi_c+\xi_d=1$。

5.2.1.2　以面为基的多项式

当 $p\geqslant 3$ 时，可以简单地定义 $(p-1)(p-2)/2$ 个以面为基的分层级多项式：

$$\mathcal{F}_{mn3}(\xi)=\xi_a\xi_b\xi_c\mathcal{P}_{mn}(\xi_{ab},\chi_{ab}) \tag{5.25}$$

它们通过使用三重嵌套循环的三角单元 $T^2\equiv\{0\leqslant\xi_a,\xi_b,\xi_c\leqslant 1:\xi_a+\xi_b+\xi_c=1\}$ 多项式

$$\xi_a\xi_b\xi_c P_m(\xi_a-\xi_b)P_n(\xi_a+\xi_b)=\xi_a\xi_b\xi_c P_m(\xi_{ab})P_n(\chi_{ab}) \tag{5.26}$$

实现 Gram–Schmidt 正交化获得，其中，P_q 表示第 q 阶 Legendre 多项式。（对于三角形单元，假设 $\xi_d=0$；在这种情况下，$\boldsymbol{\xi}=\{\xi_a,\xi_b,\xi_c\}$ 可以是父变量 $\{\xi_1,\xi_2,\xi_3\}$ 的任意排列。）$\mathcal{F}_{mn3}$ 的全局多项式的阶为

$$g=m+n+3=t+3,\quad 其中 3\leqslant g\leqslant p,\ 0\leqslant t\leqslant p-3 \tag{5.27}$$

多项式通过使用双重嵌套循环实现正交化，其中

- $t=0,1,\cdots,p-3$（外层循环）；
- $m=0,1,\cdots,t$（内层循环）。

内循环中 $n=(t-m)$。式（5.25）的多项式沿坐标面 $\xi_a,\xi_b,\xi_c=0$ 为零（也就是说，沿三角形单元 T^2 的三条边或四面体单元 T^3 的三个面）；它们在三角形单体内相互

正交，并进行归一化，使得

$$\iint_{T^2} \mathcal{F}_g^2(\xi)\mathrm{d}T^2 = \frac{1}{2g+2} \tag{5.28}$$

其中，g 表示 F_{mn3} 的全局多项式阶数，等于它的下标之和。这个以面为基的族的第一项

$$\mathcal{F}_{003}(\xi) = N_{003}\xi_a\xi_b\xi_c = 3\sqrt{70}\xi_a\xi_b\xi_c \tag{5.29}$$

通过为每个等式设置 $N_{003}^2 = 630$ 获得

$$\iint_{T^2} \mathcal{F}_{003}^2(\xi)\mathrm{d}T^2 = N_{003}^2\iint_{T^2}(\xi_a\xi_b\xi_c)^2\mathrm{d}T^2 = \frac{1}{8} \tag{5.30}$$

不做修改，多项式 $F_{mn3}(\xi_a,\xi_b,\xi_c)$ 可以是基于（虚拟）父变量 $\{\xi_a,\xi_b,\xi_c,\xi_d\}$ 的四面体单元的面 $\xi_d = 0$ 的多项式，也可被用于形成父变量 $\{\xi_a,\xi_b,\xi_c,\xi_d,\xi_e\}$ 的三棱柱的以三角形面为基的函数。为了获得后者，可以将 $F_{mn3}(\xi_a,\xi_b,\xi_c)$ 与棱柱的第 4 个（ξ_d）或第 5 个（$\xi_e = 1-\xi_d$）父变量相乘，如 5.2.4 节所述。这种方式获得的函数将在棱柱分量中相互正交，但是由于从属关系

$$\xi_a + \xi_b + \xi_c = \chi_{ab} + \xi_c = \begin{cases} 1-\xi_d & \text{四面体} \\ 1 & \text{棱柱} \end{cases} \tag{5.31}$$

的不同，它们在四面体单元内不相互正交。（显然，在三角形连接面上，除了可能的符号调整，四面体单元以面为基的多项式必须等于棱柱单元以面为基的多项式，使网格包含四面体单元，也包含三棱柱单元。）

为了得到也在四面体 $\{0 \leqslant \xi_a,\xi_b,\xi_c,\xi_d \leqslant 1; \xi_a+\xi_b+\xi_c+\xi_d=1\}$ 上相互正交的三角形以面为基函数 $F_{mn3}(\xi_a,\xi_b,\xi_c)$，需要向 $\mathcal{F}_{mn3}(\xi_a,\xi_b,\xi_c)$ 添加一个与 $\mathcal{F}_{mn3}$ 有相同全局阶的适合的多项式，该多项式既在 $\xi_a,\xi_b,\xi_c = 0$ 处，又在 $\xi_d = 0$ 处为零。该多项式是 5.2.1.1 节讨论的以体为基多项式的线性组合。为了得到三角形面为基的多项式

$$F_{mn3}(\xi) = \xi_a\xi_b\xi_c\mathcal{U}_{mn}(\xi_a,\xi_b,\xi_c) \tag{5.32}$$

只需要在上述添加之后，用 $(1-\chi_{\mathrm{ab}}-\xi_c)$ 代替 ξ_d。

为了简洁省略了这个过程的一些细节，但仍可以注意到多项式 $\mathcal{F}_{mn3}(\xi_a,\xi_b,\xi_c)$ 是由上述双循环过程唯一确定的。一般来说，使函数 $F_{mn3}(\xi_a,\xi_b,\xi_c)$ 在三角形的面或四面体上相互正交的 $\mathcal{F}_{mn3}(\xi_a,\xi_b,\xi_c)$ 与以体为基多项式的线性组合不止一种。三角形和四面体单元的分层标量基如表 5.2 所示。表 5.2 中给出了以三角形面为基的函数 F_{mn3}，它们是通过添加 $\mathcal{F}_{mn3}$ 获得的，其中 F_{mn3} 是以四面体为基函数的线性组合，也是 F_{mn3} 的最简化表达式。表 5.2 中的函数 F_{mn3} 在三角形单体 T^2 和四面体单体 T^3 中相互正交，并进行归一化，使得

表 5.2　三角形和四面体单元的分层标量基

顶点函数

对于 $p \geqslant 1$，有 3 个（对于三角形）或 4 个（对于四面体）形如 $V_1 = \xi_a$ 的第一阶顶点函数。通过令 $\xi_a = \xi_i$ 可获得与第 i 个顶点有关的函数。V_1 在边（或面）$\xi_a = 0$ 上为零，在顶点 $\xi_a = 1$ 上取单位值，其中 $\xi_b = \xi_c (= \xi_d) = 0$

以边为基函数

对于 $p \geqslant 2$，每个边有 $p-1$ 个以边为基函数。与边 $\xi_c = 0 (\xi_d = 0)$ 有关的以边为基函数在边 $\xi_a = 0$ 和 $\xi_b = 0$ 上为零，且 $E_{m2} = \xi_a \xi_b \mathcal{U}_m(\xi)$，其中 $m = 0,1,\ldots,p-2$。令 $\xi_c = \xi_i, \xi_a = \xi_{i+1}, \xi_b = \xi_{i-1}$ 可得到与边 $\xi_i = 0$ 有关的函数

$\mathcal{U}_0 = \sqrt{30}$	$\mathcal{U}_2 = 3\sqrt{5}\left(7\xi_{ab}^2 - \chi_{ab}^2\right)/\sqrt{2}$	$\mathcal{U}_4 = \sqrt{1\,365}\left(33\xi_{ab}^4 - 18\xi_{ab}^2\chi_{ab}^2 + \chi_{ab}^4\right)/8$
$\mathcal{U}_1 = \sqrt{210}\xi_{ab}$	$\mathcal{U}_3 = \sqrt{1\,155}\xi_{ab}\left(3\xi_{ab}^2 - \chi_{ab}^2\right)/\sqrt{2}$	$\mathcal{U}_5 = 3\sqrt{35}\xi_{ab}\left(143\xi_{ab}^4 - 110\xi_{ab}^2\chi_{ab}^2 + 15\chi_{ab}^4\right)/8$

以面为基函数

对于 $p \geqslant 3$，有 $(p-1)(p-2)/2$ 个形如 $F_{mn3} = \xi_a \xi_b \xi_c \mathcal{U}_{mn}(\xi)$ 的以面为基函数，沿面 $\xi_d = 0$ 的三条边为零。令 $\xi = \{\xi_a, \xi_b, \xi_c\} = \{\xi_i, \xi_{i+1}, \xi_{i-1}\}$（其中 $m,n = 0,1,\ldots,p-3,\ 0 \leqslant m+n \leqslant p-3$）可得到泡沫函数

$\mathcal{U}_{00} = 3\sqrt{70}$	$\mathcal{U}_{01} = 6\sqrt{70}\left(\chi_{ab} - 2\xi_c\right)$	$\mathcal{U}_{10} = 6\sqrt{210}\xi_{ab}$
$\mathcal{U}_{02} = 6\sqrt{5}(6\chi_{ab}^2 - 28\xi_c\chi_{ab} + 21\xi_c^2)$ $\mathcal{U}_{11} = 15\sqrt{14}\xi_{ab}\left(3\chi_{ab} - 8\xi_c\right)$ $\mathcal{U}_{20} = 15\sqrt{\frac{11}{2}}\left(\chi_{ab}^2 - 7\xi_{ab}^2\right)$	$\mathcal{U}_{03} = 6\sqrt{15}(5\chi_{ab}^3 - 40\xi_c\chi_{ab}^2 + 70\xi_c^2\chi_{ab} - 28\xi_c^3)$ $\mathcal{U}_{12} = 30\sqrt{77}\xi_{ab}\left(\chi_{ab}^2 - 6\xi_c\chi_{ab} + 6\xi_c^2\right)$ $\mathcal{U}_{21} = 3\sqrt{55}\left(\chi_{ab}^2 - 7\xi_{ab}^2\right)\left(3\chi_{ab} - 10\xi_c\right)$ $\mathcal{U}_{30} = 3\sqrt{5\,005}\xi_{ab}\left(\chi_{ab}^2 - 3\xi_{ab}^2\right)$	$\mathcal{U}_{04} = 3\sqrt{110}\left(5\chi_{ab}^4 - 60\xi_c\chi_{ab}^3 + 180\xi_c^2\chi_{ab}^2 - 168\xi_c^3\chi_{ab} + 42\xi_c^4\right)$ $\mathcal{U}_{13} = 15\sqrt{154}\xi_{ab}\left(2\chi_{ab}^3 - 20\xi_c\chi_{ab}^2 + 45\xi_c^2\chi_{ab} - 24\xi_c^3\right)$ $\mathcal{U}_{22} = 3\sqrt{65}\left(\chi_{ab}^2 - 7\xi_{ab}^2\right)\left(6\chi_{ab}^2 - 44\xi_c\chi_{ab} + 55\xi_c^2\right)/\sqrt{2}$ $\mathcal{U}_{31} = 21\sqrt{715}\xi_{ab}\left(\chi_{ab}^2 - 3\xi_{ab}^2\right)\left(\chi_{ab} - 4\xi_c\right)/\sqrt{2}$ $\mathcal{U}_{40} = 105\sqrt{13}\left(\chi_{ab}^4 - 18\xi_{ab}^2\chi_{ab}^2 + 33\xi_{ab}^4\right)/8$

上文中，$\xi_{ab} = \xi_a - \xi_b, \chi_{ab} = \xi_a + \xi_b, \xi = (\xi_a, \xi_b, \xi_c), \xi_a + \xi_b + \xi_c = 1$（其中 $\xi_d = 0$），给出的多项式归一化为

$$\int_0^1 E_g^2\Big|_{\xi_c=0} \mathrm{d}\xi_a = 1;\ \iint_{T^2} E_g^2(\xi)\mathrm{d}T^2 = \frac{1}{2g+2};\ \iint_{T^2} F_g^2(\xi)\mathrm{d}T^2 = \frac{1}{2g+2}$$

其中 T^2 为三角形单体，g 表示多项式的全局阶，等于下标之和

$$\iint_{T^2} F_g^2(\xi)\mathrm{d}T^2=\frac{1}{2g+2},\quad \iiint_{T^3} F_g^2(\xi)\mathrm{d}T^3=\frac{1}{(2g+2)(2g+3)} \tag{5.33}$$

其中，g 表示 F_{mn3} 的全局多项式阶数，等于它的下标之和。注意，对于 ξ_a 和 ξ_b，F_{mn3} 可以是对称的（当 m 的值为偶数或零时）或者也可以是不对称的（当 m 的值为奇数时）。

5.2.1.3　以边为基的多项式

对于 $p \geqslant 2$，将边 $\xi_c=\xi_d=0$ 与(p-1)个 $g=m+2$（$2 \leqslant g \leqslant p$）阶的分层级多项式

$$E_{m2}(\xi)=\xi_a\xi_b\mathcal{U}_m(\xi) \tag{5.34}$$

相关联。这些多项式在 $\xi_a=0$ 和 $\xi_b=0$ 处为零，并在边 $\xi_c=\xi_d=0$ 上相互正交。它们通过在边 $\xi_c=\xi_d=0$ 上使多项式 $\xi_a\xi_b P_m(\xi_a-\xi_b)$ 正交化（$m=0, 1,\cdots, p-2$）获得，然后对每个获得的多项式加一个以面为基的阶为 $g \leqslant m+2$ 的多项式 $F_g(\xi)$ 的线性组合，使多项式 E_{m2} 在三角形单体 T^2 中相互正交。在边 $\xi_c=\xi_d=0$ 上将多项式 E_{m2} 归一化，使

$$\int_0^1 E_g^2\Big|_{\xi_c=0}\mathrm{d}\xi_a=1,\quad \iint_{T^3} E_g^2(\xi)\mathrm{d}T^2=\frac{1}{2g+2} \tag{5.35}$$

其中，$g=m+2$ 表示多项式 E_{m2} 的全局多项式阶数，等于它的下标之和。用上述方法获得的多项式 E_{m2} 在四面体单体 T^3 中也相互正交。

$$\iiint_{T^3} E_g^2(\xi)\mathrm{d}T^3=\frac{1}{(2g+2)(2g+3)} \tag{5.36}$$

参考表 5.2，在相关的边 $\xi_c=\xi_d=0$ 上，以边为基函数式（5.34）简化为一维以边为基函数式(5.5)，其中当 $\xi_c=\xi_d=0$ 时，$\chi_{ab}=\xi_a+\xi_b=1$。事实上，对于 $\chi_{ab}=1$（也就是 $\xi_c=\xi_d=0$），表 5.2 第二行的元素简化为变形的雅可比多项式族式(5.10)，它们的前八项为

$$\begin{aligned}
\mathcal{U}_0(\xi_{ab})&=\sqrt{30}\\
\mathcal{U}_1(\xi_{ab})&=\sqrt{210}\xi_{ab}\\
\mathcal{U}_2(\xi_{ab})&=3\sqrt{5}\left(7\xi_{ab}^2-1\right)/\sqrt{2}\\
\mathcal{U}_3(\xi_{ab})&=\sqrt{1\,155}\xi_{ab}\left(3\xi_{ab}^2-1\right)/\sqrt{2}\\
\mathcal{U}_4(\xi_{ab})&=\sqrt{1\,365}\xi_{ab}\left(33\xi_{ab}^4-18\xi_{ab}^2+1\right)/8\\
\mathcal{U}_5(\xi_{ab})&=3\sqrt{35}\xi_{ab}\left(143\xi_{ab}^4-110\xi_{ab}^2+15\right)/8\\
\mathcal{U}_6(\xi_{ab})&=3\sqrt{595}\left(143\xi_{ab}^6-143\xi_{ab}^4+33\xi_{ab}^2-1\right)/16\\
\mathcal{U}_7(\xi_{ab})&=3\sqrt{1\,045}\xi_{ab}\left(221\xi_{ab}^6-273\xi_{ab}^4+91\xi_{ab}^2-7\right)/16\\
&\text{其中}\ \xi_{ab}=\xi_a-\xi_b
\end{aligned} \tag{5.37}$$

在这里，表 5.2 第二行的正交多项式$\mathcal{U}_q(\xi_{ab},\chi_{ab})$是雅可比多项式$P_q^{(2,2)}(\xi_{ab})$的二维（经适当的归一化）扩展，其中$\mathcal{U}_q(-\xi_{ab},\chi_{ab})=(-1)^q\mathcal{U}_q(\xi_{ab},\chi_{ab})$。多项式$\mathcal{U}_q(\xi_{ab},\chi_{ab})$在三角形单体$T^2\equiv\{0\leqslant\xi_a,\xi_b,\xi_c\leqslant 1;\xi_a+\xi_b+\xi_c=1\}$上相对于权重$\xi_a^2\xi_b^2$正交，其中$\xi_{ab}=\xi_a-\xi_b$，$\chi_{ab}=\xi_a+\xi_b$。

5.2.1.4 顶点多项式

最低阶插值集通过在式（5.14）和式（5.15）中设置$p=1$得到，由线性顶点函数

$$V_1=\xi_a \tag{5.38}$$

定义，其中下标 1 表示多项式函数的阶数。通过设置$\xi_a=\xi_1$、$\xi_a=\xi_2$、$\xi_a=\xi_3$（对于四面体设置$\xi_a=\xi_4$）得到顶点函数。函数式（5.38）为顶点函数，因为它们在面$\xi_a=0$上为零，并在该面的反面顶点$\xi_a=1$处获得单位值。式（5.38）函数定义了分层级集的第一阶。

式（5.32）、式（5.34）和式（5.38）的多项式集是分层级的，第（p+1）阶集包含第p阶集的所有函数。表 5.2 给出了全局阶数到 7 阶的以边和以面为基的分层级多项式。

真实本地变量为ξ_1,ξ_2,ξ_3（并假设$\xi_4=0$），与边$\xi_1=0$相关的虚拟对（ξ_a,ξ_b）可以是（ξ_2,ξ_3）也可以是（ξ_3,ξ_2），但在这两种情况下附加变量$\xi_{ab}=\xi_a-\xi_b$的符号显然不同。避免符号歧义的一种可能的方法是为每条边选择一个从较低到较高全局顶点数的参考方向，并根据边的参考方向设置本地变量对（ξ_a,ξ_b）的阶数。换句话来说，因为雅可比多项式的对称或非对称性，对以边为基的基函数符号求逆是必需的，以保持公共边邻接元素间标量的连续性。为四面体单元以面为基多项式选择参考方向的方法将在下文处理分层级矢量基（见 5.4.1 节）时讨论。

5.2.1.5 条件数对比

分层级基的主要问题是使用中产生的矩阵条件。对于任何形状的直线三角形（顶部）和四面体（底部）单元的分层（CNH）和插值（CNI）标量多项式基的个体元素 mass-矩阵条件数如图 5.2 所示。为了使本章分层级基的条件数增长率大体上不比式（5.14）和式（5.15）插值基的条件数增长率低，图 5.2 给出本地 Gram 矩阵 G 的矩阵条件数，计算在三角形单体T^2（顶端）或四面体单体T^3（底端）的积分［见式（5.1）］。表 5.3 明确地给出了三角形标量基的个体元素 mass-矩阵条件数。表和图中给出的矩阵条件数个体元素对于任意形状的直线（三角形或四面体）单元都是有效的，因为如果在子域内单元是由直线构成的，则从父空间到子空间的转换雅可比是常数。在矢量有限元相关文献中，有时会将表和图中的基础基用半整数表示，例如，“阶 0.5”表示$p=1$标量基，结果表明：

- 条件数增长率与插值基是指数关系与本节中分层级基是多项式关系；
- 对于 $2 \leqslant p \leqslant 5$，$p$ 阶分层级基的条件数（CNH）与 p+3 阶插值基的条件数（CNI）有相同阶数；而对于相同阶 p，可得

$$\text{CNH}=\text{CNI}\quad \text{对于 } p=（0.5\text{阶}）$$

$$\text{CNH} < \text{CNI}\quad \begin{cases}\text{对于三角形标量基且 } p \geqslant 10 \\ \text{对于四面体标量基且 } p \geqslant 11\end{cases}$$

$$\text{CNH} > \text{CNI}\quad \text{其他}$$

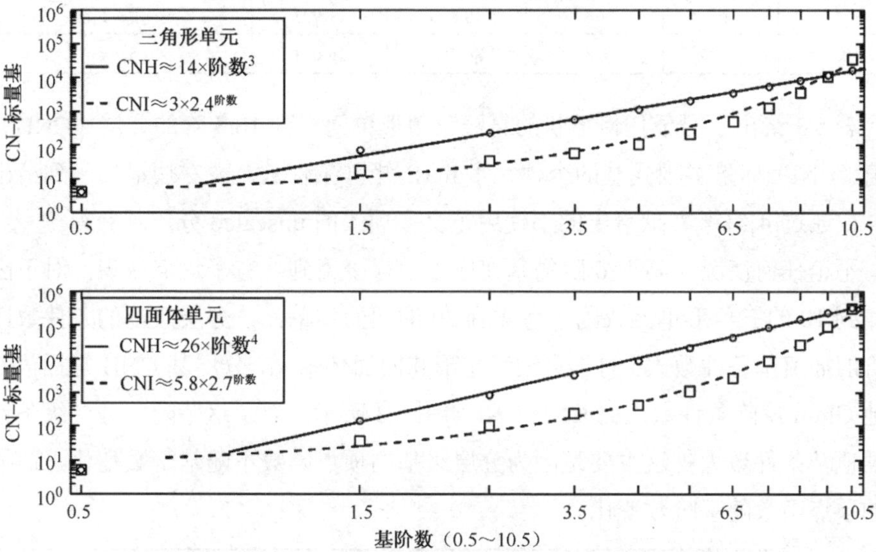

图 5.2 对于任何形状的直线三角形（顶部）和四面体（底部）单元的分层（CNH）和插值（CNI）标量多项式基的个体元素 mass-矩阵条件数

图 5.2 给出了对于任何形状的直线三角形（顶部）和四面体（底部）单元，直到 10.5 阶的分层（CNH）和插值（CNI）标量多项式基的个体元素 mass-矩阵条件数。图 5.2 将条件数（对数尺度）与参考生长率曲线进行对比。分层条件数 CNH 用圆表示，插值条件数 CNI 用方形表示。实线表示三角形和四面体单元的生长率 $g_{\mathrm{H}}=14\times\text{阶数}^3$ 和 $g_{\mathrm{H}}=26\times\text{阶数}^4$，虚线表示三角形和四面体单元的指数生长率 $g_{\mathrm{I}}=3\times 2.4^{\text{阶数}}$ 和 $g_{\mathrm{I}}=5.8\times 2.7^{\text{阶数}}$。对于插值基，条件数增长率是指数关系，对于分层基，条件数增长率是多项式关系。

表 5.3 三角形标量基的个体元素 mass-矩阵条件数

基阶数	p	G 矩阵阶数	CNI	CNH	参考文献[4]给出的基的条件数
0.5	1	3	4	4	4
1.5	2	6	17.21	69.99	271.1
2.5	3	10	33.97	225.8	1.563×10^4

续表

基阶数	p	G 矩阵阶数	CNI	CNH	参考文献[4]给出的基的条件数
3.5	4	15	57.74	576.9	1.035×10^{6}
4.5	5	21	103.4	1 123	8.815×10^{7}
5.5	6	28	214.9	2 101	8.093×10^{9}
6.5	7	36	494.6	3 441	7.624×10^{11}
7.5	8	45	1 269	5 525	7.267×10^{13}
8.5	9	55	3 594	8 193	6.939×10^{15}
9.5	10	66	10 850	11 997	1.143×10^{18}
10.5	11	78	34 799	16 661	6.369×10^{19}

表 5.3 给出了对于任何形状的直线三角形单元，到 10.5 阶的分层（CNH）和插值（CNI）标量多项式基的个体元素 mass-矩阵条件数。表右边最后一列给出的条件数通过[4]参考文献给出的不使用正交多项式的 unscaled 分层基获得。

不论任何情况，高于 6 阶的基在应用中很少用到。有了这点认识，对于因子为 4 到 10 的三角形单元或因子为 4 到 20 的四面体单元，分层级基的条件数比同样阶的插值基条件数大；对于直线三角形和四面体单元，分层基 CNH 与插值 CNI 本地 Gram 矩阵条件数之比 CNH/CNI 如图 5.3 所示。对于这些阶，分层级条件数比插值基条件数大；这主要是因为分层级基的顶点函数不随基阶数变化，而插值基的顶点函数随基阶数变化。

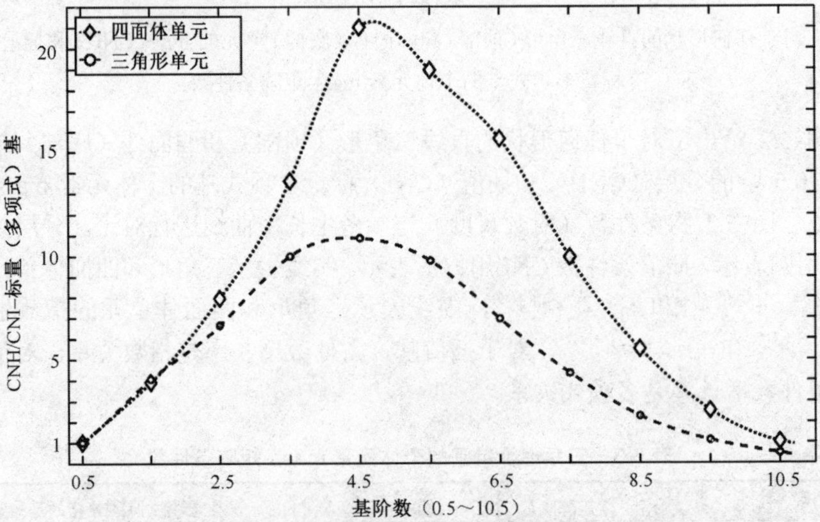

图 5.3 对于直线三角形和四面体单元，分层基 CNH 与插值 CNI 本地 Gram 矩阵条件数之比 CNH/CNI

为了证明构建分层级基过程中正交化的必要性，表 5.3（右边列）也给出了参考文献[4]中未标定、未正交化的分层级基；那些基较差的条件可通过适当缩放（如参考文献[4]中指定的），或很可能通过预处理算法（补偿较差的缩放因子而不是补偿内在的线性独立缺陷）得到很小提高。

尽管分层级基通过正交化过程构建，但是单个 Gram 矩阵并不是对角的，这是因为正交化只在有相同边的以边为基函数间进行。也就是说，给定边的以边为基函数与另一个不同边的以边为基函数不正交，与以面为基或以体为基的函数也不正交。相似地，给定面的以面为基函数相互正交，但它们与一个不同面的以面为基函数不正交，与以体为基函数也不正交。体基函数相互正交，但它们与任何边基或面基函数都不正交。直线四面体上的 $p=7$ 分层标量基（半整数阶 6.5）的本地 Gram 矩阵结构如图 5.4 所示，图 5.4 用图展示了在直线四面体上定义的 7 阶分层级标量多项式的本地 Gram 矩阵结构。在图 5.4 中，为零的项用白色单元表示，不为零的项用黑色单元表示。一般来说，插值基的单个 Gram 矩阵没有为零的项。

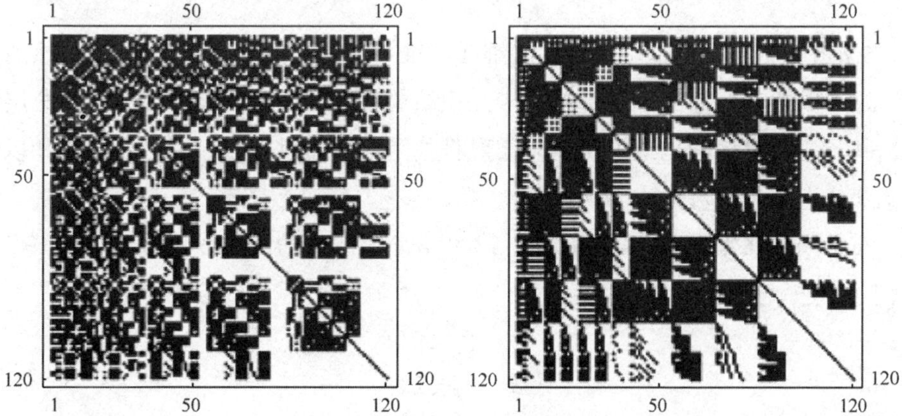

图 5.4　直线四面体上的 $p=7$ 分层标量基（半整数阶 6.5）的本地 Gram 矩阵结构

图 5.4 中用白单元表示矩阵的零项，非零项用黑色单元表示。本地 Gram 矩阵的大小为 120×120。左侧矩阵通过分层排列基础函数并增加多项式阶数得到，从 4 个顶点函数开始，阶为 $p=2$ 和 $p=3$ 的以边为基函数，阶为 $p=3$ 的以面为基函数，诸如此类，根据 n 阶的以边为基+以面为基+以体为基，接着是 $n+1$ 阶以边为基+以面为基+以体为基，等等。

研究单个 Gram 矩阵的条件数是为了获得基函数线性独立度。一般来说，在有限元素的应用中，通过使用具有较少条件数的单个 Gram 矩阵的基可以降低全局系统矩阵的条件数。在任意比率下，使用任何有限的方法得到的全局系统矩阵条件数可通过适当的条件算法得到提升。

换句话来说，本节利用一个旨在提升基函数线性独立度的过程推导三角形和四面体的分层级多项式标量基，该线性独立度用式（5.1）的 mass 矩阵条件数度量。在本书中，不同的分层级多项式标量基和正交化技术被用于提高顽固矩阵的条件数；那些可替代的基在处理一些特定问题时是非常有用的，例如没有出现 mass 矩阵的 Poisson 问题。

右边的矩阵通过将基函数分组排序，找出同一组互相正交函数的方法获得。四个顶点函数的第一组产生左上角阶为 4 的子矩阵。接下来的一组与以边为基函数有关，四面体的 6 条边产生阶为$(p-1)=6$的 6 个对角子矩阵（沿主对角矩阵分布）。接下来的是以面为基函数组，四面体四个面产生 4 个阶为$(p-1)(p-2)/2=15$的对角子矩阵。最后一组是以体为基函数，产生右下角阶为$(p-1)(p-2)(p-3)/6=20$的对角子矩阵。

5.2.2 四边形基

5.1 节的一维标量基可用于在二维或三维空间沿其独立坐标扩展函数，然后可以通过形成适当变量的一维基的笛卡儿积简单获得四边形和长方体元素的分层级标量基。这是直接的构造方法，只需要将基函数按照以顶点、以边、以面和以体为基（或泡沫）函数分成不同的组。

对于归一化坐标$\{\xi_1,\xi_3;\xi_2,\xi_4\}$（2.5 节介绍的）的四边形元素，利用虚拟坐标$\{\xi_a,\xi_c;\xi_b,\xi_d\}$

$$\begin{aligned}\xi_a+\xi_c&=1\\ \xi_b+\xi_d&=1\end{aligned} \tag{5.39}$$

表示基函数是非常方便的。

对于 p=1 阶，$\xi_a=\xi_1,\xi_3$ 和 $\xi_b=\xi_2,\xi_4$，有 4 个二次顶点函数

$$V_2=\xi_a\xi_b \tag{5.40}$$

它们在顶点$\xi_b+\xi_d=1$处为单位值，在其余 3 个顶点处为零。

随着多项式集阶的增加，对于$p\geqslant 2$，集在每条边有$(p-1)$个以边为基的函数。与虚拟边ξ_c=0 或ξ_a=1 相关的函数沿另外三条边$\xi_a,\xi_b,\xi_d=0$为零，表示为

$$E_{m3}=\xi_a\xi_b\xi_d\mathcal{U}_m(\xi_{bd}),\quad m=0,1,\cdots,p-2 \tag{5.41}$$

其中，$\mathcal{U}_m(\xi_{bd})$由式（5.10）给出，

$$\xi_{bd}=\xi_b-\xi_d \tag{5.42}$$

4 条边分别通过设置 $\xi_c = \xi_1, \xi_2, \xi_3, \xi_4$，$\xi_a = \xi_3, \xi_4, \xi_1, \xi_2$ 张成。

最后，对于 $p \geqslant 2$，有 $(p-1)^2$ 个形式为

$$F_{mn4} = \xi_a \xi_c \mathcal{U}_m(\xi_{ac}) \xi_b \xi_d \mathcal{U}_n(\xi_{bd}), \quad m,n = 0,1,\cdots,p-2 \tag{5.43}$$

的以面为基（泡沫）函数，它们沿四边形 4 条边为零。

V_2、E_{m3} 和 F_{mn4} 的阶数由下标相加得到，也就是说 V_2 为 2 阶，E_{m3} 为 $(m+3)$ 阶，F_{mn4} 为 $(m+n+4)$ 阶。显然，这一分层基总共由 $(p+1)^2$ 个基函数组成，因为

$$(p+1)^2 = 4 + 4(p-1) + (p-1)^2$$

最大多项式阶数为 $2p$，与式（2.68）给出的，2.5.2 节讨论的插值多项式

$$\alpha_{ik;j\ell}(p,\xi_a,\xi_c;\xi_b,\xi_d) = R_i(p,\xi_a) R_k(p,\xi_c) R_j(p,\xi_b) R_\ell(p,\xi_d)$$
$$i,j = 0,1,\cdots,p, \quad 且 i+k = j+\ell = p$$

相同。

5.2.3　长方体基

相似地，5.1 节的一维分层级标量基的笛卡儿积等于归一化坐标 $\{\xi_1,\xi_4;\xi_2,\xi_5;\xi_3,\xi_6\}$（2.7 节讨论的）的长方体分量的分层级标量基。基函数仍用虚拟坐标 $\{\xi_a,\xi_d;\xi_b,\xi_e;\xi_c,\xi_f\}$ 表示，其中

$$\begin{aligned} \xi_a + \xi_d &= 1 \\ \xi_b + \xi_e &= 1 \\ \xi_c + \xi_f &= 1 \end{aligned} \tag{5.44}$$

对于 $p=1$ 阶，基集完全由

$$V_2 = \xi_a \xi_b \xi_c \tag{5.45}$$

形式的 8 个立方顶点函数组成，它们在 $\xi_a = \xi_b = \xi_c = 1$ 顶点为单位值，在其余 7 个顶点为零。对于真实父变量 $\{\xi_1,\xi_4;\xi_2,\xi_5;\xi_3,\xi_6\}$，顶点函数为

$$\left\{\begin{matrix} \xi_1\xi_2\xi_3, \xi_1\xi_5\xi_3, \xi_1\xi_2\xi_6, \xi_1\xi_5\xi_6, \\ \xi_4\xi_2\xi_3, \xi_4\xi_5\xi_3, \xi_4\xi_2\xi_6, \xi_4\xi_5\xi_6 \end{matrix}\right\}$$

对于 $p \geqslant 2$，集为每条边有 $(p-1)$ 个以边为基的函数。与虚拟边 $\xi_e = \xi_f = 0$ 相关的函数沿另外 11 条边为零，表示为

$$E_{m4} = \xi_a \xi_d \mathcal{U}_m(\xi_{ad}) \xi_b \xi_c, \quad m = 0,1,\cdots,p-2 \tag{5.46}$$

其中，$\mathcal{U}_m(\xi_{ad})$ 由式(5.10)给出。用真实父变量表示的以边为基的函数通过式(5.46)中设置获得

$$(\xi_a,\xi_d) = (\xi_1,\xi_4), (\xi_b,\xi_c) = \begin{cases} (\xi_2,\xi_3), (\xi_2,\xi_6), \\ (\xi_5,\xi_3), (\xi_5,\xi_6) \end{cases} \tag{5.47}$$

$$(\xi_a,\xi_d)=(\xi_2,\xi_5),(\xi_b,\xi_c)=\begin{cases}(\xi_1,\xi_3),(\xi_1,\xi_6),\\(\xi_4,\xi_3),(\xi_4,\xi_6)\end{cases}\tag{5.48}$$

$$(\xi_a,\xi_d)=(\xi_3,\xi_6),(\xi_b,\xi_c)=\begin{cases}(\xi_1,\xi_2),(\xi_1,\xi_5),\\(\xi_4,\xi_2),(\xi_4,\xi_5)\end{cases}\tag{5.49}$$

对于 $p\geqslant 2$，集为每面有 $(p-1)^2$ 个以面为基的函数。与虚拟面 $\xi_f=0$（或 $\xi_c=1$）相关的函数形式为

$$F_{mn5}=\xi_a\xi_d\mathcal{U}_m(\xi_{ad})\xi_b\xi_e\mathcal{U}_n(\xi_{be})\xi_c,\quad m,n=0,1,\cdots,p-2\tag{5.50}$$

它们沿其余 5 个长方体面 $\xi_a,\xi_b,\xi_c,\xi_d,\xi_e=0$ 为零。用真实父变量表示的以面为基函数通过式（5.50）中的设置得到

$$(\xi_a,\xi_d)=(\xi_2,\xi_5),(\xi_b,\xi_e)=(\xi_3,\xi_6),\xi_c=\xi_1,\xi_4\tag{5.51}$$

$$(\xi_a,\xi_d)=(\xi_1,\xi_4),(\xi_b,\xi_e)=(\xi_3,\xi_6),\xi_c=\xi_2,\xi_5\tag{5.52}$$

$$(\xi_a,\xi_d)=(\xi_1,\xi_4),(\xi_b,\xi_e)=(\xi_2,\xi_5),\xi_c=\xi_3,\xi_6\tag{5.53}$$

最后，对于 $p\geqslant 2$，集有 $(p-1)^3$ 个形式为

$$\begin{gathered}V_{\ell mn6}=\xi_a\xi_d\mathcal{U}_\ell(\xi_{ad})\xi_b\xi_e\mathcal{U}_m(\xi_{be})\xi_c\xi_f\mathcal{U}_n(\xi_{cf})\\ \ell,m,n=0,1,\cdots,p-2\end{gathered}\tag{5.54}$$

的以体为基（泡沫）函数，其中，$\{\xi_a,\xi_d;\xi_b,\xi_e;\xi_c,\xi_f\}=\{\xi_1,\xi_4;\xi_2,\xi_5;\xi_3,\xi_6\}$。这些函数沿长方体的所有面和边为零。

V_3、E_{m4}、F_{mn5} 和 $V_{\ell mn6}$ 的阶数由下标相加得到，也就是说 V_3 为 3 阶，E_{m4} 为 $(m+4)$ 阶，F_{mn5} 为 $(m+n+5)$ 阶，$V_{\ell mn6}$ 为 $(\ell+m+n+6)$ 阶。显然，这一分层级基总共由 $(p+1)^3$ 个基函数组成，因为

$$(p+1)^3=8+12(p-1)+6(p-1)^2+(p-1)^3$$

最大多项式阶数为 $3p$，与式（2.114）给出的，2.7.2 节讨论的插值多项式

$$\begin{gathered}\alpha_{i\ell;jm;kn}(p,\xi)=R_i(p,\xi_a)R_\ell(p,\xi_d)R_j(p,\xi_b)R_m(p,\xi_e)R_k(p,\xi_c)R_n(p,\xi_f)\\ i,j,k,\ell,m,n=0,1,\cdots,p,\\ \text{且}\,i+\ell=j+m=k+n=p\end{gathered}$$

相同。

5.2.4 棱柱基

5.1 节介绍的一维分层级标量基与 5.2.1 节介绍的三角形标量基的笛卡儿积产生归一化坐标 $\{\xi_1,\xi_2,\xi_3;\xi_4,\xi_5\}$（2.8 节讨论的）的棱柱分量的分层级标量基，基函数仍用虚拟坐标 $\{\xi_a,\xi_b,\xi_c;\xi_d,\xi_e\}$ 表示，其中，

$$\begin{gathered}\xi_a+\xi_b+\xi_c=1\\ \xi_d+\xi_e=1\end{gathered}\tag{5.55}$$

对于 $p=1$ 阶，基集完全由

$$V_2=\xi_a\xi_d \tag{5.56}$$

形式的 6 个二次顶点函数组成，它们在 $\xi_a=\xi_d=1$ 顶点为单位值，在其余 5 个顶点为零。对于真实父变量 $\{\xi_1,\xi_2,\xi_3;\xi_4,\xi_5\}$，顶点函数为

$$\begin{Bmatrix}\xi_1\xi_4, & \xi_2\xi_4, & \xi_3\xi_4,\\ \xi_1\xi_5, & \xi_2\xi_5, & \xi_3\xi_5\end{Bmatrix}$$

对于 $p\geqslant 2$，集每条边增加 $(p-1)$ 个以边为基函数。与 $\xi_d=0$ 的三角形面的虚拟边 $\xi_c=0$ 相关的函数表示为

$$E_{m3}(\xi)=E_{m2}(\xi_{ab},\chi_{ab})\xi_e=\xi_a\xi_b\mathcal{U}_m(\xi_{ab},\chi_{ab})\xi_e,\quad m=0,1,\cdots,p-2 \tag{5.57}$$

其中，E_{m2} 由式（5.34）给出。这些归一化多项式的阶数为 $g=m+3$；它们沿面 $\xi_a,\xi_b,\xi_e=0$ 为零，在边 $\xi_c=\xi_d=0$ 和棱柱（因为它们在三角形面 $\xi_d=0$ 上正交）上相互正交。相似地，与四边形面 $\xi_b,\xi_c=0$ 的公共虚拟边相关的 $(p-1)$ 个以边为基的函数为

$$E_{m3}=\xi_a\xi_d\xi_e\mathcal{U}_m(\xi_{de}),\quad m=0,1,\cdots,p-2 \tag{5.58}$$

其中，$\mathcal{U}_m(\xi_{bd})$ 由式（5.10）给出，$\xi_{de}=\xi_d-\xi_e$

对于 $p\geqslant 2$，有 $(p-1)^2$ 个与四边形面相关的以面为基的函数。与面 $\xi_a=0$ 相关的函数形式为

$$F_{mn4}=\xi_b\xi_c\mathcal{U}_m(\xi_{bc})\xi_d\xi_e\mathcal{U}_n(\xi_{de}),\quad m,n=0,1,\cdots,p-2 \tag{5.59}$$

它们沿四边形面 $\xi_b,\xi_c=0$ 和三角形面 $\xi_d,\xi_e=0$ 为零。

对于 $p\geqslant 3$，定义每个三角形面（$\xi_4=0$ 或 $\xi_5=0$）上的 $(p-1)(p-2)/2$ 个以面为基多项式

$$\begin{aligned}F_{mn4}(\xi)=\xi_d F_{mn3}(\xi_a,\xi_b,\xi_c)&=\xi_d\xi_a\xi_b\xi_c\mathcal{U}_{mn}(\xi_a,\xi_b,\xi_c),\\ m,n&=0,1,\cdots,p-3,\\ 0\leqslant m&+n\leqslant p-3\end{aligned} \tag{5.60}$$

其中，$\xi_d=\xi_4,\xi_5$，F_{mn3} 由式（5.32）给出。这些函数的阶为 $m+n+4$。最后，对于 $p\geqslant 3$，定义 $(p-1)^2(p-2)/2$ 个以体为基（泡沫）多项式

$$\begin{aligned}V_{\ell mn5}(\xi)&=\xi_d\xi_e\mathcal{U}_\ell(\xi_{de})F_{mn3}(\xi_a,\xi_b,\xi_c)\\ &=\xi_d\xi_e\mathcal{U}_\ell(\xi_{de})\xi_a\xi_b\xi_c\mathcal{U}_{mn}(\xi_a,\xi_b,\xi_c),\\ &\ell=0,1,\cdots,p-2,\quad m,n=0,1,\cdots,p-3,\\ &0\leqslant m+n\leqslant p-3\end{aligned} \tag{5.61}$$

其阶为 $\ell+m+n+5$，$\mathcal{U}_\ell(\xi_{de})$ 和 F_{mn3} 分别由式（5.10）和式（5.32）给出。

显然，这一分层级基总共由 $(p+1)^2(p+2)/2$ 个基函数组成，因为

$$\frac{(p+1)^2(p+2)}{2}=6+9(p-1)+3(p-1)^2+2\frac{(p-1)(p-2)}{2}+\frac{(p-1)^2(p-2)}{2}$$

最大多项式阶数为 $2p$，与式（2.108）给出的，2.8.1 节讨论的插值多项式

$$\alpha_{ijk;\ell m}(p,\xi)=R_i(p,\xi_1)R_j(p,\xi_2)R_k(p,\xi_3)R_\ell(p,\xi_4)R_m(p,\xi_5)$$
$$i,j,k,\ell,m=0,1,\ldots,p,\quad i+j+k=\ell+m=p$$

相同。

5.3 分层级旋度一致矢量基

矢量基函数被广泛应用于电磁学，用于 2D 和 3D 矢量亥姆霍兹等式的容积离散化，以及 3D 电磁场积分等式的面和体离散化。这种类型的插值函数已经在第 3、4 章进行了介绍。本节引入分层级矢量基，以促进自适应的求精过程。因为随着表达式阶数的增加，分层级基通常表现出较差的线性独立性，因此，这里尝试改进矢量基以减缓线性独立性的损失。

20 世纪 90 年代早期，提出分层级矢量基的文章开始出现于电磁学文献中。大多数提出的基函数是旋度一致类的，可以在三角形或四边形中简单地转换为散度一致函数。本书给出的分层旋度一致矢量分层基分类如表 5.4 所示。表 5.4 总结了现有的适用于二维和／或三维单元的旋度一致分层级矢量基。

表 5.4　本书给出的分层旋度一致矢量分层基分类

参考文献中给出的基	组	元素形状		常规公式是否可用	直接基给出度
		2D	3D		
参考文献[6], 1993	A	无			2
参考文献[7], 1997	A	△	无	是	
参考文献[8], 1997	A	△	无	是	
参考文献[9], 1998 参考文献[10], 1999	B	△			2.5
参考文献[11], 1999	A	△			3
参考文献[12], 2001	A	无			3
参考文献[13], 2001	A	△ □	无	是	
参考文献 14], 2003	A	无		是	
参考文献[15], 2003	C	△	无		4.5
参考文献[16], 2004	C	△	无		4.5
参考文献[17], 2006	C	无			4.5

续表

参考文献中给出的基	组	元素形状		常规公式是否可用	直接基给出度
		2D	3D		
参考文献[18], 2005 参考文献[19], 2006	A		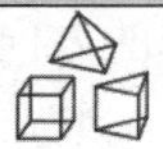	是	
本书	B		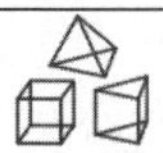		6.5

本书给出的分层旋度一致矢量分层基被分为 3 组：（A）张成完备多项式矢量空间的基函数；（B）张成混合阶 Nédélec [5]空间的基函数；（C）具有恰好张成这两种空间的子集的基函数。获得表中所考虑的一些基的过程相当复杂，因此，表中还给出了相关出版物中明确给出的基的最大的多项式次数。

已公布的基函数可以分为三组①：（A）张成完整多项式矢量空间的基函数；（B）张成混合阶 Nédélec[5]空间（有时被称为旋度一致函数的缩减梯度空间）的基函数；（C）具有恰好张成两种空间子集的基函数。例如，第 4 章讨论的插值矢量基函数为（B）组，因为这些基函数张成 Nédélec 固定阶空间，但不包含能够恰好张成完全多项式空间的子集。本节后续介绍的分层级基也属于（B）组。本节讨论较少的分层级旋度一致矢量基最初是在本书作者在一系列论文[20-28]中提出并讨论的。这些论文发表之后还有两篇参考文献为三角形[29]和四面体[30]提出了新的基，并采用了和这里相似的正交化过程。我们的基有 4 个突出特征：（a）矢量基函数从一开始被细分为三个不同的以边为基、以面为基和以体为基的函数组；（b）每个基函数都通过利用产生的以边为基、以面为基或以体为基多项式获得，它们的解析表达式用到描述该单元的所有相关父变量；（c）在每一组中，所有生成的多项式相关正交独立于内积的定义域，也就是单元的体、面或边；（d）分层级矢量函数相对于描述单元每条边和每个面的父变量，可能是对称的也可能是非对称的。

上文中提出的四个特征带来下面的结果，分别是：（a）不同单个多项式阶可用于一个给定网格的每个边、面、体元素，因此更容易在同一网格（p 自适应）中同时使用不同阶的矢量基；（b）以边、面和体为基矢量函数产生的多项式可按常规使用，而不需要为建立三维或二维单元矢量基函数进行修改；更高阶基具有极好的线性独立性，因为它们是在生成的标量多项式解析正交化之后推导出来的，解析正交化在元素父域中进行；（d）提高临界元素交接面间近似值一致性的过程被大大简化了。

结果（c）很重要，因为分层级基在高阶时是病态的，通常需要一个烦琐（局部的）正交化过程，以提高系统的条件。正如 Abdul-Rahman 和 Kasper[31]所述，

① 尽管表5.4中出现的一些基族被认为是Nédélec基，但这里将它们归为“A类”，因为它们不包含能够适当张成三角形或四面体上[5]缩减的梯度的子空间。例如，不是参考文献[11]的以面为基 R_{30} 函数，也不是参考文献[12]的 R^3 函数适当张成阶为2.5的Nédélec空间；参考文献[18]的“2类”以元素为基函数不能适应阶为1.5或更高的Nédélec空间。因此，这些函数在这里被列为属于“A类”。

值得考虑的做法是直接将矢量函数正交化。与此相反，这里的基定义为正交化产生标量多项式，以提高系统矩阵的条件。结果（d）也很重要，因为临界元素（对于旋度一致的情况）间三角形分量连续性的提升很困难[14, 32]；提出的基函数将问题简化为根据沿临界元素随机选择的方向确定每个基函数的正确符号。

5.3.1 四面体和三角形基

分层级矢量函数通过三个过程获得。首先，在给定父元素上正交化第 4 章给出的插值标量多项式的适当线性组合，以获得分层级标量多项式。然后，这些多项式乘以在研究范围内的元素的零阶矢量函数以获得矢量函数集。最后，利用一个与第 4 章中相似的过程，将多余的基函数从结果矢量集中删除。

如在 5.2.1 节分层级标量基中所观察到的，引入虚拟父变量是很方便的。然后，通过简单地考虑由三个父变量（ξ_a,ξ_b,ξ_c）描述的三角形单元作为四个父变量 $\boldsymbol{\xi}=\{\xi_a,\xi_b,\xi_c,\xi_d\}$ 描述的四面体边界面（ξ_d=0），可同时推导出四面体和三角形单元的基。同时考虑由这四个父变量描述的四面体单元以及由这个四面体的面 ξ_d=0 定义的三角形元素（生成与第 0 阶矢量函数有关的旋度一致函数的分层多项式的性质如图 5.5 所示）。通过这些父变量，对于四面体和三角形元素，与面 ξ_c=0 和 ξ_d=0 相交边界相关的 0 阶旋度一致矢量函数分别为 $\boldsymbol{\Omega}_{cd}(r)=(\xi_b\nabla\xi_a-\xi_a\nabla\xi_b)$ 和 $\boldsymbol{\Omega}_c(r)=-(\xi_b\nabla\xi_a-\xi_a\nabla\xi_b)$（见第 4 章表 4.2 和表 4.4）。在上面两个表达式（最终可通过调整三角形单元消除）中，除符号不同之外，$\boldsymbol{\Omega}_{cd}(\xi_a,\xi_b)=-\boldsymbol{\Omega}_{cd}(\xi_b,\xi_a)$，$\boldsymbol{\Omega}_c(\xi_a,\xi_b)=-\boldsymbol{\Omega}_c(\xi_b,\xi_a)$ 两个函数都关于父变量 ξ_a 和 ξ_b 反对称，由于这一特性穿过元素边界域的切线连续性的实现被大大地简化了。调整基函数符号可使其与沿相邻元素任意选择的参考方向相一致，通过这一过程可使切线分量连续性得到保证。

在第 4 章中，通过将零阶矢量函数与 Silvester–Lagrange 插值多项式相乘构建高阶插值基。这里，这些插值多项式的线性组合用于获得对称或反对称的分层级标量多项式。在每组内，构建分层级标量多项式采用先验条件以使它们相互正交。

采用与第 4 章中相同的技术构建分层级矢量函数，只需简单地用新的标量分层级多项式代替第 4 章的插值多项式。

参考图 5.5，与面 ξ_c=0 和 ξ_d=0 相交边界相关的插值多项式被细分为 4 个不同的组。第一组由在边界的所有多项式内插（到给定阶）形成［如图 5.5（e）所示］，这些多项式（一般）在四面体的其他边界不为零［如图 5.5（a）所示］。第二组由在面 ξ_c=0 ［如图 5.5（f）所示］处内插（到给定的阶数）并在面 ξ_d=0 ［图 5.5（g）所示］为零的多项式组成。第三组由在面 ξ_d=0 ［图 5.5（g）所示）］处内插并在面 ξ_c=0 ［如图 5.5（c）所示］为零的多项式组成。最后一组由其余的在面 ξ_c=0 和 ξ_d=0 为零的插值多项式组成。这些插值多项式的适当线性组合及大量的对称条件提供了四组标准化正交分层级多项式，这些多项式（到 6 阶）在表 5.5 和表 5.6

中给出，通过这种方法我们得到了到 11 阶的分层级族。三角形和四面体单的矢量基——到第 6 阶的以边为基和以面为基分层多项式如表 5.5 所示，四面体单元的旋度一致基——到第 6 阶的以体为基分层多项 $V_{ijk}=\xi_c\xi_d\mathcal{U}_{i-2,j,k}$，如表 5.6 所示。

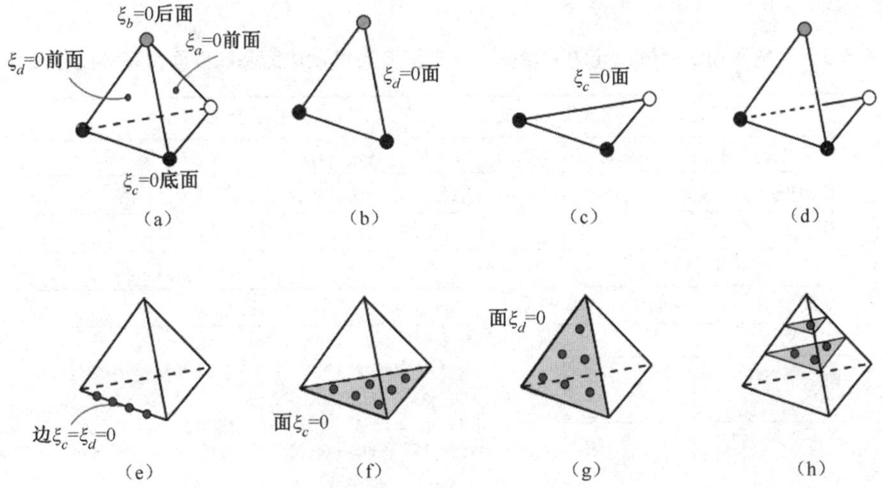

图 5.5　生成与第 0 阶矢量函数有关的旋度一致函数的分层多项式的性质

© 2011 IEEE. Reprinted with permission, from R. D. Graglia, A. F. Peterson, and F. P. Andriulli, "Curl-conforming hierarchical vector bases for triangles and tetrahedra," *IEEE Trans. Antennas Propag.*, vol. 59, no. 3, pp. 950-959, Mar. 2011.

图 5.5 中，生成与第 0 阶矢量函数有关的旋度一致函数的分层多项式与第 4 章的等价插值多项式有相似的性质，该第 0 阶矢量函数与面 ξ_c=0 和 ξ_d=0 相交的边有关。(a) 在单元边界上不同于 0 的以边为基多项式；(b) 所有以面 ξ_c=0 为基在面 ξ_d=0 上为 0 的多项式；(c) 所有以面 ξ_d=0 为基在面 ξ_c=0 上为 0 的多项式；(d) 面 ξ_c=0 和面 ξ_d=0 上以体为基的多项式为 0，p 阶分层和插值以边为基、以面为基和以体为基多项式的数量相同；(e) 有 $(p+1)$ 个以边为基多项式；(f) 和 (g) $p(p+1)/2$ 个以面 ξ_c=0 和面 ξ_d=0 为基多项式；(h) $p(p^2-1)/6$ 个以体为基多项式；(e) ～ (h) 显示了第 4 章的 $p=3$ 阶插值多项式的插值点。

在表 5.5 和表 5.6 中，第一个下标 s 或 a 分别表示变量 ξ_a 和 ξ_b 的对称或反对称多项式。相似地，第二个下标（只用于以边为基和以体为基多项式）表示变量 ξ_c 和 ξ_d 的对称和反对称多项式。

表 5.5 中所有以边为基分层级多项式 E_p 对于 ξ_c 和 ξ_d 对称。在表 5.5 中，$P_p(\xi_{ab})$ 表示阶数 p 的拉格朗日多项式，其中 $\xi_{ab}=\xi_a-\xi_b$。以单体 T^2（三角形元素，$\xi_a+\xi_b+\xi_c=1$）的边 ξ_c=0 为基的多项式通过设置 ξ_d=0 获得。对于单体 T^3（四面体元素，$\xi_a+\xi_b+\xi_c+\xi_d=1$），表 5.5 中给出的多项式以边 ξ_c=0 和 ξ_d=0 为基，沿它们的相关边，E_p 表现为拉格朗日多项式 $P_p(\xi_{ab})$。

对于表 5.5 中以面为基的多项式，单体 T^2 必须设定 $\xi_d=0$；单体 T^3 给出的多项式是与面 $\xi_d=0$ 相关的那些。

表 5.5 中给出的以边为基分层级多项式在单体 T^1、T^2 和 T^3 上正交，而以面为基多项式在单体 T^2 和 T^3 上正交。

表 5.5　三角形和四面体单元的矢量基——到第 6 阶的以边为基和以面为基分层多项式

全局阶 p 的以边为基多项式 $E_p(\boldsymbol{\xi})$ 在单体 T^1、T^2 和 T^3 上相互正交	
$E_0^{ss}=P_0(\xi_{ab})=1$	$E_3^{as}=\sqrt{7}\{P_3(\xi_{ab})-3\chi_{cd}(\chi_{cd}-2)\xi_{ab}/2\}$
$E_1^{as}=\sqrt{3}P_1(\xi_{ab})=\sqrt{3}\xi_{ab}$	$E_4^{ss}=\sqrt{9}\{P_4(\xi_{ab})-3\chi_{cd}(\chi_{cd}-2)(1+40\xi_a\xi_b-9\chi_{ab}^2)/8\}$
$E_2^{ss}=\sqrt{5}\{P_2(\xi_{ab})-\chi_{cd}(\chi_{cd}-2)/2\}$	$E_5^{as}=\sqrt{11}\{P_5(\xi_{ab})+5\chi_{cd}(\chi_{cd}-2)\xi_{ab}[3+56\xi_a\xi_b-11\chi_{ab}^2]/8\}$
$E_6^{ss}=\sqrt{13}\{P_6(\xi_{ab})-5\chi_{cd}(\chi_{cd}-2)[1+43\chi_{ab}^4+84\xi_a\xi_b(1+12\xi_a\xi_b)-20\chi_{ab}^2(1+21\xi_a\xi_b)]/16\}$	
全局阶 $p=(m+n)$ 的以面为基多项式 $F_{mn}(\boldsymbol{\xi})$ 在单体 T^2 和 T^3 上相互正交	
$F_{01}^s=2\sqrt{3}\xi_c$ $F_{02}^s=2\sqrt{3}\xi_c(5\xi_c-3+3\xi_d)$ $F_{11}^a=6\sqrt{5}\xi_c\xi_{ab}$ $F_{03}^s=2\sqrt{30}\xi_c[7\xi_c^2-8\xi_c+2$ $+2\xi_d(4\xi_c-2+\xi_d)]$ $F_{12}^a=2\sqrt{30}\xi_c\xi_{ab}(7\xi_c-3+3\xi_d)$ $F_{21}^s=2\sqrt{210}\xi_c\chi_2$	$F_{05}^s=2\sqrt{105}\xi_c\{66\xi_c^4-144\xi_c^3+108\xi_c^2-32\xi_c+3-\xi_d[3(1+\chi_{ab})$ $\times(1+\chi_{ab}^2)-\xi_c[29+\chi_{ab}(26+23\chi_{ab})]+\xi_c^2(79+53\chi_{ab})-65\xi_c^3]\}$ $F_{14}^a=6\sqrt{70}\xi_c\xi_{ab}\{33\xi_c^3-45\xi_c^2+18\xi_c-2$ $+\xi_d[2(1+\chi_{ab}^2+\chi_{ab}(1-7\xi_c))-16\xi_c+29\xi_c^2]\}$ $F_{23}^s=6\sqrt{10}\xi_c\chi_2[55\xi_c^2-40\xi_c+6+2\xi_d(3\xi_d+20\xi_c-6)]$ $F_{32}^a=6\sqrt{35}\xi_c\chi_3(11\xi_c-3+3\xi_d)$ $F_{41}^s=6\sqrt{165}\xi_c\chi_4$
$F_{04}^s=2\sqrt{15}\xi_c\{42\xi_c^3-70\xi_c^2$ $+35\xi_c-5+5\xi_d[1+\chi_{ab}$ $+\chi_{ab}^2-\xi_c(6+5\chi_{ab}-8\xi_c)]\}$ $F_{13}^a=2\sqrt{105}\xi_c\xi_{ab}[18\xi_c^2-16\xi_c$ $+3-\xi_d(3+3\chi_{ab}-13\xi_c)]$ $F_{22}^s=10\sqrt{42}\xi_c\chi_2(3\xi_c-1+\xi_d)$ $F_{31}^a=6\sqrt{70}\xi_c\chi_3$	$F_{06}^s=2\sqrt{42}\xi_c\{429\xi_c^5-1\,155\xi_c^4+1\,155\xi_c^3-525\xi_c^2+105\xi_c-7$ $+7\xi_d[1+\chi_{ab}+\chi_{ab}^2+\chi_{ab}^3+\chi_{ab}^4-(14+13\chi_{ab}+12\chi_{ab}^2$ $+11\chi_{ab}^3)\xi_c+(61+48\chi_{ab}+36\chi_{ab}^2)\xi_c^2-8(13+7\chi_{ab})\xi_c^3+61\xi_c^4]\}$ $F_{15}^a=6\sqrt{70}\xi_c\xi_{ab}\{143\xi_c^4-264\xi_c^3+165\xi_c^2-40\xi_c+3+\xi_d[136\xi_c^3-3$ $\times(1+\chi_{ab}+\chi_{ab}^2+\chi_{ab}^3)+(37+34\chi_{ab}+31\chi_{ab}^2)\xi_c$ $-2(64+47\chi_{ab})\xi_c^2]\}$ $F_{24}^s=6\sqrt{35}\xi_c\chi_2\{143\xi_c^3-165\xi_c^2+55\xi_c-5$ $+5\xi_d[1+\chi_{ab}+\chi_{ab}^2-(10+9\chi_{ab})\xi_c+23\xi_c^2]\}$ $F_{33}^a=14\sqrt{165}\xi_c\chi_3[13\xi_c^2-8\xi_c+1-\xi_d(2-8\xi_c-\xi_d)]$ $F_{42}^s=6\sqrt{77}\xi_c\chi_4(13\xi_c-3+3\xi_d)$ $F_{51}^a=2\sqrt{3\,003}\xi_c\chi_5$

其中，$\xi_{ab}=\xi_a-\xi_b,\chi_{ab}=\xi_a+\xi_b$，且 $\chi_{cd}=\xi_c+\xi_d$。通过依赖关系 $\xi_a+\xi_b+\xi_c+\xi_d=1$ 可得几个等价的多项式表达式。令：

$$\chi_2=\xi_a^2-4\xi_a\xi_b+\xi_b^2;\qquad \chi_4=\xi_a^4-16\xi_a^3\xi_b+36\xi_a^2\xi_b^2-16\xi_b\xi_b^3+\xi_b^4;$$

$$\chi_3=\xi_{ab}(\xi_a^2-8\xi_a\xi_b+\xi_b^2);\ \chi_5=\xi_{ab}(\xi_a^4-24\xi_a^3\xi_b+76\xi_a^2\xi_b^2-24\xi_a\xi_b^3\quad \xi_b^4)$$

通过依赖关系可使给出的表达式更紧凑。第一个下标 s 和 a 分别表示变量 ξ_a 和 ξ_b 的对称和反对称多项式。第二个下标 s，仅用于 E_p，表示以边为基多项式关于变量 ξ_c 和 ξ_d 对称。此表仅给出与边 $\xi_c=\xi_d=0$ 和面 $\xi_d=0$ 有关的以边为基和以面为基多项式。与四面体元素的面 $\xi_c=0$ 有关的以面为基多项式通过将给出多项式的 ξ_c 与 ξ_d 互换得到。三角形元素 T^2 的多项式通过令 $\xi_d=0$ 获得。沿这些有关的边，E_p 表示为 p 阶拉格朗日多项式 $P_p(\xi_{ab})$。这些多项式归一化为（其中 p 表示多项式的全局阶，等于下标之和）：

$$\int_{T^1}E_p^2(\xi)\mathrm{d}T^1=1;\quad \iint_{T^2}E_p^2(\xi)\mathrm{d}T^2=\frac{1}{2p+2};\quad \iiint_{T^3}E_p^2(\xi)\mathrm{d}T^3=\frac{1}{(2p+2)(2p+3)}$$

$$\iint_{T^2}F_p^2(\xi)\mathrm{d}T^2=1;\qquad \iiint_{T^3}F_p^2(\xi)\mathrm{d}T^3=\frac{1}{2p+3}$$

Adapted from R. D. Graglia, A. F. Peterson, and F. P. Andriulli, "Curl-conforming hierarchical vector bases for triangles and tetrahedra," *IEEE Trans. Antennas Propag.*, vol. 59,no. 3, pp. 950-959, Mar. 2011.

表 5.6　四面体单元的旋度一致矢量基——到第 6 阶的以体为基分层多项式 $V_{ijk}=\xi_c\xi_d\mathcal{U}_{i-2,j,k}$

<table>
<tr><td>$\mathcal{U}_{000}^{ss}=6\sqrt{35}$</td><td rowspan="2">$\mathcal{U}_{100}^{ss}=6\sqrt{105}(4\chi_{ab}-1)$
$\mathcal{U}_{010}^{as}=36\sqrt{35}\xi_{ab}$
$\mathcal{U}_{001}^{sa}=12\sqrt{105}\xi_{cd}$</td></tr>
<tr><td rowspan="2">$\mathcal{U}_{200}^{ss}=12\sqrt{55}(1+3\chi_{ab}(5\chi_{ab}-3))$
$\mathcal{U}_{110}^{as}=6\sqrt{2\,310}\xi_{ab}(5\chi_{ab}-2)$
$\mathcal{U}_{020}^{ss}=15\sqrt{462}(3\xi_{ab}^2-\chi_{ab}^2)$
$\mathcal{U}_{101}^{sa}=6\sqrt{1\,155}\xi_{cd}(5\chi_{ab}-1)$
$\mathcal{U}_{011}^{aa}=60\sqrt{231}\xi_{ab}\xi_{cd}$
$\mathcal{U}_{002}^{ss}=15\sqrt{11}(7\xi_{cd}^2-\chi_{cd}^2)$</td></tr>
<tr><td rowspan="2">$\mathcal{U}_{400}^{ss}=30(5+11\chi_{ab}(-10+\chi_{cd}(60$
$+13\chi_{ab}(7\chi_{ab}-10))))$
$\mathcal{U}_{310}^{as}=90\sqrt{22}\xi_{ab}(-5+\chi_{ab}(45$
$+13\chi_{ab}(7\chi_{ab}-9)))$
$\mathcal{U}_{220}^{ss}=30\sqrt{1\,155}(3-13\chi_{cd}\chi_{ab})(3\xi_{ab}^2-\chi_{ab}^2)$
$\mathcal{U}_{130}^{as}=15\sqrt{3\,003}\xi_{ab}(7\chi_{ab}-4)(5\xi_{ab}^2-3\chi_{ab}^2)$
$\mathcal{U}_{040}^{ss}=45\sqrt{1\,001}(3\chi_{ab}^4-30\chi_{ab}^2\xi_{ab}^2+35\xi_{ab}^4)/4$
$\mathcal{U}_{301}^{sa}=30\sqrt{154}\xi_{cd}(-1+\chi_{ab}(18$
$+13\chi_{ab}(7\chi_{ab}-6)))$
$\mathcal{U}_{211}^{aa}=30\sqrt{231}\xi_{ab}\xi_{cd}(10+13\chi_{ab}(7\chi_{ab}-5))$
$\mathcal{U}_{121}^{sa}=15\sqrt{15\,015}\xi_{cd}(7\chi_{ab}-3)(3\xi_{ab}^2-\chi_{ab}^2)$
$\mathcal{U}_{031}^{aa}=210\sqrt{429}\xi_{ab}\xi_{cd}(5\xi_{ab}^2-3\chi_{ab}^2)$
$\mathcal{U}_{202}^{ss}=15\sqrt{6}(3+13\chi_{ab}(7\chi_{ab}-3))(7\xi_{cd}^2-\chi_{cd}^2)$
$\mathcal{U}_{112}^{as}=45\sqrt{143}\xi_{ab}(7\chi_{ab}-2)(7\xi_{cd}^2-\chi_{cd}^2)$
$\mathcal{U}_{022}^{ss}=15\sqrt{15\,015}(\chi_{ab}^2-3\xi_{ab}^2)(\chi_{cd}^2-7\xi_{cd}^2)/2$
$\mathcal{U}_{103}^{sa}=15\sqrt{1\,001}\xi_{cd}(7\chi_{ab}-1)(3\xi_{cd}^2-\chi_{cd}^2)$
$\mathcal{U}_{013}^{aa}=105\sqrt{858}\xi_{ab}\xi_{cd}(3\xi_{cd}^2-\chi_{cd}^2)$
$\mathcal{U}_{004}^{ss}=105\sqrt{13}(\chi_{cd}^4-18\chi_{cd}^2\xi_{cd}^2+33\xi_{cd}^4)/(4\sqrt{2})$</td></tr>
<tr><td>$\mathcal{U}_{300}^{ss}=6\sqrt{390}(5\chi_{ab}(3-11\chi_{cd}\chi_{ab})-1)$
$\mathcal{U}_{210}^{as}=6\sqrt{390}\xi_{ab}(10+11\chi_{ab}(6\chi_{ab}-5))$
$\mathcal{U}_{120}^{ss}=15\sqrt{6\,006}(2\chi_{ab}-1)(3\xi_{ab}^2-\chi_{ab}^2)$
$\mathcal{U}_{030}^{as}=6\sqrt{15\,015}\xi_{ab}(5\xi_{ab}^2-3\chi_{ab}^2)$
$\mathcal{U}_{201}^{sa}=30\sqrt{91}\xi_{cd}(1+11\chi_{ab}(2\chi_{ab}-1))$
$\mathcal{U}_{111}^{aa}=30\sqrt{6\,006}\xi_{ab}\xi_{cd}(3\chi_{ab}-1)$
$\mathcal{U}_{021}^{sa}=30\sqrt{3\,003}\xi_{cd}(3\xi_{ab}^2-\chi_{ab}^2)$
$\mathcal{U}_{102}^{ss}=3\sqrt{715}(6\chi_{ab}-1)(7\xi_{cd}^2-\chi_{cd}^2)$
$\mathcal{U}_{012}^{as}=15\sqrt{858}\xi_{ab}(7\xi_{cd}^2-\chi_{cd}^2)$
$\mathcal{U}_{003}^{sa}=3\sqrt{10\,010}\xi_{cd}(3\xi_{cd}^2-\chi_{cd}^2)$</td></tr>
</table>

此表给出到 $(\ell+m+n)=4$ 阶的函数 $\mathcal{U}_{\ell mn}$。这些函数形成到 6 阶的以体为基多项式 $V_{ijk}=\xi_c\xi_d\mathcal{U}_{i-2,j,k}$ 集。

$\xi_a+\xi_b+\xi_c+\xi_d=1;\ \xi_{ab}=\xi_a-\xi_b;\ \xi_{cd}=\xi_c-\xi_d;\ \chi_{ab}=\xi_a+\xi_b$，且 $\chi_{cd}=\xi_c+\xi_d$。所有多项式在单体 T^3 上互相正交并归一化，使得 $\iiint_{T^3}V_p^2(\xi)\mathrm{d}T^3=1$，其中 p 是体多项式的全局阶，等于它的下标之和

Adapted from R. D. Graglia, A. F. Peterson, and F. P. Andriulli, "Curl-conforming hierarchical vector bases for triangles and tetrahedra," *IEEE Trans. Antennas Propag.*, vol. 59,no. 3, pp. 950-959, Mar. 2011.

在四面体上阶数为 p 的旋度一致基的 DoF 数量为 $(p+1)(p+3)(p+4)/2$；在三角形上阶数为 p 的旋度一致基的 DoF 数量为 $(p+1)(p+3)$（见第 4 章）。与第 4 章给出的过程相同，通过将表 5.6 中 $p(p^2-1)/6$ 个以体为基分层级多项式与 3 个不同的零阶旋度一致函数相乘获得与四面体元素 $\mathcal{T}^3(\xi_a,\xi_b,\xi_c,\xi_d)$ 内部 DoF 相关的 p 阶分层级矢量基的 $p(p^2-1)/2$ 个元素。为了保证基函数的独立性，选择零阶基函数不能与同一面的边界有关（见第 4 章）。相似地，通过将表 5.5 中 $p(p+1)/2$ 个以面为基分层级多项式与 2 个与 $\mathcal{T}^2$ 的 2 个边界相关的零阶旋度一致函数相乘获得与三角形面 $\mathcal{T}^2(\xi_a,\xi_b,\xi_c)$（以面 ξ_d=0 为边界的四面体元素 $\mathcal{T}^3$）内部 DoF 相关的 p 阶分层级矢量基的 $p(p+1)$ 个元素。最后，通过将表 5.5 中 $(p+1)$ 个以边为基分层级多项式与沿该边的零阶旋度一致函数相乘获得与边 $\mathcal{T}(\xi_a,\xi_b)$（以边 $\xi_c=\xi_d$=0 为边界的四面体元素 $\mathcal{T}^3$ 或以边 ξ_c=0 为边界的三角形元素 $\mathcal{T}^2$）DoF 相关的 p 阶分层级矢量基的 $(p+1)$ 个元素。在该构建过程中，出现在表 5.5 和表 5.6 中多项式的虚拟父

变量$\{\xi_a, \xi_b, \xi_c, \xi_d\}$被$\{\xi_1, \xi_2, \xi_3, \xi_4\}$代替的情况，$\{\xi_1, \xi_2, \xi_3, \xi_4\}$对应表 5.7 中的适当的零阶基因子。三角形和四面体单元的矢量基——虚拟和复变量间一致性如表 5.7 所示。

表 5.7　三角形和四面体单元的矢量基——虚拟和复变量间一致性

零阶基因子	$\{\xi_a,\xi_b,\xi_c,\xi_d\}$	零阶基因子	$\{\xi_a,\xi_b,\xi_c,\xi_d\}$
$\boldsymbol{\Omega}_1,\Lambda_1$	$\{\xi_2,\xi_3,\xi_1,0\}$	$\boldsymbol{\Omega}_2,\Lambda_2$	$\{\xi_3,\xi_1,\xi_2,0\}$
$\boldsymbol{\Omega}_3,\Lambda_3$	$\{\xi_1,\xi_2,\xi_3,0\}$		
	基于面 #		基于面 #
$\boldsymbol{\Omega}_{12}$	$\{\xi_3,\xi_4,\xi_1,\xi_2\}$ 2	$\boldsymbol{\Omega}_{23}$	$\{\xi_1,\xi_4,\xi_2,\xi_3\}$ 3
	$\{\xi_3,\xi_4,\xi_2,\xi_1\}$ 1		$\{\xi_1,\xi_4,\xi_3,\xi_2\}$ 2
	基于面 #		基于面 #
$\boldsymbol{\Omega}_{13}$	$\{\xi_4,\xi_2,\xi_1,\xi_3\}$ 3	$\boldsymbol{\Omega}_{24}$	$\{\xi_3,\xi_1,\xi_2,\xi_4\}$ 4
	$\{\xi_4,\xi_2,\xi_3,\xi_1\}$ 1		$\{\xi_3,\xi_1,\xi_4,\xi_2\}$ 2
	基于面 #		基于面 #
$\boldsymbol{\Omega}_{14}$	$\{\xi_2,\xi_3,\xi_1,\xi_4\}$ 4	$\boldsymbol{\Omega}_{34}$	$\{\xi_1,\xi_2,\xi_3,\xi_4\}$ 4
	$\{\xi_2,\xi_3,\xi_4,\xi_1\}$ 1		$\{\xi_1,\xi_2,\xi_4,\xi_3\}$ 3

三角形和四面体单元的分层级基函数是表 5.5 和表 5.6 中具有第 4 章给出的零阶矢量函数的多项式积，在左侧给出。在构建积时，在多项式中出现的表 5.5 和表 5.6 中给出的虚父变量$\{\xi_a, \xi_b, \xi_c, \xi_d\}$ 被右侧列给出的复变量替换。前两行考虑旋度（$\boldsymbol{\Omega}$）和散度（$\boldsymbol{\Lambda}$）一致三角形基，在这种情况下，必须在表 5.5 中令$\xi_d = 0$。最后三行是四面体元素的旋度一致基，在这种情况下，在构造以面为基函数时，必须选择适当行给出的复变量。

一般来说，一组（以体、以面或以边为基的组）产生的分层级标量多项式与另一个不同组产生的分层级多项式正交，但每一组内的所有多项式相互正交独立于 Legendre 内积的定义域（也就是元素的体T^3、面T^2或边T）。这在图 5.6 中是很明显的，如图 5.6 所示，对称 Gram 矩阵$\boldsymbol{G}_6$非零项的系数g_{ij}与表 5.5 和表 5.6 给出的 6 阶完整三角形(左边)和四面体族(右边)的第i和第j个多项式的 Legendre 内积相等。构建矢量基的生成分层级标量多项式集不包含任何与顶点相关的多项式；相反，构建标量基（如表 5.1 和表 5.2 所示）的多项式集包含与顶点相关的多项式。与顶点相关的多项式对 Gram 矩阵稀疏性的影响可以从图 5.6 与图 5.4 右图的对比中看出。(在对两幅图进行比较之前，请阅读 183 页的脚注①)

此外，对于$p \geqslant 3$，用于构成矢量基的生成分层级标量多项式比第 4 章相应的生成插值标量多项式（例如，见参考文献[21]，图 2）具有更好地线性独立性（用

Gram 矩阵 $\boldsymbol{G}p$ 的条件数衡量）。

图 5.6 所示为表 5.5 和表 5.6 给出的所有标量多项式（到 6 阶）形成的 Gram 矩阵的非零项。这些多项式能够形成三角形（左矩阵）或四面体（右矩阵）的半整数阶 6.5 的分层矢量基。左侧的三角形族结果通过 T^2（四面体面 $\xi_d = 0$）上的内积获得。右侧的四面体族结果通过 T^3 上的内积获得。注意，以边为基和以面为基多项式在单体 T^2 和 T^3 上都正交，而以体为基多项式在单体 T^3 上正交。（在与图 5.4 右图对比之前，参考 183 页的脚注①）。

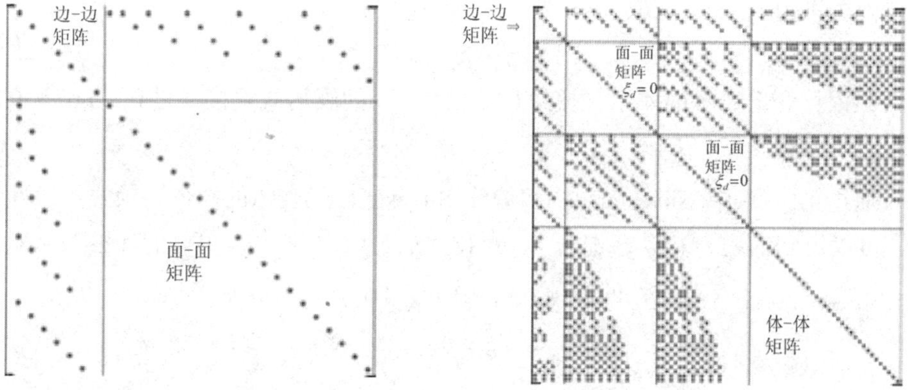

图 5.6　表 5.5 和表 5.6 给出的所有标量多项式（到 6 阶）形成的 Gram 矩阵的非零项

5.3.1.1　辅助多项式

首先，介绍一些用于构建分层级多项式基的辅助多项式，这些多项式被细分为以体、以面、以边为基多项式。在下文中，这些多项式的符号与它们的用途有关；也就是说，$\mathcal{V}$、$\mathcal{F}$ 和 $\mathcal{E}$ 分别为用于构建以体、以面和以边为基多项式的辅助多项式。然后，后面 3 小节将介绍如何用辅助多项式构建表 5.5 和表 5.6 中的分层级以体、以面、以边为基多项式，并分别用 $\mathcal{V}$、$\mathcal{F}$ 和 $\mathcal{E}$ 表示。在每一组中，多项式相互独立正交于内积的定义域，也就是元素的体、面或边。这是分层级基的一个重要特征，因为可以在不修改表达式的条件下，在四面体、三角形或线元素中使用相同的多项式基。表 5.5 和表 5.6 的底部给出了以边、以面和以体为基多项式的标准化形式；在数值应用中，这些多项式可在方便时分别进行不同的标准化。为了向读者阐述表 5.5 和表 5.6 多项式是第 4 章中讨论的插值多项式的线性组合，下面给出参考文献[25]中用到的“历史”构建方法。通过从适当的正交多项式开始而不是像第 4 章那样从插值多项式开始，可将该构建方法简化。为了方便，稍后我们将以这种方式为其他（四面体、棱柱和三棱柱）单元推导基。事实上，至少一次，对生成矢量函数的多项式总是第 4 章多项式的线性组合进行说明是有用的。

为了完全开发单元的对称性和产生复杂表达式，与 5.2.1 节相同，这里引入变量［见式（5.16)］:

$$\begin{aligned}\xi_{ab} &= \xi_a - \xi_b \\ \xi_{cd} &= \xi_c - \xi_d \\ \chi_{ab} &= \xi_a + \xi_b \\ \chi_{cd} &= \xi_c + \xi_d\end{aligned} \tag{5.62}$$

其依附关系为

$$\chi_{ab} + \chi_{cd} = 1 \tag{5.63}$$

以新的依赖变量表示的 4 个父变量$\{\xi_a, \xi_b, \xi_c, \xi_d\}$的表达式直接通过式（5.62）求逆获得。

通过第 4 章中 Silvester(R_k)和偏移 Silvester($\hat{R}_k$)表示的插值多项式的线性组合，可以得到描述$T^3(\xi_a, \xi_b, \xi_c, \xi_d)$、$T^2(\xi_a, \xi_b, \xi_c)$、$T(\xi_a, \xi_b)$单体的非独立父变量$\xi = \{\xi_a, \xi_b, \xi_c, \xi_d\}$有对称性的多项式。例如，对于$p \geqslant 0$，$p$阶多项式

$$\mathcal{E}_p(\xi_a, \xi_b) = \sum_{i=1}^{i_{\max}} K_{p,i}\left[\hat{R}_{q-i}(q, \xi_a)\hat{R}_i(q, \xi_b) + (-1)^p \hat{R}_i(q, \xi_a)\hat{R}_{q-i}(q, \xi_b)\right] \tag{5.64}$$

其中，

$$q = p + 2, \quad i_{\max} = \begin{cases} q/2, & q\text{为偶数} \\ (q-1)/2, & q\text{为奇数} \end{cases} \tag{5.65}$$

对于ξ_a和ξ_b是对称的（p 为偶数或 0），或反对称的（p 为奇数），$\mathcal{E}_p(\xi_a, \xi_b) = (-1)^p \mathcal{E}_p(\xi_b, \xi_a)$

式（5.64）中的系数$K_{p,i}$用于定义与边$\xi_a + \xi_b = 1$相关的分层级多项式。它们可以通过沿 issue［$T^1(\xi_a, \xi_b)$单体］的边使每个$\mathcal{E}_p(\xi_a, \xi_b)$相对于所有更低阶$m$

$$\int_0^1 \mathcal{E}_p(\xi_a, 1-\xi_a)\mathcal{E}_m(\xi_a, 1-\xi_a)\,\mathrm{d}\xi_a = \frac{\delta_{mp}}{2p+1} \tag{5.66}$$

多项式$\mathcal{E}_m(\xi_a, \xi_b)$具有正交性，其中$\delta_{mp}$为 Kronecker delta。标准化的式(5.66)引入了一个单位常量权值函数并使$\mathcal{E}_p(\xi_a, 1-\xi_a)$等于偏移的拉格朗日多项式$P_p^*(\xi_a)$。（原则上，具有不同权值函数的其他标准化表达式可使用$\mathcal{E}_p$，例如等于 Chebyshev 或 Jacobi 多项式。）式（5.64）定义的$\mathcal{E}_p$的方便表达式可用式（5.62）给出的 2 个新非独立变量ξ_{ab}和χ_{cd}表示。由于$\chi_{cd}(\xi_c, \xi_d) = \chi_{cd}(\xi_d, \xi_c) = \xi_c + \xi_d$，所有多项式$\mathcal{E}_p$隐式地关于变量$\xi_c$和$\xi_d$对称。

为了构建 5.3.1.3 节中的以面为基多项式，也需要由正交化 Silvester 多项式 $R_n(p+2,\xi_c)(p=1,2\cdots,p)$ 获得的多项式 $\mathcal{F}_n(\xi_c)$。所有这些多项式具有公共因子 ξ_c，并且由于它们独立于 ξ_d，它们对 ξ_c 和 ξ_d 不具有对称或反对称特性；通过设置

$$\iint_{T^2}\mathcal{F}_n(\xi_c)\mathcal{F}_m(\xi_c)\mathrm{d}T^2=\frac{\delta_{mn}}{2n(n+1)(n+2)} \tag{5.67}$$

使它们正交化，其中 $\mathcal{F}_n(1)=1$，对于 $\{0\leqslant\xi_c\leqslant1\}$，$|\mathcal{F}_n(\xi_c)|\leqslant1$。这些多项式可从最低阶函数获得

$$\begin{cases}\mathcal{F}_1(\xi_c)=\xi_c\\ \mathcal{F}_2(\xi_c)=\xi_c(5\xi_c-3)/2\end{cases} \tag{5.68}$$

通过利用以下 n 次循环关系

$$a_{1n}\mathcal{F}_{n+1}(\xi_c)=(a_{2n}\xi_c-a_{3n})\mathcal{F}_n(\xi_c)-a_{4n}\mathcal{F}_{n-1}(\xi_c) \tag{5.69}$$

其中，

$$\begin{cases}a_{1n}=(n+3)(2n+1)\\ a_{2n}=2(2n+1)(2n+3)\\ a_{3n}=2(2n^2+4n+3)\\ a_{4n}=(n-1)(2n+3)\end{cases} \tag{5.70}$$

通过按照产生式（5.64）的方式线性组合 Silvester 和偏移 Silvester 插值多项式，可获得正交化以体为基多项式对变量 (ξ_a,ξ_b) 或 (ξ_c,ξ_d) 的对称或反对称性。然而，为了得到这些多项式，更方便的方法是从一开始就引入适当的拉格朗日多项式。事实上，5.3.1.2 节使用了阶为 $p=2+\ell+m+n$ 的以体为基线性独立多项式

$$\mathcal{V}_{\ell+2,m,n}(\xi_a,\xi_b,\xi_c,\xi_d)=\xi_c\xi_d\chi_{ab}^{\ell}P_m(\xi_{ab})P_n(\xi_{cd}) \tag{5.71}$$

当 m 和 n 为偶数时，它们分别对 (ξ_a,ξ_b) 和 (ξ_c,ξ_d) 对称（反之，反对称），其中

$$\begin{aligned}\mathcal{V}_{imn}(\xi_b,\xi_a,\xi_c,\xi_d)&=(-1)^m\mathcal{V}_{imn}(\xi_a,\xi_b,\xi_c,\xi_d)\\ \mathcal{V}_{imn}(\xi_a,\xi_b,\xi_d,\xi_c)&=(-1)^n\mathcal{V}_{imn}(\xi_a,\xi_b,\xi_c,\xi_d)\\ \mathcal{V}_{imn}(\xi_b,\xi_a,\xi_d,\xi_c)&=(-1)^{m+n}\mathcal{V}_{imn}(\xi_a,\xi_b,\xi_c,\xi_d)\end{aligned} \tag{5.72}$$

式（5.64）给出的那种对称和反对称多项式的积的积分自动在单体 T^1、T^2、T^3 中为零；相似地，式（5.71）给出的那种对称和反对称多项式的积的积分在单体 T^3 中为零。

5.3.1.2　以体为基多项式

在第 4 章中 T^3 单体的内部插值点由于公因子 $\xi_c\xi_d$ 的存在而在面 $\xi_c=0$ 和

$\xi_d = 0$上为 0 的$p\left(p^2-1\right)/6$个多项式中用（虚拟）父变量表示为

$$\hat{\alpha}_{ijk\ell}^{cd}\left(p,\xi\right)=\hat{R}_i\left(p+2,\xi_a\right)\hat{R}_j\left(p+2,\xi_b\right)R_k\left(p+2,\xi_c\right)R_\ell\left(p+2,\xi_d\right)$$
$$\text{其中}\, i,j=1,2,\ldots,p+1;\quad k,\ell=1,2,\ldots,p;\qquad (5.73)$$
$$i+j+k+\ell=p+2$$

根据定义，上面的多项式是以体为基的。通过对多项式集式（5.71）进行 Gram–Schmidt 正交化可以得到由$p\left(p^2-1\right)/6$个以体为基多项式组成的等价p阶分层级族，由单体T^3内的拉格朗日内积完成。这样，分层级以体为基多项式通过正交化由式（5.71）进行三重循环产生的列表顺序（从第一到最后一个多项式）获得，三重循环为：$g=2,3\cdots,p$（全局阶$g=\ell+2+m+n$的外循环）；$n=0,1,\cdots,g-2$和$m=0,1,\cdots g-2-n$（内循环），$\ell=\left(g-2-m-n\right)$（固定在内循环）。

表 5.6 给出了以这种方式获得的分层级多项式$V_{ijk}\left(\xi\right)$（直到 6 阶）。这些多项式的全局阶等于$p=i+j+k$，等于其表达式中下标之和。

5.3.1.3 以面为基多项式

在第 4 章中内插由三个父变量描述的三角形面内点的$p\left(p+1\right)/2$个多项式用（虚拟）父变量表示为

$$\hat{\alpha}_{ijk}^{c}\left(p,\xi\right)=\hat{R}_i\left(p+2,\xi_a\right)\hat{R}_j\left(p+2,\xi_b\right)R_k\left(p+2,\xi_c\right)$$
$$\text{其中}\, i,j=1,2,\ldots,p+1;\quad k=1,2,\ldots,p;\qquad (5.74)$$
$$\text{且}\, i+j+k=p+2$$

这里不包括$k=0$的情况，因为这种情况与插值三角形边$\xi_c=0$的以面为基函数等价，那些函数将在下一小节讨论。

用T^2内两重循环获得的分层级多项式代替式（5.74）的以面为基插值多项式，两重循环为：$k=1,2,\cdots,p$（外循环），$n=k,k-1,\cdots,1$（内循环；图 5.7 所示为通过两重嵌套循环正交化构建以面为基分层多项式Q_{mn}），k阶多项式

$$\mathcal{P}_{mn}\left(\xi_a,\xi_b,\xi_c\right)=\mathcal{E}_m\left(\xi_a,\xi_b\right)\mathcal{F}_n\left(\xi_c\right)\qquad (5.75)$$

其中，$k=m+n$，$\mathcal{E}_m$、$\mathcal{F}_n$由 5.3.1.1 节给出。

这一正交过程得到一个多项式集$Q_{mn}\left(\xi_a,\xi_b,\xi_c\right)$。$Q_{mn}\left(\xi_a,\xi_b,\xi_c\right)$包含所有标准正交化的多项式$\mathcal{F}_n\left(\xi_c\right)$，其中$Q_{0n}\left(\xi_a,\xi_b,\xi_c\right)=\mathcal{F}_n\left(\xi_c\right)$，当$\xi_c=1$时，$Q_{0n}=1$。$Q_{mn}$的阶数为$\left(m+n\right)$，等于式（5.75）中函数$\mathcal{E}_m$和$\mathcal{F}_n$下标$m$和$n$之和。此外，当$m$为偶数或零时，$Q_{mn}$关于$\xi_a$和$\xi_b$对称；而当$m$为奇数时，$Q_{mn}$关于$\xi_a$和$\xi_b$反对称。

通过这一过程获得的分层级多项式$Q_{mn}\left(\xi_a,\xi_b,\xi_c\right)$ 和 $Q_{mn}\left(\xi_a,\xi_b,\xi_d\right)$只分别在三角形单体$T^2\left(\xi_a,\xi_b,\xi_c\right)$和$T^2\left(\xi_a,\xi_b,\xi_d\right)$中相互正交。$Q_{mn}\left(\xi_a,\xi_b,\xi_c\right)$以面为基，在

三角形面 $\xi_d = 0$ 上不为 0，而由于公因子 ξ_c 的存在，其在面 $\xi_c = 0$ 上为 0。为了获得在单体 $T^2 (\xi_a, \xi_b, \xi_d)$ 和 T^3 上都相互正交的以面为基多项式 $F_{mn} (\boldsymbol{\xi})$ 分层级族，在多项式 $Q_{mn} (\xi_a, \xi_b, \xi_c)$ 上添加一个合适的全局阶 $p \le (m+n)$ 的以体为基多项式 $V_p (\boldsymbol{\xi})$（在 5.3.1.2 节中推导）的线性组合就足够了。多项式 $V_p (\boldsymbol{\xi})$ 和 Q_{mn} 有关于变量 ξ_a 和 ξ_b 相同的对称特性。多项式 $F_{mn} (\boldsymbol{\xi})$ 定义了全局阶为 $(m+n)$ 的多项式

$$\tilde{\mathcal{E}}_{m+n}^{s|a,s} (\boldsymbol{\xi}) = F_{mn}^{s|a} (\xi_a, \xi_b, \xi_c, \xi_d) + F_{mn}^{s|a} (\xi_a, \xi_b, \xi_d, \xi_c) \tag{5.76}$$

该多项式用于在 5.3.1.4 节构建关于变量 ξ_c 和 ξ_d 对称，在单体 $T^2 (\xi_a, \xi_b, \xi_c)$、$T^2 (\xi_a, \xi_b, \xi_d)$ 和 T^3 正交的以边为基的多项式。

表 5.5 给出了直到 6 阶的单体 T^2、T^3 的标准化以面为基分层级多项式 $F_{mn} (\boldsymbol{\xi})$。

阶数

$k = 1 \quad \mathcal{E}_0 (\xi_a, \xi_b) \mathcal{F}_1 (\xi_c) = Q_{01} (\xi_a, \xi_b, \xi_c)$

$k = 2 \quad \mathcal{E}_0 (\xi_a, \xi_b) \mathcal{F}_2 (\xi_c) \rightarrow \mathcal{E}_1 (\xi_a, \xi_b) \mathcal{F}_1 (\xi_c)$

$k = 3 \quad \mathcal{E}_0 (\xi_a, \xi_b) \mathcal{F}_3 (\xi_c) \rightarrow \mathcal{E}_1 (\xi_a, \xi_b) \mathcal{F}_2 (\xi_c) \rightarrow \mathcal{E}_2 (\xi_a, \xi_b) \mathcal{F}_1 (\xi_c)$

$k = 4 \quad \mathcal{E}_0 (\xi_a, \xi_b) \mathcal{F}_4 (\xi_c) \rightarrow \mathcal{E}_1 (\xi_a, \xi_b) \mathcal{F}_3 (\xi_c) \rightarrow \mathcal{E}_2 (\xi_a, \xi_b) \mathcal{F}_2 (\xi_c) \rightarrow \mathcal{E}_3 (\xi_a, \xi_b) \mathcal{F}_1 (\xi_c)$

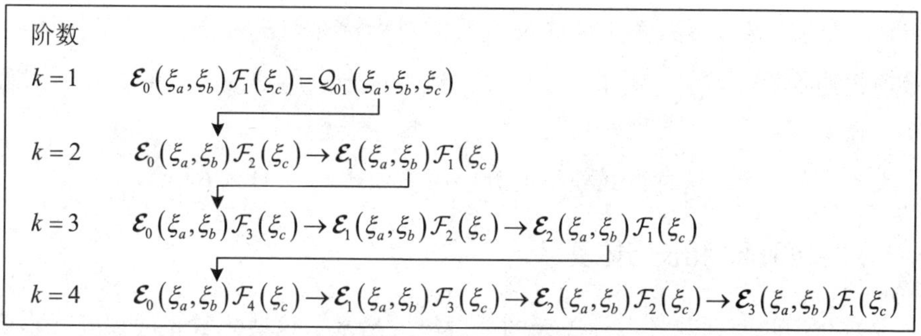

图 5.7 通过两重嵌套循环正交化构建以面为基分层多项式 Q_{mn}

在图 5.7 中，外循环 $k = 1, 2, \ldots, p$；内循环 $n = k, k-1, \ldots, 1$。因此，对于 k 阶多项式 Q_{mn}（其中 $k = m+n$）可利用 $\mathcal{E}_m \mathcal{F}_n$ 与先前获得的所有以面为基正交多项式 $Q_{J\ell}$（其中 $J + \ell$ 最大等于 $k-1$）进行正交化计算得到；同样，当 $m \ge 1$ 时，Q_{mn} 通过使 $\mathcal{E}_m \mathcal{F}_n$ 与先前获得的多项式 $Q_{J\ell}$（其中 $J = 0, 1, \ldots, m-1$，$\ell = k-J$）正交化计算得到。该图仅显示从 $k = 1$ 到 $k = 4$ 的计算方法。该过程从 $k = 1$ 开始，其中 Q_{01} 是已知的。当 $k = 2$ 时，首先通过使 $\mathcal{E}_0 \mathcal{F}_2$ 相对于 Q_{01} 正交化构建 Q_{02}，然后通过使 $\mathcal{E}_1 \mathcal{F}_1$ 相对于 Q_{01} 和 Q_{02} 正交化来构建 Q_{11}。当 $k = 3$ 时，首先通过使 $\mathcal{E}_0 \mathcal{F}_3$ 相对于 Q_{01}、Q_{02} 和 Q_{11} 正交化来建立 Q_{03}；然后，依次构建 Q_{12} 和 Q_{21}，以此类推。

5.3.1.4 以边为基多项式

在第 4 章中内插由 2 个父变量 ξ_a、ξ_b 描述的边的 $(p+1)$ 个多项式用（虚拟）父变量表示为

$$\hat{\alpha}_{ij} (p, \xi_a, \xi_b) = \hat{R}_i (p+2, \xi_a) \hat{R}_j (p+2, \xi_b)$$

$$\text{其中 } i, j = 1, 2, \ldots, p+1;$$

$$\text{且 } i + j = p + 2 \tag{5.77}$$

并可用 5.3.1.1 节的分层级多项式$\mathcal{E}_p(\xi_a,\xi_b)=\mathcal{E}_p(\xi_{ab},\chi_{cd})$代替这个多项式。

对于直线元素（即单体T^1），分层级多项式通过为$\mathcal{E}_p(\xi_{ab},\chi_{cd})$设置$\chi_{cd}=0$（等价于$\xi_a+\xi_b=1$）获得。在直线元素情况下，因为$\mathcal{E}_p(\chi_{cd}=0)$在构造上与拉格朗日多项式$P_p(\xi_{ab})$一致，或等价于偏移的拉格朗日多项式$P_p^*(\xi_a)$，函数$\mathcal{E}_p$可容易地通过参考文献[33]中的冗余关系获得。

然而不幸的是，以边为基分层级多项式$\mathcal{E}_p$只在单体T^1内相互正交。为了获得一个关于变量ξ_c和ξ_d对称，并在单体$T^3(\xi_a,\xi_b,\xi_c,\xi_d)$、$T^2(\xi_a,\xi_b,\xi_c)$（$\xi_d=0$）和$T^2(\xi_a,\xi_b,\xi_d)$（$\xi_c=0$）相互正交的以边为基多项式分层级族，在$p$阶多项式$\mathcal{E}_p$上添加 5.3.1.3 节中多项式$\tilde{\mathcal{E}}_m$ [式(5.76)]，5.3.1.2 节中以体为基多项式$V_m(\xi)$的适当线性组合就足够了。$V_m(\xi)$关于 4 个父变量的对称特性与$\mathcal{E}_p$相同，所有用于该组合的多项式的阶数$m\leqslant p$。关于这个问题的线性组合只用到关于变量ξ_c和ξ_d对称的以体为基多项式。

表 5.5 给出了用这种方式获得的分层级多项式$\mathcal{E}_p$（直到 6 阶）。

5.3.2　四面体和长方体基

本节介绍四面体和长方体单元的分层级矢量基。这些函数张成梯度减小旋度一致的 Nédélec [5]空间，这意味着在四面体和长方体单元上形成p阶完全分层级基的独立矢量值多项式的数量分别为$2(p+1)(p+2)$和$3(p+1)(p+2)^2$。

许多具有相似特性的基族已经被提出了[13,19,34–36]。然而，随着表达式阶数的增加，分层级基通常展示出较差的线性独立性，使得产生一个病态方程组。这里给出的基函数通过与 5.3.1 节产生三角形和四面体矢量基相似的过程构建，它们的线性独立性损失得到改善。这些基函数第一次被提出是在参考文献[22, 23]和[26]中。

接下来，讨论这些基函数的发展，并为获得任意多项式次数的基函数提供一般表达式。基具有矩阵条件数增长非常慢的结果表明它们能够在多项式阶数增加时保持完美的线性独立性。

在第 4 章中，通过将 0 阶旋度一致矢量函数与 Silvester - Lagrange 插值函数相乘构建长方体和四面体单元的插值高阶矢量基。这里，这些插值多项式的线性组合被用于获取生成分层级多项式。这些生成分层级多项式从一开始就被分为 3 个不同的组：以边（E）、以面（F）、以体（V）为基函数。在每一组内，所有分层级多项式按先验条件相互正交独立于相关内积的定义域构建，也就是说，按长方体的边、面或体构建。然后，按照第 4 章给出的方法构建分层级矢量基，用新的标量分层级多项式代替第 4 章的插值多项式。因此，对任意给定的多项式阶数，第 4 章给出的基集与这两个基张成的空间完全相同。

在本节中，在将由 6 个虚拟父变量 $\xi=\{\xi_a,\xi_d;\xi_b,\xi_e;\xi_c,\xi_f\}$（见第 4 章）表述的四面体单元作为长方体单元的边界面 $\xi_b=0$ 时，推导四面体和长方体基。假设变量 ξ_a，ξ_b 和 ξ_c 独立，

$$\begin{aligned}\xi_d&=1-\xi_a\\\xi_e&=1-\xi_b\\\xi_f&=1-\xi_c\end{aligned}\tag{5.78}$$

且父区间 (ξ_a,ξ_b,ξ_c) 的父长方体单元 Q^3 为具有单位边长的长方体 $\{0\leqslant\xi_a,\xi_b,\xi_c\leqslant1\}$。在下文中，$Q^1$ 表示面 $\xi_a=0$ 和 $\xi_b=0$ 交接形成的父面，而 Q_a^2 和 Q_b^2 分别表示父面 $\xi_a=0$ 和 $\xi_b=0$。相似地，四面体单元 Q^2 由 4 个虚拟父变量 $\boldsymbol{\xi}=\{\xi_a,\xi_d;\xi_c,\xi_f\}$ 表示，这里再一次假设 ξ_a 和 ξ_c 独立，而 ξ_d 和 ξ_f 由式(5.78)给出。四面体单元 Q^2 是长方体的面 $\xi_b=0$（即 $Q^2=Q_b^2$）。在父空间 (ξ_a,ξ_c) 中，Q^2 为具有单位边长的正方形 $\{0\leqslant\xi_a,\xi_c\leqslant1\}$，$Q^1$ 为父边 $\xi_a=0$。

5.3.2.1　生成多项式

对于长方体元素，在第 4 章中通过将与面 $\xi_a=0$ 和 $\xi_b=0$ 相交边相关的零阶旋度一致矢量函数 $\boldsymbol{\Omega}_{ab}=\xi_d\xi_e\nabla\xi_c$ 与由

$$\begin{aligned}\hat{\alpha}^{ab}_{i\ell;jm;kn}(\xi)=&R_i(p+1,\xi_a)\hat{R}_\ell(p+1,\xi_d)R_j(p+1,\xi_b)\hat{R}_m(p+1,\xi_e)\\&\hat{R}_k(p+2,\xi_c)\hat{R}_n(p+2,\xi_f)\\&\text{其中}\,i,j=0,1,\dots,p;\quad k,\ell,m,n=1,2,\dots,p+1;\\&\text{且}\,i+\ell=j+m=p+1;\quad k+n=p+2\end{aligned}\tag{5.79}$$

定义的 $(p+1)^3$ 个 Silvester - Lagrange 插值多项式相乘，获得直到 p 阶的插值旋度一致基。

对于四面体单元，与边 $\xi_a=0$ 相关的零阶矢量因子为 $\Omega_a=\xi_d\nabla\xi_c$，而用于构建 p 阶完整基的 $(p+1)^2$ 个 Silvester - Lagrange 插值多项式通过对式(5.79)设置 $\xi_b=0$ 和 $j=0$ 获得，等价于 $\xi_e=1$, $m=p+1$，$R_j(p+1,\xi_b)\hat{R}_m(p+1,\xi_e)=1$。

对于四面体和长方体单元，这一加法过程产生的矢量函数的数量分别为 $4(p+1)^2$ 和 $12(p+1)^3$。一些矢量函数线性依赖于其他矢量函数。使用与第 4 章插值情况相似的过程，依赖于生成标量集的以面为基和以体为基多项式必须消除。对于四面体集，$2p(p+1)$ 个以面为基矢量函数式是线性非独立的。对于长方体集，$12p(p+1)$ 个以面为基矢量函数和 $9p^2(p+1)$ 个以体为基矢量函数是非独立的，必须被消除。去除冗余函数之后，对于四面体和长方体单元，获得的矢量函数总数分别为 $2(p+1)(p+2)$ 和 $3(p+1)(p+2)^2$，这是用于张成 Nédélec 混合阶空间[5,37]

必需的自由度。

四边形和长方体单元的矢量基——虚拟和变量之间的对应关系如表 5.8 所示。分层矢量基函数是表 5.8 中的多项式与左侧列中列出的第 4 章的零级矢量函数的乘积。在相乘时，出现在表 5.8 中给出的多项式中的虚拟父变量 $\{\xi_a,\xi_d;\xi_b,\xi_e;\xi_c,\xi_f\}$ 由右边列中给出的的父变量代替。前两行分别考虑了旋度 $(\boldsymbol{\Omega})$ 和散度一致 (Λ) 四边形基数，零阶基因子为 $\boldsymbol{\Omega}_a=\xi_d\nabla\xi_c$，$\Lambda_a=\boldsymbol{\Omega}_a\times\hat{n}$。在这种情况下，必须在表 5.8 中设置 $\xi_b=0,\xi_e=1$。最后六行为长方体元素的旋度一致基，第零阶基因子为 $\boldsymbol{\Omega}_{ab}=\xi_d\xi_e\nabla\xi_c$；在这种情况下，当形成以面为基函数时，请记住右侧列中给出的父变量有以面 $\xi_b=0$ 为基的函数（见表 5.8）。

表 5.8　四边形和长方体单元的矢量基——虚拟和父变量之间的对应关系

函数	$\xi_a,\xi_d;\xi_b,\xi_e;\xi_c,\xi_f$	函数	$\xi_a,\xi_d;\xi_b,\xi_e;\xi_c,\xi_f$
$\boldsymbol{\Omega}_1,\Lambda_1$	$\xi_1,\xi_3;\bullet,\bullet;\xi_4,\xi_2$	$\boldsymbol{\Omega}_3,\Lambda_3$	$\xi_3,\xi_1;\bullet,\bullet;\xi_2,\xi_4$
$\boldsymbol{\Omega}_2,\Lambda_2$	$\xi_2,\xi_4;\bullet,\bullet;\xi_1,\xi_3$	$\boldsymbol{\Omega}_4,\Lambda_4$	$\xi_4,\xi_2;\bullet,\bullet;\xi_3,\xi_1$
$\boldsymbol{\Omega}_{12}$	$\xi_1,\xi_4;\xi_2,\xi_5;\xi_3,\xi_6$	$\boldsymbol{\Omega}_{26}$	$\xi_2,\xi_5;\xi_6,\xi_3;\xi_4,\xi_1$
$\boldsymbol{\Omega}_{13}$	$\xi_1,\xi_4;\xi_3,\xi_6;\xi_5,\xi_2$	$\boldsymbol{\Omega}_{34}$	$\xi_3,\xi_6;\xi_4,\xi_1;\xi_5,\xi_2$
$\boldsymbol{\Omega}_{15}$	$\xi_1,\xi_4;\xi_5,\xi_2;\xi_6,\xi_3$	$\boldsymbol{\Omega}_{35}$	$\xi_3,\xi_6;\xi_5,\xi_2;\xi_1,\xi_4$
$\boldsymbol{\Omega}_{16}$	$\xi_1,\xi_4;\xi_6,\xi_3;\xi_2,\xi_5$	$\boldsymbol{\Omega}_{45}$	$\xi_4,\xi_1;\xi_5,\xi_2;\xi_3,\xi_6$
$\boldsymbol{\Omega}_{23}$	$\xi_2,\xi_5;\xi_3,\xi_6;\xi_1,\xi_4$	$\boldsymbol{\Omega}_{46}$	$\xi_4,\xi_1;\xi_6,\xi_3;\xi_5,\xi_2$
$\boldsymbol{\Omega}_{24}$	$\xi_2,\xi_5;\xi_4,\xi_1;\xi_3,\xi_6$	$\boldsymbol{\Omega}_{45}$	$\xi_5,\xi_2;\xi_6,\xi_3;\xi_1,\xi_4$

如表 5.8 所示，用于构建多项式（5.79）的虚拟父变量集 $\boldsymbol{\xi}=\{\xi_a,\xi_d;\xi_b,\xi_e;\xi_c,\xi_f\}$ 是长方体父变量 $\{\xi_1,\xi_4;\xi_2,\xi_5;\xi_3,\xi_6\}$ 的适当排列，这取决于相关的零阶边因子 $\boldsymbol{\Omega}_{ab}$（或四面体单元的 $\boldsymbol{\Omega}_a$）。$\boldsymbol{\Omega}_{ab}=\xi_d\xi_e\nabla\xi_c$ 在长方体两个边 $\xi_d=0$，$\xi_e=0$ 上为零，$\boldsymbol{\Omega}_a=\xi_d\nabla\xi_c$ 在 $\xi_d=0$ 上为零，而多项式（5.79）不在这些值处为零。

式（5.79）第一次被介绍是在参考文献[37]中。由于它的插值特性和对称关系，它包含 $(p+1)^3$ 个多项式，也就是说，独立多项式的数量高于构建 p 阶完整标量基所需数量。（事实上，对于 2D 和 3D 情况，多项式最小数量分别为 $(p+1)(p+2)/2$ 和 $(p+1)(p+2)(p+3)/6$。）对于长方体和四面体单元，式（5.79）中每个多项式的总阶数分别等于 $3p$ 和 $2p$（见第 4 章和参考文献[37]）。通过利用非独立关系式（5.78）只用独立父变量重写式（5.79）以及式（5.79）最后一行的下标和规则，可以立刻知道对于独立变量 ξ_a、ξ_b、ξ_c 这些多项式的阶为 p。

通过对式（5.79）中 $(p+1)^3$ 个多项式进行线性组合可以很容易地得到各种各样的 p 阶完整非插值集。相似地，如果每一项的总阶数小于或低于 $3p$ 并且各项的线性组合能产生一个与式（5.79）插值网格相同的插值多项式集，由$(p+1)^3$个线性独立的非插值多项式形成的p阶完整集等价于式（5.79）。更准确地说，如果一个多项式集的$(p+1)^3$个线性独立多项式由：

- $p^2(p+1)$个完全在面$\xi_a=0$和$\xi_b=0$上为零的以体为基多项式V_{ijk}［这些多项式等价于$i,j,k\neq 0$时式（5.79）的插值多项式］；
- $p(p+1)$个自由度与面$\xi_a=0$相关，在面$\xi_b=0$上为零的以面为基多项式F_{0jk}［这些多项式等价于$j=0$；$i=1,2,\cdots,p$；$k=1,2,\cdots,p+1$时式（5.79）的插值多项式］；
- $p(p+1)$个以面$\xi_b=0$为基，在面$\xi_a=0$为零，也就是说，自由度与面$\xi_b=0$相关的以面为基多项式F_{i0k}［这些多项式等价于$i=0$；当$j=1,2,\cdots,p$；$k=1,2,\cdots,p+1$时式（5.79）的插值多项式］；
- $(p+1)$个以边$\xi_a=\xi_b=0$为基的以边为基多项式E_k（这些多项式等价于$i=j=0$和ℓ，$m=p+1$时式（5.79）的插值多项式，边由面$\xi_a=0$和$\xi_b=0$的交界形成）

组成，那么它等价于式（5.79）。当只用其独立父变量表示时，等价多项式对于变量ξ_a、ξ_b、ξ_c的阶数低于或等于p。这表明等价集每个多项式的总阶数不能比$3p$高（对于四面体单元为$2p$），包括式（5.79）在内的每个等价集，其形式为

$$\begin{cases} H_{00k}(\xi)=E_k(\xi) \\ H_{i0k}(\xi)=F_{i0k}(\xi) \\ H_{0jk}(\xi)=F_{0jk}(\xi) \\ H_{ijk}(\xi)=V_{ijk}(\xi) \end{cases} \tag{5.80}$$

$$\text{其中} i,j=1,2,\ldots,p;\quad k=0,1,\ldots,p$$

式（5.80）中出现的下标i、j、k与式（5.79）中下标i、j、k不同，作用也不一样。一般来说，等价式（5.80）的多项式不是插值的，通常具有非齐次形式[37]。事实上，我们只对等级分层级多项式集感兴趣。如果：

- 对于$p=0$（0 阶），集只包含以边为基多项式$H_{000}(\xi)$；
- 对于$p\geqslant 1$，通过按以下三重循环，增加具有下标i、j、k的$(3p^2+3p+1)$个多项式$H_{ijk}(\xi)$的阶$(p-1)$获得p阶完整集

$$i=p;\ \ j=0,1,\ldots,p;\ \ k=0,1,\ldots,p-1 \tag{5.81}$$

$$j=p;\ \ i,k=0,1,\ldots,p-1 \tag{5.82}$$

$$k=p;\ \ i,j=0,1,\ldots,p \tag{5.83}$$

式（5.80）是分层级的。在下文中，分层级多项式$H_{ijk}(\boldsymbol{\xi})$用变量

$$\begin{cases}\xi_{ad}=\xi_a-\xi_d\\ \xi_{be}=\xi_b-\xi_e\\ \xi_{cf}=\xi_c-\xi_f\end{cases} \tag{5.84}$$

表示。由于式（5.78）成立，式（5.84）等价于

$$\begin{cases}\xi_{ad}=2\xi_a-1\\ \xi_{be}=2\xi_b-1\\ \xi_{cf}=2\xi_c-1\end{cases} \tag{5.85}$$

5.3.2.2　以体、以面、以边为基多项式

现在用相互正交的多项式形成每一组以体、以面、以边为基的分层级多项式。显然，选择不同的权值函数定义正交性将会产生不同的多项式集，对于长方体单元，用这种方式获得的所有较高阶矢量函数为

$$\begin{aligned}\boldsymbol{\Omega}_{ijk}^{ab}&=H_{ijk}(\xi)\boldsymbol{\Omega}_{ab}=H_{ijk}(\xi)\xi_d\xi_e\nabla\xi_c\\ &=H_{ijk}(\xi)\sqrt{w}\nabla\xi_c\end{aligned} \tag{5.86}$$

可方便地通过标量生成多项式$H_{ijk}(\xi)$与权值函数

$$w=\xi_d^2\xi_e^2=(1-\xi_a)^2(1-\xi_b)^2 \tag{5.87}$$

正交得到。对于Q^1、$Q^2\left(=Q_b^2\right)$、Q_a^2，式（5.87）可简化为

$$\begin{aligned}w_1&=w\big|_{\xi_a=\xi_b=0}=1\\ w_2&=w\big|_{\xi_b=0}=(1-\xi_a)^2\\ w_{2a}&=w\big|_{\xi_a=0}=(1-\xi_b)^2\end{aligned} \tag{5.88}$$

对于这些权值多项式，生成分层级多项式可自然地用雅可比多项式$P_n^{(\alpha,\alpha)}(z)$表示，其中$\alpha=0$或2，n为多项式的阶。这些雅可比多项式为z的偶函数或奇函数，其中$P_n^{(\alpha,\alpha)}(-z)=(-1)^n P_n^{(\alpha,\alpha)}(z)$。特别地，多项式与简化的权值函数$w_1=1$有关的$P_n^{(0,0)}(z)$等价于拉格朗日多项式$P_n(z)$。对于$\alpha=0,2$，雅可比多项式由最低阶函数

$$\begin{cases}P_0(z)=1\\ P_1(z)=z\end{cases} \tag{5.89}$$

$$\begin{cases}P_0^{(2,2)}(z)=1\\ P_1^{(2,2)}(z)=3z\end{cases} \tag{5.90}$$

通过以下n阶冗余关系

$$(n+1)P_{n+1}(z)=(2n+1)zP_n(z)-nP_{n-1}(z) \tag{5.91}$$

$$(n+1)(n+5)P_{n+1}^{(2,2)}(z)=(n+3)\left[(2n+5)zP_n^{(2,2)}(z)-(n+2)P_{n-1}^{(2,2)}(z)\right] \tag{5.92}$$

获得。以这种方式获得的等价于集式（5.79）的归一化分层级多项式由如下$(p+1)^3$个多项式组成

$$\begin{cases} H_{00k}=E_k=\sqrt{2k+1}P_k\left(\xi_{cf}\right) \\ H_{i0k}=F_{i0k}=\xi_a f_{i-1}\left(\xi_{ad}\right)E_k\left(\xi_{cf}\right) \\ H_{0jk}=F_{0jk}=\xi_b f_{j-1}\left(\xi_{be}\right)E_k\left(\xi_{cf}\right) \\ H_{ijk}=V_{ijk}=\xi_a\xi_b f_{i-1}\left(\xi_{ad}\right)f_{j-1}\left(\xi_{be}\right)E_k\left(\xi_{cf}\right) \end{cases} \tag{5.93}$$

其中$i,j=1,2,\cdots,p$；$k=0,1,\cdots,p$；ξ_{ad}、ξ_{be}、ξ_{cf}在式（5.84）中给出，并且

$$f_n(z)=\sqrt{\frac{(2n+5)(n+3)(n+4)}{3(n+1)(n+2)}}P_n^{(2,2)}(z) \tag{5.94}$$

表示n阶重新缩放雅可比多项式。通过将ξ_b换成ξ_a，ξ_{be}换成ξ_{ad}，j换成i，可简单地由与面$\xi_b=0$相关的多项式F_{i0k}获得与面$\xi_a=0$相关的多项式$H_{0jk}=F_{i0k}$（在面$\xi_b=0$上为 0）。

式（5.93）中出现的重新缩放雅可比多项式满足以下通过设置$z=2x-1$［见式（5.85）]，由参考文献[33]获得的正交关系

$$\int_0^1 E_m(2x-1)E_p(2x-1)\mathrm{d}x=\delta_{mp} \tag{5.95}$$

$$\int_0^1 x^2(1-x)^2 f_m(2x-1)f_p(2x-1)\mathrm{d}x=\frac{\delta_{mp}}{3} \tag{5.96}$$

其中，δ_{mp}是 Kronecker delta。由式（5.95）和式（5.96）与式（5.85）一起得到表 5.9 的内积结果。

说到四面体元素，与边$\xi_a=0$相关的 0 阶矢量因子为$\boldsymbol{\Omega}_a=\xi_d\nabla\xi_c$。在这种情况下，很容易使多项式相对于权值函数$w_2=\xi_d^2$相互正交。然后，很容易证明用于四面体元素的$(p+1)^2$个多项式是式（5.93）给出的$H_{00k}$和$H_{i0k}$。

式（5.93）中分层级多项式H_{ijk}的阶数为表示它们的下标(i,j,k)之和。为了方便数值计算和代码调试，表 5.10 明确给出了直到 3 阶的以边、以面、以体多项式。

式（5.85）、式（5.95）和式（5.96）很容易证明在每组内，相对于权值函数式（5.87）多项式相互正交。特别地，

- 以体为基多项式在长方体父单元Q^3中正交；
- 以面为基多项式在Q^3中和两个四面体面Q_a^2和$Q^2\left(=Q_b^2\right)$中正交；
- 以边为基多项式与Q^3和边$\xi_a=\xi_b=0$相连的面Q_a^2和Q^2，以及在

$\xi_a = \xi_b = 0$的边Q^1正交。

然而，一般来说，一个组中的多项式与不同组的多项式不正交。四边形和长方体单元上的矢量基——表 5.10 中分层多项式的内积如表 5.9 所示，表 5.9 用矩阵形式给出了分层级多项式的内积。表 5.9 中矩阵的主对角线给出了每组多项式的标准化形式。

表 5.9 四边形和长方体单元上的矢量基——表 5.10 中分层多项式的内积

Q^3内积

	E_n	$F_{\ell 0n}$	F_{0mn}	$V_{\ell mn}$
E_k	$\delta_{kn}/9$	$\eta_\ell\delta_{kn}/9$	$\eta_m\delta_{kn}/9$	$\eta_\ell\eta_m\delta_{kn}/9$
F_{i0k}	$\eta_i\delta_{kn}/9$	$\delta_{i\ell}\delta_{kn}/9$	$\eta_i\eta_m\delta_{kn}/9$	$\eta_m\delta_{i\ell}\delta_{kn}/9$
F_{0jk}	$\eta_j\delta_{kn}/9$	$\eta_j\eta_\ell\delta_{kn}/9$	$\delta_{jm}\delta_{kn}/9$	$\eta_m\delta_{i\ell}\delta_{kn}/9$
V_{ijk}	$\eta_i\eta_j\delta_{kn}/9$	$\eta_j\delta_{i\ell}\delta_{kn}/9$	$\eta_i\delta_{jm}\delta_{kn}/9$	$\delta_{i\ell}\delta_{jm}\delta_{kn}/9$

Q_a^2、Q_b^2和Q^1内积：

Q_a^2

	E_n	F_{0mn}
E_k	$\delta_{kn}/3$	$\eta_m\delta_{kn}/3$
F_{0jk}	$\eta_j\delta_{kn}/3$	$\delta_{jm}\delta_{kn}/3$

Q_b^2

	E_n	$F_{\ell 0n}$
E_k	$\delta_{kn}/3$	$\eta_\ell\delta_{kn}/3$
F_{i0k}	$\eta_i\delta_{kn}/3$	$\delta_{i\ell}\delta_{kn}/3$

Q^1

	E_n
E_k	δ_{kn}

以上，δ_{rs}是 Kronecker delta，$\eta_q = (-1)^{(q+1)}\sqrt{\dfrac{3(2q+3)}{q(q+1)(q+2)(q+3)}}$，

并且$-\eta_q f_{q-1}(z) = (-1)^q \dfrac{2q+3}{q(q+1)} P_{q-1}^{(2,2)}(z)$

表中仅列出了内积的非零值。

$$\langle H_{ijk}, H_{\ell mn}\rangle_{Q^3} = \int_{Q^3} wH_{ijk}H_{\ell mn}\mathrm{d}Q^3$$
$$\langle H_{ijk}, H_{\ell mn}\rangle_{Q_a^2} = \int_{Q_a^2} wH_{ijk}H_{\ell mn}\mathrm{d}Q_a^2$$
$$\langle H_{ijk}, H_{\ell mn}\rangle_{Q_b^2} = \int_{Q_b^2} wH_{ijk}H_{\ell mn}\mathrm{d}Q_b^2$$
$$\langle H_{ijk}, H_{\ell mn}\rangle_{Q^1} = \int_{Q^1} wH_{ijk}H_{\ell mn}\mathrm{d}Q^1$$

其中，$i,\ell,j,m = 1,2,\ldots,p$；$k,n = 0,1,\ldots,p$，$w$由式（5.87）给出

5.3.2.3 用于保证正切一致性的分层级基对称关系

对于长方体元素，与面 $\xi_b=0$（$\xi_e=1$）相关的高阶矢量函数的方向按 $\nabla\xi_c$ 的方向［见式（5.86）和式（5.93）］

$$\begin{aligned}\boldsymbol{\Omega}_{i0k}^{ab}&=\xi_a f_{i-1}(\xi_{ad})E_k(\xi_{cf})[\xi_d\xi_e\nabla\xi_c]\\ \boldsymbol{\Omega}_{i0k}^{db}&=\xi_d f_{i-1}(\xi_{da})E_k(\xi_{cf})[\xi_a\xi_e\nabla\xi_c]\end{aligned}\tag{5.97}$$

$$\text{其中}\, i=1,2,\ldots,p;\quad k=0,1,\ldots,p$$

其中，

$$f_{i-1}(\xi_{ad})=(-1)^{(i+1)}f_{i-1}(\xi_{da})\tag{5.98}$$

$$\boldsymbol{\Omega}_{i0k}^{ab}=(-1)^{(i+1)}\boldsymbol{\Omega}_{i0k}^{db}\tag{5.99}$$

在式（5.97）中，用于构建更高阶矢量函数的 0 阶因子在方括号中给出。

显然，式（5.99）显示为了保证基的独立性，必须从基集中丢弃 $\boldsymbol{\Omega}_{i0k}^{ab}$ 或 $\boldsymbol{\Omega}_{i0k}^{db}$。此外，由于 $\nabla\xi_c=-\nabla\xi_f$，$E_k(\xi_{cf})=(-1)^k E_k(\xi_{fc})$，有

$$\boldsymbol{\Omega}_{i0k}^{ab}(\xi_c,\xi_f)=(-1)^{(k+1)}\boldsymbol{\Omega}_{i0k}^{ab}(\xi_f,\xi_c)\tag{5.100}$$

四边形和长方体单元以边、面和体为基分层多项式的矢量基如表 5.10 所示。

表 5.10 四边形和长方体单元以边、面和体为基分层多项式的矢量基

以边为基：

$p=0$阶：	$E_0(\xi_{cf})=1$
$p=1$阶：在$p=0$集增加	$E_1(\xi_{cf})=\sqrt{3}\xi_{cf}$
$p=2$阶：在$p=1$集增加	$E_2(\xi_{cf})=\sqrt{5}(3\xi_{cf}^2-1)/2$
$p=3$阶：在$p=2$集增加	$E_3(\xi_{cf})=\sqrt{7}\xi_{cf}(5\xi_{cf}^2-3)/2$

对于$p\geqslant 1$阶：在$(p-1)$集增加 $E_p(\xi_{cf})=\sqrt{2p+1}\,P_p(\xi_{cf})$ ［见式(5.93)］

以面为基：

$p=0$阶：无	$p=3$阶：在$p=2$集增加 $F_{300}(\xi)=\sqrt{30}\xi_a(7\xi_{ad}^2-1)/2$ $F_{301}(\xi)=3\sqrt{10}\xi_a(7\xi_{ad}^2-1)\xi_{cf}/2$ $F_{302}(\xi)=5\sqrt{3}\xi_a(7\xi_{ad}^2-1)(3\xi_{cf}^2-1)/2\sqrt{2}$ $F_{103}(\xi)=\sqrt{35}\xi_a\xi_{cf}(5\xi_{cf}^2-3)/\sqrt{2}$ $F_{203}(\xi)=7\sqrt{5}\xi_a\xi_{ad}\xi_{cf}(5\xi_{cf}^2-3)/\sqrt{2}$ $F_{303}(\xi)=\sqrt{105}\xi_a(7\xi_{ad}^2-1)\xi_{cf}(3\xi_{cf}^2-3)/2\sqrt{2}$
$p=1$阶： $F_{100}(\xi)=\sqrt{10}\xi_a$ $F_{101}(\xi)=\sqrt{30}\xi_a\xi_{cf}$	
$p=2$阶：在$p=1$集增加 $F_{200}(\xi)=\sqrt{70}\xi_a\xi_{ad}$ $F_{201}(\xi)=\sqrt{210}\xi_a\xi_{ad}\xi_{cf}$ $F_{102}(\xi)=5\xi_a(3\xi_{cf}^2-1)/\sqrt{2}$ $F_{202}(\xi)=5\sqrt{7}\xi_a\xi_{ad}(3\xi_{cf}^2-1)/\sqrt{2}$	

对于$p\geqslant 1$阶：在$(p-1)$集增加 $F_{i0k}=\xi_a f_{i-1}(\xi_{ad})E_k(\xi_{cf})$ ［见式(5.93)和式(5.94)］

其中$i=p;k=0,1,\ldots,p-1;\ k=p;i=1,2,\ldots,p$

续表

以体为基：

$p=0$阶 $\Rightarrow$ 无	$p=2$阶 $\Rightarrow$ 在$p=1$集增加10个函数： $V_{210}=10\sqrt{7}\xi_a\xi_b\xi_{ad}$　　$V_{112}=5\sqrt{5}\xi_a\xi_b\chi_{cf}^2$ $V_{220}=70\xi_a\xi_b\xi_{ad}\xi_{be}$　　$V_{212}=5\sqrt{35}\xi_a\xi_b\xi_{ad}\chi_{cf}^2$ $V_{211}=10\sqrt{21}\xi_a\xi_b\xi_{ad}\xi_{cf}$　　$V_{222}=35\sqrt{5}\xi_a\xi_b\xi_{ad}\xi_{be}\chi_{cf}^2$ $V_{221}=70\sqrt{3}\xi_a\xi_b\xi_{ad}\xi_{be}\xi_{cf}$　　V_{120}，V_{121}，V_{122}
$p=1$阶 $\Rightarrow$ 2个函数： $V_{110}=10\xi_a\xi_b$ $V_{111}=10\sqrt{3}\xi_a\xi_b\xi_{cf}$	

$p=3$阶 $\Rightarrow$ 在$p=2$集增加24个函数：

$V_{310}=5\sqrt{3}\xi_a\xi_b\chi_{ad}^2$，	$V_{311}=15\xi_a\xi_b\chi_{ad}^2\xi_{cf}$，	$V_{312}=5\sqrt{15}\xi_a\xi_b\chi_{ad}^2\chi_{cf}^2/2$，
$V_{320}=5\sqrt{21}\xi_a\xi_b\chi_{ad}^2\xi_{be}$，	$V_{321}=15\sqrt{7}\xi_a\xi_b\chi_{ad}^2\xi_{be}\xi_{cf}$，	$V_{322}=5\sqrt{105}\xi_a\xi_b\chi_{ad}^2\xi_{be}\chi_{cf}^2/2$，
$V_{330}=15\xi_a\xi_b\chi_{ad}^2\chi_{be}^2/2$，	$V_{331}=15\sqrt{3}\xi_a\xi_b\chi_{ad}^2\chi_{be}^2\xi_{cf}/2$，	$V_{332}=15\sqrt{5}\xi_a\xi_b\chi_{ad}^2\chi_{be}^2\chi_{cf}^2/4$，
V_{130},V_{230},V_{131}，	$V_{313}=5\sqrt{21}\xi_a\xi_b\chi_{ad}^2\chi_{cf}^3/2$，	$V_{113}=5\sqrt{7}\xi_a\xi_b\chi_{cf}^3$，
V_{231},V_{132},V_{232}，	$V_{323}=35\sqrt{3}\xi_a\xi_b\chi_{ad}^2\xi_{be}\chi_{cf}^3/2$，	$V_{213}=35\xi_a\xi_b\xi_{ad}\chi_{cf}^3$，
V_{133},V_{233},V_{123}，	$V_{333}=15\sqrt{7}\xi_a\xi_b\chi_{ad}^2\chi_{be}^2\chi_{cf}^3/4$，	$V_{223}=35\sqrt{7}\xi_a\xi_b\xi_{ad}\xi_{be}\chi_{cf}^3$

对于$p\geqslant 2$阶 $\Rightarrow$ 在$(p-1)$集增加 $p(3p-1)$个函数 [见式(5.93)和式(5.94)]

$V_{ijk}=\xi_a\xi_b f_{i-1}(\xi_{ad})f_{j-1}(\xi_{be})E_k(\xi_{cf})$　　$i=p;\ j=1,2,\ldots,p;\quad k=0,1,\ldots,p-1$

$j=p;\ i=1,2,\ldots,p-1;\quad k=0,1,\ldots,p-1$

$k=p;\ i=1,2,\ldots,p;\quad j=1,2,\ldots,p$

其中，$\xi_a+\xi_d=1;\ \xi_{ad}=\xi_a-\xi_d;\ \chi_{ad}^2=(7\xi_{ad}^2-1);$

$\xi_b+\xi_e=1;\ \xi_{be}=\xi_b-\xi_e;\ \chi_{be}^2=(7\xi_{be}^2-1);$

$\xi_c+\xi_f=1;\ \xi_{cf}=\xi_c-\xi_f;\ \chi_{cf}^2=(3\xi_{cf}^2-1);\ \chi_{cf}^3=\xi_{cf}(5\xi_{cf}^2-3)$

以边为基多项式在Q^1、Q_a^2、Q^2和Q^3上是相互正交的；以面为基多项式在Q_a^2、Q^2和Q^3上是相互正交的；以体为基多项式在Q^3上是相互正交的。这些多项式被归一化，如表5.9所示。给出的多项式F_{i0k}是与面$\xi_b=0$相关的多项式，它们在$\xi_a=0$时为零。必须包含以面$\xi_a=0$为基的多项式F_{0ik}，以在Q^3上形成一个完备的多项式。通过用ξ_a代替ξ_b，用ξ_b代替ξ_a，用ξ_{ad}代替ξ_{be}，用ξ_{be}代替ξ_{ad}，得到这些多项式的表达式：

$$F_{i0k}(\xi_a,\xi_b,\xi_{ad},\xi_{be})=F_{i0k}(\xi_b,\xi_a,\xi_{be},\xi_{ad})$$

表中没有明确给出多项式$V_{ijk}\left(j\neq i\right)$的表达式，但可以通过式$V_{iik}$的表达式得出，通过用$\xi_a$代替$\xi_b$，用$\xi_b$代替$\xi_a$，用$\xi_{ad}$代替$\xi_{be}$，用$\xi_{be}$代替$\xi_{ad}$即可。

式（5.99）和式（5.100）显示为了在共用同一四面体面的邻接元素中保持正切一致性，可以调整两个邻接单元其中一个中使用的以面为基矢量函数的符号。相似地，对于与由长方体面$\xi_a=0$，$\xi_b=0$（$\boldsymbol{\Omega}_{00k}^{ab}$）相交形成的边或与四面体单元（$\boldsymbol{\Omega}_{00k}^{a}$），其边$\xi_a=0$相关的$(p+1)$个更高阶矢量函数，有

$$\boldsymbol{\Omega}_{00k}^{ab}\left(\xi_c,\xi_f\right)=\left(-1\right)^{(k+1)}\boldsymbol{\Omega}_{00k}^{ab}\left(\xi_f,\xi_c\right) \tag{5.101}$$

$$\boldsymbol{\Omega}_{00k}^{a}\left(\xi_c,\xi_f\right)=\left(-1\right)^{(k+1)}\boldsymbol{\Omega}_{00k}^{a}\left(\xi_f,\xi_c\right)\quad 其中k=0,1,\ldots,p \tag{5.102}$$

式（5.101）和式（5.102）再一次显示为了保持共用同一面的邻接元素上的正切一致性，调整一个邻接单元的以边为基矢量函数的符号就足够了。

在正切一致性问题中，可以发现这里提供的分层级以边为基和以面为基函数与本节讨论的其他单元的函数相匹配，并沿给定的公共边或面，它们以相同的方式标准化。这使二维域网格转变为三角形和四面体单元的混合体，体网格转变为长方体、棱柱和四面体单元的混合网格成为可能。

5.3.2.4　改进线性独立性的等价基

一般来说，就像 5.3.2.2 节讨论的，表 5.9 的结果显示的那样，一个以边、以面或以体为基多项式组不正交于不同组的多项式。然而，可将适当的以体为基多项式线性组合添加到任意给定的以面为基多项中，可以获得一个新的与以体为基多项式正交的以面为基多项式。同样的方法适用于任意给定的以边为基多项式，该多项式与它的非正交以面为基、以体为基多项式线性组合，可得到一个新的与以面和以体为基多项式正交的以边为基多项式。由表 5.9 的解析结果可推导出这样的线性组合。

因此，对于 $p \geqslant 1$，可通过为阶为 $(p-1)$ 的集增加 $(3p^2+3p+1)$ 个相互正交的多项式 $\tilde{H}_{ijk}(\boldsymbol{\xi})$，得到一个 0 阶完整集。增加的多项式 $\tilde{H}_{ijk}(\boldsymbol{\xi})$ 与表 5.10 中的多项式不同，但也用到式（5.81）～式（5.83)给出的下标 i 、j 、k 。虽然用这种方式得到的 $(p-1)$ 阶新分层级族的元素，不完全正交于为了使这个基为完整 p 阶的 $(3p^2+3p+1)$ 个元素，但是相对于表 5.10 给出的基，新的 p 阶基的元素的线性独立性得到了改善，进一步的正交化过程产生了一个等价多项式集：

$$
\begin{aligned}
&\widetilde{E}_k(\boldsymbol{\xi}) = \Upsilon_k(\xi_a)\Upsilon_k(\xi_b)E_k(\xi_{cf}) \\
&\widetilde{F}_{i0k}(\boldsymbol{\xi}) = \Upsilon_\ell(\xi_b)F_{i0k}(\boldsymbol{\xi}) \\
&\widetilde{F}_{0ik}(\boldsymbol{\xi}) = \Upsilon_\ell(\xi_a)F_{0ik}(\boldsymbol{\xi}) \\
&\widetilde{V}_{ijk}(\boldsymbol{\xi}) = \frac{3}{4}V_{ijk}(\boldsymbol{\xi}) \\
&\qquad \text{其中} i,j=1,2,\ldots,p;\quad k=0,1,\ldots,p; \\
&\qquad \ell = \max[i,k]
\end{aligned}
\tag{5.103}
$$

它也可由表 5.10 的多项式给出，并被使用了 n 阶重新缩放雅可比多项式

$$
\Upsilon_n(z) = \frac{(-1)^n}{(n+1)}P_n^{(2,1)}(2z-1) \tag{5.104}
$$

的因子修正，其中

$$
\Upsilon_n(0) = 1 \tag{5.105}
$$

重新缩放雅可比多项式 $\Upsilon_n(z)$ 由最低阶函数

$$
\begin{cases}
\Upsilon_0(z) = 1 \\
\Upsilon_1(z) = (2-5z)/2
\end{cases}
\tag{5.106}
$$

通过以下 n 次冗余关系

$$a_{1n}\Upsilon_{n+1}(z)=(a_{2n}-a_{3n}z)\Upsilon_n(z)-a_{4n}\Upsilon_{n-1}(z) \tag{5.107}$$

容易地获得，其中，

$$\begin{cases} a_{1n}=(n+4)(2n+3) \\ a_{2n}=4(n+1)(n+3) \\ a_{3n}=2(2n+3)(2n+5) \\ a_{4n}=n(2n+5) \end{cases} \tag{5.108}$$

通过将表 5.10 中多项式乘 3/4 可以获得以体为基多项式 $\tilde{V}_{ijk}$，而一般来说，式（5.103）中以边为基和以面为基多项式的阶数高于相关的下标 i、j、k 之和。选择式（5.103）中用到的标准化常数以改善多项式的独立性。通过研究（和降低）Gram 矩阵条件数建立这个标准化常数。其中 Gram 矩阵的系数 $G_{r,s}$ 等于新的 p 阶完整族的 r 阶和 s 阶多项式的内积（在 Q^2 和 Q^3 中）。这样，这些多项式就被标准化为

$$\begin{aligned} &\int_{Q^1} w\widetilde{E}_k^2(\xi)\mathrm{d}Q^1=1 \\ &\int_{Q_b^2} w\widetilde{F}_{i0k}^2(\xi)\mathrm{d}Q_b^2=\int_{Q_a^2} w\widetilde{F}_{0ik}^2(\xi)\mathrm{d}Q_a^2=\frac{1}{3} \\ &\int_{Q^3} w\widetilde{V}_{ijk}^2(\xi)\mathrm{d}Q^3=1/16 \end{aligned} \tag{5.109}$$

也就是说，新的以边为基多项式在其主边上保持标准化为单位内积值，新的以面为基多项式在其相关面上保持标准化内积为 1/3，如表 5.10 的多项式所示。

5.3.3 棱柱基

有限元素分析通常需要将一个问题域离散化为四面体或长方体单元。三棱柱是第三个单元形状，能够在其他两种单元类型间转换。棱柱也能够为问题域的建模提供一种有效率的方法，棱柱在某一维度很薄，或者与其他维度相比具有在某一维度小（或大）的域变化特征。

如前一节所述，考虑 1986 年 Nédélec 在参考文献[38]中为棱柱提出的梯度减小旋度一致空间中的矢量基，棱柱的更低阶基矢量第一次在有限元素分析中使用是由 Dular et al.[39]、Sacks and Lee [40]和 Özdemir 和 Volakis[41]提出的。第 4 章中给出的任意多项式阶的棱柱插值基函数最初是在参考文献[42]中提出的。更高阶的一些 Ad Hoc 基函数也被发展用于特殊场景[43-45]，包括在一个方向的域变化与其他方向非常不同。2006 年 Zaglmayr [19]开始使用用于棱柱的任意阶分层级基函数集，这些函数张成多项式完整空间，而不是简约梯度的 Nédélec 空间。

下文将介绍用于棱柱的任意阶分层级基函数，这些基函数最初在参考文献[28]中提出。这些旋度一致函数与用于本节前面讨论的四面体和长方体单元的相似基函数兼容，在某种意义上，棱柱基在边和面上与四面体函数和长方体函数保持正切矢量一致。棱柱基矢量与正交标量多项式之积构成棱柱函数；这样一种方法能够使函数随阶数增长具有较好的线性独立性（由矩阵条件数度量），并保证函数正确地张成简约梯度的 Nédélec 空间。一般多项式可被用于获得任意多项式次数的基函数。

就像第 4 章讨论的那样，本地标准化父坐标系 $\xi=\{\xi_1,\xi_2;\cdots,\xi_5\}$ 与每个棱柱单元相关。第 i 个面是标准化坐标 ξ_i 的 0 坐标面，每条边是两个本地父坐标为 0 的点的轨迹。坐标 ξ_i 在棱柱内线性变化，在与 0 坐标表面相对的面、边或顶点上达到单位值。因此，坐标梯度 $\nabla\xi_i$ 垂直于第 i 个面，在该面上指向元素内部。棱柱可以是弯曲或扭曲的。

为了避免对所有多项式基冗长表达式的介绍，利用棱体的对称性用虚拟父变量表示其标准化坐标，以字母（即非数字）下标来区分。因此，如图 5.8 所示，棱柱的面 $\xi_a=0$、$\xi_b=0$ 和 $\xi_c=0$ 为四边形，而它的两个相对的三角形面由 $\xi_d=0$、$\xi_e=0$ 坐标面定义。假设变量 ξ_a、ξ_b、ξ_d 独立

$$\xi_c=1-\xi_a-\xi_b \tag{5.110}$$

$$\xi_e=1-\xi_d \tag{5.111}$$

在下文中，偶尔，我们会用符号 ξ_t 表示变量子集 $\{\xi_a,\xi_b,\xi_c\}$，例如

$$\begin{aligned}\xi_t&=\{\xi_a,\xi_b,\xi_c\}\\ \xi&=\{\xi_t;\xi_d,\xi_e\}\end{aligned} \tag{5.112}$$

此外，Q_α^2 表示棱柱的面 $\xi_\alpha=0$，而 $Q_{\alpha\beta}^1$ 表示面 $\xi_\alpha=0$ 和 $\xi_\beta=0$ 相交形成的边。父棱柱 Q^3 是单位高度的平面直角棱柱，如图 5.8 所示。

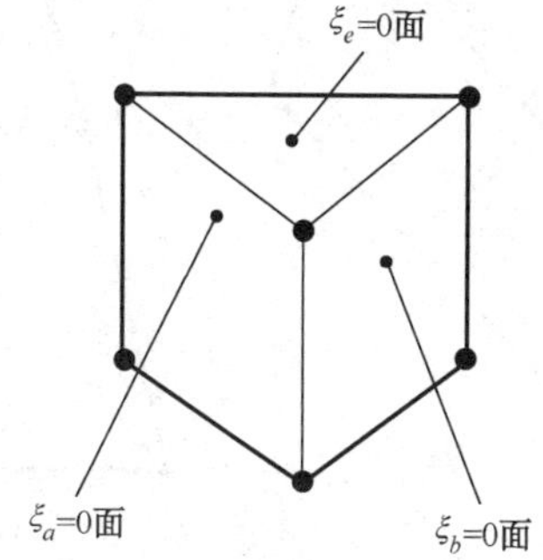

图 5.8　父棱柱 Q^3 是单位高度的平面直角棱柱

在图 5.8 中，$\{0\leqslant\xi_a,\xi_b,\xi_c\leqslant 1;\ 0\leqslant\xi_d,\xi_e\leqslant 1\}$，具有两个相同且平行的三角形底。四边形面分别是 ξ_a、ξ_b 和 ξ_c 的 0 坐标面，两个相对的三角形面是 ξ_d 和 ξ_e 的 0 坐标面。

虚拟父变量的引入是很方便的，因为它帮助我们只讨论与边 Q_{ab}^1 和 Q_{cd}^1 相关的矢量函数。事实上，虚拟边 Q_{cd}^1 有代表性地表示了棱柱的四边形面（$\xi_c=0$）和三角形面（$\xi_d=0$）的交界，而 Q_{ab}^1 表示了棱柱的两个四边形面的交界。显然，与这些边相关的分层级矢量函数必须与 5.3.1 和 5.3.2 节给出的分层级四面体和长方体矢量函数一致。四面体和长方体单元共享的棱柱（由蛇线表示）的虚拟边 Q_{cd}^1 如图 5.9 所示，长方体和四面体单元的公共棱柱虚拟边 Q_{ab}^1 如图 5.10 所示。因为这些边可被不同形状

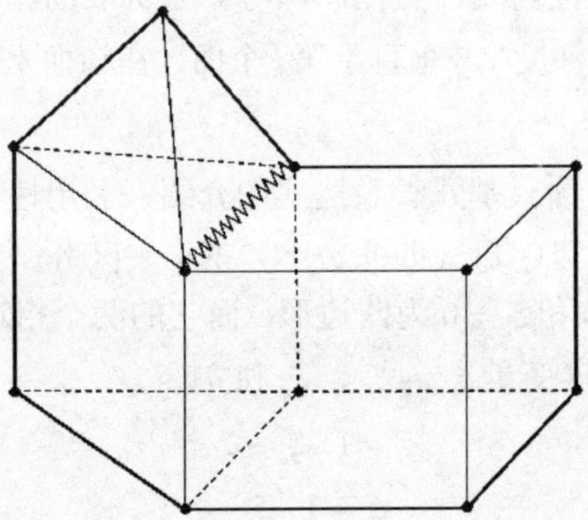

图 5.9　四面体和长方体单元共享的棱柱（由蛇线表示）的虚拟边 Q_{cd}^1

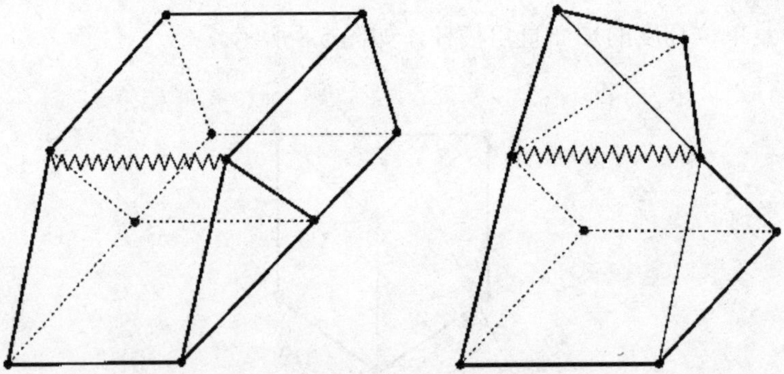

（a）　　　　　　　　　　　　（b）

图 5.10　长方体和四面体单元公共的棱柱虚拟边 Q_{ab}^1

的单元共用。为了进一步说明不同形状邻接元素的一致性，任何给定三维单元的每个三角形（或四边形）面通常由用 3 个（或 4 个）虚拟父变量表示的二维父空间的三角（或正方）单元映射。例如，图 5.11 所示为任意给定单元的三角形或四边形面由相同的基本二维父单元映射，参照图 5.11（b），任意四边形面由同一父正方形单元 $\{0\leqslant\xi_\alpha,\xi_\gamma\leqslant 1;0\leqslant\xi_\beta,\xi_\delta\leqslant 1\}$ 映射，其中 $\xi_\gamma=1-\xi_\alpha$，$\xi_\delta=1-\xi_\beta$。

图 5.10（a）中的长方体和图 5.10（b）中的四面体单元公共的棱柱虚拟边 Q_{ab}^1 由图中的蛇线表示。

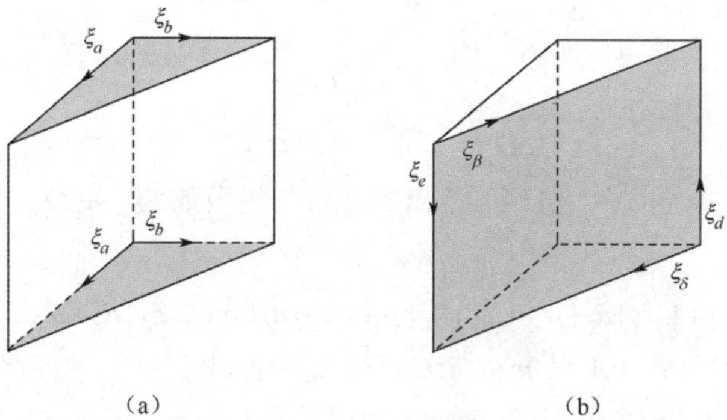

图 5.11　任何给定单元的三角形或四边形面由相同的基本二维父单元映射

© 2012 IEEE. Reprinted with permission, from R. D. Graglia and A. F. Peterson, "Hierarchical curl-conforming Nédélec elements for triangular-prism cells," *IEEE Trans. Antennas Propag.*, vol. 60, no. 7, pp. 3314-3324, Jul. 2012.

图 5.11（a）中，对于棱柱，三角面 $\xi_d=0$ 和 $\xi_e=0$ 由相同的父三角形 $\{0\leqslant\xi_a,\xi_b,\xi_c\leqslant 1\}$ 描述，$\xi_c=1-\xi_a-\xi_b$。图 5.11（b）中，棱柱的每个四边形面由相同的父正方形 $\{0\leqslant\xi_\beta,\xi_\delta\leqslant 1;0\leqslant\xi_d,\xi_e\leqslant 1\}$ 描述，$\xi_\delta=1-\xi_\beta$，$\xi_e=1-\xi_d$。对于图（b）所示的四边形面 $\xi_c=0$，有 $\xi_\beta=\xi_b$，$\xi_\delta=\xi_a$。类似地，在棱柱的面 $\xi_a=0$ 上设置 $\xi_\beta=\xi_c$ 和 $\xi_\delta=\xi_b$，而通过设置 $\xi_\beta=\xi_a$ 和 $\xi_\delta=\xi_c$ 来描述棱柱的面 $\xi_b=0$。

当用虚拟父变量表示时，棱柱元素的 9 个 0 阶旋度一致矢量函数每个都有如下形式（见第 4 章）：

$$\boldsymbol{\Omega}_{ab}=\xi_c\nabla\xi_d \tag{5.113}$$

$$\boldsymbol{\Omega}_{cd}=\xi_e\left(\xi_a\nabla\xi_b-\xi_b\nabla\xi_a\right) \tag{5.114}$$

其中，$\boldsymbol{\Omega}_{ab}$ 与两个四边形面（$\xi_a=0$，$\xi_b=0$）相交形成的边有关，而 $\boldsymbol{\Omega}_{cd}$ 与四边形面（$\xi_c=0$）和三角形面（$\xi_d=0$）相交形成的边有关。这里 $\boldsymbol{\Omega}_{ab}$ 在四边形面 $\xi_c=0$ 上为 0，而 $\boldsymbol{\Omega}_{cd}$ 在三角形面 $\xi_e=0$ 上为 0。

除了符号调整，式（5.113）和式（5.114）的函数与定义在连接棱柱的元素上的函数匹配，它可能是四面体形、长方体形，也可能是棱柱形。事实上，参考第 4 章的 0 阶矢量函数，为了与棱体面 $\xi_d=0$ 定义的三角形元素的 3 个 0 阶旋度一致矢量函数之一一致，$\boldsymbol{\Omega}_{cd}$ 在三角形面 $\xi_d=0$（$\xi_e=1$）上简化为 $\left(\xi_a\nabla\xi_b-\xi_b\nabla\xi_a\right)$。同样，在四边形面 $\xi_c=0$ 上，正切于表面 $\xi_c=0$ 的 $\boldsymbol{\Omega}_{cd}$ 的分量 $\xi_e\nabla\xi_b\left(=-\xi_e\nabla\xi_a\right)$ 与四边形元素的 4 个 0 阶旋度一致矢量函数之一一致，也就是，棱柱面 $\xi_c=0$ 定义的表面元素。最终，在四边形面 $\xi_a=0$（和 $\xi_b=0$）上，面函数 $\boldsymbol{\Omega}_{ab}$ 自然地与四边形元素的 4 个 0 阶旋度一致矢量函数之一一致，也就是，棱柱面 $\xi_a=0$（或 $\xi_b=0$）定义的表面元素。

第 4 章中棱柱插值高阶矢量函数：

$$\boldsymbol{\Omega}_{\text{interp.}}^{ab}=\hat{\alpha}_{ijk;\ell m}^{ab}\left(\xi\right)\boldsymbol{\Omega}_{ab} \tag{5.115}$$

$$\boldsymbol{\Omega}_{\text{interp.}}^{cd}=\hat{\alpha}_{ijk;\ell m}^{cd}\left(\xi\right)\boldsymbol{\Omega}_{cd} \tag{5.116}$$

通过将式（5.113）和式（5.114）给出的 0 阶矢量函数 $\boldsymbol{\Omega}_{ab}$ 和 $\boldsymbol{\Omega}_{cd}$ 与如下插值多项式相乘产生：

$$\begin{aligned}\hat{\alpha}_{ijk;\ell m}^{ab}\left(\xi\right)=&R_i\left(p+1,\xi_a\right)R_j\left(p+1,\xi_b\right)\hat{R}_k\left(p+1,\xi_c\right)\hat{R}_\ell\left(p+2,\xi_d\right)\hat{R}_m\left(p+2,\xi_e\right)\\&\text{其中}\,i,j=0,1,\cdots,p;\quad k,\ell,m=1,2,\cdots,p+1;\\&\text{且}\,i+j+k=p+1;\quad \ell+m=p+2\end{aligned} \tag{5.117}$$

$$\begin{aligned}\hat{\alpha}_{ijk;\ell m}^{cd}\left(\xi\right)=&\hat{R}_i\left(p+2,\xi_a\right)\hat{R}_j\left(p+2,\xi_b\right)R_k\left(p+2,\xi_c\right)R_\ell\left(p+1,\xi_d\right)\hat{R}_m\left(p+1,\xi_e\right)\\&\text{其中}\,k,\ell=0,1,\cdots,p;\quad i,j,m=1,2,\cdots,p+1;\\&\text{且}\,i+j+k=p+2;\quad \ell+m=p+1\end{aligned} \tag{5.118}$$

其中，$R_n\left(q,\xi\right)$ 和 $\hat{R}_n\left(q,\xi\right)$ 分别为 Silvester 和偏移 Silvester 多项式；$\boldsymbol{\xi}$ 在区间 $[0,1]$ 内，参数 q 是该区间被划分的统一子区间数量。$R_n\left(q,\xi\right)$ 和 $\hat{R}_n\left(q,\xi\right)$ 的次数分别为 n 和 $n-1$。除了符号调整，式（5.115）～式（5.118）的高阶函数与依附于棱柱的元素定义的函数相匹配，它的形状可以是四面体形、长方体形，也可能是棱柱形（见图 5.9 和图 5.10）。

用于构建插值多项式的虚拟父变量集 $\boldsymbol{\xi}$ 是第 4 章定义的棱柱父变量 $\boldsymbol{\xi}=\left\{\xi_1,\xi_2,\xi_3,\xi_4,\xi_5\right\}$ 的适当排列组合，它取决于相关的 0 阶边因子 $\boldsymbol{\Omega}_{ab}$ 和 $\boldsymbol{\Omega}_{cd}$，棱柱单元上的旋度一致矢量基——虚拟父变量之间的对应关系如表 5.11 所示。

表 5.11　棱柱单元上的旋度一致矢量基——虚拟父变量之间的对应关系

函数	$\{\xi_a,\xi_b,\xi_c,\xi_d,\xi_e\}$	函数	$\{\xi_a,\xi_b,\xi_c,\xi_d,\xi_e\}$
$\boldsymbol{\Omega}_{12}$	$\{\xi_1,\xi_2,\xi_3;\xi_4,\xi_5\}$	$\boldsymbol{\Omega}_{13}$	$\{\xi_3,\xi_1,\xi_2;\xi_5,\xi_4\}$
$\boldsymbol{\Omega}_{23}$	$\{\xi_2,\xi_3,\xi_1;\xi_4,\xi_5\}$		
$\boldsymbol{\Omega}_{34}$	$\{\xi_1,\xi_2,\xi_3;\xi_4,\xi_5\}$	$\boldsymbol{\Omega}_{35}$	$\{\xi_2,\xi_1,\xi_3;\xi_5,\xi_4\}$
$\boldsymbol{\Omega}_{14}$	$\{\xi_2,\xi_3,\xi_1;\xi_4,\xi_5\}$	$\boldsymbol{\Omega}_{15}$	$\{\xi_3,\xi_2,\xi_1;\xi_5,\xi_4\}$

续表

函数	$\{\xi_a,\xi_b,\xi_c,\xi_d,\xi_e\}$	函数	$\{\xi_a,\xi_b,\xi_c,\xi_d,\xi_e\}$
$\boldsymbol{\Omega}_{24}$	$\{\xi_3,\xi_1,\xi_2;\xi_4,\xi_5\}$	$\boldsymbol{\Omega}_{25}$	$\{\xi_1,\xi_3,\xi_2;\xi_5,\xi_4\}$

棱柱元素上的分层（或内插）矢量基函数是分层（内插）多项式与左列列出的第 4 章的零阶矢量函数的乘积。在相乘时，出现在分层多项式（5.133）和式（5.139）[或内插多项式（5.117）和式（5.118）]中的虚拟父变量 $\{\xi_a,\xi_b,\xi_c;\xi_d,\xi_e\}$ 由右边列给出的父变量代替。前两行为与 0 阶基因子 $\boldsymbol{\Omega}_{ab}=\xi_c\nabla\xi_d$ 相关的旋度一致函数。在这种情况下，如式（5.133）的第二行和第三行给出的，决定形成分层以面为基函数的变量 ξ_a 和 ξ_b。也就是说，右列只显示两个需要的集中的一个。表中最后三行表示与零阶基因子 $\boldsymbol{\Omega}_{cd}=\xi_e(\xi_a\nabla\xi_b-\xi_b\nabla\xi_a)$ 相关的旋度一致函数

Adapted from R. D. Graglia and A. F. Peterson, “Hierarchical curl-conforming Nédélec elements for triangular-prism cells,” *IEEE Trans. Antennas Propag.*, vol. 60, no. 7, pp. 3314-3324, Jul. 2012

棱柱单元上的旋度一致矢量基——用于形成 $\boldsymbol{\Omega}^{ab}$ 和 $\boldsymbol{\Omega}^{cd}$ 的以体、以面和以边为基生成的多项式的数量如表 5.12 所示，根据表 5.12 中总结，可包含公因子将式（5.117）和式（5.118）细分为以体、以面或以边为基多项式。如果含有公因子 $\xi_a\xi_b$（因为它们在面 $\xi_a=0$ 和 $\xi_b=0$ 上都为 0），用于构建高阶矢量 $\boldsymbol{\Omega}^{ab}$ 的多项式(5.117)以体为基；如果它们有公因子 ξ_a (或 ξ_b)，它们以四边形面 $\xi_b=0$ (或 $\xi_a=0$) 为基，而如果它们在 $\xi_a=\xi_b=0$ 上不为 0，最终它们将以边 $\xi_a=\xi_b=0$ 为基。同样的细分对于构建 $\boldsymbol{\Omega}^{cd}$ 的多项式（5.118）也适用，如果它们有公因子 $\xi_c\xi_d$，那么它们以体为基；如果它们有公因子 ξ_c（或 ξ_d），那么它们以三角形边 $\xi_d=0$（或四边形边 $\xi_c=0$）为基；最后，如果它们在 $\xi_c=\xi_d=0$ 时不为 0，它们以边 $\xi_c=\xi_d=0$ 为基。

集式（5.117）和式（5.118）的首次引入是在参考文献[42]中，因为它们的插值性能和包括 $(p+1)^2(p+2)/2$ 个多项式的对称关系，$(p+1)^2(p+2)/2$ 多于构建 p 阶完整标量基所需数量的独立多项式数量。式（5.117）和式（5.118）中每个多项式的总阶数为 $2p$。事实上，为了形成 p 阶完整 3D 标量基，至少需要 $(p+1)(p+2)(p+3)/6$ 个多项式；也就是，集式（5.117）和式（5.118）都比实际需要多 $p(p+1)(p+2)/3$ 个多项式。通过使用依赖关系式（5.110）和式（5.111）只用独立父变量重写式（5.117）和式（5.118），通过使用集式（5.117）和式（5.118）底部给出的下标规则，可以得到这些多项式是两个 p 阶多项式的积：一个由 ξ_a 和 ξ_b 独立变量表示的多项式乘以一个由 ξ_d 独立变量表示的多项式。

表 5.12 棱柱单元上的旋度一致矢量基——用于形成 Ω^{ab} 和 Ω^{cd} 的以体、以面和以边为基生成的多项式的数量

	p 阶矢量函数 Ω^{ab}			p 阶矢量函数 Ω^{cd}		
	公因子	多项式个数	i,j 参见式（5.117）	公因子	多项式个数	k,ℓ 参见式（5.118）
以体为基	$\xi_a\xi_b$	$\frac{p(p-1)(p+1)}{2}$	$i,j\neq 0$	$\xi_c\xi_d$	$\frac{p^2(p+1)}{2}$	$k,\ell\neq 0$
以三角形面为基				ξ_c	$p(p+1)/2$	$\ell=0;k\neq 0$
以四边形面为基	ξ_a	$p(p+1)$	$j=0;i\neq 0$	ξ_d	$p(p+1)$	$k=0;\ell\neq 0$
	ξ_b	$p(p+1)$	$i=0;j\neq 0$			
以边为基	1	$(p+1)$	$i,j=0$	1	$(p+1)$	$k,\ell=0$

插值式（5.117）和式（5.118）以及分层式（5.133）和式（5.139）根据它们所包含的共同因子细分为以体、以面和以边为基多项式。该表给出了任意 p 阶多项式的数量及其相关联的公共因子

Adapted from R. D. Graglia and A. F. Peterson, "Hierarchical curl-conforming Nédélec elements for triangular-prism cells," *IEEE Trans. Antennas Propag.*, vol. 60, no. 7, pp. 3314-3324, Jul. 2012.

通过式（5.117）或式（5.118）的线性组合，可以容易地得到不同的 p 阶完整非插值集。同样，如果其每一项的总阶数小于或等于 $2p$，并且其项的线性组合能够在式（5.117）或式（5.118）同一网格内产生一个插值多项式集，则由 $(p+1)^2(p+2)/2$ 个线性独立非插值多项式形成的 p 阶完整集等价于式（5.117）或式（5.118）。更准确地说，如果一个多项式集的多项式包含：

- 同样数量，有表 5.12 的公因子的以体为基多项式；
- 同样数量，有表 5.12 的公因子的以面为基多项式；
- $(p+1)$ 阶以边为基多项式；

如果且每个等价多项式是两个阶数低于或等于 p 的多项式之积——一个由独立变量 ξ_a 和 ξ_b 表示的多项式乘以一个由独立变量 ξ_d 表示的多项式，这表明每个等价多项式的总阶数不会高于 $2p$。一般来说，等价集的多项式不是插值多项式，通常是非齐次的。

在下一节中，通过将插值多项式（5.117）和式（5.118）生成的线性组合分为以边 (E)、以面 (F) 和以体 (V) 为基函数的 3 个不同的组，可以获得分层级多项式。在每一组中，分层级多项式被构建为与相关内积的定义域（也就是棱柱的边、面或体）互相正交独立。然后，通过采用与之前相同的方法构建分层级矢量基，只需简单地用新的标量分层级多项方式代替第 4 章中的插值多项式。

5.3.3.1　以边、以面、以体为基的基

分层级高阶矢量函数

$$\boldsymbol{\Omega}^{ab} = H_{ijk}^{ab}\left(\xi\right)\boldsymbol{\Omega}_{ab} \tag{5.119}$$

$$\boldsymbol{\Omega}^{cd} = H_{ijk}^{cd}\left(\xi\right)\boldsymbol{\Omega}_{cd} \tag{5.120}$$

用两个分层级多项式集 $H_{ijk}^{ab}\left(\boldsymbol{\xi}\right)$ 和 $H_{ijk}^{cd}\left(\boldsymbol{\xi}\right)$ 表示。由于式(5.111)，在下文中，$H_{ijk}^{ab}\left(\boldsymbol{\xi}\right)$ 和 $H_{ijk}^{cd}\left(\boldsymbol{\xi}\right)$ 用

$$\begin{cases} \xi_{ab} = \xi_a - \xi_b \\ \xi_{ac} = \xi_a - \xi_c \\ \xi_{de} = \xi_d - \xi_e \end{cases} \tag{5.121}$$

表示，其中，

$$\xi_{de} = 2\xi_d - 1 \tag{5.122}$$

式（5.119）和式（5.120）中的每个多项式 H_{ijk} 的总阶数等于其下标 (i,j,k) 之和，通常小于或等于 $2p$。显然，式（5.119）和式（5.120）中的下标 i、j、k 与式（5.115）～式（5.118）中的下标 i、j、k、ℓ 和 m 不同，作用也不一样。

每一组以体、以面、以边为基分层级多项式由相互正交的多项式形成。这些相互正交的多项式通过大量使用 0 阶雅可比多项式 $P_n^{(0,\alpha)}(z)$ 和 $P_n^{(\alpha,\alpha)}(z)$（$\alpha = 0$ 或 2）获得。雅可比多项式由定义正交分层级族的权值函数自然地引出，需适当选择权值函数使其对棱柱不同形状的单元保持一致性。更特殊的雅可比多项式 $P_n^{(\alpha,\alpha)}(z)$ 不是 z 的偶函数，也不是 z 的奇函数 $P_n^{(\alpha,\alpha)}(-z) = (-1)^n P_n^{(\alpha,\alpha)}$，多项式 $P_n^{(0,0)}(z)$ 等于拉格朗日多项式 $P_n(z)$。利用次数 n 的循环关系从最低阶函数开始构建多项式

$$P_0(z) = P_0^{(2,2)}(z) = P_0^{(0,2)}(z) = 1 \tag{5.123}$$

$$P_1(z) = z \tag{5.124}$$

$$P_1^{(2,2)}(z) = 3z \tag{5.125}$$

$$P_1^{(0,2)}(z) = 2z - 1 \tag{5.126}$$

为了其完整性，有如下形式：

$$(n+1)P_{n+1}(z) = (2n+1)zP_n(z) - nP_{n-1}(z) \tag{5.127}$$

$$(n+1)(n+5)P_{n+1}^{(2,2)}(z) = (n+3)\left[(2n+5)zP_n^{(2,2)}(z) - (n+2)P_{n-1}^{(2,2)}(z)\right] \tag{5.128}$$

$$(n+1)^2(n+3)P_{n+1}^{(0,2)}(z) = (2n+3)\left[(n+1)(n+2)z-1\right]P_n^{(0,2)}(z) - n(n+2)^2 P_{n-1}^{(0,2)}(z) \tag{5.129}$$

下一节推导任意阶的归一化的分层级矢量函数。

5.3.3.2 分层级矢量族 $\boldsymbol{\Omega}_{\text{hier}}^{ab}$

用于构建在棱柱两个四边形面交界处的基矢量高阶分层级矢量函数为

$$\begin{aligned}\boldsymbol{\Omega}_{ijk}^{ab} &= H_{ijk}(\boldsymbol{\xi})\boldsymbol{\Omega}_{ab} = H_{ijk}(\boldsymbol{\xi})\xi_c\nabla\xi_d \\ &= H_{ijk}(\boldsymbol{\xi})\sqrt{w^{ab}}\nabla\xi_d\end{aligned} \tag{5.130}$$

这些用在父棱柱单元 Q^3 上正交的标量生成多项式 $H_{ijk}(\boldsymbol{\xi})$ 很方便，其中权值函数为

$$w^{ab} = \xi_c^2 = (1-\xi_a-\xi_b)^2 \tag{5.131}$$

对于 Q_{ab}^1、Q_a^2 和 Q_b^2 上的积分，式（5.131）简化为

$$\begin{aligned} w_1 &= w^{ab}\big|_{\xi_a=\xi_b=0} = 1 \\ w_{2a} &= w^{ab}\big|_{\xi_a=0} = (1-\xi_b)^2 \\ w_{2b} &= w^{ab}\big|_{\xi_b=0} = (1-\xi_a)^2 \end{aligned} \tag{5.132}$$

等价于式（5.117）的分层级 p 阶完整多项式集由以下 $(p+1)^2(p+2)/2$ 个多项式组成：

$$\begin{cases} H_{00k}^{ab} = E_k^{ab} = E_k(\xi_{de}) \\ H_{i0k}^{ab} = F_{i0k}^{ab} = \xi_a\left[f_{i-1}(2\xi_a-1)+\xi_b\mathcal{A}_{i-2}(\xi_a,\xi_c)\right]E_k^{ab}(\xi_{de}) \\ H_{0jk}^{ab} = F_{0jk}^{ab} = \xi_b\left[f_{j-1}(2\xi_b-1)+\xi_a\mathcal{A}_{j-2}(\xi_b,\xi_c)\right]E_k^{ab}(\xi_{de}) \\ H_{ijk}^{ab} = V_{ijk}^{ab} = \xi_a\xi_b\mathcal{C}_{i-1,j-1}(\xi_{ab},\xi_c)E_k^{ab}(\xi_{de}) \end{cases} \tag{5.133}$$

式中，$k=0,1,\cdots,p$；$i,j=1,2,\cdots,p$，其中 $(i+j)\leqslant p$，(ξ_{ab},ξ_{de}) 由式（5.121）给出。集式（5.133）按如下方式分层级构建：

- 对于 $p=0$（即 0 阶），集只包含 1 个以边为基多项式 H_{000}^{ab}；
- 对于 $p\geqslant 1$，必须为阶数为 $(p-1)$ 的集增加以边为基 H_{00p}^{ab} 加 $2(p+1)$ 个以面为基函数 H_{n0p}^{ab} 和 H_{0pk}^{ab}，$k=0,1,\cdots,p$；
- 对于 $p\geqslant 2$，必须进一步为集增加 $2(p+1)$ 个以面为基函数 H_{n0p}^{ab} 和 H_{0pk}^{ab}，$n=1,2,\cdots,p-1$；加上 $p(p-1)$ 个以体为基函数 $H_{n,p-n,\text{k}}^{ab}$，$n=1,2,\cdots,p-1$，$k=0,1,\cdots,p-1$；加上 $p(p-1)/2$ 个以体为基函数 H_{ijp}^{ab}，$i,j=1,2,\cdots,p-1$，$(i+j)\leqslant p$。

基于棱柱单元的旋度一致矢量基——用于构建分层矢量棱柱函数的多项式，直到 6 阶如表 5.13 所示。表 5.13 的上面部分给出了式（5.133）中出现的辅助多项式 $\mathcal{A}_m$ 和 $\mathcal{C}_{mn}$，直到 $m,n=4$ 这些多项式形成直到完整 6 阶的集；然而，E_k^{ab} 用重新缩放拉格朗式多项式表示：

$$E_n(z)=\sqrt{2n+1}P_n(z) \tag{5.134}$$

已经在式（5.93）中给出了，f_n 表示式（5.94）给出的 n 阶重新缩放雅可比多项式。

在介绍构建多项式（5.133）（更准确地说是多项式 $\mathcal{A}_m$ 和 C_{mn}）的方法之前，可以立刻观察到通过调整多项式（5.133）的符号能够很容易地保证邻接的不同形状矢量元素间的一致性。事实上，分层级多项式 $E_k^{ab}(\xi_{de})$ 的表达式与沿其边 $\xi_a=\xi_b=0$ 的四面体元素（见表 5.5）的以边为基多项式的表达式相同；同时，$E_k^{ab}(\xi_{de})$ 也等于在棱柱表面 $\xi_a=0$ 或 $\xi_b=0$，由式（5.93）给出的棱柱元素的以边为基多项式的表达式。此外，在它们相关的（ξ_b 或 $\xi_a=0$）四面形面上，式（5.133）中以面为基函数可简化为

$$\begin{aligned} F_{i0k}(\xi)&=\xi_a f_{i-1}(2\xi_a-1)E_k^{ab}(\xi_{de}) \\ F_{0jk}(\xi)&=\xi_b f_{j-1}(2\xi_b-1)E_k^{ab}(\xi_{de}) \\ &\text{其中} i,j=1,2,\cdots,p;k=0,1,\cdots,p \end{aligned} \tag{5.135}$$

它与式（5.93）给出的棱柱元素（在棱柱的公共面 ξ_b 或 $\xi_a=0$ 上）以面为基多项式匹配。在这一点上，与面 $\xi_a=0$（在面 $\xi_b=0$ 上为 0）有关的多项式可简单地通过与面 $\xi_b=0$ 有关的多项式 F_{0jk}^{ab} 获得，只需将 ξ_b 替换为 ξ_a，ξ_a 替换为 ξ_b，j 替换为 i。

表 5.13　基于棱柱单元的旋度一致矢量基——用于构建分层矢量棱柱函数的多项式，直到第 6 阶

全局阶数 $\max[m,0]$ 的多项式 $\mathcal{A}_m(\xi_a,\xi_c)$；
它们用于构建以面 $\xi_b=0$（对于 $i=m+2$ 和任意 k 值）为基的函数 F_{i0k}^{ab}：

$\mathcal{A}_{-1}=0$	$\mathcal{A}_1^a=7\sqrt{30}\,\xi_{ac}$	$\mathcal{A}_3^s=12\sqrt{455}\,\xi_{ac}(\xi_a^2-4\xi_a\xi_c+\xi_c^2)$
$\mathcal{A}_0^s=\sqrt{70}$	$\mathcal{A}_2^s=4\sqrt{770}\,(3\xi_a^2-8\xi_a\xi_c+3\xi_c^2)/3$	$\mathcal{A}_4^s=50\sqrt{105}\,(\xi_a^4-8\xi_a^3\xi_c+15\xi_a^2\xi_c^2-8\xi_a\xi_c^3+\xi_c^4)$

全局阶数 $m+n$ 的多项式 $\mathcal{C}_{mn}(\xi_{ab},\xi_c)$（归一化使得 $\iint\xi_c^2[\xi_a\xi_b\mathcal{C}_{mn}(\xi_t)]^2\mathrm{d}\xi_t=1$）；
它们被用于构建以体为基函数 V_{ijk}^{ab}（对于 $i=m+1;\ j=n+1$ 和任意 k 值）：

$\mathcal{C}_{00}^s=12\sqrt{35}$	$\mathcal{C}_{30}^a=210\sqrt{\frac{22}{29}}\xi_{ab}(-4+13\xi_{ab}^2+6\xi_c)$
$\mathcal{C}_{10}^a=60\sqrt{21}\,\xi_{ab}$ $\mathcal{C}_{01}^s=60\sqrt{7}\,(3\xi_c-1)$	$\mathcal{C}_{21}^s=42\sqrt{\frac{30}{19}}(4-33\xi_{ab}^2-22\xi_c+143\xi_{ab}^2\xi_c+22\xi_c^2)$
$\mathcal{C}_{20}^s=4\sqrt{15}\,(-7+55\xi_{ab}^2+10\xi_c)$ $\mathcal{C}_{11}^a=30\sqrt{42}\,\xi_{ab}(11\xi_c-3)$ $\mathcal{C}_{02}^s=5\sqrt{66}\,[7-\xi_{ab}^2-(46-63\xi_c)\xi_c]$	$\mathcal{C}_{12}^a=21\sqrt{\frac{1\,430}{29}}\xi_{ab}(7-\xi_{ab}^2-54\xi_c+87\xi_c^2)$ $\mathcal{C}_{03}^s=-21\sqrt{\frac{110}{19}}(9-3\xi_{ab}^2-97\xi_c+13\xi_{ab}^2\xi_c+287\xi_c^2-247\xi_c^3)$

$\mathcal{C}_{40}^s=4\sqrt{2\,310}\,[12-36\xi_c+13(\xi_{ab}^2(-18+35\xi_{ab}^2)+28\xi_{ab}^2\xi_c+3\xi_c^2)]/\sqrt{197}$
$\mathcal{C}_{31}^a=12\sqrt{770}\,\xi_{ab}[27-169\xi_c+91(-\xi_{ab}^2+5\xi_{ab}^2\xi_c+2\xi_c^2)]/\sqrt{41}$
$\mathcal{C}_{22}^s=6\sqrt{10\,010}\,[2\,758\xi_c^3-141-\xi_{ab}^2(175\xi_{ab}^2-1\,272)+1\,408\xi_c-11\,172\xi_{ab}^2\xi_c+3(6\,895\xi_{ab}^2-1\,251)\xi_c^2]/\sqrt{61\,661}$
$\mathcal{C}_{13}^a=210\sqrt{286}\,\xi_{ab}(123\xi_c^3-3+\xi_{ab}^2+37\xi_c-5\xi_{ab}^2\xi_c-125\xi_c^2)/\sqrt{41}$
$\mathcal{C}_{04}^s=35\sqrt{429}\,[33+\xi_{ab}^2(\xi_{ab}^2-18)-516\xi_c+164\xi_{ab}^2\xi_c-2(153\xi_{ab}^2-1\,235)\xi_c^2-4\,548\xi_c^3+2\,817\xi_c^4]/(2\sqrt{313})$

全局阶 $\max[m,0]$ 的多项式 $\mathcal{R}_m(\xi_t)$；它们用于构建：

- 以边 $\xi_c=\xi_d=0$ 为基（对于 $i=m+1$）的函数 E_{i00}^{cd}；
- 以四边形面 $\xi_c=0$（对于 $i=m+1$ 和任意 k 值）为基的函数 F_{i0k}^{cd}：

续表

$\mathcal{R}_{-1}^{s}=\mathcal{R}_{0}^{a}=0$ $\mathcal{R}_{1}^{s}=\sqrt{5}(2-\xi_c)/2$	$\mathcal{R}_{3}^{s}=9(\xi_c-2)$ $\times(1+40\xi_a\xi_b-9\chi_{ab}^2)/8$	$\mathcal{R}_{4}^{a}=5\sqrt{11}\,\xi_{ab}(\xi_c-2)$ $\times(3+56\xi_a\xi_b-11\chi_{ab}^2)/8$
$\mathcal{R}_{2}^{a}=3\sqrt{7}\,\xi_{ab}(2-\xi_c)/2$	$\mathcal{R}_{5}^{s}=5\sqrt{13}(2-\xi_c)$ $\times[1+43\chi_{ab}^4+84\xi_a\xi_b(1+12\xi_a\xi_b)-20\chi_{ab}^2(1+21\xi_a\xi_b)]/16$	
全局阶为$m+n$的多项式$\mathcal{U}_{mn}(\xi_t)$（归一化使得$\iint[\xi_c\mathcal{U}_{mn}(\xi_t)]^2\,\mathrm{d}\xi_t=1$）； 它们用于构建以面$(F_{ij0}^{cd})$和以体为基的函数$V_{ijk}^{cd}$（对于$i=m;\ j=n+1$和任意$k$值）：		
$\mathcal{U}_{00}^{s}=2\sqrt{3}$	$\mathcal{U}_{04}^{s}=2\sqrt{105}(3-32\xi_c+108\xi_c^2-144\xi_c^3+66\xi_c^4)$ $\mathcal{U}_{13}^{a}=6\sqrt{70}\,\xi_{ab}(-2+18\xi_c-45\xi_c^2+33\xi_c^3)$ $\mathcal{U}_{22}^{s}=6\sqrt{10}\,\chi_2(6-40\xi_c+55\xi_c^2)$ $\mathcal{U}_{31}^{a}=6\sqrt{35}\,\chi_3(-3+11\xi_c)$ $\mathcal{U}_{40}^{s}=6\sqrt{165}\,\chi_4$	
$\mathcal{U}_{01}^{s}=2\sqrt{3}(-3+5\xi_c)$ $\mathcal{U}_{10}^{a}=6\sqrt{5}\,\xi_{ab}$		
$\mathcal{U}_{02}^{s}=2\sqrt{30}(2-8\xi_c+7\xi_c^2)$ $\mathcal{U}_{11}^{a}=2\sqrt{30}\,\xi_{ab}(-3+7\xi_c)$ $\mathcal{U}_{20}^{s}=2\sqrt{210}\,\chi_2$		
	$\mathcal{U}_{05}^{s}=2\sqrt{42}[-7+105\xi_c(1-5\xi_c+11\xi_c^2-11\xi_c^3)+429\xi_c^5]$ $\mathcal{U}_{14}^{a}=6\sqrt{70}\,\xi_{ab}(3-40\xi_c+165\xi_c^2-264\xi_c^3+143\xi_c^4)$ $\mathcal{U}_{23}^{s}=6\sqrt{35}\,\chi_2(-5+55\xi_c-165\xi_c^2+143\xi_c^3)$ $\mathcal{U}_{32}^{a}=14\sqrt{165}\,\chi_3(1-8\xi_c+13\xi_c^2)$ $\mathcal{U}_{41}^{s}=6\sqrt{77}\,\chi_4(-3+13\xi_c)$ $\mathcal{U}_{50}^{a}=2\sqrt{3\,003}\,\chi_5$	
$\mathcal{U}_{03}^{s}=2\sqrt{15}(-5+35\xi_c-70\xi_c^2+42\xi_c^3)$ $\mathcal{U}_{12}^{a}=2\sqrt{105}\,\xi_{ab}(3-16\xi_c+18\xi_c^2)$ $\mathcal{U}_{21}^{s}=10\sqrt{42}\,\chi_2(-1+3\xi_c)$ $\mathcal{U}_{30}^{a}=6\sqrt{70}\,\chi_3$		
其中，$\xi_a+\xi_b+\xi_c=1$；　$\xi_{ab}=\xi_a-\xi_b$；　$\xi_{ac}=\xi_a-\xi_c$；　$\chi_{ab}=\xi_a+\xi_b$； $\chi_2=\xi_a^2-4\xi_a\xi_b+\xi_b^2$；　$\chi_4=\xi_a^4-16\xi_a^3\xi_b+36\xi_a^2\xi_b^2-16\xi_a\xi_b^3+\xi_b^4$； $\chi_3=\xi_{ab}(\xi_a^2-8\xi_a\xi_b+\xi_b^2)$；$\chi_5=\xi_{ab}(\xi_a^4-24\xi_a^3\xi_b+76\xi_a^2\xi_b^2-24\xi_a\xi_b^3+\xi_b^4)$. 下标$s$和$a$分别用于表示$\mathcal{A}_m$及变量$\xi_a$和$\xi_c$的对称和反对称多项式；而对于$\mathcal{C}_{mn}$、$\mathcal{R}_m$和$\mathcal{S}_{mn}$，它们分别标记变量$\xi_a$和$\xi_b$的对称和反对称多项式		

Adapted from R. D. Graglia, A. F. Peterson, "Hierarchical curl-conforming Nédélec elements for triangular-prism cells," *IEEE Trans. Antennas Propag.*, vol. 60, no. 7, pp. 3314-3324, Jul. 2012.

现在开始介绍构建式(5.133)的方法。用于表示以体为基函数V_{ijk}^{ab}的$p(p-1)/2$个分层级多项式因子$\xi_a\xi_b C_{i-1,j-1}(\xi_{ab},\xi_c)$通过对有序排列的多项式$\mathcal{P}_{ij}=\xi_a\xi_b P_{i-1}^{(2,2)}(\xi_{ab})P_{j-1}^{(0,2)}(2\xi_c-1)$进行Gram－Schmidt正交化唯一确定。有序排列的多项式由下面的嵌套循环产生：

- 对于$s=2,3,\cdots,p$（外循环），增加总阶数s；
- 对于$j=1,2,\cdots,s-1$（内循环），内循环中固定$i=s-j$。

用于次正交化过程的内积由在2个多项式($\mathcal{P}_{ij}\times\mathcal{P}_{\ell m}$)和式（5.131）给出的权值函数$w^{ab}$之积的三角形面上的2D积分定义。显然，函数$V_{\ell mk}^{ab}$的最终集依赖于$\mathcal{P}_{ij}$进行正交化的阶数；这个阶数由上面定义的循环确定。还需要注意，式（5.94）和式（5.134）被唯一定义，而多项式(5.135) 在5.3.2.2节中被明确定义。

式（5.133）给出的每一组以面为基多项式F_{i0k}^{ab}、F_{0jk}^{ab}都由在棱柱和相关四边形面上相互正交的多项式构成，其相关的权值由式（5.132）给出。通过以体为基函数$V_{\ell mk}^{ab}$与每个以面为基棱柱多项式（5.135）的线性组合在棱柱上加入正交性，可获得这些多项式。在组合中，保持 $\ell + m = i$ 或 j 使用相同的 k 值。后一个正交化过程产生了辅助多项式函数 $\mathcal{A}_{i-2}$。按照式（5.110）的每个依赖关系，将 ξ_b 替换为 $1-(\xi_a + \xi_c)$，辅助多项式函数 $\mathcal{A}_{i-2}$ 可写为简洁（和精致）的表达式。还需注意，因为这些多项式通过已经正交的以面为基棱柱多项式（5.135）和以体为基多项式 $V_{\ell mk}^{ab}$ 的线性组合获得，所以函数的顺序不影响辅助多项式 $\mathcal{A}_m$。

与上文提到的方法类似，需要得到 F^{ab} 的线性组合，因为函数式（5.135）与权值 w^{ab} 不在棱柱上正交，只在它们相关的面 $\xi_a = 0$ 或 $\xi_b = 0$ 上正交（分别对应权值函数 w_{2b} 或 w_{2a}）。当要求棱柱的正交性时以面为基函数式（5.135）可被用于棱柱单元。

归一化的多项式（5.133）将在 5.3.3.4 节中讨论。

5.3.3.3 分层级矢量族 $\boldsymbol{\Omega}_{\text{hier}}^{cd}$

在棱柱的三角形面和四边形面交界处的基矢量上构建的分层级高阶矢量

$$\begin{aligned}\boldsymbol{\Omega}_{ijk}^{cd} &= H_{ijk}(\xi)\boldsymbol{\Omega}_{cd} \\ &= H_{ijk}(\xi)\xi_e(\xi_a\nabla\xi_b - \xi_b\nabla\xi_a) \\ &= H_{ijk}(\xi)\sqrt{w^{cd}}(\xi_a\nabla\xi_b - \xi_b\nabla\xi_a)\end{aligned} \tag{5.136}$$

它们可以用在 Q^3 上正交的标量生成多项式 $H_{ijk}(\xi)$ 表示，其中权值函数为

$$w^{cd} = \xi_e^2 = (1-\xi_d)^2 \tag{5.137}$$

在 Q_c^2、Q_d^2、和 Q_{cd}^1（分别为 $\xi_c = 0$，$\xi_d = 0$ 和 $\xi_c = \xi_d = 0$,）上简化为

$$\begin{aligned}w_{2c} &= w^{cd} \\ w_{2d} &= w_1 = 1\end{aligned} \tag{5.138}$$

在这一点上，式（5.132）和式（5.138）清楚地表明对于 $\boldsymbol{\Omega}^{ab}$ 和 $\boldsymbol{\Omega}^{cd}$ 族：

- 定义了以边为基多项式（其内积由在边上的一维积分得到）间正交性的权值函数等于单位值；
- 定义了以给定的四边形面（其内积由在面上的二维积分得到）为基的多项式的正交性的权值矢量 w_2 形式为 $w_2 = (1-\xi^2)$；
- 定义了以给定的三角形面（其内积由在面上的二维积分得到）为基的多项式的正交性的权值矢量 w_2 总是等于单位值。

以上结果是有意为之的结果，并且为了保证不同形状临界元素间的一致性，它确实很必要。

一个等价于式（5.118）的分层级 p 阶完整多项式集由以下 $(p+1)^2(p+2)/2$ 个多项式组成：

$$\begin{cases} H_{i00}^{cd} = E_i^{cd} = E_i\left(\xi_{ab}\right) + \xi_c \mathcal{R}_{i-1}\left(\xi_t\right) \\ H_{i0k}^{cd} = F_{i0k}^{cd} = \xi_d f_{k-1}\left(\xi_{de}\right) E_i^{cd}\left(\xi_t\right) \\ H_{ij0}^{cd} = F_{ij0}^{cd} = \xi_c \mathcal{U}_{i,j-1}\left(\xi_t\right) \\ H_{ijk}^{cd} = V_{ijk}^{cd} = \xi_c \xi_d f_{k-1}\left(\xi_{de}\right)\sqrt{3}\mathcal{U}_{i,j-1}\left(\xi_t\right) \end{cases} \tag{5.139}$$

其中，$i=0,1,\cdots,p$，$j,k=0,1,\cdots,p$，$(i+j)\leqslant p$，（ξ_{ab}，ξ_{de}）由式（5.121）给出。[式（5.139）中下标(i,j,k)的规则与式（5.133）中的不同。] 集式（5.139）按如下方式分层级构建：

- 对于 $p=0$（即 0 阶），集只由一个以边为基多项式组成，也就是 H_{000}^{cd}。
- 对于 $p\geqslant 1$，必须为$(p-1)$阶集增加以边为基函数 H_{p00}^{cd} 加上 $2p$ 个函数 H_{p0k}^{cd}、H_{i0p}^{cd}（以四边形面为基），$i=0,1,\cdots,p-1$；$k=0,1,\cdots,p$；加 p 个函数 $H_{p-j,j,0}^{cd}$（以三角形面为基），$j=0,1,\cdots,p$；加 $p(p+1)/2$ 个以体为基函数 H_{ijp}^{cd}，$i=0,1,\cdots,p-1$；$j=0,1,\cdots,p$，其中 $(i+j\leqslant p)$。
- 对于 $p\geqslant 2$，必须进一步向集增加 $p(p-1)$ 个以体为基函数 $H_{i,p-i,k}^{cd}$，$i=0,1,\cdots,p-1$；$k=0,1,\cdots,p-1$。

表 5.13 底部给出了式（5.139）中辅助函数 $\mathcal{R}_m$ 和 $\mathcal{U}_{mn}$ 直到 $m=5$、$n=4$（这些多项式组成直到完整 6 阶的集），$E_i\left(\xi_{ab}\right)$ 和 $f_{k-1}\left(\xi_{de}\right)$ 分别由式（5.134）和式（5.94）给出。

通过调整多项式（5.139）的符号很容易保证邻接的不同形状的矢量元素间的一致性。事实上，$(p+1)$个以边为基多项式 $E_i^{cd}\left(\xi_t\right)$ 不过是 5.3.1.4 节给出的四面体的三角形面 $\xi_d=0$ 的边 $\xi_c=0$ 的以边为基生成函数；对于 $\xi_c=0$ 这些多项式，与 5.3.2.2 节给出的棱柱元素以边为基多项式一致。多项式 E_i^{cd} 在棱柱、面 $\xi_d=0$ 和 $\xi_c=0$、边 $\xi_c=\xi_d=0$ 上互相正交。同样，式（5.139）中 $p(p+1)/2$ 个以面为基多项式 $F_{ij0}^{cd}\left(\xi_t\right)=\xi_c\mathcal{U}_{i,j-1}\left(\xi_t\right)$ 在棱柱和有关的面 $\xi_d=0$ 上正交；它们与 5.3.1.3 节给出的三角形元素 $\xi_d=0$ 的以面为基生成函数一致。因此，多项式 E_i^{cd} 和 F_{ij0}^{cd} 按 5.3.1 节的方法获得并唯一定义，其中$1\leqslant(i+j)\leqslant 6$（也就是说，通过在表 5.5 中设定 $\xi_d=0$，可获得所有$(i+j)\leqslant 6$ 的 E_i^{cd} 和 F_{ij0}^{cd}）。

最后，$p(p+1)$个以面为基函数 F_{i0k}^{cd} 在棱柱上正交，并且在相关的四边形面 $\xi_c=0$ 上恰好与 5.3.2.2 节的以面为基长方体多项式相匹配。

$$F_{i0k}(\xi)=\xi_d f_{k-1}\left(\xi_{de}\right)E_i\left(\xi_{ab}\right) \\ \text{其中} i=0,1,\cdots,p;\quad k=1,2,\cdots,p \tag{5.140}$$

在棱柱面 $\xi_c=0$ 上已经相互正交。

下一节讨论多项式（5.139）的归一化问题。

上面突出显示的四面体、长方体和棱柱的基之间的一致性使我们可以将体区域划分到由长方体、四面体和棱柱混合而成的网格中。然而，为了获得最大的灵活性，还需要为椎体[46]开发分层级基；这些基将在未来的版本中讨论。

5.3.3.4　多项式族的归一化

在每一组内，分层级以体、以面、以边为基多项式是相互正交的，其正交性通过使在体（对于同一组内的所有多项式）上，在相关的面上（对于同一组内所有以面或以边为基的多项式）上，在相关的边（对所有以边为基多项式）上的这些内积为零（$i \neq \ell$，或 $j \neq m$，或 $k \neq n$）

$$
\begin{aligned}
\left\langle H_{ijk}^{\alpha\beta}, H_{\ell mn}^{\alpha\beta} \right\rangle_{Q^3} &= \int_{Q^3} w^{\alpha\beta} H_{ijk}^{\alpha\beta} H_{\ell mn}^{\alpha\beta} \mathrm{d}Q^3 \\
\left\langle H_{ijk}^{\alpha\beta}, H_{\ell mn}^{\alpha\beta} \right\rangle_{Q_\alpha^2} &= \int_{Q_\alpha^2} w_{2\alpha} H_{ijk}^{\alpha\beta} H_{\ell mn}^{\alpha\beta} \mathrm{d}Q_\alpha^2 \\
\left\langle H_{ijk}^{\alpha\beta}, H_{\ell mn}^{\alpha\beta} \right\rangle_{Q_\beta^2} &= \int_{Q_\beta^2} w_{2\beta} H_{ijk}^{\alpha\beta} H_{\ell mn}^{\alpha\beta} \mathrm{d}Q_\beta^2 \\
\left\langle H_{ijk}^{\alpha\beta}, H_{\ell mn}^{\alpha\beta} \right\rangle_{Q_{\alpha\beta}^1} &= \int_{Q_{\alpha\beta}^1} w_1 H_{ijk}^{\alpha\beta} H_{\ell mn}^{\alpha\beta} \mathrm{d}Q_{\alpha\beta}^1
\end{aligned} \tag{5.141}
$$

其中，$(\alpha,\beta)=(a,b)$或(c,d)，权值函数由式（5.131）、式（5.132）、式（5.137）和式（5.138）给出。

总结前一节式（5.133）和式（5.139）中用到的归一化多项式如下。

以边为基多项式：

$$\left\langle E_p^{\alpha\beta}, E_p^{\alpha\beta} \right\rangle_{Q_{\alpha\beta}^1} = 1 \tag{5.142}$$

以面为基多项式：

$$\left\langle F_{0jk}^{ab}, F_{0jk}^{ab} \right\rangle_{Q_a^2} = \left\langle F_{i0k}^{ab}, F_{i0k}^{ab} \right\rangle_{Q_b^2} = \left\langle F_{i0k}^{cd}, F_{i0k}^{cd} \right\rangle_{Q_c^2} = 1/3 \tag{5.143}$$

$$\left\langle F_{ij0}^{cd}, F_{ij0}^{cd} \right\rangle_{Q_d^2} = 1 \tag{5.144}$$

以体为基多项式：

$$\left\langle V_{ijk}^{\alpha\beta}, V_{ijk}^{\alpha\beta} \right\rangle_{Q^3} = 1 \tag{5.145}$$

在数值应用中，分层级多项式可在方便时被不同地归一化。然而，如果它们被重新缩放，为了保证一致性，也应该用四面体或长方体元素同样的因子重新缩放多项式。

很容易可以得到下面的内积结果。

在棱柱的一个面上的内积：

$$\left\langle E_p^{ab}, E_p^{ab} \right\rangle_{Q_a^2} = \left\langle E_p^{ab}, E_p^{ab} \right\rangle_{Q_b^2} = \left\langle E_p^{cd}, E_p^{cd} \right\rangle_{Q_c^2} = 1/3 \tag{5.146}$$

$$\left\langle E_p^{cd}, E_p^{cd} \right\rangle_{Q_d^2} = \frac{1}{2(p+1)} \tag{5.147}$$

在棱柱上的内积：

$$\left\langle E_p^{ab}, E_p^{ab} \right\rangle_{Q^3} = 1/9 \tag{5.148}$$

$$\left\langle E_p^{cd}, E_p^{cd} \right\rangle_{Q^3} = \frac{1}{6(p+1)} \tag{5.149}$$

$$\left\langle F_{0jk}^{ab}, F_{0jk}^{ab} \right\rangle_{Q^3} = \left\langle F_{i0k}^{ab}, F_{i0k}^{ab} \right\rangle_{Q^3} = 1/9 \tag{5.150}$$

$$\left\langle F_{i0k}^{cd}, F_{i0k}^{cd} \right\rangle_{Q^3} = \frac{1}{6(i+1)} \tag{5.151}$$

$$\left\langle F_{ij0}^{cd}, F_{ij0}^{cd} \right\rangle_{Q^3} = 1/3 \tag{5.152}$$

最后，一个组的多项式不与不同组的多项式正交。

5.3.4 条件数对比

本节介绍的旋度一致分层级基主要用于求矢量亥姆霍兹等式

$$\nabla \times \nabla \times \boldsymbol{H} = k^2 \boldsymbol{H} \tag{5.153}$$

的数值解，如在天线、散射或谐振器的应用中。求数值解的细节在第 6 章中介绍。这里，为了研究基函数的线性独立性，简要地讨论理想墙壁（均匀 Neumann 边界）中的共振器。磁场可被表示为

$$\boldsymbol{H} = \sum_i \alpha_i \boldsymbol{B}_i \tag{5.154}$$

其中 $\boldsymbol{B}_i$ 表示矢量基函数。数值解求解过程包括计算本地元素矩阵 $\boldsymbol{S}$ 和 $\boldsymbol{T}$ 。

$$\boldsymbol{S}_{mn} = \int_{\mathcal{D}} \nabla \times \boldsymbol{B}_m \cdot \nabla \times \boldsymbol{B}_n \mathrm{d}\mathcal{D} \tag{5.155}$$

$$\boldsymbol{T}_{mn} = \int_{\mathcal{D}} \boldsymbol{B}_m \cdot \boldsymbol{B}_n \mathrm{d}\mathcal{D} \tag{5.156}$$

这些矩阵可能是本地的(限制在单一单元的相互作用中)，也可能是全局的(包含在完整域内的所有相互作用)。因为在旋度算子的零空间，本地元素矩阵 $\boldsymbol{S}$ 和它的全局副本是奇异的。然而，本地和全局 $\boldsymbol{T}$ 都是非奇异的，它们的条件数($\mathrm{CN} = \|\boldsymbol{T}\|\|\boldsymbol{T}^{-1}\|$)度量基函数的线性独立程度，并标明数值应用中基函数的性能(例如见参考文献[27, 47])。

基集的线性独立性是良好基的重要特性。不幸的是，随着阶数增加，基函数的许多分层级族不再具有良好的线性独立性。在下文中，我们将讨论用本节提出的不同矢量基获得的 $\boldsymbol{T}$ 矩阵条件数的一些例子。第 6 章将给出在几个应用中用这些函数获得的数值结果。这里介绍的分层级基与第 4 章插值基张成同样的缩减 Nédélec 空间，并且对于固定 Nédélec 阶数，它们的数值结果与计算的精度一致。因此，作为单元大小和阶数的函数的分层级基的收敛性与第 4 章中插值基的相同，这些将在本节中讨论。

5.3.4.1　三角形基

将三角形单元基作为第一个例子。参考文献[47]介绍了一些例子，将分层级矢量基函数族带来的（元素或全局的）***T*** 矩阵条件数与这里介绍的分层级三角基函数的 ***T*** 矩阵条件数进行了比较。在比较的过程中，式（5.153）的解被当作振荡器共振频率的特征值。从这项研究可推断，本节介绍的阶为 2.5 和 3.5 的分层级基函数在网格内产生的矩阵条件数小于多数其他族产生的矩阵条件数。这样的结果是在尝试选择合适的比例因子使其他族条件数提高后得出的（更多细节感兴趣的读者可以阅读参考文献[47]）。根据参考文献[47]，这里只给出表 5.14 总结出的结果。三角形单元上的旋度一致性基——2.5 阶三角形基的条件数对如表 5.14 所示该表给出了从 5 个不同三角形单元网格获得的全局 ***T*** 矩阵条件数。（网格数表示单元数。）网格#40b 和网格#34 被有意设计为具有大的方向比例，以使其具有较差的条件数。为了找到全局 ***T*** 矩阵的最大和最小奇异值，本节使用了一种奇异值分解算法，并给出了最大和最小值的比率。

表 5.14　三角形单元上的旋度一致性基——2.5 阶三角形基的条件数对比

对于不同品质的 5 个三角形单元网格，式（5.156）的全局 ***T*** 矩阵的最大条件数通过最大奇异值与最小奇异值之比获得。对于每个基族，构成 Nédélec 缩减梯度 QT/CuN 表达式的 15 个旋度一致基函数使用最佳比例因子*

族	网格 12	网格 42	网格 40a	网格 40b	网格 34
插值，第 4 章	528	352	597	6 075	3 319
分层，第 5 章	720	459	855	1 923	1 366
Ingelström [17]	1 040	510	1 085	5 022	3 284
Webb orthogonal [11]	1 095	517	1 121	4 345	3 120
Lee, Lee 和 Lee [15]	1 456	1 791	4 612	21 883	12 994
Preissig 和 Peterson [16]	1 137	1 510	4 359	27 974	26 765
Andeesen 和 Volakis [9]	2 920	2 084	5 965	31 100	49 956
	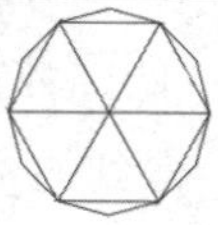	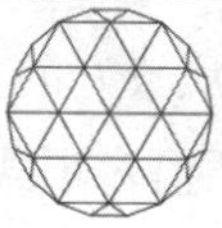		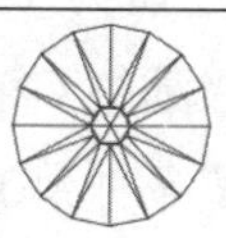	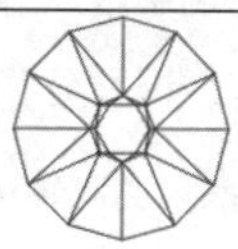
单元个数	12	42	40	40	34
T 的阶数	114	468	444	444	384

*由于它们通常有参考文献[47]给出的“最佳”比例分层基，使用 5.3.1 节（使用表 5.5 给出的原始比例）的“unscaled”基。对于其他一些族，最佳比例基对于这些网格有原始“unscaled”基，这里给出了结果

Adapted from A. F. Peterson and R. D. Graglia,“Scale factors and matrix conditioning associated with triangular-cell hierarchical vector basis functions” *IEEE Trans. Antennas Wireless Propag. Lett.*, vol. 9, pp. 40-43, 2010, doi:10.1109/LAWP. 2010.2042423.

表 5.14 中二次切线 / 标准立方（QT/CuN）基的条件数表明这个基函数比三角形的许多其他分层级矢量基有更好的线性独立性。在参考文献[47]中可以观察到 2 个其他分层级族在大范围的网格几何体、IngelströmIt[17] 的基和 Webb [11]正交化的基上也有较好的性能。（然而，Webb 函数并不恰好张成缩减梯度的 Nédélec 空间。）表 5.14 中使用了 5.3.1 节介绍的分层级基的原始形式，并使用比例因子提高其他分层级族的矩阵条件数。任何分层级基族、任何形状都应使用优化尺度因子。

5.3.4.2 四面体基

对于四面体基，这里将利用本节介绍的低 5 阶分层级基函数获得的个体元素 $\boldsymbol{T}$ 矩阵条件数进行比较。

最有可能的四面体单元为等边形，边长为 ℓ，高 $h=\sqrt{6}\ell/3$。低品质单元通过四面体的高乘以 h_n 获得，以此获得相同（等边）基但不同高度 $h\times h_n$ 的单元，h_n 是四面体的归一化高。分层级和插值族的元素条件数 CNH 和 CNI 取决于改变单元形状的比例因子的值。然而通过保持 h_n 固定，改变 ℓ，不能修改条件数 CNH 和 CNI。

考虑具有相同基但归一化高度不同的四面体单元获得的分层（CNH）矢量基和单个元素 $\boldsymbol{T}$ 矩阵条件数如图 5.12 所示，图 5.12 给出了对数坐标下（$0.25<h_n<4$）范围内条件数 CNH 对归一化高 h_n 的特征，阶数为 0.5、1.5、2.5、3.5 和 4.5。从图可以清楚地看出，对于给定阶，最低条件数是由等边四面体获得的。条件数随基的阶数增加，最大增量出现在 0.5 到 1.5 之间；事实上，在整个范围 $1/2\leqslant h_n\leqslant 2$ 内，1.5 阶基的 CNH 大概比 0.5 阶的高 30 倍；2.5 阶基的 CNH 大概比 1.5 阶的高 12 倍；3.5 阶基的条件数大概比 2.5 阶的高 8 倍；4.5 阶基的条件数大概比 3.5 阶的高 4 倍。除了阶为 0.5，分层级和插值基相同，条件数相等，插值基的条件数 CNI 小于分层级基的 CNH。例如，品质较好的直线四面体情况，对于阶为 2.5 的元素，个体元素条件数 CNH 预计比插值多项式[25]得到的个体条件数大 4 倍到 5 倍。相反，对于品质不好的单元，分层级基得到的条件数可能比插值多项式[25]得到的大很多（例如，7 倍）；然而，这一结果仍在其量值范围内，尽可能地避免品质这么差的单元。这里给出的和上文引用参考文献中给出的数值结果表明使用推荐的分层级基产生的较好的矩阵。

图 5.12 通过考虑具有相同（等边）基但归一化高度 h_n 不同的四面体单元获得的 0.5、1.5、2.5、3.5 和 4.5 阶分层（CNH）矢量基的单个元素 T 矩阵条件数。等边四面体高度为 $h=\sqrt{6}\ell/3$，归一化高度为 $h_n=1$。

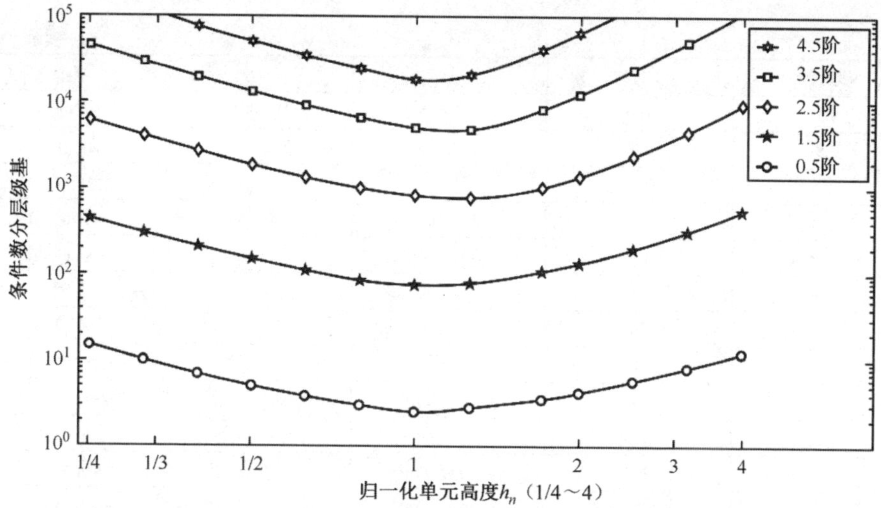

图 5.12　考虑具有相同基但归一化高度不同的四面体单元获得的分层（CNH）矢量基和单个元素 $\boldsymbol{T}$ 矩阵条件数

5.3.4.3　四边形和长方体基

表 5.15 给出了四边形和长方体单元的矢量基——单位边长的平方和立方单元的单个元素 $\boldsymbol{T}$ 矩阵条件数，将提出的分层级基与第 4 章的插值基对比。CNH 和 CñH 数据分别与表 5.10 的分层级基和 5.3.2.4 节的分层级基有关。为了便于参考，这里给出了由第 4 章插值基函数获得的 CNI 数据作为参考。分层级条件数增长速度明显比插值集数的增长速度慢。有趣的是，表 5.10 中基和 5.3.2.4 节中替换基对于 2D 正方单元有相同的条件数，而对于立方单元，替换基将比表 5.10 中给出的条件数减小 2 倍。这表明表 5.10 中的基几乎是理想的（实际中，使用 5.3.2.4 节中的替换基是不方便的，因为每一项的全局多项式阶数比表 5.10 中基的替代项高）。

表 5.15　四边形和长方体单元的矢量基——单位边长的平方和立方单元的单个元素 $\boldsymbol{T}$ 矩阵条件数

基阶数	$\boldsymbol{T}$ 的阶数	CNH	CñH	CNI
0.5	4	3	3	3
1.5	12	22.956	22.956	20.639
2.5	24	22.956	22.956	109.720
3.5	40	60.483	60.483	486.676
4.5	60	60.483	60.483	$2.557\ 9\times10^{3}$
5.5	84	114.658	114.658	$1.602\ 85\times10^{4}$
6.5	112	114.658	114.658	$1.169\ 07\times10^{5}$
7.5	144	185.495	185.495	$9.991\ 06\times10^{5}$

续表

基阶数	*T* 的阶数	CNH	CñH	CNI
8.5	180	185.495	185.495	$9.710\ 08\times10^{6}$
9.5	220	272.996	272.996	$1.049\ 21\times10^{8}$
10.5	264	272.996	272.996	$1.231\ 56\times10^{9}$
11.5	312	377.164	377.164	$1.533\ 906\times10^{10}$
12.5	364	377.164	377.164	$1.978\ 809\times10^{11}$
0.5	12	9	9	9
1.5	54	526.998	279.792	141.988
2.5	144	526.998	279.792	$1.027\ 09\times10^{3}$
3.5	300	$3.658\ 25\times10^{3}$	$1.880\ 93\times10^{3}$	$6.881\ 14\times10^{3}$
4.5	540	$3.658\ 25\times10^{3}$	$1.880\ 93\times10^{3}$	$6.049\ 03\times10^{4}$
5.5	882	$1.314\ 64\times10^{4}$	$6.698\ 83\times10^{3}$	$7.086\ 65\times10^{5}$
6.5	1 344	$1.314\ 64\times10^{4}$	$6.698\ 83\times10^{3}$	$1.087\ 65\times10^{7}$
7.5	1 944	$3.440\ 82\times10^{4}$	$1.746\ 70\times10^{4}$	$2.194\ 71\times10^{8}$

通过考虑单位边长的平方（表的顶部）和立方（底部）获得的分层（CNH）和插值（CNI）矢量基的单个元素 ***T*** 矩阵条件数。通过替代 5.3.2.4 节的分层基获得数据 CñH 。对于方形单元，条件数 CñH 和 CNH 相等

Adapted from R. D. Graglia and A. F. Peterson, "Hierarchical curl-conforming Nédélec elements for quadrilateral and brick cells," *IEEE Trans. Antennas Propag.*, vol. 59, no. 8, pp. 2766–2773, Aug. 2011.

参考文献[22]和参考文献[27]给出了四边形单元基的额外的数值结果，并对基族[13,19,34–36]的全局 ***T*** 矩阵条件数和 5.3.2 节的分层级条件数进行了比较。这些结果表明对于之前的族，只有参考文献[36]中的函数比得上 5.3.2 节分层级集的条件数；其他族的条件数比它们的大。

5.3.4.4 棱柱基

棱柱单元的旋度一致基——单位边长单元的单个元素 ***T*** 矩阵条件数如表 5.16 所示。表 5.16 给出了单位边长参考单元中阶数增长完整子空间的元素 ***T*** 矩阵条件数。这里给出的分层级基获得的结果用 CNH 表示，由第 4 章中插值基函数获得的结果用 CNI 表不，并将两者进行比较。理想情况，我们将对比提出的分层级基的条件数和其他分层级基的条件数，适用于 *p*-自适应精细过程。但是，对于棱柱，唯一的其他可用分层级基集在参考文献[19]中给出，它们不对每一阶张成相同的 Nédélec 空间，这使得方向对比成了问题。

表 5.16 表明当阶数高于 4.5 时分层级条件数大于插值条件数。事实上，表 5.16 中分层级条件数具有多项式增长率，而插值条件数具有指数增长率，表 5.16 的条件数与参考生长率的比较如图 5.13 所示，该图将参考增长率为 $g_1=130\times(\text{阶数})^{4.4}$

和指数增长率为 $g_2 = 2\times10^{阶数}$ 的条件数进行对比。对于表 5.16 中的测试结果，增长率可用条件数增加的增长因子

$$\mathrm{GF}(阶数)=\frac{\mathrm{CN}(阶数+1)}{\mathrm{CN}(阶数)} \tag{5.157}$$

来评估，其相对于基阶数的变化如图 5.14 所示。图 5.14 给出了使用表 5.16 测用例结果计算的条件数增长因子，表明当基阶数为 0.5 至 1.5 时，分层级条件数具有最大增量。除了这一点，分层级条件数比插值集随阶数增长慢得多。

本节棱柱基条件数的其他结果见参考文献[28]。

表 5.16　棱柱单元的旋度一致矢量基——单位边长单元的单个元素 T 矩阵条件数

基阶数	T 的阶数	CNH	CNI	$\frac{\text{CNH}}{\text{CNI}}$
0.5	9	6	6	1
1.5	36	734.117	25.722 2	28.5
2.5	90	4 048.44	420.924	9.62
3.5	180	$2.498\ 27\times10^4$	$5.331\ 34\times10^3$	4.69
4.5	315	$6.551\ 65\times10^4$	$5.933\ 56\times10^4$	1.10
5.5	504	$2.609\ 24\times10^5$	$5.751\ 17\times10^5$	0.45
6.5	756	$4.977\ 56\times10^5$	$7.509\ 97\times10^6$	0.07

考虑所有 9 个边具有相同单位长度的直棱柱单元获得的不同阶的分层（CNH）和插值（CNI）矢量基的单个元素 $\boldsymbol{T}$ 矩阵条件数，表中考虑的基是通过从体和三角形以面为基的函数集中舍弃与 $j=1,2$或3 的两个并行边矢量 $\boldsymbol{\Omega}_{j4}$ 和 $\boldsymbol{\Omega}_{j5}$ 相关联的高阶函数获得的

Adapted from R. D. Graglia and A. F. Peterson, “Hierarchical curl-conforming Nédélec elements for triangular-prism cells,” *IEEE Trans. Antennas Propag.*, vol. 60, no. 7, pp. 3314–3324, Jul. 2012.

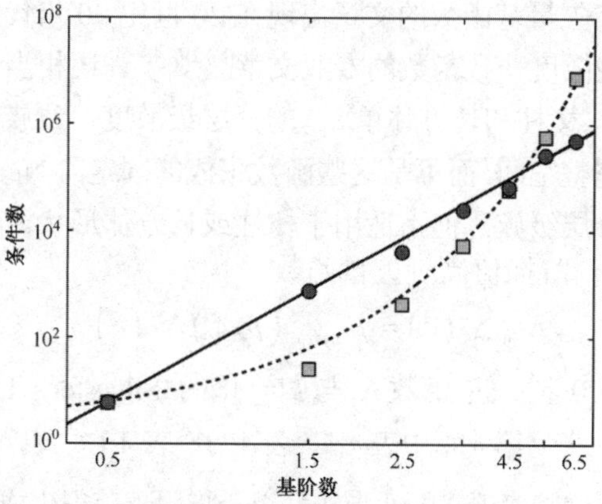

图 5.13　表 5.16 的条件数与参考生长率的比较

图 5.13 中使用对数刻度。分层条件数用圆表示，插值条件数用方形表示，实线表示生长率 $g_1 = 130 \times (\text{阶数})^{4.4}$；虚线表示指数增长率 $g_2 = 2 \times 10^{\text{阶数}}$。

图 5.14 中分层生长因子用圆表示，插值生长因子用方形表示。

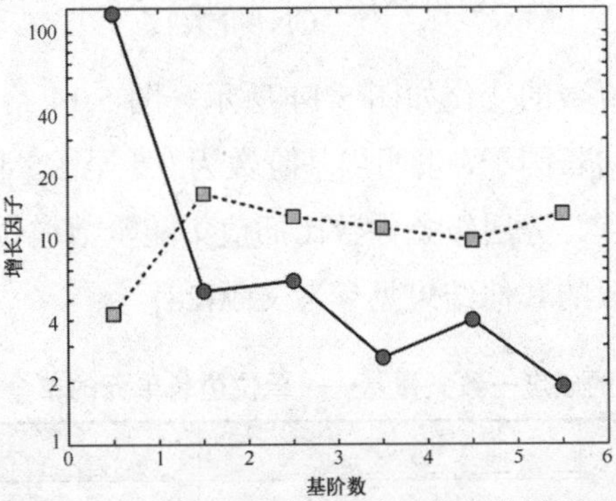

图 5.14 使用表 5.16 测试用例结果计算的条件数增量增长因子

© 2012 IEEE. Reprinted with permission from R. D. Graglia and A. F. Peterson, "Hierarchical curl-conforming Nédélec elements for triangular-prism cells," *IEEE Trans. Antennas Propag.*, vol. 60, no. 7, pp. 3314–3324, Jul. 2012.

5.4 分层级散度一致矢量基

本节扩展前面章节的构建技术，构建体元素的分层级散度一致基。事实上，因为三角形和四边形单元的分层级（和插值）散度一致基函数可简单地通过将函数旋转 90 度，或如第 4 章所述，将相应的旋度一致函数叉乘垂直于单元表面的单位矢量 $\hat{n}$ 获得，因此，这里不需要再进一步讨论表面元素的函数了。

尽管提出分层级矢量基函数的文章出现在 20 世纪 90 年代的电磁学文献中，但有关体元素的分层级散度一致函数的专业文章[8, 19, 48–50]还相当少。本章中讨论的 3 种单元形状（四面体、棱柱和长方体单元）的分层级散度一致族由 Zaglmayr[19]提出，这些族张成多项式完整空间，而不是这些函数张成的固定阶 Nédélec 空间。Botha[49]提出四面体单元的分层级族，但不适用于棱柱或长方体形状。

归一化的任意 p 阶插值高阶矢量函数

$$\Lambda^i_{\text{interp.}}(r) = \hat{\beta}^i_{\text{interp.}}(p,\xi)\Lambda_i(r) \tag{5.158}$$

在第 4 章中通过将 0 阶矢量函数 Λ_i 与归一化的 Silvester－Lagrange 插值多项式 $\hat{\beta}^i_{\text{interp.}}(p,\xi)$ 相乘产生。（见第 4 章中表 4.5、表 4.11、表 4.13、表 4.14、表 4.17、表 4.18 和表 4.21）。下文中，这些多项式的适当线性组合将用于获得生成归一化的分层级高阶矢量函数的归一化分层级多项式 $H^i_{\text{hierar}}(p,\xi)$，这个归一化分层级高阶矢量函数为

$$\Lambda^i_{\text{hierar.}}(r) = H^i_{\text{hierar.}}(p,\xi)\Lambda_i(r) \tag{5.159}$$

这些生成多项式被分为 2 个不同的组：以面（F）和以体（V）为基函数。

在每一组内，所有分层级多项式都被适当地缩放，并被先验地构造成在相关积的定义域（也就是说，单元的面或体）上相互正交。然后，通过采用与第 4 章相同的方法构建分层级矢量基，只需简单地用新的标量分层级多项式代替插值多项式函数 $\hat{\beta}^{i}_{\text{interp.}}$。用这种方式获得的以面为基散度一致矢量函数是独立的；相反，通过将 0 阶散度一致矢量函数与以体为基生成多项式相乘获得的矢量函数与其他的矢量函数是非线性独立的。使用插值情况的相似过程，消去来自生成标量集的非独立的以体为基分层级多项式。除去冗余函数之后，插值和分层级矢量基张成的空间完全相同，并且对任意给定 p 阶多项式，新的分层级矢量基函数的总数量等于插值基集中函数的数量，并与张成 Nédélec 固定阶空间[5, 38]所必要的 DoF 数量一致。参考文献[51－53]第一次给出这些基。

就像在第 4 章讨论的那样，将每个以面 n_f 为边界的体单元放入归一化父坐标系 $\boldsymbol{\xi}=\left(\xi_1,\xi_2,\cdots,\xi_{nf}\right)$ 中。给定单元的第 i 个面是归一化坐标 ξ_i 的 0 坐标面，每条边是 3D 单元的 2 个本地父坐标为 0 的点的轨迹。坐标 ξ_i 在单元中线性变化，在 0 坐标表面相对的面上、边上或顶点取单位值。因此，坐标梯度 $\nabla\xi_i$ 垂直于第 i 个单元面，在这个面上它指向元素内部。

对于四面体和长方体元素，用 ξ_1、ξ_2 和 ξ_3 组成右手独立坐标系，使得 $(\nabla\xi_1\times\nabla\xi_2)\boldsymbol{\cdot}\nabla\xi_3$ 严格为正。相反，棱柱元素的独立坐标系右手三元组为 $\{\xi_1,\xi_2,\xi_4\}$。将右手三元组的坐标 ξ_i 作为独立坐标，其余的坐标称为非独立坐标，每个都与独立坐标有依赖关系（见第 4 章）。然后，定义单位基矢量为 $\boldsymbol{\ell}^i=\partial r/\partial\xi_i$，其中 ξ_i 是 3 个独立变量之一。对于直线元素，每个单位基矢量与（至少）一个元素边矢量一致。

为了避免对所有生成多项式的详细介绍，这里利用单元的对称性，并用虚拟父变量表示归一化的坐标，用字母（即不是数字）下标区分。几种三维单元零坐标面如图 5.15 所示。这样，如图 5.15（a）所示，四面体的三角形面为零坐标面 ξ_a、ξ_b、ξ_c 和 ξ_d，每个四面体单元通过将 $\{0\leqslant\xi_a,\xi_b,\xi_c,\xi_d\leqslant1:\xi_a+\xi_b+\xi_c=1\}$ 定义的父单体 T^3 映射到真实 3D 空间获得，称这个空间为子空间。

棱柱的四边形面为零坐标面 ξ_a,ξ_b 和 ξ_c，其三角形面为零坐标面 ξ_d 和 ξ_e［见图 5.15（b）］。每个棱柱通过将 $\{0\leqslant\xi_a,\xi_b,\xi_c,\xi_d,\xi_e\leqslant1:\xi_a+\xi_b+\xi_c=1,\ \xi_d+\xi_e=1\}$ 定义的父单元 V_{prism} 映射到子空间获得。

长方体的四边形面位于零坐标面 ξ_a、ξ_b、ξ_c、ξ_d、ξ_e 和 ξ_f［见图 5.15（c）］，每个长方体通过将 $\{0\leqslant\xi_a,\xi_b,\xi_c,\xi_d,\xi_e,\xi_f\leqslant1:\ \xi_a+\xi_d=1,\ \xi_b+\xi_e=1,\ \xi_c+\xi_f=1\}$ 定义的父单元 V_{brick} 映射到子空间获得。

体单元的 p 阶散度一致 Nédélec 基的父变量及其依赖关系和 DoF 数量如表 5.17 所示，表 5.17 给出每个体单元的父变量、父变量之间的依赖关系、DoF 数量以及用于在高阶矢量集中除去冗余的矢量依赖关系。

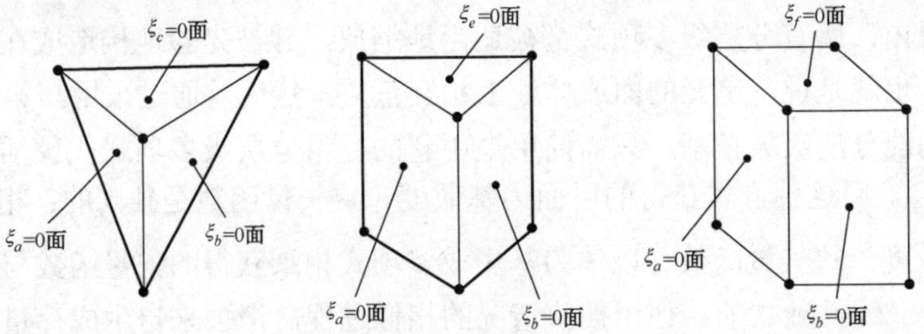

（a）四面体的三角形面是 ξ_a、ξ_b、ξ_c 和 ξ_d 零坐标面 （b）棱柱的四边形面是 ξ_a、ξ_b 和 ξ_c 零坐标面，其三角形面是 ξ_d 和 ξ_e 零坐标面 （c）长方体的四边形面是 ξ_a、ξ_b、ξ_c、ξ_d、ξ_e 和 ξ_f 零坐标面

图 5.15　几种三维单元零坐标面

© 2012 IEEE. Reprinted with permission from R. D. Graglia and A. F. Peterson, "Hierarchical divergence-conforming Nédélec elements for volumetric cells," *IEEE Trans. Antennas Propag.*, vol. 60, no. 11, pp. 5215–5227, Nov. 2012.

表 5.17　体单元的 p 阶散度一致 Nédélec 基的父变量及其
依赖关系和 DoF 数量

单元	四边形面的坐标面	三角形面的坐标面	父变量的依赖关系	高阶矢量函数的依赖关系	依赖（灰色）分量数目 $\xi_j\Lambda_j$
△		$\xi_a=0;\ \xi_c=0;$ $\xi_b=0;\ \xi_d=0$	$\xi_a+\xi_b+\xi_c$ $+\xi_d=1$	$\xi_a\Lambda_a+\xi_b\Lambda_b+\xi_c\Lambda_c$ $+\xi_d\Lambda_d=0$	1
◁	$\xi_a=0;$ $\xi_b=0;\ \xi_c=0$	$\xi_d=0;\ \xi_e=0$	$\xi_a+\xi_b+\xi_c=1;$ $\xi_d+\xi_e=1$	$\xi_a\Lambda_a+\xi_b\Lambda_b+\xi_c\Lambda_c=0;$ $\xi_d\Lambda_d+\xi_e\Lambda_e=0$	2
▱	$\xi_a=0;\ \xi_d=0$ $\xi_b=0;\ \xi_e=0$ $\xi_c=0;\ \xi_f=0$		$\xi_a+\xi_d=1;$ $\xi_b+\xi_e=1;$ $\xi_c+\xi_f=1$	$\xi_a\Lambda_a+\xi_d\Lambda_d=0;$ $\xi_b\Lambda_b+\xi_e\Lambda_e=0;$ $\xi_c\Lambda_c+\xi_f\Lambda_f=0$	3

对于每个单元，面的数量等于 ξ 父变量的数量，等于独立零散度一致矢量函数 Λ 的数量。对于 $p=0$，零阶基集仅由以面为基矢量函数组成。所有分层（或插值）以面为基高阶矢量函数是独立的。与面 $\xi_i=0$ 有关的以面为基矢量函数只包含零阶矢量分量 Λ_i 作为因子，它们在单元所有面上有零法向分量，除了面 $\xi_i=0$。相反，因为矢量因子 $\xi_i\Lambda_i$ 的存在，每个高阶以体为基函数（$p\geqslant1$）在给定坐标面 $\xi_i=0$ 处为零。独立高阶以体为基矢量函数的子集通过从以体为基矢量集中舍弃所有包含（例如）在矢量依赖关系中（灰色给出）的因子 $\xi_j\Lambda_j$ 的函数获得。对于每个体单元，独立（黑色）矢量分量 $\xi_i\Lambda_i$ 的数量通常等于 3

单元	DoF-Q 四边形面关联的 DoF	DoF-T 三角形面关联的 DoF	DoF-VQ 四边形面上等于 0 的基与体函数数目	DoF-VT 三角形面上等于 0 的基与体函数数目	独立 DoF 总数
△		$\dfrac{(p+1)(p+2)}{2}$		$\dfrac{p(p+1)(p+2)}{6}$	$\dfrac{(p+1)(p+2)(p+4)}{2}$
◁	$(p+1)^2$	$\dfrac{(p+1)(p+2)}{2}$	$\dfrac{p(p+1)^2}{2}$	$\dfrac{p(p+1)(p+2)}{2}$	$\dfrac{(p+1)(3p^2+12p+10)}{2}$
▱	$(p+1)^2$		$p(p+1)^2$		$3(p+1)^2(p+2)$

右侧列给出的独立 DoF 总数对于四面体单元为（$4\times$DoF-T $+3\times$DoF-VT），对于棱柱单元为（$3\times$DoF-Q $+2\times$DoF-T $+2\times$DoF-VQ $+1\times$DoF-VT），对于长方体单元为（$6\times$DoF-Q $+3\times$DoF-VQ）

© Adapted from R. D. Graglia and A. F. Peterson, "Hierarchical divergence-conforming Nédélec elements for volumetric cells," *IEEE Trans. Antennas Propag.*, vol. 60, no. 11, pp. 5215–5227, Nov. 2012.

5.4.1　相邻单元公共面的参考变量

如上所述，可同时推导四面体、棱柱和长方体单元的分层级散度一致矢量基，用

虚拟父变量表示每个单元的归一化坐标，用字母（即不是数字）下标区分（见图 5.15）。

虚拟父变量的使用使我们可以只考虑两个相邻四面体或棱柱单元的公共三角形面 $\xi_d = 0$，或两个相邻棱柱或长方体单元的公共四边形面 $\xi_c = 0$（见图 5.16）。此外，公共三角形面 $\xi_d = 0$ 总是用父变量 (ξ_a, ξ_b, ξ_c) 描述的，并通过将 $\{0 \leqslant \xi_a, \xi_b, \xi_c \leqslant 1 : \xi_a + \xi_b + \xi_c = 1\}$ 定义的父单体 T^2 映射到子 3D 空间获得。相似地，公共四边形面 $\xi_c = 0$ 总是用 4 个父变量描述的，并通过将父正方单元 Q 映射到子 3D 空间获得。在相邻元素任何公共面上，将 2 个父坐标作为表示生成正交多项式的参考变量；从表 5.17 给出的依赖关系可获得其他面变量。通过面的旋转边可容易地区分参考变量。旋转与两个相邻单元共同面的边如图 5.16 所示，旋转边远离具有最低全局点数的面拐点，每个参考变量只在两个旋转边之一上为 0。在两个相邻单元共同面上的两个参考变量如图 5.17 所示。

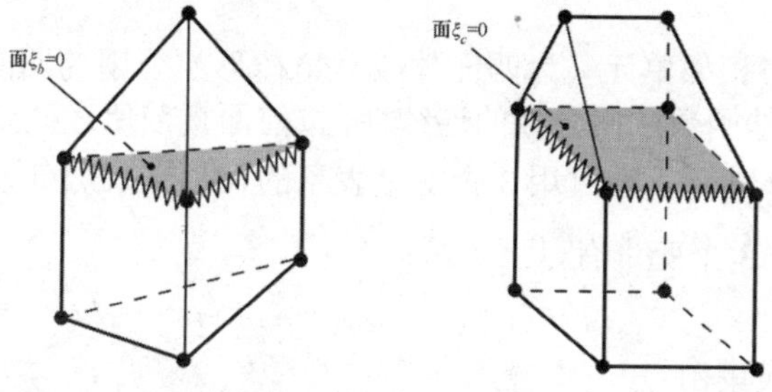

图 5.16 旋转与两个相邻单元共同面的边

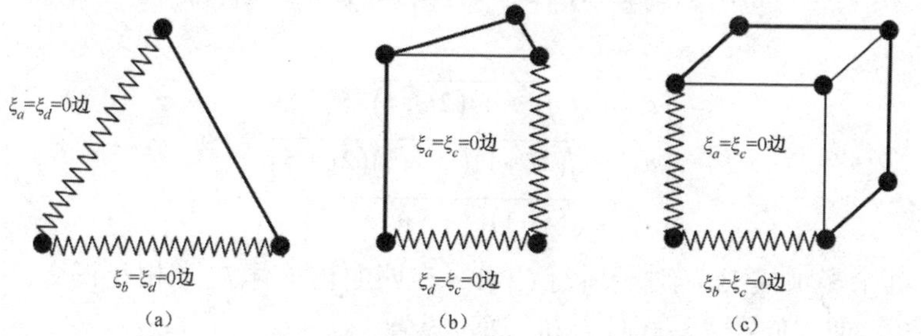

图 5.17 在两个相邻单元共同面上的两个参考变量

在图 5.16 中，网格的每个节点具有不同的全局节点数，而边由不同的全局边数量区分。与两个单元共同的每个面具有两个旋转边（在图中由蛇线表示），是远离全局节点数最小的面角节点的边。为了方便，总是假定与两个相邻单元共同的三角面为两个单元［图 5.16（a）中的四面体和棱柱］的面 $\xi_d=0$，而与两个相邻元素共同的四边形面是两个单元［图 5.16（b）中的棱柱和长方体］的面 $\xi_c=0$。

在图 5.17 中，两个不同的本地父坐标在每个旋转边上为零：一个是区别面的父坐标，另一个被假定为与该面相关联的参考父变量。假定与两个相邻单元共同的三角面为四面体或棱柱的面 $\xi_d=0$，而与两个相邻元素共同的四边形面是棱柱或长方体的面 $\xi_c=0$。（a）三角形面 $\xi_d=0$ 的参考变量为 ξ_a 和 ξ_b；（b）棱柱的四边形面 $\xi_c=0$ 的参考变量为 ξ_a 和 ξ_d，且 $\xi_a=0$ 区别棱柱的另一个四边形面；（c）长方体的四边形面 $\xi_c=0$ 的参考变量为 ξ_a 和 ξ_b。

5.4.2 节介绍获得四面体、棱柱和长方体单元分层级高阶散度一致矢量基的过程。

5.4.2 四面体基

为了保证在与相邻单元（为四面体或三角棱形）公用的四面体单元的三角形面 $\xi_d=0$ 上，矢量基函数法向分量的连续性，按前面章节所述确定面的参考变量 ξ_a 和 ξ_b 是很重要的。然后，通过用 3 个变量表示的 $(\xi_{ab},\chi_{ab},\xi_d)$ 正交多项式集获得生成的标量多项式。3 个变量有以下关系：

$$\xi_{ab}=\xi_a-\xi_b,\quad \chi_{ab}=\xi_a+\xi_b \tag{5.160}$$

第一个多项式集由

$$\begin{cases}\mathcal{R}_0(\xi_d)=\sqrt{6}\\ \mathcal{R}_1(\xi_d)=2\sqrt{15}\xi_d\end{cases} \tag{5.161}$$

利用以下关于 ℓ 的循环关系获得：

$$a_{1\ell}\mathcal{R}_{\ell+1}(\xi_d)=a_{2\ell}(2\xi_d-1)\mathcal{R}_\ell(\xi_d)-a_{3\ell}\mathcal{R}_{\ell-1}(\xi_d) \tag{5.162}$$

其中，

$$\begin{cases}a_{1\ell}=\sqrt{\ell(\ell+4)(2\ell+1)}\\ a_{2\ell}=\sqrt{(2\ell+1)(2\ell+3)(2\ell+5)}\\ a_{3\ell}=\sqrt{(\ell-1)(\ell+3)(2\ell+5)}\end{cases} \tag{5.163}$$

除了 $\mathcal{R}_0$ 其余多项式 $\mathcal{R}_\ell$（对于所有 $\ell\geqslant 1$）在四面体单体 T^3 上相互正交，并具有公共因子 ξ_d，使它们在 $\xi_d=0$ 时为 0；通过设置

$$\iiint_{T^3}\mathcal{R}_i(\xi_d)\mathcal{R}_j(\xi_d)\mathrm{d}T^3=\delta_{ij},\ \text{其中} i \text{和} j\neq 0 \tag{5.164}$$

这些多项式在四面体单体 T^3 上被归一化，其中

$$\delta_{ij}=\begin{cases}1 & \text{当} i=j\\ 0 & \text{当} i\neq j\end{cases} \tag{5.165}$$

是 Kronecker delta。

第二个集 $\mathcal{F}_{mn}$ 通过在三角形单体 T^2 上正交化 $m+n$ 阶多项式

$$\mathcal{Q}_{mn}\left(\xi_a,\xi_b\right)=P_m\left(\chi_{ab}\right)P_n\left(\xi_{ab}\right) \tag{5.166}$$

获得，通过以下的双重嵌套循环实现

- $t=0,1,\cdots,p$（全局阶数为 $t=m+n$ 的外循环）；
- $n=0,1,\cdots,t$（内循环），内循环中 $m=(t-n)$。

其中，$P_q(z)$ 表示 q 阶拉格朗日多项式。多项式 $\mathcal{Q}_{mn}$ 和 $\mathcal{F}_{mn}$ 在 n 为偶数时关于 (ξ_a,ξ_b) 对称（反之，则为反对称），$\mathcal{F}_{mn}\left(\xi_a,\xi_b\right)=(-1)^n\mathcal{F}_{mn}\left(\xi_b,\xi_a\right)$。

第三个集由以体为基生成多项式 $V_{\ell mn}$ 组成，它们在 $\xi_d=0$ 时为 0；这些多项式通过在四面体单体 T^3 中正交化 $\ell+m+n$（$\ell\geqslant 1$）阶多项式

$$\mathcal{V}_{\ell mn}(\xi)=\mathcal{R}_\ell\left(\xi_d\right)\mathcal{F}_{mn}\left(\xi_{ab},\chi_{ab}\right) \tag{5.167}$$

获得，通过以下三重嵌套循环实现：

- $g=0,1,\cdots,p$（外循环 $g=\ell+m+n$）；
- $t=0,1,\cdots,g-1$（第二重循环 $t=m+n$），第二重循环中 $\ell=(g-t)$；
- $n=0,1,\cdots,t$（内循环），内循环中 $m=(t-n)$。

多项式 $\mathcal{V}_{\ell mn}$ 和 $\mathcal{V}_{\ell mn}$ 在 n 为偶数时关于 (ξ_a,ξ_b) 对称（反之，为反对称），$\mathcal{V}_{\ell mn}\left(\xi_a,\xi_b\right)=(-1)^n\mathcal{V}_{\ell mn}\left(\xi_b,\xi_a\right)$，多项式 $\mathcal{V}_{\ell mn}$ 在四面体单体上相互正交，并被归一化，使得

$$\iiint_{T^3}V_g^2(\xi)\mathrm{d}T^3=1 \tag{5.168}$$

其中 $g=\ell+m+n$ 表示全局多项式的阶数，等于下标之和。

为了获得在单体 T^2 和 T^3 上都相互正交的以面为基多项式 $F_{mn}(\xi)$ 的分层级族，需要在 $\mathcal{F}_{mn}(\xi)$ 中添加一个全局阶数 $q\leqslant(m+n)$ 的以体为基多项式 $V_q(\xi)$ 的适当线性组合，$V_q(\xi)$ 关于变量 ξ_a 和 ξ_b 有与 $\mathcal{F}_{mn}$ 相同的对称特征。多项式 F_{mn} 在 n 为偶数时关于 (ξ_a,ξ_b) 对称（反之，为反对称）。为了使表达式更简洁，用 $(1-\chi_{ab}-\xi_c)$ 替换 ξ_d，并归一化为

$$\iint_{T^2}F_q^2(\xi)\mathrm{d}T^2=1 \tag{5.169}$$

$$\iiint_{T^3}F_q^2(\xi)\mathrm{d}T^3=\frac{1}{2q+3} \tag{5.170}$$

其中 $q=m+n$ 表示多项式的全局阶，等于下标之和。

将上文定义的生成多项式与四面体单元的归一化 0 阶矢量函数 $\tilde{\Lambda}_1$、$\tilde{\Lambda}_2$、$\tilde{\Lambda}_3$ 和 $\tilde{\Lambda}_4$ 相乘得到矢量分层级散度一致基（见表 4.5 和表 4.13）。0 阶函数 $\tilde{\Lambda}_i$ 与面 $\xi_i=0$ 有关；这表明在包含 $\tilde{\Lambda}_i$ 的乘积中虚拟变量 ξ_d 必须等于 ξ_i，而描述第 i 个三角形面的 3 个虚拟变量

$$\xi_{t_i}=\left\{\xi_{a_i},\xi_{b_i},\xi_{c_i}\right\} \tag{5.171}$$

根据前面章节介绍的过程选择。

在本节中，波浪线用于表示归一化的 0 阶矢量基，而增加的第 2 个下标表示虚拟父变量，因为所研究的三角面的参考变量 ξ_a 和 ξ_b 是面相关的。

分层级 p 阶完整矢量集由以下函数组成：

$$\begin{cases} \Lambda_{\ell mn}^1(r) = \xi_1 \mathcal{U}_{\ell-1,m,n}\left(\xi_{t_1}, \xi_1\right) \tilde{\Lambda}_1(r) \\ \Lambda_{\ell mn}^2(r) = \xi_2 \mathcal{U}_{\ell-1,m,n}\left(\xi_{t_2}, \xi_2\right) \tilde{\Lambda}_2(r) \\ \Lambda_{\ell mn}^3(r) = \xi_3 \mathcal{U}_{\ell-1,m,n}\left(\xi_{t_3}, \xi_3\right) \tilde{\Lambda}_3(r) \end{cases} \tag{5.172}$$

$$\begin{cases} \Lambda_{0mn}^1(r) = F_{mn}\left(\xi_{t_1}\right) \tilde{\Lambda}_1(r) \\ \Lambda_{0mn}^2(r) = F_{mn}\left(\xi_{t_2}\right) \tilde{\Lambda}_2(r) \\ \Lambda_{0mn}^3(r) = F_{mn}\left(\xi_{t_3}\right) \tilde{\Lambda}_3(r) \\ \Lambda_{0mn}^4(r) = F_{mn}\left(\xi_{t_4}\right) \tilde{\Lambda}_4(r) \end{cases} \tag{5.173}$$

$\ell = 0,1,\cdots,p$；$m,n = 0,1,\cdots,p, (\ell+m+n) \leqslant p$。矢量集式（5.172）和矢量集式（5.173）是分层级的，$(p+1)$ 阶集包含 p 阶集的所有函数。$p(p+1)(p+2)/2$ 个函数［式（5.172）］是以体为基的。$2(p+1)(p+2)$ 个函数［式（5.173）］是以面为基的，必须调整这些函数的符号使之与相邻单元一致。

四面体和棱柱单元的散度一致矢量基——直到 6 阶的以三角面为基分层多项式如表 5.18 所示。表 5.18 给出了用于构建四面体以面为基散度一致函数的 28 个以面为基分层级多项式（直到 6 阶）。四面体单元上的散度一致矢量基——四面体单元 6 阶的以体为基分层多项式 $V_{\ell mn} = \xi_d \mathcal{U}_{\ell-1,m,n}$ 如表 5.19 所示，表 5.19 给出了用于构建四面体以体为基散度一致函数的 56 个以体为基分层级多项式（直到 6 阶）。

表 5.18　四面体和棱柱单元的散度一致矢量基——直到 6 阶的以三角面为基分层多项式

全局阶 $p=(m+n)$ 的以面为基多项式 $F_{mn}(\xi_t)$，在 T^2 和 T^3，以及父棱柱单元的体 $V=\{0\leqslant\xi_a,\xi_b,\xi_c\leqslant1:\xi_a+\xi_b+\xi_c=1;0\leqslant\xi_d,\xi_e\leqslant1:\xi_d+\xi_e=1\}$ 上相互正交	
$F_{00}=\sqrt{2}$	$F_{50}=2\sqrt{3}(\chi_{ab}^5-30\chi_{ab}^4\xi_c+150\chi_{ab}^3\xi_c^2-200\chi_{ab}^2\xi_c^3$ $+75\chi_{ab}\xi_c^4-6\xi_c^5)$
$F_{10}=2(\chi_{ab}-2\xi_c)$ $F_{01}=2\sqrt{3}\xi_{ab}$	$F_{41}=6\xi_{ab}(\chi_{ab}^4-28\chi_{ab}^3\xi_c+126\chi_{ab}^2\xi_c^2-140\chi_{ab}\xi_c^3+35\xi_c^4)$ $F_{32}=\sqrt{15}(3\xi_{ab}^2-\chi_{ab}^2)(\chi_{ab}^3-24\chi_{ab}^2\xi_c+84\chi_{ab}\xi_c^2-56\xi_c^3)$
$F_{20}=\sqrt{6}(\chi_{ab}^2-6\chi_{ab}\xi_c+3\xi_c^2)$ $F_{11}=3\sqrt{2}\xi_{ab}(\chi_{ab}-4\xi_c)$ $F_{02}=\sqrt{\frac{15}{2}}(3\xi_{ab}^2-\chi_{ab}^2)$	$F_{23}=\sqrt{21}\xi_{ab}(5\xi_{ab}^2-3\chi_{ab}^2)(\chi_{ab}^2-18\chi_{ab}\xi_c+36\xi_c^2)$ $F_{14}=\frac{3}{4}\sqrt{3}(35\xi_{ab}^4-30\xi_{ab}^2\chi_{ab}^2+3\chi_{ab}^4)(\chi_{ab}-10\xi_c)$ $F_{05}=\frac{\sqrt{33}}{4}\xi_{ab}(63\xi_{ab}^4-70\xi_{ab}^2\chi_{ab}^2+15\chi_{ab}^4)$
$F_{30}=2\sqrt{2}(\chi_{ab}^3-12\chi_{ab}^2\xi_c+18\chi_{ab}\xi_c^2-4\xi_c^3)$ $F_{21}=2\sqrt{6}\xi_{ab}(\chi_{ab}^2-10\chi_{ab}\xi_c+10\xi_c^2)$ $F_{12}=\sqrt{10}(3\xi_{ab}^2-\chi_{ab}^2)(\chi_{ab}-6\xi_c)$ $F_{03}=\sqrt{14}\xi_{ab}(5\xi_{ab}^2-3\chi_{ab}^2)$ $F_{40}=\sqrt{10}(\chi_{ab}^4-20\chi_{ab}^3\xi_c+60\chi_{ab}^2\xi_c^2$ $-40\chi_{ab}\xi_c^3+5\xi_c^4)$ $F_{31}=\sqrt{30}\xi_{ab}(\chi_{ab}^3-18\chi_{ab}^2\xi_c+45\chi_{ab}\xi_c^2-20\xi_c^3)$	$F_{60}=\sqrt{14}(\chi_{ab}^6-42\chi_{ab}^5\xi_c+315\chi_{ab}^4\xi_c^2-700\chi_{ab}^3\xi_c^3$ $+525\chi_{ab}^2\xi_c^4-126\chi_{ab}\xi_c^5+7\xi_c^6)$ $F_{51}=\sqrt{42}\xi_{ab}(\chi_{ab}^5-40\chi_{ab}^4\xi_c+280\chi_{ab}^3\xi_c^2-560\chi_{ab}^2\xi_c^3$ $+350\chi_{ab}\xi_c^4-56\xi_c^5)$ $F_{42}=\sqrt{\frac{35}{2}}(3\xi_{ab}^2-\chi_{ab}^2)(\chi_{ab}^4-36\chi_{ab}^3\xi_c+216\chi_{ab}^2\xi_c^2$ $-366\chi_{ab}\xi_c^3+126\xi_c^4)$ $F_{33}=\frac{7}{\sqrt{2}}\xi_{ab}(5\xi_{ab}^2-3\chi_{ab}^2)(\chi_{ab}^3-30\chi_{ab}^2\xi_c+135\chi_{ab}\xi_c^2-120\xi_c^3)$

续表

$F_{22}=\frac{5}{\sqrt{2}}(3\xi_{ab}^2-\chi_{ab}^2)(\chi_{ab}^2-14\chi_{ab}\xi_c+21\xi_c^2)$	$F_{24}=\frac{3}{4}\sqrt{\frac{7}{2}}(35\xi_{ab}^4-30\xi_{ab}^2\chi_{ab}^2+3\chi_{ab}^4)(\chi_{ab}^2-22\chi_{ab}\xi_c+55\xi_c^2)$
$F_{13}=\sqrt{\frac{35}{2}}\xi_{ab}(5\xi_{ab}^2-3\chi_{ab}^2)(\chi_{ab}-8\xi_c)$	$F_{15}=\frac{1}{4}\sqrt{\frac{77}{2}}\xi_{ab}(63\xi_{ab}^4-70\xi_{ab}^2\chi_{ab}^2+15\chi_{ab}^4)(\chi_{ab}-12\xi_c)$
$F_{04}=\frac{3}{4}\sqrt{\frac{5}{2}}(35\xi_{ab}^4-30\xi_{ab}^2\chi_{ab}^2+3\chi_{ab}^4)$	$F_{06}=\frac{1}{8}\sqrt{\frac{91}{2}}(231\xi_{ab}^6-315\xi_{ab}^4\chi_{ab}^2+105\xi_{ab}^2\chi_{ab}^4-5\chi_{ab}^6)$

其中 $\xi_{ab}=\xi_a-\xi_b$，$\chi_{ab}=\xi_a+\xi_b$，$\boldsymbol{\xi}_t=(\xi_a,\xi_b,\xi_c)$。因为它们在考虑的三角形面上仅涉及三角形父变量 $\boldsymbol{\xi}_t$，与简化的依赖关系 $\xi_a+\xi_b+\xi_c=1$ 相关联。（记住四面体和棱柱单元具有不同的依赖关系，也涉及其他父变量。）给出的多项式归一化为

$$\iint_{T^2}F_p^2(\xi_t)\,\mathrm{d}T^2=1;\ \iiint_{T^3}F_p^2(\xi_t)\,\mathrm{d}T^3=\frac{1}{2p+3};\ \iiint_V\xi_d^2F_p^2(\xi_t)\,\mathrm{d}V=\iiint_V\xi_e^2F_p^2(\xi_t)\,\mathrm{d}V=\frac{1}{3}$$

其中 T^2 和 T^3 分别是三角形和四面体单体；V 是父棱柱，而 p 表示多项式的全局阶，等于其下标的总和

表 5.19　四面体单元上的散度一致矢量基——四面体单元直到 6 阶的以体为基分层多项式 $V_{\ell mn}=\xi_d\mathcal{U}_{\ell-1,m,n}$

$\mathcal{U}_{000}=2\sqrt{15}$	$\mathcal{U}_{100}=2\sqrt{105}(2\eta+1)$　$\mathcal{U}_{010}=2\sqrt{105}(2\eta+3\chi_{ab})$　$\mathcal{U}_{001}=6\sqrt{35}\xi_{ab}$
$\mathcal{U}_{200}=6\sqrt{5}[3+14\eta(\eta+1)]$ $\mathcal{U}_{110}=6\sqrt{7}(8\eta+5)(2\eta+3\chi_{ab})$	$\mathcal{U}_{101}=6\sqrt{21}\xi_{ab}(8\eta+5)$　$\mathcal{U}_{011}=18\sqrt{14}\xi_{ab}(4\eta+5\chi_{ab})$ $\mathcal{U}_{020}=6\sqrt{42}(3\eta^2+12\chi_{ab}\eta+10\chi_{ab}^2)$　$\mathcal{U}_{002}=3\sqrt{210}(3\xi_{ab}^2-\chi_{ab}^2)$
$\mathcal{U}_{300}=2\sqrt{1\,155}(2\eta+1)[1+6\eta(\eta+1)]$ $\mathcal{U}_{210}=2\sqrt{462}(5+18\eta+15\eta^2)(2\eta+3\chi_{ab})$ $\mathcal{U}_{201}=6\sqrt{154}\xi_{ab}(5+18\eta+15\eta^2)$ $\mathcal{U}_{120}=6\sqrt{22}(10\eta+7)(3\eta^2+12\chi_{ab}\eta+10\chi_{ab}^2)$ $\mathcal{U}_{111}=6\sqrt{66}\xi_{ab}(10\eta+7)(4\eta+5\chi_{ab})$	$\mathcal{U}_{102}=3\sqrt{110}(10\eta+7)(3\xi_{ab}^2-\chi_{ab}^2)$ $\mathcal{U}_{030}=6\sqrt{110}(4\eta^3+30\chi_{ab}\eta^2+60\chi_{ab}^2\eta+35\chi_{ab}^3)$ $\mathcal{U}_{021}=6\sqrt{330}\xi_{ab}(10\eta^2+30\chi_{ab}\eta+21\chi_{ab}^2)$ $\mathcal{U}_{012}=15\sqrt{22}(6\eta+7\chi_{ab})(3\xi_{ab}^2-\chi_{ab}^2)$ $\mathcal{U}_{003}=3\sqrt{770}\xi_{ab}(5\xi_{ab}^2-3\chi_{ab}^2)$
$\mathcal{U}_{400}=2\sqrt{2\,730}[1+3\eta(\eta+1)(4+11\eta+11\eta^2)]$ $\mathcal{U}_{310}=6\sqrt{130}(7+42\eta+77\eta^2+44\eta^3)(2\eta+3\chi_{ab})$ $\mathcal{U}_{301}=6\sqrt{390}\xi_{ab}(7+42\eta+77\eta^2+44\eta^3)$ $\mathcal{U}_{220}=6\sqrt{65}(14+44\eta+33\eta^2)(3\eta^2+12\chi_{ab}\eta+10\chi_{ab}^2)$ $\mathcal{U}_{211}=6\sqrt{195}\xi_{ab}(14+44\eta+33\eta^2)(4\eta+5\chi_{ab})$ $\mathcal{U}_{202}=15\sqrt{13}(14+44\eta+33\eta^2)(3\xi_{ab}^2-\chi_{ab}^2)$ $\mathcal{U}_{130}=2\sqrt{4\,290}(4\eta+3)(4\eta^3+30\chi_{ab}\eta^2+60\chi_{ab}^2\eta+35\chi_{ab}^3)$ $\mathcal{U}_{121}=6\sqrt{1\,430}\xi_{ab}(4\eta+3)(10\eta^2+30\chi_{ab}\eta+21\chi_{ab}^2)$	$\mathcal{U}_{112}=5\sqrt{858}(4\eta+3)(6\eta+7\chi_{ab})(3\xi_{ab}^2-\chi_{ab}^2)$ $\mathcal{U}_{103}=\sqrt{30\,030}\xi_{ab}(4\eta+3)(5\xi_{ab}^2-3\chi_{ab}^2)$ $\mathcal{U}_{040}=2\sqrt{2\,145}(5\eta^4+60\chi_{ab}\eta^3$ $+210\chi_{ab}^2\eta^2+280\chi_{ab}^3\eta+126\chi_{ab}^4)$ $\mathcal{U}_{031}=6\sqrt{715}\xi_{ab}(20\eta^3+105\chi_{ab}\eta^2+168\chi_{ab}^2\eta+84\chi_{ab}^3)$ $\mathcal{U}_{022}=5\sqrt{429}(3\xi_{ab}^2-\chi_{ab}^2)(21\eta^2+56\chi_{ab}\eta+36\chi_{ab}^2)$ $\mathcal{U}_{013}=\sqrt{15\,015}\xi_{ab}(8\eta+9\chi_{ab})(5\xi_{ab}^2-3\chi_{ab}^2)$ $\mathcal{U}_{004}=3\sqrt{2\,145}(35\xi_{ab}^4-30\xi_{ab}^2\chi_{ab}^2+3\chi_{ab}^4)/4$
$\mathcal{U}_{500}=6\sqrt{70}(2\eta+1)[3+11\eta(\eta+1)(4+13\eta+13\eta^2)]$ $\mathcal{U}_{410}=6\sqrt{5}(70+616\eta+1\,848\eta^2+2\,288\eta^3+1\,001\eta^4)$ $\times(2\eta+3\chi_{ab})$ $\mathcal{U}_{401}=6\sqrt{15}\xi_{ab}(70+616\eta+1\,848\eta^2+2\,288\eta^3+1\,001\eta^4)$ $\mathcal{U}_{320}=6\sqrt{55}(42+216\eta+351\eta^2+182\eta^3)$ $\times(3\eta^2+12\chi_{ab}\eta+10\chi_{ab}^2)$ $\mathcal{U}_{311}=6\sqrt{165}\xi_{ab}(42+216\eta+351\eta^2+182\eta^3)$ $\times(4\eta+5\chi_{ab})$	$\mathcal{U}_{131}=30\sqrt{13}\xi_{ab}(14\eta+11)(20\eta^3+105\chi_{ab}\eta^2$ $+168\chi_{ab}^2\eta+84\chi_{ab}^3)$ $\mathcal{U}_{122}=5\sqrt{195}(14\eta+11)(3\xi_{ab}^2-\chi_{ab}^2)$ $\times(21\eta^2+56\chi_{ab}\eta+36\chi_{ab}^2)$ $\mathcal{U}_{113}=5\sqrt{273}\xi_{ab}(14\eta+11)(8\eta+9\chi_{ab})(5\xi_{ab}^2-3\chi_{ab}^2)$ $\mathcal{U}_{104}=15\sqrt{39}(14\eta+11)(35\xi_{ab}^4-30\xi_{ab}^2\chi_{ab}^2+3\chi_{ab}^4)/4$ $\mathcal{U}_{050}=6\sqrt{455}(6\eta^5+105\chi_{ab}\eta^4+560\chi_{ab}^2\eta^3$ $+1\,260\chi_{ab}^3\eta^2+1\,260\chi_{ab}^4\eta+462\chi_{ab}^5)$

续表

$\mathcal{U}_{302}=15\sqrt{11}(42+216\eta+351\eta^2+182\eta^3)(3\xi_{ab}^2-\chi_{ab}^2)$	$\mathcal{U}_{041}=6\sqrt{1\,365}\xi_{ab}(35\eta^4+280\chi_{ab}\eta^3+756\chi_{ab}^2\eta^2+840\chi_{ab}^3\eta+330\chi_{ab}^4)$
$\mathcal{U}_{230}=2\sqrt{330}(45+130\eta+91\eta^2)\times(4\eta^3+30\chi_{ab}\eta^2+60\chi_{ab}^2\eta+35\chi_{ab}^3)$	$\mathcal{U}_{032}=15\sqrt{91}(3\xi_{ab}^2-\chi_{ab}^2)(56\eta^3+252\chi_{ab}\eta^2+360\chi_{ab}^2\eta+165\chi_{ab}^3)$
$\mathcal{U}_{221}=6\sqrt{110}\xi_{ab}(45+130\eta+91\eta^2)\times(10\eta^2+30\chi_{ab}\eta+21\chi_{ab}^2)$	$\mathcal{U}_{023}=21\sqrt{65}\xi_{ab}(5\xi_{ab}^2-3\chi_{ab}^2)\times(36\eta^2+90\chi_{ab}\eta+55\chi_{ab}^2)$
$\mathcal{U}_{212}=5\sqrt{66}(45+130\eta+91\eta^2)(6\eta+7\chi_{ab})(3\xi_{ab}^2-\chi_{ab}^2)$	$\mathcal{U}_{014}=9\sqrt{455}(10\eta+11\chi_{ab})\times(35\xi_{ab}^4-30\xi_{ab}^2\chi_{ab}^2+3\chi_{ab}^4)/4$
$\mathcal{U}_{203}=\sqrt{2\,310}(45+130\eta+91\eta^2)(5\xi_{ab}^2-3\chi_{ab}^2)$	$\mathcal{U}_{005}=3\sqrt{5\,005}\xi_{ab}(63\xi_{ab}^4-70\xi_{ab}^2\chi_{ab}^2+15\chi_{ab}^4)/4$
$\mathcal{U}_{140}=10\sqrt{39}(14\eta+11)(5\eta^4+60\chi_{ab}\eta^3+210\chi_{ab}^2\eta^2+280\chi_{ab}^3\eta+126\chi_{ab}^4)$	

该表给出阶 $(i+j+k)=5$ 的函数 $\mathcal{U}_{ijk}$，这些函数形成直到 6 阶的以四面体为基的多项式 $V_{\ell mn}=\xi_d\mathcal{U}_{\ell-1,m,n}$ 的集，$\xi_a+\xi_b+\xi_c+\xi_d=1;\xi_{ab}=\xi_a-\xi_b;\chi_{ab}=\xi_a+\xi_b;$ 且 $\eta=\xi_d-1$。所有以体为基多项式在单体 T^3 上相互正交，并被归一化，使得 $\iiint_{T^3}V_p^2(\xi)\,\mathrm{d}T^3=1$，其中 p 是体多项式的全局阶，等于其下标的总和

5.4.3 棱柱基

$(p+1)(p+2)/2$ 个以棱柱三角形面 $\xi_d=0$（或 $\xi_e=0$）为基的正交多项式与前面小节描述的四面体单元以面为基多项式 $F_{mn}(\xi_t)$ 一致，因为那些多项式在三角形单体 T^2 上正交，并且其表达式只包含三角形父变量 ξ_a、ξ_b 和 ξ_c。

将与棱体面 $\xi_d=0$（或 $\xi_e=0$）有关的参考 0 阶散度一致矢量函数 $\Lambda=\pm\tilde{\Lambda}_d$（或 $\Lambda=\pm\tilde{\Lambda}_e$）与多项式 F_{mn} 相乘，得到与棱柱三角形面 $\xi_d=0$（或 $\xi_e=0$）有关的高阶以面为基矢量函数。调整 Λ 的符号使之与研究面的任意选取的参考方向相符。对于棱柱的面 $\xi_d=0$ 和 $\xi_e=0$ 分别按比例乘以 $\xi_e\nabla\xi_a\times\nabla\xi_b$ 和 $\xi_d\nabla\xi_a\times\nabla\xi_b$（见第 4 章）。因为 Λ 包含因子 $\sqrt{w}=\xi_e$ 或 $\sqrt{w}=\xi_d$，所以棱柱的体 V 的这些以面为基多项式归一化形式将 w 作为权值函数

$$\iiint_V w^2F_p^2\mathrm{d}V=\frac{1}{3} \tag{5.174}$$

相同的权值函数 w 等于正交的以体为基多项式：

$$V_{\ell mn}(\xi)=\xi_d f_{\ell-1}(2\xi_d-1)F_{mn}(\xi_t) \tag{5.75}$$

该多项式在棱柱的三角形面 $\xi_d=0$ 时，有

$$\iiint_V \xi_e^2V_{\ell mn}^2\mathrm{d}V=\frac{1}{3} \tag{5.176}$$

其中，

$$f_q(z)=(-1)^q f_q(-z)=\sqrt{\frac{(2q+5)(q+3)(q+4)}{3(q+1)(q+2)}}P_q^{(2,2)}(z) \tag{5.177}$$

是式（5.94）中 q 阶重新缩放雅可比多项式。利用 $w=\xi_e^2$ 将多项式 $V_{\ell mn}$ 归一化，以提高分层级高阶矢量函数 $V_{\ell mn}\Lambda$ 的线性独立性。

对于棱柱的四边形面 $\xi_c=0$，调整与这个面有关的 0 阶矢量函数的符号，使之与任意选择的穿过该面的参考方向相符，以获得与 $(\xi_a\nabla\xi_b-\xi_b\nabla\xi_a)\times\nabla\xi_d$ 成比例的参考 0 阶散度一致矢量函数。

在这种情况下，$p(p+1)/2$ 个正交的以体为基多项式

$$V_{ijk}(\xi)=\xi_c\mathcal{U}_{i-1,j}(\xi_{ab},\chi_{ab})E_k(\xi_{de}) \tag{5.178}$$

在棱柱的四边形面 $\xi_c=0$ 上为 0，$(p+1)/2$ 个以棱柱四边形面 $\xi_c=0$ 为基的多项式

$$F_{jk}(\xi)=\tilde{E}_j(\xi_a,\xi_b,\xi_c)E_k(\xi_{de}) \tag{5.179}$$

$i=1,2,\cdots,p$，$j,k=0,1,\cdots,p$，$i+j\leqslant p$ 且

$$E_k(z)=\sqrt{(2k+1)}P_k(z) \tag{5.180}$$

$$\iiint_V V_{ijk}^2\mathrm{d}V=1 \tag{5.181}$$

$$\iint_Q F_{jk}^2\mathrm{d}Q=1;\qquad \iiint_V F_{jk}^2\mathrm{d}V=\frac{1}{2(j+1)} \tag{5.182}$$

式 (5.178) 中的多项式 $\xi_c\mathcal{U}_{i-1,j}$ 通过正交化三角形单体 T^2 中的多项式 $\xi_cP_{i-1}(\chi_{ab})P_j(\xi_{ab})$ 得到，通过以下双重循环实现：

- $t=1,2,\cdots,p$（外循环，总阶数为 $t=i+j$）；
- $j=0,1,\cdots,t-1$（内循环），内循环中 $i=t-j$。

在 $E_j(\xi_{ab})$ 上添加多项式 $\xi_c\mathcal{U}_{\ell m}$ 合适的线性组合得到式(5.179)中的正交多项式 $\tilde{E}_j$，多项式 $\xi_c\mathcal{U}_{\ell m}$ 与 $E_j(\xi_{ab})$ 有关于变量 ξ_a 和 ξ_b 相同的对称关系。这样，多项式 $F_{jk}(\xi)$ 在棱柱面 $\xi_c=0$ 上简化为 $E_j(\xi_{ab})E_k(\xi_{de})$，并与可能与该面邻接的长方体单元的以面为基多项式的表达式相匹配（见 5.4.4 节）。

因子 V_{ijk} 分别在 j 和 k 为奇数时对 (ξ_a,ξ_b) 和 (ξ_d,ξ_e) 反对称，反之则为对称，$V_{ijk}(\xi_a,\xi_b)=(-1)^jV_{ijk}(\xi_b,\xi_a)$；$V_{ijk}(\xi_d,\xi_e)=(-1)^kV_{ijk}(\xi_e,\xi_d)$。

将本节定义的生成多项式与棱柱单元的归一化 0 阶矢量函数相乘得到棱柱单元的分层级散度一致基。（见表 4.5 和表 4.21）。棱柱函数 $\tilde{\Lambda}_1$、$\tilde{\Lambda}_2$ 和 $\tilde{\Lambda}_3$ 分别与棱柱的四边形面 $\xi_1=0$、$\xi_2=0$ 和 $\xi_3=0$ 有关，而函数 $\tilde{\Lambda}_4$ 和 $\tilde{\Lambda}_5$ 分别与棱柱的三角形面 $\xi_4=0$、$\xi_5=0$ 有关。这表明对于与 $\tilde{\Lambda}_i$（$i=1,2,3$）有关的多项式因子，虚拟变量 ξ_c 被设置为等于 ξ_i，有

$$\begin{cases}\xi_{t_i}=\{\xi_{a_i},\xi_{b_i},\xi_{c_i}\}=\{\xi_{a_i},1-\xi_i-\xi_{a_i},\xi_i\}\\ \xi_{de_i}=2\xi_{d_i}-1\end{cases} \tag{5.183}$$

其中，ξ_{ai} 和 ξ_{di} 表示棱柱的第 i 个四边形面的参考变量，根据 5.4.1 节介绍的过程选择。相反，对于 i=4, 5, 与 $\tilde{\Lambda}_i$ 有关的多项式因子通过设置 $\xi_d=\xi_i$（$\xi_{dei}=2\xi_i-1$）获得，描

述第i个三角形面的3个虚拟变量$\xi_{ti}=\left(\xi_{ai},\xi_{bi},\xi_{ci}\right)$根据5.4.1节介绍的过程选择。

对于棱柱，分层级p阶完整矢量基由以下函数组成：

$$\begin{cases}\Lambda_{0jk}^{1}\left(r\right)=\tilde{E}_{j}\left(\xi_{t_1}\right)E_{k}\left(\xi_{de_1}\right)\tilde{\Lambda}_{1}\left(r\right)\\ \Lambda_{0jk}^{2}\left(r\right)=\tilde{E}_{j}\left(\xi_{t_2}\right)E_{k}\left(\xi_{de_2}\right)\tilde{\Lambda}_{2}\left(r\right)\\ \Lambda_{0jk}^{3}\left(r\right)=\tilde{E}_{j}\left(\xi_{t_3}\right)E_{k}\left(\xi_{de_3}\right)\tilde{\Lambda}_{3}\left(r\right)\\ \Lambda_{0mn}^{4}\left(r\right)=F_{mn}\left(\xi_{t_4}\right)\tilde{\Lambda}_{4}\left(r\right)\\ \Lambda_{0mn}^{5}\left(r\right)=F_{mn}\left(\xi_{t_5}\right)\tilde{\Lambda}_{5}\left(r\right)\end{cases}\tag{5.184}$$

$$\begin{cases}\Lambda_{ijk}^{1}\left(r\right)=\xi_{1}\mathcal{U}_{i-1,j}\left(\xi_{ab_1},\chi_{ab_1}\right)E_{k}\left(\xi_{de_1}\right)\tilde{\Lambda}_{1}\left(r\right)\\ \Lambda_{ijk}^{2}\left(r\right)=\xi_{2}\mathcal{U}_{i-1,j}\left(\xi_{ab_2},\chi_{ab_2}\right)E_{k}\left(\xi_{de_2}\right)\tilde{\Lambda}_{2}\left(r\right)\\ \Lambda_{\ell mn}^{4}\left(r\right)=\xi_{4}f_{\ell-1}\left(\xi_{45}\right)F_{mn}\left(\xi_{t_4}\right)\tilde{\Lambda}_{4}\left(r\right)\end{cases}\tag{5.185}$$

其中，$i,\ell=1,2,\cdots,p$；$j,k,m,n=0,1,\cdots,p$，$i+j\leqslant p$，$m+n\leqslant p$，

$$\begin{cases}\chi_{ab_1}=\xi_{a_1}+\xi_{b_1}=1-\xi_{1}\\ \chi_{ab_2}=\xi_{a_2}+\xi_{b_2}=1-\xi_{2}\\ \xi_{ab_1}=\xi_{a_1}-\xi_{b_1}=2\xi_{a_1}+\xi_{1}-1\\ \xi_{ab_2}=\xi_{a_2}-\xi_{b_2}=2\xi_{a_2}+\xi_{2}-1\end{cases}\tag{5.186}$$

矢量集式（5.184）和矢量集式（5.185）是分层级的，因为$(p+1)$阶集包含了p阶集的所有函数。式(5.185)中的$p(p+1)(3p+4)/2$个函数是以体为基的。式（5.184）中的$(p+1)(4p+5)$个函数是以面为基的，必须调整它们的符号使之与邻接单元基函数相符。基于棱柱单元的散度一致矢量基——棱柱单元直到6阶的相互正交的以体为基分层多项式如表5.20所示，基于棱柱单元的旋度一致矢量基——棱柱单元的直到6阶的以面为基分层多项式如表5.21所示。表5.20和表5.21分别给出了棱柱单元以体为基和以面为基分层级多项式（直到6阶）。

表5.20　基于棱柱单元的散度一致矢量基——棱柱单元直到6阶的相互正交的以体为基分层多项式

在棱柱的三角形面$\xi_d=0$上为零的以体为基多项式

三角形面$\xi_d=0$的第一和第二参考边分别由虚拟变量ξ_a和ξ_b描述；对于$\{0\leqslant\xi_a,\xi_b\leqslant1\}$，其中$\xi_c=1-\xi_a-\xi_b$。

与棱柱的面$\xi_d=0$相关的零阶矢量函数$\tilde{\Lambda}_d$的符号被调整为对应于跨过面$\xi_d=0$的任意选择的参考方向。通过将$\Lambda=\pm\tilde{\Lambda}_d$与下面给出的多项式因子$V_{\ell mn}$相乘来获得分层以体为基矢量函数子集$V_{\ell mn}(\xi)\Lambda(r)$。对于第$p$阶，$p^2(p+1)/2$个以体为基多项式因子为

$$V_{\ell mn}=\xi_d f_{\ell-1}(2\xi_d-1)F_{mn}(\xi_a,\xi_b,\xi_c);\quad 其中\ell=1,2,\cdots,p;m=0,1,\cdots,p;n=0,1,\cdots,p\ (m+n\leqslant p)$$

其中F_{mn}是表5.18中给出的最高全局阶数$(m+n)=6$的多项式，并且

$$f_q(z)=(-1)^q f_q(-z)=\sqrt{\frac{(2q+5)(q+3)(q+4)}{3(q+1)(q+2)}}P_q^{(2,2)}(z)$$

是第q阶重新缩放雅可比多项式（5.177）。$V_{\ell mn}$对于n的奇数值关于(ξ_a,ξ_b)反对称，其他情况对称，$V_{\ell mn}(\xi_a,\xi_b)=(-1)^n V_{\ell mn}(\xi_b,\xi_a)$。这里定义的正交多项式归一化为

续表

$$\int_0^1\left[\xi_d f_q(2\xi_d-1)\right]^2 \mathrm{d}\xi_d=\frac{1}{3},\quad \iint_{T^2} F_{mn}^2 \mathrm{d}T^2=1,\quad \iiint_V \xi_e^2 V_{\ell mn}^2 \mathrm{d}V=\frac{1}{3}$$

其中 $T^2=T^2(\xi_a,\xi_b,\xi_c)$ 是三角形单体，V 是父棱柱单元的体。为了增加高阶矢量函数的线性独立性，$V_{\ell mn}$ 多项式由权重 $w=\xi_e^2$ 归一化，因为 $\sqrt{w}$ 是 Λ 的一个因子

在棱柱的四边形面 $\xi_c=0$ 上为零的以体为基多项式

四边形面 $\xi_c=0$ 的第一和第二参考边分别由虚拟变量 ξ_a 和 ξ_d 描述；对于 $\{0\leqslant\xi_a,\xi_d\leqslant 1\}$，$\xi_b=1-\xi_a$ 且 $\xi_e=1-\xi_d$。调整与棱柱的面 $\xi_c=0$ 相关的零阶矢量函数 $\tilde{\Lambda}_c$ 的符号，使之与跨过 $\xi_c=0$ 面的任意选择的参考方向对应。通过将 $\Lambda=\pm\tilde{\Lambda}_c$ 与以下给出的因子 V_{ijk} 相乘，得到分层以体为基矢量函数子集 $V_{ijk}(\xi)\Lambda(r)$。在第 p 阶，$p(p+1)^2/2$ 个以体为基多项式因子为

$$V_{ijk}=\xi_c\mathcal{U}_{i-1,j}(\xi_{ab},\chi_{ab})E_k(\xi_{de});\ \text{其中} i=1,2,\cdots,p;\ j=0,1,\cdots,p-1\ (i+j\leqslant p);\ k=0,1,\cdots,p$$

其中直到 $m+n=5$ 的 $E_k(\xi_{de})=\sqrt{(2k+1)}P_k(\xi_{de})$ 和 $\mathcal{U}_{mn}(\xi_{ab},\chi_{ab})$ 在下文给出。多项式 $\xi_c\mathcal{U}_{i-1,j}$ 通过正交化获得，以使三角形单体 $T^2(\xi_a,\xi_b,\xi_c)$ 的多项式 $\xi_c P_{i-1}(\chi_{ab})P_j(\xi_{ab})$ 有嵌套循环：对于 $t=1,2,\cdots,p$（总阶数为 $t=i+j$ 的外循环）；对于 $j=0,1,\cdots,t-1$（内循环），内循环中固定 $i=t-j$。对于 j 和 k 的奇数值，因子 V_{ijk} 分别关于 (ξ_a,ξ_b) 和 (ξ_d,ξ_e) 反对称；否则，它们是对称的，$V_{ijk}(\xi_a,\xi_b)=(-1)^j V_{ijk}(\xi_b,\xi_a)$；$V_{ijk}(\xi_d,\xi_e)=(-1)^k V_{ijk}(\xi_e,\xi_d)$。这里定义的正交多项式归一化为（其中 V 表示父棱柱单元的体）

$$\int_0^1 E_k^2(\xi_{de})\mathrm{d}\xi_d=\int_0^1 E_k^2(\xi_{de})\mathrm{d}\xi_e=1,\quad \iint_{T^2}\left[\xi_c\mathcal{U}_{i-1,j}\right]^2\mathrm{d}T^2=1,\quad \iiint_V V_{ijk}^2\mathrm{d}V=1$$

$\mathcal{U}_{00}=2\sqrt{3}$	$\mathcal{U}_{10}=2\sqrt{30}(1-6\chi_{ab}+7\chi_{ab}^2)$ $\mathcal{U}_{11}=2\sqrt{30}\,\xi_{ab}(4-7\chi_{ab})$ $\mathcal{U}_{02}=\sqrt{210}(3\xi_{ab}^2-\chi_{ab}^2)$
$\mathcal{U}_{10}=2\sqrt{3}(2-5\chi_{ab})$ $\mathcal{U}_{01}=6\sqrt{5}\,\xi_{ab}$	
$\mathcal{U}_{30}=2\sqrt{15}(2-21\chi_{ab}+56\chi_{ab}^2-42\chi_{ab}^3)$ $\mathcal{U}_{21}=2\sqrt{105}\,\xi_{ab}(5-20\chi_{ab}+18\chi_{ab}^2)$ $\mathcal{U}_{12}=5\sqrt{42}(2-3\chi_{ab})(3\xi_{ab}^2-\chi_{ab}^2)$ $\mathcal{U}_{03}=3\sqrt{70}\,\xi_{ab}(5\xi_{ab}^2-3\chi_{ab}^2)$	$\mathcal{U}_{40}=2\sqrt{105}(1-16\chi_{ab}+72\chi_{ab}^2-120\chi_{ab}^3+66\chi_{ab}^4)$ $\mathcal{U}_{31}=6\sqrt{70}\,\xi_{ab}(4-27\chi_{ab}+54\chi_{ab}^2-33\chi_{ab}^3)$ $\mathcal{U}_{22}=3\sqrt{10}(3\xi_{ab}^2-\chi_{ab}^2)(21-70\chi_{ab}+55\chi_{ab}^2)$ $\mathcal{U}_{13}=3\sqrt{35}\,\xi_{ab}(8-11\chi_{ab})(5\xi_{ab}^2-3\chi_{ab}^2)$ $\mathcal{U}_{04}=3\sqrt{165}(35\xi_{ab}^4-30\xi_{ab}^2\chi_{ab}^2+3\chi_{ab}^4)/4$
$\mathcal{U}_{50}=2\sqrt{42}(2-45\chi_{ab}+300\chi_{ab}^2-825\chi_{ab}^3+990\chi_{ab}^4-429\chi_{ab}^5)$ $\mathcal{U}_{41}=6\sqrt{70}\,\xi_{ab}(7-70\chi_{ab}+231\chi_{ab}^2-308\chi_{ab}^3+143\chi_{ab}^4)$ $\mathcal{U}_{32}=3\sqrt{35}(3\xi_{ab}^2-\chi_{ab}^2)(28-154\chi_{ab}+264\chi_{ab}^2-143\chi_{ab}^3)$	$\mathcal{U}_{23}=7\sqrt{165}\,\xi_{ab}(5\xi_{ab}^2-3\chi_{ab}^2)(6-18\chi_{ab}+13\chi_{ab}^2)$ $\mathcal{U}_{14}=3\sqrt{77}(10-13\chi_{ab})(35\xi_{ab}^4-30\xi_{ab}^2\chi_{ab}^2+3\chi_{ab}^4)/4$ $\mathcal{U}_{05}=\sqrt{3\,003}\,\xi_{ab}(63\xi_{ab}^4-70\xi_{ab}^2\chi_{ab}^2+15\chi_{ab}^4)/4$

每个以体为基多项式的全局阶数等于其下标的总和。$\xi_a+\xi_b+\xi_c=1;\ \xi_d+\xi_e=1;\ \xi_{ab}=\xi_a-\xi_b;\ \chi_{ab}=\xi_a+\xi_b;\ \xi_{de}=\xi_d-\xi_e$

表 5.21　基于棱柱单元的旋度一致矢量基——棱柱单元的直到 6 阶的以面为基分层多项式

以三角面为基的多项式

对于第 p 阶，基于棱柱的三角形面 $\xi_d=0$（或 $\xi_e=0$）的 $(p+1)(p+2)/2$ 个多项式 $F_{mn}(\xi)$ 是已经在表 5.18 中给出的全局阶直到 $p=(m+n)=6$ 的多项式，它们在 $\xi_d=0$（以及 $\xi_e=0$）三角形面 T^2 以及父棱柱单元的体 V 上相互正交，它们被归一化为

$$\iint_{T^2} F_{mn}^2(\xi)\,\mathrm{d}T^2=1;\ \iiint_V F_{mn}^2(\xi)\,\mathrm{d}V=1$$

以四边形面为基的多项式

对于第 p 阶，基于棱柱四边形面 $\xi_c=0$ 的 $(p+1)^2$ 个多项式为

续表

<table>
<tr><td colspan="2">

$$F_{jk}(\xi)=\tilde{E}_j(\xi_a,\xi_b,\xi_c)E_k(\xi_{de});\quad j=0,1,\cdots,p;\ k=0,1,\cdots,p$$

其中 $E_k(\xi_{de})=\sqrt{(2k+1)}P_k(\xi_{de})$，直到 $j=6$ 的 $\tilde{E}_j$ 在下文给出。多项式 $\tilde{E}_j$ 在三角形面 $T^2(\xi_a,\xi_b,\xi_c)$ 上被归一化并相互正交。通过向 $E_j(\xi_{ab})$ 添加表 5.20 给出的多项式 $\xi_c\mathcal{U}_{\ell m}$ 的适当线性组得到它们。对于 $(\ell+m+1)\leqslant j$，$E_j(\xi_{ab})$ 关于变量 ξ_a 和 ξ_b 有相同的对称属性。因此，多项式 $F_{jk}(\xi)$ 简化为棱柱面 $\xi_c=0$ 上的 $E_j(\xi_{ab})E_k(\xi_{de})$，以匹配可能附着在该面上的长方体单元以面为基多项式的表达式。多项式 $F_{jk}(\xi)$ 在四边形面 Q 和父棱柱单元的体 V 上相互正交，它们被归一化为

$$\iint_Q F_{jk}^2(\xi)\,\mathrm{d}Q=1;\quad \iiint_V F_{jk}^2(\xi)\,\mathrm{d}V=\frac{1}{2(j+1)}$$

</td></tr>
<tr><td>

$\tilde{E}_0=E_0(\xi_{ab})=P_0(\xi_{ab})=1$

$\tilde{E}_1=E_1(\xi_{ab})=\sqrt{3}P_1(\xi_{ab})=\sqrt{3}\xi_{ab}$

$\tilde{E}_2=\sqrt{5}\left[P_2(\xi_{ab})+\xi_c(2-\xi_c)/2\right]$

$\tilde{E}_3=\sqrt{7}\left[P_3(\xi_{ab})+3\xi_{ab}\xi_c(2-\xi_c)/2\right]$

</td><td>

$\tilde{E}_4=\sqrt{9}\left\{P_4(\xi_{ab})+3\xi_c(2-\xi_c)\left[10\xi_{ab}^2-(1+\chi_{ab}^2)\right]/8\right\}$

$\tilde{E}_5=\sqrt{11}\left\{P_5(\xi_{ab})+5\xi_{ab}\xi_c(2-\xi_c)\left[14\xi_{ab}^2-3(1+\chi_{ab}^2)\right]/8\right\}$

$\tilde{E}_6=\sqrt{13}\left\{P_6(\xi_{ab})+5\xi_c(2-\xi_c)\right.$

$\left.\times\left[63\xi_{ab}^4-(1+\chi_{ab}^2)(21\xi_{ab}^2-1)+\chi_{ab}^4\right]/16\right\}$

</td></tr>
<tr><td colspan="2">

这些表达式适用于三角形面由父坐标 (ξ_a,ξ_b,ξ_c) 描述的棱柱，$\xi_a+\xi_b+\xi_c=1$，$\xi_d+\xi_e=1$，$\xi_{ab}=\xi_a-\xi_b$，$\chi_{ab}=\xi_a+\xi_b$，$\xi_{de}=\xi_d-\xi_e$；$P_n(z)$ 是 n 阶 Legendre 多项式

</td></tr>
</table>

5.4.4 长方体基

对于长方体的面 $\xi_c=0$，通过调整与长方体面 $\xi_c=0$ 有关并与 $\xi_f\nabla\xi_a\times\nabla\xi_b$ 成比例的 0 阶矢量函数 $\tilde{\Lambda}_c$，可获得参考 0 阶矢量函数 $\Lambda=\pm\tilde{\Lambda}_c$。在 p 阶时，有 $(p+1)^2$ 个与长方体的有关的分层级以面为基矢量函数 $F_{mn}(\xi)\Lambda(r)$，$p(p+1)^2$ 个在长方体的四边形面 $\xi_c=0$ 上为 0 的分层级以体为基矢量函数 $V_{\ell mn}(\xi)\Lambda(r)$。

长方体的分层级散度一致基可通过将 0 阶参考矢量函数 Λ 与因子

$$F_{mn}(\xi)=E_m(\xi_{ad})E_n(\xi_{be})\tag{5.187}$$

$$V_{\ell mn}(\xi)=\xi_c f_{\ell-1}(2\xi_c-1)F_{mn}(\xi)\tag{5.188}$$

$$\text{其中}\ \ell=1,2,\cdots,p;\quad m,n=0,1,\cdots,p$$

相乘得到，其中式（5.177）和式（5.180）分别由 $f_q(z)$ 和 $E_k(z)$ 给出。$\tilde{\Lambda}_i$ 与长方体的面 $\xi_i=0$ 有关。对于与 $\tilde{\Lambda}_i$ 有关的多项式因子，这表明虚拟变量 ξ_c 被设置为等于 ξ_i，而描述第 i 个四边形面的（虚拟）参考变量 ξ_{ai}、ξ_{bi} 由 5.4.1 节介绍的过程获得，有

$$\begin{cases}\xi_{ad_i}=\xi_{a_i}-\xi_{d_i}=2\xi_{a_i}-1\\ \xi_{be_i}=\xi_{b_i}-\xi_{e_i}=2\xi_{b_i}-1\end{cases}\tag{5.189}$$

因此，定义

$$F_{mn}(\xi_i)=E_m(\xi_{ad_i})E_n(\xi_{be_i})\tag{5.190}$$

之后，长方体的分层级 p 阶完整矢量集由以下函数组成：

$$\begin{cases}\Lambda_{0mn}^{1}(r)=F_{mn}(\xi_1)\tilde{\Lambda}_1(r)\\ \Lambda_{0mn}^{2}(r)=F_{mn}(\xi_2)\tilde{\Lambda}_2(r)\\ \Lambda_{0mn}^{3}(r)=F_{mn}(\xi_3)\tilde{\Lambda}_3(r)\\ \Lambda_{0mn}^{4}(r)=F_{mn}(\xi_4)\tilde{\Lambda}_4(r)\\ \Lambda_{0mn}^{5}(r)=F_{mn}(\xi_5)\tilde{\Lambda}_5(r)\\ \Lambda_{0mn}^{6}(r)=F_{mn}(\xi_6)\tilde{\Lambda}_6(r)\end{cases} \tag{5.191}$$

$$\begin{cases}\Lambda_{\ell mn}^{1}(r)=\xi_1 f_{\ell-1}(2\xi_1-1)F_{mn}(\xi_1)\tilde{\Lambda}_1(r)\\ \Lambda_{\ell mn}^{2}(r)=\xi_2 f_{\ell-1}(2\xi_2-1)F_{mn}(\xi_2)\tilde{\Lambda}_2(r)\\ \Lambda_{\ell mn}^{3}(r)=\xi_3 f_{\ell-1}(2\xi_3-1)F_{mn}(\xi_3)\tilde{\Lambda}_3(r)\end{cases} \tag{5.192}$$

$\ell=1,2,\cdots,p$；$m,n=0,1,\cdots,p$。矢量集式（5.191）和矢量集式（5.192）是分层级的，因为$(p+1)$阶集包含 p 阶集的所有函数。式（5.192）中$3p(p+1)^2$个函数是以体为基的（高阶矢量函数$\xi_i\Lambda_i$、$\xi_{i+3}\Lambda_{i+3}$是非独立的，见表 5.17 的第 3 行）。式（5.191）中的$6(p+1)^2$个函数式以面为基，必须调整它们的符号使之与邻接单元相符。长方体单元的散度一致矢量基——长方体单元的以面和以体为基分层多项式如表 5.22 所示。表 5.22 总结了长方体单元的以面和以体为基分层级多项式。

表 5.22　长方体单元的散度一致矢量基——长方体单元的以面和以体为基分层多项式

可以理解，长方体四边形面 $\xi_c=0$ 的第一和第二参考边分别由变量 ξ_a 和 ξ_b 描述；其中 $\{0\leqslant\xi_a,\xi_b\leqslant1\}$，且 $\xi_a+\xi_d=1,\xi_b+\xi_e=1,\xi_c+\xi_f=1$。对于面 $\xi_c=0$，通过调整与长方体面 $\xi_c=0$ 相关的零阶矢量函数 $\tilde{\Lambda}_c$ 的符号，获得参考零阶矢量函数 $\Lambda=\pm\tilde{\Lambda}_c$。对于第 p 阶，有 $(p+1)^2$ 个与长方体四边形面 $\xi_c=0$ 相关的分层的以面为基矢量函数 $F_{mn}(\xi)\Lambda(r)$ 和 $p(p+1)^2$ 个在长方体四边形面 $\xi_c=0$ 上为零的分层的以体为基矢量函数 $V_{\ell mn}(\xi)\Lambda(r)$。这些矢量函数通过将零阶参考矢量函数 Λ 乘以因子

$$F_{mn}(\xi)=E_m(\xi_{ad})E_n(\xi_{be}),\quad V_{\ell mn}(\xi)=\xi_c f_{\ell-1}(2\xi_c-1)F_{mn}(\xi),\quad \ell=1,2,\cdots,p\text{且}m,n=0,1,\cdots p$$

获得，其中

$$E_k(z)=\sqrt{(2k+1)}P_k(z);\ f_q(z)=(-1)^q f_q(-z)=\sqrt{\frac{(2q+5)(q+3)(q+4)}{3(q+1)(q+2)}}P_q^{(2,2)}(z)$$

$P_k(z)$ 是 k 阶的 Legendre 多项式，而 $f_q(z)$ 是第 q 阶重新缩放雅可比多项式式（5.177）。$V_{\ell mn}$ 对于 n 的奇数值关于 (ξ_a,ξ_b) 反对称，其他情况对称，其中 $V_{\ell mn}(\xi_a,\xi_b)=(-1)^n V_{\ell mn}(\xi_b,\xi_a)$。这些正交多项式归一化为

$$\int_0^1\left[\xi_c f_q(2\xi_c-1)\right]^2\mathrm{d}\xi_c=\frac{1}{3},\quad \iint_Q F_{mn}^2\mathrm{d}Q=1,\quad \iiint_V \xi_f^2 V_{\ell mn}^2\mathrm{d}V=\frac{1}{3}$$

其中 V 是体，Q 是父长方体单元面 $\xi_c=0$。为了增强高阶以体为基矢量函数的线性独立性，多项式 $V_{\ell mn}$ 按权重 $w=\xi_f^2$ 归一化，$\sqrt{w}$ 是 Λ 的一个因子。请注意，在长方体面 $\xi_c=0$ 上 $\xi_f=1$

每个多项式因子的全局阶数等于其下标的总和

5.4.5 数值结果及与其他基的对比

上文介绍的分层级矢量基与第 4 章的插值散度一致基张成的空间相同，它们的数值解和固定 Nédélec 阶的收敛特性与计算中的精度相同。有时用半整数阶表示 Nédélec 固定阶空间；例如，下文中，用“2.5 阶”表示 $p=2$ 的函数。分层级函数被用于产生混合多项式阶数和不统一 Nédélec 阶数的 p 改进过程。因为分层级基的主要关注点是在使用中矩阵条件数的增长，这里给出本地 Gram 矩阵

$$\boldsymbol{T}_{mn}=\iiint_V \boldsymbol{B}_m\cdot\boldsymbol{B}_n\mathrm{d}V \tag{5.193}$$

条件数的一些结果，其中 $\boldsymbol{B}_n$ 是一个矢量基函数，构建它的主要目标是使条件数的增长率不比插值基的情况差。对于四面体单元，将元素矩阵条件数与其他两种分层级基族进行对比，前面章节已经给出了对于旋度一致基 $\boldsymbol{T}$ 矩阵条件数对比。散度一致矢量基——单位边长单元的单个元素 $\boldsymbol{T}$ 矩阵条件数如表 5.23 所示。

表 5.23 给出了单位边长单元的元素 $\boldsymbol{T}$ 矩阵条件数，这里给出了由分层级基获得的结果，用 CNH 表示，由第 4 章插值基函数获得的结果，用 CNI 表示，并将两者进行比较。对于插值基，条件数呈指数增长；对于分层级基，条件数呈多项式增长。特别是，对于棱柱和长方体单元，分层级基条件数总是小于插值基的条件数；而对于四面体单元，当阶数≥3.5 时，分层级基条件数小于插值基的条件数。分层级条件数的多项式增长率受子空间单元畸变的影响不大，分层基单个元素 $\boldsymbol{T}$ 矩阵条件数表示的多项式增长率如图 5.18 所示。图 5.18 给出了两个不同四面体单元条件数的增长率。

四面体单元的散度一致矢量基——用不同分层基获得的单个元素 $\boldsymbol{T}$ 矩阵条件数比较如表 5.24 所示。表 5.24 给出了 2 个四面体单元形状，基阶数到 2.5 的 Zaglmayr 族[19]和 Botha 族[49]的条件数。为了进行公平比较，在进行对角预处理之后才计算条件数。对角预处理将对角线元素变换为单位值，缓和了比例因子对结果的影响[47]。此外，因为那些函数不能恰好张成 $p>0.5$ 的那些空间，为了比较，这里还选择了参考文献[19]中给出的子空间，这些子空间张成最接近的混合阶数 Nédélec 空间。这些结果表明新的函数比 Botha 函数的矩阵条件数更好，而与 Zaglmayr 族的相似。最理想的尺度不是由参考文献[19]或参考文献[49]提供的，但这里提出的基产生的尺度因子事实上生成的条件数比通过对角预处理获得的好。

表 5.23　散度一致矢量基——单位边长单元的单个元素 *T* 矩阵条件数

四面体单元

基阶数	*T* 阶数	CNH	CNI	CNH/CNI
0.5	4	1.667	1.667	1.00
1.5	15	32.42	21.19	1.53
2.5	36	146.4	140.4	1.04
3.5	70	425.3	854.4	4.98×10^{-1}
4.5	120	1 087	5 314	2.05×10^{-1}
5.5	189	2 469	2.524×10^{4}	9.78×10^{-2}
6.5	280	4 487	1.260×10^{5}	3.85×10^{-2}

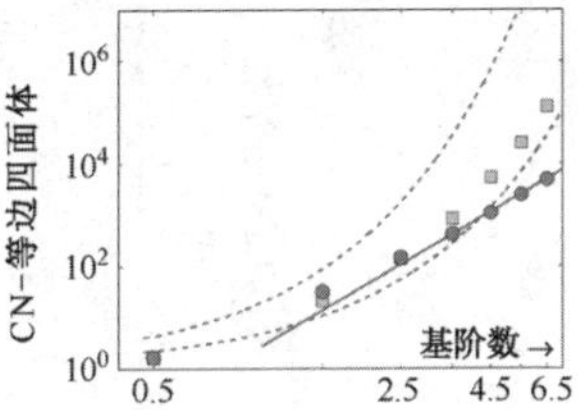

棱柱单元

基阶数	*T* 阶数	CNH	CNI	CNH/CNI
0.5	5	3	4	7.50×10^{-1}
1.5	25	40.57	74.19	5.47×10^{-1}
2.5	69	141.8	987.1	1.44×10^{-1}
3.5	146	423.8	1.226×10^{4}	3.46×10^{-2}
4.5	265	1 007	1.276×10^{5}	7.89×10^{-3}
5.5	435	2 238	1.585×10^{6}	1.41×10^{-3}
6.5	665	4 237	2.065×10^{7}	2.05×10^{-4}

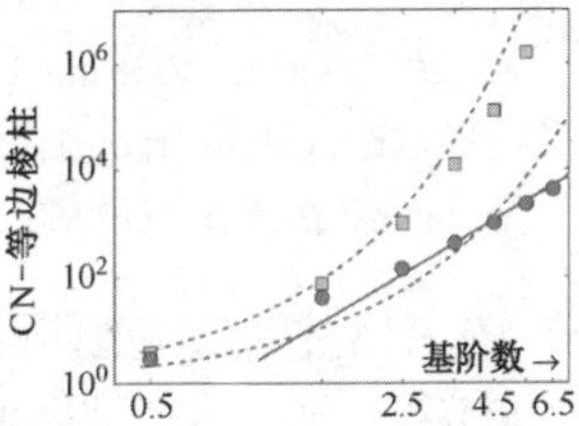

长方体单元

基阶数	*T* 阶数	CNH	CNI	CNH/CNI
0.5	6	3	3	1.00
1.5	36	22.96	61.92	3.71×10^{-1}
2.5	108	22.96	1 286	1.79×10^{-2}
3.5	240	60.48	1.675×10^{4}	3.61×10^{-3}
4.5	450	60.48	2.767×10^{5}	2.19×10^{-4}
5.5	756	114.7	5.811×10^{6}	1.97×10^{-5}
6.5	1 176	114.7	1.469×10^{8}	7.81×10^{-7}

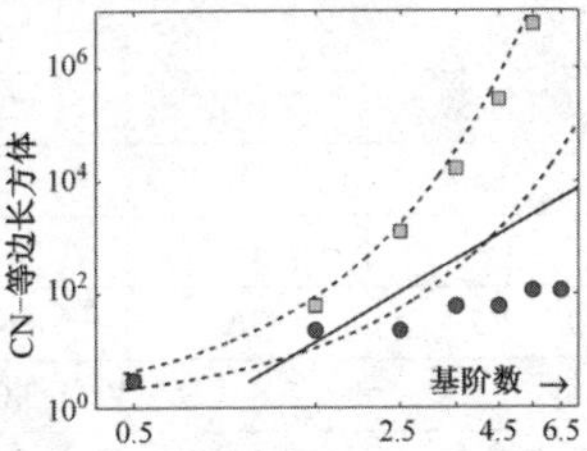

直到 6.5 阶的分层（CNH）和插值（CNI）矢量基的单个元素 *T* 矩阵条件数通过具有相等单位边的直线单元获得。插值正交基在第 4 章介绍了。表右侧的图对比了（对数刻度）条件数和参考增长率曲线。分层条件数用圆表示，插值条件数用方形表示。实线表示增长率 $g_1 = 2.8\times(\text{阶数})^4$，顶部的虚线表示指数增长率 $g_2 = 20^{\text{阶数}}$，底部的虚线表示指数增长率 $g_3 = 5^{\text{阶数}}$。条件数对于插值基呈指数增长，对于分层基呈多项式增长

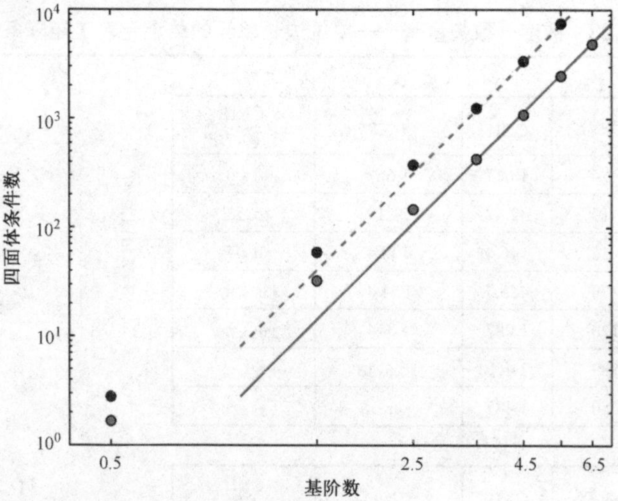

图 5.18　分层基单个元素 $\boldsymbol{T}$ 矩阵条件数表示的多项式增长率

© 2012 IEEE. Reprinted with permission from R. D. Graglia and A. F. Peterson, "Hierarchical divergence-conforming Nédélec elements for volumetric cells," *IEEE Trans. Antennas Propag.*, vol. 60, no. 11, pp. 5215-5227, Nov. 2012.

图 5.18 中，将等边四面体（灰色圆圈）的条件数与具有（1,0,0）、（0,1,0）、（0,0,1）和（0,0,0）顶点的标准四面体单体（黑色圆圈）获得的条件数进行比较。实线代表参考生长率 $g_1 = 2.8\times(\text{阶数})^4$；虚线表示参考生长率 $g_{T^3} = 8\times(\text{阶数})^4$。

表 5.24　四面体单元的散度一致矢量基——用不同分层基获得的单个元素 $\boldsymbol{T}$ 矩阵条件数比较

(a) 单位边长的等边四面体					
基阶数	T 阶数	本书族		Zaglmayr 族[19]	Botha 族[49]
0.5	4	**1.667**	1.667	1.667	1.667
1.5	15	**32.42**	36.71	47.20	143.8
2.5	36	**146.4**	156.6	188.1	303.1
(b) 以(1,0,0), (0,1,0), (0,0,1)和(0,0,0)为顶点的标准四面体单体					
基阶数	T 阶数	本书族		Zaglmayr 族[19]	Botha 族[49]
0.5	4	**2.790**	2.816	2.816	2.816
1.5	15	**59.11**	71.48	50.82	252.2
2.5	36	**374.3**	410.8	309.6	480.4

第三列中以黑色加粗字体给出的条件数（CN）是使用本书中介绍的分层基的原始表达式（经过了缩放）计算获得的。为了公平地与其他基进行比较，其他条件数（以未加粗字体给出）是在对所有矢量函数进行重新缩放取得沿主对角线单位项的 $\boldsymbol{T}$ 矩阵之后得到的数值。这种对角预处理会略微恶化我们的基函数的条件数，但是对参考文献中给出的使用原始未缩放表达式的其他族基函数的条件数（未在表中给出）将会有大幅改善。

Adapted from R. D. Graglia and A. F. Peterson, "Hierarchical divergence-conforming Nédélec elements for volumetric cells," *IEEE Trans. Antennas Propag.*, vol. 60, no. 11, pp. 5215-5227, Nov. 2012.

5.5 结论

本章介绍了对于普通二维、三维单元张成 Nédélec 固定阶空间的分层级标量基和分层级矢量基。这些基在具有多种单元形状的网格中保持了适当的连续性。特别是，矢量基分别在旋度和散度一致的情况下保持了切向或法向的连续性。使用正交标量多项式系统构建基函数，为多项式阶数增加时提高其线性独立性提供了一种比使用部分正交化最终矢量函数更简单的方法。本章介绍了获得基函数的细节。矩阵条件数的数值结果表明这些分层级基在高阶时具有合适的线性独立性。

参 考 文 献

[1] M. Salazar-Palma, T. K. Sarkar, L.-E. Garcia-Castillo, T. Roy, and A. Djordjevic, *Iterative and Self-Adaptive Finite-Elements in Electromagnetic Modeling*, Boston, MA: Artech House, 1998.

[2] L. Demkowicz, *Computing with hp-Adaptive Finite Elements*, vol. 1, Boca Raton, FL: Chapman & Hall/CRC Press, 2007.

[3] L. Demkowicz, *Computing with hp-Adaptive Finite Elements*, vol. 2, Boca Raton, FL: Chapman & Hall/CRC Press, 2008.

[4] Y. Zhu and A. Cangellaris, *Multigrid Finite Element Methods for Electromagnetic Field Modeling*. Piscataway, NJ, USA: Wiley-IEEE Press, 2006.

[5] J. C. Nédélec, "Mixed finite elements in R3," *Numer. Math.*, vol. 35, pp. 315–341, 1980.

[6] J. P.Webb and B. Forghani, "Hierarchal scalar and vector tetrahedra," *IEEE Trans. Magn.*, vol. 29, pp. 1495–1498, Mar. 1993.

[7] C. Carrié and J. P. Webb, "Hierarchal triangular edge elements using orthogonal polynomials," in *Digest of the* 1997 *IEEE International Antennas and Propagation Symposium*, Montreal, vol. 2, pp. 1301–1313, Jul. 1997.

[8] J.Wang and J. P.Webb, "Hierarchal vector boundary elements and p-adaption for 3-D electromagnetic scattering," *IEEE Trans. Antennas Propag.*, vol. 45, pp. 1869–1879, Dec. 1997.

[9] L. S. Andersen and J. L. Volakis, "Hierarchical tangential vector finite elements for tetrahedra," *IEEE Microwave Guided Wave Lett.*, vol. 8, pp. 127–129, Mar. 1998.

[10] L. S. Andersen and J. L. Volakis, "Development and application of a novel class of hierarchical tangential vector finite elements for electromagnetics," *IEEE Trans. Antennas Propag.*, vol. 47, pp. 112–120, Jan. 1999.

[11] J. P.Webb, "Hierarchal vector basis functions of arbitrary order for triangular and tetrahedral

finite elements," *IEEE Trans. Antennas Propag.*, vol. 47, no. 8, pp. 1244–1253, Aug. 1999.

[12] D. K. Sun, J. F. Lee, and Z. Cendes, "Construction of nearly orthogonal Nedelec bases for rapid convergence with multilevel preconditioned solvers," *SIAM J. Sci. Comput.*, vol. 23, pp. 1053– 1076, 2001.

[13] M. Ainsworth and J. Coyle, "Hierarchic hp-edge element families for Maxwell's equations on hybrid quadrilateral/triangular meshes," *Comput. Meth. Appl. Mech. Eng.*, vol. 190, pp. 6709–6733, 2001.

[14] M. Ainsworth and J. Coyle, "Hierarchic finite element bases on unstructured tetrahedral meshes," *Int. J. Numer. Meth. Eng.*, vol. 58, pp. 2103–2130, 2003.

[15] S. C. Lee, J. F. Lee, and R. Lee, "Hierarchical vector finite elements for analyzing waveguiding structures," *IEEE Trans. Antennas Propag.*, vol. 51, pp. 1897–1905, Aug. 2003.

[16] R. S. Preissig and A. F. Peterson, "A rationale for p-refinement with vector finite elements," *Appl. Comput. Electromagn. Soc. J.*, vol. 19, pp. 65–75, Jul. 2004.

[17] P. Ingelström, "A new set of H(curl)-conforming hierarchical basis functions for tetrahedral meshes," *IEEE Trans. Microwave Theory Tech.*, vol. 54, pp. 106–114, Jan. 2006.

[18] J. Schöberl and S. Zaglmayr, "High order Nédélec elements with local complete sequence properties," *Int. J. Comput. Math. Elect. Electron. Eng.* (*COMPEL*), vol. 24, no. 2, pp. 374–384, 2005.

[19] S. Zaglmayr, *High order finite element methods for electromagnetic field computation*, Ph.D. Thesis, Johannes Kepler Universität, Linz, Austria, July 2006.

[20] R. D. Graglia and A. F. Peterson, "Fully conforming hierarchical vector bases for finite methods," *Abstracts of the 2009 URSI National Radio Science Meeting*, Charleston, SC, 1–5 June 2009.

[21] R. D. Graglia, A. F. Peterson, and F. P. Andriulli, "Hierarchical polynomials and vector elements for finite methods," *Proceedings of the International Conference on Electromagnetics in Advanced Applications* (*ICEAA 2009*), Torino, Italy, vol. 1, pp. 1086–1089, Sept. 2009, doi:10.1109/ICEAA.2009.5297791.

[22] A. F. Peterson and R. D. Graglia, "Evaluation and comparison of hierarchical vector basis functions for quadrilateral cells," Digest of the *14th Biennial IEEE Conference on Electromagnetic Field Computations*, Chicago, IL, May 2010.

[23] R. D. Graglia and A. F. Peterson, "Curl-conforming hierarchical vector elements for quadrilateral and brick meshes and their generating orthogonal polynomials," Abstracts of the *2010 CNC/USNC/URSI Radio Science Meeting*, Toronto, ON, July 2010.

[24] R. D. Graglia and A. F. Peterson, "Hierarchical vector polynomials for the triangular prism," *Proceedings of the International Conference on Electromagnetics in Advanced Applications* (*ICEAA 2010*), Sydney, Australia, vol. 1, pp. 871–874, Sept. 2010.

[25] R. D. Graglia, A. F. Peterson, and F. P. Andriulli, "Curl-conforming hierarchical vector bases for triangles and tetrahedra," *IEEE Trans. Antennas Propag.*, vol. 59, no. 3, pp. 950–959, Mar. 2011.

[26] R. D. Graglia and A. F. Peterson, "Hierarchical curl-conforming Nédélec elements for quadrilateral and brick cells," *IEEE Trans. Antennas Propag.*, vol. 59, no. 8, pp. 2766–2773, Aug. 2011.

[27] A. F. Peterson, R. D. Graglia, "Evaluation of hierarchical vector basis functions for quadrilateral cells," *IEEE Trans. Magn.*, vol. 47, no. 5, pp. 1190–1193, May 2011.

[28] R. D. Graglia and A. F. Peterson, "Hierarchical curl-conforming Nédélec elements for triangular-prism cells," *IEEE Trans. Antennas Propag.*, vol. 60, no. 7, pp. 3314–3324, Jul. 2012.

[29] J. Xin and W. Cai, "A well-conditioned hierarchical basis for triangular H(curl)-conforming elements," *Commun. Comput. Phys.*, vol. 9, no. 3, pp. 780–806, Mar. 2011.

[30] J. Xin, N. Guo, and W. Cai, "On the construction of well-conditioned hierarchical bases for tetrahedral H(curl)-conforming Nédélec elements," *J. Comput. Math.*, vol. 29, no. 5, pp. 526–542, May 2011.

[31] R. Abdul-Rahman and M. Kasper, "Orthogonal hierarchical Nédélec elements," *IEEE Trans. Magn.*, vol. 44, no. 6, pp. 1210–1213, Jun. 2008.

[32] J. P. Webb, "Matching a given field using hierarchal vector basis functions," *Electromagnetics*, vol. 24, no. 1–2, pp. 113–122, Jan.–Mar. 2004.

[33] M. Abramowitz and I. Stegun, *Handbook of Mathematical Functions*. New York, NY: Dover, 1968.

[34] M. M. Ilic and B. M. Notaros, "Higher order hierarchical curved hexahedral vector finite elements for electromagnetic modeling," *IEEE Trans. Microwave Theory Tech.*, vol. 51, pp. 1026–1033, Mar. 2003.

[35] M. Djordjevic and B. M. Notaros, "Higher-order hierarchical basis functions with improved orthogonality properties for moment-method modeling of metallic and dielectric microwave structures,"*Microwave Opt. Technol. Lett.*, vol. 37, no. 2, pp. 83–88, Apr. 2003.

[36] E. Jorgensen, J. L.Volakis, P. Meincke, and O. Breinbjerg, "Higher order hierarchical Legendre basis functions for electromagnetic modeling," *IEEE Trans. Antennas Propag.*, vol. 52, pp. 2985–2995, Nov. 2004.

[37] R. D. Graglia, D. R.Wilton, and A. F. Peterson, "Higher order interpolatory vector bases for computational electromagnetics," special issue on "Advanced Numerical Techniques in Electromagnetics,"*IEEE Trans. Antennas Propag.*, vol. 45, no. 3, pp. 329–342, Mar. 1997.

[38] J. C. Nédélec, "A new family of mixed finite elements in R3," *Numer. Math.*, vol. 50, pp. 57–81, 1986.

[39] P. Dular, J.-Y. Hody, A. Nichlet, A. Genon, and W. Legros, "Mixed finite elements associated with a collection of tetrahedra, hexahedra, and prisms," *IEEE Trans. Magn.*, vol.

30, pp. 2980–2983,Sep. 1994.

[40] Z. S. Sacks and J. F. Lee, "A finite element time domain method using prism elements for microwave cavities" *IEEE Trans. Electromagn. Compat.*, vol. 37, pp. 519–527, Nov. 1995.

[41] T. Ödemir and J.-L. Volakis, "Triangular prisms for edge-based vector finite element analysis of conformal antennas," *IEEE Trans. Antennas Propag.*, vol. 45, pp. 788–797, May 1997.

[42] R. D. Graglia, D. R.Wilton, A. F. Peterson, and I.-L. Gheorma, "Higher order interpolatory vector bases on prism elements," *IEEE Trans. Antennas Propag.*, vol. 46, no. 3, pp. 442–450, Mar. 1998.

[43] K. Hirayama, Md. S. Alam,Y. Hayashi, and M. Koshiba, "Vector finite element method with mixedinterpolation-type triangular-prism element for waveguide discontinuities," *IEEE Trans. Microwave Theory Tech.*, vol. 42, pp. 2311–2316, Dec. 1994.

[44] J. Liu and J.-M. Jin, "A special higher order finite element method for scattering by deep cavities," *IEEE Trans. Antennas Propag.*, vol. 48, pp. 694–703, May 2000.

[45] D. I. Karatzidis and T. V. Yioultsis, "Efficient analysis of planar microwave circuits with mixedorder prism vector finite macroelements," *Int. J. Numer. Model.*, vol. 21, pp. 475–492, 2008.

[46] R. D. Graglia and I.-L. Gheorma, "Higher order interpolatory vector bases on pyramidal elements," *IEEE Trans. Antennas Propag.*, vol. 47, no. 5, pp. 775–782, May 1999.

[47] A. F. Peterson and R. D. Graglia, "Scale factors and matrix conditioning associated with triangular-cell hierarchical vector basis functions" *IEEE Antennas Wireless Propag. Lett.*, vol. 9, pp. 40–43, 2010, doi:10.1109/LAWP.2010.2042423.

[48] M. M. Botha, "Solving the volume integral equations of electromagnetic scattering," *J. Comput. Phys.*, vol. 218, pp. 141–158, 2006.

[49] M. M. Botha, "Fully hierarchical divergence-conforming basis functions on tetrahedral cells, with applications," *Int. J. Numer. Meth. Eng.*, vol. 71, pp. 127–148, 2007.

[50] J. C. Eastwood and J. G. Morgan, "Higher-order basis functions for MoM calculations," *IET Sci. Meas. Technol.*, vol. 2, no. 6, pp. 379–386, 2008, doi:10.1049/iet-smt:20080056.

[51] R. D. Graglia and A. F. Peterson, "Hierarchical vector basis functions for meshes with hexahedra, tetrahedra, and triangular prism cells," *Abstracts of ACES* 2011, Williamsburg, VA, 27–31 March 2011.

[52] R. D. Graglia and A. F. Peterson, "Well-conditioned hierarchical Nédélec elements for surface and volumetric cells," *Abstracts of the XXX URSI General Assembly and Scientific Symposium of International Union of Radio Science*, Istanbul, Turkey, 13–20 August 2011.

[53] R. D. Graglia and A. F. Peterson, "Hierarchical divergence-conforming Nédélec elements for volumetric cells," *IEEE Trans. Antennas Propag.*, vol. 60, no. 11, pp. 5215–5227, Nov. 2012.

第 6 章 积分方程和微分方程的数值计算

为了说明前面的章节介绍的矢量基的应用，现在介绍它们在三维完美导体散射的电场积分方程（EFIE）和三维腔体内场模型的矢量亥姆霍兹方程数值解中的应用。EFIE 包括表面电流密度的散度，因此，结合散度一致基函数说明 MoM 或边界元素过程。由于矢量亥姆霍兹算子包含旋度算子，结合旋度一致基说明有限元素模型。选取数值结果用来说明弯曲单元的处理方法。下面叙述的部分内容来自参考文献[1]的改进。

6.1 电场积分方程

考虑在介电常数 ϵ 和磁导率 μ 的无限均匀环境中的一个完美导体（PEC）。目标为磁辐射的一个正弦电稳态源（其频率为 ω，并且所有时变特征通过抑制时间依赖相量 $e^{j\omega t}$ 表示）。没有目标时，源在周围空间产生了一个电场 $\boldsymbol{E}^{\text{inc}}$（标记为入射场）。当存在导体时，产生从源到整个场 $\boldsymbol{E}^{\text{tot}}$ 的摄动可用导体上的感应电流来解释。

感应表面电流密度用 $J(s,t)$ 来表示，这里 s 和 t 是面的参数变量。如果将电流密度作为没有导电体时存在的源函数来处理，产生的散射场为 $\boldsymbol{E}^{\text{s}}$，则场在导体目标空间点上与

$$\boldsymbol{E}^{\text{inc}} + \boldsymbol{E}^{\text{s}} = \boldsymbol{E}^{\text{tot}} \tag{6.1}$$

相关。因为散射场在无限均匀空间中产生，可通过任意标准源场关系确定，例如，

$$\boldsymbol{E}^{s} = \frac{\nabla(\nabla \cdot \boldsymbol{A}) + k^2 \boldsymbol{A}}{j\omega\epsilon} \tag{6.2}$$

其中媒介的波数为 $k=\omega\sqrt{u\epsilon}$ ，磁矢势函数为

$$A(x,y,z)=\iint_{\text{surface}} J(s',t')\frac{\mathrm{e}^{-jkR}}{4\pi R}\mathrm{d}s'\mathrm{d}t' \tag{6.3}$$

在式（6.3）中，R 是面上的点 (s',t') 到场被评估点 (x,y,z) 的距离。用加撇号的坐标表示电磁场（电流密度）的“源”，没有加撇号的坐标标记“观察者”的位置，那里的场被评估。

总的场必须满足完美电导体表面上的电磁场边界条件：

$$\hat{\boldsymbol{n}}\times \boldsymbol{E}^{\text{tot}}\big|_{\text{surface}}=0 \tag{6.4}$$

其中 $\hat{\boldsymbol{n}}$ 为向外法向单位矢量。结合式（6.1）～式（6.4），可得到

$$\hat{\boldsymbol{n}}\times \boldsymbol{E}^{\text{inc}}\big|_{\text{surface}}=-\hat{\boldsymbol{n}}\times\frac{\nabla(\nabla\cdot \boldsymbol{A})+k^2\boldsymbol{A}}{j\omega\varepsilon}\bigg|_{\text{surface}} \tag{6.5}$$

这个等式为 EFIE 的一种形式。(实际上是一种积分-微分方程，为了简明一般用“积分方程”来称呼)。下面，作为一般的实践，使用式（6.5）的旋转形式，其中与法矢量的叉积被舍弃，用与切矢量的点积取代。

因为面电流密度 $\boldsymbol{J}$ 出现在磁矢势 $\boldsymbol{A}$ 中，原则上 EFIE 能够被解决。一旦 $\boldsymbol{J}$ 通过式（6.5）确定，场和其他与电磁散射问题相关的量能够通过直接计算得到。(因为存在闭合的结构，有时 EFIE 会失效，阅读参考文献[2]获得更多的信息。)

为了在未知电流密度的条件下减少可微性要求，从构建 EFIE 的弱形式开始。为了这个目的，用切向于表面的矢量测试函数 $T(s,t)$ 乘以（标量积）式（6.5）中的 EFIE，获得

$$\iint_{\text{surface}} \boldsymbol{T}\cdot \boldsymbol{E}^{\text{inc}}\mathrm{d}s\mathrm{d}t=-\iint_{\text{surface}} \boldsymbol{T}\cdot \boldsymbol{E}^{\text{s}}\mathrm{d}s\mathrm{d}t \tag{6.6}$$

其中，积分在导体表面进行。入射电场 $\boldsymbol{E}^{\text{inc}}$ 是（激发）结构缺失并且假设已知的场。函数 $\boldsymbol{E}^{\text{s}}$ 是“散射”电场与面电流 $\boldsymbol{J}$ 的乘积，也是结构缺失的，可以通过下式获得

$$\boldsymbol{E}^{\text{s}}=-j\omega\mu\iint_{\text{surface}} \boldsymbol{J}(s',t')G\mathrm{d}s'\mathrm{d}t'+\frac{1}{j\omega\epsilon}\nabla\iint_{\text{surface}}\nabla'\cdot \boldsymbol{J}(s',t')G\mathrm{d}s'\mathrm{d}t' \tag{6.7}$$

G 为自由空间 Green 的函数

$$G(R)=\frac{\mathrm{e}^{-jkR}}{4\pi R} \tag{6.8}$$

而

$$R=\sqrt{\left[x(s,t)-x(s',t')\right]^2+\left[y(s,t)-y(s',t')\right]^2+\left[z(s,t)-z(s',t')\right]^2} \tag{6.9}$$

为了从式（6.2）中得到式（6.7），使用下面的关系式

$$\nabla \cdot \boldsymbol{A} = \iint_{\text{surface}} \nabla' \cdot \boldsymbol{J}(s',t') G(R) \mathrm{d}s' \mathrm{d}t' \tag{6.10}$$

散射电场的测试形式可表述为

$$\begin{aligned} -\iint_{\text{surface}} \boldsymbol{T} \cdot \boldsymbol{E}^{\text{s}} \mathrm{d}s\mathrm{d}t = j\omega\mu \iint_{\text{surface}} \boldsymbol{T} \cdot \iint_{\text{surface}} \boldsymbol{J}(s',t') G \mathrm{d}s' \mathrm{d}t' \mathrm{d}s \mathrm{d}t \\ -\frac{1}{j\omega\varepsilon} \iint_{\text{surface}} \boldsymbol{T} \cdot \nabla \iint_{\text{surface}} \nabla' \cdot \boldsymbol{J}(s',t') G \mathrm{d}s' \mathrm{d}t' \mathrm{d}s \mathrm{d}t \end{aligned} \tag{6.11}$$

使用散度定理的矢量恒等式

$$\nabla \cdot (f\boldsymbol{T}) = \boldsymbol{T} \cdot \nabla f + f \nabla \cdot \boldsymbol{T} \tag{6.12}$$

式（6.11）能够调整成下面的形式：

$$\begin{aligned} -\iint_{\text{surface}} \boldsymbol{T} \cdot \boldsymbol{E}^{\text{s}} \mathrm{d}s\mathrm{d}t = j\omega\mu \iint_{\text{surface}} \boldsymbol{T} \cdot \iint_{\text{surface}} \boldsymbol{J}(s',t') G \mathrm{d}s' \mathrm{d}t' \mathrm{d}s \mathrm{d}t \\ +\frac{1}{j\omega\varepsilon} \iint_{\text{surface}} \nabla \cdot \boldsymbol{T} \iint_{\text{surface}} \nabla' \cdot \boldsymbol{J}(s',t') G \mathrm{d}s' \mathrm{d}t' \mathrm{d}s \mathrm{d}t \end{aligned} \tag{6.13}$$

MoM 需要选取合适的基和测试函数来减少非连续等式[2,3]系统中的连续方程式。主要未知变量的连续性约束通过运算符来表示，通常在基函数的选取过程中扮演重要的角色。前面的章节已经构建了两类矢量基函数，分别为散度一致函数和旋度一致函数。散度一致函数保持法矢量在表面上单元之间的连续性，而旋度一致函数保证了切矢量在相邻单元间的连续性。

因为 EFIE 涉及散度计算，通过线性独立散度一致矢量基函数扩展近似未知的电流密度 $\boldsymbol{J}$

$$\boldsymbol{J}(s,t) \cong \sum_{n=1}^{N} I_n \boldsymbol{B}_n(s,t) \tag{6.14}$$

其中 I_n 表示 N 个待定的未知复数系数。如第 3 章至第 5 章中的论述，散度一致基函数横跨两个相邻单元或彻底封闭在一个单元内。与表面网格相关的连通性序列用来提供组织单元内基函数系统性的方法和链接边缘基函数（用来在邻近单元间横跨单元的适当基函数）。

离散 EFIE 在基函数和测试函数间具有对称性［见式（6.13）］，因此可以很方便地定义测试函数为相同的散度一致基函数：

$$\boldsymbol{T}_m(s,t) = \boldsymbol{B}_m(s,t) \tag{6.15}$$

测试函数为从 EFIE 中获取 N 个线性独立等式提供了一种方法。这些等式可以整理成一个矩阵等式：

$$\boldsymbol{E} = \boldsymbol{ZI} \tag{6.16}$$

这里 $\boldsymbol{E}$ 和 $\boldsymbol{I}$ 是 N*1 列矢量，$\boldsymbol{Z}$ 是 N*N 矩阵。$\boldsymbol{I}$ 的元素是系数 $\boldsymbol{I}_n$，$\boldsymbol{E}$ 的元素由下式给出：

$$\boldsymbol{E}_m = \iint_{\text{surface}} \boldsymbol{T}_m \cdot \boldsymbol{E}^{\text{inc}} \mathrm{d}s\mathrm{d}t \tag{6.17}$$

$\boldsymbol{Z}$ 中元素的一般形式：

$$\begin{aligned} Z_{mn} &= j\omega\mu \iint_{s,t} \iint_{s',t'} \boldsymbol{T}_m(s,t) \cdot \boldsymbol{B}_n(s',t') G \mathrm{d}s'\mathrm{d}t'\mathrm{d}s\mathrm{d}t \\ &+ \frac{1}{j\omega\varepsilon} \iint_{s,t} \nabla \cdot \boldsymbol{T}_m \iint_{s',t'} \nabla' \cdot \boldsymbol{B}_n G \mathrm{d}s'\mathrm{d}t'\mathrm{d}s\mathrm{d}t \end{aligned} \tag{6.18}$$

解矩阵等式可得系数 I_n，之后其他量可以通过式（6.14）中的电流密度积分获得。

如果 EFIE 使用的基函数不是散度一致的，散度计算将会在函数的法向矢量不连续的地方产生狄拉克 δ 函数型特征。在特定的条件下，必须使用非-散度一致基函数（例如，集中元素供应或负载，面和电线的交界处，等），狄拉克 δ 函数必须作为等式的一部分，其结果等价于在进行式（6.18）中面积分的同时进行线积分。

6.2 曲面单元的合并

为不失一般性，用曲面表示完美导体目标。如第 2 章和第 3 章所述，过程包括绘制单元形状和多种依附在单元［从标准参考（或父）单元到曲面（或子单元）］上的基函数。对于标准参考单元，用单位直角三角形占据区域 $0 \leqslant \xi_1 \leqslant 1$，$0 \leqslant \xi_2 \leqslant 1, \xi_1 + \xi_2 \leqslant 1$（与二次拉格朗日映射到不同形状单元相关的 6 个节点如图 6.1 所示）。对于这些区域，坐标 (ξ_1, ξ_2) 与经常用来表示三角形上的量的三坐标 (ξ_1, ξ_2, ξ_3) 中的两个一致。每个给定点的单一坐标是点到三角形一边的相对距离，这里在边上值为 0，在相对的角上值为 1。在这种情况下，能够得到第三个坐标：

$$\xi_3 = 1 - \xi_1 - \xi_2 \tag{6.19}$$

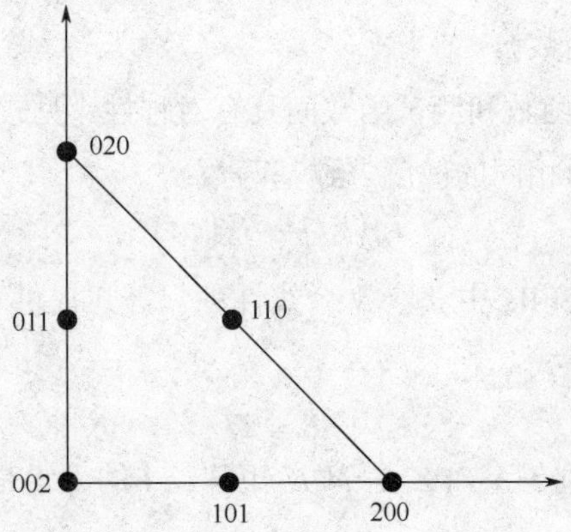

图 6.1　与二次拉格朗日映射到不同形状单元相关的 6 个节点

显然，另两个坐标是非线性独立的。根据前面章节的讨论，单坐标系提供了一种对称的方式描述三角形内的点和三角形域中使用变量的方式。

图 6.1 中，用标准参考（父）三角形表示与二次拉格朗日映射到不同形状单元相关的 6 个节点。

这里描述了用三角形域上 6 个二次插值多项式定义一个曲线区域的过程，分布在如图 6.1 所示的参考单元周围，区域坐标可以表示为

$$x=\sum_{i=0}^{2}\sum_{j=0}^{2}x_{ijk}S_{ijk}\left(\xi_1,\xi_2,\xi_3\right) \tag{6.20}$$

$$y=\sum_{i=0}^{2}\sum_{j=0}^{2}y_{ijk}S_{ijk}\left(\xi_1,\xi_2,\xi_3\right) \tag{6.21}$$

$$z=\sum_{i=0}^{2}\sum_{j=0}^{2}z_{ijk}S_{ijk}\left(\xi_1,\xi_2,\xi_3\right) \tag{6.22}$$

其中 k 由 $k=2-i-j$ 定义，系数 x_{ijk}、y_{ijk} 和 z_{ijk} 是面上点的坐标，定义区域的边界。6 个插值多项式定义为

$$S_{200}=\left(2\xi_1-1\right)\xi_1 \tag{6.23}$$

$$S_{020}=\left(2\xi_2-1\right)\xi_2 \tag{6.24}$$

$$S_{002}=\left(2\xi_3-1\right)\xi_3 \tag{6.25}$$

$$S_{110}=4\xi_1\xi_2 \tag{6.26}$$

$$S_{101}=4\xi_1\xi_3 \tag{6.27}$$

$$S_{011}=4\xi_2\xi_3 \tag{6.28}$$

其中 $\left(\xi_1,\xi_2,\xi_3\right)$ 表示单坐标。因为虚拟变量 ξ_3 依赖于其他两个变量，式（6.19）用 ξ_1 和 ξ_2 来重新定义这些函数。

由 S_{ijk} 的表达式可得

$$\begin{aligned}x=&x_{002}+\xi_1\left(4x_{101}-3x_{002}-x_{200}\right)+\xi_2\left(4x_{011}-3x_{002}-x_{020}\right)\\&+\xi_1^2\left(2x_{200}+2x_{002}-4x_{101}\right)+\xi_1\xi_2\left(4x_{002}+4x_{110}-4x_{101}-4x_{011}\right)\\&+\xi_2^2\left(2x_{020}+2x_{002}-4x_{011}\right)\end{aligned} \tag{6.29}$$

其中 $y\left(\xi_1,\xi_2\right)$ 和 $z\left(\xi_1,\xi_2\right)$ 具有同样的形式，只是将 x 用 y 或者 z 替换。导数可由下式得到

$$\begin{aligned}\frac{\partial x}{\partial \xi_1}=&4x_{101}-3x_{002}-x_{200}+\xi_1\left(4x_{200}+4x_{002}-8x_{101}\right)\\&+\xi_2\left(4x_{002}+4x_{110}-4x_{101}-4x_{011}\right)\end{aligned} \tag{6.30}$$

$$\frac{\partial x}{\partial \xi_2}=4x_{011}-3x_{002}-x_{020}+\xi_1\left(4x_{002}+4x_{110}-4x_{101}-4x_{011}\right)+\xi_2\left(4x_{020}+4x_{002}-8x_{011}\right) \tag{6.31}$$

y 和 z 的导数是相似的，只要将式（6.30）和式（6.31）右边的 x 用 y 或 z 替换。

式（6.30）和式（6.31）以及相应的通过 $y(\xi_1,\xi_2)$ 和 $z(\xi_1,\xi_2)$ 获得的等式，提供了转换雅可比矩阵的项。一般来讲，从一个二维参考单元映射到三维空间中弯曲曲面，雅可比关系为

$$\begin{bmatrix}\dfrac{\partial}{\partial \xi_1}\\ \dfrac{\partial}{\partial \xi_2}\end{bmatrix}=\begin{bmatrix}\dfrac{\partial x}{\partial \xi_1} & \dfrac{\partial y}{\partial \xi_1} & \dfrac{\partial z}{\partial \xi_1}\\ \dfrac{\partial x}{\partial \xi_2} & \dfrac{\partial y}{\partial \xi_2} & \dfrac{\partial z}{\partial \xi_2}\end{bmatrix}\begin{bmatrix}\dfrac{\partial}{\partial x}\\ \dfrac{\partial}{\partial y}\\ \dfrac{\partial}{\partial z}\end{bmatrix} \tag{6.32}$$

等价于 2×3 雅可比矩阵行列式的参数为

$$\mathcal{J}\left(\xi_1,\xi_2\right)=\sqrt{\left(\frac{\partial y}{\partial \xi_1}\frac{\partial z}{\partial \xi_2}-\frac{\partial z}{\partial \xi_1}\frac{\partial y}{\partial \xi_2}\right)^2+\left(\frac{\partial z}{\partial \xi_1}\frac{\partial x}{\partial \xi_2}-\frac{\partial x}{\partial \xi_1}\frac{\partial z}{\partial \xi_2}\right)^2+\left(\frac{\partial x}{\partial \xi_1}\frac{\partial y}{\partial \xi_2}-\frac{\partial y}{\partial \xi_1}\frac{\partial x}{\partial \xi_2}\right)^2} \tag{6.33}$$

是一个弯曲单元位置的函数。这些量将被用来标记单元的形状和定义弯曲单元上的矢量基函数。

因为每一个由面构成的单元通过一个独立映射定义，为了评估每一个单元式（6.18）中的积分表达式必须被分解到子积分中。通常测试函数的观察单元与有基函数的源单元不同。因为每个以边为基的基或测试函数跨过一个或两个单元，所以一个单矩阵项需要超过 4 个单元的积分。在下文中，下标（m 或 n）用于表示特定的测试或基函数，下面的讨论基于单一观察单元和单一源单元。与表面模型相关联的点队列被用来确定这些函数归属的适当单元。

因为单元到单元连续性的类型与散度一致基和旋度一致基及测试函数的类型不同，映射的类型也不同。对于散度一致函数，在 $x-y-z$ 子空间中的矢量基函数具有笛卡儿分量：

$$\begin{bmatrix}B_x\\ B_y\\ B_z\end{bmatrix}=\frac{1}{\mathcal{J}}\begin{bmatrix}\dfrac{\partial x}{\partial \xi_1} & \dfrac{\partial x}{\partial \xi_2}\\ \dfrac{\partial y}{\partial \xi_1} & \dfrac{\partial y}{\partial \xi_2}\\ \dfrac{\partial z}{\partial \xi_1} & \dfrac{\partial z}{\partial \xi_2}\end{bmatrix}\begin{bmatrix}R_{\xi_1}^{\mathrm{div}}\\ R_{\xi_2}^{\mathrm{div}}\end{bmatrix}=\frac{1}{\mathcal{J}}\boldsymbol{J}^{\mathrm{T}}\begin{bmatrix}R_{\xi_1}^{\mathrm{div}}\\ R_{\xi_2}^{\mathrm{div}}\end{bmatrix} \tag{6.34}$$

其中 $\boldsymbol{J}^{\mathrm{T}}$ 被用来表示式（6.32）中雅可比矩阵的转置，R^{div} 是在参考单元中的基函数。(归一化基函数使需要的分量在弯曲单元的特定位置具有单位值，此外，跨越两个或多个单元的基函数必须归一化并且需要一个合适的符号以确保其连续地通过单元的边缘。对于当前的讨论，省略了归一化常数。) 测试函数也是散度一致函数，通过相同形式的映射定义。(测试函数也带有一个归一化因子以确保连续性。)

式（6.18）中积分的评估在矩阵关系

$$\begin{bmatrix} T_x^{\mathrm{div}} \\ T_y^{\mathrm{div}} \\ T_z^{\mathrm{div}} \end{bmatrix}^{\mathrm{T}} = \frac{1}{\mathcal{J}(s,t)\big|_{\mathrm{observer}}} \begin{bmatrix} R_{\xi_1}^{\mathrm{div}} & R_{\xi_2}^{\mathrm{div}} \end{bmatrix} \boldsymbol{J}\big|_{\mathrm{observer}} \tag{6.35}$$

的辅助下进行。

例如，在式（6.17）中激励列矢量 $\boldsymbol{E}$ 的项可通过下式得到

$$\iint_{\mathrm{surface}} \boldsymbol{T}\cdot\boldsymbol{E}^{\mathrm{inc}}\mathrm{d}s\mathrm{d}t = \iint_{\substack{\mathrm{reference} \\ \mathrm{cell} \\ (\mathrm{observer})}} \begin{bmatrix} R_{\xi_1}^{\mathrm{div}} & R_{\xi_2}^{\mathrm{div}} \end{bmatrix}_m \boldsymbol{J}\big|_{\mathrm{observer}} \begin{bmatrix} E_x^{\mathrm{inc}} \\ E_y^{\mathrm{inc}} \\ E_z^{\mathrm{inc}} \end{bmatrix} \mathrm{d}\xi_1\mathrm{d}\xi_2 \tag{6.36}$$

注意，式（6.35）中的标量因子 $\mathcal{J}(s,t)$ 通过在不同差分面域中的相同因子约去

$$\mathrm{d}s\mathrm{d}t = \mathcal{J}(s,t)\big|_{\mathrm{observer}} \mathrm{d}\xi_1\mathrm{d}\xi_2 \tag{6.37}$$

标准矩阵乘法用来聚集式（6.36）积分中的项，将矩阵约减为标量。

式（6.18）中的点积可近似为：

$$\begin{aligned} \boldsymbol{T}_m\cdot\boldsymbol{B}_n &= \begin{bmatrix} T_x^{\mathrm{div}} & T_y^{\mathrm{div}} & T_z^{\mathrm{div}} \end{bmatrix}_m \begin{bmatrix} B_x^{\mathrm{div}} \\ B_y^{\mathrm{div}} \\ B_z^{\mathrm{div}} \end{bmatrix}_n \\ &= \frac{1}{\mathcal{J}(s,t)\big|_{\mathrm{observer}}} \frac{1}{\mathcal{J}(s',t')\big|_{\mathrm{source}}} \begin{bmatrix} R_{\xi_1}^{\mathrm{div}} & R_{\xi_2}^{\mathrm{div}} \end{bmatrix}_m \boldsymbol{J}\big|_{\mathrm{observer}} \boldsymbol{J}^{\mathrm{T}}\big|_{\mathrm{source}} \begin{bmatrix} R_{\xi_1}^{\mathrm{div}} \\ R_{\xi_2}^{\mathrm{div}} \end{bmatrix}_n \end{aligned} \tag{6.38}$$

在式（6.38）中，测试函数位于观察单元，其雅可比矩阵是 $\boldsymbol{J}\big|_{\mathrm{observer}}$，然而基函数位于源单元里，其矩阵是 $\boldsymbol{J}\big|_{\mathrm{source}}$（用加撇号的坐标定义量）。源单元的差分表面区域

$$\mathrm{d}s'\mathrm{d}t' = \mathcal{J}(s',t')\big|_{\mathrm{source}} \mathrm{d}\xi_1'\mathrm{d}\xi_2' \tag{6.39}$$

测试函数中的下标 m 独立于基函数中的下标 n（依据上下文，这些下标可以是通过整个表面的全局编号，也可以是在单独单元里的局部编号）。

使用式（6.38），式（6.18）中的第一个积分在参考单元坐标下可表示为

$$\begin{aligned}&\iint_{s,t}\iint_{s',t'}\boldsymbol{T}_m\left(s,t\right)\cdot\boldsymbol{B}_n\left(s',t'\right)G\mathrm{d}s'\mathrm{d}t'\mathrm{d}s\mathrm{d}t\\&=\iint_{\substack{\text{reference}\\\text{cell}\\\text{(observer)}}}\iint_{\substack{\text{reference}\\\text{cell}\\\text{(observer)}}}\begin{bmatrix}R_{\xi_1}^{\text{div}} & R_{\xi_2}^{\text{div}}\end{bmatrix}_m \boldsymbol{J}\big|_{\text{observer}}\boldsymbol{J}^{\mathrm{T}}\big|_{\text{source}}\begin{bmatrix}R_{\xi_1}^{\text{div}}\\R_{\xi_2}^{\text{div}}\end{bmatrix}_n G\mathrm{d}\xi_1'\mathrm{d}\xi_2'\mathrm{d}\xi_1\mathrm{d}\xi_2\end{aligned}\tag{6.40}$$

在式（6.40）的积分中，式（6.38）中的标量因子$\mathcal{J}\big|_{\text{observer}}$和$\mathcal{J}\big|_{\text{source}}$与式（6.37）和式（6.39）中的约去。积分必须通过在参考坐标系下数值积分计算来求值。这些基和测试函数以及映射函数$x\left(\xi_1,\xi_2\right)$、$y\left(\xi_1,\xi_2\right)$和$z\left(\xi_1,\xi_2\right)$，在源和观察参考单元中的积分点上计算。在积分点上也需要式（6.40）中的两个雅可比矩阵的项，这些可以通过在式（6.30）和式（6.31）中x、y和z的导数的详细表达式得到。

式（6.18）中的第二个积分包括测试函数和基函数的散度。可以通过式（3.80）求出，其等价于

$$\nabla\cdot\boldsymbol{T}_m=\frac{1}{\mathcal{J}\left(s,t\right)\big|_{\text{observer}}}\left\{\frac{\partial R_{\xi_1}^{\text{div}}}{\partial\xi_1}+\frac{\partial R_{\xi_2}^{\text{div}}}{\partial\xi_2}\right\}_m\tag{6.41}$$

$$\nabla'\cdot\boldsymbol{B}_n=\frac{1}{\mathcal{J}\left(s',t'\right)\big|_{\text{source}}}\left\{\frac{\partial R_{\xi_1}^{\text{div}}}{\partial\xi_1'}+\frac{\partial R_{\xi_2}^{\text{div}}}{\partial\xi_2'}\right\}_n\tag{6.42}$$

所以，式（6.18）中的第二个积分可以写作：

$$\begin{aligned}&\iint_{s,t}\nabla\cdot\boldsymbol{T}_m\iint_{s',t'}\nabla'\cdot\boldsymbol{B}_nG\mathrm{d}s'\mathrm{d}t'\mathrm{d}s\mathrm{d}t\\&=\iint_{\substack{\text{reference}\\\text{cell}\\\text{(observer)}}}\left\{\frac{\partial R_{\xi_1}^{\text{div}}}{\partial\xi_1}+\frac{\partial R_{\xi_2}^{\text{div}}}{\partial\xi_2}\right\}_m\iint_{\substack{\text{reference}\\\text{cell}\\\text{(source)}}}\left\{\frac{\partial R_{\xi_1}^{\text{div}}}{\partial\xi_1'}+\frac{\partial R_{\xi_2}^{\text{div}}}{\partial\xi_2'}\right\}_n G\mathrm{d}\xi_1'\mathrm{d}\xi_2'\mathrm{d}\xi_1\mathrm{d}\xi_2\end{aligned}\tag{6.43}$$

就像在式（6.40）中一样，标量因子$\mathcal{J}\big|_{\text{observer}}$和$\mathcal{J}\big|_{\text{source}}$被约去。

如果为了把式（6.14）中系数I_n作为面电流密度的值（插值基函数），每个散度一致基函数必须归一化，以使适当的分量在每个单元（在曲线x-y-z空间）的期望位置上具有单位值。这可以通过用一个常数调整每个基函数的大小来完成，这个常数等于特定位置适当基矢量的幅度，这一点在3.11.2节中解释过。对于横跨两个单元的函数，归一化常数也将包含一个信号，确保基函数的点从全局视角看在一法向矢量方向。通过在参考单元中使每个基函数乘以一个适当的常数，归一化被用到前面一节的矩阵项中。这些常数是每个单元特定的，在分析开始时确定并被存储到一个参考队列中，该队列是 MoM 过程的矩阵构建和任何后续涉及基函数过程所必备的。

6.3 利用奇异减法和消除技术处理 Green 函数的奇异性

当式（6.40）和式（6.43）中源和观察单元一致时，在一些点函数 R 在 G 内为零。由此产生的 $1/R$ 奇异性使积分求值复杂化。有几种方法可以求这些奇异积分的值，本节阐述两种针对简单平面的方法，在接下来的章节里将讨论曲面的方法。这两种方法是奇异减法和奇异消除。

对于积分

$$I(u,v)=\iint f(u',v')\frac{\mathrm{e}^{-jkR}}{R}\mathrm{d}u'\mathrm{d}v' \tag{6.44}$$

边界函数 f 包含基函数和测试函数或它们的散度，以及任何矩阵乘积等。函数 R 为

$$R=\sqrt{(u-u')^2+(v-v')^2} \tag{6.45}$$

当观察点 (u,v) 在积分域内时，被积函数在 $R=0$ 处是无界的。另外，Green 函数的一种表达式

$$\frac{\mathrm{e}^{-jkR}}{R}=\frac{1}{R}-jk-\frac{k^2R}{2}+\frac{jk^3R^2}{6}+\frac{k^4R^3}{24}-\cdots \tag{6.46}$$

包含的项同时涉及 R 的奇次幂和偶次幂。而无界的 $1/R$ 项是最大的问题，所有涉及 R 的奇次幂的项在 $R=0$ 处是非解析和难以进行积分计算的。

一阶奇异减法从式（6.44）积分中减去一个合适权重的 $1/R$，并将其作为一个独立的积分加回来，从而得到

$$I=\iint\left\{f(u',v')\frac{\mathrm{e}^{-jkR}}{R}-f(u,v)\frac{1}{R}\right\}\mathrm{d}u'\mathrm{d}v'+f(u,v)\iint\frac{1}{R}\mathrm{d}u'\mathrm{d}v' \tag{6.47}$$

式（6.47）中括号里的项是有界的，并且一旦没有直接在奇异点进行采样，它将是比式（6.44）更有可能进行积分求值的。$1/R$ 项通过函数 $f(u,v)$ 来加权重，该函数不是一个积分变量函数，与在奇异点上原始积分的剩余部分一致。这样，函数 f 被从第二个积分中移除，使得在闭合形式下的计算变得简单。后面的做法是计算式（6.47）中的第一个积分，然后通过解析方式[4-11]计算第二个。

因为 e^{-jkR} 中 $R\to 0$，在式（6.47）中的第一个被积分函数不是一个解析函数。函数在奇异点的导数非连续。在典型的积分计算中这可能会导致精度的大幅下降，甚至点在积分域的端点也是这样。为了改进这种方法，考虑上面所提方法的扩展，按 Järvenpää[12]等人的建议减去一个附加项。

二阶奇异减法包括减去来自式（6.44）被积分函数的两项、式（6.46）的第一项和第三项，得到

$$I(u,v)=\iint\left\{f(u',v')\frac{\mathrm{e}^{-jkR}}{R}-f(u,v)\left[\frac{1}{R}-\frac{k^2R}{2}\right]\right\}\mathrm{d}u'\mathrm{d}v' \\ +f(u,v)\iint\frac{1}{R}\mathrm{d}u'\mathrm{d}v'-f(u,v)\frac{k^2}{2}\iint R\mathrm{d}u'\mathrm{d}v' \tag{6.48}$$

二阶减法移去式（6.46）中的无界项和导致导数不连续的项，因为高阶项，剩余的被积分函数不是解析的。（当然，如果必要，可以去掉更多的项。）

为阐述这两种奇异性消除的方法，考虑一个平面三角形的区域 $0<x<0.1$, $0<y<0.1$, $x+y<0.1$，函数 $f(u,v)=1$，观察位置在(0, 0.1)处。（在 MoM 过程中，为了将其放到一个典型单元上，按比例缩放这个区域，从而可使用局部变量 $u=10x$, $v=10y$。因为任何三角形或四边形单元能够根据观察的角度被分解成一定数量的三角形，所以这种布局不失一般性。）积分通过下式计算：

$$I=0.01\int_{v'=0}^{1}\int_{u'=0}^{1-v'}\frac{\mathrm{e}^{-jkR}}{R}\mathrm{d}u'\mathrm{d}v' \tag{6.49}$$

其中 $k=2\pi$，并且

$$R=0.1\sqrt{(0-u')^2+(1-v')^2} \tag{6.50}$$

在三角形区域的上角有一个 $1/R$ 奇异点。

一阶奇异减法用下式进行

$$I=0.01\int_{v'=0}^{1}\int_{u'=0}^{1-v'}\left\{\frac{\mathrm{e}^{-jkR}}{R}-\frac{1}{R}\right\}\mathrm{d}u'\mathrm{d}v'+0.01\int_{v'=0}^{1}\int_{u'=0}^{1-v'}\frac{1}{R}\mathrm{d}u'\mathrm{d}v' \tag{6.51}$$

其中第二个积分经准确计算得到

$$\begin{aligned}\int_{v'=0}^{1}\int_{u'=0}^{1-v'}\frac{1}{\sqrt{(u')^2+(1-v')^2}}\mathrm{d}u'\mathrm{d}v' &= \int_{v'=0}^{1}\ln\left[u'+\sqrt{(u')^2+(1-v')^2}\right]\Bigg|_{u'=0}^{1-v'}\mathrm{d}v' \\ &=\ln\left(1+\sqrt{2}\right)\int_{v'=0}^{1}\mathrm{d}v' \\ &=\ln\left(1+\sqrt{2}\right)\end{aligned} \tag{6.52}$$

这样，可以得到

$$I=0.01\int_{v'=0}^{1}\int_{u'=0}^{1-v'}\left\{\frac{\mathrm{e}^{-jkR}}{R}-\frac{1}{R}\right\}\mathrm{d}u'\mathrm{d}v'+0.01\ln\left(1+\sqrt{2}\right) \tag{6.53}$$

对于二阶奇异减法，使用

$$
\begin{aligned}
I &= 0.01\int_{v'=0}^{1}\int_{u'=0}^{1-v'}\left\{\frac{e^{-jkR}}{R}-\left[\frac{1}{R}-\frac{k^2R}{2}\right]\right\}du'dv' \\
&\quad +0.01\int_{v'=0}^{1}\int_{u'=0}^{1-v'}\frac{1}{R}du'dv'-0.01\frac{k^2}{2}\int_{v'=0}^{1}\int_{u'=0}^{1-v'}Rdu'dv'
\end{aligned}
\tag{6.54}
$$

因为

$$
\begin{aligned}
&\int_{v'=0}^{1}\int_{u'=0}^{1-v'}\sqrt{(u')^2+(1-v')^2}du'dv' \\
&=\int_{v'=0}^{1}\left\{\frac{u'}{2}\sqrt{(u')^2+(1-v')^2}+\frac{(1-v')^2}{2}\ln\left[u'+\sqrt{(u')^2+(1-v')^2}\right]\right\}\Bigg|_{u'=0}^{1-v'}dv' \\
&=\int_{v'=0}^{1}\frac{(1-v')^2}{2}\left\{\sqrt{2}+\ln\left(1+\sqrt{2}\right)\right\}dv' \\
&=\frac{\sqrt{2}+\ln\left(1+\sqrt{2}\right)}{6}
\end{aligned}
\tag{6.55}
$$

得到

$$
\begin{aligned}
I &= 0.01\int_{v'=0}^{1}\int_{u'=0}^{1-v'}\left\{\frac{e^{-jkR}}{R}-\left[\frac{1}{R}-\frac{k^2R}{2}\right]\right\}du'dv' \\
&\quad +0.1\ln\left(1+\sqrt{2}\right)-0.001\frac{k^2}{2}\left(\frac{\sqrt{2}+\ln\left(1+\sqrt{2}\right)}{6}\right)
\end{aligned}
\tag{6.56}
$$

奇异减法如表 6.1 所示。表 6.1 给出在用三角形域高斯积分准则进行积分计算时，式（6.53）和式（6.56）中实部和虚部的准确性比较，采样点分别为 3、7、16、33 和 61（来自参考文献[13]）。这一采样准则是不在三角形域顶点上采样。

如表 6.1 所示，表达式的虚部（无奇异点）部分的计算比实部（有奇异点）部分更准确。在这个例子中，被积分函数减去的部分比保留的大，当这些结果被重新组合时没有数字因减法误差丢失。在固定积分采样点时，二阶奇异减法的结果更准确。

第二个例子，单元大小是前面例子的一半，具有类似的形状和观察位置。对于较小三角形的奇异减法如表 6.2 所示。表 6.2 给出了结果，与表 6.1 的结果近似。

表 6.1 和表 6.2 的结果表明一阶奇异减法仅仅适用积分过程中精度要求较低的情况。二阶奇异减法效果更好。减去附加项[12]能够获得更好的效果。该过程通过减去定义在奇异点的正切平面的项，采用适当雅可比计算曲面单元映射方法推广到曲面单元上。

表 6.1 奇异减法

当使用三角形域高斯积分准则进行积分计算时，由式（6.53）和式（6.56）最终结果获得的准确性数字个数，三角形域的顶点为 (0,0)、(0,0.1)、(0.1,0)，观察位置在 (0,0.1) 处，使用的参考值为

$I \cong 0.080\,786\,099\,769\,0 - j0.030\,062\,996\,867\,5$

积分准则的采样点	一阶奇异减法		二阶奇异减法	
	Re{(6.53)}	Im{(6.53)}	Re{(6.56)}	Im{(6.56)}
1	2	2	2	2
3	3	5	5	5
7	4	8	7	8
16	5	13+	8	13+
33	6	13+	10	13+
61	7	13+	11	13+

表 6.2 对较小三角形的奇异减法

当使用三角形域高斯积分准则进行积分计算时，由式（6.53）和式（6.56）最终结果获得的准确性数字个数，三角形域的顶点为 (0,0)、(0,0.05)、(0.05,0)，观察位置在 (0,0.05) 处，参考值为

$I \cong 0.043\,130\,999\,430\,2 - j0.007\,768\,248\,754\,2$

积分准则的采样点	一阶奇异减法		二阶奇异减法	
	Re{(6.53)}	Im{(6.53)}	Re{(6.56)}	Im{(6.56)}
1	2	2	2	2
3	3	5	6	5
7	4	9	8	9
16	5	13+	9	13+
33	6	13+	10	13+
61	7	13+	11	13+

下面讨论奇异点消除技术，涉及从原三角单元到一个不同形状单元的转化过程，以这种方式转换的雅可比矩阵消去了奇异点。下面将讨论 Duffy 转换[14]和 Khayat-Wilton arcsinh 转换[15]（也可参考参考文献[16, 17]）。首先，对于在积分区域内的任何观察点，式（6.44）能够分成在 3 个或更多个子单元上的积分，奇异点在每个子单元的一个角上。（这里说“更多”是因为在实际中，为了更有效地将三角形单元分成 6 个子单元，每一个子单元具有一个奇异点，为了更好地保持单元形状和特性进行准确的积分计算。）这个方法减少所需的积分为

$$I(0,1) = \int_{v'=0}^{1} \int_{u'=0}^{1-v} f(u',v') \frac{e^{-jkR}}{R} du'dv' \tag{6.57}$$

其中函数 f 包括基函数和测试函数，矩阵乘法和式（6.40）中的一样。函数 R（假设单元为平面单元）是

$$R=\sqrt{(u')^2+(1-v')^2} \tag{6.58}$$

Duffy 转换包括变量 μ' 到 w' 的变化，依据

$$u'=(1-v')w' \tag{6.59}$$

$$\mathrm{d}u'=(1-v')\mathrm{d}w' \tag{6.60}$$

这里产生了新的积分限

$$u'=0 \to w'=0 \tag{6.61}$$

$$u'=1-v' \to w'=1 \tag{6.62}$$

结果可以表示成一个正方形域

$$I=\int_{v'=0}^{1}\int_{w'=0}^{1}\frac{\mathrm{e}^{-jkR}}{R}(1-v')\mathrm{d}w'\mathrm{d}v' \tag{6.63}$$

上的新积分。在 u=0, v=1 的原始奇异点的附近，被积函数中 1/R 的原始因子已经被

$$\begin{aligned}\frac{(1-v')}{R}&=\frac{(1-v')}{\sqrt{(u')^2+(1-v')^2}}\\&=\frac{(1-v')}{\sqrt{(1-v')^2(w')^2+(1-v')^2}}\\&=\frac{1}{\sqrt{(w')^2+1}}\end{aligned} \tag{6.64}$$

替换，在该位置是有界的。(保留在被积函数中的指数表示导数的非连续性)。在平面单元的特殊情况下，积分表示为

$$I=\int_{v'=0}^{1}\int_{w'=0}^{1}\frac{\mathrm{e}^{-jkR}}{\sqrt{(w')^2+1}}\mathrm{d}w'\mathrm{d}v' \tag{6.65}$$

反正弦变换包括一个近似的变量转换，从 u' 到 w'，依据

$$u'=(1-v')\sinh w' \tag{6.66}$$

$$\mathrm{d}u'=\sqrt{(u')^2+(1-v')^2}\,\mathrm{d}w' \tag{6.67}$$

这产生了新的积分限

$$u'=0 \to w'=0 \tag{6.68}$$

$$u'=1-v' \to w'=\sinh^{-1}(1)\cong 0.881\,4 \tag{6.69}$$

对于平面单元的例子，来自反正弦变换的雅可比式准确地消除了分母中 R 的因子，留下一个长方形域积分

$$I=\int_{v'=0}^{1}\int_{w'=0}^{\sinh^{-1}(1)}\mathrm{e}^{-jkR}\mathrm{d}w'\mathrm{d}v' \tag{6.70}$$

在 u=0, v=1 原奇异点的附近，新的积分是有界的。（指数仍然表示在 R 为零的角上导数不连续。）

奇异消除和对较小三角形的奇异消除分别如表 6.3 和表 6.4 所示。表 6.3 和表 6.4 给出了先前按实际大小缩放的三角单元例子中 Duffy 和反正弦变换的性能。因为这些变换将原始三角域转变为一个方形或矩形域，乘积 Gauss-Kronrod-Patterson 积分准则用来计算积分[18]。

对于平面单元的例子，反正弦变换比 Duffy 方法表现更好，因为通过雅可比变换到新的变量分母中 R 的有限形式能够被准确消除。如果其他函数（基函数，与曲面单元关联的雅可比式等）包括在被积函数中，变量的 Duffy 和反正弦变换仍然可以通过相同的方式执行。因此，通过奇异点消除技术，曲面单元处理方法与上面所述没有本质的不同。

比较奇异点减法和奇异点消除技术是很有趣的。通过将表 6.1 和表 6.2 中的结果与表 6.3 和表 6.4 进行比较可知，对于最少积分采样二阶奇异点减法得到最好的精度。在这种情况下，通过 Duffy 和反正弦变换得到的矩形区域的乘法准则使积分点的数目快速增加，因此这种比较可能会产生误导效果。

表 6.3　奇异消除

当使用乘积 Gauss-Kronrod-Patterson 准则进行积分计算时，由式（6.63）和式（6.70）获得的准确性数字个数，原始三角形域的顶点为 (0,0)、(0,0.1)、(0.1,0)，观察位置在 (0,0.1) 处，使用的参考值为

$I \cong 0.080\,786\,099\,769\,0 - j0.030\,062\,996\,867\,5$

积分准则的采样点	Duffy 变换		Khayat/Wilton 反正弦变换	
	Re{(6.63)}	Im{(6.63)}	Re{(6.70)}	Im{(6.70)}
1	1	2	1	2
$3\times3=9$	4	7	6	6
$7\times7=49$	8	13+	13	13
$15\times15=225$	13+	13+	13+	13+

表 6.4　对较小三角形的奇异消除

当使用乘积 Gauss-Kronrod-Patterson 准则进行积分计算时，由式（6.63）和式（6.70）获得的准确性数字个数，原始三角形域的顶点为 (0,0)、(0,0.05)、(0.05,0)，观察位置在 (0,0.05) 处，参考值为

$I \cong 0.43\,130\,999\,430\,2 - j0.007\,768\,248\,754\,2$

积分准则的采样点	Duffy 变换		Khayat/Wilton 反正弦变换	
	Re{(6.63)}	Im{(6.63)}	Re{(6.70)}	Im{(6.70)}
1	1	3	2	2
$3\times3=9$	4	9	7	7
$7\times7=49$	9	13+	13+	13+
$15\times15=225$	13+	13+	13+	13+

当观察区域和源区域重叠时，可以使用奇异点减法和消除法。当观察点在源单元的外面但离它很近时，矩阵的项可能难以计算[19]，针对这种情况，参考文献[20,21]提出了替代的变换方法。因为被积函数的独立性是可变的，一个推荐的方法是调整积分算法，使其能够计算积分中错误，找到指定的错误等级，并且当失败时告知用户。事实上，尽管这种方法很方便，作为积分点数函数，反正弦变换技术甚至在静态势积分的简单情形下也不能预见数字结果的精度。参考文献[19]给出的关于奇异点机器计算精度和 $1/R$ 奇异点积分的替代技术可能是有用的。数值求积基于被积分函数的有理表示也通过消除过程获得。尤其是使用参考文献[22]中的有理函数高斯积分库，这个有理表达式允许与多项式分布源相关的奇异静电势进行精确数值积分。了解参考文献[19]中提供的技术是有益的，该技术提供了一个准则（积分点数），允许针对奇异点和奇异静态动态势（近似于利用 Gauss-Legendre 计算多项式积分）的计算达到机器精度，但是有时替代技术的计算时间不能与反正弦变换的计算时间媲美。

6.4　例子：散射横截面计算

使用第 3～5 章中的具有二次弯曲单元描述的散度一致函数实现 EFIE 的离散化。假设一半径为 0.5λ 的理想导电球体，这里 λ 是自由空间中的波长，收发分置的散射横截面（SCS）为

$$\sigma(\theta,\phi)=\lim_{r\to\infty}4\pi r^2\frac{\left|\boldsymbol{E}^s(r,\theta,\phi)\right|^2}{\left|\boldsymbol{E}^{\text{inc}}\right|_{\text{target}}^2} \tag{6.71}$$

其参数依据在整个球体上响应平面波产生的电流来选取。

首先，考虑球体的几个平面三角区域模型，也就是符合球体表面的弯曲单元的近似模型。沿着 θ 均匀划分球面构建这些模型，并且按 φ 进一步划分，使沿赤道三角面有相同的维度，就像在按 θ 划分的一样。在所有的情况下，模型的表面积被缩放到与所需的球体相同的表面积。

$p=0.5$ 时球体散射横截面如表 6.5 所示，作为说明弯曲单元建模好处的一个初步例子，表 6.5 提供了作为 θ 的函数的 SCS，φ=0，响应在 θ=0 平面波传播，φ=0 方向为电场在 $\hat{\theta}$ 极化方向。针对这些结果，使用最低阶（p=0.5）散度一致基和测试函数①。表 6.5 表明由于模型被优化了，弯曲单元的结果能够收敛于精确解。进一步，这些结果表明 300-边的平面单元模型产生与 108-边的曲面单元模型近似相

① 如 3.2.1 中所述，CN/LT 散度一致矢量基有时被标注为 p=0（如在第 4 和第 5 章），有时被标注为 p=0.5。在本章中，同时用半整数（p=0.5, 1.5, 2.5）和整数（p=0, 1, 2）表示矢量基函数。

同的精度。300-边模型展现了 96 个未知数 /λ^2 的平均密度，这算是一个合理的好结果（至少对球体这样简单的几何体）。108-边模型仅有 34 个未知数 /λ^2 的平均密度，弯曲单元用 36%的未知数达到了合理精度。φ 为其他角度时结果具有近似的精度。

表 6.5　p=0.5 时球体散射横截面

使用 $p=0.5$ 的基函数和测试函数获得的结果用 dBλ^2 表示如下，球体半径为 0.5λ，平面三角形单元模型和二次弯曲单元从三角形单元映射而来。结果按模型的边数（未知数数目）和观察角 θ 排列，观察位置为 $\phi=0$，与参考文献[1]一致

边	平面单元		弯曲单元				精确值
	192	300	48	108	192	300	
$\theta=0$	9.38	9.50	8.32	9.49	9.59	9.62	9.66
30	6.59	6.69	5.49	6.61	6.75	6.79	6.83
60	4.21	4.19	4.04	4.19	4.16	4.16	4.15
90	−6.45	−6.52	−5.37	−6.67	−6.60	−6.60	−6.58
120	1.65	1.64	1.13	1.88	1.67	1.64	1.63
150	−1.95	−1.77	−2.03	−1.28	−1.33	−1.37	−1.42
180	−2.86	−2.62	0.12	−2.60	−2.35	−2.30	−2.26

p=1.5 和 p=2.5 时球体散射横截面如表 6.6 所示。表 6.6 给出了 p=1.5 和 p=2.5 时半径为 0.5λ 的球体的补充结果。模型改善和多项式的阶数增加都会提高计算精度。对于大致相同数量的未知量，表 6.6 的结果比表 6.5 中给出的结果更精确。

表 6.6　p=1.5 和 p=2.5 时球体散射横截面

结果用 dBλ^2 表示，球体的半径为 0.5λ，二次弯曲单元由从 EFIE 获得的三角形单元映射得来。

	p=1.5		p=2.5		
边	108	192	108	192	
未知数	360	640	756	1 344	精确值
$\theta=0$	9.647	9.658	9.660	9.661	9.660 4
30	6.821	6.828	6.827	6.830	6.829 6
60	4.149	4.151	4.152	4.152	4.151 9
90	−6.568	−6.583	−6.557	−6.579	−6.584 6
120	1.617	1.632	1.623	1.633	1.632 9
150	−1.412	−1.418	−1.427	−1.419	−1.419 8
180	−2.324	−2.276	−2.300	−2.270	−2.261 6

多种阶数和二次弯曲单元的基函数和测试函数，半径为 0.5λ 的球体的收发分

置 SCS 误差如图 6.2 所示。图 6.2 给出了用阶数 p=0.5、1.5 和 2.5 的基函数得到的同一个球体的收发分置 SCS 的 2 范数误差。可以看出当多项式阶数提高时精度也会提高。(然而，因为都是用二次曲面得到的，精度不会比用更好的球面模型得到的结果好。)

圆环的散射横截面（SCS）如表 6.7 所示。表 6.7 给出一个圆环（大半径为 $\lambda/3$，小半径为 $\lambda/6$）SCS 的结果。圆环的中心在源点，平行于 x-y 平面，并且被在 z-方向均匀平面波激发，电场沿 $\hat{\theta}$ 极化。圆环的表面被划分为弯曲四边形单元的 8×16 的网格，被其对角线分成三角形。最终的模型使用 6.2 节描述的二次映射过程。这一结果说明模型会限制结果的精度，由于通过 p=0.5 阶基构成的 SCS 与用 p=1.5 阶基构成的 SCS 基本相同，这表明在模型精度有限的情况下，使用一个高阶基函数是没有意义的。

在最近发表的文章中[23]，Zha 等对复杂的 PEC 目标（包括假想导弹和弹头）采用第 5 章介绍的在曲面上的分层矢量基函数构建面电流模型。它们采用一种使用多级快速多极点方法的快速迭代求解程序，用联合场方程代替 EFIE（更多的细节，见参考文献[23]）。

各阶基函数性能（半径为 5λ 的 PEC 球体）（与参考文献[23]一致）如表 6.8 所示。表 6.8 给出了当矢量基的阶变化时，求解半径为 5λ 的球体的散射问题的相对计算量。这些结果表明当基的阶增加时面的平均大小大幅增长，减少总的未知数的数目而没有整体精度损失。在具体实现时，对于 p=1.5 阶函数，这种方法运行最快。

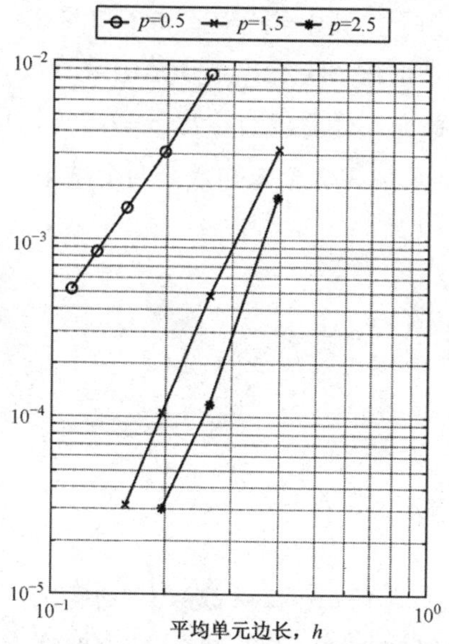

图 6.2　多种阶数和二次弯曲单元的基函数和测试函数，半径为 0.5λ 的球体的收发分置 SCS 误差

表 6.7　圆环的散射横截面（SCS）

收发分置的 SCS 结果。圆环的大半径为 $\lambda/3$，小半径为 $\lambda/6$，按文中所述沿着 $\phi=0$ 切面激发

	p=0.5 384 个未知数	p=1.5 1 280 个未知数	p=2.5 2 688 个未知数	参照值
$\theta=0$	10.757dBλ^2	10.766	10.766	10.764 1
30	8.087	8.099	8.099	8.096 6
60	−0.152	−0.130	−0.129	−0.131 0
90	−7.175	−7.214	−7.215	−7.208 0
120	0.371	0.322	0.321	0.318 5
150	6.004	5.979	5.978	5.977 2
180	8.448	8.437	8.437	8.436 6

表 6.8　各阶基函数性能（半径为 5λ 的 PEC 球体）（与参考文献[23]一致）

阶数	平均尺寸	未知数	RMS 误差	填充 / 求解时间
0.5	0.2(λ)	25 962	0.29 dB	170/153 (s)
1.5	0.6	10 040	0.25	156/57
2.5	0.9	8 526	0.27	221/62
3.5	1.2	8 640	0.29	654/69

Zha 等给出了几个例子，其中一个在图 6.3 和图 6.4 中再现。图 6.3 给出了一个 24λ 战斧导弹的模型，而图 6.4 给出了当基函数阶数 $p=0.5$ (RWG)和 $p=2.5$ 时 $\phi\phi$ 极化双机雷达散射截面。作者没有给出 $p=0.5$ 方法中所需的未知数数目，但是在 $p=2.5$ 情况下用到了 15 372 个未知数。两个结果有很好的一致性。

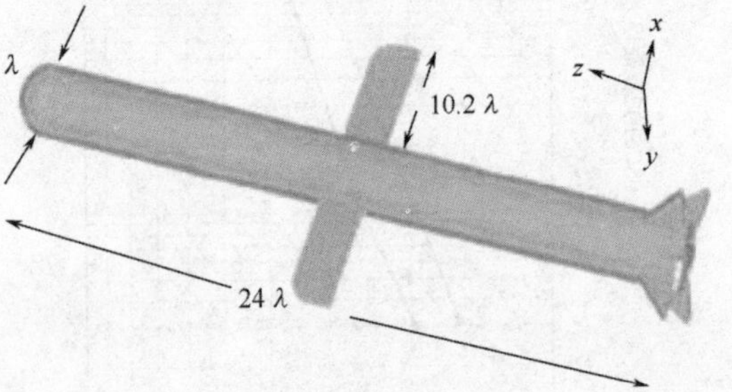

图 6.3　24λ 战斧导弹的模型

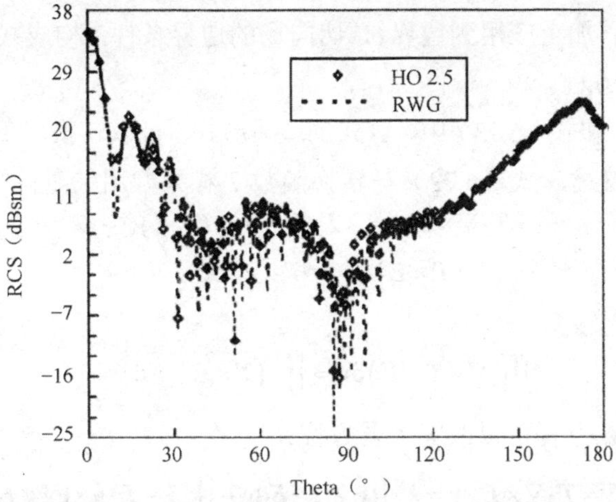

图 6.4 当基函数阶数 $p = 0.5$ (RWG)和 $p = 2.5$ 时 $\phi\phi$ 极化双机雷达横截面

© 2012 IEEE. Reprinted with permission from L. R. Zha, Y. Q. Hu and T. Su,"Efficient surface integral equation using hierarchical vector bases for complex EM scattering problems" *IEEE Trans. Antennas Propag.*, vol. 60, pp. 952-957, 2012.

在图 6.4 中，对图 6.3 中的导弹，给出了基函数阶数 $p = 0.5$ (RWG)和 $p = 2.5$ 时 $\phi\phi$ 极化双机雷达横截面。

在最近发表的文章[24]中，Ludick 等给出了相同基函数的结果，表明当使用最高 $p = 3.5$ 的分层基时，相对低阶解决方案，矩阵计算次数显著减少。这是因为使用高阶基时未知数的数目大幅降低。有趣的是，作者也给出了当使用高阶函数时减少的矩阵填充次数[24]。

6.5 矢量亥姆霍兹方程

考虑由完美导电壁形成的三维空腔，包含均匀或不均匀绝缘体和磁性材料。腔体中存在的电磁场 $\boldsymbol{E}$ 或 $\boldsymbol{H}$ 可以由矢量亥姆霍兹方程方法获得

$$\nabla \times \left(\frac{1}{\mu_{\mathrm{r}}} \nabla \times \boldsymbol{E} \right) - k^2 \epsilon_{\mathrm{r}} \boldsymbol{E} = 0 \tag{6.72}$$

$$\nabla \times \left(\frac{1}{\epsilon_{\mathrm{r}}} \nabla \times \boldsymbol{H} \right) - k^2 \mu_{\mathrm{r}} \boldsymbol{H} = 0 \tag{6.73}$$

其中，$\epsilon_{\mathrm{r}}(x,y,z)$ 和 $\mu_{\mathrm{r}}(x,y,z)$ 分别表示相对介电常数和相对磁导率函数。假设时变域场用抑制时间相关的相量 $e^{j\omega t}$ 表示。波数 k 通过 $k = \omega\sqrt{\mu_0 \epsilon_0}$ 直接与谐振频率相关，这里 ω 是谐振频率，ϵ_0 和 μ_0 分别是空间的磁导率和介电常数。腔体内部用 Γ

表示。每个等式，加上应用到边界 $\partial\Gamma$ 切向场的边界条件，构成共振波数与腔体模型的充分特征值方程。

在式（6.72）和式（6.73）中，等式的“强形式”可以转换成下面的“弱形式”，用式（6.72）来描述。式（6.72）与转换函数 T 相乘并用矢量恒等式

$$\boldsymbol{T}\cdot\nabla\times\boldsymbol{E}=\nabla\times\boldsymbol{T}\cdot\boldsymbol{E}-\nabla\cdot(\boldsymbol{T}\times\boldsymbol{E}) \tag{6.74}$$

$$(\boldsymbol{T}\times\boldsymbol{E})\cdot\hat{n}=-\boldsymbol{T}\cdot(\hat{n}\times\boldsymbol{E}) \tag{6.75}$$

和散度定理

$$\iiint_{\Gamma}\nabla\cdot(\boldsymbol{T}\times\boldsymbol{E})\mathrm{d}v=\iint_{\partial\Gamma}(\boldsymbol{T}\times\boldsymbol{E})\cdot\hat{n}\,\mathrm{d}S \tag{6.76}$$

$\boldsymbol{E}$ 的矢量亥姆霍兹方程可以改写为弱方程：

$$\iiint_{\Gamma}\frac{1}{\mu_{\mathrm{r}}}\nabla\times\boldsymbol{T}\cdot\nabla\times\boldsymbol{E}\,\mathrm{d}v=k^2\iiint_{\Gamma}\varepsilon_{\mathrm{r}}\boldsymbol{T}\cdot\boldsymbol{E}\mathrm{d}v-\iint_{\partial\Gamma}\frac{1}{\mu_{\mathrm{r}}}\boldsymbol{T}\cdot\hat{n}\times(\nabla\times\boldsymbol{E})\mathrm{d}S \tag{6.77}$$

其中 $\partial\Gamma$ 描述腔体的边界。因为基函数的可微分性需求已经减少一级，所以称之为“弱”等式。

沿理想导电墙，电场必须满足必要边界条件

$$\hat{n}\times\boldsymbol{E}\big|_{\partial\Gamma}=0 \tag{6.78}$$

其消除了未知边界上电场的切量值。由于在边界的切向电场 $\boldsymbol{E}$ 并不是未知的，也没有必要构建沿着 $\partial\Gamma$ 部分的具有非零切分量的测试函数。作为一个结果，式（6.77）右边的边界积分对理想电边界的方程组没有贡献。

沿理想磁墙，可以利用自然边界条件。式（6.79）没有消除作为未知量的切向电场，但代入式（6.77）的边界积分，导致边界上磁场部分积分为零。因此，对于理想电场或磁场边界，在式（6.77）中 $\partial\Gamma$ 的积分被删掉。

$$\hat{n}\times(\nabla\times\boldsymbol{E})\big|_{\partial\Gamma}=0 \tag{6.79}$$

$\partial\Gamma$ 上的边界条件成立之后，弱方程式构成共振峰波数 k（等价于共振频率 ω）的特征方程和腔体模型相关的电场函数 $\boldsymbol{E}$。

同样，对 $\boldsymbol{H}$ 的矢量亥姆霍兹方程能够重写成弱方程：

$$\iiint_{\Gamma}\frac{1}{\varepsilon_{\mathrm{r}}}\nabla\times\boldsymbol{T}\cdot\nabla\times\boldsymbol{H}\,\mathrm{d}v=k^2\iiint_{\Gamma}\mu_{\mathrm{r}}\boldsymbol{T}\cdot\boldsymbol{H}\,\mathrm{d}v-\iint_{\partial\Gamma}\frac{1}{\varepsilon_{\mathrm{r}}}\boldsymbol{T}\cdot\hat{n}\times(\nabla\times\boldsymbol{H})\mathrm{d}S \tag{6.80}$$

其中 $\partial\Gamma$ 表示腔体的边界。沿理想电墙，磁场必须满足自然边界条件

$$\hat{n}\times(\nabla\times\boldsymbol{H})\big|_{\partial\Gamma}=0 \tag{6.81}$$

然而，在理想磁墙上，场必须满足必要条件

$$\hat{n}\times\boldsymbol{H}\big|_{\partial\Gamma}=0 \tag{6.82}$$

这些条件也消除了式（6.80）右边的边界积分（边界的理想导电和理想导磁部分）。在确立边界条件之后，式（6.80）建立了一个共振峰波数 k 和特征函数 $\boldsymbol{H}$ 的特征

值方程。

前面应用于三维情况的方程，可以很容易地通过将积分维度减少一级，从而适应二维情况。

6.6　腔体矢量亥姆霍兹方程的数值解

一般性结构可以通过四面体、长方体、棱柱组合的单元建模。鉴于将理想导电墙作为腔体的边界，腔体内部区域用四面体单元建模，具有连续的ϵ_{r}和μ_{r}。腔体中的电场可以用下面的表达式近似表示：

$$\boldsymbol{E}(\boldsymbol{r}) \cong \sum_{n=1}^{N} e_n \boldsymbol{B}_n(\boldsymbol{r}) \tag{6.83}$$

其中$\boldsymbol{B}_n$表示第 3～5 章中描述的旋度一致矢量扩展函数，全局下标 n 应用于所有扩展函数上，不管它是属于网格的边、面，还是单元。因为矢量亥姆霍兹运算涉及场旋度的扩展，所以使用旋度一致表达式。旋度一致基函数利用切向矢量连续性，产生有界旋度。式（6.83）中的表达式被式（6.77）中的弱矢量等式替代。因为弱等式也涉及测试函数的旋度，可以方便地使用与测试函数等价的基函数构建方程组，因此

$$\boldsymbol{T}_m(\boldsymbol{r}) = \boldsymbol{B}_m(\boldsymbol{r}) \tag{6.84}$$

在 PEC 墙上的边界条件$\hat{n} \times \boldsymbol{E} = 0$ 通过从方程组中删掉边界上带有非零切量的基函数来强制得到。建立方程组的程序可以利用属于确立边界条件的网格的边界上的单元的边和面的列表。也可能有一个主排列列表为不同基函数分配全局未知变量数目，这些基函数驻留在网格的边、面和单元上，它们可忽略或弱化理想电墙的边和面。在任何情况下，由于没有保留沿边界$\partial\Gamma$的具有非零切向分量的基函数，所以不需要沿着边界$\partial\Gamma$的测试函数，式（6.77）中的边界积分不会生成方程组。

对于封闭的腔体，离散化过程产生一个矩阵的广义特征值方程$\boldsymbol{A}_e = k^2 \boldsymbol{B}_e$，其中的项为

$$\boldsymbol{A}_{mn} = \iiint_{\Gamma} \frac{1}{\mu_{\mathrm{r}}} \nabla \times \boldsymbol{B}_m \cdot \nabla \times \boldsymbol{B}_n \mathrm{d}v \tag{6.85}$$

且

$$\boldsymbol{B}_{mn} = \iiint_{\Gamma} \varepsilon_{\mathrm{r}} \boldsymbol{B}_m \cdot \boldsymbol{B}_n \mathrm{d}v \tag{6.86}$$

与标准有限元实现相同，方程组通常是按单元方式构建的，在整个单一单元（基函数和测试函数的所有组合）中对式（6.85）和式（6.86）的积分进行评估，存储

在一个临时的“元素矩阵”中，并且系统地转移到全局方程组中。

由于矢量基函数可能位于边、面或单元上，构建方程组的过程需要连接单元到相应节点、边和面的“连接”点数组。连接数组与主排列列表一起使用，以确定全局系统中元素矩阵项的适当位置。必须施加某些手段以确保覆盖两个或更多单元（以边为基或以面为基）的基函数在给定面的两侧具有共同的取向。例如，根据全局节点编号，定义基本上相切于边的矢量基函数总是从较小的节点索引到沿该边的较大的节点索引。类似的方法必须应用于以面为基函数，它跨越两个单元。元素矩阵计算的细节取决于使用的具体的基和测试函数。对于直线的单元，评估封闭形式中的积分或构建通用表（提供评价的有效手段[25]）是有可能的，参考文献给出了例子（见参考文献[2, 26，28]等）。如果采用曲线单元，可以进行积分计算。

用 LT/QN 基函数得到的共振波数的数值结果如表 6.9 所示。表 6.9 显示了一个充满空气的 1.0 m×0.5 m×0.75 m 空腔的共振波数的数值结果，用到一系列四面体单元模型和 LT/QN（$p = 1.5$）函数（见参考文献[26]）。由于改良了四面体单元模型，结果虽然不总是单调的，但能够收敛到精确解。图 6.5 显示了使用 CT/LN 和 LT/QN 的基函数得到的矩形腔前 8 个共振波数的平均误差。该图绘制了相对同样网格的平均边长度 h 的收敛曲线。当 h 趋于零时，期望理论速率为 $O\left(h^2\right)$ 和 $O\left(h^4\right)$。图 6.5 中的实线显示了每一组数值数据的直线拟合，这些数值接近于预期的斜率。显见具有 LT/QN 函数的准确性更好。虽然参考文献[26]中基函数与第 4 章和第 5 章中的具体形式不同，但无论是插值还是分层的形式它们与那些函数都张成相同的空间并产生相同的结果。

表 6.9 用 LT/QN 基函数得到的共振波数的数值结果

未知数 边长，h	204 0.444 93	518 0.311 61	668 0.294 86	1 058 0.259 17	1 430 0.235 71	1 882 0.218 48	精确波数
TE101	5.264 21	5.238 86	5.235 24	5.234 98	5.235 93	5.236 71	5.235 99
TE110	7.065 09	7.032 98	7.029 31	7.031 18	7.026 00	7.028 00	7.024 81
TE011	7.565 45	7.569 38	7.550 86	7.546 26	7.553 29	7.552 16	7.551 45
TE201	7.694 11	7.575 87	7.556 20	7.556 83	7.558 96	7.554 91	7.551 45
TM111	8.224 97	8.201 24	8.188 31	8.192 19	8.188 45	8.179 13	8.178 87
TE111	8.307 36	8.210 67	8.197 27	8.197 00	8.191 89	8.183 44	8.178 87
TM210	8.811 26	8.923 89	8.899 25	8.896 49	8.898 99	8.897 52	8.885 77
TE102	8.903 46	8.973 87	8.957 21	8.935 65	8.951 50	8.955 65	8.947 26

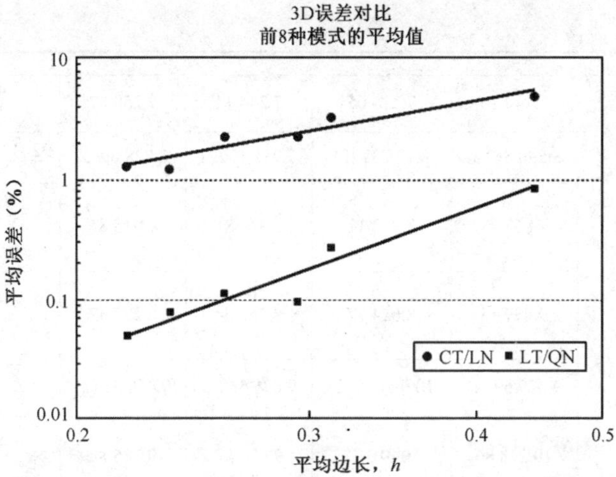

图 6.5　使用 CT/LN 和 LT/QN 基函数得到的矩形腔前 8 个共振波数的平均误差

© 1996 IEEE. Reprinted with permission from J. S. Savage and A. F. Peterson, “Higher-order vector finite elements for tetrahedral cells,” *IEEE Trans. Microwave Theory Tech.*, vol. 44, pp. 874-879, Jun. 1996.

为了说明矢量基函数的不同族，考虑一个三棱柱空腔，使用在棱柱单元上定义的分层矢量基函数。这些函数已经在 5.3.3 中讨论过。(利用 4.7.3 节同阶插值基可得到相同的谐振波数的数值结果。)矩阵特征值方程的构造方法完全类似于前面章节介绍的方法。

边长 1.0、高 1.0 的等边棱柱最低的 11 个非零共振波数，基阶数为 0.5（顶部）、1.5（中间）、2.5（底部），如表 6.10 所示。表 6.10 给出了一系列棱柱形腔最低谐波数目的数值结果，这个腔体有边维数与腔高度相等的等边三角形基[29]。将这些结果与谐振峰[30]的精确解析解进行比较可以看到，高阶基（ $p = 2.5$ ）所得到的结果比低阶基的要精确得多（有较少的未知数）。分层级基函数与其使用的相关矩阵的条件数有关，表 6.10 也给出了对于每一种结果，式（6.86）的 $\boldsymbol{B}$ 矩阵的条件数。显见，当网格改善时，条件数增长缓慢。

表 6.10　边长 1.0、高 1.0 的等边棱柱最低的 11 个非零共振波数，基阶数为 0.5（顶部）、1.5（中间）、2.5（底部）

1×1×1	2×2×2	3×3×3	4×4×4	5×5×5	6×6×6	
9 个未知数	39 个未知数	102 个未知数	210 个未知数	375 个未知数	609 个未知数	精确值
		5.531 98(2)	5.401 32 (2)	5.341 37(2)	5.308 99 (2)	$\frac{5}{3}\pi \approx 5.235\,99$ (2)

续表

		7.144 16	7.226 05	7.244 14	7.250 07	$\frac{4}{\sqrt{3}}\pi \approx 7.255\ 20$
		8.590 86 (2)	8.172 37 (2)	7.951 10 (2)	7.828 69(2)	$\frac{2\sqrt{13}}{3}\pi \approx 7.551\ 45$ (2)
		7.863 78	7.912 17	7.916 81	7.915 85	$\sqrt{\frac{19}{3}}\pi \approx 7.906\ 17$（TM 模式）
		9.099 45	8.624 77	8.369 54	8.227 82	$\sqrt{\frac{19}{3}}\pi \approx 7.906\ 17$（TE 模式）
		9.629 59 (2)	10.090 35 (2)	9.676 58 (2)	9.450 31 (2)	$\frac{\sqrt{73}}{3}\pi \approx 8.947\ 26$ (2)
		10.248 86	10.010 78	9.676 58	9.785 88	$\frac{2\sqrt{21}}{3}\pi \approx 9.597\ 72$（TM 模式）
		11.224 97	10.583 00	10.234 21	10.039 92	$\frac{2\sqrt{21}}{3}\pi \approx 9.597\ 72$（TE 模式）
6.0	11.9	14.0	15.7	16.7	17.4	⇐ 条件数

1×1×1	2×2×2	3×3×3	4×4×4	5×5×5	
36 个未知数	190 个未知数	546 个未知数	1 188 个未知数	2 200 个未知数	精确值
	5.262 19 (2)	5.241 58 (2)	5.237 81 (2)	5.236 74 (2)	5.235 99 (2)
	7.651 14	7.278 49	7.263 43	7.258 73	7.255 20
	8.108 44 (2)	7.611 31 (2)	7.572 01 (2)	7.560 21 (2)	7.551 45 (2)
	8.275 49	7.928 53	7.914 05	7.909 54	7.906 17（TM 模式）
	8.556 40	7.977 67	7.931 04	7.916 84	7.906 17（TE 模式）
	9.483 87 (2)	9.076 78 (2)	8.992 32 (2)	8.966 68 (2)	8.947 26 (2)
	10.321 82	9.660 21	9.619 40	9.606 98	9.597 72（TM 模式）
	10.548 37	9.700 58	9.633 39	9.612 99	9.597 72（TE 模式）
734.1	935.8	974.8	988.7	995.2	⇐ 条件数

1×1×1	2×2×2	3×3×3	
90 个未知数	525 个未知数	1575 个未知数	精确值
5.254 93(2)	5.236 54(2)	5.236 04(2)	5.235 99 (2)
7.579 92	7.247 15	7.256 17	7.255 20
8.816 99 (2)	7.553 20(2)	7.553 35(2)	7.551 45 (2)
8.205 50	7.898 87	7.907 07	7.906 17（TM 模式）
8.859 09	7.908 11	7.908 43	7.906 17（TE 模式）
10.354 65(2)	8.990 43(2)	8.952 43(2)	8.947 26 (2)
10.837 67	9.592 79	9.599 93	9.597 72（TM 模式）
11.340 56	9.600 39	9.601 05	9.597 72（TM 模式）
4 048	4 891	5 201	⇐ 条件数

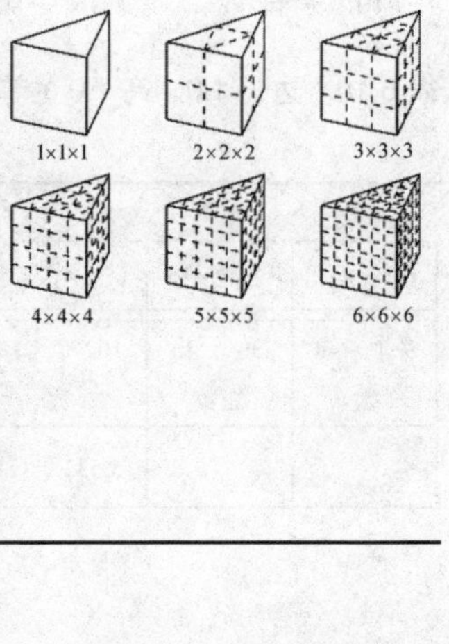

续表

具有 PEC 面的等边棱柱最低谐波数通过求解自然（Neumann）边界条件下磁场（$\boldsymbol{H}$）矢量亥姆霍兹方程获得。表中也给出了全局 $\boldsymbol{T}$ 矩阵的条件数，但没有列出 $p=0.5$ 时 $1\times1\times1$ 和 $2\times2\times2$ 等边棱柱的结果、$p=1.5$ 时 $1\times1\times1$ 等边棱柱的结果和 DoF 数量。所使用的均匀网格如表右下角插图所示

在实践中，棱柱基常用于表示四面体和长方体单元，因此它们可能只占一小部分的计算域。此外，分层级函数促进了 p-优化程序的利用，在整个网格产生一个多项式阶数的混合体而不是统一的 Nédélec 阶。

底部边长相等且高等于底部边长的空腔，基函数阶数为 $p=0.5,1.5,2.5,3.5$ 时最低 9 个共振频率的平均误差如图 6.6 所示。图 6.6 显示了在参考文献[31]之后同一个腔的前 9 个谐振频率的平均误差。这些误差曲线绘出了对于阶为 $p=0$、1、2 和 3 的矢量扩展函数，误差相对于总未知数数量的曲线。高阶函数产生较低的误差水平和更陡的收敛斜率。利用基函数的插值形式得到图 6.6 的结果，但相同的结果应通过同阶的棱柱单元分层级基获得。

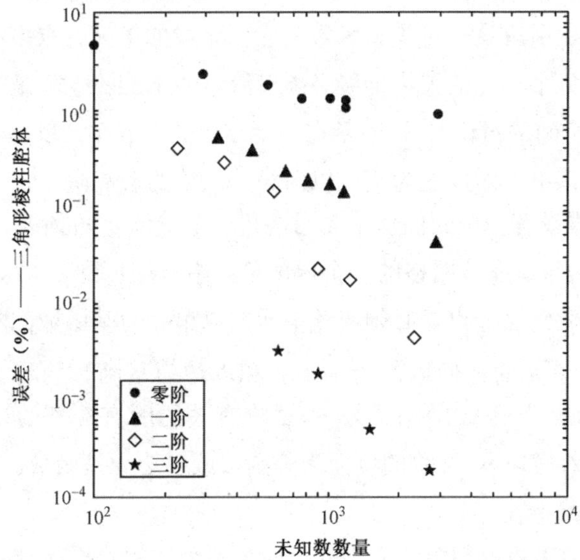

图 6.6　底部边长相等且高等于底部边长的空腔，基函数阶数为 $p=0.5,1.5,2.5,3.5$ 时最低 9 个共振频率的平均误差

6.7 用自适应 p-优化和分层级基避免伪模式

分层级基的主要目的是其在自适应 p-优化算法中的应用，有助于用混合阶多项式表示计算域中不同位置来提高求解效率。源的存在、几何特征、材料密度的变化等，可能导致某些区域的场快速变化。这些区域可以从比其他场变化温和的区域更高的多项式阶表达式得到益处。然而，在实际操作中，混合多项式的阶必须遵守一些限制。

当采用不适当的基集时，矢量亥姆霍兹方程会产生伪模式。对于 6.6 节中讨论的腔体问题，伪模式以与物理解不符的非零特征值的形式出现。其实这些都是因为扩展函数中不适当的自由度或不恰当的连续性条件而改变的零空间特征函数 / 特征值组[2,28]。当用前面章节描述的旋度一致基求解矢量亥姆霍兹方程时，对于同样的多项式阶，不会出现伪模式。然而当从一个区域到另一个混合多项式阶时，如果引入不平衡自由度，会产生伪模式。

回想一下，前几章的矢量基函数可以分为以单元为基函数、以面为基函数或以边为基函数。以单元为基函数在单个单元内，而以面为基函数和以边为基函数则跨越多个单元。所有这三种类型函数为它们张成的单元带来多种自由度。为了避免伪模式，在每个单元的矢量扩展必须对给定的 Nédélec 阶是完备的（见 3.12 节关于 Nédélec 空间的讨论）。这表示在一个给定的单元中，以单元为基函数必须是完备于与重叠该单元的以边为基或以面为基函数的最高阶[32]。

举个例子，假设有一个四面体单元网格和一个单位 $p=1$ 阶基；进一步假设（作为一个假设的例子），在该网格的一个内部单元中将增加到 $p=2$。为了在不产生伪模式的情况下做到这一点，必须将该单元的以单元为基函数的阶增加到 $p=2$，而不改变围绕该单元的任何以面为基函数和以边为基函数的阶。这意味着对于 $p=1$ 阶的以单元为基函数增加了与 $p=2$ 阶有关的所有额外的以单元为基的函数。这里没有引入任何 $p=2$ 阶的以面为基函数或以边为基函数。用这种方式，将单元周围的阶数维持在 $p=1$。

另一方面，如果将内部单元周围的以面为基函数的阶提高到 $p=2$，那么这些函数就会“悬浮”到周围的一些单元中，并在那些单元中改变（实际上是恶化了）表达式。这些单元中的不平衡表达式可能会产生伪解。参考文献[32]举例说明了这一点。

在实践中，很可能会使整个网格区域阶都提高到 $p=2$，而不是单个单元。在这种情况下，也需要将所有驻留于整个区域的以面为基和以边为基的基的阶数提高到 $p=2$ 。类似设想也适用于更高阶区域。

一般情况下，如果以面为基函数或以边为基函数完全表示为梯度，可以允许它们重叠到其他单元，因为在这种情况下，它们具有相同的零旋度，并且不会导致伪模式。第 5 章中的基函数不能被写成那种形式，但在一些文献中（如 Webb 分层函数[33]和 Zaglmayr 的分层函数[34]）替换矢量基函数可被写成梯度的基。

对自适应优化实现的详细讨论超出了本书的范围。作为总结，融合了第 5 章分层函数的方案可以表示变化的阶，根据以上描述为每个曲面单元分配特定阶和转换为以边为基函数、以面为基函数来避免伪模式，这些基函数的阶被限制为等于任何它们跨过单元的最小阶。

6.8　具有旋度一致基的空间单元的应用

6.2 节讨论了曲线三角形曲面表达式的应用；这里将这一讨论推广到三维弯曲四面体单元，并将讨论扩展到定义在这些单元上的旋度一致矢量基的情况。将单元的形状和在该单元上的各种基函数从一个标准参考（或父）单元映射到弯曲面（或子单元）。对于标准参考或父单元，这里使用单位四面体，区域为 $0\leqslant\xi_1\leqslant1$，$0\leqslant\xi_2\leqslant1$，$0\leqslant\xi_3\leqslant1$，其中 $\xi_1+\xi_2+\xi_3\leqslant1$ 。对于这个域，坐标 (ξ_1,ξ_2,ξ_3) 是 4 个单体坐标中的 3 个。给定点的单体坐标是点到四面体面的相对距离，在面上值为 0，在相对顶点上值为 1。

坐标映射可以用与 6.2 节中描述的几乎完全相同的方式进行，用四面体上定义的三维标量插值多项式代替 6.2 节中使用的三角形域，得到的雅可比矩阵为

$$\begin{bmatrix}\dfrac{\partial}{\partial\xi_1}\\ \dfrac{\partial}{\partial\xi_2}\\ \dfrac{\partial}{\partial\xi_3}\end{bmatrix}=\begin{bmatrix}\dfrac{\partial x}{\partial\xi_1} & \dfrac{\partial y}{\partial\xi_1} & \dfrac{\partial z}{\partial\xi_1}\\ \dfrac{\partial x}{\partial\xi_2} & \dfrac{\partial y}{\partial\xi_2} & \dfrac{\partial z}{\partial\xi_2}\\ \dfrac{\partial x}{\partial\xi_3} & \dfrac{\partial y}{\partial\xi_3} & \dfrac{\partial z}{\partial\xi_3}\end{bmatrix}\begin{bmatrix}\dfrac{\partial}{\partial x}\\ \dfrac{\partial}{\partial y}\\ \dfrac{\partial}{\partial z}\end{bmatrix}=\boldsymbol{J}\begin{bmatrix}\dfrac{\partial}{\partial x}\\ \dfrac{\partial}{\partial y}\\ \dfrac{\partial}{\partial z}\end{bmatrix}\tag{6.87}$$

矩阵中不同的项是由标量映射提供的 x、y 和 z 的显式计算得到的。模型中每一单元有不同的映射。

旋度一致矢量基可以在曲面单元上定义，使其笛卡儿分量满足

$$\begin{bmatrix} B_x \\ B_y \\ B_z \end{bmatrix} = \begin{bmatrix} \dfrac{\partial x}{\partial \xi_1} & \dfrac{\partial y}{\partial \xi_1} & \dfrac{\partial z}{\partial \xi_1} \\ \dfrac{\partial x}{\partial \xi_2} & \dfrac{\partial y}{\partial \xi_2} & \dfrac{\partial z}{\partial \xi_2} \\ \dfrac{\partial x}{\partial \xi_3} & \dfrac{\partial y}{\partial \xi_3} & \dfrac{\partial z}{\partial \xi_3} \end{bmatrix}^{-1} \begin{bmatrix} R_{\xi_1}^{\text{curl}} \\ R_{\xi_2}^{\text{curl}} \\ R_{\xi_3}^{\text{curl}} \end{bmatrix} = \boldsymbol{J}^{-1} \begin{bmatrix} R_{\xi_1}^{\text{curl}} \\ R_{\xi_2}^{\text{curl}} \\ R_{\xi_3}^{\text{curl}} \end{bmatrix} \tag{6.88}$$

这种映射保持了在 x-y-z（子）空间内基函数的切向连续性，因为参考函数表现了在 ξ_1-ξ_2-ξ_3（父）空间内沿相关边界的切向连续性。该映射也保持了在相应单元边界上基函数的切向矢量插值属性。雅可比逆矩阵通常由式（6.87）中矩阵的逆矩阵计算。

式（6.86）中的积分包含点积 $\boldsymbol{B}_m \boldsymbol{\cdot} \boldsymbol{B}_n$，可以改成矩阵运算。

$$\begin{aligned} \boldsymbol{B}_m \cdot \boldsymbol{B}_n &= \begin{bmatrix} B_x & B_y & B_z \end{bmatrix}_m \begin{bmatrix} B_x \\ B_y \\ B_z \end{bmatrix}_n \\ &= \begin{bmatrix} R_{\xi_1}^{\text{curl}} & R_{\xi_2}^{\text{curl}} & R_{\xi_3}^{\text{curl}} \end{bmatrix}_m \boldsymbol{J}^{-\mathrm{T}} \boldsymbol{J}^{-1} \begin{bmatrix} R_{\xi_1}^{\text{curl}} \\ R_{\xi_2}^{\text{curl}} \\ R_{\xi_3}^{\text{curl}} \end{bmatrix}_n \end{aligned} \tag{6.89}$$

因为测试函数和基函数在同一个单元相同的点上计算，所以式（6.89）中的两个雅可比矩阵是相同的。得到的积分在参考（父）单元上为

$$B_{mn} = \iiint_{\substack{\text{parent}\\ \text{cell}}} \varepsilon_{\mathrm{r}} \begin{bmatrix} R_u^{\text{curl}} & R_v^{\text{curl}} & R_w^{\text{curl}} \end{bmatrix}_m \boldsymbol{J}^{-\mathrm{T}} \boldsymbol{J}^{-1} \begin{bmatrix} R_{\xi_1}^{\text{curl}} \\ R_{\xi_2}^{\text{curl}} \\ R_{\xi_3}^{\text{curl}} \end{bmatrix}_n \mathcal{J}\, \mathrm{d}\xi_1 \mathrm{d}\xi_2 \mathrm{d}\xi_3 \tag{6.90}$$

其中，$\mathcal{J}$ 表示雅可比矩阵行列式。

式（6.85）中的积分需要 $\nabla \times \boldsymbol{B}_n$，可用

$$\nabla \times \mathcal{R}_n^{\text{curl}} = \left\{ \hat{\boldsymbol{\xi}}_1 \left(\frac{\partial R_{\xi_2}^{\text{curl}}}{\partial \xi_3} - \frac{\partial R_{\xi_3}^{\text{curl}}}{\partial \xi_2} \right) + \hat{\boldsymbol{\xi}}_2 \left(\frac{\partial R_{\xi_3}^{\text{curl}}}{\partial \xi_1} - \frac{\partial R_{\xi_1}^{\text{curl}}}{\partial \xi_3} \right) + \hat{\boldsymbol{\xi}}_3 \left(\frac{\partial R_{\xi_1}^{\text{curl}}}{\partial \xi_2} - \frac{\partial R_{\xi_2}^{\text{curl}}}{\partial \xi_1} \right) \right\}_n \tag{6.91}$$

在参考坐标系下计算。弯曲子单元中 $\nabla \times \boldsymbol{B}_n$ 的笛卡儿分量为

$$\begin{bmatrix} \hat{\mathrm{x}} \cdot \nabla \times \boldsymbol{B}_n \\ \hat{\mathrm{y}} \cdot \nabla \times \boldsymbol{B}_n \\ \hat{\mathrm{z}} \cdot \nabla \times \boldsymbol{B}_n \end{bmatrix} = \frac{1}{\mathcal{J}} \boldsymbol{J}^{\mathrm{T}} \begin{bmatrix} \hat{\boldsymbol{\xi}}_1 \cdot \nabla \times \mathcal{R}_n^{\text{curl}} \\ \hat{\boldsymbol{\xi}}_2 \cdot \nabla \times \mathcal{R}_n^{\text{curl}} \\ \hat{\boldsymbol{\xi}}_3 \cdot \nabla \times \mathcal{R}_n^{\text{curl}} \end{bmatrix} \tag{6.92}$$

式（6.85）中积分完全用父坐标可表示为

$$A_{mn}=\iiint_{\substack{\text{parent}\\ \text{cell}}}\frac{1}{\mu_{\text{r}}}\frac{1}{\mathcal{J}}\begin{bmatrix}\hat{\xi}_1\cdot\nabla\times\mathcal{R}_m^{\text{curl}}\\ \hat{\xi}_2\cdot\nabla\times\mathcal{R}_m^{\text{curl}}\\ \hat{\xi}_3\cdot\nabla\times\mathcal{R}_m^{\text{curl}}\end{bmatrix}^{\mathrm{T}}\boldsymbol{J}\boldsymbol{J}^{\mathrm{T}}\begin{bmatrix}\hat{\xi}_1\cdot\nabla\times\mathcal{R}_n^{\text{curl}}\\ \hat{\xi}_2\cdot\nabla\times\mathcal{R}_n^{\text{curl}}\\ \hat{\xi}_3\cdot\nabla\times\mathcal{R}_n^{\text{curl}}\end{bmatrix}\mathrm{d}\xi_1\mathrm{d}\xi_2\mathrm{d}\xi_3 \tag{6.93}$$

式（6.93）和式（6.90）将式（6.85）和式（6.86）扩展到曲面单元的元素矩阵形式。

6.9　应用：深腔散射

有限元方法的一个有趣应用是深腔散射问题。Jin 和他的同事们已经研究了这个问题[35 - 37]。该表达方法涉及用积分方程辐射边界条件截断腔外计算域。积分方程可以表示为

$$\hat{\boldsymbol{n}}\times\boldsymbol{H}^{\text{tot}}=2\hat{\boldsymbol{n}}\times\boldsymbol{H}^{\text{inc}}+2\hat{\boldsymbol{n}}\times\frac{\nabla\nabla\cdot\boldsymbol{F}+k^2\boldsymbol{F}}{j\omega\mu} \tag{6.94}$$

其中，$\hat{n}$ 是向外的法向量，用二维卷积定义电矢量能

$$\boldsymbol{F}=\boldsymbol{M}*G \tag{6.95}$$

腔孔径上的等效磁电流密度为

$$\boldsymbol{M}=\boldsymbol{E}\times\hat{\boldsymbol{n}} \tag{6.96}$$

式（6.94）中因子 2 由孔径问题的属性，以及为简化在自由空间辐射的等效源问题所使用的图像方法产生。式（6.94）中，入射磁场是自由空间中入射源的磁场。

$$\hat{\boldsymbol{n}}\times\left(\nabla\times\boldsymbol{E}\right)=-j2\omega\mu\,\hat{\boldsymbol{n}}\times\boldsymbol{H}^{\text{inc}}-2\hat{\boldsymbol{n}}\times\left(\nabla\nabla\cdot\boldsymbol{F}+k^2\boldsymbol{F}\right) \tag{6.97}$$

代入式（6.77），可使式（6.77）中弱矢量亥姆霍兹方程替换为边界积分，产生新的等式

$$\begin{aligned}&\iiint_{\Gamma}\left\{\frac{1}{\mu_{\text{r}}}\nabla\times\boldsymbol{T}\cdot\nabla\times\boldsymbol{E}-k^2\varepsilon_{\text{r}}\boldsymbol{T}\cdot\boldsymbol{E}\right\}\mathrm{d}v\\&\quad-2k^2\iint_{\partial\Gamma}\frac{1}{\mu_{\text{r}}}\boldsymbol{T}\times\hat{n}\cdot\left(\boldsymbol{M}*G\right)\mathrm{d}S+2\iint_{\partial\Gamma}\frac{1}{\mu_{\text{r}}}\nabla\cdot\left(\boldsymbol{T}\times\hat{\boldsymbol{n}}\right)\left(\nabla\cdot\boldsymbol{M}*G\right)\mathrm{d}S\\&=j2\omega\mu\int_{\partial\Gamma}\frac{1}{\mu_{\text{r}}}\boldsymbol{T}\cdot\hat{n}\times\boldsymbol{H}^{\text{inc}}\mathrm{d}S\end{aligned} \tag{6.98}$$

该方程用电场的旋度一致矢量基进行离散。同样的函数可用于测试函数 T。

最初，对于棱柱和四面体单元形状，Jin 和他的同事用第 3 章所描述的 $p=0$ 矢量基函数研究了表达方法。(棱柱提供了用一个简单的通过挤压单层单元而构造的多层网格来表示均匀腔的可能性，因而是有利的。) 他们指出，这些函数适用于小

的三维腔，但无法针对更深的空腔。低阶函数在表示电的大范围内的场时产生过多的色散误差。随后，Jin 和他的同事在四面体单元上使用了 $p = 3$ 的基函数（以及基于棱柱的自定义矢量基）。下面，我们用四面体单元重现一些结果。

作为一个例子，插值矢量基建模的矩形腔的 RCS 均方根（RMS）误差如图 6.7 所示。图 6.7 显示了在单站条件下一个矩形腔的雷达截面（RCS）的均方根（RMS）误差，并与由稠密网格和 $p = 3$ 基得到的参考解进行比较。在未知数数目一定的情况下，高阶基函数得到的精度显然比低阶函数的高。此外，在给定精度要求下，使用高阶基函数占用的总 CPU 时间较少[36]。

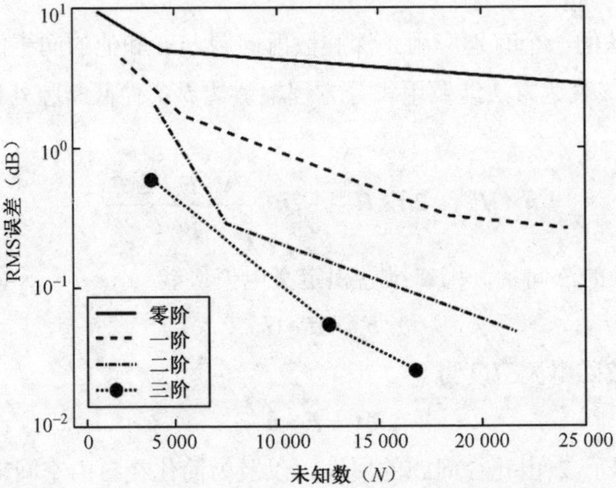

图 6.7　插值矢量基建模的矩形腔的 RCS 均方根（RMS）误差

© 2000 IEEE. Reprinted with permission, from J. Liu and J. M. Jin,"A special higher order finite element method for scattering by deep cavities," *IEEE Trans. Antennas Propag*., vol. 48, pp. 694-703, 2000

图 6.7 给出了尺寸为 $1\lambda \times 1\lambda \times 4\lambda$，由四面体单元及第 3 章和第 4 章中的插值矢量基建模的矩形腔的 RCS 均方根（RMS）误差。

另一个例子，腔深度为 10λ，圆截面直径为 2λ 的单站 RCS 如图 6.8 所示。图 6.8 显示了圆截面的腔体（直径为 2λ，深度为 10λ）的单站 RCS。$p = 1$ 的解涉及 14 218 个未知数，$p = 2$ 的解需要 42 555 个未知数，$p = 3$ 的解包含 94 844 个未知数。数值结果随着基阶数的增加而收敛，这表明高阶基克服了色散误差过大的问题。

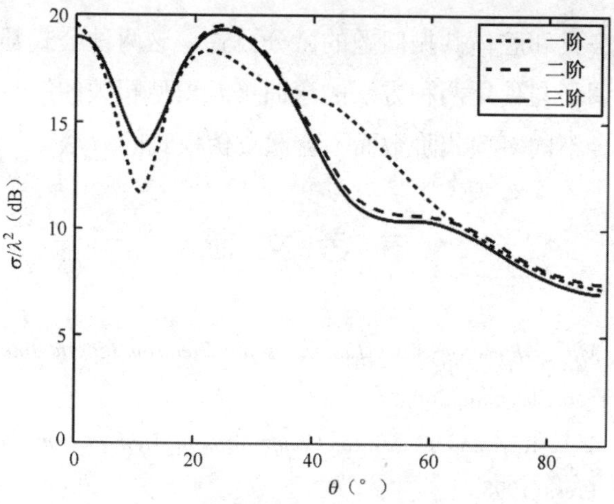

（a）$\theta\theta$ 极化

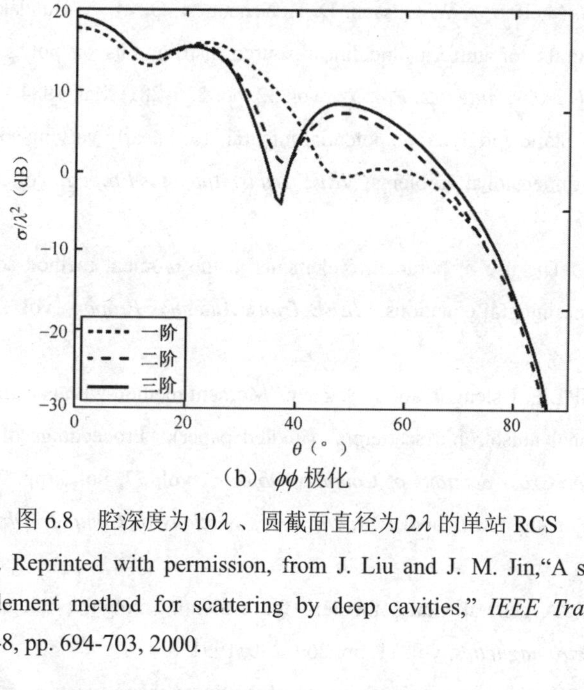

（b）$\phi\phi$ 极化

图 6.8　腔深度为 10λ 、圆截面直径为 2λ 的单站 RCS

© 2000 IEEE. Reprinted with permission, from J. Liu and J. M. Jin,“A special higher order finite element method for scattering by deep cavities,” *IEEE Trans. Antennas Propag.*, vol. 48, pp. 694-703, 2000.

图 6.8 给出了由四面体单元和阶数为 $p=1$、$p=2$、$p=3$ 的插值矢量基获得的腔深度为 10λ 的圆截面直径为 2λ 的单站 RCS。

6.10　小结

本章简要地讨论了高阶矢量基在电磁场问题中的一些应用，考虑了关于腔体散射问题的积分公式和腔体共振问题的微分公式，这两种公式都适用于这两类问题。本章特别强调了与使用两种方法的弯曲单元模型相关的细节，还简要介绍了一种在网格内组合不同多项式阶数而不会激发伪模式的方法。

参 考 文 献

[1] A. F. Peterson, *Mapped Vector Basis Functions for Electromagnetic Integral Equations*. San Rafael, CA: Morgan/Claypool, 2006.

[2] A. F. Peterson, S. L. Ray, and R. Mittra, *Computational Methods for Electromagnetics*. New York, NY: IEEE Press, 1998.

[3] R. F. Harrington, *Field Computation by Moment Methods*. New York, NY: IEEE Press, 1993.

[4] D. R.Wilton, S. M. Rao, A.W. Glisson, D. H. Schaubert, O. M. Al-Bundak, and C. M. Butler, "Potential integrals for uniform and linear source distributions on polygonal and polyhedral domains," *IEEE Trans. Antennas Propag.*, vol. 32, pp. 276–281, Mar. 1984.

[5] R. D. Graglia, "Static and dynamic potential integrals for linearly varying source distributions in two- and three-dimensional problems," *IEEE Trans. Antennas Propag.*, vol. AP-35, pp. 662–669, June 1987.

[6] R. D. Graglia, "The use of parametric elements in the moment method solution of static and dynamic volume integral equations," *IEEE Trans. Antennas Propag.*, vol. AP-36, pp. 636–646, May 1988.

[7] R. D. Graglia, P.L.E. Uslenghi, and R.S. Zich: "Moment method with isoparametric elements for three-dimensional anisotropic scatterers" (invited paper), "Proceedings of the IEEE," special issue on "*Radar Cross Sections of Complex Objects*," vol. 77, no. 5, pp. 750–760, May 1989. Also available in the *IEEE* book, "*Radar Cross Sections of Complex Objects*," pp. 206–216, 1990.

[8] L. Knockaert, "A general Gauss theorem for evaluating singular integrals over polyhedral domains," *Electromagnetics,* vol. 11, pp. 269–280, 1991.

[9] R. D. Graglia, "On the numerical integration of the linear shape functions times the 3-D Green's function or its gradient on a plane triangle," *IEEE Trans. Antennas Propag.*, vol. 41, pp. 1448–1456, Oct. 1993.

[10] S. Caorsi, D. Moreno, and F. Sidoti, "Theoretical and numerical treatment of surface integrals involving the free-space Green's function," *IEEE Trans. Antennas Propag.*, vol. 41, no. 9, pp. 1296–1301, Sep. 1993.

[11] L. Rossi and P. J. Cullen, "On the fully numerical evaluation of the linear-shape function times

the 3-D Green's function on a plane triangle," *IEEE Trans. Microwave Theory Tech.*, vol. 47, pp. 398–402, Apr. 1999.

[12] S. Järvenpää, M. Taskinen, and P. Ylä-Oijala, "Singularity extraction technique for integral equation methods with higher order basis functions on plane triangles and tetrahedra," *Int. J. Numer. Methods Eng.*, vol. 58, pp. 1149–1165, 2003.

[13] D. A. Dunavant, "High degree efficient symmetrical Gaussian quadrature rules for the triangle," *Int. J. Numer. Methods Eng.*, vol. 21, pp. 1129–1148, 1985.

[14] M. G. Duffy, "Quadrature over a pyramid or cube of integrands with a singularity at a vertex," *SIAM J. Numer. Anal.*, vol. 19, pp. 1260–1262, 1982.

[15] M. A. Khayat and D. R. Wilton, "Numerical evaluation of singular and near-singular potential integrals," *IEEE Trans. Antennas Propag.*, vol. 53, pp. 3180–3190, Oct. 2005.

[16] P. R. Johnston, and D. Elliott, "A sinh transformation for evaluating nearly singular boundary element integrals," *Int. J. Numer. Methods Eng.*, vol. 62, pp. 564–578, 2005.

[17] B. M. Johnston, P. R. Johnston, and D. Elliott, "A sinh transformation for evaluating two-dimensional nearly singular boundary element integrals," *Int. J. Numer. Methods Eng.*, vol. 69, pp. 1460–1479, 2007.

[18] T. N. L. Patterson, "Generation of interpolatory quadrature rules of the highest degree of precision with preassigned nodes for general weight functions," *ACM Trans. Math. Softw.*, vol. 15, pp. 137–143, Jun. 1989.

[19] R. D. Graglia and G. Lombardi, "Machine precision evaluation of singular and nearly singular potential integrals by use of Gauss quadrature formulas for rational functions," *IEEE Trans. Antennas Propag.*, vol. AP-56, pp. 981–998, Apr. 2008.

[20] M. M. Botha, "A family of augmented Duffy transformations for near-singularity cancellation quadrature," *IEEE Trans. Antennas Propag.*, vol. 61, pp. 3123–3134, Jun. 2013.

[21] D. R.Wilton, F. Vipiana, and W. A. Johnson, "Evaluating singular, near-singular, and non-singular integrals on curvilinear elements," *Electromagnetics*, vol. 34, pp. 307–327, 2014.

[22] W. Gautschi, "Algorithm 793: GQRAT-Gauss Quadrature for Rational Functions," *ACM Trans. Math. Softw.,* vol. 25, no. 2, pp. 213–239, 1999.

[23] L. P. Zha, Y. Q. Hu, and T. Su, "Efficient surface integral equation using hierarchical vector bases for complex EM scattering problems," *IEEE Trans. Antennas Propag.*, vol. 60, pp. 952–957, 2012.

[24] D. J. Ludick, J. Van Tonder, and U. Jakobus, "Combining domain decomposition solution techniques with higher order hierarchical basis functions," *Digest of the International Conference on Electromagnetics in Advanced Applications (ICEAA)*, Torino, IT, pp. 70–73, Sep. 2013.

[25] P. P. Silvester and R. L. Ferrari, *Finite Elements for Electrical Engineers*. Cambridge:

Cambridge University Press, 1996.

[26] J. S. Savage and A. F. Peterson, "Higher-order vector finite elements for tetrahedral cells," *IEEE Trans. Microwave Theory Tech.*, vol. 44, pp. 874–879, Jun. 1996.

[27] J. L. Volakis, A. Chatterjee, and L. C. Kempel, *Finite Element Method for Electromagnetics.* New York, NY: IEEE Press, 1998.

[28] J.M. Jin, The Finite Element Method in Electromagnetics. New York, NY: Wiley, 2014.

[29] R. D. Graglia and A. F. Peterson, "Hierarchical curl-conforming Nedelec elements for triangularprism cells," *IEEE Trans. Antennas Propag.*, vol. 60, pp. 3314–3324, Jul. 2012.

[30] F. E. Borgnis and C. H. Papas, "Electromagnetic waveguides and resonators, Section C: Cylindrical waveguides," in *Encyclopedia of Physics: Electric Fields and Waves*, S. Flügge, ed. Berlin, Germany: Springer-Verlag, 1958, vol. XVI, pp. 336–345 [subsection 16 (equilateral triangular waveguide) and 17 (other cylindrical waveguides of simple cross-section)].

[31] R. D. Graglia, D. R. Wilton, A. F. Peterson, and I. L. Gheorma, "Higher-order interpolatory vector bases on prism elements," *IEEE Trans. Antennas Propag.*, vol. 46, pp. 442–450, Mar. 1998.

[32] A. F. Peterson, and R. D. Graglia, "Evaluation of hierarchical vector basis functions for quadrilateral cells," *IEEE Trans. Magn.*, vol. 47, no. 5, pp. 1190–1193, May 2011.

[33] J. P.Webb, "Hierarchal vector basis functions of arbitrary order for triangular and tetrahedral finite elements," *IEEE Trans. Antennas Propag.*, vol. 47, no. 8, pp. 1244–1253, Aug. 1999.

[34] S. Zaglmayr, *High order finite element methods for electromagnetic field computation*, Ph.D. Thesis, Johannes Kepler Universittät, Linz, Austria, July 2006.

[35] J.-M. Jin, "Electromagnetic scattering from large, deep, and arbitrarily shaped open cavities," *Electromagnetics*, vol. 18, pp. 3–34, 1998.

[36] J. Liu and J.M. Jin, "A special higher order finite element method for scattering by deep cavities," *IEEE Trans. Antennas Propag.*, vol. 48, pp. 694–703, 2000.

[37] J.-M. Jin, J. Liu, Z. Lou, and C. S. T. Liang, "A fully high-order finite element simulation of scattering by deep cavities," *IEEE Trans. Antennas Propag.*, vol. 51, pp. 2420–2429, 2003.

第 7 章
关于奇异场高阶基的介绍

对于光滑表面或者其他常规特征，前面章节所描述的高阶基函数提高了准确率和效率。无论如何，对于几何形状来说，边或者角的特定角分量和表面电荷及电流密度可以为奇异或者无穷，高阶多项式展开函数不能提高求解精度。(关于这点，术语“奇异”用来表示非解析特性，即使生成的函数是有界的。）虽然奇异特性定位在边界或者角上，但是它可以在整个计算域中影响求解精度。减小这个误差会提高计算的成本，一个常见的补救措施是在奇异区域的邻域中采用一个好的网格。另一种方法是利用一个自适应 *h*-求精组合，以一个系统的尝试，减小靠近奇异点的单元的尺寸，以获得更好的准确性。一个可替换的方法是开发特殊的奇异基函数来正确表示非解析特性。这些函数也许可以被扩展到高阶并且应该适合自适应 *p* 求精算法，或者适用于联合 *h*- and *p*-求精算法[1-3]。

对场的奇异性的数值处理有许多著作。Meixner 和其他人描绘了靠近边界的电磁场的特性[4-7]。1947 年 Motz 将边界奇异性合并到有限差分算法中得到拉普拉斯等式[8]。在 20 世纪 70 年代，一些重大成果的出现推动了奇异 FEM 模型在多种工程上的应用[9-11]。开始于同一时间，电磁学领域的奇异性通过多种 MoM 和 FEM 技术建模[12-21]，近年来出现了更多的方法。接下来提出的特定标量和矢量分层基函数基于近期的出版物[22-24]，并且这一章中的很多结论由这些参考文献得出，并得到 IEEE 和 T&F 的认可。

在这一章中，将会关注在二维域中角奇异性的出现，例如波导。将会介绍在考虑中的角奇异性的类型，回顾一些已提出的奇异基函数，并描述能对非解析领域建模的分层标量和矢量基。波导的应用通常使用数学方法——标量或矢量亥姆霍兹等式，并且所考虑的矢量基具有旋度一致多样性。在本章结束时简要介绍一下用电场积分方程分析薄导电板时出现的刃状边界的奇异性散度一致性基的性能。电磁学中有很多其他类型的奇异性，并且目前最先进的技术已经非常成熟，所以我们的研究远远不够全面。

7.1 边界场的奇异点

在圆柱坐标系(ρ,ϕ,z)中，考虑一个顶点在$\rho=0$、边缘和z轴平行的内角为α的导电斜劈。对于导电斜劈，同 TM-*z* 极化相关的场分量激励的最高阶响应为

$$E_z \sim A\rho^{\nu} f(\phi) \tag{7.1}$$

$$\boldsymbol{H}_t \sim \frac{A\rho^{\nu-1}}{-j\omega\mu}\left\{\hat{\boldsymbol{\rho}} f'(\phi) - \hat{\boldsymbol{\phi}}\nu f(\phi)\right\} \tag{7.2}$$

其中，$\hat{\boldsymbol{\rho}}$和$\hat{\boldsymbol{\phi}}$分别为圆柱坐标系的单位矢量，$f'(\phi)$是$f(\phi)$关于辐角的微分，ν为

$$\nu = \pi/(2\pi-\alpha) \tag{7.3}$$

对于 TE-*z* 极化，场分量为

$$H_z \sim B\rho^{\nu} g(\phi) + C \tag{7.4}$$

$$\boldsymbol{E}_t \sim \frac{B\rho^{\nu-1}}{j\omega\varepsilon}\left\{\hat{\boldsymbol{\rho}} g'(\phi) - \hat{\boldsymbol{\phi}}\nu g(\phi)\right\} \tag{7.5}$$

其中，奇异点项的指数ν同式（7.3）。对于导电斜劈，ν为

$$\nu_{nm} = n\pi/(2\pi-\alpha) + 2m, \quad m = 0,1,2,\cdots \tag{7.6}$$

无论是 TE-z 还是 TM-z 极化，$n=1,2,3,\cdots$。

斜劈边缘处的表面电流密度J_s激励的最高阶 TM-*z* 极化响应为[7]

$$J_z \sim A\rho^{\nu-1} f'(\phi_0) \tag{7.7}$$

对于 TE-*z* 极化，响应为

$$J_\rho \sim B\rho^{\nu} g(\phi_0) \tag{7.8}$$

其中A和B分别为不同的系数。

图 7.1 所示为理想导电斜劈的奇异点系数ν与孔径角度α的关系。

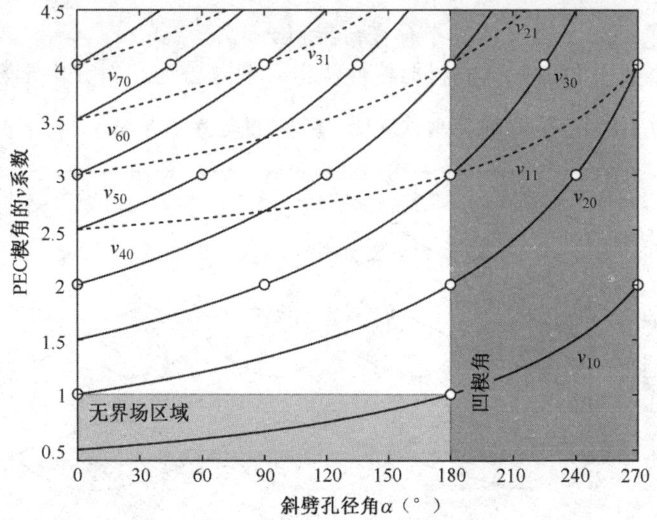

图 7.1　理想电导体斜劈的奇异点系数 ν 与孔径角 α 的关系

在图 7.1 中，$0^\circ \leqslant \alpha \leqslant 70^\circ, \nu \leqslant 4.5$。其中，实线为系数 ν_{n0}；虚线为系数 ν_{nm}（其中，n 和 m 均为正整数)。整数值的奇异点系数以圆圈标识；所有系数在 $\alpha = 180^\circ$ 和 $\alpha = 270^\circ$ 时为整数。当 n 为偶数时，系数在 $\alpha = 0^\circ$ 时为整数。

对于非导磁斜劈，TM-z 极化形式不存在奇异点。但是，对于导磁斜劈，场分量如式（7.1）和式（7.2）所示，ν 通过下式的解确定[7]①

$$\text{当}\ \alpha < \pi\ \text{时，}\quad \mu_r \tan\left(\frac{\nu\alpha}{2}\right) = -\tan\left(\nu\frac{2\pi-\alpha}{2}\right) \tag{7.9}$$

$$\text{当}\ \alpha > \pi\ \text{时，}\quad \frac{1}{\mu_r}\tan\left(\frac{\nu\alpha}{2}\right) = -\tan\left(\nu\frac{2\pi-\alpha}{2}\right) \tag{7.10}$$

对于绝缘斜劈，TE-z 极化形式下的场分量如式（7.4）和式（7.5）所示，但式中的指数 ν 由式（7.11）或式（7.12）确定②

$$\text{当}\ \alpha < \pi\ \text{时，}\quad \epsilon_r \tan\left(\frac{\nu\alpha}{2}\right) = -\tan\left(\nu\frac{2\pi-\alpha}{2}\right) \tag{7.11}$$

$$\text{当}\ \alpha > \pi\ \text{时，}\quad \frac{1}{\epsilon_r}\tan\left(\frac{\nu\alpha}{2}\right) = -\tan\left(\nu\frac{2\pi-\alpha}{2}\right) \tag{7.12}$$

---

① 在式（7.9）和式（7.10）中，μ_r 是斜劈的相对磁导率系数，相对于斜劈浸入的介质的磁导率进行测量。

② 在式（7.11）和式（7.12）中，ϵ_r 是斜劈的相对介电常数，相对于斜劈浸入的介质的介电常数进行测量。

对于导磁斜劈，TE-z 极化情况不存在奇异点。

奇异点系数主要由斜劈的材料特性决定。图 7.2 为相对介电常数 ϵ_r（或相对磁导率 μ_r）为 10 时，电介质（或者导磁）斜劈的奇异点系数 ν 和孔径角 α 的关系。

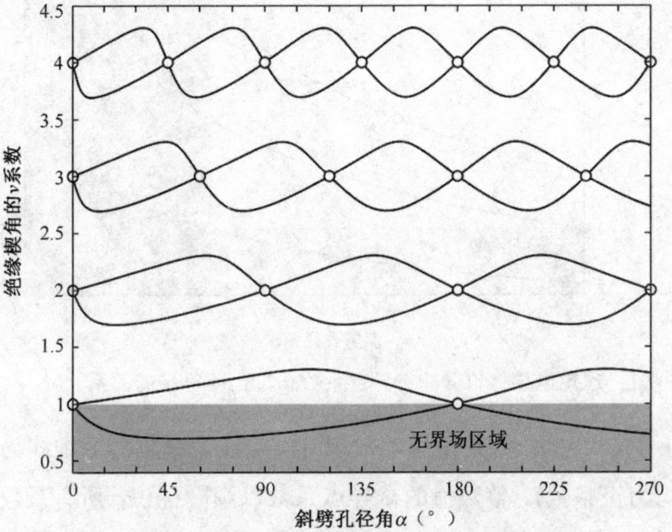

图 7.2　相对介电常数 ϵ_r（或相对磁导率 μ_r）为 10 时，电介质（或者导磁）斜劈的奇异点系数 ν 和孔径角 α 的关系

在图 7.2 中，$\left\{0^\circ \leqslant \alpha \leqslant 270^\circ, \nu \leqslant 4.5\right\}$。整数值的奇异点系数以圆圈标识；所有系数在 $\alpha = 0^\circ, 180^\circ, 270^\circ$ 时为整数。极限情况 ϵ_r，μ_r=1 时，图中的“眼睛”闭合且所有角度值对应的奇异点系数均为正数。注意图 7.1 和图 7.2 中的圆圈在相同的位置。

注意，上述奇异点不一定由特定源激励，因此，即使已知斜劈的角度，奇异点也不一定出现在解中[25]。

7.2　三角极坐标变换

一个尖锐区域周围的横截面视图如图 7.3 所示。本节将讨论如图 7.3 给出的在锋利顶点附近的三角形单元。当处理三角形单元时，像前面的章节那样，用单体的坐标 ξ_1, ξ_2, ξ_3 表示大量感兴趣的项通常来说比较方便。为便于在三角单元中对奇异基函数进行研究，奇异性出现在 $(\xi_i = 1, \xi_{i\pm1} = 0)$ 角点处（见图 7.3），这里也采用三角极坐标 (χ, σ)，根据图 7.4[10]进行定义。对于子空间中的奇异三角形，定义以锐边顶点 $\xi_i = 1$ 为中心的局部伪极坐标系统 (χ, σ) 如图 7.4 所示。网格域中的每个三角形由同样的父三角形 $T^2 \equiv \{0 \leqslant \xi_1, \xi_2, \xi_3 \leqslant 1; \xi_1 + \xi_2 + \xi_3 = 1\}$ 到 $x-y-z$ 子空间映射获得。对于奇异三角形，使用伪极坐标 (χ,σ) 更方便，这需要将父三角形 $T^2(\boldsymbol{\xi})$ 映射到一个新的父三角形 $T^2(\chi,\sigma)$ 中，之后再将后者映射到网格域中的每一个子奇异三角形上。奇异角点位于 $\chi = 0$ $(\xi_i = 1)$ 处。单体和三角极坐标有如下关系：

$$\xi_i = 1 - \chi \tag{7.13}$$

$$\xi_{i+1} = \chi\left(\frac{1-\sigma}{2}\right) \tag{7.14}$$

$$\xi_{i-1} = \chi\left(\frac{1+\sigma}{2}\right) \tag{7.15}$$

或者，等价为

$$\chi = 1 - \xi_i \tag{7.16}$$

$$\sigma = \frac{\xi_{i-1} - \xi_{i+1}}{1 - \xi_i} \tag{7.17}$$

面积微分有如下关系：

$$\mathrm{d}\boldsymbol{\xi} = \mathrm{d}\xi_i \mathrm{d}\xi_{i+1} = \frac{\chi}{2}\mathrm{d}\chi\mathrm{d}\sigma \tag{7.18}$$

在 $\xi_i = 1$ 处，阶数为 δ 的有奇异性的可积函数可以使用式（7.13）～式（7.18）在 R^2 上做数值积分获得

$$\iint_{T^2} (1-\xi_i)^{-\delta} f(\xi)\mathrm{d}\xi = \frac{1}{2}\iint_R \chi^{1-\delta} f(\chi,\sigma)\mathrm{d}\chi\mathrm{d}\sigma \tag{7.19}$$

从式（7.13）～式（7.15）变换的作用是将每个奇异三角形单元（隶属于锐边）映射到矩形中，类似于 Stern-Becker 变换[10]；如式（7.19），这个变换引入了删去奇异项的雅可比行列式，并允许奇异矢量函数使用标准正交公式。

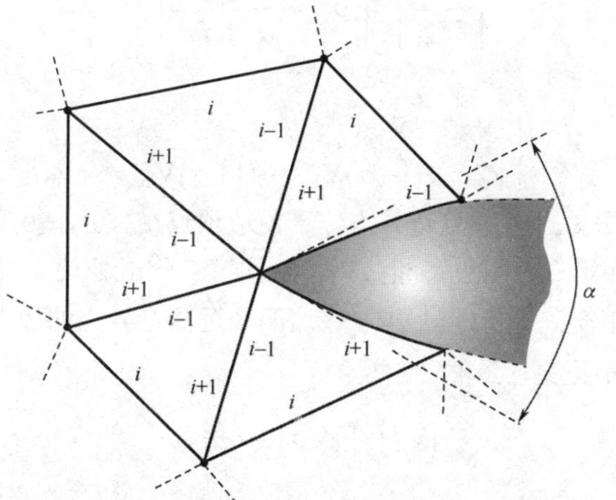

图 7.3　一个尖锐区域周围的横截面视图

在图 7.3 中，孔径角 α 的曲边与曲边三角形单元相符。这张图表明属于锐边顶点的 5 个锐边元素。在这张图中，三角形边界由局部虚拟下标 $(i, i-1, \text{或} i+1)$ 标记，ξ_i 在第 i 条边为 0。

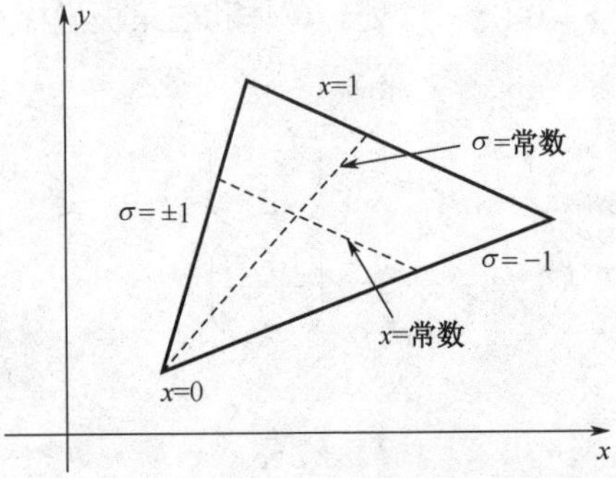

图 7.4　对于子空间中的奇异三角形，定义以锐边顶点 $\xi_i = 1$ 为中心的局部伪极坐标系统 (χ, σ)

© 2013 IEEE. Reprinted with permission from R. D. Graglia, A. F. Peterson, and L. Matekovits,"Singular, hierarchical scalar basis functions for triangular cells," *IEEE Trans. Antennas Propag*., vol. 61, no. 7, pp. 3674-3692, Jul. 2013.

在图 7.4 中，属于锐边顶点 $\chi = 0$ 的三角形边界沿着 $\sigma = \pm 1$ 坐标线；边界与锐边顶点相对，沿着 $\chi = 1$ 坐标线。

梯度函数也可以在单体坐标中获得，首先要注意的是 $\xi_{i-1} = 1 - \xi_i - \xi_{i+1}$，使用下面的关系

$$\begin{bmatrix} \dfrac{\partial}{\partial \xi_i} \\ \dfrac{\partial}{\partial \xi_{i+1}} \end{bmatrix} = \begin{bmatrix} -1 & \dfrac{\sigma - 1}{\chi} \\ 0 & -\dfrac{2}{\chi} \end{bmatrix} \begin{bmatrix} \dfrac{\partial}{\partial \chi} \\ \dfrac{\partial}{\partial \sigma} \end{bmatrix} \tag{7.20}$$

获得了梯度

$$\begin{cases} \nabla \chi = -\nabla \xi_i \\ \chi \nabla \sigma = (1 - \sigma) \nabla \xi_{i-1} - (1 + \sigma) \nabla \xi_{i+1} \end{cases} \tag{7.21}$$

其中在 $\xi_{i\pm1} = 0$ 处 $\sigma = \pm 1$，并且奇异点位于锐边顶点 $(\xi_i = 1, \chi = 0)$。

式（7.21）第二行的矢量 $\chi \nabla \sigma$ 与两个三角形边界 $(\xi_{i-1} = 1, \sigma = -1)$、$(\xi_{i+1} = 0, \sigma = +1)$ 正交；等价地，$\chi \nabla \sigma$ 在这两个远离奇异点的边上有切向分量。然而，$\nabla \chi$ 与 $\chi \nabla \sigma$ 不正交，虽然

$$[\nabla \chi] \times [\chi \nabla \sigma] = 2 \frac{\hat{\boldsymbol{n}}}{\mathcal{J}} \tag{7.22}$$

其中 $\hat{\boldsymbol{n}}$ 是与元素正交的单位矢量，$\mathcal{J}$ 是从子空间到 $\boldsymbol{\xi}$-父坐标变换的雅可比行列式。除了依赖于元素大小和形状的归一化系数，$\chi \nabla \sigma$ 的性能与以锐边项点为中心的极坐

标系中那些方位角的单位矢量类似。相似地，矢量$\nabla\chi$的性能类似于径向矢量。伪径向变量$\chi=1-\xi_i$在斜劈（$\xi_i=1,\chi=0$）的边界上为0，而σ是一个无量纲的方位角变量，且在奇异顶点处待定。此处奇异点表达式（7.17）中的分子和分母都消失。

7.3　三角形的奇异标量基函数

7.3.1　代用型的最低阶数基

现存的奇异基函数通常被分为两类：代用基函数和加性基函数。代用基函数是那些有一个或者更多来自原始集的多项式基函数被移除或者被有适当的奇异特性的基函数所替代的函数。而加性函数则保留完整的原始集并且加入奇异基函数使其扩大。大部分提出的奇异基函数族都是代用型的。

作为代用基函数的一个例子，惯用的三角形中线性阶的标量基函数用单体坐标本身来定义，得到以下 3 个基函数

$$B_1=\xi_1,\quad B_2=\xi_2,\quad B_3=\xi_3 \tag{7.23}$$

为了以χ^α的形式表示一个特性，其中α预计在$0<\alpha<1$范围内，并且三角极坐标系的原点在三角形的点 1 处，多项式函数可以被函数集取代[14]。

$$S_1=1-\chi^\alpha \tag{7.24}$$

$$S_2=\chi^\alpha\left(\frac{1-\sigma}{2}\right) \tag{7.25}$$

$$S_3=\chi^\alpha\left(\frac{1+\sigma}{2}\right) \tag{7.26}$$

这些函数在 3 个点插入单位量，就像式（7.23）中惯用的非奇异基函数。点 2 位于$\chi=1,\sigma=-1$处，而点 3 位于$\chi=1,\sigma=1$处。在附近的单元中，这个奇异基函数与惯用的基函数在点 2 和点 3 可以兼容，与相邻单元中有同样χ^α径向变化的奇异函数在点 1 也兼容。当$\alpha=1$时，这些函数恢复为式（7.23）中的普通线性拉格朗日插值函数。

拉普拉斯和标量亥姆霍兹等式的 FEM 分析需要这些基函数的梯度，可以通过式（7.20）和式（7.21）获得。梯度场表现出$O(\chi^{\alpha-1})$特性。矢量函数∇S_2不贡献沿点1到点3之间的边（边13）的正切分量、沿边23的连续正切分量和沿边 12 如$O(\chi^{\alpha-1})$变化的正切分量。相似地，矢量函数∇S_3不贡献沿边 12 的正切分量、沿边 23 的连续正切分量和沿边 13 如$O(\chi^{\alpha-1})$变化的正切分量。(χ,σ)中的显函数为

$$\nabla S_1=\chi^{\alpha-1}\alpha\nabla\xi_1 \tag{7.27}$$

$$\nabla S_2=\chi^{\alpha-1}\left\{\left(\frac{1-\sigma}{2}\right)(1-\alpha)\nabla\xi_1+\nabla\xi_2\right\} \tag{7.28}$$

$$\nabla S_3 = \chi^{\alpha-1}\left\{\left(\frac{1+\sigma}{2}\right)(1-\alpha)\nabla\xi_1 + \nabla\xi_3\right\} \tag{7.29}$$

梯度满足如下关系：

$$\nabla S_1 + \nabla S_2 + \nabla S_3 = 0 \tag{7.30}$$

7.3.2 代用型的高阶基

为阐述高阶函数发展背后的方法论，这里也回顾一下参考文献[16,20]中提出的二次代用标量基函数集，参考文献中以此来代替插值标量拉格朗日函数。这个奇异函数有如下一般形式：

$$B_{mn}^{M}(\chi,\sigma) = R_m^M(\chi)L_n^m(\sigma) \tag{7.31}$$

其中 M 表示函数径向方向的阶数，L_n^m 表示拉格朗日多项式。

$$L_n^m(\sigma) = \prod_{\substack{j=0\\ j\neq n}}^{m}\frac{m\sigma + m - 2j}{2(n-j)} \tag{7.32}$$

其中 $L_0^0 = 1$, $L_0^1 = (1-\sigma)/2$, $L_1^1 = (1+\sigma)/2$ 等。R_m^M 表示一个如下形式的径向形状函数：

$$R_m^M(\chi) = a_0 + \sum_{i=1}^{M} a_i\chi^{\alpha+i-1} \tag{7.33}$$

注意 R_m^M 包含形如 χ^α 的项，可能也有 $\chi^{\alpha+1}$ 和 $\chi^{\alpha+2}$ 等。为获得预期的插值属性，径向形状函数有如下约束条件：

$$\begin{cases} R_m^M(i/M) = 0, \quad i = 1,2,\cdots M \ \ (i \neq m) \\ R_m^M(m/M) = 1 \end{cases} \tag{7.34}$$

作为一个例子，奇异标量函数的二次（$M = 2$）集按照径向函数给出：

$$\begin{cases} R_0^2 = 1-\left(2^{\alpha+1}-1\right)\chi^\alpha + \left(2^{\alpha+1}-2\right)\chi^{\alpha+1} \\ R_1^2 = 2^{\alpha+1}\chi^\alpha(1-\chi) \\ R_2^2 = -\chi^\alpha(1-2\chi) \end{cases} \tag{7.35}$$

6 个基函数为

$$\begin{aligned} B_{00}^2 &= R_0^2L_0^0 = 1-\left(2^{\alpha+1}-1\right)\chi^\alpha + \left(2^{\alpha+1}-2\right)\chi^{\alpha+1} \\ B_{10}^2 &= R_1^2L_0^1 = 2^{\alpha+1}\chi^\alpha(1-\chi)(1-\sigma)/2 \\ B_{11}^2 &= R_1^2L_1^1 = 2^{\alpha+1}\chi^\alpha(1-\chi)(1+\sigma)/2 \\ B_{20}^2 &= R_2^2L_0^2 = -\chi^\alpha(1-2\chi)\sigma(1-\sigma)/2 \\ B_{21}^2 &= R_2^2L_1^2 = -\chi^\alpha(1-2\chi)(1+\sigma)(1-\sigma) \\ B_{22}^2 &= R_2^2L_2^2 = -\chi^\alpha(1-2\chi)\sigma(1+\sigma)/2 \end{aligned} \tag{7.36}$$

其中下标序号 00 表示奇异点，01 和 10 表示从奇异点到单元另一边的一半的两个点，等等。在这个例子中，奇异基函数表现出与一般的拉格朗日形状函数同样的插值性能，但是依赖于函数χ^{α}。在$\alpha \to 1$的情况中，这些函数在单元边界上恢复为拉格朗日形状函数的多项式特性。式（7.36）中的任何形状函数的梯度可以由式（7.20）和式（7.21）决定；这些函数的梯度表现出依赖于$O(\chi^{\alpha-1})$的特性。

总的来说，如式（7.24）～式（7.26）的代用基函数集用有相似性质（插值特性和连续性）的奇异基函数替代惯用的多项式基函数，除了函数相关性被选中用来合并想要的特性，在这个例子中是χ^{α}，这些基将一个径向函数与χ的小数次幂（与σ的多项式组合）合并。一个相似的方法在随后被用来定义加性分层奇异基函数。

许多具有不同插值或者用来处理角点奇异性的基函数 Ad Hoc 集与低阶表示（连续的、线性的和二次函数取决于奇异点存在与否）一起被提出。这些在一些文献中进行了回顾，例如，参考文献[20,23,26,27]。对于阶数比它们高的多项式，采用分层基函数通常更有效，这保证了在问题域中的不同区域表达式有不同阶数，并且促进了自适应p-求精技术。因为意识到（分层）奇异基函数的优势不能通过代用函数实现，所以将注意力转向加性基函数。

7.3.3 加性奇异基函数

当对一个包含无解场的问题使用低阶表达式时，通过使用代用方法可以获得精确度方面的实质性改善，其中多项式基被奇异函数替换为 1:1 的基。代用函数潜在的劣势是它们会引入奇异点，甚至这个属性不被特定源激发[25]，因此需要移除多项式的自由度(特别是有关电势的大尺寸单元)。定义加性方法是将只有一个自由度的基函数加入原始多项式集的方法，而不移除多项式的任何自由度。加性函数因此更灵活，并且可以在较大范围的条件下对适当的场特性建模。加性方法对获得真正的高阶收敛特性[27,28]是必不可少的。参考文献[19, 20, 30]曾提出对于三角形单元的加性基函数族。

在接下来的内容中，将阐述在 5.2 节中介绍的标量多项式基上建立一个加性奇异基。这样，任何阶数p多项式都会由多项式子空间（一般意义上说在那个阶数是完备的）和一个奇异子空间组成。奇异自由度将被称为 Meixner 子空间。除此之外，为促进自适应p-求精，将以分层的方式建立这个基，这样一个p阶的基就包含了$p-1$阶基中的全部函数。

这个过程中的一个难点是在奇异函数和现存函数集中可能会缺少线性无关性。为减少与函数增广集相关的矩阵条件数（CN），需要进行正交化。因此，将使有足够灵活性的奇异函数与原始集中的多项式基正交。

概括地讲，奇异基函数将包含如下形式的辅助径向函数：

$$R_n\left(k,v,\chi\right)=a_{n1}\chi^{v_n}-\sum_{j=1}^{n+1}b_{nj}\chi^{j} \tag{7.37}$$

其中χ是之前定义的三角极坐标系。这个形式促进了任意小数指数的应用，使得函数的一个集可以使用任意阶数的奇异点。在式（7.37）中，第一项合并期望的小数指数，另一项（多项式）用来和规则基函数正交，也就是R_j（$j<n$）。用下面讨论的方法决定式（7.37）中的系数以得到正交性。

包含在某些阶基函数中的奇异自由度按照指数的序列表排列：

$$\overline{\boldsymbol{v}}=\left\{v_1,v_2,v_3,\ldots v_{n-1},v_n,v_{n+1},\ldots\right\} \tag{7.38}$$

典型地，式（7.38）中的指数在一个给定的斜劈孔径角α以它们的增序排序，而不一定按照如式（7.6）中的下标排序。对于 PEC 斜劈，其中$v=\pi/\left(2\pi-\alpha\right)$，规定奇异系数式（7.6）在列表中的开始位置：

$$\overline{\boldsymbol{v}}=\left\{v_{10},v_{20},v_{30},v_{40},v_{11},v_{50},v_{21},v_{60},v_{31},\ldots\right\} \tag{7.39}$$

按照它们在$\alpha\approx0^{\circ}$的增量（见图 7.1）。在后面的导数中，考虑 Meixner 子集的基函数作为最低奇异点系数v的函数，而不是斜劈角α的函数。

Meixner 基函数通过使用适当的关于σ和χ的函数定义在以锐边顶点$\xi_i=1$为中心的伪极坐标参考系(χ,σ)中。特别地，使用q阶多项式。

$$f_q\left(\sigma\right)=\sqrt{\frac{\left(2q+5\right)\left(q+3\right)\left(q+4\right)}{3\left(q+1\right)\left(q+2\right)}}P_q^{(2,2)}\left(\sigma\right) \tag{7.40}$$

在第σ个间隔$[-1,1]$上关于权重函数$w(\sigma)=\left(1-\sigma^2\right)^2$ 相互正交，有

$$\frac{1}{2}\int_{-1}^{1}\left[f_q\left(\sigma\right)\left(1-\sigma^2\right)/8\right]^2\mathrm{d}\sigma=\frac{1}{12} \tag{7.41}$$

其中$\left(1-\sigma^2\right)f_q\left(\sigma\right)$在$\sigma=\pm1$处为零。多项式（7.40）按照雅可比行列式$P_q^{(2,2)}(\sigma)$来定义，雅可比行列式由下式组成：

$$P_0^{(2,2)}\left(\sigma\right)=1 \tag{7.42}$$

$$P_1^{(2,2)}\left(\sigma\right)=3\sigma \tag{7.43}$$

循环关系为

$$\left(q+1\right)\left(q+5\right)P_{q+1}^{(2,2)}\left(\sigma\right)=\left(q+3\right)\left[\left(2q+5\right)\sigma P_q^{(2,2)}\left(\sigma\right)-\left(q+2\right)P_{q-1}^{(2,2)}\left(\sigma\right)\right] \tag{7.44}$$

因此

$$f_0\left(\sigma\right)=\sqrt{10} \tag{7.45}$$

$$f_1\left(\sigma\right)=\sqrt{70}\sigma \tag{7.46}$$

$$f_2(\sigma)=\sqrt{\frac{15}{2}}\left(7\sigma^2-1\right) \tag{7.47}$$

也定义相互正交的辅助径向函数

$$R_n(k,v,\chi)=\frac{N_n(k,v,\chi)}{D_n(k,v)} \tag{7.48}$$

其中

$$N_n(k,v,\chi)=a_n\chi^{v_n}-\sum_{j=1}^{k+n}b_{nj}\chi^j \tag{7.49}$$

$$D_n(k,v)=\prod_{j=1}^{k+n}(v_n-j) \tag{7.50}$$

$$a_n=\sum_{j=1}^{k+n}b_{nj} \tag{7.51}$$

并且整数 n 和 k 大于或等于单位 1，而变量 v_n 是第 n 个奇异变量列表式（7.39）的项 $(v_{st}=sv+2t)$。

函数式（7.48）和式（7.49）在 $\chi=0$ 、 $\chi=1$ 处为 0（分别在奇异顶点和沿奇异顶点相对的三角形边上）。定义式（7.49）多项式部分的 $k+n$ 个系数 b_{nj} 由正交条件①唯一决定：

$$\int_0^1\chi R_n(k,v,\chi)R_j(k,v,\chi)\mathrm{d}\chi=0 \tag{7.52}$$

$$\int_0^1\chi R_n(k,v,\chi)E_{m2}(\chi)\mathrm{d}\chi=0 \tag{7.53}$$

$j=1,2,\cdots n-1$ ，且 $m=0,1,\cdots,k-1$ ，并设定

$$\int_0^1\chi R_n^2(k,v,\chi)\mathrm{d}\chi=1 \tag{7.54}$$

积分式（7.52）～式（7.54）对所有 n 、 $k\geqslant 1$ 收敛并存在，因为顺序列表式（7.38）的最低奇异点系数 $v_1(\geqslant 1/2)$ 是非负的。式（7.53）中的函数 $E_{m2}(\chi)$ 正是 5.2.1.3 节中介绍的以边为基多项式（5.34），在 $\xi=\{\xi_a,\xi_b,\xi_c\}=\{1-\chi,\chi,0\}$ 处取值；这个多项式关于点 $\chi=1/2$ 在 m 为奇数时是反对称的，其他情况下是对称的，在区间 $0\leqslant\chi\leqslant 1$ 上以边为基多项式函数 $E_{m2}(1-\chi,\chi,0)=E_{m2}(x)$ 的特性如图 7.5 所示。出现在式（7.48）中的参数 k 是多项式 $E_{m2}(\chi)$ 与每个 $R_n(k,v,\chi)$ 正交的个数，下标 n 表示函数 $R_n(k,v,\chi)$ 包含无理代数项 χ^{v_n} 。表 7.1 给出了 2 个不同集中前 3 个径向函数式（7.48）在 $k=1$ 和 $k=2$ 时的取值。

① 在这一节中，通过使用式（7.53），实现参考文献[22]中首先提出的构造过程。在 7.6 节中，将使用 Legendre 多项式取代函数 $E_{m2}(\chi)$ 来一般化这个过程。

注意，对于v_n的整数值(例如，那些在图 7.1 中被圆圈标注的值)，函数式(7.49)成为一个可以按照前面章节讨论的多项式基来表示的多项式，而从式（7.48）和式（7.50）可知，显然那些整数值的v_n是无理代数函数$R_n(k,v,\chi)$的极点，这些无理代数函数由基于式（7.52）～式（7.54）的正交化过程构成。辅助径向函数如表 7.1 所示。因为事先并不知道v，如果$R_j(k,v,\chi)$在v处有极点，那么$R_j(k,v,\chi)$是一个退化（奇异）多项式函数，并且不能在给定v处用来形成基函数集的无理代数部分，基函数集由本节剩余部分所介绍的过程获得。通过用变量σ的函数与辅助函数$R_n(k,v,\chi)$相乘构造的任何函数包含$n+k$阶χ的多项式部分，因此，这些无理代数函数与阶数等于或高于$n+k$的分层多项式集一起可以被用来形成能粗略估计标量场的基函数集。

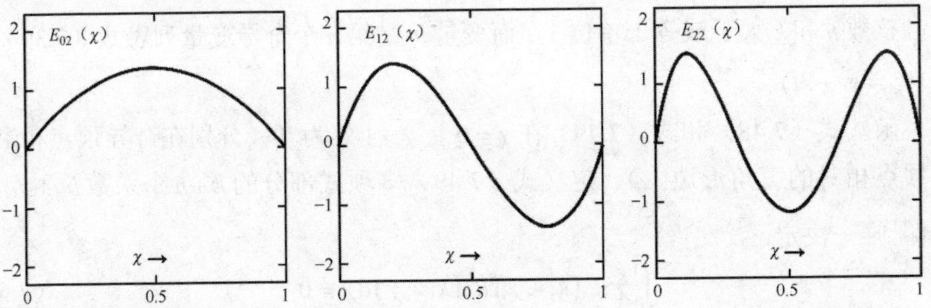

图 7.5　在区间$0\leqslant\chi\leqslant1$上以边为基多项式函数$E_{m2}(1-\chi,\chi,0)=E_{m2}(x)$ 的特性

在图 7.5 中，$m=0,1,2$。按照式（7.53），对所有$m=0,1,\cdots,k-1$，辅助径向函数$R_n(k,v,\chi)$与函数$E_{m2}(x)$正交。例如，参考图 7.6，辅助径向函数$R_n(1,v,\chi)$与$E_{02}(x)$正交；函数$R_n(2,v,\chi)$与$E_{02}(x)$和$E_{12}(x)$正交；函数$R_n(3,v,\chi)$与$E_{02}(x)$、$E_{12}(x)$和$E_{22}(x)$正交。

辅助径向函数$R_n(k,v,\chi)$在区间$0\leqslant\chi\leqslant1$上的特性如图 7.6 所示。参考图 7.6，观察径向函数$R_j(k,v,\chi)$不随v剧烈改变，甚至当v靠近极点时，除了在$\chi=0$点周围［例如，考虑到图 7.6 用实线表示的结果，v大约等于$1/2$，$R_2(k,v,\chi)$处是一个极点］。

为简化注释，接下来，参数 k 和定义辅助径向函数的v值是已知的，并且函数$R_j(k,v,\chi)$将由$R_j(\chi)$表示。

表 7.1　辅助径向函数

$R_1(1,\nu,\chi)=\sqrt{c_{11}}\dfrac{a_{11}\chi^{\nu}-(b_{11}\chi+b_{12}\chi^2)}{(\nu-1)(\nu-2)}$ $a_{11}=(\nu+3)(\nu+4)\quad b_{11}=-2(\nu-2)(\nu+9)$ $b_{12}=(\nu-1)(\nu+8)$ $c_{11}=10(\nu+1)(\nu+6)$ $d_{11}=2(\nu+1)(\nu+2)/(72+52\nu+13\nu^2+\nu^3)$	$R_1(2,\nu,\chi)=\sqrt{c_{12}}\dfrac{a_{12}\chi^{\nu}-(b_{11}\chi+b_{12}\chi^2+b_{13}\chi^3)}{(\nu-1)(\nu-2)(\nu-3)}$ $a_{12}=-3(\nu+3)(\nu+4)(\nu+5)\quad b_{11}=-10(\nu-2)(\nu-3)(\nu+17)$ $b_{12}=35(\nu-1)(\nu-3)(\nu+16)\quad b_{13}=-28(\nu-1)(\nu-2)(\nu+15)$ $c_{12}=2(\nu+1)/(\nu+10)$ $d_{12}=6(\nu+1)(\nu+2)/(4\,840+24\,436\nu+503\nu^2+27\nu^3)$
$R_1(1,\nu,\chi)=\sqrt{c_{21}}\dfrac{a_{21}\chi^{2\nu}-(b_{21}\chi+b_{22}\chi^2+b_{23}\chi^3)}{(2\nu-1)(\nu-1)(2\nu-3)}$ $a_{21}=-(\nu+2)(\nu+15)(2\nu+3)(3\nu+2)$ $b_{21}=-10(\nu-1)(2\nu-3)(\nu+3)(3\nu+14)$ $b_{22}=15(2\nu-1)(2\nu-3)(\nu+4)(3\nu+13)$ $b_{23}=-63(2\nu-1)(\nu-1)(\nu+4)(\nu+5)$ $c_{21}=8(2\nu+1)(2\nu+5)/(1\,200+2\,840\nu+1\,169\nu^2+162\nu^3+9\nu^4)$ $d_{21}=2(2\nu+1)(\nu+1)/(5\,520+14\,764\nu+11\,171\nu^2+3\,067\nu^3+309\nu^4+9\nu^5)$	$R_2(2,\nu,\chi)=\sqrt{c_{22}}\dfrac{a_{22}\chi^{2\nu}-(b_{21}\chi+b_{22}\chi^2+b_{23}\chi^3+b_{24}\chi^4)}{(2\nu-1)(\nu-1)(2\nu-3)(\nu-2)}$ $a_{22}=(\nu+2)(\nu+24)(2\nu+3)(2\nu+5)(3\nu+2)$ $b_{21}=-40(\nu-1)(2\nu-3)(\nu-2)(\nu+3)(3\nu+23)$ $b_{22}=105(2\nu-1)(2\nu-3)(\nu-2)(\nu+4)(3\nu+22)$ $b_{23}=-1\,008(2\nu-1)(\nu-1)(\nu-2)(\nu+5)(\nu+7)$ $b_{24}=84(2\nu-1)(\nu-1)(2\nu-3)(\nu+6)(3\nu+20)$ $c_{22}=5(2\nu+1)(\nu+3)/(3\,600+8\,040\nu+2\,344\nu^2+228\nu^3+9\nu^4)$ $d_{22}=(2\nu+1)(\nu+1)/(45\,600+113\,792\nu+72\,244\nu^2+14\,180\nu^3+969\nu^4+18\nu^5)$

$$R_3(1,\nu,\chi)=\sqrt{c_{31}}\frac{a_{31}\chi^{3\nu}-(b_{31}\chi+b_{32}\chi^2+b_{33}\chi^3+b_{34}\chi^4)}{(3\nu-1)(3\nu-2)(\nu-1)(3\nu-4)}$$

$$a_{31}=(\nu+1)(2\nu+1)(3\nu+4)(3\nu+5)(5\nu+2)(7\,200+8\,700\nu+2\,603\nu^2+419\nu^3+37\nu^4+\nu^5)$$
$$b_{31}=-10(3\nu-2)(\nu-1)(3\nu-4)(\nu+3)(13\,800+51\,830\nu+54\,759\nu^2+24\,959\nu^3+5\,261\nu^4+491\nu^5+20\nu^6)$$
$$b_{32}=15(3\nu-1)(\nu-1)(3\nu-4)(\nu+4)(46\,200+171\,170\nu+177\,921\nu^2+80\,143\nu^3+17\,009\nu^4+1\,647\nu^5+70\nu^6)$$
$$b_{33}=-56(3\nu-1)(3\nu-2)(3\nu-4)(\nu+3)(\nu+5)(2\nu+5)(420+1\,234\nu+625\nu^2+86\nu^3+5\nu^4)$$
$$b_{34}=280(3\nu-1)(3\nu-2)(\nu-1)(\nu+3)(\nu+6)(600+1\,990\nu+1\,575\nu^2+471\nu^3+57\nu^4+3\nu^5)$$
$$c_{31}=18(3\nu+1)(\nu+2)/(194\,400\,000+1\,950\,480\,000\nu+7\,849\,170\,000\nu^2+16\,473\,999\,600\nu^3+20\,004\,681\,360\nu^4+15\,153\,798\,836\nu^5+7\,613\,999\,687\nu^6+2\,662\,375\,394\nu^7+668\,617\,133\nu^8+121\,948\,064\nu^9+16\,012\,253\nu^{10}+1\,472\,826\nu^{11}+90\,387\nu^{12}+3\,360\nu^{13}+60\nu^{14})$$
$$d_{31}=2(3\nu+1)(3\nu+2)/(4\,104\,000\,000+42\,855\,840\,000\nu+185\,280\,564\,000\nu^2+434\,441\,142\,800\nu^3+613\,486\,451\,660\nu^4+554\,105\,545\,028\nu^5+334\,464\,051\,789\nu^6+139\,794\,085\,605\nu^7+41\,671\,201\,601\nu^8+9\,053\,141\,909\nu^9+1\,446\,168\,991\nu^{10}+168\,500\,595\nu^{11}+13\,899\,919\nu^{12}+758\,163\nu^{13}+23\,640\nu^{14}+300\nu^{15})$$

$$R_3(2,\nu,\chi)=\sqrt{c_{32}}\frac{a_{32}\chi^{3\nu}-(b_{31}\chi+b_{32}\chi^2+b_{33}\chi^3+b_{34}\chi^4+b_{35}\chi^5)}{(3\nu-1)(3\nu-2)(\nu-1)(3\nu-4)(3\nu-5)}$$

$$a_{31}=-3(\nu+1)(\nu+2)(2\nu+1)(3\nu+4)(3\nu+5)(5\nu+2)(176\,400+173\,280\nu+37\,576\nu^2+4\,643\nu^3+313\nu^4+6\nu^5)$$
$$b_{31}=-10(3\nu-2)(\nu-1)(3\nu-4)(3\nu-5)(\nu+3)(599\,760+2\,102\,904\nu+1\,835\,516\nu^2+660\,364\nu^3+104\,026\nu^4+6\,959\nu^5+210\nu^6)$$
$$b_{32}=35(3\nu-1)(\nu-1)(3\nu-4)(3\nu-5)(\nu+4)(1\,330\,560+4\,605\,984\nu+3\,944\,724\nu^2+1\,398\,248\nu^3+221\,735\nu^4+15\,362\nu^5+480\nu^6)$$
$$b_{33}=-84(3\nu-1)(3\nu-2)(3\nu-4)(3\nu-5)(\nu+5)(483\,840+1\,658\,976\nu+1\,400\,620\nu^2+490\,784\nu^3+78\,297\nu^4+5\,592\nu^5+180\nu^6)$$
$$b_{34}=3\,360(3\nu-1)(3\nu-2)(\nu-1)(3\nu-5)(\nu+3)(\nu+6)(13\,020+39\,982\nu+23\,693\nu^2+4\,961\nu^3+409\nu^4+15\nu^5)$$
$$b_{35}=-660(3\nu-1)(3\nu-2)(\nu-1)(3\nu-4)(\nu+7)(2\nu+7)(10\,800+33\,480\nu+20\,736\nu^2+4\,532\nu^3+391\nu^4+15\nu^5)$$
$$c_{32}=6(3\nu+1)(3\nu+7)/(112\,021\,056\,000+1\,072\,201\,536\,000\nu+4\,012\,542\,334\,080\nu^2+7\,532\,520\,459\,264\nu^3+7\,774\,155\,169\,056\nu^4+4\,802\,295\,720\,642\nu^5+1\,914\,595\,342\,400\nu^6+523\,481\,307\,608\nu^7+102\,068\,338\,264\nu^8+14\,370\,985\,841\nu^9+1\,445\,735\,919^{10}+101\,034\,800\nu^{11}+4\,687\,358\nu^{12}+131\,640\nu^{13}+1\,800\nu^{14})$$
$$d_{32}=6(3\nu+1)(3\nu+2)/(10\,818\,033\,408\,000+107\,419\,810\,176\,000\nu+432\,656\,653\,063\,680\nu^2+918\,537\,036\,044\,544\nu^3+1\,132\,715\,110\,075\,776\nu^4+860\,222\,739\,380\,160\nu^5+422\,605\,664\,736\,560\nu^6+140\,281\,443\,949\,616\nu^7+32\,685\,327\,710\,488\nu^8+5\,498\,017\,902\,056\nu^9+675\,787\,709\,995\nu^{10}+60\,267\,483\,845\nu^{11}+3\,783\,226\,916\nu^{12}+155\,363\,064\nu^{13}+3\,575\,520\nu^{14}+32\,400\nu^{15})$$

对函数归一化使 $\int_0^1 \chi R_n^2(k,\nu,\chi)\mathrm{d}\chi=1$，用其构建势函数。系数 d_{nk} 定义调节函数 $r_n(k,\nu,\chi)=\sqrt{d_{nk}/c_{nk}}R_n(k,\nu,\chi)$。通过第一个散度 $q_n(k,\nu,\chi)=\dfrac{\partial}{\partial\chi}r_n(k,\nu,\chi)$ 进行归一化，得到 $\int_0^1 \chi q_n^2(k,\nu,\chi)\mathrm{d}\chi=1$。调节函数 $r_n(k,\nu,\chi)$ 用来构建带有零旋度的矢量基函数，系数 c_{nk} 和 d_{nk} 如图 7.7 所示

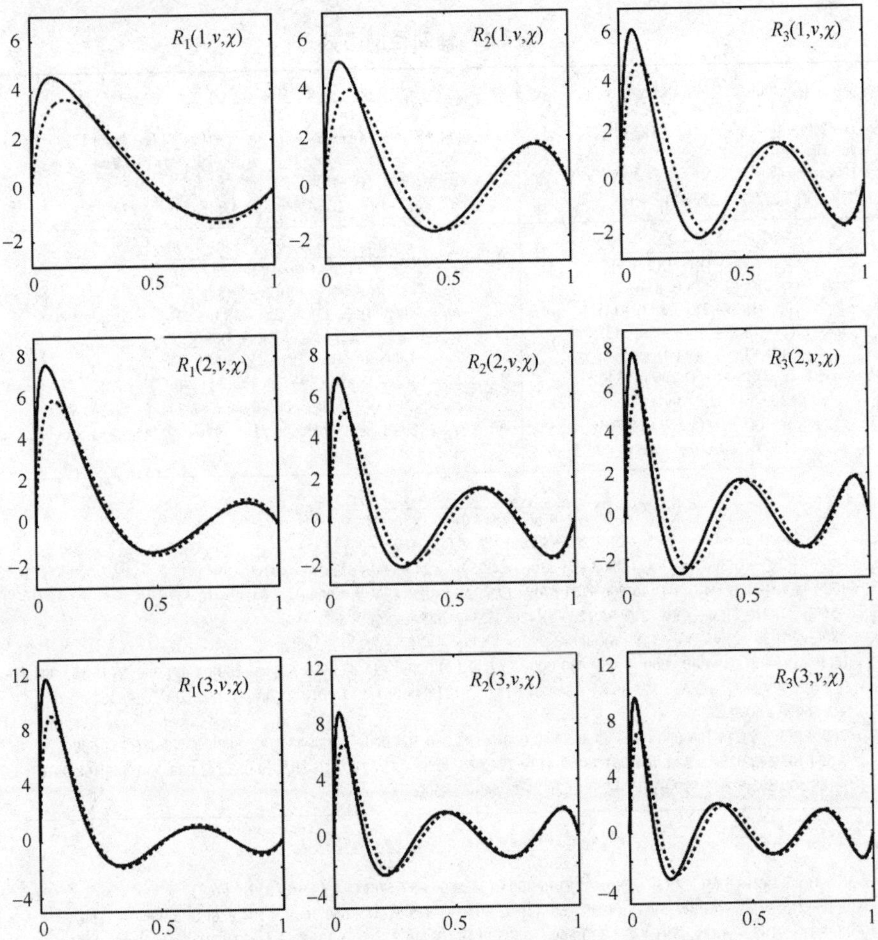

图 7.6 辅助径向函数 $R_n(k,v,\chi)$ 在区间 $0 \leqslant \chi \leqslant 1$ 上的特性

©2013 IEEE. Reprinted with permission from R. D. Graglia, A. F. Peterson, and L. Matekovits, "Singular, hierarchical scalar basis functions for triangular cells," *IEEE Trans. Antennas Propag.*, Vol. 61, no. 7, pp. 3674–3692, Jul. 2013.

在图 7.6 中，$n,k=1,2,3$。当 $v=180/359$ 时获得实线结果（斜劈孔径角 $\alpha=1^\circ$）；当 $v=9/8$ 时得到虚线结果（斜劈孔径角 $\alpha=200^\circ$）。

在区间 $0 \leqslant v \leqslant 3$ 上（$n=1,2,3$ 且 $k=1,2$）表 7.1 中辅助径向函数 $R_n(k,v,\chi)$ 和 $r_n(k,v,\chi)$ 尺度系数的特性如图 7.7 所示。

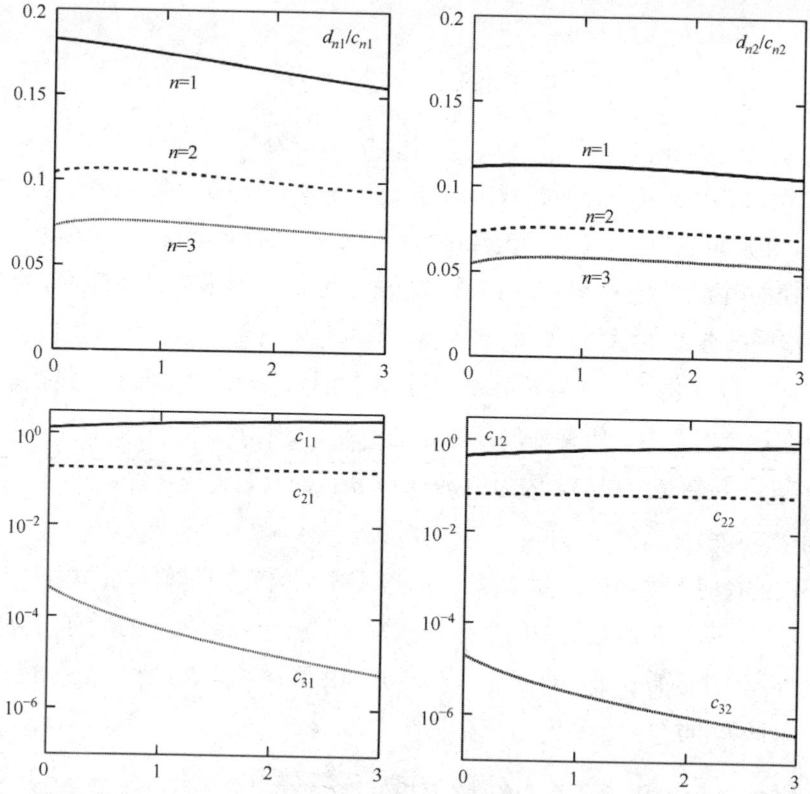

图 7.7　在区间 $0 \leqslant v \leqslant 3$ 上（$n=1,2,3$ 且 $k=1,2$）表 7.1 中辅助径向函数 $R_n(k,v,\chi)$ 和 $r_n(k,v,\chi)$ 尺度系数的特性

在图 7.7 中，上面的图表示了径向函数 $r_n(k,v,\chi)/R_n(k,v,\chi)=d_{nk}/c_{nk}$ 的比率，该比率在值域 $\{0.5 \leqslant v \leqslant 1\}$ 上实际上是连续的；下面的图表示了系数 c_{nk} 的特性，虽然它们的表达式较复杂，系数 c_{1k} 和 c_{2k} 在值域 $\{0.5 \leqslant v \leqslant 1\}$ 上实际上是连续的。

7.3.4　无理代数标量基函数

前面章节定义的每个辅助径向函数 $R_j(\chi)$（假设在给定 v 值处它没有极点）生成以下基函数：

$$\begin{aligned}
\phi_{j1}^{i+1}(\chi,\sigma) &= R_j(\chi)(1+\sigma)/4 \\
\phi_{j1}^{i-1}(\chi,\sigma) &= R_j(\chi)(1-\sigma)/4 \\
\phi_{j\ell}(\chi,\sigma) &= R_j(\chi) f_{\ell-2}(\sigma)(1-\sigma^2)/8
\end{aligned} \tag{7.55}$$

其中

$$\begin{aligned}\iint_{T^2}\left[\phi_{j1}^{i+1}\right]^2 \mathrm{d}T^2 &= \iint_{T^2}\left[\phi_{j1}^{i-1}\right]^2 \mathrm{d}T^2 \\ &= \iint_{T^2}\phi_{j\ell}^2 \mathrm{d}T^2 = 1/12\end{aligned} \tag{7.56}$$

函数 ϕ_{j1}^{i+1} 和 ϕ_{j1}^{i-1} 基于其上标所指代的边（$\xi_{i\pm1}=0 \Rightarrow \sigma=\pm1$），在剩余的其他两条边上为 0。相反，$\phi_{j\ell}$（$\ell \geqslant 2$）是泡沫函数，它沿三角形单元的三个边为 0。

将径向函数式 $R_j(x)$ 与（$q+1$）个关于 σ 的伪方位角多项式函数的 q 阶完备集相乘，得到函数式（7.55）。σ 的“最低”阶集与 $q=1$ 相一致；在这个例子中，函数集式（7.55）由两个以边为基函数 ϕ_{j1}^{i+1} 和 ϕ_{j1}^{i-1} 组成。σ 中的高阶函数集在 $q \geqslant 2$ 时获得；在这个例子中，所有 $\ell = 2,3,\cdots,q$ 的泡沫函数都包含在式（7.55）中。函数集式（7.55）显然是分层的，因为由 $q=s+1$ 获得的函数集包含由 $q=s$ 获得的函数集中的全部函数。

不同的径向函数 $R_j(x)$，$j=1,2,\cdots,r$，生成不同的分层函数集，形式如式（7.55）。式（7.52）表明一个函数集中的每个函数都与另一个函数集中的所有函数正交。除此之外，泡沫函数 $\phi_{j\ell}(\chi,\sigma)$ 和 $\phi_{mn}(\chi,\sigma)$ 分别由径向函数 $R_j(x)$ 和 $R_m(x)$ 生成，并且在三角形单体 T^2 中相互正交，有

$$\iint_{T^2}\phi_{j\ell}(\chi,\sigma)\phi_{mn}(\chi,\sigma)\mathrm{d}T^2 = \frac{\delta_{jm}\delta_{\ell n}}{12} \tag{7.57}$$

其中

$$\delta_{rq} = \begin{cases} 0 & \text{当} r \neq q \\ 1 & \text{当} r = q \end{cases} \tag{7.58}$$

是 Kronecker delta。在本小节中，基于泡沫和边缘的电势形成了 Meixner 标量基函数的子集，可以使用改进电磁场中长度分量（E_z 或 H_z）上 2D 电磁问题的解决方法。

Meixner 子空间是自然分层的，并且可以通过多种不同的基函数集来实现。为使由 Meixner 和常规子空间结合得到的方程组有一个合理的限制，采用正交性条件式（7.53），其中包含了 k 个不同的分层多项式 $E_{m2}(x)$。这个正交化过程对每一个使用的特定 k 值产生了一个 Meixner 基函数独特的集。由给定 k 获得的 Meixner 基函数可以和高于 k 的任意阶数分层多项式基一起使用，而不需要修改。

相似地，结合插值多项式子集一起使用的 Meixner 子集可以通过在 Meixner 和插值多项式函数之间使用正交化条件而形成。然而，一个插值子集的所有函数都是同阶多项式，并且它们不同于不同阶的插值多项式函数。一般来说，这意味

着，无论何时当插值子集的阶数变化时，要加入一个插值子集的 Meixner 集必须要修改。在 7.6 节中，将用 Legendre 多项式取代函数 $E_{m2}(x)$，以实现此过程的一般化。

7.3.5　范例：有一个奇异度的二次基

简单说明基集二次展开式的构建过程。

根据上文的介绍，可以在加性函数中使用的最低阶径向函数形式为

$$R_1(v,\chi)=a_{11}\chi^v-\left(b_{11}\chi+b_{12}\chi^2\right) \tag{7.59}$$

其中奇异自由度已经与二阶多项式特性结合。（这些特殊的系数和伴随的函数都依赖于 v 的值，并且可以从表 7.1 中获得；这些对于解释构建过程和函数的使用不是必须的，所以这里省略它们。）这个函数必须和至少是二阶的奇异展开函数一起使用。

这个奇异基函数是关于 χ 的径向函数和一个关于变量 σ 的角函数的结合；根据下式定义与连接奇异点的两条单元边有关的奇异基函数

$$\phi_{n1}^{i-1}(v,\chi,\sigma)=R_n(v,\chi)(1-\sigma)/4 \tag{7.60}$$

$$\phi_{n1}^{i+1}(v,\chi,\sigma)=R_n(v,\chi)(1+\sigma)/4 \tag{7.61}$$

对于更高阶的奇异基函数，也引入泡沫函数：

$$\varphi_{n\ell}(v,\chi,\sigma)=R_n(v,\chi)f_{\ell-2}(\sigma)\left(1-\sigma^2\right)/4 \tag{7.62}$$

其中 $f_q(\sigma)$ 是阶为 q 的雅可比多项式。

因此，能包括奇异函数的加性基函数的最小集以 6 个线性二阶多项式基函数开始。

$$\xi_1,\xi_2,\xi_3,\sqrt{30}\xi_1\xi_2,\sqrt{30}\xi_2\xi_3,\sqrt{30}\xi_3\xi_1 \tag{7.63}$$

那些基函数在单元中是增广的，并且每个单元包含奇异点和 2 个加性函数（每条边都与奇异点有关联）。

$$\phi_{11}^{i-1}(\chi,\sigma)=\left\{a_{11}\chi^v-\left(b_{11}\chi+b_{12}\chi^2\right)\right\}\left(\frac{1-\sigma}{4}\right) \tag{7.64}$$

$$\phi_{11}^{i+1}(\chi,\sigma)=\left\{a_{11}\chi^v-\left(b_{11}\chi+b_{12}\chi^2\right)\right\}\left(\frac{1+\sigma}{4}\right) \tag{7.65}$$

式（7.64）和式（7.65）中的函数在单元的两条边上分别为零，并且提供了将第 3 条边的 χ^v 项合并的函数相关性。

因为展开的背景阶数是二次的，也可以在每个奇异单元中加上第三个函数，泡沫函数为

$$\phi_{12}(\chi,\sigma)=\left\{a_{11}\chi^{\nu}-\left(b_{11}\chi+b_{12}\chi^{2}\right)\right\}\left(\frac{1-\sigma^{2}}{4}\right) \tag{7.66}$$

加上这个函数之后，方位角变为与多项式背景离散化同水平（二次），增强这个方法的精确度的相关内容将在下面介绍。

对于这个二次表达式，每个邻近角的单元支持 6 个多项式和 3 个奇异基函数。不管怎样，式（7.64）和式（7.65）中的奇异函数是由邻近单元共享的连续函数，就像式（7.63）中以边为基的二次函数，而式（7.63）中的以点为基线性函数$\{\xi_1,\xi_2,\xi_3\}$由全部有相同点的邻近单元共享。沿单元边的狄利克雷边界条件可以减少未知数的个数。

7.3.6 范例：有两个奇异度的立方基

为提高二次阶表达，必须使用包括如下三次多项式函数的三次正则展开：

$$\left\{\begin{matrix}\sqrt{210}\xi_1\xi_2\left(\xi_1-\xi_2\right),\sqrt{210}\xi_2\xi_3\left(\xi_2-\xi_3\right),\\ \sqrt{210}\xi_3\xi_1\left(\xi_3-\xi_1\right),3\sqrt{70}\xi_1\xi_2\xi_3\end{matrix}\right\} \tag{7.67}$$

在这个基集中［含有式（7.63）中的函数］，因为多项式背景现在是三次的了，应该用额外的泡沫函数来提高精确度以增广式（7.64）～式（7.66）中的奇异函数。

$$\varphi_{13}(\chi,\sigma)=\left\{a_{11}\chi^{\nu}-\left(b_{21}\chi+b_{22}\chi^{2}\right)\right\}\sqrt{70}\left(\frac{\sigma\left(1-\sigma^{2}\right)}{4}\right) \tag{7.68}$$

在σ上有三次变化并且具有与式（7.64）～式（7.66）同样的奇异指数。式（7.63）～式（7.68）中基函数的组合提供了一个有一个奇异自由度的三次展开式。

然而，在三次表达式中，奇异特性可以通过包含二分式指数来提高。假设决定在展开式中包含指数 2ν（这个指数通常用于表示靠近导电斜劈的场的第二个奇异项；为了简化合并需要一个不同的指数）。第二个径向函数

$$R_2(\nu,\chi)=a_{21}\chi^{2\nu}-\left(b_{21}\chi+b_{22}\chi^{2}+b_{23}\chi^{3}\right) \tag{7.69}$$

可以被使用，它的系数被用来与$R_1(\nu,\chi)$在单位区间上与权重函数χ正交。奇异基函数合并式（7.69）如下：

$$\varphi_{21}^{i-1}(\chi,\sigma)=\left\{a_{21}\chi^{2\nu}-\left(b_{21}\chi+b_{22}\chi^{2}+b_{23}\chi^{3}\right)\right\}\left(\frac{1-\sigma}{4}\right) \tag{7.70}$$

$$\varphi_{21}^{i+1}(\chi,\sigma)=\left\{a_{21}\chi^{2\nu}-\left(b_{21}\chi+b_{22}\chi^{2}+b_{23}\chi^{3}\right)\right\}\left(\frac{1+\sigma}{4}\right) \tag{7.71}$$

$$\varphi_{22}(\chi,\sigma)=\left\{a_{21}\chi^{2\nu}-\left(b_{21}\chi+b_{22}\chi^{2}+b_{23}\chi^{3}\right)\right\}\left(\frac{1-\sigma^{2}}{4}\right) \tag{7.72}$$

$$\varphi_{23}(\chi,\sigma)=\left\{a_{21}\chi^{2\nu}-\left(b_{21}\chi+b_{22}\chi^{2}+b_{23}\chi^{3}\right)\right\}\sqrt{70}\left(\frac{\sigma\left(1-\sigma^{2}\right)}{4}\right) \tag{7.73}$$

其中式（7.70）～式（7.73）的特殊系数可以从表 7.1 中得出，并且确保式（7.59）和式（7.69）的正交性以及集中奇异和非奇异基函数的局部正交性。在这个表示中，在包含奇异点的单元中每条径向边上，三次多项式展开式使用两个奇异基函数实现增广，每个单元中则需要 4 个奇异基函数实现增广。

如果想要将表达式的阶数增加为高于两个分指数，必须将背景展开式扩展到 4 度之一，并且用一个新的集增广奇异函数集。新的集包含径向函数 R_3，其中包括最高为 χ^4 的多项式项并与 R_1 和 R_2 正交。在这种情况下，整个展开式包含每个径向边上的 3 个奇异函数和每个单元中的 9 个奇异函数，奇异点也包含在这些单元中（每个单元中有 30 个基函数重叠）。在不包含奇异点的单元中，可以使用正则度为 4 的展开式（15 个重叠的基函数）。

之前的方法有一定的灵活性，只要多项式的度至少比不同的指数的个数大 1，就可以先选择奇异指数的个数，再选择任何阶数的多项式。因此，二次、三次或更高阶数的多项式可以和一个单一指数一起使用。对于两个指数，最小阶数是三阶。对于特定问题，需要使用者进行实验优化展开式。或者，自适应求精程序可以提供一个更系统化的方法来构建适当的展开式。因为基是分层的，正则和奇异的部分可以适用于使用 P-求精程序的场，该程序使用了一个局部误差估计来引导对包含自由度的选择[1,2,31]。这个概念超出了本书所讨论的范围。

7.3.7　估计奇异基的积分

在有限元的应用中，质量和刚度矩阵的系数不是以封闭形式估计的就是使用适当的求积程序进行数值计算得出的。无论何时积分中涉及多项式基函数都不是问题，但是如果积分涉及 Meixner 函数[见式（7.55）]并且使用传统的求积规则进行估计，将会降低数值精确度。在后一种情况中，在一个奇异三角形上的积分可以在 7.2 节中讨论的伪极坐标参考系 (χ,σ) 中表示。

下文中，将介绍一个可以被用来简化大部分不确定积分的数值估计过程，无论三角形是否由直线构成，这个过程基于以下 3 个事实：

① Meixner 函数 $\varphi_{j\ell}(\chi,\sigma)=R_j(\chi)\Theta\ell(\sigma)$ 是关于变量 χ 的径向函数 R_j 与关于 σ 的多项式函数 $\Theta\ell$ 相乘的结果［见式（7.55）］。

② 在直线三角形中，梯度矢量 $\nabla\chi$ 为常数，矢量 $\chi\nabla\sigma$ 只是方位角变量 σ 的

一个函数[见式（7.21）]。

③ 下面的径向积分式（7.74）～式（7.78）可以被解析估计，辅助径向函数（k=1）如表 7.2 所示。

$$A_{jm}\left(k,v\right)=\frac{1}{2}\int_0^1 \chi \frac{\mathrm{d}R_j\left(k,v,\chi\right)}{\mathrm{d}\chi}\frac{\mathrm{d}R_m\left(k,v,\chi\right)}{\mathrm{d}\chi}\mathrm{d}\chi \tag{7.74}$$

$$B_{jm}\left(k,v\right)=\frac{1}{2}\int_0^1 \frac{R_j\left(k,v,\chi\right)R_m\left(k,v,\chi\right)}{\chi}\mathrm{d}\chi \tag{7.75}$$

$$C_{jm}\left(k,v\right)=\frac{1}{2}\int_0^1 R_j\left(k,v,\chi\right)\frac{\mathrm{d}R_m\left(k,v,\chi\right)}{\mathrm{d}\chi}\mathrm{d}\chi \tag{7.76}$$

$$D_j\left(k,v\right)=\frac{1}{2}\int_0^1 R_j\left(k,v,\chi\right)\mathrm{d}\chi=-\frac{1}{2}\int_0^1 \chi\frac{\mathrm{d}R_j\left(k,v,\chi\right)}{\mathrm{d}\chi}\mathrm{d}\chi \tag{7.77}$$

$$E_j\left(k,v\right)=\frac{1}{2}\int_0^1 \chi\left(1-\chi\right)R_j\left(k,v,\chi\right)\mathrm{d}\chi \tag{7.78}$$

对于奇异直线三角形，大多数不确定的刚度矩阵的精度估计可以通过使用前面解析的预积分的结果式（7.74）～式（7.77）和多项式求积算法来加快估计速度。

表 7.2　辅助径向函数（k=1）

$A_{jm}=\frac{1}{2}\int_0^1 \chi\frac{\mathrm{d}R_j(1,v,\chi)}{\mathrm{d}\chi}\frac{\mathrm{d}R_m(1,v,\chi)}{\mathrm{d}\chi}\mathrm{d}\chi=\frac{a_{jm}}{g_j g_m}$	$B_{jm}=\frac{1}{2}\int_0^1 \frac{R_j(1,v,\chi)R_m(1,v,\chi)}{\chi}\mathrm{d}\chi=\frac{b_{jm}}{v g_j g_m}$
$a_{11}=5\,(72+52v+13v^2+v^3)/2$ $a_{12}=2\,(2\,520+1\,494v-7\,509v^2-5\,006v^3$ $-979v^4-60v^5)/h_{12}$ $a_{13}=3\,(2\,880\,000+21\,748\,800v+61\,281\,600v^2+81\,211\,352v^3$ $+55\,432\,558v^4+23\,698\,751v^5+8\,986\,235v^6+3\,424\,428v^7$ $+957\,952v^8+155\,899v^9+13\,335v^{10}+450v^{11})/h_{13}$ $a_{22}=2\,(5\,520+14\,764v+11\,171v^2+3\,067v^3+309v^4+9v^5)$ $a_{23}=6\,(6\,120\,000+40\,464\,000v+56\,954\,500v^2-177\,610\,260v^3$ $-703\,623\,635v^4-981\,188\,656v^5-703\,177\,491v^6$ $-290\,004\,528v^7-73\,139\,785v^8-11\,552\,704v^9$ $-1\,104\,669v^{10}-55\,692v^{11}-1\,080v^{12})/h_{23}$ $a_{33}=9\,(4\,104\,000\,000+42\,855\,840\,000v+185\,280\,564\,000v^2$ $+434\,441\,142\,800v^3+613\,486\,451\,660v^4+554\,105\,545\,028v^5$ $+334\,464\,051\,789v^6+139\,794\,085\,605v^7+41\,671\,201\,601v^8$ $+9\,053\,141\,909v^9+1\,446\,168\,991v^{10}+168\,500\,595v^{11}$ $+13\,899\,919v^{12}+758\,163v^{13}+23\,640v^{14}+300v^{15})/2$	$b_{11}=5\,(144+96v+17v^2+v^3)/4$ $b_{12}=(14\,400+40\,800v+30\,448v^2+9\,887v^3$ $+1\,413v^4+72v^5)/h_{12}$ $b_{13}=(12\,960\,000+111\,348\,000v+370\,659\,600v^2+620\,989\,890v^3$ $+586\,864\,701v^4+342\,277\,674v^5+129\,697\,023v^6+32\,309\,940v^7$ $+5\,149\,539v^8+495\,306v^9+26\,577v^{10}+630v^{11})/h_{13}$ $b_{22}=(3\,600+9\,120v+7\,304v^2+2\,603v^3+426v^4+27v^5)$ $b_{23}=3\,(17\,280\,000+174\,960\,000v+727\,598\,400v^2+1\,629\,202\,800v^3$ $+2\,181\,554\,318v^4+1\,853\,860\,933v^5+1\,043\,248\,259v^6$ $+397\,058\,040v^7+101\,768\,412v^8+17\,042\,097v^9$ $+1\,761\,831v^{10}+102\,210v^{11}+2\,700v^{12})/h_{23}$ $b_{33}=3\,(5\,184\,000\,000+53\,352\,000\,000v+230\,725\,800\,000v^2$ $+553\,996\,752\,000v^3+828\,596\,965\,300v^4+825\,912\,414\,440v^5$ $+573\,069\,887\,337v^6+284\,514\,805\,753v^7+102\,548\,538\,293v^8$ $+26\,912\,874\,657v^9+5\,105\,018\,123v^{10}+688\,687\,807v^{11}$ $+64\,442\,787v^{12}+4\,011\,443v^{13}+151\,360v^{14}+2\,700v^{15})/4$
$C_{jm}=\frac{1}{2}\int_0^1 R_j(1,v,\chi)\frac{\mathrm{d}R_m(1,v,\chi)}{\mathrm{d}\chi}\mathrm{d}\chi=\frac{c_{jm}}{g_j g_m}$ $c_{11}=c_{22}=c_{33}=c_{jj}=0$ $c_{21}=-c_{12}=2\,(3\,240+10\,038v+5\,882v^2$ $+1\,273v^3+87v^4)/h_{12}$ $c_{31}=-c_{13}=3\,(2\,016\,000+18\,492\,000v+61\,727\,600v^2$ $+95\,787\,354v^3+75\,343\,591v^4+32\,173\,767v^5+7\,526\,260v^6$ $+876\,756v^7+24\,579v^8-4\,117v^9-270v^{10})/h_{13}$ $c_{32}=-c_{23}=6\,(5\,400\,000+58\,788\,000v+249\,471\,900v^2$ $+538\,803\,750v^3+649\,280\,778v^4+454\,868\,863v^5$ $+192\,046\,949v^6+50\,246\,960v^7+8\,306\,552v^8$ $+861\,067v^9+51\,741v^{10}+1\,440v^{11})/h_{23}$	$D_j=\frac{1}{2}\int_0^1 R_j(1,v,\chi)\mathrm{d}\chi=-\frac{1}{2}\int_0^1 \chi\frac{\mathrm{d}R_j(1,v,\chi)}{\mathrm{d}\chi}\mathrm{d}\chi=\frac{d_j}{g_j}$ $d_1=\sqrt{5(2+v)}/\sqrt{2(1+v)}$ $d_2=(20+27v+3v^2)\sqrt{1+v}/\sqrt{8(1+2v)}$ $d_3=3\,(1\,200+5\,630v+9\,255v^2+7\,775v^3+3\,271v^4$ $+609v^5+50v^6+2v^7)\sqrt{(2+3v)}/\sqrt{2(1+3v)}$ $E_j=\frac{1}{2}\int_0^1 \chi(1-\chi)R_j(1,v,\chi)\mathrm{d}\chi=\frac{e_j}{g_j}$ $e_1=(12+v)\sqrt{1+v}/\sqrt{1\,440(2+v)}$ $e_2=v(17+3v)\sqrt{1+2v}/\sqrt{1\,800(1+v)}$ $e_3=v\,(7\,800+32\,530v+38\,609v^2+19\,003v^3+3\,901v^4$ $+307v^5+10v^6)\sqrt{1+3v}/\sqrt{800(2+3v)}$

续表

其中：

$h_{12}=6\sqrt{5}\sqrt{(2+v)(1+2v)}$ $h_{13}=4\sqrt{5}\sqrt{(1+v)(2+v)(1+3v)(2+3v)}$ $h_{23}=10\sqrt{(1+v)(1+2v)(1+3v)(2+3v)}$	$g_1^2=(2+v)(6+v)$ $g_2^2=(1+v)(1\,200+2\,840v+1\,169v^2+162v^3+9v^4)/(5+2v)$ $g_3^2=(2+3v)(194\,400\,000+1\,950\,480\,000v+7\,849\,170\,000v^2+16\,473\,999\,600v^3$ $+20\,004\,681\,360v^4+15\,153\,798\,836v^5+7\,613\,999\,687v^6+2\,662\,375\,394v^7$ $+668\,617\,133v^8+121\,948\,064v^9+16\,012\,253v^{10}+1\,472\,826v^{11}$ $+90\,387v^{12}+3\,360v^{13}+60v^{14})/(2+v)$

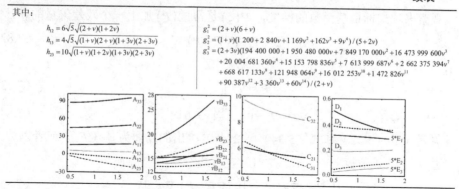

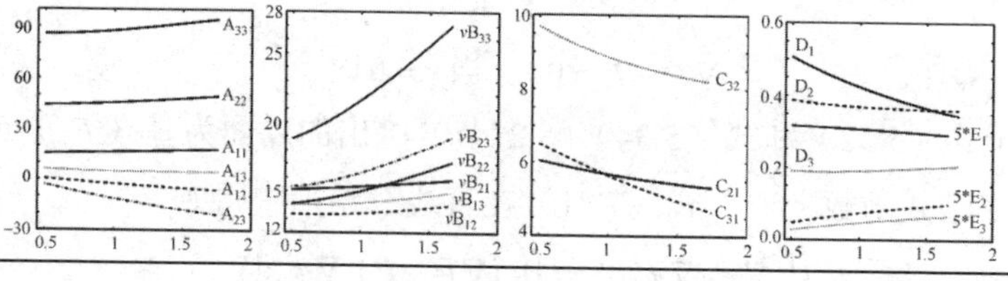

质量矩阵的系数如下所示。事实上，对于 Meixner 函数 $\phi_{j\ell}$ 和 ϕ_{mn}，可以很快得到

$$\begin{aligned}\iint_S \nabla\phi_{j\ell}\cdot\nabla\phi_{mn}\mathrm{d}S &= \mathcal{J}A_{jm}\nabla\chi\cdot\nabla\chi\int_{-1}^{1}\Theta_\ell\Theta_n\mathrm{d}\sigma\\ &+\mathcal{J}B_{jm}\int_{-1}^{1}\frac{\mathrm{d}\Theta_\ell}{\mathrm{d}\sigma}\frac{\mathrm{d}\Theta_n}{\mathrm{d}\sigma}(\chi\nabla\sigma\cdot\chi\nabla\sigma)\mathrm{d}\sigma\\ &+\mathcal{J}\int_{-1}^{1}\left[C_{jm}\frac{\mathrm{d}\Theta_\ell}{\mathrm{d}\sigma}\Theta_n+C_{mj}\Theta_\ell\frac{\mathrm{d}\Theta_n}{\mathrm{d}\sigma}\right](\chi\nabla\sigma\cdot\nabla\chi)\mathrm{d}\sigma\end{aligned}\tag{7.79}$$

其中 S 是直线三角形单元，$\mathcal{J}$ 是从子空间三角形到 $\boldsymbol{\xi}$ 父坐标变换的连续的雅可比行列式。式（7.79）右侧最后一个积分在 $\ell=n$ 时为 0，因为 $C_{mj}=-C_{jm}$。在这一点上，回顾之前当 ℓ，$n\geqslant 2$ 时，方位角函数 Θ_ℓ 和 Θ_n 按照正交雅可比多项式给出[见式(7.40)和式（7.55）的最后]。如果 $\ell=n$，式（7.41）与 $q=\ell=n$ 一起保持不变，而对于不同阶数的雅可比多项式（例如 $\ell\neq n$），式（7.79）右侧的第一个积分消失。

为估计多项式基函数的梯度的点积的积分与面 S 上奇异直线三角形上 Meixner 函数的梯度的乘积，首先观察到，在直线三角形中，矢量函数的梯度 $V_1^i=\xi_i$ 和 $V_1^{i\pm1}=\xi_{i\pm1}$ 是连续的。可以立即得出：

$$\iint_S \nabla\begin{bmatrix}V_1^i\\V_1^{i+1}\\V_1^{i-1}\end{bmatrix}\cdot\nabla\phi_{j1}^{i\pm1}\mathrm{d}S=-\mathcal{J}D_j\nabla\begin{bmatrix}\xi_i\\\xi_{i+1}\\\xi_{i-1}\end{bmatrix}\cdot\nabla\xi_{i\pm1}\tag{7.80}$$

其中 $\phi_{j1}^{i\pm1}$ 是令 $\ell=1$ 得到的两个 Meixner 函数 $\phi_{j\ell}$。所有其他由 $\ell\geqslant 2$ 获得的 Meixner 函数是泡沫函数；因此，对于 $\ell\geqslant 2$，得到

$$\iint_S \nabla V_1^{i,i\pm1}\cdot\nabla\phi_{j\ell}\mathrm{d}S=0 \tag{7.81}$$

观察多项式标量基函数的梯度，$\mathcal{P}(\xi)$是常量$(\boldsymbol{P})$加上一个残差矢量的和：

$$\nabla\mathcal{P}=\boldsymbol{P}+(\nabla\mathcal{P}-\boldsymbol{P}) \tag{7.82}$$

其中

$$\boldsymbol{P}=\nabla\mathcal{P}\big|_{\chi=0} \tag{7.83}$$

$$\nabla\mathcal{P}-\boldsymbol{P}=0\quad 当\chi=0时 \tag{7.84}$$

并且$\mathcal{P}$等于式（5.32）和式（5.34）（5.2 节）给出的以面为基（F_g）或者以边为基（E_g）多项式函数之一，式（7.81）在直线三角形中得到

$$\iint_S \nabla\mathcal{P}\cdot\nabla\phi_{j\ell}\mathrm{d}S=\iint_S(\nabla\mathcal{P}-\boldsymbol{P})\cdot\nabla\phi_{j\ell}\mathrm{d}S \tag{7.85}$$

所有由$\ell\geqslant2$获得泡沫 Meixner 函数$\phi_{j\ell}$。相反，对于 Meixner 函数$\phi_{j1}^{i\pm1}$（即$\ell=1$）有

$$\iint_S \nabla\mathcal{P}\cdot\nabla\phi_{j1}^{i\pm1}\mathrm{d}S=-\mathcal{J}D_j\boldsymbol{P}\cdot\nabla\xi_{i\pm1}+\iint_S(\nabla\mathcal{P}-\boldsymbol{P})\cdot\nabla\phi_{j1}^{i\pm1}\mathrm{d}S \tag{7.86}$$

所有被积函数在奇异矢量$\chi=0$、$\xi_i=1$处为 0，因此式（7.85）和式（7.86）右侧积分的数值估计可被化简，虽然在伪极坐标参考框架(χ,σ)中表达这些积分仍然是方便的。

需要估计质量矩阵系数的积分比那些需要估计上面讨论的刚性矩阵系数的积分更容易确定。在这种情况下，沿径向的预积分也可以用来处理曲线（扭曲）三角形。例如，对于在奇异矢量$V_1^i=\xi_i$处获得单位值的矢量函数$\chi=0$，可得

$$\iint_S V_1^i\phi_{j\ell}\mathrm{d}S=\mathcal{J}E_j\int_{-1}^{1}\Theta_\ell\mathrm{d}\sigma \tag{7.87}$$

$\ell\geqslant3$的奇数值为 0。因此辅助径向函数的正交性表明

$$\iint_S \phi_{j\ell}\phi_{mn}\mathrm{d}S=\mathcal{J}\frac{\delta_{jm}}{2}\int_{-1}^{1}\Theta_\ell\Theta_n\mathrm{d}\sigma \tag{7.88}$$

在$\ell,n\geqslant2$和$\ell\neq n$处为 0，并且其中δ_{jm}是 Kronecker delta［见式（7.58）］。

尽管极点v在辅助径向函数$R_j(k,v,\chi)$和$R_m(k,v,\chi)$的表达式中出现，积分系数A_{jm}、B_{jm}、C_{jm}、D_j和E_j在式（7.74）～式（7.78）中给出，这些系数在$v\geqslant1/2$时不是奇异的。表 7.2 给出了$k=1$的情况，在区间$\{0.5\leqslant v\leqslant1.7\}$上，这些系数（$1\leqslant j,m\leqslant3$）的表达式作为变量$v$的函数表示它们的图形特性。

7.4 标量基的数值结果

本节将利用加性分层标量基得到的数值结果与仅用多项式分层基得到的结果进行比较。前面提到，一个多项式基是用它的阶$(p+0.5)$来指定的，$p+1$是多项

式构成基的最大阶数。相反，加性基也包含 Meixner 子集式(7.55)，因此可用一个顺序排列的数字列表来定义。这张表的第一个条目是多项式子集的阶数$(p+0.5)$。第二个条目是指数子表单，用来表述构造 Meixner 子集的辅助径向函数$R_j(k,v,\chi)$的 j 下标。如果 Meixner 子集是通过采用辅助径向函数$R_1(k,v,\chi)$、$R_2(k,v,\chi)$和$R_3(k,v,\chi)$构成的，那么子表单是$\{1,2,3\}_k$；类似地，如果第二个条目是子集$\{1,3\}_k$，就说明只用了辅助径向函数$R_1(k,v,\chi)$和$R_3(k,v,\chi)$构成 Meixner 子集。（v 值依赖于所考虑的楔形，且能广泛被理解接受。）表的最后一个条目给出增加基的阶数是一个整数A_σ，表明用来构成无理代数基函数式（7.55）的变量σ的方位角多项式的最大阶数。即，$A_\sigma=1$表明 Meixner 子集仅包含边缘函数$\phi_{j1}^{i\pm1}=R_j(\chi)(1\pm\sigma)/4$，包含一个线性变量$\sigma$；类似地，$A_\sigma\geqslant 2$表明采用出现在式(7.55)中的所有函数$\phi_{j\ell}$，直到$\ell=A_\sigma$。表明使用的径向函数的 j 值在给出增加基阶数的表的第二个条目中已经指定。（显然，可用不同方位角阶 ℓ 形成 Meixner 函数$\phi_{i\ell}$和$\phi_{j\ell}$；在这种情形下，指定基阶的数列表将会更长。）

为进一步阐明这种方法，构建一个基$\left[4.5,\{1,3\}_1,5\right]$，步骤是：径向函数$R_1(1,v,\chi)$和$R_3(1,v,\chi)$乘以方位角多项式$(1\pm\sigma)/4$和$f_{\ell-2}(\sigma)(1-\sigma^2)/8$，$\ell=2,3,\cdots 5$[参见式（7.40）和式（7.55）]，得到 Meixner 子集$\{\phi_{1\ell},\phi_{3\ell}\}$；再用该子集增广 4.5 阶的多项式子集；这个例子采用 Meixner 子集的方位角坐标，多项式的阶数是 5。

7.4.1　边波导结构的特征值

使用奇异分层标量函数计算圆形有叶波导的特征值如表 7.3 所示。为提高阶数而构造的分层基的高收敛率，可从表 7.3 中循环叶片波导结果得到验证[一个延伸到中心的金属、零厚度标准化（单位）半径a 叶片的均匀波导][20, 29]。在此条件下，楔形孔径角$\alpha=0^\circ$，且必须考虑的最小奇异系数[见式（7.6）]应为$v=1/2$。其他非整数的奇异系数等于$v+q$，整数$q\geqslant 1$（见图 7.1）。

半整阶 Bessel 方程$J_{m/2}$以及这些 Bessel 方程的导数（见表 7.3 左栏）的零点分别是 TM 和 TE 特征值（参见参考文献[20，29]）。（这些特征值的重数为 1。相反，大多数标准环形波导模型的特征值重数是 2。）标注这些模型的第一个下标是 $m/2$；通常，第二个下标 n 表示零点的阶数。虽然叶片模型优于所有的TM_{0n}环形波导模式，但 m 值不仅跟所支持的模型有关，也受环形波导影响。在叶片边有$v=1/2$奇异系数的模型场为$TE_{1/2,n}$和$TM_{1/2,n}$模式，而且奇异$TE_{1/2,n}$模式是主导。当矢量特征场有无界特性时，它所代表的模型就定义为奇异的。

特征值$\left(k_c^2\right)$通过对以下标量差分方程用经典的FEM离散方法（Galerkin方法）数值求解获得：

$$\nabla^2\Phi + k_c^2\Phi = 0 \tag{7.89}$$

采用TM和TE模式，边界条件分别为$\Phi = 0$或$\partial\Phi / \partial n = 0$，此处$\hat{\boldsymbol{n}}$是主导边界上的单位外法线。对于TE模式，边界条件是自然形成的；反之，对于TM模式，基函数不指定在导体边界的节点或边上。

注意到$k_c^2 = 0$，标量问题[见式（7.89）]可简化成$\nabla^2\Phi = 0$，在TE边界条件下，有数值解（虽非物理解）Φ=常数。典型地，用数值方法得到的非物理TE特征值$k_{c0}^2 = 0$数量级是10^{-7}或更小，而且确实总是与一个数值常数特征解Φ_0有关；在表7.3中，未出现“0”特征值。

利用表7.3所示的粗糙网格得到数值结果，网格由12个曲线三角形和12个直线三角形组成，总共24个单元，在锐边顶点仅有6个奇异三角形。在环形波导边界的三角单元的曲边由8次参数曲线定义，即这些边界上的三角形按8次曲线扭曲。因此，环形边界可用12个8次曲线单元来描述，总共定义96个插值点。当使用大尺寸单元时，对曲线边界的低阶描述导致的误差决不能被低估，因为在这种情况下误差容易变得非常大，正如采用环形叶片波导试验的情况，12个曲线三角形的扭曲度小于6次。在这种情况下，采用大尺寸单元，在用高阶表达式描述弯曲几何体时，高阶基函数的主要好处才被认识到。

表7.3的图显示了计算环形叶片波导的每一个第一个21模式的k_c平方值的百分比误差。用浅色条显示的结果也符合那些标准环形波导支持的相应模式。用黑色条显示的结果仅支持叶片波导模式。低于10^{-7}门限的百分比误差不在图中显示。

表7.3中间列的三个图是使用单纯多项式（分层级）基函数得到的。右边栏结果是通过Meixner子集$\{\phi_{1\ell}, \phi_{3\ell}\}$或$\{\phi_{1\ell}, \phi_{3\ell}, \phi_{5\ell}\}$来增广多项式基得到的。（$R_2$和$R_4$在$v$=1/2处有极点且不能应用于当前示例。）表7.3清楚表明“标准”环形波导支持模式的误差随多项式子集阶数的提高而减少，但独立于Meixner子集的阶数。相反，利用单纯多项式基获得的叶片波导第一、五、十一和十九模式的误差总是“飞上了天”。显然，这是由于对这些奇异模式（对应于m/2=1/2）的矢量场$\nabla\Phi$在叶片边界是奇异的，并且不能用单纯多项式基函数建模。而且，还与想象的相反，用单纯多项式基计算奇异模式产生的误差随着划分单元尺寸的减小而下降极少（结果未给出）。相反，采用加性基，比用单纯多项式基更容易降低奇异模式的k_c^2的百分比误差，可达10^2或10^4数量级。

表 7.3　使用奇异分层标量函数计算圆形有叶波导的特征值

归一化（单位）半径 a 的圆形有叶波导的前21种模式的特征值 k_c^2［见式（7.89）］的误差百分比值。百分比误差低于 10^{-7} 门限的误差没有在图中显示

顺序号 ⇓	模式	k_c 参考值
1	$\mathrm{TE}_{\frac{1}{2}1}$	1.165 561 185 207
2	TE_{11}	1.841 183 781 341
3	$\mathrm{TE}_{\frac{3}{2}1}$	2.460 535 572 190
4	TE_{21}	3.054 236 928 227
5	$\mathrm{TM}_{\frac{1}{2}1}$	3.141 592 653 590
6	$\mathrm{TE}_{\frac{5}{2}1}$	3.632 797 319 832
7	TE_{01}	3.831 705 970 208
8	TM_{11}	3.831 705 970 208
9	TE_{31}	4.201 188 941 211
10	$\mathrm{TM}_{\frac{3}{2}1}$	4.493 409 457 909
11	$\mathrm{TE}_{\frac{1}{2}2}$	4.604 216 777 201
12	$\mathrm{TE}_{\frac{7}{2}1}$	4.762 196 386 967
13	TM_{21}	5.135 622 301 841
14	TE_{41}	5.317 553 126 084
15	TE_{12}	5.331 442 773 525
16	$\mathrm{TM}_{\frac{5}{2}1}$	5.763 459 196 895
17	$\mathrm{TE}_{\frac{9}{2}1}$	5.868 419 863 031
18	$\mathrm{TE}_{\frac{3}{2}2}$	6.029 292 381 615
19	$\mathrm{TM}_{\frac{1}{2}2}$	6.283 185 307 180
20	TM_{31}	6.380 161 895 924
21	TE_{51}	6.415 616 375 700

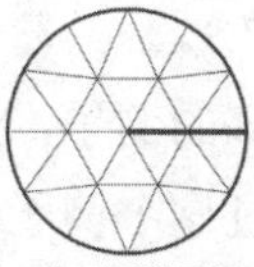

24个三角形的网格

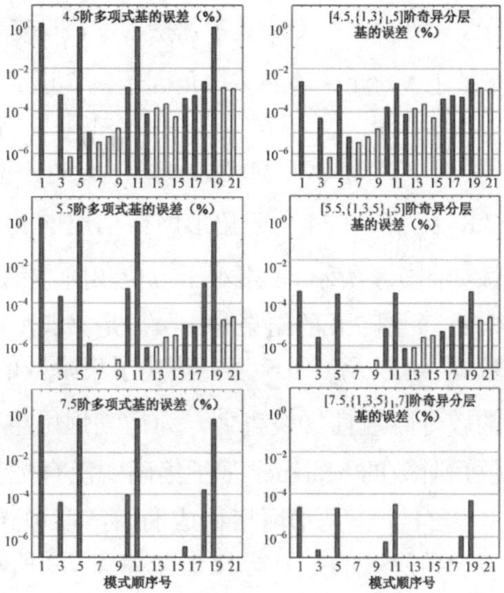

$$\%误差=100\frac{k_c^2-k_{c,参考}^2}{k_{c,参考}^2}$$

	基阶数	未知数数目	CN质量矩阵 $\Phi\Phi$	$\mathrm{TE}_{1/2,1}$ 模式的 k_c
TE问题	[4.5,–,–]	341	2.17×10^3	**1.173**
	[4.5,{1,3}$_1$,5]	403	4.47×10^5	**1.165575**
	[5.5,–,–]	481	3.99×10^3	**1.171**
	[5.5,{1,3,5}$_1$,5]	574	6.55×10^6	**1.1655632**
	[7.5,–,–]	833	1.07×10^4	**1.1688**
	[7.5,{1,3,5}$_1$,7]	962	1.16×10^7	**1.16556131**

	基阶数	未知数数目	CN质量矩阵 $\Phi\Phi$	$\mathrm{TM}_{1/2,1}$ 模式的 k_c
TE问题	[4.5,–,–]	261	8.15×10^2	**3.156**
	[4.5,{1,3}$_1$,5]	319	3.56×10^4	**3.14163**
	[5.5,–,–]	385	1.42×10^3	**3.152**
	[5.5,{1,3,5}$_1$,5]	472	1.18×10^6	**3.1415967**
	[7.5,–,–]	705	3.88×10^3	**3.1476**
	[7.5,{1,3,5}$_1$,7]	828	5.49×10^6	**3.14159298**

未知数数量和质量矩阵的 CN：

$$g_{mn}=\int_{\mathcal{D}}B_mB_n\mathrm{d}\mathcal{D} \tag{7.90}$$

是通过不同阶数的奇异分层基得到的，显示在表 7.3 中图的下方。当提高 Meixner 基子集的方位角阶数 A_σ 时，CN 基本保持不变，即提高式（7.55）中 Jacobi 多项式阶数。显然，这是基于 Meixner 基的方位角因子包含正交 Jacobi 多项式的。

在奇异模式 $TE_{1/2,1}$、$TM_{1/2,1}$，以及环形叶片波导的第五（$TM_{1/2,1}$）和第十（$TM_{3/2,1}$）模式下，为提高 Meixner 基子集的方位角阶数 A_σ 而计算 k_c^2 值的百分比误差见图 7.8。表 7.3 中 24 个三角形网格构成的 Meixner 子集对于方位角阶数 A_σ 结果的收敛性如图 7.8 所示。（相对于方位角阶数的误差，在环形波导也支持的所有模式下是常数。）图 7.8 的结果是 p=4，是“典型的”，且采用表 7.3 网格，在采用方位角阶数 A_σ=p 以及 p+0.5 为多项式子集阶数的 Meixner 基子集时，可以获得对准确结果的较好收敛性。换言之，为适当地网格化主体，采用比多项式子集阶数更高的方位角阶数的 Meixner 基子集确实没有优势。

表 7.3 中 24 个三角形网格构成的增广多项式子集和第五方位角阶数 Meixner 子集对于方位角阶数的 k_c^2 百分比误差如图 7.9 所示。图 7.9 显示了当采用 Meixner 基子集 $\{\phi_{1\ell}\}$（虚线）或第五方位角阶（即所有大于 5 的 ℓ）的 $\{\phi_{1\ell},\phi_{3\ell}\}$（实线）时，只提高多项式子集阶数（$p$+0.5）条件下对结果的改善。虽然图 7.9 只说明了前四种模式的百分比误差，但对其他模式的误差分析是相似的。即当提高多项式子集阶数时，常规模式（包括环形波导支持的模式）的误差独立于 Meixner 基子集且极大地减小，而其他模式的误差下降很少，与图 7.9 显示的相似。（这也再次表明，对奇异模式用纯多项式基产生的误差是相当大的，参见表 7.3。）

3 个正方形单元组成的 L 形状波导是第二种经大量研究的例子，进一步证明了奇异分层基的有效性。（20 世纪 70 年代后期，Moler 通过这个例子说明他的新计算机系统 MATLAB 的能力；参见参考文献[32-34]。）L 形波导前 5 个 TE 和 TM 模式的 k_c 值如表 7.4 所示。表 7.4 把其他作者给出的（和用非传统的超级单元或其他更复杂的数值技术获得的）计算 k_c 特征值的最小值与这里通过表中三种不同网格（La，Lb 和 Lc）用纯多项式基和奇异分层基得到的数值进行比较。正如参考文献[34]给出的，从对称性考虑，第三 TM 模式的精确 k_c 值等于 $\sqrt{2}\pi$；对这个数值我们用网格 Lb 采用奇异基 $\left[7.5,\{1,2,4\}_1,7\right]$ 算出了前 13 位数字。表 7.4 中的第三和第四 TE 模式的数值 k_c 的序列收敛于 π。若要考虑对称性（为简洁此处省略），可以很容易证明存在一个 L 形波导的 TE 模式，它的 $k_c=\pi$ 值，这与一个正方形腔的 TE 模式的值一致。对第四 TE 模式，再次用网格 Lb 采用奇异基 $\left[7.5,\{1,2,4\}_1,7\right]$

算出了 $k_c=\pi$ 的前 13 位数字。

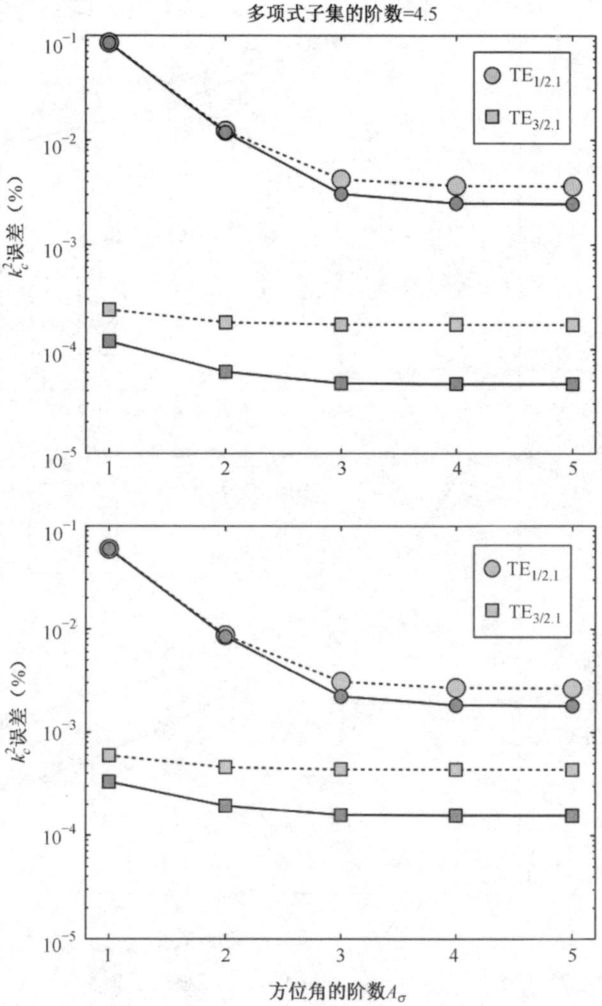

图 7.8　表 7.3 中 24 个三角形网格构成的 Meixner 子集对于方位角阶数 A_σ 结果的收敛性

©2013IEEE. Reprinted with permission from R.D.Graglia, A.F.Peterson, and L.Matekovits, "Singular, hierarchical scalar basis functions for triangular cells," *IEEE Trans. Antennas Propag.*, Vol. 61, no. 7, pp. 3674 – 3692, Jul. 2013.

图 7.8 中，上面的图形用半对数标度表示，给出循环叶片式波导的第一（$TE_{1/2,1}$）和第三（$TE_{3/2,1}$）模式下 k_c^2 的百分比误差。下面的图给出了第五（$TM_{1/2,1}$）和第十（$TM_{3/2,1}$）模式下的误差。虚线的结果由 hierarchical 集 $\left[4.5,\{1\}_1,A_\sigma\right]$ 得到。实线的结果由 hierarchical 集 $\left[4.5,\{1,3\}_1,A_\sigma\right]$ 得到。

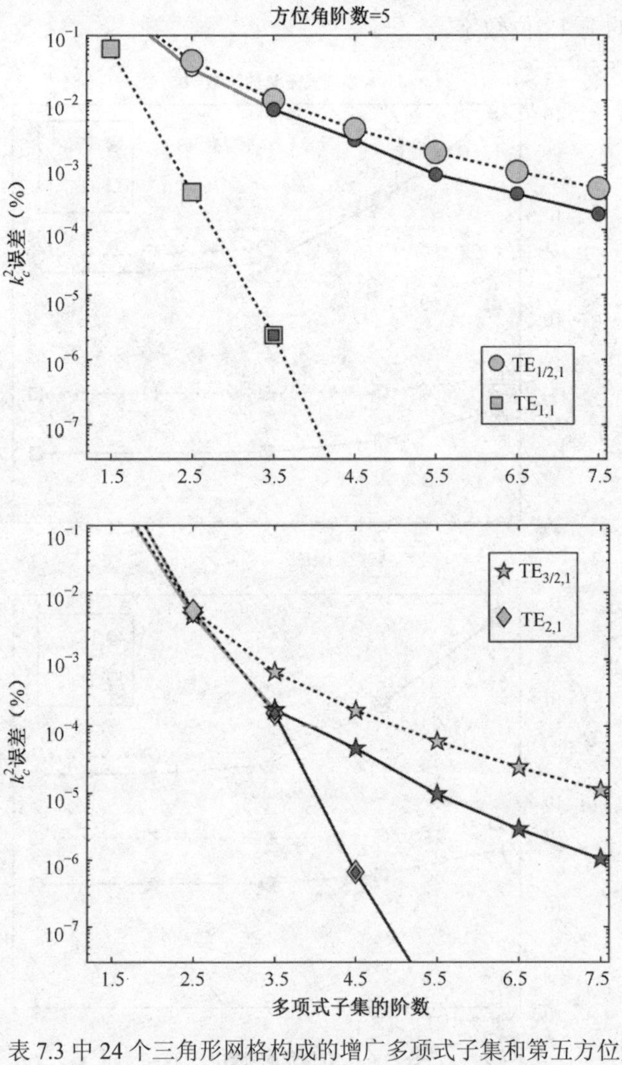

图 7.9　表 7.3 中 24 个三角形网格构成的增广多项式子集和第五方位角阶数 Meixner 子集对于方位角阶数的 k_c^2 百分比误差

在图 7.9 中，上面的图形给出循环叶片式波导的主（$TE_{1/2,1}$）和第二（$TE_{1,1}$）模式的误差。下面的图给出了第三（$TE_{3/2,1}$）和第四（$TE_{2,1}$）模式下的误差。虚线的结果由 Meixner 集$\{\phi_{1\ell}\}_1$得到。实线的结果由 Meixner 集$\{\phi_{1\ell},\phi_{3\ell}\}_1$得到。回想一下要使用 Meixner 子集$\{\phi_{1\ell},\phi_{3\ell}\}_1$需要使用至少阶数等于 3.5 的多项式子集。

表 7.4 进一步说明在十分密集的网格下（网格 Lc 有 2 748 个三角形以及 1 000

多个未知数），锥形（节点的）基函数（阶 p=0）能得到的最好结果就是只有 2 位或 3 位数字保证准确，而即使超级大网格（网格 La 有 4 个三角形、少于 250 个未知数），奇异高阶基函数能够容易地获得更准确的结果（从 4 到 6 位数字）。每一次计算得到的大容量矩阵 CN 见表 7.4，而表左下角的图形表示 Lb 网格用多种基阶得到的 CN。表底部的其他两个图形是使用 La 网格得到的，第一次计算和标准化(对波导中的单位能量)第一 TM 模式的电场 E_{sing} 和 E_{pol}，采用奇异基 $\left[7.5,\{1\}_1,7\right]$ 和阶 p=7 的纯多项式基分别计算。在底部中间处是场 E_{sing} 的拓扑图。图右下角表示的是矢量差 $\left|E_{\text{sing}}-E_{\text{pol}}\right|$ 的量级（最大值 0.06 用黑色显示，零值用白色显示；显然，在边顶尖场是无限的，不规则的）。后面的图表明，通过仅增加第一 Meixner 子集，场误差就能急剧下降，它能对形式 χ^{v}（用 v=2/3）的不合规行为建模，因此，靠近楔形的矢量场像 $\chi^{-1/3}$ 一样趋于无穷。第一 TM 奇异模式的电势 Φ 未在表中标示（参见参考文献[34]），因为在电势分布 Φ_{sing} 和 Φ_{pol} 之间只有很小的观测差异，但场 E_{sing} 和 E_{pol} 之间就存在明显的差异。(E 与 $\nabla\Phi$ 成正比，在此模式下 $\nabla\Phi$ 在拐角是无限的。)

表 7.4　L 形波导前 5 个 TE 和 TM 模式的 k_c 值

使用 p 阶多项式（常规）基计算

	网格La $p=5$	网格La $p=7$	网格Lb $p=7$	网格Lc $p=0$	
参考文献[35] 192DoF	$CN=5.0\times10^3$ 91 DoF	$CN=1.3\times10^4$ 153 DoF	$CN=1.4\times10^4$ 889 DoF	$CN=83.4$ 1 459 DoF	TE模式
1.2149	1.2171	1.2159	1.2150	1.2158	
1.8800	1.879946	1.879912	1.8799026	1.8805	
3.1423	3.1415988	3.141592660	3.141592653590	3.1445	
3.1423	3.141600	3.141592669	3.141592653591	3.1446	
3.3757	3.374887	3.3748392	3.37483076	3.3785	
	$CN=86.2$ 55 DoF	$CN=149.6$ 105 DoF	$CN=5.2\times10^3$ 777 DoF	$CN=39.7$ 1 291 DoF	TM模式
3.1054	3.112	3.1084	3.1055	3.1098	
3.8989	3.89876	3.89844	3.8983685	3.9037	
4.4438	4.44294	4.4428830	4.442882938158	4.451	
5.4375	5.445	5.43351	5.4333683	5.449	
5.6551	5.676	5.654	5.650	5.670	

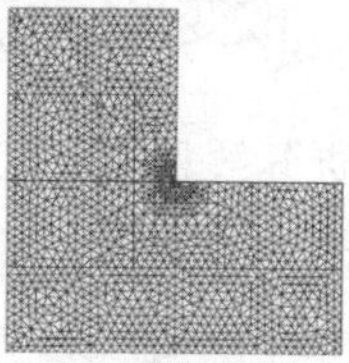

网格Lc
2 748个三角形；1 459个节点

使用提出的奇异分层基计算

网格La $[7.5,\{1,2,4\}_1,7]$	网格Lb $[4.5,\{1\}_1,5]$	网格Lb $[5.5,\{1,2,4\}_1,5]$	网格Lb $[7.5,\{1,2,4\}_1,7]$	
$CN=6.3\times10^7$ 240 DoF	$CN=3.1\times10^4$ 387 DoF	$CN=1.1\times10^7$ 589 DoF	$CN=4.0\times10^7$ 997 DoF	TE模式
1.2147523	1.2147553	1.214751771	1.214751769205	
1.8799021	1.8799029	1.879901957835	1.879901957825	
3.141592660	3.141592678	3.141592653564	3.141592653589	
3.141592661	3.141592681	3.141592653589	3.141592653589	
3.37483047	3.3748311	3.374830277913	3.374830277903	

网格Lb
26个三角形；21个节点

续表

参考文献[36]	CN = 2.5×10^7 186 DoF	CN = 3.6×10^3 315 DoF	CN = 4.5×10^6 499 DoF	CN = 2.1×10^7 879 DoF	
3.1047904^{61}_{73}	3.1047929	3.10480	3.10479076	3.10479056	TM模式
3.8983652^{10}_{78}	3.8983671	3.898370	3.89836534	3.898365299	
4.4428829^{04}_{72}	4.442882986	4.4428849	4.442882945	4.442882938158	
5.433367^{32}_{45}	5.43348	5.433373	5.43336784	5.43336739	
5.64912^{68}_{72}	5.64930	5.649149	5.6491282	5.64912743	

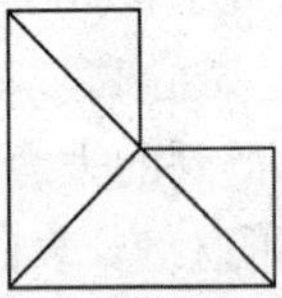

网格La
4个三角形；6个节点

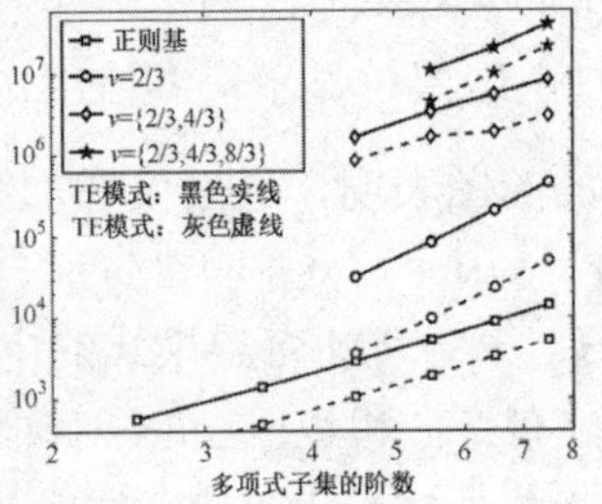

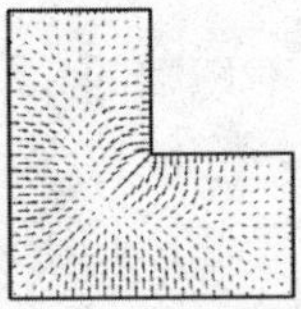

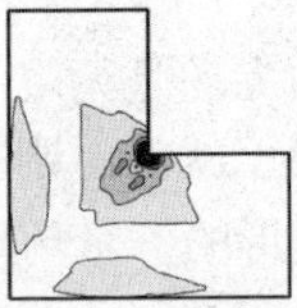

对于 L 形波导（有三个平面组成构成）k_c 的最小值通过与其他作者比较利用纯多项式基得到的十分密集网格（Lc）上的锥形（节点的）基函数（$p=0$）能够提供（最好的）结果就是只有 2 位或 3 位数字保证准确；更好的结果（具有第一个 TE 和 TM 奇异模型）通过高阶纯多项式基和非常粗的曲面得到。奇异基的使用能够提高数字计算结果的质量，如在底部的子表所示，表下面的三个图在正文中进行了讨论

7.4.2 改变半径和方位角数目的影响

为了研究解精度、CN 矩阵和使用前文提及的奇异标量基的计算成本的特征，在此，考虑一个例子，并系统地研究当半径和方位角基函数的个数发生变化时，这些参数特性会如何。考虑一个有 30° 楔形的环形腔（见图 7.10 网格 B）。这些空腔的主共振频率可以通过使用包含加性奇异基函数的有限元方法的标量亥姆霍兹方程的数值解来近似。本例中，指数表是 ν={6/11，12/11，18/11，…}。

具有 30° 楔形渗透到中心的圆形腔的 TE 模式的共振波数百分比误差（图 7.10 中的网格 B）如表 7.5 所示。表 7.5 显示了在最低阶（主导）TE 模式下共振波产生的误差，作为各种奇异和非奇异基函数的一个联合函数用于表示场 H_z。具有 30° 楔形圆形腔的 TE 模式的 CN 矩阵（图 7.10 中的网格 B）如表 7.6 所示，表 7.6 显示了每一个基组合的 Gram 矩阵的 CN 矩阵。具有 30° 楔形渗透到中心的圆形腔的 TE 模式未知数数目（图 7.10 中的网格 B）如表 7.7 所示，表 7.7 显示了每一个结果需要的未知量个数。这些表的第一行描述奇异单元基函数的组合；"Poly" 表示背景多项式基阶数，同时给出每个径向边和单元（泡沫函数）的奇异方程数。模式包含分数指数，当奇异 DoF 加在表达式上时，数值结果精度很快被提高。尽管进行了正交化，但当奇异 DoF 加在表达式上时矩阵 CN 增大。

仔细观察表 7.5～表 7.7 的数据可发现：① 增加第一奇异 DoF（第一径向函数）可使误差降低至少一阶值的大小；② 将基函数与具有相同奇异特征但方位角不同的基函数相加能进一步减少误差；③ 虽然增加的径向函数会引起矩阵 CN 至少增加一阶值，但增加方位角函数能够提高精度却通常不会显著增大 CN。值得注意的是，增加与方位角（泡沫）奇异函数相一致的径向函数不能降低误差。作为示例，对于 4 阶背景（非奇异）展开式，当采用全范围的奇异函数计算时，未知数从 225 增加到 300 个，而共振频率的误差从 0.61%下降至 0.000 5%。

给定多项式阶数，矩阵 CN 从根本上讲是所用（奇异）径向函数数量的函数。由于在附加方位角函数中，未知数总量仅缓慢增加，显然，当方位角变化和正则多项式基函数变化一致时，对给定的未知数个数可获得最好精度。换言之，对给定的多项式阶数，应该采用尽可能多的奇异函数，以实现与主多项式阶数同样多的方位角变化。

明确地说，考虑二次多项式阶数，对于包含奇异节点的单元，每边用一个奇异径向函数，每个单元用一个附加奇异泡沫函数，就能得到最高精度；对于三阶多项式，为获得最好精度要求，每边用 2 个奇异径向函数并且每个单元使用 4 个奇异泡沫函数（每个径向函数 2 个）；等等。由于增加的未知数被限制在奇异点周围的单元内，所以未知数的增加不多。但是，照这样发展下去，对序列每一个增量，矩阵 CN 大约以两阶的量增加。这表明尽管有正交性，但奇异函数间的线性相关性还是一个问题。测试问题如图 7.10 所示。

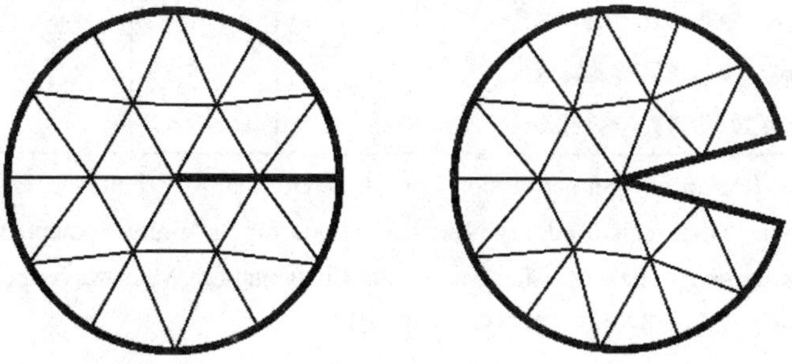

图 7.10　测试问题

在图 7.10 中，两个测试问题，都有一个单位半径楔形渗透到一个洞室中心。网络 A 和网络 B 分别使用切入角 0° 和 30° 。

表 7.5　具有 30° 楔形渗透到中心的圆形腔的 TE 模式的共振波数百分比误差（图 7.10 中的网格 B）

阶	2 次方	3 次方	4 次方	5 次方
仅 Poly（非奇异）	2.22	1.06	0.61	0.39
Poly + 1径向 / 边	0.17	0.061	0.034	0.022
Poly + 1径向 / 边+1个泡沫函数	0.11	0.014	0.005 2	0.002 8
Poly + 1径向 / 边+2个泡沫函数		0.011	0.002 8	0.001 0
Poly + 1径向 / 边+3个泡沫函数			0.002 7	0.000 94
Poly + 1径向 / 边+4个泡沫函数				0.000 93
Poly + 2径向 / 边+每指数1个泡沫函数		0.010	0.005 0	0.002 5
Poly + 2径向 / 边+每指数2个泡沫函数		0.007 7	0.002 0	0.000 61
Poly + 2径向 / 边+每指数3个泡沫函数			0.001 9	0.000 46
Poly + 2径向 / 边		0.061	0.034	0.022
Poly + 2径向 / 边+每指数1个泡沫函数		0.010	0.005 0	0.002 5
Poly + 2径向 / 边+每指数2个泡沫函数		0.007 7	0.002 0	0.000 61
Poly + 2径向 / 边+每指数3个泡沫函数			0.001 9	0.000 46
Poly + 2径向 / 边+每指数4个泡沫函数				0.000 46
Poly + 3径向 / 边			0.034	0.022
Poly + 3径向 / 边+每指数1个泡沫函数			0.003 7	0.002 3
Poly + 3径向 / 边+每指数2个泡沫函数			0.000 62	0.000 25
Poly + 3径向 / 边+每指数3个泡沫函数			0.000 50	0.000 095
Poly + 3径向 / 边+每指数4个泡沫函数				0.000 089
Poly + 4径向 / 边				0.022
Poly + 4径向 / 边+每指数1个泡沫函数				0.002 3
Poly + 4径向 / 边+每指数2个泡沫函数				0.000 19
Poly + 4径向 / 边+每指数3个泡沫函数				0.000 038
Poly + 4径向 / 边+每指数4个泡沫函数				0.000 033

© 2014 T&F. Reprinted with permission from R. D. Graglia, A. F. Peterson, L. Matekovits, and P. Petrini, "Hierarchical additive basis functions for the finite-element treatment of corner singularities," special issue on "Finite Elements for Microwave Engineering," *Electromagnetics*, Vol. 34, pp. 171–198, Mar. 2014.

表 7.6　具有 30° 楔形圆形腔的 TE 模式的 CN 矩阵（图 7.10 中的网格 B）

阶	2 次方	3 次方	4 次方	5 次方
仅 Poly（非奇异）	121	428	1 060	2 190
Poly + 1径向 / 边	897	3 270	9 610	26 200
Poly + 1径向 / 边+1个泡沫函数	905	3 290	9 680	26 400

续表

阶	2 次方	3 次方	4 次方	5 次方
Poly + 1径向 / 边+2个泡沫函数		3 300	9 680	26 400
Poly + 1径向 / 边+3个泡沫函数			9 710	26 500
Poly + 1径向 / 边+4冒泡函数				26 500
Poly + 2径向 / 边		100 000	393 000	1 200 000
Poly + 2径向 / 边+每指数1个泡沫函数		100 000	397 000	1 330 000
Poly + 2径向 / 边+每指数2个泡沫函数		100 000	397 000	1 330 000
Poly + 2径向 / 边+每指数3个泡沫函数			397 000	1 330 000
Poly + 2径向 / 边+每指数4个泡沫函数				1 330 000
Poly + 3径向 / 边			5 960 000	10 700 000
Poly + 3径向 / 边+每指数1个泡沫函数			6 080 000	10 700 000
Poly + 3径向 / 边+每指数2个泡沫函数			6 080 000	10 700 000
Poly + 3径向 / 边+每指数3个泡沫函数			6 080 000	10 700 000
Poly + 3径向 / 边+每指数4个泡沫函数				10 700 000
Poly + 4径向 / 边				20 700 000
Poly + 4径向 / 边+每指数1个泡沫函数				103 000 000
Poly + 4径向 / 边+每指数2个泡沫函数				103 000 000
Poly + 4径向 / 边+每指数3个泡沫函数				103 000 000
Poly + 4径向 / 边+每指数4个泡沫函数				103 000 000

© 2014 T&F. Reprinted with permission from R. D. Graglia, A. F. Peterson, L. Matekovits, and P. Petrini, “Hierarchical additive basis functions for the finite-element treatment of corner singularities,” special issue on “Finite Elements for Microwave Engineering,” *Electromagnetics*, Vol. 34, pp. 171–198, Mar. 2014.

表 7.7　具有 30° 楔形渗透到中心的圆形腔的 TE 模式未知数数目（图 7.10 中的网格 B）

阶	2 次方	3 次方	4 次方	5 次方
仅 Poly（非奇异）	65	133	225	341
Poly + 1径向 / 边	72	140	232	348
Poly + 1径向 / 边+1个泡沫函数	78	146	238	354
Poly + 1径向 / 边+2个泡沫函数		152	244	360
Poly + 1径向 / 边+3个泡沫函数			250	366
Poly + 1径向 / 边+4个泡沫函数				372

续表

阶	2 次方	3 次方	4 次方	5 次方
Poly + 2径向 / 边		147	239	355
Poly + 2径向 / 边+每指数1个泡沫函数		159	251	367
Poly + 2径向 / 边+每指数2个泡沫函数		171	263	379
Poly + 2径向 / 边+每指数3个泡沫函数			275	391
Poly + 2径向 / 边+每指数4个泡沫函数				403
Poly + 3径向 / 边			246	362
Poly + 3径向 / 边+每指数1个泡沫函数			264	380
Poly + 3径向 / 边+每指数2个泡沫函数			282	398
Poly + 3径向 / 边+每指数3个泡沫函数			300	416
Poly + 3径向 / 边+每指数4个泡沫函数				434
Poly + 4径向 / 边				369
Poly + 4径向 / 边+每指数1个泡沫函数				393
Poly + 4径向 / 边+每指数2个泡沫函数				417
Poly + 4径向 / 边+每指数3个泡沫函数				441
Poly + 4径向 / 边+每指数4个泡沫函数				465

用得到的结果，计算图 7.11～图 7.14 中楔角 0° 和 30° 的环形腔采用最低第六 TE 和 TM 模式产生的误差。在 0° 的结果中，径向函数未被全部采用。利用以上描述的方法推演，有些径向函数会出现整数指数，它复制原先背景表达式的 DoF。

环形腔前 6 个 TE 模式谐振频率误差——0°隔板，使用标量扩展得到如图 7.11 所示；环形腔前 6 个 TM 模式谐振频率误差——0°隔板，使用标量扩展得到如图 7.12 所示；环形腔前 6 个 TE 模式谐振频率误差——30°楔形间隔，使用标量扩展得到如图 7.13 所示；环形腔前 6 个 TM 模式谐振频率误差——30°楔形间隔，使用标量扩展得到如图 7.14 所示。

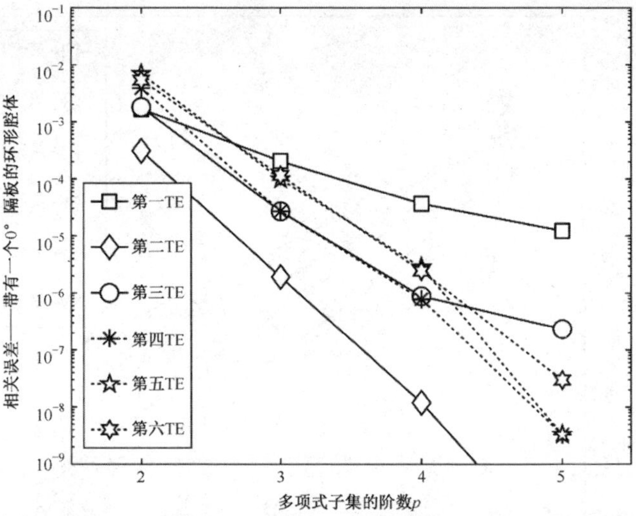

图 7.11　环形腔前 6 个 TE 模式谐振频率误差——0° 隔板，使用标量扩展得到 ©2014 T&F. Reprinted with permission from R.D.Graglia, A.F.Peterson, L.Matekovits, and P. Petrini, "Hierarchical additive basis functions for the finite-element treatment of corner singularities," special issue on "Finite Elements for Microwave Engineering," *Electromagnetics*, Vol. 34, pp. 171 - 198, Mar. 2014.

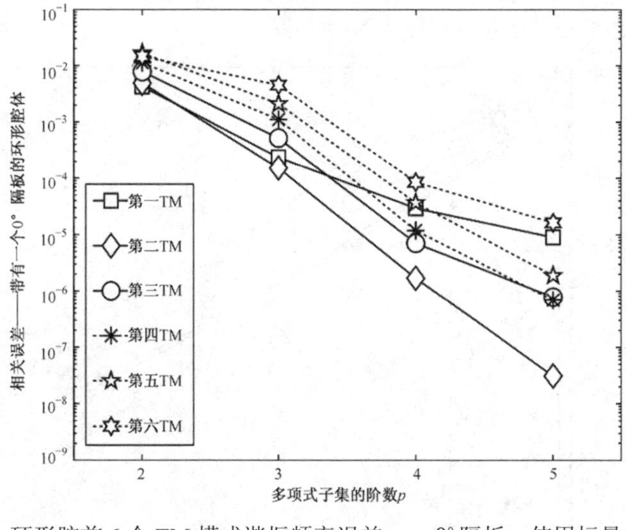

图 7.12　环形腔前 6 个 TM 模式谐振频率误差——0° 隔板，使用标量扩展得到 ©2014 T&F. Reprinted with permission from R.D.Graglia, A.F.Peterson, L.Matekovits, and P. Petrini, "Hierarchical additive basis functions for the finite-element treatment of corner singularities," special issue on "Finite Elements for Microwave Engineering," *Electromagnetics*, Vol. 34, pp. 171 - 198, Mar. 2014.

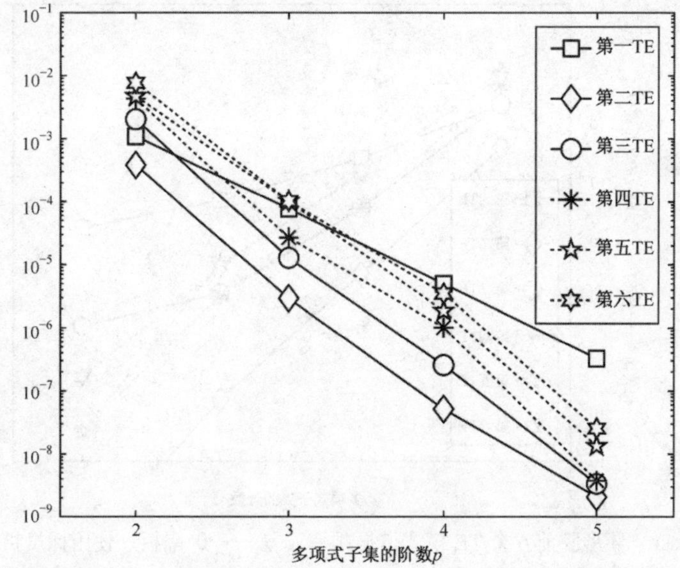

图 7.13　环形腔前 6 个 TE 模谐振频率误差——30° 楔形，使用标量扩展得到

©2014 T&F. Reprinted with permission from R.D.Graglia, A.F.Peterson, L.Matekovits, and P. Petrini, "Hierarchical additive basis functions for the finite-element treatment of corner singularities," special issue on "Finite Elements for Microwave Engineering," *Electromagnetics*, Vol. 34, pp. 171 - 198, Mar. 2014.

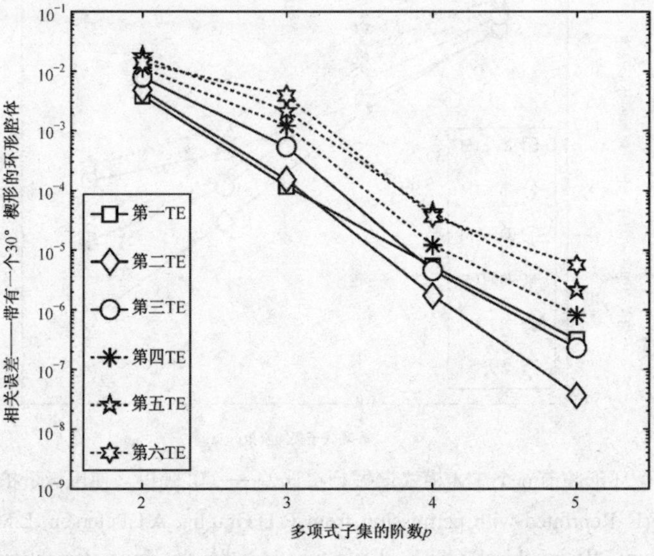

图 7.14　环形腔前 6 个 TM 模谐振频率误差——30° 楔形，使用标量扩展得到

©2014 T&F. Reprinted with permission from R.D.Graglia, A.F.Peterson, L.Matekovits, and P. Petrini, "Hierarchical additive basis functions for the finite-element treatment of corner singularities," special issue on "Finite Elements for Microwave Engineering," *Electromagnetics*, Vol. 34, pp. 171 - 198, Mar. 2014.

总之，表中的数据和结果表明在处理场奇异性被激活的不同问题时，有：

① 利用纯多项式基得到的结果在实践中是很受限的，其准确度远低于采用附加的奇异基的情况，即使采用十分密集的网格和/或高阶多项式基。

② 为减小无边界场的局部范围误差，需要利用相当完备的替代场，包括能对多种无理条件建模的 Meixner 子集。

③ 与纯多项式基系统矩阵的 CN 相比，利用充分高阶的 Meixner 子集扩展纯高阶多项式基的典型代价是系统矩阵的 CN 以 10^2～10^3 数量级增加。

综上所述，这部分的数值结果阐明了在 7.3 节介绍的奇异标量基的优势。在以下章节，将把这些结论推广到矢量空间。

7.5　三角形的奇异矢量基函数

7.5.1　替代旋度一致矢量基

对于矢量表达式，最低阶的（非奇异）旋度一致基是 3 个“以边为基”函数，以单体坐标给出

$$\boldsymbol{\Omega}_1 = \xi_2 \nabla \xi_3 - \xi_3 \nabla \xi_2 \tag{7.91}$$

$$\boldsymbol{\Omega}_2 = \xi_3 \nabla \xi_1 - \xi_1 \nabla \xi_3 \tag{7.92}$$

$$\boldsymbol{\Omega}_3 = \xi_1 \nabla \xi_2 - \xi_2 \nabla \xi_1 \tag{7.93}$$

这些函数阶 $p = 0.5$，并且属于混合阶数的 Nédélec 空间[35]。替代型奇异函数将会用表现出预期矢量奇异性的基函数来替代部分或全部的这些函数。同上，假设奇异性位于点1且 $\chi = 0$，并且边索引和基函数被编号，这样边1在单元中位于点1的对面。

矢量亥姆霍兹等式的 FEM 处理方法包括基函数和测试函数的点积，以及基函数的旋度和测试函数的旋度的点积。（在大多数 2D 问题中，旋度代表标量纵向场、z 方向分量 E_z 或者前文讨论过的 H_z 。）横向场的奇异矢量基函数将表现出典型的依赖性，就像前面讨论的标量函数的梯度。这个特性在奇异点通常是无界的。可以设计矢量基函数，使它们的旋度是：① 无界的，② 奇异的但是在奇异点有界，或者，③ 非奇异。在这里，将讨论当横向矢量包含一个 $O(\chi^{\alpha-1})$ 的无边界项时，旋度表现出 $O(\chi^{\alpha})$ 的非解析特性。相关性代表当有一个适当的激励时，完美导体的尖端或者介电斜劈尖端附近的场的物理特性，在 7.1 节中已讨论。

作为一个替代函数的例子，Graglia 和 Lombardi[36]提出式（7.91）～式（7.93）被形式如下的函数替代，用单体坐标和三角极坐标混合表示。

$$\boldsymbol{B}_1 = \left[\chi^\alpha + \alpha(1-\chi)\right]\boldsymbol{\Omega}_1 \tag{7.94}$$

、

$$\boldsymbol{B}_2 = \boldsymbol{\Omega}_1 - \chi^{\alpha-1}\left\{\nabla\xi_3 + (1-\alpha)\left(\frac{1+\sigma}{2}\right)\nabla\xi_1\right\} \tag{7.95}$$

$$\boldsymbol{B}_3 = \boldsymbol{\Omega}_1 - \chi^{\alpha-1}\left\{\nabla\xi_2 + (1-\alpha)\left(\frac{1-\sigma}{2}\right)\nabla\xi_1\right\} \tag{7.96}$$

这些函数被如此构造以使它们在 $\alpha=1$ 时归纳为传统基矢量，并且当横向场特性在点1有预期的 $O(\chi^{\alpha-1})$ 相关性时，可以被它们替代。函数 $\boldsymbol{B}_1$ 在点1的对边有连续的正切分量，并且可以在邻近的单元中用函数集式（7.91）～式（7.93）中的正则函数改变它的范围以保持正切的连续性。基函数 $\boldsymbol{B}_2$ 只在沿点2的对边上有非零正切分量，函数随 $\chi^{\alpha-1}$ 变化，函数 $\boldsymbol{B}_3$ 在点3的对边随 $\chi^{\alpha-1}$ 变化，并且对其他边不贡献正切场，这2个函数可以被调整来维持邻近单元相似奇异函数的正切-矢量连续性。

式（7.94）～式（7.96）的旋度由下式给出：

$$\hat{z}\cdot\nabla\times\boldsymbol{B}_1 = \left[(\alpha+2)(1-\xi_1)^\alpha + \alpha(3\xi_1-1)\right]/\mathcal{J} \tag{7.97}$$

$$\hat{z}\cdot\nabla\times\boldsymbol{B}_2 = \hat{z}\cdot\nabla\times\boldsymbol{B}_3 = 2/\mathcal{J} \tag{7.98}$$

其中 $\mathcal{J}$ 是到子空间映射的雅可比行列式。因此，第一个函数提供了一个有 $O(\chi^\alpha)$ 特性的旋度。另一个基函数有连续的旋度，如式（7.91）～式（7.93）中的原始基矢量。

有多种替代基函数被提出用来替换式（7.91）～式（7.93）中 $p=0.5$ 的函数，或替换散度一致函数的相应部分[19-21,26,36,37]。参考文献给出了这些函数旋度奇异性本质的不同原理：一些函数的旋度表现出和横向场一样强的奇异性，而其他函数完全非奇异。

在标量的例子中，替代矢量基集如式（7.94）～式（7.96）用有相似插值和连续属性的奇异基函数替代传统基函数。然而，如前所述，替代函数有一些局限性。在后面的章节中，将讨论加性函数。

7.5.2 加性旋度一致矢量基

本节将回顾近期提出的三角形单元[23,24]的加性类的奇异、高阶分层矢量基族。这些基适用于二维问题，例如微带结构或者横截面包含边的波导。它们构建了标量情况下上文描述的矢量基的一个可能的延拓。

下面研究的奇异函数构建在第5章提出的分层矢量基之上，最开始在参考文献[38-39]中提出。在2D空间中，阶数为 $p=0.5$ 的函数是式（7.91）～式（7.93）中的3个基矢量。为将空间扩展到阶数 $p=1.5$，$p=0.5$ 的函数与3个以边为基线

性展开函数

$$\begin{aligned}&\sqrt{3}(\xi_2-\xi_3)\boldsymbol{\Omega}_1\\&\sqrt{3}(\xi_3-\xi_1)\boldsymbol{\Omega}_2\\&\sqrt{3}(\xi_1-\xi_2)\boldsymbol{\Omega}_3\end{aligned} \tag{7.99}$$

以及 2 个以单元为基的二次基函数

$$\begin{aligned}&2\sqrt{3}\xi_1\boldsymbol{\Omega}_1\\&2\sqrt{3}\xi_2\boldsymbol{\Omega}_2\end{aligned} \tag{7.100}$$

相结合。以边为基函数由相邻单元共享，以单元为基函数位于单元上并且不被附近的单元共享。下一阶， $p=2.5$ ，需要额外的 3 个以边为基函数

$$\begin{aligned}&\sqrt{5}\left\{\frac{3(\xi_2-\xi_3)^2-1}{2}-\frac{\xi_1}{2}(\xi_1-2)\right\}\boldsymbol{\Omega}_1\\&\sqrt{5}\left\{\frac{3(\xi_3-\xi_1)^2-1}{2}-\frac{\xi_2}{2}(\xi_2-2)\right\}\boldsymbol{\Omega}_2\\&\sqrt{5}\left\{\frac{3(\xi_1-\xi_2)^2-1}{2}-\frac{\xi_3}{2}(\xi_3-2)\right\}\boldsymbol{\Omega}_3\end{aligned} \tag{7.101}$$

和 4 个以单元为基函数

$$\begin{aligned}&6\sqrt{5}(\xi_2-\xi_3)\xi_1\boldsymbol{\Omega}_1\\&6\sqrt{5}(\xi_3-\xi_1)\xi_2\boldsymbol{\Omega}_2\\&2\sqrt{3}\xi_1(5\xi_1-3)\boldsymbol{\Omega}_1\\&2\sqrt{3}\xi_2(5\xi_2-3)\boldsymbol{\Omega}_2\end{aligned} \tag{7.102}$$

这些是分层函数，所以式（7.101）和式（7.102）中的函数与 $p=1.5$ 的基函数相加，使 $p=2.5$ 的函数集中基函数的总数达到 15。阶数高于 $p=2.5$ 的函数在第 5 章中描述过。

接下来的章节将讨论分层 Meixner 基函数的构建，使用伪极坐标 (χ,σ) 。变量 σ 的正交多项式和变量 χ 的正交函数用来提高生成的加性基的线性独立性。

7.6　奇异分层 Meixner 基集

7.6.1　奇异点系数

在标量的情况下，Meeixner 基函数在开始时以分层形式组织起来，尤其对增

量，以及所有在式（7.38）中给出的非整数指数。和标量一样，在分层中第一个 Meixner 子集由只依赖列表中第一个奇异系数 ν_1 的函数构成，而第二个子集中的函数依赖第一个和第二个奇异系数 ν_1 和 ν_2 来实现两个 Meixner 子集的正交性。这一类的第 n 个 Meixner 子集依赖前 n 个奇异系数（从 ν_1 到 ν_n）。

接下来，为简洁起见，有时将在函数变量列表中省略奇异系数，或者仅仅使用符号 v 来表明前 n 个用来定义第 n 个 Meixner 函数子集的奇异系数。

7.6.2 辅助函数

上文中，对于图 7.4 中的奇异三角形，推导出式（7.55）中的标量分层 Meixner 基函数。这些函数的梯度为

$$\nabla\phi_{n1}^{i\pm1}=\frac{1}{4}\left[R_n'(\chi)(1\pm\sigma)\nabla\chi\pm\frac{R_n(\chi)}{\chi}(\chi\nabla\sigma)\right] \tag{7.103}$$

$$\nabla\phi_{n\ell}=\frac{1}{4}\left[R_n'(\chi)f_{\ell-2}(\sigma)\frac{(1-\sigma^2)}{2}\nabla\chi+\frac{R_n(\chi)}{\chi}g_{\ell-2}(\sigma)(\chi\nabla\sigma)\right] \tag{7.104}$$

其中 $\nabla\chi$ 和 $\chi\nabla\sigma$ 在式（7.21）中给出。为便于参考，表 7.8 第二行给出了径向函数 $R_n(\chi)$和$R_n'(\chi)=\mathrm{d}R_n(\chi)/\mathrm{d}x$ 的表达式。数值计算辅助径向函数系数的方法如表 7.8 所示。

式（7.55）和式（7.104）中的方位角多项式 $f_q(\sigma)$ 是一个重新标定的雅可比多项式 $P_q^{(2,2)}$ [见式（7.40）]，并且在 σ 区间 $[-1,1]$ 上相互正交。函数

$$g_{\ell-2}(\sigma)=\left[\frac{(1-\sigma^2)}{2}\frac{\mathrm{d}f_{\ell-2}(\sigma)}{\mathrm{d}\sigma}-\sigma f_{\ell-2}(\sigma)\right] \tag{7.105}$$

对于奇数 ℓ 为偶数值，其他情况为奇数值，在 σ 间区间 $[-1,+1]$ 为零积分均值；用雅可比多项式容易写出它的表达式，例如：

$$g_0(\sigma)=-\sqrt{10}\sigma \tag{7.106}$$

$$g_1(\sigma)=\frac{\sqrt{70}}{2}(1-3\sigma^2) \tag{7.107}$$

$$g_2(\sigma)=\sqrt{30}(4\sigma-7\sigma^3) \tag{7.108}$$

为提高 Meixner 子集的线性相关性，在表 7.8 中定义 $R_n(k,v,\chi)$ 的系数 b_{nj}（其中 $j=1,2,\ldots,n+k$）的个数 $(n+k)$ 随 n 增长。这些系数实际上通过使用 $(n+k-1)$ 正交性条件加上一个归一化条件获得。前 k 个条件将径向函数 $R_n(k,v,\chi)$ 的正交性加到 k 个（≥1）正则多项式函数上。这里归纳 7.3.3 节中的做法①，将径向函数的正

① 这个归纳，首先在参考文献[24]中讨论，允许使用 7.6.7 节中介绍的数值方法来获得径向函数 $R_n(\chi)$。

交性通过使用下式加到前 k 个移位的 Legendre 多项式 $P_m^*(\chi)=P_m(2\chi-1)$ 上，在 $m=0,1,\dots,n-1$ 时有

$$\int_0^1 P_m(2\chi-1)R_n(k,v,\chi)\mathrm{d}\chi=0,\quad \forall n \tag{7.109}$$

其余（$n-1$）个正交性条件需要第 n 个径向函数与之前定义的第 i 个径向函数的正交性，其中 $i=1,2,\dots,n-1$。注意：标量函数式（7.55）和梯度矢量式（7.103）、式（7.104）的分量包含一个径向函数 $R_n(\chi)$、$R_n'(\chi)$ 或 $R_n(\chi)/\chi$ 作为因子，可以选择下面 3 个正交性条件之一：

$$\mathbf{A}:\int_0^1 R_i(k,v,\chi)R_n(k,v,\chi)\chi\mathrm{d}\chi=0 \tag{7.110}$$

$$\mathbf{B}:\int_0^1 R_i'(k,v,\chi)R_n'(k,v,\chi)\chi\mathrm{d}\chi=0 \tag{7.111}$$

$$\mathbf{C}:\int_0^1 \frac{R_i(k,v,\chi)}{\chi}\frac{R_n(k,v,\chi)}{\chi}\chi\mathrm{d}\chi=0 \tag{7.112}$$

[χ 是从 ξ 父坐标到伪极坐标变换的雅可比行列式 $\mathcal{J}_R=\chi/2$ 中的因子，见式（7.18）。] 径向函数最终通过下面 3 个归一化条件之一进行归一化。

$$\mathbf{nA}:\int_0^1 R_n^2(k,v,\chi)\chi\mathrm{d}\chi=1 \tag{7.113}$$

$$\mathbf{nB}:\int_0^1\left[R_n'(k,v,\chi)\right]^2\chi\mathrm{d}\chi=1 \tag{7.114}$$

$$\mathbf{nC}:\int_0^1\left[\frac{R_n(k,v,\chi)}{\chi}\right]^2\chi\mathrm{d}\chi=1 \tag{7.115}$$

$R_n(\chi)$ 可以通过条件 **nA**、**nB** 或 **nC** 归一化，与使用的正交化条件（**A**、**B** 或 **C**）无关。注意，式（7.109）中的雅可比行列式是单位值，而式（7.110）～式（7.115）中的雅可比行列式为 χ。还应注意，7.3.3 节只考虑了正交化式（7.110）和归一化式（7.113）。

参考表 7.8，径向函数 $R_n(k,v,\chi)$ 的多项式分量

$$R_{\text{polypart}}(n,k,\chi)=-\frac{1}{c_n}\sum_{j=1}^{n+k}b_{nj}\chi^j \tag{7.116}$$

依赖于正交化条件（**A**、**B** 或 **C**）。为形成 Meixner 基，将 R_n 与阶数为 ℓ 的方位角多项式相乘。因此，对于一个给定的 k 和固定值（最大值）的 n 和 ℓ，标量式（7.55）、矢量式（7.103）和式（7.104）的 Meixner 集都依赖于定义径向函数的正交性条件。空间由所得到的基张成，假设为形成完备基而加上的正则多项式子集是有效、高阶的，这个空间不是被选中的正交性条件（**A**、**B** 或 **C**）的一个强函数。参考式（7.55）和式（7.116），当使用阶数 $(n+k+\ell)$ [$(n+k+\ell)>6$ 过高，在实际中很少用到] 的多项式子集时这一定会发生。使用阶数为 n 或者 $n+1$ 的完

备多项式子集可以获得非常好的收敛确定结果，这与形成 Meixner 子集所使用的正交性条件无关（**A**、**B** 或 **C**；见 7.7 节的结果）。正交性结果对数值结果精度的影响相对较小，这是因为径向函数多项式分量［式（7.116）］在 $\chi=0$ 处为 0，而 $R_n(k,v,\chi)$ 在 $\chi=1$ 处为 0（见参考文献[22,24]）。

表 7.8　数值计算辅助径向函数系数的方法

定义径向函数 $R_n(k,v,\chi)$ 和 $\chi S_n(k,v,\chi)$（其中 $n=1,\cdots,N$）的系数能够通过一个递归程序计算得到，该程序需要一个线性系统加上二次根的估值的平方形式。举例说明，对于函数 $\chi S_n(k,v,\chi)$ 递归方程需要首先找到函数 $\chi S_1(k,v,\chi)$ 的系数，然后是 $\chi S_2(k,v,\chi)$ 的系数，等等。递归函数可以通过正交条件、归一化条件获得（具体细节交给读者）。$\boldsymbol{X}_n$ 的指数用 χ 为变量的函数定义，然后其他系数 c_n 定义的径向函数按列向量 $\boldsymbol{U}_n^{\mathrm{T}}$ 排序（上标T表示 $\boldsymbol{U}_n^{\mathrm{T}}$ 是行向量 $\boldsymbol{U}_n$ 的转置）。向量 $\boldsymbol{X}_n$ 和 $\boldsymbol{U}_n$ 的长度为 $(n+k)$，并且 $\boldsymbol{U}_n^{\mathrm{T}}$ 是线性系统 $\boldsymbol{M}_n\boldsymbol{U}_n^{\mathrm{T}}=\boldsymbol{V}_n^{\mathrm{T}}$ 的解，其中 $\boldsymbol{V}_n=[0,0,\ldots,0,1]$，$\boldsymbol{M}_n$ 的最后一行为 $[0,0,\ldots,0,1]$。系数 c_n 是二次形式 $c_n^2=\boldsymbol{U}_n\boldsymbol{Q}_n\boldsymbol{U}_n^{\mathrm{T}}$ 的平方根。矩阵 $\boldsymbol{M}_n$ 和 $\boldsymbol{Q}_n$ 阶数为 $(n+k)$，并且与 $\boldsymbol{Q}_n$ 是对称的

系数 c_n 的零点是径向函数的极点。当 $v_n=0,1,\ldots,n+k-2$ 时，$S_n(k,v,\chi)$ 有 $(n+k-1)$ 个极点，当 $v_n=1,2,\ldots,n+k$ 时，$R_n(k,v,\chi)$ 有 $(n+k)$ 个极点

$$R_n(k,v,\chi)=\frac{1}{c_n}\left(a_n\chi^{v_n}-\sum_{j=1}^{n+k}b_{nj}\chi^j\right)=\frac{1}{c_n}\boldsymbol{X}_b\boldsymbol{U}_n^{\mathrm{T}}$$
$$\boldsymbol{X}_n=\left[\left(\chi^{v_n}-\chi\right),\left(\chi^{v_n}-\chi^2\right),\ldots,\left(\chi^{v_n}-\chi^{n+k}\right)\right]$$
$$\boldsymbol{U}_n=\left[b_{n1},b_{n2},\ldots,b_{nn},b_{n,n+k}\right]$$
$$令 a_n=\sum_{j=1}^{n+k}b_{nj} 使得 R_n\big|_{\chi=1}=0$$

下面给出的 $\boldsymbol{M}_n$ 的指数通过设定 $b_{n,n+k}=1$ 获得，利用了正交条件式（7.109）加上正交条件**A**式（7.110）或**B**式（7.111）或**C**式（7.112）

$$\chi S_n(k,v,\chi)=\frac{1}{c_n}\left(a_n\chi^{1+v_n}-\sum_{j=1}^{n+k}b_{nj}\chi^j\right)=\frac{1}{c_n}\boldsymbol{X}_n\boldsymbol{U}_n^{\mathrm{T}}$$
$$\boldsymbol{X}_n=\left[\left(\chi^{1+v_n}-\chi\right),\left(\chi^{1+v_n}-\chi^2\right),\ldots,\left(\chi^{1+v_n}-\chi^{n+k}\right)\right]$$
$$\boldsymbol{U}_n=\left[b_{n1},b_{n2},\ldots,b_{nn},b_{n,n+k}\right]$$
$$令 a_n=\sum_{j=1}^{n+k}b_{nj} 使得 S_n\big|_{\chi=1}=0$$

下面给出的 $\boldsymbol{M}_n$ 的指数通过设定 $b_{n,n+k}=1$ 获得，利用了正交条件式（7.126）加上正交条件**D**式（7.127）

$j=1,2,\ldots,n+k$，令：

$$\begin{cases}M_n[1+m,j]=d_{nmj},\\ 其中 m=0,1,\ldots,k-1\end{cases}$$

$$如果 n>1，有\begin{cases}M_n[k+i,j]=f_{nij}\sum_{\ell=1}^{i+k}b_{i\ell}g_{nij\ell},\\ 其中 i=1,2,\ldots,n-1\end{cases}$$

$M_n[n+k,p]=0$，其中 $p=1,2,\ldots,n+k-1$

$M_n[n+k,n+k]=1$

M_n

	f_{nij}	$g_{nij\ell}$
条件 **A**	$\frac{v_n-j}{v_i+j+2}$	$\frac{v_i-\ell}{v_n+\ell+2}\left(\frac{1}{j+\ell+2}+\frac{1}{v_i+v_n+2}\right)$
条件 **B**	$\frac{v_n-j}{v_i+j}$	$\frac{v_i-\ell}{v_n+\ell}\left(\frac{j\ell}{j+\ell}+\frac{v_iv_n}{v_i+v_n}\right)$
条件 **C**	$\frac{v_n-j}{v_i+j}$	$\frac{v_i-\ell}{v_n+\ell}\left(\frac{1}{j+\ell}+\frac{1}{v_i+v_n}\right)$
条件 **D**	$\frac{v_n-j+1}{v_i+j+3}$	$\frac{v_i-\ell+1}{v_n+\ell+3}\left(\frac{1}{j+\ell+2}+\frac{1}{v_i+v_n+4}\right)$

$$d_{nmj}=\begin{cases}\mathrm{IntP}_m(v_n)-\mathrm{IntP}_m(j) & 对于 R(\chi) 函数\\ \mathrm{IntP}_m(2+v_n)-\mathrm{IntP}_m(1+j) & 对于 S(\chi) 函数\end{cases}$$

续表

	Q_n		
	归一化		$Q_n[i,j]$ $(i,j=1,2,\ldots,n+k)$
系数 c_n 是二次形式 $c_n^2=\boldsymbol{U}_n\boldsymbol{Q}_n\boldsymbol{U}_n^{\mathrm{T}}$ 的平方根。对于变量归一化 $\boldsymbol{Q}_n$ 的指数在右面给出	**nA**：式(7.113)	$\int_0^1 R_n^2(k,v,\chi)\chi\mathrm{d}\chi=1$	$\frac{(v_n-i)(v_n-j)}{(v_n+i+2)(v_n+j+2)}\left(\frac{1}{i+j+2}+\frac{1}{2v_n+2}\right)$
	nB：式(7.114)	$\int_0^1\left[R_n'(k,v,\chi)\right]^2\chi\mathrm{d}\chi=1$	$\frac{(v_n-i)(v_n-j)}{(v_n+i)(v_n+j)}\left(\frac{ij}{i+j}+\frac{v_n}{2}\right)$
	nC：式(7.115)	$\int_0^1\left[\frac{R_n(k,v,\chi)}{x}\right]^2\chi\mathrm{d}\chi=1$	$\frac{(v_n-i)(v_n-j)}{(v_n+i)(v_n+j)}\left(\frac{1}{i+j}+\frac{1}{2v_n}\right)$
	nD：式(7.128)	$\int_0^1\left[\chi S_n(k,v,\chi)\right]^2\chi\mathrm{d}\chi=1$	$\frac{(v_n-i+1)(v_n-j+1)}{(v_n+i+3)(v_n+j+3)}\left(\frac{1}{i+j+2}+\frac{1}{2v_n+4}\right)$

7.6.3　奇异场的表示

接下来，将介绍三类基函数，每一类都用来在矢量场的不同分量上表示奇异特性。第一类，奇异标量基，用来给初始场（由基函数张成的场）的 $\hat{z}$ 分量提供准确的特性。第二类，奇异静态矢量基，提供初始横向矢量场想要的奇异特性，而不将奇异特性引入该场的旋度。第三类，奇异非静态矢量基，为初始横向矢量场的旋度提供奇异特性（二次场的 $\hat{z}$ 分量）。根据问题以及需要何种自由度选择奇异基函数，在给定的分析中不需要这三类奇异基函数都使用。

7.6.4　奇异标量场

纵向场分量的奇异部分按照分层标量基函数[式（7.55）]张成，从径向函数 $R_n(k,v,\chi)$ 获得，径向函数通过将式（7.109）和式（7.110）中的正交性条件 **A** 与式（7.113）中的归一化条件 **nA** 相加得到。

式（7.55）中 $\phi_{n\ell}$ 的第一个下标 n 表明这些函数模拟了一个场分量，该场分量在奇异点 χ^{v_n} 处为 0；第二个下标是函数中方位角的阶数，在式（7.55）最后，$\ell\geqslant 2$。函数 ϕ_{n1}^{i+1} 和 ϕ_{n1}^{i-1} 以上标表示的边（$\xi_{i\pm1}=0\Rightarrow\sigma=\pm1$）为基，在另外两个边为 0。相反，$\phi_{n\ell}$（其中 $\ell\geqslant 2$）是在三角形单元中沿三条边为 0 的泡沫函数。

这节的剩余部分讨论了 Meixner 矢量集，该矢量集由静态自由旋度函数（7.6.5 节）和非静态（7.6.6 节）矢量函数构成，非静态矢量函数的旋度在 χ^{v} 斜劈的边为 0。

7.6.5　奇异静态矢量基

张成横向场奇异旋度分量的基函数是梯度函数[式（7.103）和式（7.104）]。

这些函数由径向函数 $R_n(k,v,\chi)$ 定义，径向函数通过将正交条件[式（7.109）]加上任何归一化条件 **A**、**B** 或 **C**[式（7.110）～式（7.112）]获得。也就是说，定义了奇异矢量基的 $R_n(k,v,\chi)$ 可以与那些定义奇异标量基的函数不同（只与它们的正交化性能有关）。

数值实验表明正交条件 **A**、**B** 或 **C** 在系统矩阵 CN（见 7.7 节）中略有不同，而定义静态矢量基最方便的归一化条件是 **nB**。

对于 $\ell \geqslant 2$，式（7.104）$\phi_{n\ell}$ 的梯度是泡沫矢量函数，沿奇异三角形单元的 3 条边有正切分量。另一方面，式（7.103）$\phi_{n1}^{i\pm1}$ 的梯度是以边为基函数并且有一个不为零的只沿边的正切分量，边由上标表明，其中

$$\nabla \phi_{n1}^{i-1} \cdot \boldsymbol{\ell}_{i-1}\big|_{\sigma=-1} = -\nabla \phi_{n1}^{i+1} \cdot \boldsymbol{\ell}_{i+1}\big|_{\sigma=+1} = \frac{R_n'(\chi)}{2} \tag{7.117}$$

并且 $\boldsymbol{\ell}_{i\pm1}$ 和 $\boldsymbol{\ell}_i$ 是在 4.5.1 节中定义的边界矢量（见参考文献[3]），其中 $\boldsymbol{\ell}_i + \boldsymbol{\ell}_{i+1} + \boldsymbol{\ell}_{i-1} = 0$。梯度[式（7.103）和式（7.104）]包含一个与 χ^{v_n-1} 成比例的奇异项[因为 $R_n'(\chi)$ 和 $R_n(\chi)/\chi$ 都表现出该特性]；这个奇异点通常由斜劈问题的物理特性获得，虽然有时它不被源激励。

考虑条件式（7.109）在 $m=0$ 和 $P_0^*(\chi)=1$ 时有取值，并且 R_n 在 $\chi=1$ 处为 0，则

$$\int_0^1 R_n(\chi)\mathrm{d}\chi = \int_0^1 \left[\frac{R_n(\chi)}{\chi}\right]\chi\mathrm{d}\chi = \int_0^1 R_n'(\chi)\chi\mathrm{d}\chi = 0 \tag{7.118}$$

这使梯度函数式（7.103）和式（7.104）的每个矢量分量的平均值在奇异直线三角形上等于零（即当 $\nabla\xi_{i\pm1}$ 和 $\nabla\xi_i$ 在三角形单元中不变换时）。相似地，对于直线三角形，容易证实前两个条件，式（7.109）（在 $m=0,1$ 时获得）将函数式（7.103）和式（7.104）的正交性加到零阶正则矢量基函数 $\boldsymbol{\Omega}_i$ 和 $\boldsymbol{\Omega}_{i\pm1}$ 上，χ 和 $(1-\chi)$ 是两个出现在零阶正则矢量基函数伪极坐标表达式中的径向因子。

$$\boldsymbol{\Omega}_{i\pm1} = \pm\left[\chi\frac{(1\pm\sigma)}{2}\nabla\xi_i - (1-\chi)\nabla\xi_{i\mp1}\right] \tag{7.119}$$

$$\boldsymbol{\Omega}_i = \chi\left[\frac{(1-\sigma)}{2}\nabla\xi_{i-1} - \frac{(1\pm\sigma)}{2}\nabla\xi_{i+1}\right] \tag{7.120}$$

（在区域 A 的直线三角形中，零阶函数 $\boldsymbol{\Omega}_j$ 的积分均值是 $A\left[\nabla\xi_{j-1} - \nabla\xi_{j+1}\right]/3$，其中 $j=1,2,3$。）

在 7.3.3 节中已讨论过，$R_n(k,v,\chi)$ 在 $v_n = 1,2,\cdots,n+k$ 处有 $(n+k)$ 个极点，这些极点从使用的（**nA**、**nB** 或 **nC**）正交化条件中产生。这些极点不存在问题，因为 Meixner 集是通过排除先验的所有整数值的奇异点系数 v 定义的。

7.6.6　奇异非静态矢量基

非静态奇异矢量函数有非零旋度并且是有界的。它们用来将非解析的自由度引入初始横向场的旋度中，如果该特性是想要的，它们采用如下形式：

$$\begin{aligned}\boldsymbol{\mho}_{n\ell}(k,\chi,\sigma) &= S_n(k,v,\chi)\sqrt{2\ell+1}P_\ell(\sigma)\boldsymbol{\Omega}_i \\ &= \chi S_n(k,v,\chi)\sqrt{2\ell+1}P_\ell(\sigma)\frac{\boldsymbol{\Omega}_i}{\chi}\end{aligned} \tag{7.121}$$

$$\nabla\times\boldsymbol{\mho}_{n\ell}(k,\chi,\sigma) = \frac{\hat{\boldsymbol{n}}}{\mathcal{J}}T_n(k,v,\chi)\sqrt{2\ell+1}P_\ell(\sigma) \tag{7.122}$$

其中 $\boldsymbol{\Omega}_i$ 在式（7.120）中给出。

$$S_n(k,v,\chi) = \frac{1}{c_n}\sum_{j=1}^{n+k} b_{nj}\left[\chi^{v_n} - \chi^{(j-1)}\right] \tag{7.123}$$

$$T_n(k,v,\chi) = \left[2S_n + \chi\frac{\mathrm{d}S_n}{\mathrm{d}\chi}\right] = \frac{1}{c_n}\sum_{j=1}^{n+k} b_{nj}\left[(2+v_n)\chi^{v_n} - (1+j)\chi^{(j-1)}\right] \tag{7.124}$$

其中 $P_\ell(\sigma)$ 表明阶数为 ℓ 的 Legendre 多项式，$\hat{n}$ 是一个与元素正交的单位矢量，$\mathcal{J}$ 是从子空间到 ξ 父坐标变换的雅可比行列式。获得式（7.123）中系数 c_n 和 b_{nj} 的过程将在下节和表 7.8 中讨论。根据式(7.123)，定义奇异非静态分量的径向函数 $\chi S_n(k,v,\chi)$ 包含一个在 $\chi=0$ 处为 0 的多项式部分，它用来提高整个加性基的线性相关性。

函数 $S_n(k,v,\chi)$ 和 $\boldsymbol{\mho}_{n\ell}(k,\chi,\sigma)$ 在 $\chi=1$ 处为 0。$\boldsymbol{\mho}_{n\ell}(k,\chi,\sigma)$ 也有一个沿三角形单元另一条边的零正切分量，同时也是泡沫函数。

用 $\boldsymbol{\mho}_{n\ell}$ 的第一个下标 n 表明这些函数模拟了一个场，这个场的旋度在奇异点 χ^{v_n} 处为 0。这个旋度特性是需要的，因为在无源区域，电场 $\nabla\times\boldsymbol{E}_t$ 的旋度（或者磁场 $\nabla\times\boldsymbol{H}_t$）与磁场 $\boldsymbol{H}_z$（或 $\boldsymbol{E}_z$）的纵向分量成比例。第二个下标 ℓ 用来表明是函数 $\boldsymbol{\mho}_{n\ell}$ 的方位角阶数。

非静态奇异基函数必须只能用在与适当的模拟相关横向矢量空间的基函数结合的地方，否则在矢量亥姆霍兹等式中会出现伪解。而这些基函数提供二次场中（初始矢量场的旋度）z 分量需要的奇异自由度，它们也将额外的自由度引入初始横向空间，初始横向空间必须是完备的，可以适当地表示那个空间里的场。为完善横向空间中的表示，并且避免奇异非静态矢量函数式（7.121）可能带来的伪解，必须包含 Meixner 集中的梯度函数式（7.103）和式（7.104），该梯度函数通过包含奇异点系数 (v_n+2) 的径向函数 R 获得。这些梯度函数 $\Theta_{j\ell}$，有[①]。

① 函数 $\Theta_{j1}^{i\pm1}$ 和 $\Theta_{j\ell}$ 与 7.3.7 节的函数 Θ_ℓ 不同。

$$\begin{aligned}&\Theta_{j1}^{i\pm1}(\chi,\sigma)=R_j(v+2,\chi)(1\pm\sigma)/4\\&\Theta_{j\ell}(\chi,\sigma)=R_j(v+2,\chi)f_{\ell-2}(\sigma)(1-\sigma^2)/8\end{aligned}\tag{7.125}$$

对于旋度式（7.122）包含一个与 χ^{v_n+1} 成比例的矢量分量和一个有与 χ^{v_n} 成比例的分量的（为 0）旋度。

χ 与从 ξ 父坐标到伪极坐标的变换的雅可比行列式 $\mathcal{J}_R=\chi/2$ 成比例，并且矢量函数 $\boldsymbol{\Omega}_i$ 包含 χ 因子见式（7.120），整个加性函数集的线性独立性通过设定下面的正交条件[式（7.126）和式（7.127）]和归一化条件[式（7.128）]来提高

$$\int_0^1 P_m(2\chi-1)\left[\chi S_n(k,v,\chi)\right]\chi\mathrm{d}\chi=0\tag{7.126}$$

$$\mathbf{D}:\ \int_0^1\left[\chi S_i(k,v,\chi)\right]\left[\chi S_n(k,v,\chi)\right]\chi\mathrm{d}\chi=0\tag{7.127}$$

$$\mathbf{nD}:\ \int_0^1\left[\chi S_n(k,v,\chi)\right]^2\chi\mathrm{d}\chi=0\tag{7.128}$$

式中 $m=0,1,\cdots,k-1$，$i=1,2,\cdots,n-1$。注意，式（7.126）中的雅可比行列式是 χ，而在式（7.109）中为单位值。

第一个条件式（7.126）（在 $m=0$ 处取值）给出在直线三角形上的矢量函数 $\boldsymbol{\mho}_{n\ell}=0$ 的均值，或者表示梯度矢量 $\nabla\xi_i$ 和 $\nabla\xi_{i\pm1}$ 为常量。相似地，对于直线三角形，前两个条件式（7.126）（在 $m=0,1$ 处取值）将函数 $\boldsymbol{\mho}_{n\ell}$ 的正交性加到式（7.119）和式（7.120）给出的零阶正则函数 $\boldsymbol{\Omega}_i$ 和 $\boldsymbol{\Omega}_{i\pm1}$ 上。

对于给定的 k，上面所讨论的和由式（7.126）～式（7.128）定义的正交化过程可以得到一个唯一的 Meixner 子集式（7.121）。径向函数 $S_n(k,v,\chi)$ 在 $v_n=0,1,...,n+k-1$ 处有 $(n+k)$ 个极点，这些极点从归一化条件式（7.128）中得出。（因为 Meixner 集由除去一个先验的所有整数值奇异点系数 v 定义，所以这并不是一个问题。）注意，径向函数 S 不与静态径向函数 R 正交，这样可以避免多项式基函数集的阶数进一步增长。用来与 Meixner 子集一起合并 $S_n(k,v,\chi)$ 和 $R_n(k,v,\chi)$ 的多项式矢量子集的阶数 p 必须最少为 $(n+k-1)$（见参考文献[22]）。

7.6.7 径向函数 R_n 和 S_n 的数值计算

由于正交条件，用来构建 Meixner 子集的辅助径向函数 R_n 和 S_n 有从 v_1 到 v_n 的全部（非整数）奇异点系数（虽然在上文表达式中没有明确指定）。径向函数的显式表达式可以由金属斜劈的简单情况获得（见表 7.1 和参考文献[22]），而对于介电的、有磁性的或者复合材料斜劈，在非实际的点上要获得明确的高于 $n>3$ 的径向函数表达式，奇异点系数完全是任意的。一个更快且更有效的方法是用数值计算辅助径向函数 R_n 和 S_n。如表 7.8 中总结的，可以通过递归算法获得定义每个径向函数的系数，算法包含线性系统的方法和二次型的计算。特别地，表 7.8 中矩阵 $\boldsymbol{M}_n$ 前 k 排

的系数定义了线性系统，且由下面基本积分获得，基本积分适用于$\beta>0$。

$$\mathrm{IntP}_m(\beta)=\int_0^1 P_m(2\chi-1)\chi^{\beta}\mathrm{d}\chi=\begin{cases}\dfrac{1}{\beta+1} & \text{当}m=0\text{时}\\ \dfrac{1}{\beta+1+m}\prod\limits_{q=1}^{m}\dfrac{\beta+1-q}{\beta+q} & \text{当}m>0\text{时}\\ 0 & \text{当且仅当}\beta\in\mathbb{N},\ m>\beta\text{时}\end{cases} \tag{7.129}$$

例如，参考表 7.8，由式（7.129）得出

$$\int_0^1 P_m(2\chi-1)\left(\chi^{v_n}-\chi^{j}\right)\mathrm{d}\chi=\mathrm{IntP}_m(v_n)-\mathrm{IntP}_m(j) \tag{7.130}$$

$$\int_0^1 P_m(2\chi-1)\left(\chi^{1+v_n}-\chi^{j}\right)\chi\mathrm{d}\chi=\mathrm{IntP}_m(2+v_n)-\mathrm{IntP}_m(1+j) \tag{7.131}$$

表 7.8 中的矩阵$\boldsymbol{M}_n$和$\boldsymbol{Q}_n$对于k和n有较大值时往往是病态的（例如，$n\geqslant 6$）；这表明应该使用数值精度足够高的算法来确定径向函数的系数。

表 7.8 考虑了函数$R_n(k,v,\chi)$（左侧）和函数$S_n(k,v,\chi)$（右侧）的构建。在应用中矢量函数$\nabla\phi_{n1}^{i\pm1}$、$\nabla\phi_{n\ell}$和$\boldsymbol{\mho}_{n1}^{i\pm1}$、$\boldsymbol{\mho}_{n\ell}$中的$\chi$多项式最大阶数部分一定是相等的，观察到这一点很重要。这个阶数等于$n+k-1$[见式（7.103）、式（7.104）和式（7.121）]。

7.6.8 范例：有一个奇异指数的阶数 $p=1.5$ 的基

作为一个例子，研究对于单一的奇异分量v的矢量基集，需要一个最小阶数为$p=1.5$的背景阶（线性正切 / 二次归一化多项式函数）。在包含一个奇异点的单元中，正则基函数在每条边上（$\nabla\phi_{11}^{i-1}$和$\nabla\phi_{11}^{i+1}$）与一个径向函数是增广的，也在每个单元中包含一个方位角函数（$\nabla\phi_{12}$）。如果需要表示旋度中的奇异点，其中的 1 个或者 2 个函数

$$\boldsymbol{\mho}_{10}(v,\chi)=S_1(v,\chi)\boldsymbol{\Omega}_1 \tag{7.132}$$

$$\boldsymbol{\mho}_{11}(v,\chi)=S_1(v,\chi)\sqrt{3}\sigma\boldsymbol{\Omega}_1 \tag{7.133}$$

要被包含在内。如果包括了$\boldsymbol{\mho}_{10}$，函数$\nabla\Theta_{11}^{i-1}$和$\nabla\Theta_{11}^{i+1}$必须也被含在内[见式（7.125）]。如果包含了$\boldsymbol{\mho}_{11}$，也要用到$\nabla\Theta_{12}$。

7.6.9 范例：有两个奇异指数的阶数 $p=2.5$ 的基

为提高精确度，需要考虑一个背景阶为$p=2.5$的展开式。合并占主导地位的分指数，该阶数可以包含前面章节所描述的所有奇异函数。除此之外，一个额外的方位角阶数通过包含函数$\nabla\phi_{13}$、$\boldsymbol{\mho}_{12}$和$\nabla\Theta_{13}$可以被包含在内。接着，第二个分指数由径向函数R_2及函数$\nabla\phi_{12}^{i-1}$、$\nabla\phi_{12}^{i+1}$、ϕ_{22}和$\nabla\phi_{23}$引入。旋度中的第二个指数可以由函数$\boldsymbol{\mho}_{20}$、$\boldsymbol{\mho}_{21}$和$\boldsymbol{\mho}_{22}$引入。如果$\boldsymbol{\mho}_{20}$包含在基集中，$\nabla\Theta_{21}^{i-1}$和$\nabla\Theta_{21}^{i+1}$也必须

包含在内。相似地，$\nabla\Theta_{22}$必须和$\boldsymbol{\mho}_{21}$一起使用，$\nabla\Theta_{23}$必须和$\boldsymbol{\mho}_{22}$一起使用。

前面的段落描述了奇异表达式的所有可能的范围。然而，如果不想在旋度空间（纵向场）中引入分指数，也可能只使用基函数$\nabla\phi_{n1}^{i-1}$、$\nabla\phi_{n1}^{i+1}$和$\nabla\phi_{n\ell}$与正则（非奇异）矢量基函数一起来表示一个问题中的横向矢量场。为了将一个或更多分指数引入旋度中，必须使用$\boldsymbol{\mho}$ 和$\nabla\Theta$ 函数。然而，没必要像前文说的那样早或者系统性地引入。

7.7 数值结果

为了描述矢量表达式的性能，从前文的例子开始（一个有 30°隔板腔体振荡器，其确切的共振波数由表 7.9 给出）。表 7.10～表 7.12 给出了基于图 7.15 的三角形单元和奇异矢量表达式得到的腔体主共振波数的数值解，以及不同径向函数和方位函数的组合以评估精度。这些表格中用到分量的特定集为 v=6/11、v=12/11 和 v=2+6/11。不同基函数的系数通过数值方法获得，是矢量亥姆霍兹方程的元素矩阵的项。表格第一列为在含有奇异点的单元中使用的基函数的特定组合，“Poly”表示第 5 章中的背景表达式。

单位半径并具有 30° 楔形的圆形腔最小的 6 个共振波数（参数 v 在 7.6 节中定义，P 表示 Bessel 函数的零点）如表 7.9 所示；具有 30° 楔形（图 7.15）圆形腔主 TE 模式共振波数百分比误差如表 7.10 所示；具有 30° 楔形（图 7.15）圆形腔的 CN 矩阵（TE 模式，矢量展开）如表 7.11 所示；图 7.15 中网格（具有 30° 楔形圆形腔）未知数数目（TE 模式，矢量展开）如表 7.12 所示；用于试验案例研究的二维空腔如图 7.15 所示。

表 7.9 单位半径并具有 30°楔形的圆形腔最小的 6 个共振波数
（参数 v 在 7.6 节中定义，p 表示 Bessel 函数的零点）

v	p	TE	TM
6/11	1	1.231 339 321 386 72	3.205 872 454 912 04
12/11	1	1.956 558 730 194 26	3.953 792 378 688 49
18/11	1	2.624 392 799 785 57	4.670 229 486 405 60
24/11	1	3.266 044 540 184 65	5.365 390 395 827 88
0	1	3.831 705 970 207 51	
30/11	1	3.892 217 425 479 59	6.045 008 341 412 72
6/11	2		6.350 886 993 854 97

表 7.10　具有 30°楔形（图 7.15）圆形腔主 TE 模式共振波数百分比误差

阶	p=1.5	p=2.5	p=3.5
仅 Poly（非奇异）	2.20	1.05	0.61
$\mathrm{Poly}+\nabla\phi_{11}$	0.15	0.060	0.034
$\mathrm{Poly}+\nabla\phi_{11}+\nabla\phi_{12}$	0.11	0.015	0.005 5
$\mathrm{Poly}+\nabla\phi_{11}+\nabla\phi_{12},\nabla\phi_{13}$		0.014	0.003 6
$\mathrm{Poly}+\nabla\phi_{11}+\nabla\phi_{12},\nabla\phi_{13},\nabla\phi_{14}$			0.003 5
$\mathrm{Poly}+\nabla\phi_{11},\nabla\phi_{21}$		0.060	0.034
$\mathrm{Poly}+\nabla\phi_{11},\nabla\phi_{21}+\nabla\phi_{12},\nabla\phi_{22}$		0.009 5	0.005 5
$\mathrm{Poly}+\nabla\phi_{11},\nabla\phi_{21}+\nabla\phi_{12},\nabla\phi_{22},\nabla\phi_{13},\nabla\phi_{23}$		0.008 1	0.002 5
$\mathrm{Poly}+\nabla\phi_{11},\nabla\phi_{21}+\nabla\phi_{12},\nabla\phi_{22},\nabla\phi_{13},\nabla\phi_{23},$ $\nabla\phi_{14},\nabla\phi_{24}$			0.002 4
$\mathrm{Poly}+\nabla\phi_{11},\nabla\phi_{21},\nabla\phi_{31}$			0.034
$\mathrm{Poly}+\nabla\phi_{11},\nabla\phi_{21},\nabla\phi_{31}+\nabla\phi_{12},\nabla\phi_{22},\nabla\phi_{32}+\mho_{10}$			0.004 4
$\mathrm{Poly}+\nabla\phi_{11},\nabla\phi_{21},\nabla\phi_{31}+\nabla\phi_{12},\nabla\phi_{22},\nabla\phi_{32},\nabla\phi_{13},$ $\nabla\phi_{23},\nabla\phi_{33}+\mho_{10},\mho_{11}$			0.001 3
$\mathrm{Poly}+\nabla\phi_{11},\nabla\phi_{21},\nabla\phi_{31}+\nabla\phi_{12},\nabla\phi_{22},\nabla\phi_{32},\nabla\phi_{13},$ $\nabla\phi_{23},\nabla\phi_{33},\nabla\phi_{14},\nabla\phi_{24},\nabla\phi_{34}+\mho_{10},\mho_{11},\mho_{12}$			0.001 2

表 7.11　具有 30°楔形（图 7.15）圆形腔的 CN 矩阵（TE 模式，矢量展开）

阶	p=1.5	p=2.5	p=3.5
仅 Poly（非奇异）	42	150	637
$\mathrm{Poly}+\nabla\phi_{11}$	53	151	640
$\mathrm{Poly}+\nabla\phi_{11}+\nabla\phi_{12}$	53	155	650
$\mathrm{Poly}+\nabla\phi_{11}+\nabla\phi_{12},\nabla\phi_{13}$		348	1 120
$\mathrm{Poly}+\nabla\phi_{11}+\nabla\phi_{12},\nabla\phi_{13},\nabla\phi_{14}$			2 700
$\mathrm{Poly}+\nabla\phi_{11},\nabla\phi_{21}$		760	1 650
$\mathrm{Poly}+\nabla\phi_{11},\nabla\phi_{21}+\nabla\phi_{12},\nabla\phi_{22}$		820	1 860
$\mathrm{Poly}+\nabla\phi_{11},\nabla\phi_{21}+\nabla\phi_{12},\nabla\phi_{22},\nabla\phi_{13},\nabla\phi_{23}$		2 200	4 200
$\mathrm{Poly}+\nabla\phi_{11},\nabla\phi_{21}+\nabla\phi_{12},\nabla\phi_{22},\nabla\phi_{13},\nabla\phi_{23},$ $\nabla\phi_{14},\nabla\phi_{24}$			10 000
$\mathrm{Poly}+\nabla\phi_{11},\nabla\phi_{21},\nabla\phi_{31}$			7 100
$\mathrm{Poly}+\nabla\phi_{11},\nabla\phi_{21},\nabla\phi_{31}+\nabla\phi_{12},\nabla\phi_{22},\nabla\phi_{32}+\mho_{10}$			125 000

续表

阶	p=1.5	p=2.5	p=3.5
$\text{Poly}+\nabla\phi_{11},\nabla\phi_{21},\nabla\phi_{31}+\nabla\phi_{12},\nabla\phi_{22},\nabla\phi_{32},\nabla\phi_{13},\nabla\phi_{23},\nabla\phi_{33}+\mho_{10},\mho_{11}$			133 000
$\text{Poly}+\nabla\phi_{11},\nabla\phi_{21},\nabla\phi_{31}+\nabla\phi_{12},\nabla\phi_{22},\nabla\phi_{32},\nabla\phi_{13},\nabla\phi_{23},\nabla\phi_{33},\nabla\phi_{14},\nabla\phi_{24},\nabla\phi_{34}+\mho_{10},\mho_{11},\mho_{12}$			270 000

表 7.12　图 7.15 中网格（具有 30°楔形圆形腔）未知数数目（TE 模式，矢量展开）

阶	p=1.5	p=2.5	p=3.5
仅 Poly（非奇异）	104	228	400
$\text{Poly}+\nabla\phi_{11}$	109	233	405
$\text{Poly}+\nabla\phi_{11}+\nabla\phi_{12}$	115	239	411
$\text{Poly}+\nabla\phi_{11}+\nabla\phi_{12},\nabla\phi_{13}$		245	417
$\text{Poly}+\nabla\phi_{11}+\nabla\phi_{12},\nabla\phi_{13},\nabla\phi_{14}$			423
$\text{Poly}+\nabla\phi_{11},\nabla\phi_{21}$		238	410
$\text{Poly}+\nabla\phi_{11},\nabla\phi_{21}+\nabla\phi_{12},\nabla\phi_{22}$		250	422
$\text{Poly}+\nabla\phi_{11},\nabla\phi_{21}+\nabla\phi_{12},\nabla\phi_{22},\nabla\phi_{13},\nabla\phi_{23}$		262	434
$\text{Poly}+\nabla\phi_{11},\nabla\phi_{21}+\nabla\phi_{12},\nabla\phi_{22},\nabla\phi_{13},\nabla\phi_{23},\nabla\phi_{14},\nabla\phi_{24}$			446
$\text{Poly}+\nabla\phi_{11},\nabla\phi_{21},\nabla\phi_{31}$			415
$\text{Poly}+\nabla\phi_{11},\nabla\phi_{21},\nabla\phi_{31}+\nabla\phi_{12},\nabla\phi_{22},\nabla\phi_{32}+\mho_{10}$			439
$\text{Poly}+\nabla\phi_{11},\nabla\phi_{21},\nabla\phi_{31}+\nabla\phi_{12},\nabla\phi_{22},\nabla\phi_{32},\nabla\phi_{13},\nabla\phi_{23},\nabla\phi_{33}+\mho_{10},\mho_{11}$			463
$\text{Poly}+\nabla\phi_{11},\nabla\phi_{21},\nabla\phi_{31}+\nabla\phi_{12},\nabla\phi_{22},\nabla\phi_{32},\nabla\phi_{13},\nabla\phi_{23},\nabla\phi_{33},\nabla\phi_{14},\nabla\phi_{24},\nabla\phi_{34}+\mho_{10},\mho_{11},\mho_{12}$			487

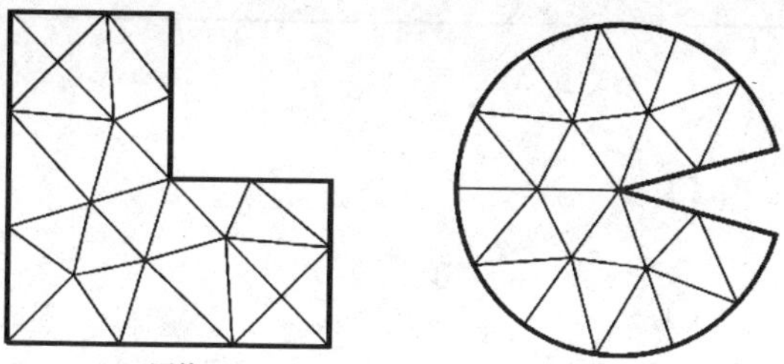

Lb网格
26个三角形；
21个节点

图 7.15　用于试验案例研究的二维空腔

在图 7.15 中，左 L 形腔 （由三个单位正方形组成）由 26 个三角形和 46 条边组成；边界上有 14 条边；右侧的圆形腔的楔形孔径角为 30°，腔体由 24 个曲线三角形和 44 条边组成。为了提高精度，位于圆形空腔边界上的 12 条边由第八度弯曲段定义，共使用（96 + 1）个插值点。

在这些结果中，比给定背景阶更少地使用奇异动态矢量基 $\mho$；特别是，开始使用 p=3.5 背景阶的函数。对于那些扩展式，与函数 $\nabla\phi$ 一致的相关 $\nabla\Theta$ 函数也用于表达式，从而被省略。

和前文描述的奇异标量函数一样，显然，最好精度（对于给定的背景阶数）通过使用和背景表达式提供的一样多的径向函数和方位变量获得。这种方法对于方位变量需要增加较少的未知数，但可得到较大的精度提升。与标量情况一样，这种改善的代价是增加矩阵 CN。使用这种方法，p 每增加 1 可得精度增加一个数量级。

图 7.16～图 7.19 为使用给定背景阶下分数分量和（静态）方位函数最大数量，有 0° 隔板和 30° 楔形腔体的 TE 和 TM 模式下的前三个共振波数的误差结果。在这些图中，“阶数” 1.5 表明背景阶 p=1.5 的完备静态奇异函数与该方位变量匹配。指数为 v=6/11、v=12/11、v=2+6/11、v=2+12/11，动态奇异函数 $\mho$ 从阶 p=3.5 开始增加。结果表明，采用这种方法，在转换域有很强奇异性的模式与没有楔形奇异性的模式有相同的精度。

前三种圆孔 TE 模式谐振频率误差——0° 隔板，利用向量扩展得到如图 7.16 所示；前三种圆孔 TM 模式谐振频率误差——0° 隔板，利用向量扩展得到如图 7.17 所示，前三种圆孔 TE 模式谐振误差——30° 楔形，利用向量扩展得到如图 7.18 所示，前三种圆孔 TM 模式谐振频率误差——30° 楔形，利用向量扩展得到如图 7.19 所示。

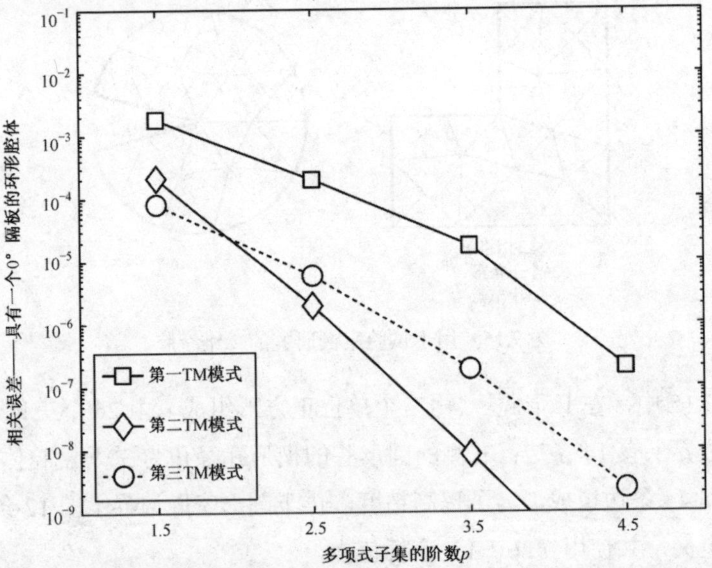

图 7.16 前三种圆孔 TE 模式谐振频率误差——0° 隔板，利用向量扩展得到

©2014 T&F. Reprinted with permission from R. D. Graglia, A. F. -Peterson, L. Matekovits, and P. Petrini, "Hierarchical additive basis functions for the finite-element treatment of corner singularities," special issue on "Finite Elements for Microwave Engineering," *Electromagnetics*, Vol. 34, pp. 171–198, Mar. 2014.

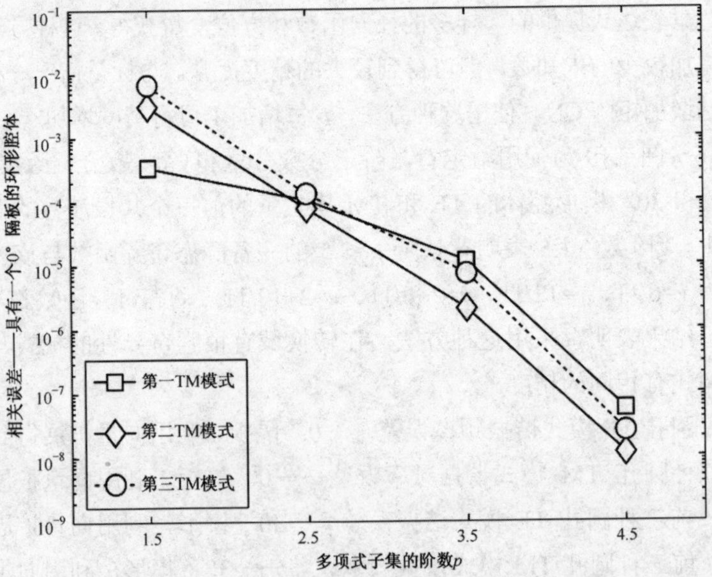

图 7.17 前三种圆孔 TM 模式谐振频率误差——0° 隔板，利用向量扩展得到

©2014 T&F. Reprinted with permission from R. D. Graglia, A. F. Peterson, L. Matekovits, and P. Petrini, "Hierarchical additive basis functions for the finite-element treatment of corner singularities," special issue on "Finite Elements for Microwave Engineering," Electromagnetics, Vol. 34, pp. 171–198, Mar. 2014.

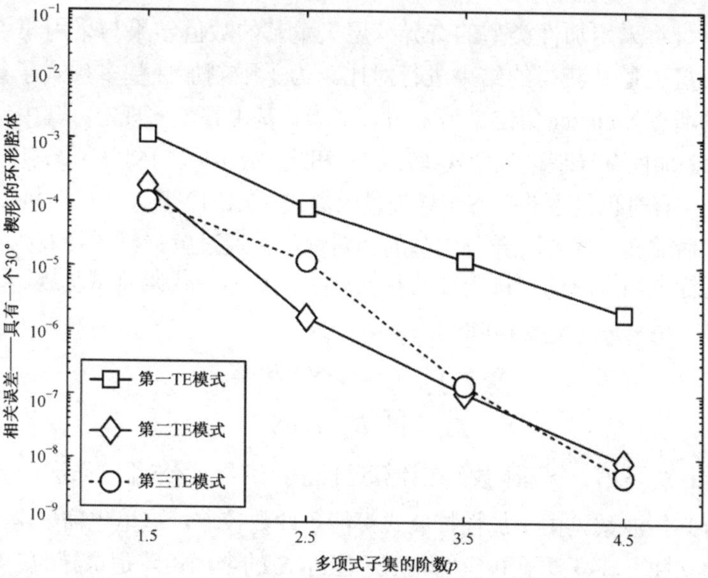

图 7.18　前三种圆孔 TE 模式谐振频率误差——30° 楔形，利用向量扩展得到

©2014 T&F. Reprinted with permission from R. D. Graglia, A. F. Peterson, L. Matekovits, and P. Petrini, "Hierarchical additive basis functions for the finite-element treatment of corner singularities," special issue on "Finite Elements for Microwave Engineering," *Electromagnetics*, Vol. 34, pp. 171–198, Mar. 2014.

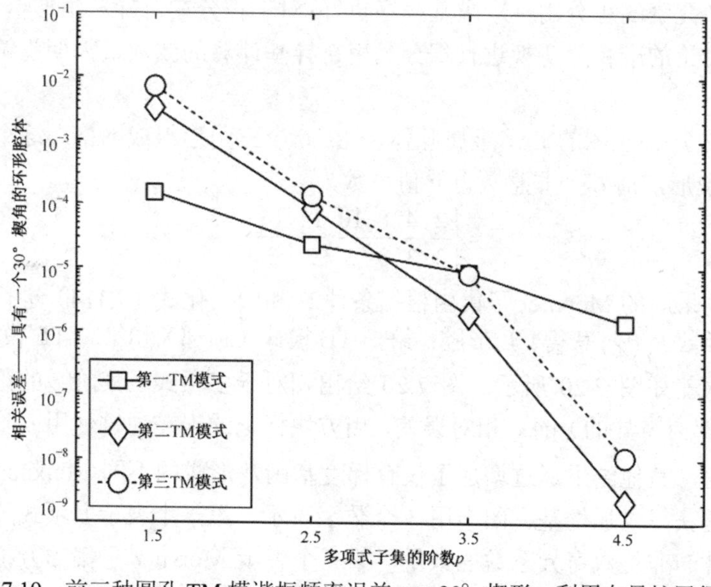

图 7.19　前三种圆孔 TM 模谐振频率误差——30° 楔形，利用向量扩展得到

©2014 T&F. Reprinted with permission from R.D.Graglia, A. F. Peterson, L. Matekovits, and P. Petrini, "Hierarchical additive basis functions for the finite-element treatment of corner singularities," special issue on "Finite Elements for Microwave Engineering," *Electromagnetics*, Vol. 34, pp. 171–198, Mar. 2014.

接下来，将采用加性类型的奇异分层矢量基的数值结果与采用第 5 章介绍的纯多项式分层矢量基获得的结果进行对比。为了限制加性基多项式子集的阶数，这里用到的所有 Meixner 集定义为 $k=1$。多项式基由整数 p 规定，其中（p+0.5）是矢量基的阶。加性奇异基也包含式（7.103）和式（7.104）的梯度（无旋）的 Meixner 子集，并且，有时也包含非静态奇异矢量函数式（7.121）。

为了评估前文描述的奇异分层基的相对性能，通过解二维矢量亥姆霍兹方程，计算由理想导电墙围成的二维腔体的共振波数（k_c）的代码测试基族。这一过程的一部分包含三角形单元元素矩阵

$$S_{mn}=\iint_S \nabla\times\boldsymbol{B}_m\cdot\nabla\times\boldsymbol{B}_n\mathrm{d}S \tag{7.134}$$

$$T_{mn}=\iint_S \boldsymbol{B}_m\cdot\boldsymbol{B}_n\mathrm{d}S \tag{7.135}$$

的计算，其中 $\boldsymbol{B}_i$ 是第 i 个基函数。在计算过程中，聚合元素矩阵形成一个全局本征系统，用于解共振波数。由于加性扩展式可能条件数较差，这里也需要考虑基函数的相对线性独立性。旋度算子 0 空间相应于矩阵 $\boldsymbol{S}$ 的全局矩阵是奇异的。然而，全局矩阵 T 是非奇异的，其 CN 表明使用基函数特定集的相对线性独立性。

为了说明此方法的鲁棒性，下面讨论的所有结果都是通过 7.6.7 节和表 7.8 中介绍的 k=1 的数值定义 Meixner 集进行 64 位计算得到的（这表明辅助径向函数是准正交的，即两个准正交函数的正交积分不恰好等于 0，而是 10^{-12} 数量级）。计算矩阵 $\boldsymbol{S}$ 和 $\boldsymbol{T}$ 元素的积分用标准求基程序执行；对于积分在奇异三角形单元的情况，用 7.2 节讨论的准积分变换进行积分。用奇异基计算的波数最大期望精度数量级为 10^{-7}。

考虑图 7.15 左图的 L 形金属腔体，由 26 个三角形组成网格。这个结构包含一个 90° 楔形，前 6 个非整数奇异值系数为

$$\overline{\boldsymbol{v}}=\left\{\frac{2}{3},\frac{4}{3},\frac{8}{3},\frac{10}{3},\frac{14}{3},\frac{16}{3}\right\} \tag{7.136}$$

此实验用例采用的 Meixner 子集由根据条件 **B** 和归一化式（7.114）进行正交化的辅助径向函数 $R_j(\chi)$ 获得。L 形腔：第一 TE 模式（顶部）和第二 TE 模式（底部）的 k_c 相对误差如图 7.20 所示。图 7.20 给出相对于多项式子集阶数的第一和第二 TE 模式（都为奇异的）的 k_c 相对误差，用方块标记的误差通过使用 p 阶纯多项式矢量基获得，其他结果通过增加了仅有梯度基函数形成的不同 Meixner 子集的 p 阶多项式基获得。加性基在图中用 3 个数字表示，第一个表示多项式阶数，第二个表示包含的非整数奇异系数的数量，第三个表示 Meixner 子集的方位阶数。特别地，用 $[p,n,a]$ 表示的基由 p 阶多项式子集形成，具体来说，用 $[p,n,a]$ 表示的基由 p 阶多项式子集形成，这里向该多项式子集增加了 Meixner 矢量基函数。这些基函数对从 $\overline{\boldsymbol{v}}$ 列表［式(7.136)］到方位阶数 a 的前 n 个奇异系数进行建模。

结果表明，对于给定的基阶数 p，“最好”的精度通过$[p,p,p]$组合获得。也可观察到，用阶为$[p,n,0]$（n>1）的基（未在图中表示）获得的结果不比用$[p,1,0]$基获得的结果更精确。换句话说，方位扩展的程度很重要。在图 7.20 中，对于第二 TE 模式，只给出了用纯多项式基和阶数为$[p,p,p]$加性基获得的相对误差。

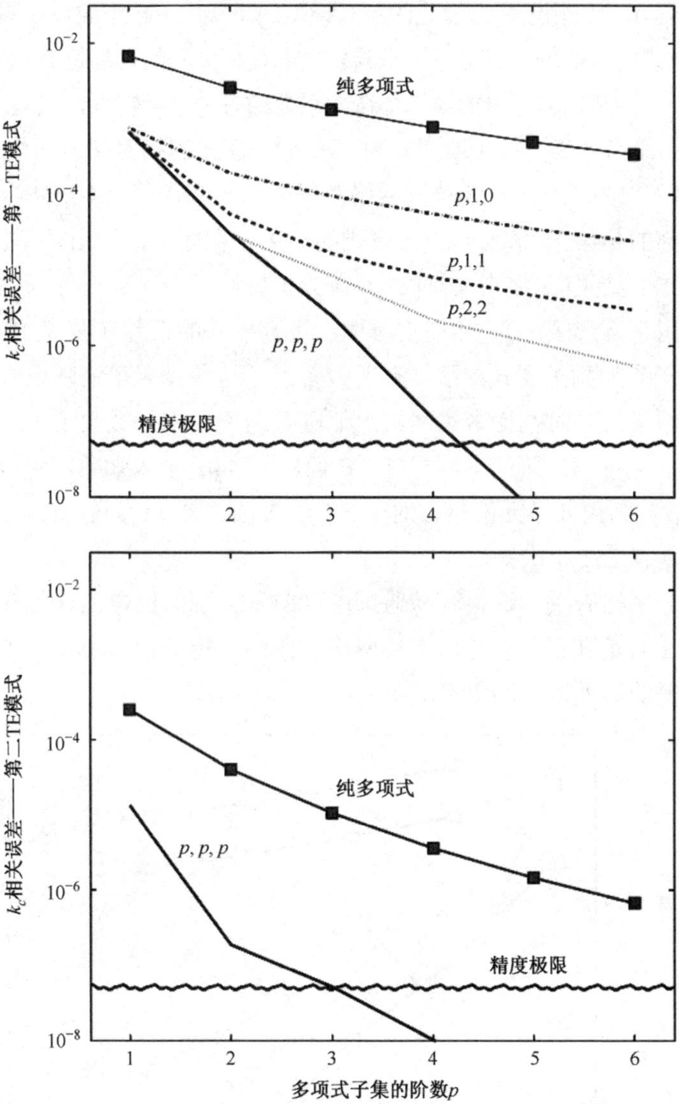

图 7.20　L 形腔：第一 TE 模式（顶部）和第二 TE 模式（底部）的 k_c 相对误差

注：这些模式都是奇异的。

© 2014 IEEE. Reprinted with permission from R. D. Graglia, A. F. Peterson, L. Matekovits, and P. Petrini, “Singular hierarchical curl-conforming vector bases for triangular cells,” *IEEE Trans.Antennas Propag.*, Vol. 62, no.7, pp. 3632–3644, Jul. 2014.

由于并不知道 L 形腔体的这些模式的 k_c 准确值，将表 7.14 中的最好结果（1.214 751 769 2; 1.879 901 957 8）用作参考，这个结果通过 7.3 节描述的奇异分层标量基函数用数值方法获得。此“参考”标量问题所需的 DoF 数量为 997（见表 7.4），而对于 $[6,6,6]$ 基，矢量 TE 带来的 DoF 为 1 520。

图 7.20 显示了依赖于所选模式的相对误差。事实上，L 形腔体（图 7.20 底部）的第二 TE 模式的本征场具有与第二奇异系数 $4/3$ 相关联的奇异特征。用 Meixner 集建模域列表［式（7.136）］中的第二个奇异系数的有关奇异特性，误差就急剧下降。

L 形腔：第一 TE 模式（顶部）和第三 TM 模式的相对误差如图 7.21 所示。图 7.21 对比了用图 7.15 中 26 单元网格获得的结果和用表 7.4 中 4 单元网格获得的结果。顶部的是第一（奇异）TE 模式的结果；在底部，给出 $k_c = \sqrt{2}\pi$（正则）第三 TM 模式的结果（见参考文献[22]）。奇异扩展结果由阶为 $[p,p,p]$ 的基获得（纯多项式结果用正方形表示）。如前文所述，正则模式的误差（图 7.21 底部）不像将 Meixner 子集加到扩展式中那样有所改善。从这些结果可清晰地看到，相同精度下，粗糙网格的高阶基比密集网格上低阶基需要的未知数数量少。例如，利用 26 单元网格，对于 3.5 阶纯多项式基 TE 问题有 440 个未知数，对于 $[3,3,3]$ 基有 512 个未知数。利用 4 单元网格，对于 5.5 阶多项式基 TE 问题有 138 个未知数，对于 $[5,5,5]$ 基有 253 个未知数。

误差也与网格有关，这很容易通过图 7.21（顶部）给出的误差观察到，由粗糙网格上 $[2,2,2]$ 基获得的误差比密集网格相同阶获得的误差小。除了这个异常，两个网格获得的误差以相同斜率减小。

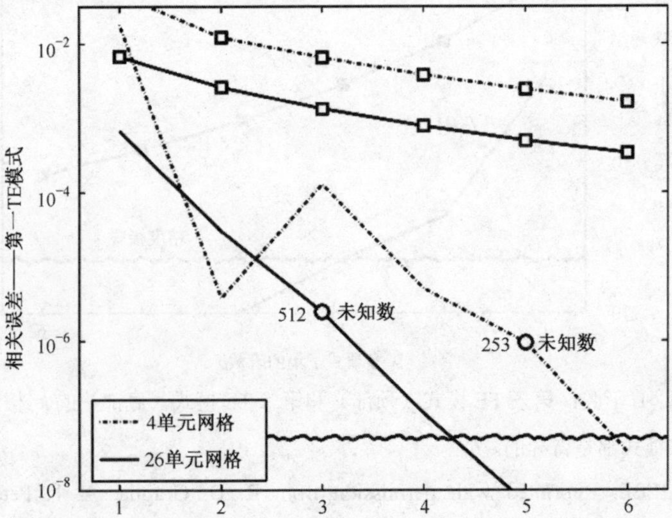

图 7.21　L 形腔：第一 TE 模式（顶部）和第三 TM 模式的相对误差

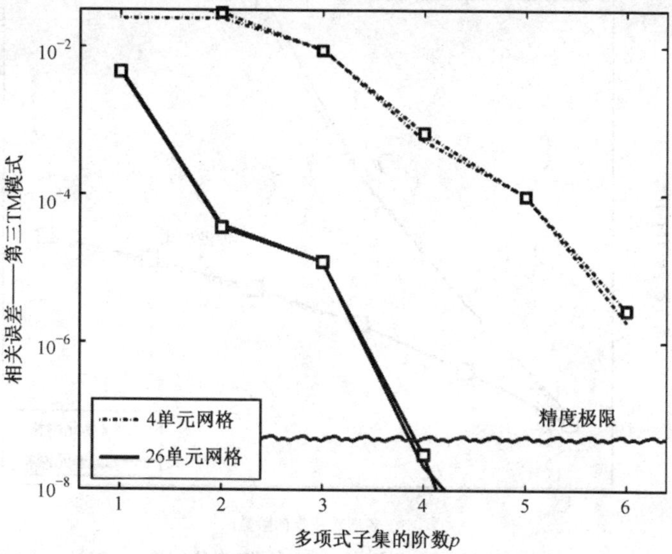

图 7.21　L 形腔：第一 TE 模式（顶部）和第三 TM 模式的相对误差（续）

图 7.21 给出了图 7.15 中的 26 单元网格与表 7.4 中的 4 单元网格的第一 TE 模式（顶部）和第三 TM 模式（底层）的 k_c 的相关误差（参考文献[22]，表 7]。用纯多项式基得到的结果以方块标记。

L 形腔：TE 问题 mass 矩阵的条件数（CN）如图 7.22 所示。图 7.22 给出了 TE 问题全局 mass 矩阵 T 的 CN 的特性。从这个图可以清楚地看到，CN 大体上受与斜楔形相关的奇异单元数量影响，而网格密度对 CN 影响较小。

第二个实验用例考虑图 7.15（右侧）的有 30° 楔形的环形腔体。考虑这个几何体是因为：

① 它有单位半径的确切 k_c 值，其值由 TM 情况下 Bessel 函数 $J_{m\tau}$ 的零点和 TE 情况下 Bessel 的导数的零点给出[42]（对于 $J_{m\tau}$ 设置

$$\tau = 180/(360-30) = 6/11 \tag{7.137}$$

m≥0 为整数，TM 模式 $m \neq 0$ ）。

② 该腔体支持在楔形尖端附近有非解析特性的大量模式（前 22 个模式只有第六模式，即第五 TE 模式在尖端有解析特性，而在尖端有解析特性的第一 TM 模式为第三十八模式）。

③ 该腔体支持的前 19 个模式中的 4 个在尖端有 4 个无界场。

④ 腔体没有直的边界。

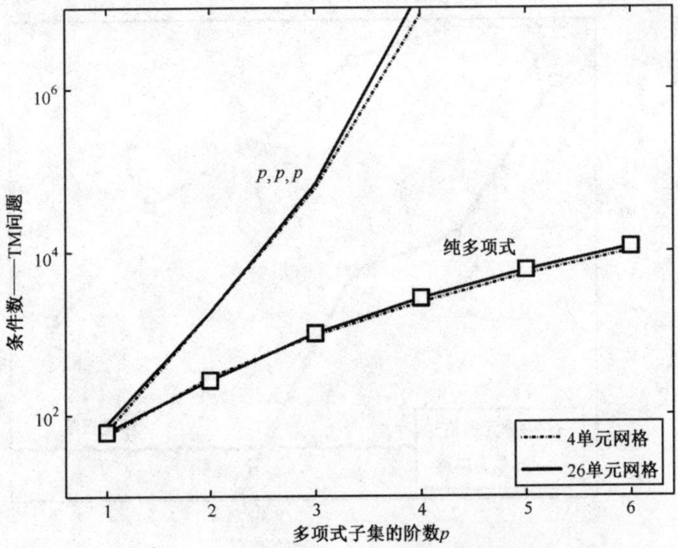

图 7.22　L 形腔：TE 问题 mass 矩阵的条件数（CN）

因此，这个实验用例十分适合研究使用有限网格几何近似结构的影响，3 个不同的正交化公式式（7.110）～式（7.112）用于定义辅助径向函数 R。涉及几何近似，当使用大尺寸的单元时，曲边界的低阶描述带来的误差决不能被低估，因为它很容易非常大，就像现在这个实验用例中，第 12 个曲三角形的扭曲程度比第 6 个的小。高阶基函数的优点只有在它们用于弯曲几何体大尺寸单元的高阶表示时才能显示出来。

第二个实验用例的一个重要方面是构造奇异基的技术可容易地用不同奇异系数集解决相同的问题，因为辅助径向函数可通过 7.6.7 节和表 7.8 描述的快速迭代过程用数值方法获得。事实上，对于第二个实验用例，前 7 个非整数奇异系数为[见式（7.6）]

$$\bar{\boldsymbol{v}} = \left\{\boxed{\frac{6}{11}}, \boxed{\frac{12}{11}}, \frac{18}{11}, \frac{24}{11}, \boxed{\frac{28}{11} = 2 + \frac{6}{11}}, \frac{30}{11}, \boxed{\frac{34}{11} = 2 + \frac{12}{11}}\right\} \tag{7.138}$$

但跳过第 3、第 4 和第 6 个，考虑其余 4 个奇异系数

$$\bar{\boldsymbol{v}} = \left\{\frac{6}{11}, \frac{12}{11}, \frac{28}{11}, \frac{34}{11}\right\} \tag{7.139}$$

以获得图 7.23～图 7.28 的结果。具有 30º 楔形的圆形腔的结果：第一、第二 TE 和 TM 模式相对误差 k_c（与展开式阶数相比）如图 7.23 所示；具有 30º 楔形的圆形腔：左侧的图是横向电场，右侧的图是横向磁场如图 7.24 所示；具有 30º 楔形的圆形腔：k_c 中第一 TM 模式相对多项式基子集阶的相对误差如图 7.25 所示；具有 30º 楔形的

圆形腔：沿图 7.24 中 x 轴负方向主导（co-pol）和 cross-pol 场分量如图 7.26 所示；具有 30º 楔形的圆形腔：不同正交结构 TE 模式 mass 矩阵的条件数如图 7.27 所示；具有 30º 楔形的圆形腔：用于解决 TE 和 TM 模式问题的自由度如图 7.28 所示。

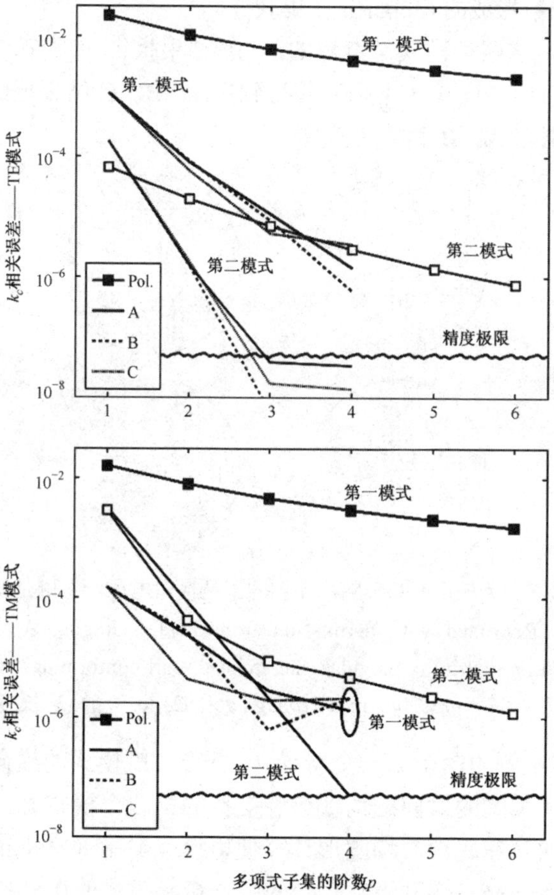

图 7.23　具有 30º 楔形的圆形腔的结果；第一、第二 TE 和 TM 模式相对误差 k_c（与展开式阶数相比）

© 2014 IEEE. Reprinted with permission from R. D. Graglia, A. F. Peterson, L. Matekovits, and P. Petrini, "Singular hierarchical curl-conforming vector bases for triangular cells," *IEEE Trans. Antennas Propag.*, vol. 62, no. 7, pp. 3632–3644, Jul. 2014.

图 7.23 给出了相对于多项式子集的阶数 p，第一和第二 TE（顶部）和 TM（底部）模式的 k_c 相对误差。对于 TE 和 TM 模式，准确的波数分别为 (1.231 339 321 386 72，1.956 558 730 194 26)和(3.205 872 454 912 04 和 3.953 792 378 688 49)。（考虑 TE 模式为前两个波导模式；第一和第二 TM 模式分别为第四和第八波导模式。）图 7.23 中标记 **A**、**B** 和 **C** 的结果分别通过使用具有正交性 **A**、**B** 和 **C** 的 $[p,p,p]$ 阶的奇异加性基获得［为使其具有可比性，对于三个不同的正交化，径向函数都用

式（7.114）归一化]。对于图 7.23 给出的第一个 TE 和 TM 模式，使用正交化 **A** 和 **B** 的$[4,4,4]$基的相对误差的数量级为 10^{-6}。网格和本征场拓扑用于定义 Meixner 子集的正交化对第一 TM 模式的影响比对图 7.23 中其他模式的影响大。图 7.23 的结果通过使用仅用梯度函数形成的 Meixner 子集获得。

在图 7.23 中，这四种模式是奇异的，TE 结果报告在顶部，TM 结果在底部，方框标示的结果由纯多项式（正则）基得到；**A**、**B**、**C** 结果通过阶数$[p,p,p]$奇异加性基并且分别与 **A**、**B** 和 **C** 正交。

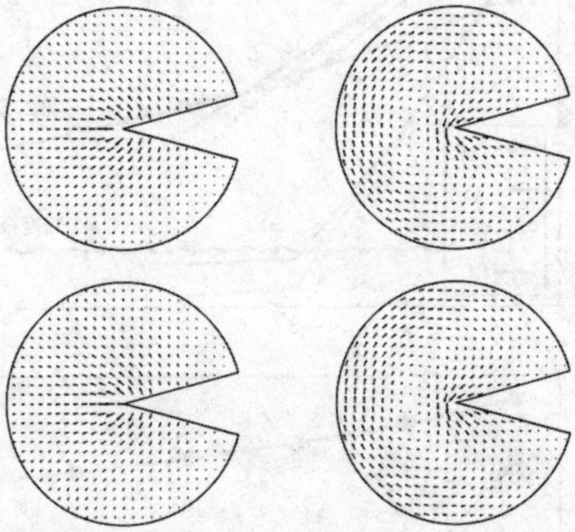

图 7.24　具有 30º 楔形的圆形腔：左侧的图是横向电场，右侧是横向磁场图

© 2014 IEEE. Reprinted with permission from R. D. Graglia, A. F. Peterson, L. Matekovits, and P. Petrini, "Singular hierarchical curl-conforming vector bases for triangular cells," *IEEE Trans. Antennas Propag.*, vol. 62, no. 7, pp. 3632–3644, Jul. 2014.

图 7.24 中，左侧的图是第一个奇异（主导）TE 模式的横向电场，右侧的图是第一个奇异 TM 模式的横向磁场（该腔支持的第四个模式），精确的（在顶部）和数字计算获取的（在底部）场图形计算使用$[4,4,4]$基（Meixner 梯度函数）。

图 7.23 中用 Meixner 梯度函数获得的两个奇异模式的误差特征用图 7.24 中的本征场拓扑表示，误差特征通过将每个本征场归一化为单位功率而得到（场不在无限边缘尖采样）。由于边界条件，磁场（通过解决 TM 问题获得）在楔形周围流通，因此在尖邻近处有较强的旋度分量；相反，电场（通过解决 TE 问题获得）垂直于楔形，因此至少对于低阶模式，通常在这个相同区域内有相当小的旋度分量。在这一关系中，TE 和 TM 问题中的主未知数分别为横向电场和横向磁场。旋度场[42]的准确解析解为

$$\nabla\times\begin{bmatrix}\boldsymbol{H}_{\mathrm{TM}m}\\ \boldsymbol{E}_{\mathrm{TE}m}\end{bmatrix}=\hat{z}\begin{bmatrix}\sin\{m\tau(\phi-15°)\}\\ \cos\{m\tau(\phi-15°)\}\end{bmatrix}\times\left[k_c^2 J''_{m\tau}(k_c\rho)+\frac{k_c}{\rho}J'_{m\tau}(k_c\rho)-\left(\frac{m\tau}{\rho}\right)^2 J_{m\tau}(k_c\rho)\right] \tag{7.140}$$

依赖于模式的波数 k_c。前两个奇异 TM

$$\hat{z}\cdot\nabla\times\begin{bmatrix}\boldsymbol{H}_{\mathrm{TM1}}\\ \boldsymbol{H}_{\mathrm{TM2}}\end{bmatrix}\propto\begin{bmatrix}\rho^{6/11}\left(1-1.662\,6\rho^2+O[\rho]^4\right)\\ \rho^{12/11}\left(1.103\,1-1.355\,6\rho^2+O[\rho]^4\right)\end{bmatrix} \tag{7.141}$$

和 TE

$$\hat{z}\cdot\nabla\times\begin{bmatrix}\boldsymbol{E}_{\mathrm{TE1}}\\ \boldsymbol{E}_{\mathrm{TE2}}\end{bmatrix}\propto\begin{bmatrix}\rho^{6/11}\left(0.087\,5-0.021\,5\rho^2+O[\rho]^4\right)\\ \rho^{12/11}\left(0.239\,8-0.109\,7\rho^2+O[\rho]^4\right)\end{bmatrix} \tag{7.142}$$

模式的旋度径向因子表明楔形尖附近的前 2 个奇异 TM 模式的磁场的旋度比第一个奇异 TE 模式的电场旋度大 11 倍。对于这个实验用例，等价的归一化表达式（7.141）和式（7.142）显示旋度在楔形尖（$\rho=0$）为 0，并且在尖的附近不含任何 ρ 的多项式函数。对第二 TM 和 TE 模式有效的径向因子式（7.141）和式(7.142)与 $\rho^{12/11}$ 成比例；这些因子比第一 TM 和 TE 模式的主因子（与 $\rho^{6/11}$ 成比例，事实上，通过增加图 7.23 中多项式子集的阶数，第二 TM 和 TE 模式的误差指数较小）更容易用多项式近似表示。对于更高阶模式，级数展开式类似于式（7.141）和式（7.142）。显然，这个系列的每个系数的幅度通常随模式波数 k_c 和围绕楔形尖的场拓扑的复杂度增加。

因此，通过将奇异非静态函数加到获得图 7.23 结果的 Meixner 基中减少第一 TM 模式中的误差。对于包含大于或等于图 7.25 中第 3 个阶数的多项式矢量子集的基可以达到这一点。特别地，通过用旋度包含径向 DoF $\chi^{6/11}$ 的非静态函数增广基$[3,3,3]$可获得图 7.25 的结果，具体来说，图 7.25 的结果是通过在旋度中用包含径向 DoF $\chi^{6/11}$ 的非静态函数增加基$[3,3,3]$得到的，而对于基[4,4,4]，增加了具有 $\chi^{6/11}$ 和 $\chi^{12/11}$ 旋度特征的非静态函数（这里用到的梯度和非静态函数集具有相同的方位阶）。在图 7.25 中，将结果与用正交化 **A** 得到的图 7.23（底部）的结果进行比较。很明显，只有在[4,4,4]基数的情况下才能获得真正的好处。注意，仅使用有列表［式(7.139)］系数的 Meixner 梯度函数获得的第一 TM 模式误差与利用奇异系数

$$\bar{\boldsymbol{v}}=\left\{\frac{6}{11},\frac{12}{11},\frac{28}{11},\frac{34}{11}\right\} \tag{7.143}$$

获得的误差相等。(因此，后者未在图 7.25 中给出。）这将调整式（7.139）中系数的使用，这些系数定义了加到 Meixner 梯度函数集的非静态函数。如图 7.23 所示，仅使用 Meixner 梯度函数建模奇异场就可以获得非常好的结果，所得的误差比用纯多项式基的第一奇异模式获得的误差低 2～3 个数量级。非静态 Meixner 函数仅建模楔形尖旋度的非解析消失的特性，因此，尽管它们对求解其他被动问题很有用，它们对本文考虑的测试问题的场拓扑的质量影响不大。(被动问题的源通常不激励所有期望的奇异点，而只激励那些仅使用相对梯度和非梯度 Meixner 基函数，即可很容易建模的少数奇异点[25]。)

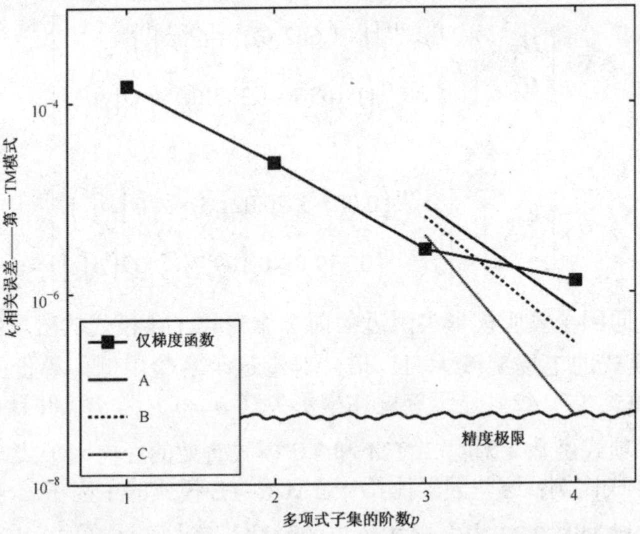

图 7.25　具有 30° 楔形的圆形腔：k_c 中第一 TM 模式相对多项式基子集阶的相对误差

在图 7.25 中，方框标记的结果由仅包含奇异梯度函数的基$[p,p,p]$得到，其他结果通过添加奇异非静态函数到其$[p,p,p]$中得到，并且分别利用条件 **A**、**B** 和 **C** 正交化。

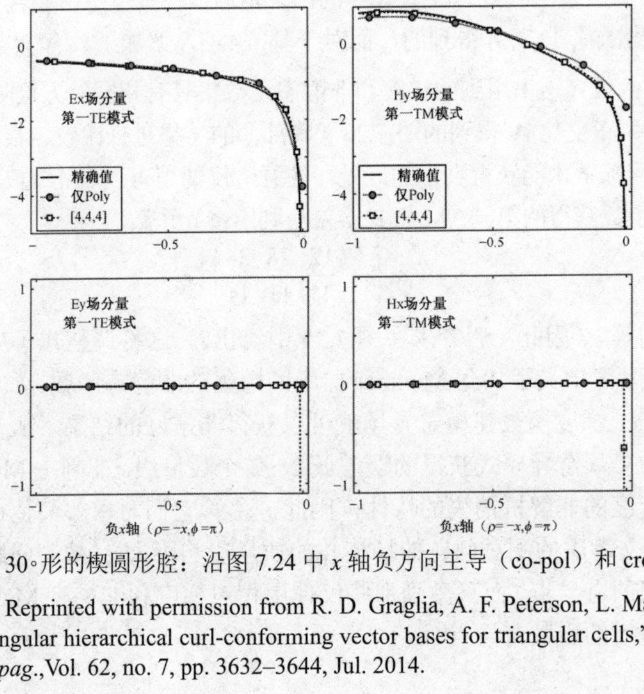

图 7.26　具有 30∘形的楔圆形腔：沿图 7.24 中 x 轴负方向主导（co-pol）和 cross-pol 场分量

在图 7.26 中，TE 模式在左，TM 模式在右。

事实上，考虑到场的拓扑，仅使用 Meixner 梯度函数即可获得较好的精度。例如，图 7.26 显示了沿图 7.24 负（水平）x 轴的第一 TM 模式磁场和第一 TE 模式电场的 x 和 y 分量的特性。该图将归一化到单位本征场的准确（实线）解与用基$[4,4,4]$和阶为 4 的纯多项式基获得的解进行对比。后面的数值解通过 Lapack 库程序 DGGEVX （不需要进一步归一化）计算的特征值直接获得。对于这些模式，TE 电场的 y 分量和 TM 磁场的 x 分量为 0（见图 7.26 底部），而因为数值计算出的与奇异 Meixner 基函数有关的特征值不恰好为 0，用基[4,4,4]获得的交叉极化场在尖的附近（即 $\rho<1/100$）是无界的。相反，奇异基很好地建模了无界主（交叉极化）场的分量（图 7.26 顶部），而在楔形尖附近的多项式结果是不正确的（阶为 4 的多项式基在当 $\rho=0$ 时，有 $E_x\approx-3.79$ 和 $H_y\approx-1.73$）。无论如何，当 $\rho=1/100$ 时，奇异基[4,4,4]得到的交叉极化率等于 $E_y/E_x\approx0.11$、$H_x/H_y\approx0.21$. 数值计算的 y 场分量由只考虑与位于图 7.24 中 x 轴上方的两个三角形单元有关的基函数的贡献计算得到。这些分量垂直于沿负 x 轴且跨过边不连续的三角形边，显然，如果考虑跨边的法向分量的平均值，得到的 y 分量结果比图 7.26 给出的结果更好。

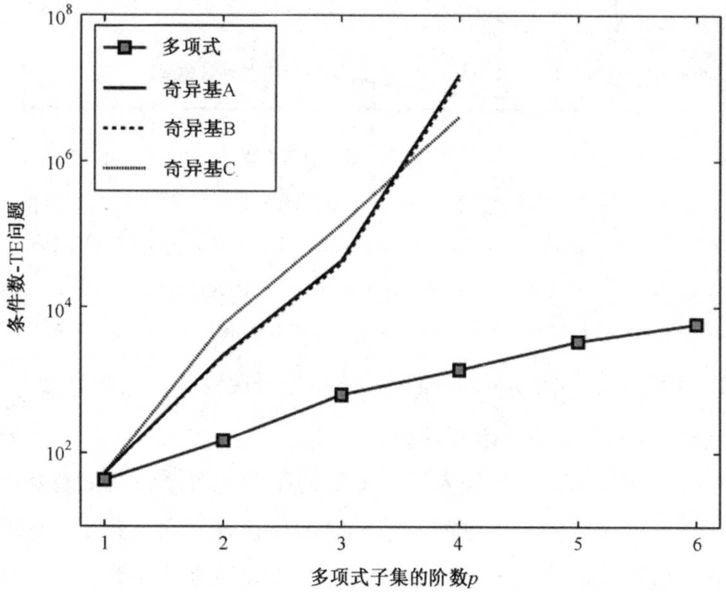

图 7.27　具有 30°楔形的圆形腔：不同正交结构 TE mass 矩阵的条件数

图 7.27 给出了 TE 模式中使用仅包含 Meixner 梯度函数的奇异基（见图 7.23）的全局 ***T*** 矩阵式（7.135）的 CN 特性。TM 问题的 CN 较小，尽管它比 TE CN 大一点，因为 TM 问题需要更多未知数，见图 7.28。纯多项式分层矢量基[38–39]得到的 CN 随基的阶数呈多项式增加，而用包含 Meixner 子集的奇异基的结果随阶数呈指数增长（见图 7.22 和图 7.27）。总之，用于定义辅助径向函数的正交化本质上不影响系统矩阵的 CN；它对数值结果的精度有一定影响，与使用的网格和特定模式的场拓扑有关。

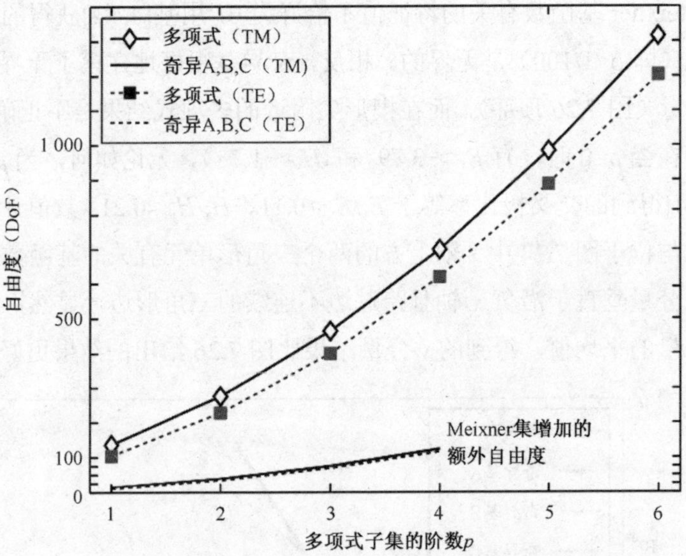

图 7.28　具有 30°楔形的圆形腔：用于解决 TE 和 TM 模式问题的自由度

© 2014 IEEE. Reprinted with permission from R. D. Graglia, A. F. Peterson, L. Matekovits, and P. Petrini, “Singular hierarchical curl-conforming vector bases for triangular cells,” *IEEE Trans. Antennas Propag.*, Vol. 62, no.7, pp. 3632–3644, Jul. 2014.

图 7.28 中给出了用纯 p 阶多项式矢量基的自由度和与用来构建基 $[p,p,p]$ 的 Meixner 梯度函数相关联的额外自由度。

综上所述，本节给出的结果表明，最好的精度（对于给定的背景阶）通过使用背景多项式表达式提供的尽可能多的径向函数和方位变量获得。这种方法对附加方位变量未知数数量的增加相当小，通常能带来精度的显著改善，就像在标量情况下一样（见 7.4 节），这种改善以矩阵 CN 的增长为代价。

7.8 包含拐角的非均匀波导结构的数值结果

前面部分都考虑带有拐角的均匀波导或 2D 腔体的实验用例，因此采用标量公式[22]或横向场（T-场）公式[23, 24]。在这些例子中，特征值（k_c^2）是通过数值方法求解下列广义特征值方程得到的。

$$\text{标量公式：}\ [A]_S[\boldsymbol{\phi}] = -k_c^2[B]_S[\boldsymbol{\phi}] \tag{7.144}$$

$$\text{T-场公式：}\ [A]_T[\boldsymbol{e}_t] = -k_c^2[B]_T[\boldsymbol{e}_t] \tag{7.145}$$

其中特征矢量（$[\boldsymbol{\phi}]$或$[\boldsymbol{e}_t]$）是标量电势$\boldsymbol{\phi}$或横向电场$\boldsymbol{e}_t$的扩展系数。

本节分析包含一个或多个传导或非传导拐角的非均匀波导结构，将引入场奇异点。非均匀波导要求采用横向场纵向场（TL-场）方程，其中未知的是横向和纵向 E-场（或 H-场）分量。利用参考文献[40]或[41]介绍的技术就能处理非均匀波导问题。本节采用第二种，参考文献[41]介绍的方法，因为此方法可以让我们直接计算波导传播常数(k_z)，在任何工作频率下只需求解以下特征值方程：

$$\begin{bmatrix} A & 0 \\ 0 & 0 \end{bmatrix}_{TL} \begin{bmatrix} \boldsymbol{e}_t \\ e_z \end{bmatrix} = -k_z^2 \begin{bmatrix} B & C^t \\ C & D \end{bmatrix}_{TL} \begin{bmatrix} \boldsymbol{e}_t \\ e_z \end{bmatrix} \tag{7.146}$$

其中特征矢量包含横向 E-场（$\boldsymbol{e}_t$）和重新缩放纵向 E-场分量（e_z）的扩展系数。通常，k_z^2是一个复数；对均匀波导，k_c和k_z的关系满足$k_z^2 = k^2 - k_c^2$，k 是均匀媒介的波数。在以上方程中，矩阵 $\boldsymbol{A}$ 是奇异的，而矩阵 $\boldsymbol{B}$ 是不依赖于频率的非奇异大容量矩阵。[式（7.146）中的矩阵 $\boldsymbol{D}$ 在被建模腔体的共振频率下是奇异的。在式（7.146）右侧乘以k_z^2得到的矩阵 CN 主要决定于k^2，并且在一定频率下，它会低于矩阵 $\boldsymbol{B}$ 的 CN。]

本节讲述的是应用在非传导拐角的非均匀结构中的分层奇异矢量基特性[42]。结果表明：非传导结构的拐角产生场奇变，利用传统多项式方法不能有效地对它建模，并且多项扩展式不能很好地满足邻近拐角非传导界面处的边界条件。而标量和矢量奇异基函数的组合为处理这类场奇变提供了一种更有效的手段。本节给出的结果是 p 阶纯多项式基和[p,p,p]阶奇异基的结果。此外，这里采用的奇异矢量基函数的子集是完全由梯度矢量基函数构成的。

作为一个测试用例，考虑用正方形金属波导（边长=24 mm），里面放置相对介电常数$\varepsilon_r = 37.13$的正方形非传导棒（边长=12 mm）；这种波导结果见参考文献[43]。屏蔽非传导棒波导的前几种模式的模式图如图 7.29 所示。图 7.29 表示采用奇异基函数得到的前几种模式（$k_z = \beta_z + j\alpha_z$）的分布图，在这个图中，看不到采用纯多项式与采用奇异基所得结果的差异。图 7.29 的结果与参考文献[43]中阐述的完全一致，那篇文献详细讨论了这些模式。注意，处理过的复共轭特征值 k_{z1}^2 和 k_{z2}^2 是与一种复模式相关的（例如，图 7.29 中标注圆圈的位置），通过用 $k_{z1}=\beta_z+j\alpha_z$ 和 $k_{z2}=-\beta_z+j\alpha_z$；即，复模式总是成对存在且这两种模式传递的总能量是纯反应性的[44]。

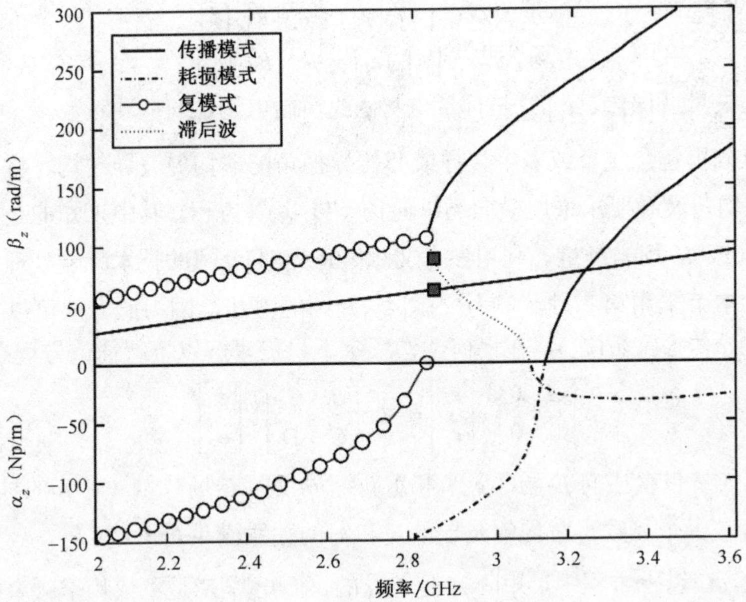

图 7.29　屏蔽非传导棒波导的前几种模式的模式图

图 7.29 给出了相互关联的复模式、耗损模式和滞后波。正方形屏蔽边长为 24 mm，正方形非传导棒（ε=37.13）边长为 12 mm［参考文献[43]，图 7］。正方形标记表示产生图 7.30～图 7.32 结果的模式和频率。

图 7.29 中正方形屏蔽非传导棒波导图（一）如图 7.30 所示，图 7.29 中正方形屏蔽非传导棒波导图（二）如图 7.31 所示。图 7.30 和图 7.31 显示了在主导（第一传播）模式和 2.85 G Hz 滞后模式条件下横向位移矢量 $\boldsymbol{D}$ 的特性。这些图的结果是通过利用图 7.30 顶部的两种网格且 p=4 阶多项式子集的基获得的。图 7.31 顶部是模型场 $\boldsymbol{D}$ 的横向场拓扑图；场拓扑图不随那两种网格改变，也可仅用足够

高阶的纯多项式基获得。这些图底部表明沿直线 y=6 mm（非传导棒底部）的位移矢量（$\boldsymbol{D}_y$）的法向分量特性。从图 7.31 可以看出，仅用奇异基可建模棒拐角处矢量 $\boldsymbol{D}$ 的无界特性。用基$[4,4,4]$能得到很好的收敛性（参见图 7.30 和图 7.31 底部）。

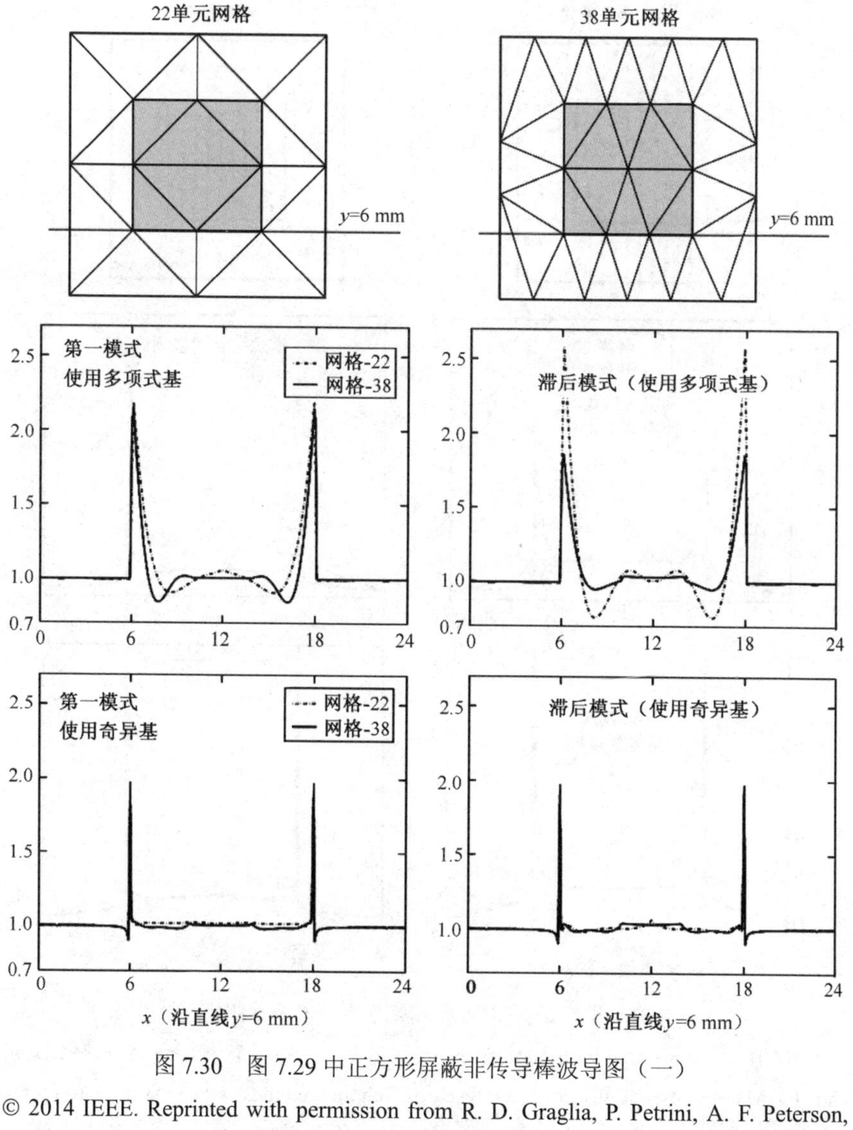

图 7.30　图 7.29 中正方形屏蔽非传导棒波导图（一）

© 2014 IEEE. Reprinted with permission from R. D. Graglia, P. Petrini, A. F. Peterson, and L. Matekovits, “Full–wave analysis of inhomogeneous waveguiding structures containing corners with singular hierarchical curl–conforming vector bases,” *IEEE Antenn. Wireless Propag. Lett.*, Vol. 13, pp. 1701–1704, 2014.

图 7.30 中，顶部是使用的网格。图的第二行和最后行是在边界线 y=6 mm 上下估计的两个 $\boldsymbol{D}_y$ 值（2.85 GHz）的比率。第二行是用 p=4 阶纯多项式基的结果；底部是采用奇异基[4,4,4]的结果（仅使用奇异无旋矢量基函数），其奇异系数是[0.685 782 77，1.314 217 23，2.685 782 77，3.314 217 23]。

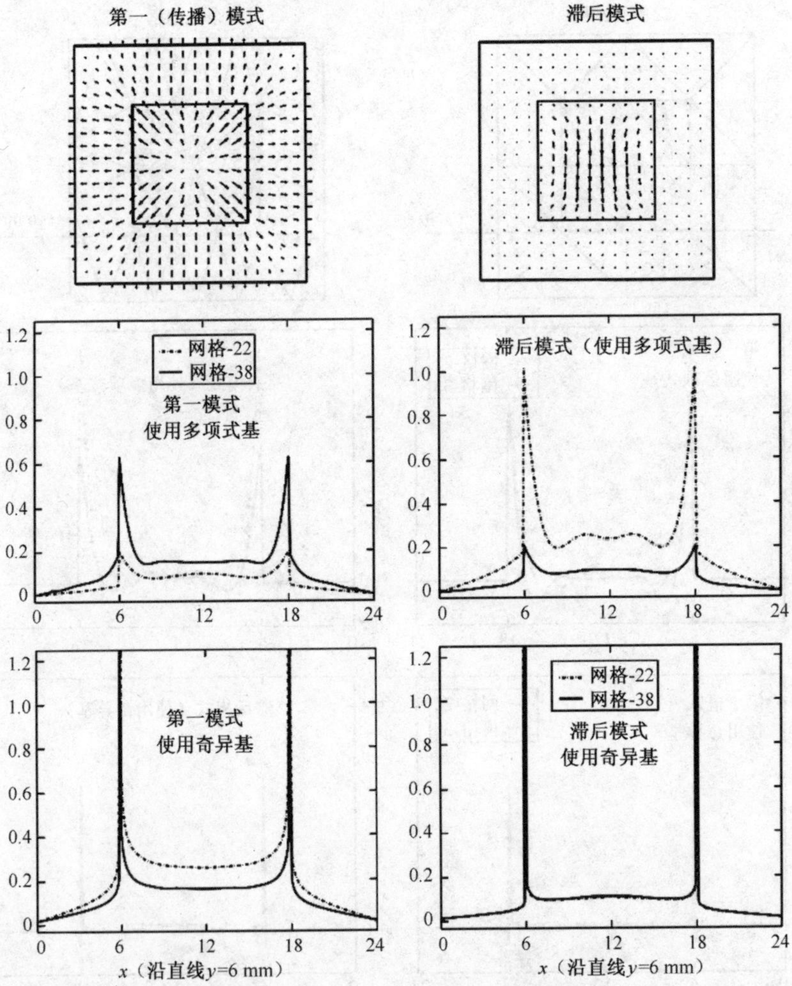

图 7.31　图 7.29 中正方形屏蔽非传导棒波导图（二）

图 7.31 中，顶部是在 2.85 GHz 时主导（左）和滞后模式（右）的横向 $\boldsymbol{D}$-场

拓扑。图的中间和底部表示恰好在边界线 y=6 mm 之上的 $\boldsymbol{D}_y$ 估值。中间行是采用 p=4 阶纯多项式基获得的结果；图底是采用奇异基[4,4,4]获得的结果。

图 7.30 也表明在非传导边界 y=6 mm 上下估计的法向 $\boldsymbol{D}_y$ 值的比率。如果不考虑使用的网格和基阶，使用纯多项式基，那比率会在拐角附近波动。反之，使用足够高阶的奇异基，两个 $\boldsymbol{D}_y$ 值的比率在每一处接近单位值，除非在未定义法线方向的拐角处；采用 38 单元网格和[4,4,4]基阶能得到最好的结果（见图 7.30 底部）。采用相关的 CN 和 DoF，第一和滞后模式的 k_z 的相对误差见图 7.32。图 7.30 和图 7.31 中正方形屏蔽非传导棒波导如图 7.32 所示。

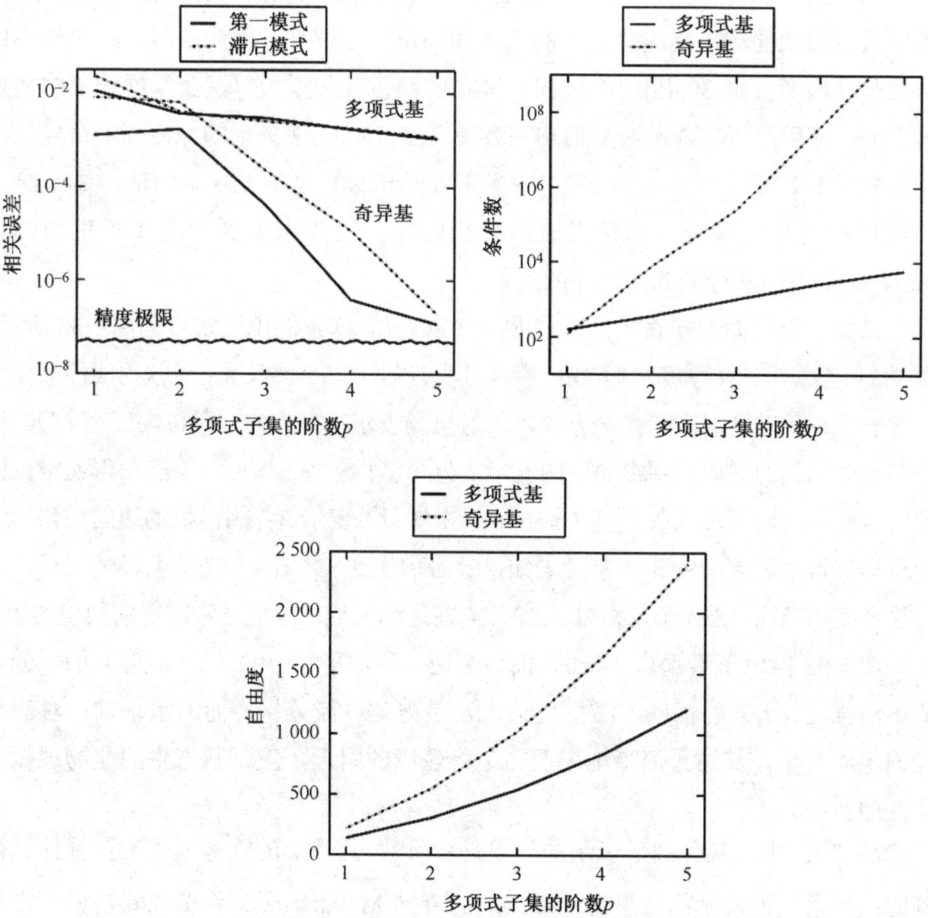

图 7.32　图 7.30 和图 7.31 中正方形屏蔽非传导棒波导

图 7.32 中，显示在左边的是第一（主导）和滞后模式的特征值 k_z 的相对误差，采用了粗糙的 22 单元网格；（计算误差的参考方案采用[5,5,5]基，使用密集的 38 三角形网格。）右边的是用 p 阶纯多项式基和 $[p,p,p]$ 阶奇异基得到的大容量矩阵 CN。利用奇异和纯多项式基方法的未知数（TL 公式）见图底部。

7.9 具有刃状奇异点的薄金属板的数值结果

本章的最后，简单看一下三维问题中涉及完全导电板的边界奇点的表示方法。薄板具有刃状的边，在这些边上的电流和场奇异点常被外部源激活。这里给出的结果是从参考文献[30,45]中电场积分等式的数值解和矩量方法获得的结果中挑选出来的。使用的特定基函数是最初在参考文献[29, 30]中提出的加性高阶奇异散度一致矢量基。尽管在参考文献[30]中多项式基子集由插值多项式组成，本节给出的结果与用分层基得到的结果应该是相同的，因为添加到多项式子集的奇异 Meixner 子集通常有最低的可能的阶数。

常规入射平面波在直径为1λ 的圆形 PEC 板上产生的电流密度如图 7.33 所示。图 7.33 考虑一个 0 厚度圆形 PEC 板，其直径等于一个波长 λ，通常用线性极化平面波表示，入射电场表示在 x 方向，入射磁场表示在 y 方向（单位幅度为 H^i）。这个问题中用到的网格用图中的插图表示，包含 64 个（二次曲线）三角形元素。电流密度用 p=2 阶多项式矢量基（有 648 个未知量）表示，并用沿板的边的三角形中的奇异矢量基函数增广 p=2 基（未知量数量增加到 696 个）。在这两种情况下，未知量密度相当高（825 个未知量 / λ^2），需在近场区域内保证非常准确的数值结果。

图 7.33 给出了沿垂直（x=0）轴（左边）和水平（y=0）轴（右边）的 x 分量的电流强度（J_x）的幅度。沿垂直轴，J_x 是方位电流分量，而沿水平轴，对应于径向电流分量。其结果清晰地表明在边缘轮廓的附近，正则基产生的非物理振荡特性的数值方法。

图 7.33 中，灰色圆形表示的结果是由阶数为 $p=2$ 的纯多项式矢量基计算得到的；黑色菱形表示的结果是由最低阶的奇异 Meixner 子集将多项式基增广得到的。沿着垂直方向（J_x/H^i）的电流分量 J_x 的归一化量（$x=0$）和沿着水平方向（$y=0$）的分别在左右两侧。

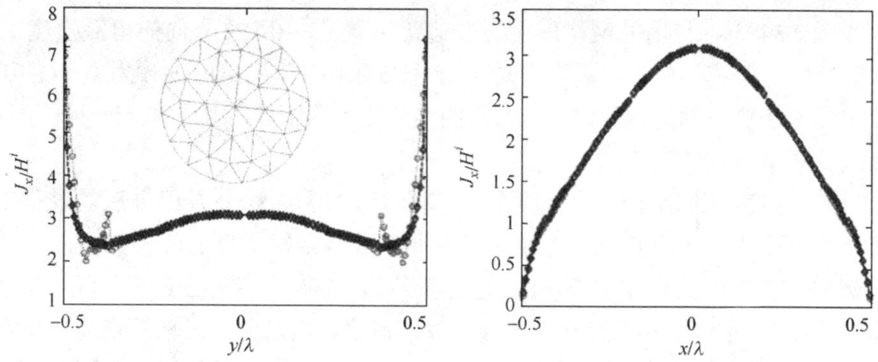

图 7.33 常规入射平面波在直径为 1λ 的圆形 PEC 板上产生的电流密度

Adapted from R. D. Graglia and G. Lombardi, "Singular higher order divergence-conforming bases of additive kind and moments method applications to 3D sharp-wedge structures," *IEEE Trans. Antennas Propag.*, Vol. 56, no. 12, pp. 3768–3788, Dec. 2008.

垂直入射的穿孔板如图 7.34 所示。图 7.34 考虑一个 $(1\lambda\times1\lambda)$ 0 厚度方形 PEC 板，板中间（$x=-0.15\lambda, y=+0.15\lambda$）有一个直径为 $r=\lambda/10$ 的洞。用线性极化平面波表示板，入射电场表示在 x 方向，入射磁场表示在 y 方向（单位幅度为 H^i）。图 7.34 左边的三角形网格包含 128（二次曲线）个三角形元素。电流强度用 $p=1$ 阶多项式矢量基（614 个未知量）表示，并用沿洞的边和板外部边的三角形中的奇异矢量基函数增广 $p=1$ 基（未知量数量增加到 696 个）。图 7.34 右侧给出的沿 $x=-0.15\lambda$ 轴的电流 x 分量的（数值获得的）归一化幅度表明在边缘轮廓附近非物理振荡特性的正则基生成方法。

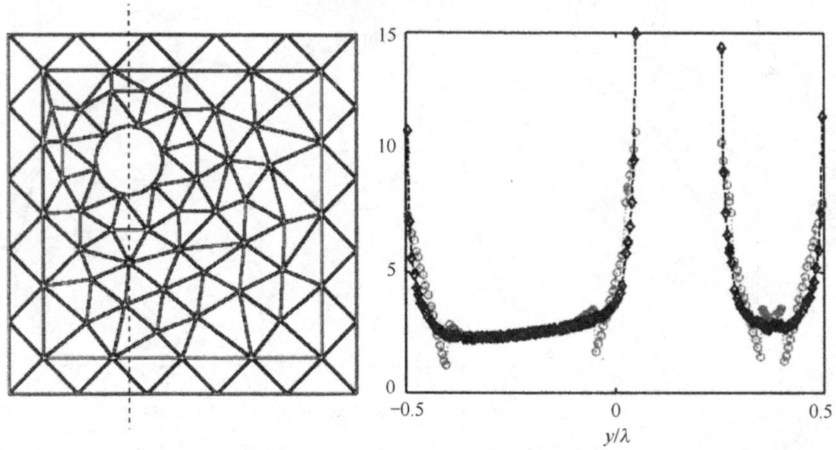

图 7.34 垂直入射的穿孔板

Adapted from R. D. Graglia and G. Lombardi, "Singular higher order divergence-conforming bases of additive kind and moments method applications to 3D sharp-wedge structures," *IEEE Trans. Antennas Propag.*, Vol. 56, no. 12, pp. 3768–3788, Dec. 2008.

在图 7.34 中，使用的网格展示在左边，沿着 $x=-0.15\lambda$ 方向的电流密度 x 分量的归一化量（J_x/H^i）展示在右边。灰色圆表示的结果是由阶数为 $p=1$ 的纯多项式矢量基计算得到的；黑色菱形表示的结果是由最低阶的奇异 Meixbner 子集将多项式基增量得到的。

参考文献[45]给出了一种处理连接锋利边缘的表面积分方程方法的过程，以及薄金属板连接方面的其他几个结果，表明奇异基函数优良的建模能力。

例如，图 7.35 给出了 300 MHz 时的 T 结构（168 个直角三角形单元）是 3 个相同尺寸（0.1 m×0.3 m）的 0 厚度金属板的联合。通过引入 z 轴沿交界线原点在交界线中间的笛卡儿（球形）坐标系，这三个板共用较短的沿着 z 轴的那一条边，T 结构的侧边在半平面上$\{x=0, y\leqslant 0\}$，其余两边在 $y=0$ 平面。T 结构由 300 MHz、单位振幅、线极化平面波来激励。

$$\boldsymbol{E}^i=\hat{\boldsymbol{\theta}}\exp\left(jk_o\hat{k}^i\cdot r\right)\exp\left(-j\omega t\right) \tag{7.147}$$

$$\hat{k}^i=-\left(\hat{\boldsymbol{x}}\cos\phi^i\sin\theta^i+\hat{\boldsymbol{y}}\sin\phi^i\sin\theta^i+\hat{\mathrm{z}}\cos\theta^i\right) \tag{7.148}$$

$$\theta^i=45°,\quad \phi^i=-75° \tag{7.149}$$

这样，在这 3 个面积为 $0.1\lambda\times0.3\lambda$ 的每个板上，生成了一个沿连接线的非零感应电流密度。

图 7.35 表示与 z 轴正交的感应电流密度，在距离 T 结构底部边 $\lambda/1\,000$ 处计算得出。这个电流分量沿结构底面边是无界的，而同时也与接合点正交，它很容

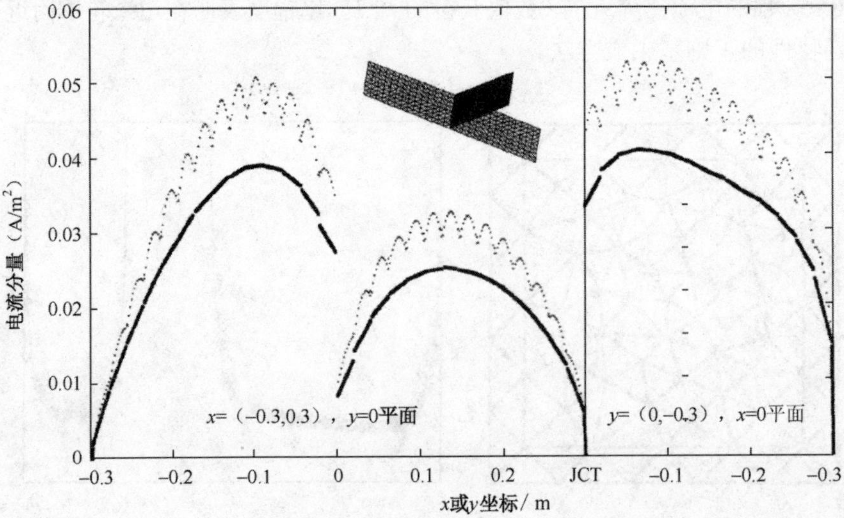

图 7.35　300 MHz 时的 T 结构

Adapted from G. Lombardi and R. D. Graglia, “Modeling junctions in sharp edge conducting structures with higherorder method of moments,” *IEEE Trans. Antennas Propag.*, Vol. 62, no. 11, pp. 5723–5731, Nov. 2014.

易受到结构分叉点的影响。图 7.35 清晰地表明纯多项式矢量基函数不能将这个电流正确建模，因为甚至在离接合点相对远的地方，结果也包含非物理振荡和一个不正确的量。相反，合并第一个最低阶的 Meixner 函数的基集，可以产生合理的电流密度特性 [45] 。

图 7.35 给出了在距离 T 结构底部边 λ / 1 000 处计算出的与 z 轴正交的电流分量，灰色圆圈所示的结果由 $p = 2$ 阶纯多项式基函数获得；黑色交叉形所示的结果由将最低阶数的 Meixner 基函数集与 $p = 2$ 阶的多项式集相加获得。

7.10 小结

本章描述了奇异标量和矢量基函数，并将其用于分析二维腔谐振器和波导结构。设计奇异函数以使其为在形状角和边附近场的有效建模提供非解析自由度。这些函数是分层的，一个 p 阶表达式包含 p-1 阶的成分。这些函数也是加性的，在稍高的矩阵 CN 下提供最大的灵活性。本章讨论了这些函数隐含的意义并提出了奇异和非奇异函数的适当组合。对这些奇异基函数的可能的数值构建应该能够促进它们在一些包含场奇异点的问题中的应用，这些场奇异点可能来自一些普遍情况，如可穿透材料构成的楔形。

最近的一些文献针对 3D 问题应用已经提出了几种类型的奇异矢量基。本书成文之时，这一主题还远没有成熟，这里简要介绍了参考文献[30, 45]提出的函数的性能。

参 考 文 献

[1] L. Demkowicz, *Computing with hp-Adaptive Finite Elements*, Vol. 1. Boca Raton, FL: Chapman &Hall/CRC Press, 2007.

[2] L. Demkowicz, *Computing with hp-Adaptive Finite Elements*, Vol. 2. Boca Raton, FL: Chapman &Hall/CRC Press, 2008.

[3] R. D. Graglia, D. R.Wilton, and A. F. Peterson, "Higher order interpolatory vector bases for computational electromagnetics," special issue on "Advanced Numerical Techniques in Electromagnetics," *IEEE Trans. Antennas Propag.*, Vol. 45, no. 3, pp. 329–342, Mar. 1997.

[4] J. Meixner, "The behavior of electromagnetic fields at edges," *IEEE Trans. Antennas Propag.*, Vol. AP-20, no. 4, pp. 442–446, Jul. 1972.

[5] R. Mittra and S. W. Lee, *Analytical Techniques in the Theory of Guided Waves*. New York: Macmillan, 1971.

[6] J. Van Bladel, "Field singularities at metal-dielectric wedges," *IEEE Trans. Antennas Propag.*, Vol. AP-33, pp. 450–455, Apr. 1985.

[7] J. Van Bladel, *Singular Electromagnetic Fields and Sources*. Oxford: Clarendon Press, 1991.

[8] H. Motz, "The treatment of singularities of partial differential equations by relaxation methods," *Q. Appl. Math.*, Vol. 4, pp. 371–377, 1947.

[9] G. Strang and G. E. Fix, *An Analysis of the Finite Element Method*. Englewood Cliffs, NJ: Prentice-Hall, 1973.

[10] M. Stern and E. B. Becker "A conforming crack tip element with quadratic variation in the singular fields," *Int. J. Numer. Methods Eng.*, Vol. 12, pp. 279–288, 1978.

[11] M. Stern, "Families of consistent conforming elements with singular derivative fields," *Int. J. Numer. Methods Eng.*, Vol. 14, pp. 409–421, 1979.

[12] D. R.Wilton and S. Govind, "Incorporation of edge conditions in moment method solutions," *IEEE Trans. Antennas Propag.*, Vol. 25, no. 6, pp. 845–850, Nov. 1977.

[13] J. Richmond, "On the edge mode in the theory of TM scattering by a strip or strip grating," *IEEE Trans. Antennas Propag.*, Vol. 28, no. 6, pp. 883–887, Nov. 1980.

[14] Z. Pantic and R. Mittra, "Quasi-TEM analysis of microwave transmission lines by the finite-element method," *IEEE Trans. Microwave Theory Tech.*, Vol. 34, no. 11, pp. 1096–1103, Nov. 1986.

[15] J. P. Webb, "Finite element analysis of dispersion in waveguides with sharp metal edges," *IEEE Trans. Microwave Theory Tech.*, Vol. 36, no. 12, pp. 1819–1824, Dec. 1988.

[16] Z. Pantic-Tanner, C. H. Chan, and R. Mittra, "The treatment of edge singularities in the full wave finite-element solution of waveguiding problems," Abstracts of the 1988 URSI Radio Science Meeting, Syracuse, NY, p. 336, 1988.

[17] T. Andersson, "Moment-method calculations on apertures using basis singular functions," *IEEE Trans. Antennas Propag.*, Vol. 41, no. 12, pp. 1709–1716, Dec. 1993.

[18] J. M. Gil and J. Zapata, "Efficient singular element for finite element analysis of quasi-TEM transmission lines and waveguides with sharp metal edges," *IEEE Trans. Microwave Theory Tech.*, Vol. 42, no. 1, pp. 92–98, Jan. 1994.

[19] J. M. Gil and J. P.Webb, "A new edge element for the modeling of field singularities in transmission lines and waveguides," *IEEE Trans. Microwave Theory and Tech.*, Vol. 45, no. 12, Part 1, pp. 2125–2130, Dec. 1997.

[20] Z. Pantic-Tanner, J. S. Savage, D. R. Tanner, and A. F. Peterson, "Two dimensional singular vector elements for finite element analysis," *IEEE Trans. Microwave Theory Tech.*, Vol. 46, pp.

178–184, Feb. 1998.

[21] W. J. Brown and D. R. Wilton, "Singular basis functions and curvilinear triangles in the solution of the electric field integral equation," *IEEE Trans. Antennas Propag.*, Vol. 47, no. 2, pp. 347–353, Feb. 1999.

[22] R. D. Graglia, A. F. Peterson, and L. Matekovits, "Singular, hierarchical scalar basis functions for triangular cells," *IEEE Trans. Antennas Propag.*, Vol. 61, no. 7, pp. 3674–3692, Jul. 2013.

[23] R. D. Graglia, A. F. Peterson, L. Matekovits, and P. Petrini, "Hierarchical additive basis functions for the finite-element treatment of corner singularities," special issue on "Finite Elements for Microwave Engineering," *Electromagnetics*, Vol. 34, pp. 171–198, Mar. 2014.

[24] R. D. Graglia, A. F. Peterson, L. Matekovits, and P. Petrini, "Singular hierarchical curl-conforming vector bases for triangular cells," *IEEE Trans. Antennas Propag.*, Vol. 62, no. 7, pp. 3632–3644, Jul. 2014.

[25] P. Ya. Ufimtsev, B. Khayatian, and Y. Rahmat-Samii, "Singular edge behavior: to impose or not impose – that is the question," in *Microwave Opt. Tech. Lett.*, Vol. 24, pp. 218–223, Feb. 2000.

[26] D.-K. Sun, L. Vardapetyan, and Z. Cendes, "Two-dimensional curl-conforming singular elements for FEM solutions of dielectric waveguiding structures," *IEEE Trans. Microwave Theory Tech.*, Vol. 53, pp. 984–992, 2005.

[27] M. M. Bibby, A. F. Peterson, and C. M. Coldwell "High-order representations for singular currents at corners," *IEEE Trans. Antennas Propag.*, Vol. 56, no. 8, pp. 2277–2287, Aug. 2008.

[28] M. M. Bibby, A. F. Peterson, and C. M. Coldwell "Optimum cell size for high order singular basis functions at geometric corners," *ACES J.*, Vol. 24, pp. 368–374, Aug. 2009.

[29] R. D. Graglia and G. Lombardi, "Singular higher order complete vector bases for finite methods," *IEEE Trans. Antennas Propag.*, Vol. 52, no. 7, pp. 1672–1685, Jul. 2004.

[30] R. D. Graglia and G. Lombardi, "Singular higher order divergence-conforming bases of additive kind and moments method applications to 3D sharp-wedge structures," *IEEE Trans. Antennas Propag.*, Vol. 56, no. 12, pp. 3768–3788, Dec. 2008.

[31] M. Salazar-Palma, T. K. Sarkar, L.-E. Garcia-Castillo, T. Roy, and A. Djordjevic, *Iterative and Self-Adaptive Finite-Elements in Electromagnetic Modeling*. Boston, MA: Artech House, 1998.

[32] B. Schiff and Z. Yosibash, "Eigenvalues for waveguides containing re-entrant corners by a finiteelement method with superelements," *IEEE Trans. Microwave Theory Tech.*, Vol. 48, no. 2, pp. 214–220, Feb. 2000.

[33] L. Fox, P. Henrici, and C. Moler, "Approximations and bounds for eigenvalues of elliptic operators," *SIAM J. Numer. Anal.*, Vol. 4, no. 1, pp. 89–102, 1967.

[34] L. N. Trefethen and T. Betcke "Computed eigenmodes of planar regions," Recent advances in differential equations and mathematical physics, *Contemp. Math.*, Vol. 412, American

Mathematical Society, Providence, RI, 2006, pp. 297–314.MR2259116 (2008a:35042), doi:10.1090/conm/412/07783.

[35] J. C. Nédélec, "Mixed finite elements in R3," *Numer. Math.*, Vol. 35, pp. 315–341, 1980.

[36] R. D. Graglia and G. Lombardi, "Vector functions for singular fields on curved triangular elements, truly defined in the parent space," *IEEE Antennas and Propagation International Symposium Digest*, San Antonio, TX, pp. 62–65, 2002.

[37] J. Masoni, G. Pelosi, and S. Selleri, "Substitutive divergent bases for FEM modeling of field singularities near a wedge," *Microwave Opt.Techol. Lett.*, Vol. 44, pp. 327–328, 2005.

[38] R. D. Graglia, A. F. Peterson, and F. P. Andriulli, "Curl-conforming hierarchical vector bases for triangles and tetrahedra," *IEEE Trans. Antennas Propag.*, Vol. 59, no. 3, pp. 950–959, Mar. 2011.

[39] A. F. Peterson, R. D. Graglia, "Scale factors and matrix conditioning associated with triangular-cell hierarchical vector basis functions" *IEEE Antennas Wireless Propag. Lett.*, Vol. 9, pp. 40–43, 2010, doi:10.1109/LAWP.2010.2042423.

[40] P. Savi, I.-L. Gheorma, and R. D. Graglia, "Full-wave high-order FEM model for lossy anisotropic waveguides," *IEEE Trans. Microwave Theory Tech.*, Vol. 50, no. 2, pp. 495–500, Feb. 2002.

[41] J.-F. Lee, D.-K. Sun, and Z. J. Cendes, "Full-wave analysis of dielectricwaveguides using tangential vector finite elements," *IEEE Trans. Microwave Theory Tech.*, Vol. 39, no. 8, pp. 1262–1271, Aug. 1991.

[42] R. D. Graglia, P. Petrini, A. F. Peterson, and L. Matekovits, "Full–wave analysis of inhomogeneous waveguiding structures containing corners with singular hierarchical curl–conforming vector bases," *IEEE Antennas and Wireless Propagation Letters*, Vol. 13, pp. 1701–1704, 2014.

[43] C. G. Wells and J. A. R. Ball, "Mode-matching analysis of a shielded rectangular dielectric-rod waveguide," *IEEE Trans. Microwave Theory Tech.*, Vol. 53, no. 10, pp. 3169–3177, Oct. 2005.

[44] A. S. Omar and K. F. Schünemann, "The effect of complex modes at finline discontinuities," *IEEE Trans. Microwave Theory Tech.*, Vol. 34, no. 12, pp. 1508–1514, Dec. 1986.

[45] G. Lombardi and R. D. Graglia, "Modeling junctions in sharp edge conducting structures with higher order method of moments," *IEEE Trans. Antennas Propag.*, Vol. 62, no. 11, pp. 5723–5731, Nov. 2014.